"十二五"普通高等教育本科国家级规划教材
"十二五"江苏省高等学校重点教材（编号：2014-1-123）
普通高等教育电气信息类规划教材

电力电子技术

第3版

周渊深　宋永英　吴　迪　编著

机械工业出版社

本书是“十二五”普通高等教育本科国家级规划教材，“十二五”江苏省高等学校重点教材。它以编者2010年出版的江苏省高等学校精品教材《电力电子技术》（第2版）为基础，从电力电子技术应用的角度出发，简明扼要地介绍了常用的不可控型、半控型和全控型电力电子器件；重点介绍了交流-直流变换、直流-交流变换、交流-交流变换、直流-直流变换以及软开关等电力电子变换电路。为强化应用型本科院校教学中的实践技能培养，本书介绍了基于MATLAB的图形化仿真技术。基本的教学内容均配有仿真实例；另外安排了课程设计等实训内容；内容叙述详细，便于自学；仿真实验指导循序渐进，便于初学者掌握。本书的特色是提供了与理论分析波形相对应的仿真实验波形和实物实验波形，这有利于加强学生的感性认识。和第2版相比，升级了仿真软件版本，提供了大量仿真实验内容，相当一部分仿真模型是原创的。

本书适用于电类专业的本科学生，特别是应用型本科和高职本科，同时也可供从事电力电子技术工作的工程技术人员参考。

本书提供配套授课电子课件，需要的教师可登录www.cmpedu.com免费注册、审核通过后下载，或联系编辑索取（QQ：308596956，电话：010-88379753）。

图书在版编目（CIP）数据

电力电子技术/周渊深，宋永英，吴迪编著.—3版.—北京：机械工业出版社，2016.3（2025.1重印）
普通高等教育电气信息类规划教材
ISBN 978-7-111-53274-3

Ⅰ.①电…　Ⅱ.①周…②宋…③吴…　Ⅲ.①电力电子技术—高等学校—教材　Ⅳ.①TM1

中国版本图书馆CIP数据核字（2016）第058294号

机械工业出版社（北京市百万庄大街22号　邮政编码100037）
策划编辑：时　静　责任编辑：时　静　韩　静
版式设计：霍永明　责任校对：刘怡丹
责任印制：常天培
固安县铭成印刷有限公司印刷
2025年1月第3版第12次印刷
184mm×260mm · 25.5印张 · 632千字
标准书号：ISBN 978-7-111-53274-3
定价：69.00元

凡购本书，如有缺页、倒页、脱页，由本社发行部调换

电话服务	网络服务
服务咨询热线：010-88379833	机 工 官 网：www.cmpbook.com
读者购书热线：010-88379649	机 工 官 博：weibo.com/cmp1952
	教育服务网：www.cmpedu.com
封面无防伪标均为盗版	金　书　网：www.golden-book.com

前　言

党的二十大报告指出，教育、科技、人才是全面建设社会主义现代化国家的基础性、战略性支撑。必须坚持科技是第一生产力、人才是第一资源、创新是第一动力，深入实施科教兴国战略、人才强国战略、创新驱动发展战略。近年来，电力电子设备的数量和品种急剧增长，生产第一线迫切需要大量的具有一定理论基础和较高实践技能的工程技术人员对其进行操作和维护。为适应社会和经济发展对电力电子技术应用性技能型人才培养的需求，我们编写了本书。

"电力电子技术"是一门实践性很强的课程，有大量的波形需要分析、计算。作者结合科研工作，运用面向电气原理结构图的图形化仿真技术，对书中所讨论的大部分变换电路进行了仿真实验，并在此基础上进行了实物实验，获得了相应的仿真实验和实物实验波形。通过对理论分析波形、仿真实验波形和实物实验波形的分析对比，大大增加了读者的感性认识。本书内容全面，涵盖了课堂教学、实验教学和课程设计各个教学环节，特别是强调实践能力的培养。书中的 MATLAB 图形化仿真技术对学生更好地掌握电力电子技术和提高应用能力具有重要作用，可以弥补教学实验设备短缺的不足，对提高教学效果起到了事半功倍的作用。

本书除"绪论"外，第 1 章介绍了功率二极管、晶闸管、门极关断（GTO）晶闸管、大功率晶体管（GTR）、功率场效应晶体管（P-MOSFET）、绝缘栅双极型晶体管（IGBT）等典型电力电子器件的结构、工作原理、特性和主要参数；讨论了如器件的驱动、保护和缓冲等应用问题。第 2 章介绍了交流－直流变换技术，具体分析了典型单相和三相整流电路的组成、工作原理、波形分析和基本计算。第 3 章介绍了直流－交流变换技术，从不同的换流方式出发，分析了有源逆变和无源逆变（变频）电路，讨论了 PWM 调制技术。第 4 章介绍了交流－交流变换技术，分析了以晶闸管器件为基础的交流开关、交流调功和交流调压电路，交－交变频也归在此章。第 5 章介绍了以全控型器件为基础的直流－直流变换技术。第 6 章介绍了用于消除开关损耗的软开关技术。在第 2～6 章每章的后面安排了典型变换电路的仿真实验内容，用以验证理论分析的有效性。附录安排了课程设计大纲及任务书内容。

和本书第 2 版相比较，在变流电路方面增加了多相整流、PWM 整流器、SVPWM、多重化逆变、变换电路的谐波分析等内容；精简了部分传统内容，整流和逆变部分增加了较多的例题；运用新版 MATLAB 仿真软件进行了变流电路仿真，增加了大量原创性的仿真实例。纵观全书，仿真实验和课程设计内容达到全书内容的一半以上。

全书按48~56理论教学课时编写；仿真实验可在课后或校内专业实习中完成；课程设计时间以1.5~2周为宜。

全书由周渊深教授统稿，并编写了绪论和第1、3、5、6章的理论部分；吴迪博士编写了第2、4章的理论部分；宋永英高级实验师编写了附录，并提供了全书的实验波形。全书的仿真实验内容由周渊深、宋永英、吴迪共同编写。朱希荣老师参加了校稿工作，周玉琴同志绘制了全书插图。在本书的编写过程中参阅和利用了部分兄弟院校的教材内容，在此向这些资料的作者一并致谢。

在本书的编写及审定过程中，得到了江苏省电子信息重点专业（类）建设基金和连云港市521人才培养工程基金资助，在此一并表示感谢。

由于作者水平有限，书中难免存在不妥之处，请读者原谅，并提出宝贵意见。特别是仿真实验模型只是作者依据自己的理解进行搭建的，不是唯一更不是最优的，期待读者提出更好的方案与作者交流。

为了配合本书的教学，本书为读者提供了电子教案，与教材配套的仿真模型和习题答案可向编者索取，编者电子信箱 zys62@126.com。

编　者

目　录

0 绪　　论

0.1 电力电子技术与信息电子技术

电子技术包括信息电子技术与电力电子技术两大分支。前面所学的模拟电子技术和数字电子技术都属于信息电子技术，它主要用于信息处理，所使用的器件为半导体材料制成的信息电子器件（如二极管、晶体管等）。在这些电子电路中，电子器件大多工作于放大状态，也可工作于开关状态。因通常用于弱电场合，故其功耗较小。

电力电子技术主要用于电能变换和控制，所变换的电功率从数瓦到数百兆瓦甚至吉瓦（1000MW）。使用的器件为电力电子器件，它也是利用半导体材料、使用集成电路制造工艺、采用微电子制造技术制成的，这一点与信息电子器件相同。在电路中，为避免功率损耗过大，电力电子器件主要工作在开关状态。为了保证器件不至于因损耗发热而损坏，一般需安装散热器。另外，电力电子器件一般需要用信息电子电路来控制和驱动。

0.2 电力电子技术的研究内容

电力电子技术是一门建立在电子学、电力学和控制学 3 个学科基础上的边缘学科，它横跨“电子”“电力”和“控制”三个领域，主要研究各种电力电子器件，以及由这些电力电子器件所构成的各种变换电路或变流装置，以完成对电能的变换和控制。它运用弱电（信息电子技术）控制强电（电力技术），是强弱电相结合的新学科。

电力电子技术课程的主要内容包括 3 个方面：电力电子器件、电力电子变流技术和控制技术。

本课程在讨论电力电子器件时，着重于电力电子器件的基本工作原理、特性和参数。主要了解如何合理地选择和使用电力电子器件来构成各种变流装置，而对器件的制造工艺及载流子运动的物理过程等细节不加详细讨论。在讨论电力电子变流技术时，则围绕交流－直流、直流－交流、交流－交流、直流－直流 4 种电能变换方式，研究由电力电子器件组成的变流装置的主电路、控制电路及其他辅助电路。

0.3 电力电子器件

用作电能变换的电力电子器件与信息处理用电子器件不同，它一方面要承受高电压、大电流，另一方面是以开关模式工作，因此通常被称为电力电子开关器件。

电力电子器件常用的分类方法有两种。

1）按照开通、关断控制方式，可分为以下 3 种：

① 不可控型。这类器件一般为二端器件，一端是阳极，另一端是阴极。它不能用控制

信号来控制其通断，这种器件的开关性能取决于施加于器件阳、阴极间的电压极性。加正向电压导通，加反向电压关断，流过器件的电流是单方向的。由于其导通和关断不能按需要控制，故这类器件称为不可控型器件。常见的有大功率二极管、快速恢复二极管及肖特基二极管等。

② 半控型。这类器件是三端器件，除阳极和阴极外，还增加了一个控制门极。半控型器件也具有单向导电性，但导通不仅需在其阳、阴极间施加正向电压，而且还必须在门极和阴极间加正向控制电压，其开通可以被控制。这类器件一旦导通，就不能再通过门极来控制其关断，只能通过从外部改变加在阳、阴极间的电压极性或强制使阳极电流减小至零才能使其关断，所以它们被称为半控型。这类器件主要是晶闸管及其派生器件（如双向、逆导晶闸管等）。

③ 全控型。这类器件也是带有控制端的三端器件，控制端不仅可控制其开通，而且能控制其关断，故称为全控型器件。由于这类器件仅靠控制器件自身即可关断，所以被称为自关断器件。这类器件种类较多，工作机理也不尽相同，在现代电力电子技术应用中起着越来越重要的作用。属于这一类的代表器件有大功率晶体管（GTR）、门极关断（GTO）晶闸管、功率场效应晶体管（P-MOSFET）和绝缘栅双极型晶体管（IGBT）等。

2）按照驱动电路加在电力电子器件控制端的驱动信号分，可分为以下两种：

① 电流驱动型。这种器件是通过从控制端注入或抽出电流来实现器件的导通或关断控制的。属于电流驱动型的器件有晶闸管、GTR 和 GTO 晶闸管等。这类器件所需要的控制功率较大，控制电路复杂，工作频率较低，但容量较大。

② 电压驱动型。这类器件是在控制端与公共端之间施加一定的电压信号来实现器件的导通或关断的。由于电压信号是用于改变器件内部的电场从而实现器件的导通或关断，所以电压驱动型器件又被称为场控器件。常见的电压驱动型器件有 P-MOSFET、IGBT 和场控晶闸管（MCT）等。这类器件驱动电路简单，所需要的控制功率小，工作频率高，性能稳定，因此成为电力电子器件的重要发展方向。

0.4 电力电子变流技术

以电力电子器件为核心，通过不同形式的电路结构和控制方式来实现对电能的变换和控制，这就是电力电子变流技术。

1. 电能变换的基本类型

电能变换的基本类型有交流－直流变换（AC－DC）、直流－交流变换（DC－AC）、交流－交流变换（AC－AC）和直流－直流变换（DC－DC）。在某些变流装置中，可能同时包含两种以上变换。

1）AC－DC 变换（变流装置称为整流器）：把交流电变换成固定或可调的直流电即为 AC－DC 变换。传统的 AC－DC 变换是利用晶闸管和相控技术，依靠电源电压进行换流的。目前工业中应用的大多数变流装置都属于这类整流装置。其特点是控制简单，运行可靠，适宜大功率应用。相控整流器存在的问题是有谐波，对电网有较严重的影响。

2）DC－AC 变换（变流装置称为逆变器）：把直流电变换成频率固定或可调的交流电，通常被称为逆变。按电源性质可分为电压型和电流型；按控制方式可分为六拍（六阶梯）

方波逆变器、PWM 逆变器和谐振直流开关（软性开关）逆变器；按换流性质可分为依靠电源换流的有源逆变和由自关断器件构成的无源逆变。逆变装置主要被用于机车牵引、电动车辆和其他交流电动机的调速，不间断电源（UPS）和感应加热。

3）AC－AC 变换（变流装置称为交－交变频器和交流调压器）：把频率、电压固定或变化的交流电直接变换成频率、电压可调或固定的交流电，即为 AC－AC 变换。传统的交－交变频采用晶闸管相控技术，交－交变频器的新发展是基于 PWM 变换理论的矩阵式变换器。

4）DC－DC 变换（变流装置称为直流斩波器）：把固定的直流电压变换成大小可调或恒定的直流电压称为 DC－DC 变换。按输出电压与输入电压的相对关系可分为降压式、升压式和升降压式。DC－DC 变换器被广泛地用于计算机电源、各类仪器仪表和直流电动机调速等。谐振型开关技术是 DC－DC 变换的新发展，可减小变换器体积、重量并提高可靠性。这种变换器有效地解决了开关损耗和电磁干扰问题，是 DC－DC 变换的主要发展方向。

2. 电力电子变流技术控制方式

控制电路的主要功能是为变流器中的功率器件提供门极驱动信号，从而实现所需的电能变换与控制。变换电路的控制方式一般都按器件开关信号与控制信号间的关系分类。

1）相控式：用控制电压的幅值变化来改变器件的导通相位（即导通时刻的相位），通过改变导通相位以改变输出电压的大小。晶闸管相控整流和交流调压电路均采用这种方式。

2）频控式：用控制电压的幅值变化来改变器件开关信号的频率，以实现器件开关工作频率的控制。这种控制方式多用于直流－交流变换电路中。

3）斩控式：器件以远高于输入、输出电压工作频率的开关频率运行，利用控制电压（即调制电压）的幅值来改变一个开关周期中器件的导通占空比（如 PWM 控制），从而实现电能的变换与控制。

0.5 电力电子技术的发展

电力电子技术的发展是以电力电子器件的发展为核心的，电力电子器件的发展对电力电子技术的发展起着决定性作用。

电力电子技术的诞生是以美国通用电气公司 1955 年研制出的第一只功率整流管（5A）和 1957 年研制出的第一只晶闸管为标志。由于其功率处理能力的突破，以整流管和晶闸管为核心的、对电能进行处理的庞大分支从信息电子技术中分离出来，形成了电力电子技术。这一阶段中，除整流管和晶闸管的性能、容量不断提高外，还发展了一些派生器件，如快速晶闸管、双向晶闸管、逆导晶闸管和光控晶闸管等。这些器件通过对门极的控制使其导通而不能使其关断，因而属于半控型器件，主要应用于电化学电源、电气传动、感应加热、直流输电和无功补偿等领域。

20 世纪 70 年代后期，以 GTO 晶闸管、GTR 和 P-MOSFET 为代表的全控型器件迅速发展。全控型器件的出现，使得半控型器件难以实现的功能得到了良好的解决，并且推动了脉冲宽度调制（PWM）技术的迅速发展和应用。PWM 控制技术在电力电子技术中占有十分重要的位置，在逆变、斩波、整流、变频和交流电动机控制等变流技术的各个方面均有应用，并能使电路的性能大为改善。因此全控型器件的出现，使电力电子技术的面貌焕然一新，把电力电子技术推进到一个新的发展阶段。在这一阶段中，最具有代表性的产品是交流电动机的变频调速装置，其调速性能、功率范围、价格等都可与直流传动相媲美，交流调速大量应用并占据了主导地位。除此之外，不间断电源（UPS）、变频电源和开关电源等也是这一时期的热门产品。

20 世纪 80 年代，以 IGBT 为代表的复合型器件异军突起。IGBT 是 P-MOSFET 和 GTR 的复合。它把 P-MOSFET 的驱动功率小、开关速度快的优点和 GTR 的通态压降小、载流能力大的优点集于一身，具有十分优越的性能，使之成为现代电力电子技术中应用广泛的主导器件。与 IGBT 相对应，集成门极换流晶闸管 IGCT 是驱动电路与 GTO 晶闸管的组合，也具有复合型器件的优良性能，展示了其广阔的应用前景。

20 世纪 80 年代后期，电力半导体器件的模块化、智能化和功率集成电路 PIC 的发展，进一步优化了电力电子器件及装置的结构，使其体积减小、结构紧凑、可靠性提高，给应用带来了很大方便。功率集成电路是把驱动、控制、保护等电路与功率器件集成在一起的芯片，在家电、汽车等方面已获得广泛应用，目前虽然其功率还都比较小，但这代表了电力电子技术发展的一个重要方向。随着全控型电力电子器件的不断进步，电力电子电路的工作频率不断提高，同时器件的开关损耗也随之增大。为了减小开关损耗，软开关技术应运而生。零电压开关（ZVS）和零电流开关（ZCS）是软开关的基本形式。软开关技术可使器件的开关损耗降为接近于零，进一步提高了开关频率和工作效率，增加了电力电子装置的功率密度。

时至今日，晶闸管应用领域的绝大部分已经或即将被新型电力电子器件所取代，只是在大功率、特大功率的电化、电冶电源以及与电力系统有关的高压直流输电（HVDC）、静止式动态无功功率补偿装置（SVC）、串联可控电容补偿装置（SCC）等应用领域，晶闸管暂时还不能被取代。

0.6 电力电子变流技术的应用

电力电子技术是对电能的基本参数进行变换和控制的现代工业电子技术。近年来，变流技术得到了迅猛发展，经过变流技术处理的电能在整个国民经济的耗电量中所占比例越来越大，成为其他工业技术发展的重要基础。电力电子技术应用非常广泛，下面概括举例说明。

1）电源：不间断电源（UPS）、电解电源、电镀电源、开关电源、航空电源、通信电源；交流电子稳压电源、脉冲功率电源；电力牵引及传动控制（如电力机车、电传动内燃机车、矿井提升机、轧钢机传动）用电源。

2）电力系统应用：高压直流输电（HVDC）。在输电线路的输送端将工频交流变为直流，在接收端再将直流变回工频交流。

3）有源滤波器：由于电力电子装置的应用与普及，电网的谐波问题越来越严重。传统的无源滤波器由于其滤波性能较差，难以应付日益严重的电网“公害”。人们采用电力电子学找到了解决的途径，这就是使用有源滤波器。它主要是由电压源型或电流源型 PWM 变流器和一个基准器构成的谐波发生器，目的是产生大范围动态谐波和无功功率，重新“修补”电网波形。因此，有源滤波器不但可用来滤波，还可作为功率补偿器、电压稳定器及不对称负载的电压调节器。

4）新能源利用：电力电子装置可用于太阳能发电及风力发电装置与电力系统的接口。

5）节能：采用电力电子装置实现电动机调速，可以达到很高的效率。

6）家用电器：种类繁多的家用电器，小至一台调光灯具、高频荧光灯具，大至通风取暖设备、微波炉及众多的电动机驱动设备，都离不开电力电子变换电路。各种 PWM 变流设备及专用功率集成电路将被广泛地用于现代化的家庭中，如家用的电冰箱及冰柜、暖气空调机、电子装置（个人计算机、其他家用电器）、电动汽车和电动自行车。

总之，电力电子技术将渗透到航天、国防、工农业生产、交通、文教卫生、办公自动化乃至于家庭的各个角落。随着器件与变换电路的进步，电力电子技术的应用领域也将会有新的突破。

0.7 本课程的任务与要求

电力电子变流技术是电气工程及其自动化、自动化专业的专业基础课。内容包含电力电子器件、变换电路及其控制和应用几个方面，但应以变换电路为主。器件讲解的内容主要包括常用器件的工作原理、器件特性、参数及它们的驱动和保护方法，目的是为了应用这些器件组成电路，应注意掌握器件外部特性及极限额定参数的应用；变换电路主要研究由不同电力电子器件所构成的各种典型变换电路的工作原理、主电路拓扑结构、分析和设计计算的方法以及主电路开关器件的选择方法；控制要研究的是各种典型触发、驱动以及必要的辅助电路的工作原理和特点。

学习电力电子变流技术课程的基本要求是：

1）熟悉和掌握常用电力电子器件的工作原理、特性和参数，能正确选择和使用它们。

2）熟悉和掌握各种基本变换电路的工作原理，掌握其分析方法、工作波形分析和变流器电路的初步设计计算。

3）了解各种开关器件的控制电路、保护电路。

4）了解各种变流器的特点、性能指标和使用场合。

5）掌握基本实验方法、训练基本实验技能。

第1章　电力电子器件

1.1　功率二极管

功率二极管（Power Diode）又称整流二极管，属于不可控型器件，由加在器件阳-阴极上电压的极性控制其通断。功率二极管还有许多派生器件，如快恢复二极管、肖特基整流二极管等。

1.1.1　功率二极管及其工作原理

1. 结构、电气符号和外形

（1）结构和电气符号

普通功率二极管的内部是由一个面积较大的PN结和两端的电极及引线封装而成的。在PN结的P型端引出的电极称为阳极A（Anode），在N型端引出的电极称为阴极K（Cathode）。功率二极管的结构和电气符号如图1-1所示。

（2）外形

功率二极管主要有螺栓型和平板型两种外形结构，如图1-2所示。一般而言，200A以下的器件多数采用螺栓型，200A以上的器件则多数采用平板型。若将几个功率二极管封装在一起，还可组成模块式结构。

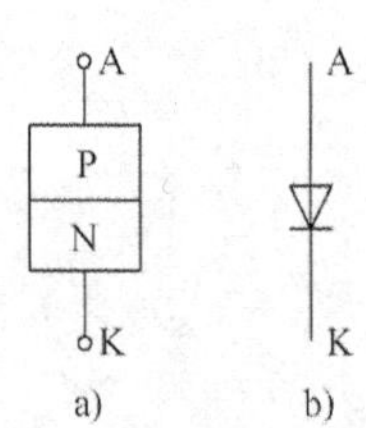

图1-1　功率二极管的结构和电气符号
a）功率二极管的结构　b）功率二极管的电气符号

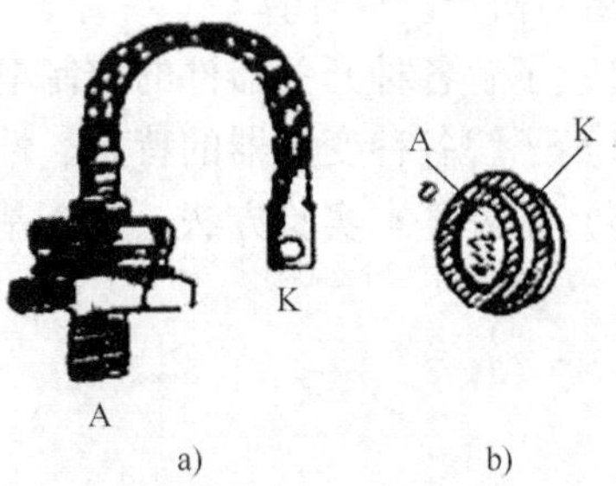

图1-2　功率二极管的外形
a）螺栓型　b）平板型

2. 工作原理

功率二极管的工作原理和普通二极管一样，当加正向电压时，二极管导通，正向管压降很小；当加反向电压时，二极管截止，仅有极小的漏电流流过二极管。

1.1.2　功率二极管的伏安特性

功率二极管的伏安特性是指功率二极管阳-阴极间所加的电压与流过电流的关系特性。功率二极管的伏安特性曲线如图1-3所示。

功率二极管的伏安特性曲线位于第Ⅰ象限和第Ⅲ象限。

1）第Ⅰ象限为正向特性区。当所加正向阳极电压小于门坎电压时，二极管只流过很小的正向电流；当正向阳极电压大于门坎电压时，正向电流急剧增加，此时阳极电流的大小完全由外电路决定，二极管呈现低阻态，其管压降大约为0.6V。

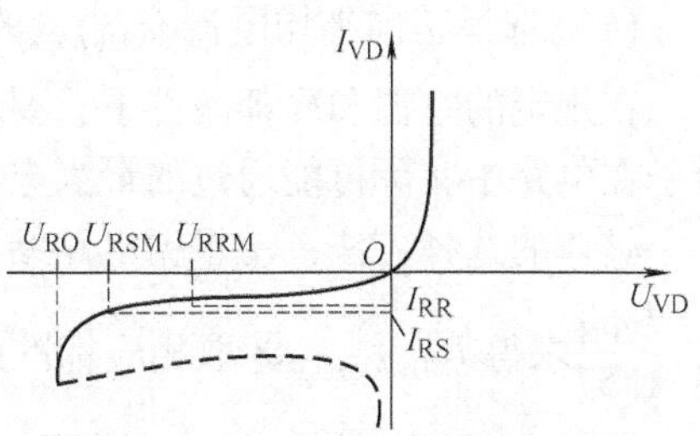

图1-3　功率二极管的伏安特性曲线

2）第Ⅲ象限为反向特性区。当二极管加上反向阳极电压时，开始只有极小的反向漏电流，管子呈现高阻态。随着反向电压的增加，反向电流有所增大。当反向电压增大到一定程度时，漏电流就会急剧增加而管子被击穿。击穿后的二极管若为开路状态，则管子两端电压为电源电压；若二极管击穿成短路状态，则管子电压将很小，而电流却较大，如图1-3中虚线所示。所以必须对反向电压及电流加以限制，否则二极管将被击穿而损坏。其中U_{RO}为反向击穿电压。

1.1.3　功率二极管的主要参数

1. 正向平均电流$I_{VD(AV)}$（额定电流）

功率二极管的正向平均电流$I_{VD(AV)}$是指在规定的环境温度和标准散热条件下，管子允许长期通过的最大工频半波电流的平均值，即额定电流。

2. 正向压降U_{VD}（管压降）

U_{VD}是指在规定温度下，管子流过某一稳定正向电流时所对应的正向压降。

3. 反向重复峰值电压U_{RRM}（额定电压）

在额定结温条件下，器件反向伏安特性曲线的转折处对应的反向电压称为反向不重复峰值电压U_{RSM}，U_{RSM}的80%称为反向重复峰值电压U_{RRM}。它是功率二极管能重复施加的反向最高电压，即额定电压。实际选用功率二极管时，以其在电路中可能承受的反向峰值电压的两倍来选择额定电压。

4. 反向恢复时间

反向恢复时间是指功率二极管从正向电流降至零起到恢复反向阻断能力为止的时间。

1.1.4　功率二极管的型号和选择原则

1. 功率二极管的型号

国产普通功率二极管的型号规定如下：

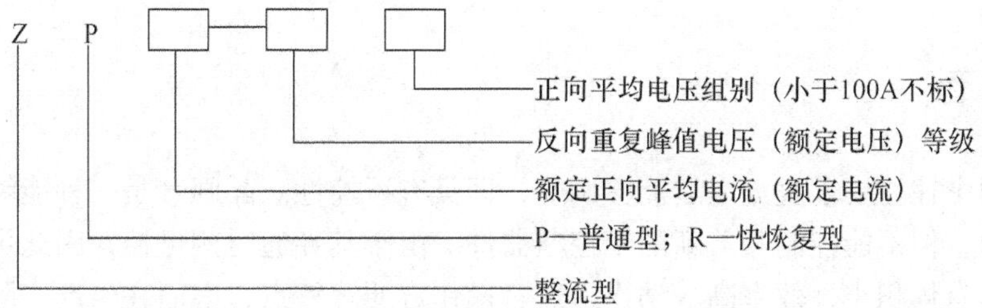

2. 功率二极管的选择

（1）选择正向平均电流 $I_{VD(AV)}$ 的原则

在规定的室温和冷却条件下，要求所选管子的额定电流 $I_{VD(AV)}$ 对应的有效值 I_{VDM} 大于管子在电路中实际可能通过的最大电流有效值 I_{VDm}，即 $I_{VDM} > I_{VDm}$。

具体的选择方法：①根据电路结构确定 I_{VDm}，从而求得 I_{VDM}；②根据 $I_{VD(AV)} = (1.5 \sim 2)\dfrac{I_{VDM}}{1.57}$ 求得 $I_{VD(AV)}$；③取相应标准系列值。

（2）选择额定电压 U_{RRM} 的原则

实际应用中，选择功率二极管的反向重复峰值电压（额定电压）的原则应为管子在所工作的电路中可能承受的最大反向电压 U_{VDM} 的 2～3 倍，即 $U_{RRM} = (2 \sim 3)\ U_{VDM}$。式中，$U_{VDM}$ 为二极管在电路中可能承受的最大反向电压。然后取相应标准系列值。

1.1.5 功率二极管的主要类型

功率二极管在电力电子电路中有着广泛的应用。功率二极管可以在 AC－DC 变换电路中作为整流元件，也可以在包含电感元件等需要释放电能的电路中作为续流元件，还可以在各种变流电路中作为电压隔离、钳位或保护元件。在应用时，应根据不同场合的不同要求，选择不同类型的功率二极管。下面介绍几种常用的功率二极管。

1. 普通功率二极管

普通功率二极管又称整流二极管，多用于开关频率不高的整流电路中，包括电力牵引、蓄电池充电、电镀、焊接和 UPS 等。其反向恢复时间较长，但其正向电流定额和反向电压定额可以达到很高，分别可达数千安和数千伏以上。

2. 快速恢复二极管

快速恢复二极管的特点是恢复时间短，尤其是反向恢复时间短，一般在 5μs 以内，可用于要求很小反向恢复时间的电路中，如用于与可控开关配合的高频电路中。

3. 肖特基二极管

以金属和半导体接触形成的势垒为基础的二极管称为肖特基势垒二极管，简称肖特基二极管。肖特基二极管在信息电子电路中早就得到了应用，但直到 20 世纪 80 年代，由于工艺的发展才得以在电力电子电路中广泛应用。

与以 PN 结为基础的功率二极管相比，肖特基二极管的优点在于它具有低导通电压和极短的开关时间，因此，其开关损耗和正向导通损耗都比快速二极管要小，效率高。

肖特基二极管的缺点是反向漏电流大和阻断电压低。目前，肖特基二极管的电流和电压范围为 1～300A 和 45～1000V，主要应用于高频、低压方面，如高频仪表和开关电源。

1.2 晶闸管

实际应用中往往要求直流电压能够调节，即具有可控性。晶闸管是一种能够采用控制信号控制其导通，但不能控制其关断的半控型器件。由于其导通时刻可控，因此可满足调压要求。晶闸管具有体积小、效率高、动作迅速、操作方便等特点，因而在生产实际中获得了广泛的应用。晶闸管也有许多派生器件，如双向晶闸管（TRIAC）、快速晶闸管（FST）和光控晶闸管（LATT）等。

1.2.1 晶闸管的结构、电气符号和外形

1. 结构和电气符号

晶闸管是一种大功率半导体器件，它的内部是 PNPN 的 4 层结构，形成了 3 个 PN 结（J_1，J_2，J_3），并对外引出 3 个电极，晶闸管的结构如图 1-4a 所示。由最外部 P_1 层和 N_2 层引出的两个电极，分别为阳极 A（Anode）和阴极 K（Cathode）。由中间 P_2 层引出的电极是门极 G（Gate）。从晶闸管的结构图可知，晶闸管的内部可以看成是由 3 个二极管连接而成的。晶闸管的电气符号如图 1-4b 所示。

2. 外形

晶闸管的外形如图 1-4c 所示。图中示出了塑封式、螺栓式、平板式和模块式晶闸管的外形图，常用的是螺栓式和平板式两种。

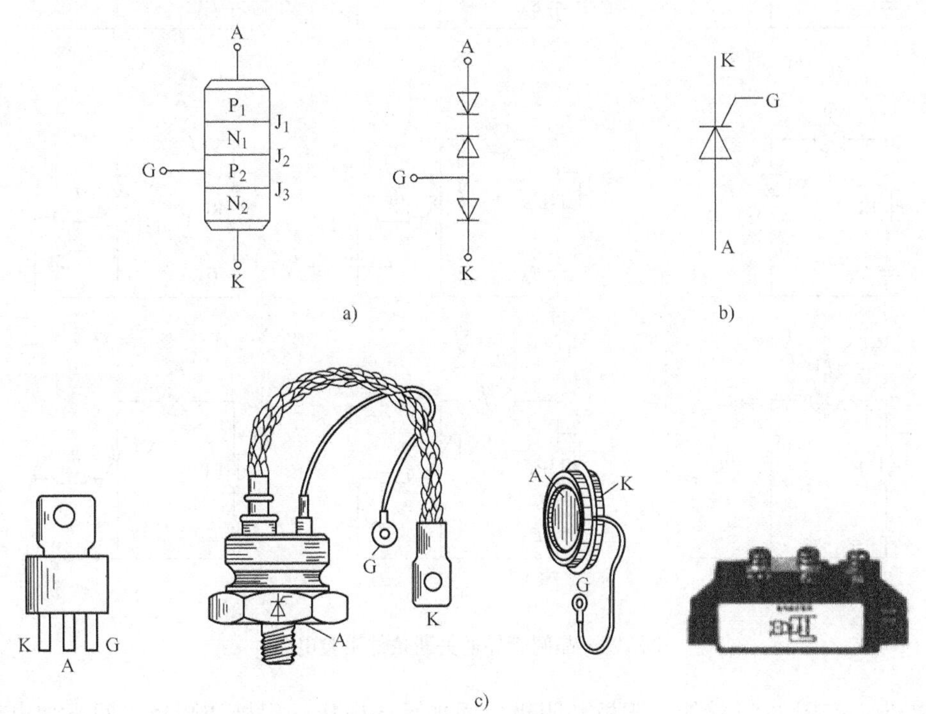

图 1-4 晶闸管的结构、电气符号和外形
a）结构 b）电气符号 c）外形

晶闸管在工作过程中会因损耗而发热，因此必须安装散热器。螺栓式晶闸管是靠阳极（螺栓）拧紧在铝制散热器上，可自然冷却；平板式晶闸管由两个相互绝缘的散热器夹紧晶闸管，靠冷风冷却。和功率二极管一样，额定电流大于 200A 的晶闸管采用平板式外形结构。此外，晶闸管的冷却方式还有水冷、油冷等。

1.2.2 晶闸管的工作原理

1. 晶闸管的导通、关断实验

为了说明晶闸管的工作原理，先做一个实验，实验电路如图 1-5 所示。阳极电源 E_A 通过电位器 RP 连接负载 R_L（白炽灯），接到晶闸管的阳极 A 与阴极 K，组成晶闸管的主电路。流过晶闸管阳极的电流称为阳极电流 I_A，晶闸管阳极和阴极两端的电压称为阳极电压 U_A。门极电源 E_G 通过电阻 R_g 连接晶闸管的门极 G，与阴极 K 组成控制电路（也称触发电路）。流过门极的电流称为门极电流 I_G，门极与阴极之间的电压称为门极电压 U_G。用灯泡来观察晶闸管的通断情况。该实验分 9 个步骤进行。

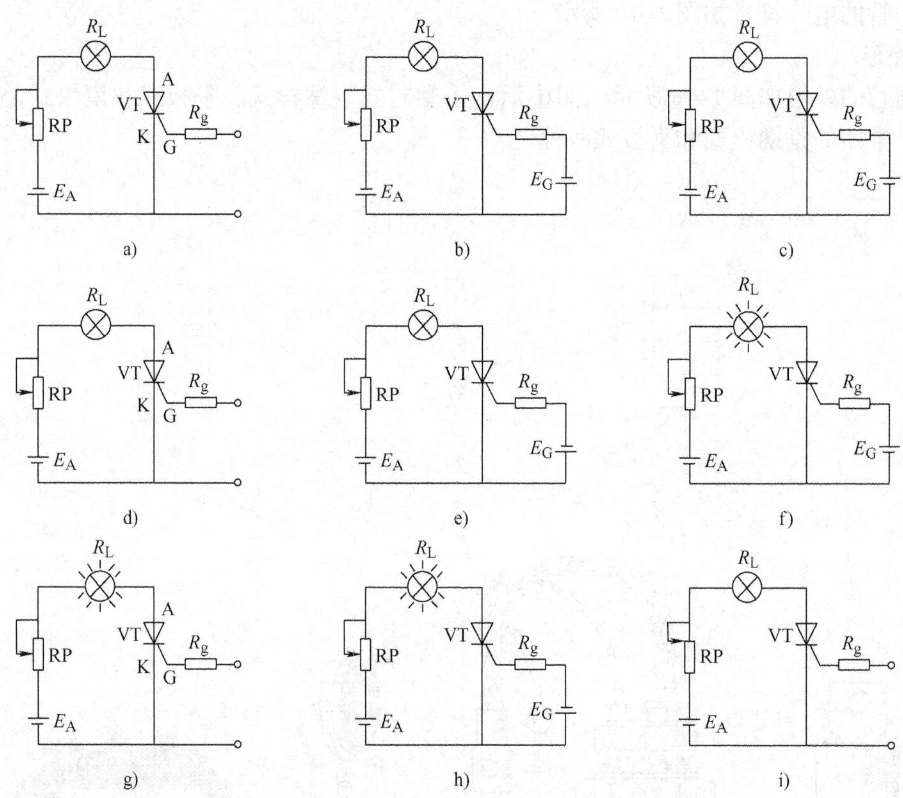

图 1-5 晶闸管导通关断条件实验电路

第 1 步：按图 1-5a 接线，阳极和阴极之间加反向电压，门极和阴极之间不加电压，负载灯不亮，晶闸管不导通。

第 2 步：按图 1-5b 接线，阳极和阴极之间加反向电压，门极和阴极之间加反向电压，负载灯不亮，晶闸管不导通。

第 3 步：按图 1-5c 接线，阳极和阴极之间加反向电压，门极和阴极之间加正向电压，负载灯不亮，晶闸管不导通。

第 4 步：按图 1-5d 接线，阳极和阴极之间加正向电压，门极和阴极之间不加电压，负载灯不亮，晶闸管不导通。

第 5 步：按图 1-5e 接线，阳极和阴极之间加正向电压，门极和阴极之间加反向电压，负载灯不亮，晶闸管不导通。

第 6 步：按图 1-5f 接线，阳极和阴极之间加正向电压，门极和阴极之间也加正向电压，负载灯亮，晶闸管导通。

第 7 步：按图 1-5g 接线，去掉触发电压，负载灯亮，晶闸管仍导通。

第 8 步：按图 1-5h 接线，门极和阴极之间加反向电压，负载灯亮，晶闸管仍导通。

第 9 步：按图 1-5i 接线，去掉触发电压，将电位器阻值加大，晶闸管阳极电流减小，当电流减小到一定值时，负载灯熄灭，晶闸管关断。

实验现象与结论列于表 1-1。

表 1-1　晶闸管导通和关断实验

<table>
<tr><th colspan="2" rowspan="2">实验顺序</th><th rowspan="2">实验前
灯的情况</th><th colspan="2">实验时晶闸管条件</th><th rowspan="2">实验后
灯的情况</th><th rowspan="2">结　论</th></tr>
<tr><th>阳极电压 U_A</th><th>门极电压 U_G</th></tr>
<tr><td rowspan="6">导通实验</td><td>1</td><td>暗</td><td>反向</td><td>零</td><td>暗</td><td rowspan="3">晶闸管在反向阳极电压作用下，不论门极为何电压，它都处于关断状态。说明晶闸管具有单向导电性</td></tr>
<tr><td>2</td><td>暗</td><td>反向</td><td>反向</td><td>暗</td></tr>
<tr><td>3</td><td>暗</td><td>反向</td><td>正向</td><td>暗</td></tr>
<tr><td>1</td><td>暗</td><td>正向</td><td>零</td><td>暗</td><td rowspan="3">晶闸管在正向阳极电压作用下：
1）正向阻断状态：门极加上反向电压或者不加电压，晶闸管不导通
2）正向导通状态：门极加上正向电压，晶闸管导通（闸流可控特性）</td></tr>
<tr><td>2</td><td>暗</td><td>正向</td><td>反向</td><td>暗</td></tr>
<tr><td>3</td><td>暗</td><td>正向</td><td>正向</td><td>亮</td></tr>
<tr><td rowspan="4">关断实验</td><td>1</td><td>亮</td><td>正向</td><td>零</td><td>亮</td><td rowspan="3">已导通的晶闸管在正向阳极作用下，门极失去控制作用</td></tr>
<tr><td>2</td><td>亮</td><td>正向</td><td>反向</td><td>亮</td></tr>
<tr><td>3</td><td>亮</td><td>正向</td><td>正向</td><td>亮</td></tr>
<tr><td>4</td><td>亮</td><td>正向（电流逐渐减小到接近于零）</td><td>任意</td><td>暗</td><td>晶闸管在导通状态时，当电流减小到接近于零时，晶闸管关断</td></tr>
</table>

2. 实验结论

通过上述实验可知，晶闸管导通必须同时具备两个条件：

1）晶闸管阳－阴极（A-K）加正向电压。

2）晶闸管门极－阴极（G-K）加合适的正向电压。

晶闸管一旦导通，门极即失去控制作用。为使晶闸管关断，必须使其阳极电流减小到一定数值以下。具体可用增大负载、减小阳极电压到零或反向的方法来实现。

3. 晶闸管的导通关断原理

为了进一步说明晶闸管的工作原理，下面通过晶闸管的等效电路来分析。

（1）晶闸管的等效电路

4 层 PNPN 结构的晶闸管可看成是由一个 PNP 型和一个 NPN 型晶体管连接而成的，连接形式如图 1-6所示。晶闸管的阳极 A 相当于 PNP 型晶体管 V_1 的发射极，阴极 K 相当于 NPN 型晶体管 V_2 的发射极。

（2）晶闸管的导通原理

当晶闸管阳极承受正向电压，门极也加正向电压时，晶体管 V_2 处于正向偏置，E_G 产生的门极电流 I_G 就是 V_2 的基极电流 I_{B2}；V_2 的集电极电流 $I_{C2}=\beta_2 I_G$，而 I_{C2} 又是晶体管 V_1 的基极电流 I_{B1}，V_1 的集电极电流 $I_{C1}=\beta_1 I_{C2}=\beta_1\beta_2 I_G$（$\beta_1$ 和 β_2 分别是 V_1 和 V_2 的电流放大系数）。电流 I_{C1} 又流入 V_2 的基极，再一次被放大。这样循环下去，形成了强烈的正反馈，使两个晶体管很快达到饱和导通，这就是晶闸管的导通过程。其正反馈过程如下：$I_G\uparrow\rightarrow I_{B2}\uparrow\rightarrow I_{C2}$（$I_{B1}$）$\uparrow\rightarrow I_{C1}\uparrow\rightarrow I_{B2}\uparrow$。导通后，晶闸管上的压降很小，电源电压几乎全部加在负载上，晶闸管中流过的电流即为负载电流。

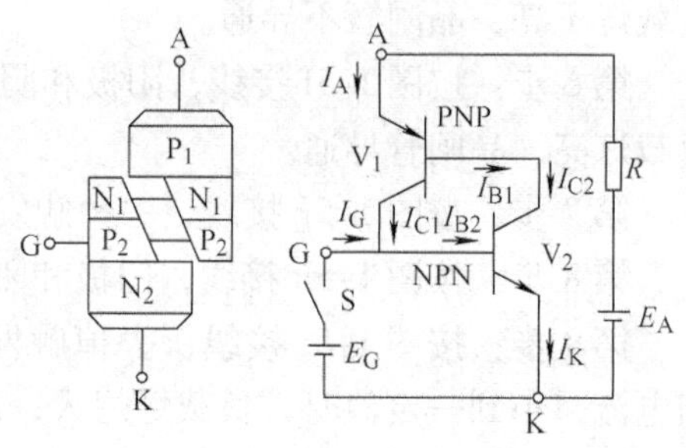

图 1-6　晶闸管导通、关断原理的等效电路

在晶闸管导通之后，它的导通状态完全依靠管子本身的正反馈作用来维持，此时 $I_{B2}=I_{C1}+I_G$，而 $I_{C1}>>I_G$，即使门极电流消失（$I_G=0$），I_{B2} 仍足够大，晶闸管仍将处于导通状态。因此，门极的作用仅是触发晶闸管使其导通，导通之后，门极就失去了控制作用。

（3）晶闸管的关断原理

要想关断晶闸管，最根本的方法就是必须将阳极电流减小到使之不能维持正反馈的程度，也就是将晶闸管的阳极电流减小到小于维持电流。可采用的方法有：增大负载使晶闸管阳极电流减小到一定数值下，使其不能维持导通；将阳极电源断开，使阳极电流为零；改变晶闸管阳极电压的方向，即在阳－阴极间加反向电压，破坏等效晶体管的工作条件。

1.2.3　晶闸管的特性

1. 晶闸管的伏安特性

晶闸管的伏安特性是指晶闸管阳－阴极间电压 U_A 和阳极电流 I_A 之间的关系特性，如图 1-7 所示。

晶闸管的伏安特性包括正向特性（第Ⅰ象限）和反向特性（第Ⅲ象限）两部分。

（1）正向特性

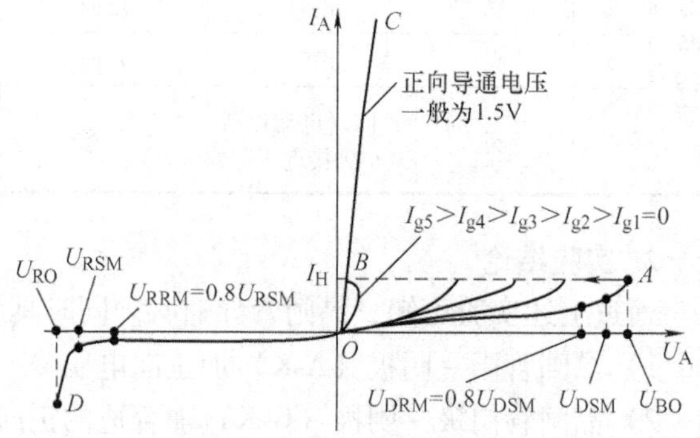

图 1-7　晶闸管的伏安特性曲线

U_{DRM}、U_{RRM}—正、反向断态重复峰值电压

U_{DSM}、U_{RSM}—正、反向断态不重复峰值电压

U_{BO}—正向转折电压　U_{RO}—反向击穿电压

晶闸管的正向特性又有阻断状态和导通状态之分。在门极电流 $I_{g1}=0$ 的情况下，逐渐增大晶闸管的正向阳极电压，这时晶闸管处于断态，只有很小的正向漏电流；随着正向阳极电压的增加，当达到正向转折电压 U_{BO} 时，漏电流突然剧增，特性从正向阻断状态突变为正向导通状态。导通状态时的晶闸管状态和二极管的正向特性相似，即流过较大的阳极电流，而晶闸管本身的压降却很小。正常工作时，不允许把正向阳极电压加到转折值 U_{BO}，而是从门极输入触发电流 I_g，使晶闸管导通。门极电流越大，阳极电压转折点越低（图中 $I_{g5}>I_{g4}>I_{g3}>I_{g2}>I_{g1}$）。晶闸管正向导通后，要使晶闸管恢复阻断，只有逐步减小阳极电流。当 I_A 小到等于维持电流 I_H

时，晶闸管由导通变为阻断。维持电流 I_H 是维持晶闸管导通所需的最小电流。

（2）反向特性

晶闸管的反向特性是指晶闸管的反向阳极电压（阳极相对阴极为负电位）与阳极漏电流的伏安特性。晶闸管的反向特性与功率二极管的反向特性相似。当晶闸管承受反向阳极电压时，晶闸管总是处于阻断状态。当反向电压增加到一定数值时，反向漏电流增加较快。再继续增大反向阳极电压，会导致晶闸管反向击穿，造成晶闸管的损坏。

2. 晶闸管的开关特性

晶闸管的开关特性如图 1-8 所示。

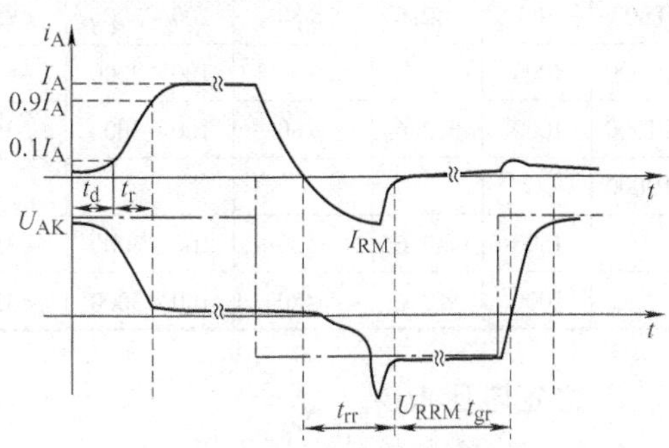

图 1-8　晶闸管的开关特性

晶闸管的开通不是瞬间完成的，开通时阳极与阴极两端的电压有一个下降过程，而阳极电流的上升也需要有一个过程，这个过程可分为三段。第一段对应时间为延迟时间 t_d，对应着阳极电流上升到 $10\% I_A$ 所需时间，此时 J_2 结仍为反向偏置，晶闸管的电流不大。第二段为上升时间 t_r，对应着阳极电流由 $10\% I_A$ 上升到 $90\% I_A$ 所需时间，这时靠近门极的局部区域已经导通，相应的 J_2 结已由反偏转为正偏，电流迅速增加。通常定义器件的开通时间 t_{on} 为延迟时间 t_d 与上升时间 t_r 之和，即

$$t_{on} = t_d + t_r$$

晶闸管的关断过程也如图 1-8 所示。电源电压反向后，从正向电流降为零起到能重新施加正向电压为止的时间定义为器件的关断时间 t_{off}。通常定义器件的关断时间 t_{off} 等于反向阻断恢复时间 t_{rr} 与正向阻断恢复时间 t_{gr} 之和，即

$$t_{off} = t_{rr} + t_{gr}$$

1.2.4　晶闸管的主要参数

晶闸管的各项额定参数在晶闸管生产后，由厂家经过严格测试而确定。表 1-2 列出了晶闸管的一些主要参数。

表 1-2　晶闸管的主要参数

型号	通态平均电流 /A	通态峰值电压 /V	断态正反向重复峰值电流 /mA	断态正反向重复峰值电压 /V	门极触发电流 /mA	门极触发电压 /V	断态电压临界上升率 /(V/μs)	推荐用散热器	安装力 /kN	冷却方式
KP5	5	≤2.2	≤8	100 ~ 2000	<60	<3		SZ14		自然冷却
KP10	10	≤2.2	≤10	100 ~ 2000	<100	<3	250 ~ 800	SZ15		自然冷却
KP20	20	≤2.2	≤10	100 ~ 2000	<150	<3		SZ16		自然冷却
KP30	30	≤2.4	≤20	100 ~ 2400	<200	<3	50 ~ 100	SZ16		强迫风冷　水冷
KP50	50	≤2.4	≤20	100 ~ 2400	<250	<3		SL17		强迫风冷　水冷
KP100	100	≤2.6	≤40	100 ~ 3000	<250	<3.5		SL17		强迫风冷　水冷
KP200	200	≤2.6	≤0	100 ~ 3000	<350	<3.5		L18	11	强迫风冷　水冷

（续）

型号	通态平均电流/A	通态峰值电压/V	断态正反向重复峰值电流/mA	断态正反向重复峰值电压/V	门极触发电流/mA	门极触发电压/V	断态电压临界上升率/(V/μs)	推荐用散热器	安装力/kN	冷却方式
KP300	300	≤2.6	≤50	100～3000	<350	<3.5		L18B	15	强迫风冷　水冷
KP500	500	≤2.6	≤60	100～3000	<350	<4	100～1000	SF15	19	强迫风冷　水冷
KP800	800	≤2.6	≤80	100～3000	<350	<4		SF16	24	强迫风冷　水冷
KP1000	1000			100～3000				SS13		
KP1500	1000	≤2.6	≤80	100～3000	<350	<4		SF16	30	强迫风冷　水冷
KP2000								SS13		
	1500	≤2.6	≤80	100～3000	<350	<4		SS14	43	强迫风冷　水冷
	2000	≤2.6	≤80	100～3000	<350	<4		SS14	50	强迫风冷　水冷

1. 额定电压 U_{VTn}

（1）正向重复峰值电压 U_{DRM}

在门极断开和晶闸管正向阻断条件下，可重复加在晶闸管两端的正向峰值电压称为正向重复峰值电压 U_{DRM}。国家标准规定：额定电压3000V以下，此电压取正向不重复峰值电压 U_{DSM} 的80%。

（2）反向重复峰值电压 U_{RRM}

在门极断路时，可以重复加在晶闸管两端的反向峰值电压称为反向重复峰值电压 U_{RRM}。此电压取反向不重复峰值电压 U_{RSM} 的80%。

将 U_{DRM} 和 U_{RRM} 中的较小值按百位取整后作为该晶闸管的额定值。例如，一晶闸管实测 $U_{DRM}=812V$，$U_{RRM}=756V$，将两者较小的756V按表1-3取整得700V，则该晶闸管的额定电压为700V。

（3）额定电压 U_{VTn}

在晶闸管的铭牌上，额定电压是以电压等级的形式给出的，通常标准电压等级规定为：电压在1000V以下时，每100V为一级；电压在1000～3000V时，每200V为一级。晶闸管标准电压等级见表1-3。

表1-3　晶闸管标准电压等级

级　别	正反向重复峰值电压/V	级　别	正反向重复峰值电压/V	级　别	正反向重复峰值电压/V
1	100	8	800	20	2000
2	200	9	900	22	2200
3	300	10	1000	24	2400
4	400	12	1200	26	2600
5	500	14	1400	28	2800
6	600	16	1600	30	3000
7	700	18	1800		

在使用过程中，环境温度的变化、散热条件以及出现的各种过电压都会对晶闸管产生影响，因此在选择晶闸管时，应使其额定电压为实际工作时可能承受的最大正向或反向电压 U_{VTM} 的2～3倍，即

$$U_{VTn} \geqslant (2\sim3)U_{VTM}$$

2. 额定电流 $I_{VT(AV)}$

晶闸管的额定电流又称为通态平均电流，它是指在规定的条件下晶闸管允许通过的最大工频正弦半波电流的平均值。晶闸管额定电流的标定采用的是平均电流，而不是有效值电流。

规定的条件是指：环境温度为40℃，规定的冷却条件，采用电阻性负载，晶闸管的导通角不小于170°，结温不超过额定值。

但是决定晶闸管结温的是管子损耗的发热效应，表征热效应的电流是以有效值表示的。

根据晶闸管额定电流 $I_{VT(AV)}$ 的定义，设流过管子的正弦半波电流的最大值为 I_m。依据电流平均值、有效值的定义（导通角不小于170°），得

额定电流：$I_{VT(AV)} = \dfrac{1}{2\pi}\displaystyle\int_0^{\pi} I_m \sin\omega t \mathrm{d}(\omega t) = \dfrac{I_m}{\pi}$

电流有效值：$I_{VTn} = \sqrt{\dfrac{1}{2\pi}\displaystyle\int_0^{\pi} (I_m \sin\omega t)^2 \mathrm{d}(\omega t)} = \dfrac{I_m}{2}$

现定义电流有效值与电流平均值之比为电流的波形系数 K_f。则晶闸管的电流波形系数为

$$K_f = \frac{I_{VTn}}{I_{VT(AV)}} = \frac{\pi}{2} = 1.57$$

所以 $I_{VTn} = 1.57 I_{VT(AV)}$，即在正弦半波时，额定电流为100A的晶闸管，其允许通过的电流有效值为157A。当波形系数不同时，标注额定电流为100A的晶闸管，其实际允许的平均值电流是不同的。

常见波形的 K_f 值与额定电流为100A的晶闸管允许流过的电流平均值见表1-4。

表1-4　常见波形的 K_f 值与额定电流为100A的晶闸管允许流过的电流平均值

波　形	实际波形的平均值 $I_{VT(AV)}$ 和有效值 I_{VTn}	波形系数 K_f	实际允许通过的电流平均值 I_d
i, I_m, I_d, O, π/2, π, 2π, ωt	$I_{VT(AV)} = \dfrac{1}{2\pi}\displaystyle\int_{\frac{\pi}{2}}^{\pi} I_m \sin\omega t \mathrm{d}(\omega t) = \dfrac{I_m}{2\pi}$ $I_{VTn} = \sqrt{\dfrac{1}{2\pi}\displaystyle\int_{\frac{\pi}{2}}^{\pi} (I_m \sin\omega t)^2 \mathrm{d}(\omega t)} = \dfrac{I_m}{2\sqrt{2}}$	2.22	$I_d = \dfrac{100\text{A}\times1.57}{2.22} = 70.7\text{A}$
i, I_m, I_d, O, π, 2π, ωt	$I_{VT(AV)} = \dfrac{1}{\pi}\displaystyle\int_0^{\pi} I_m \sin\omega t \mathrm{d}(\omega t) = \dfrac{2I_m}{\pi}$ $I_{VTn} = \sqrt{\dfrac{1}{\pi}\displaystyle\int_0^{\pi} (I_m \sin\omega t)^2 \mathrm{d}(\omega t)} = \dfrac{I_m}{\sqrt{2}}$	1.11	$I_d = \dfrac{100\text{A}\times1.57}{1.11} = 141.4\text{A}$
i, I_m, I_d, O, 2/3π, 2π, ωt	$I_{VT(AV)} = \dfrac{1}{2\pi}\displaystyle\int_0^{\frac{2\pi}{3}} I_m \mathrm{d}(\omega t) = \dfrac{I_m}{3}$ $I_{VTn} = \sqrt{\dfrac{1}{2\pi}\displaystyle\int_0^{\frac{2\pi}{3}} (I_m)^2 \mathrm{d}(\omega t)} = \dfrac{I_m}{\sqrt{3}}$	1.73	$I_d = \dfrac{100\text{A}\times1.57}{1.73} = 90.7\text{A}$
i, I_m, I_d, O, π, 2π, ωt	$I_{VT(AV)} = \dfrac{1}{2\pi}\displaystyle\int_0^{\pi} I_m \sin\omega t \mathrm{d}(\omega t) = \dfrac{I_m}{\pi}$ $I_{VTn} = \sqrt{\dfrac{1}{2\pi}\displaystyle\int_0^{\pi} (I_m \sin\omega t)^2 \mathrm{d}(\omega t)} = \dfrac{I_m}{2}$	1.57	$I_d = \dfrac{100\text{A}\times1.57}{1.57} = 100\text{A}$

不同的电流波形有不同的平均值与有效值，波形系数 K_f 也不同。在选用晶闸管时，首先确定管子在电路中实际通过的最大电流有效值 I_{VTm}，然后要求所选管子的额定电流对应的有效值电流 I_{VTn} 大于等于最大电流有效值 I_{VTm}，即 $I_{VTm} \leqslant I_{VTn}$；再根据管子的额定电流（通态平均电流）与对应的有效值电流关系求出额定电流（通态平均电流）；考虑器件的过载能力，实际选择时应有 1.5 ~2 倍的安全裕量。即

$$1.57 I_{VT(AV)} = I_{VTn} \geqslant (1.5 \sim 2) I_{VTm} \text{，则 } I_{VT(AV)} \geqslant (1.5 \sim 2) \frac{I_{VTm}}{1.57}$$

【例 1-1】 某一晶闸管接在 220V 交流电路中，实际通过晶闸管的电流有效值为 50A，问如何选择晶闸管的额定电压和额定电流？

解： 晶闸管额定电压 $U_{VTn} \geqslant (2 \sim 3)\ U_{VTM} = (2 \sim 3) \times \sqrt{2} \times 220\text{V} = (622 \sim 933)\ \text{V}$；按晶闸管参数系列取 800V，即 8 级。

晶闸管的额定电流 $I_{VT(AV)} \geqslant (1.5 \sim 2)\ \dfrac{I_{VTm}}{1.57} = (1.5 \sim 2) \times \dfrac{50}{1.57}\text{A} = (48 \sim 64)\ \text{A}$；按晶闸管参数系列取 50A。

3. 通态平均电压 $U_{VT(AV)}$

在规定环境温度、标准散热条件下，通以额定电流时，晶闸管阳极和阴极间电压降的平均值，称为通态平均电压（一般称为管压降），其数值按表 1-5 分组。从减小损耗和器件发热来看，应选择 $U_{VT(AV)}$ 较小的管子。实际当晶闸管流过较大的恒定直流电流时，其通态平均电压比器件出厂时定义的值（见表 1-5）要大，约为 1.5V。

表 1-5 晶闸管通态平均电压分组

组　别	A	B	C	D	E
通态平均电压/V	$U_{VT(AV)} \leqslant 0.4$	$0.4 < U_{VT(AV)} \leqslant 0.5$	$0.5 < U_{VT(AV)} \leqslant 0.6$	$0.6 < U_{VT(AV)} \leqslant 0.7$	$0.7 < U_{VT(AV)} \leqslant 0.8$
组　别	F	G	H	I	
通态平均电压/V	$0.8 < U_{VT(AV)} \leqslant 0.9$	$0.9 < U_{VT(AV)} \leqslant 1.0$	$1.0 < U_{VT(AV)} \leqslant 1.1$	$1.1 < U_{VT(AV)} \leqslant 1.2$	

4. 维持电流 I_H 和擎住电流 I_L

在室温且门极开路时，能维持晶闸管继续导通的最小电流称为维持电流 I_H。维持电流大的晶闸管容易关断。给晶闸管门极加上触发电压，当器件刚从阻断状态转为导通状态时就撤除触发电压，此时器件维持导通所需要的最小阳极电流称为擎住电流 I_L。对同一晶闸管来说，擎住电流 I_L 要比维持电流 I_H 大 2 ~4 倍。

5. 门极触发电流 I_{GT}

在室温且阳极电压为 6V 直流电压时，使晶闸管从阻断到完全开通所必需的最小门极直流电流称为门极触发电流。

6. 门极触发电压 U_{GT}

对应于门极触发电流时的电压称为门极触发电压。对于晶闸管的使用者来说，为使触发器适用于所有同型号的晶闸管，触发器送给门极的电压和电流应适当地大于所规定的 U_{GT} 和 I_{GT} 上限，但不应超过其峰值 I_{GFM} 和 U_{GFM}。门极平均功率 P_G 和峰值功率（允许的最大瞬时功率）P_{GM} 也不应超过规定值。

7. 断态电压临界上升率 d*u*/d*t*

在额定结温和门极断路条件下，使器件从断态转入通态的最低电压上升率称为断态电压临界上升率 d*u*/d*t*。

8. 通态电流临界上升率 d*i*/d*t*

在规定条件下，由门极触发晶闸管使其导通时，晶闸管能够承受而不导致损坏的通态电流的最大上升率称为通态电流临界上升率 d*i*/d*t*。晶闸管所允许的最大电流上升率应小于此值。

另外还有晶闸管的开通与关断时间等参数。

1.2.5　普通晶闸管的型号和选择原则

1. 普通晶闸管的型号

国产普通晶闸管型号中各部分的含义如下：

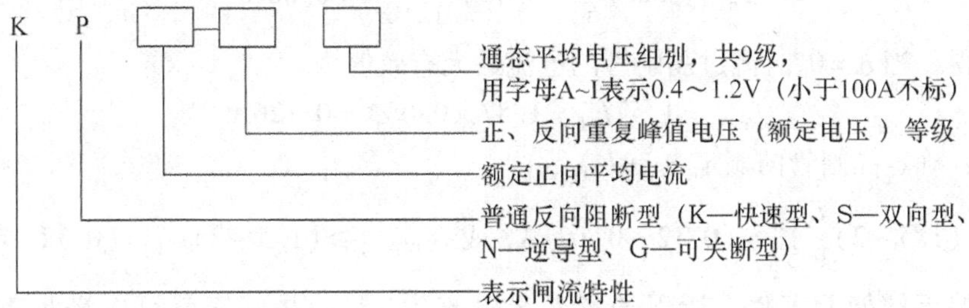

例如，KP100—12G 表示额定电流为 100A、额定电压为 1200V、管压降为 1V 的普通晶闸管。

2. 普通晶闸管的选择原则

（1）选择额定电流 $I_{VT(AV)}$ 的原则

在规定的室温和冷却条件下，只要所选管子的额定电流 $I_{VT(AV)}$ 对应的有效值 I_{VTn} 大于等于管子在电路中实际流过的最大电流有效值 I_{VTm} 即可。考虑器件的过载能力，实际选择时应有 1.5 ~2 倍的安全裕量。计算公式为

$$I_{VT(AV)} \geqslant (1.5 \sim 2)\frac{I_{VTm}}{1.57}$$

式中，I_{VTm} 为管子在电路中实际流过的最大电流有效值。

然后取相应标准系列值。

（2）选择额定电压 U_{VTn} 的原则

选择普通晶闸管额定电压的原则应为管子在所工作的电路中可能承受的最大正向或反向电压瞬时值 U_{VTM} 的 2 ~3 倍，即

$$U_{VTn} = (2 \sim 3)U_{VTM}$$

式中，U_{VTM} 为晶闸管在电路中承受的最大正向或反向电压瞬时值。

然后取相应标准系列值。

【例 1-2】 将交流 220V 电源输入带 40W 白炽灯的单相半波可控整流电路中，确定晶闸管的型号。

解：（1）额定电压的计算

第 1 步：单相半波可控整流电路中晶闸管可能承受的最大电压：$U_{VTM}=\sqrt{2}U_2=\sqrt{2}\times 220V\approx311V$

第 2 步：考虑 2 ~ 3 倍的裕量：$(2\sim3)U_{VTM}=(2\sim3)\times\sqrt{2}\times220V=(622\sim933)V$

第 3 步：确定所需晶闸管的额定电压等级，因为电路中无储能元器件，所以选择电压等级为 7 的晶闸管就可以满足正常工作的需要。

(2) 额定电流的计算

第 4 步：白炽灯为电阻性负载，根据白炽灯的额定值计算出其阻值 $R=\frac{220^2}{40}\Omega=1210\Omega$

第 5 步：确定实际流过晶闸管的电流有效值：

在单相半波可控整流电路中，当 $\alpha=0°$时，流过晶闸管的电流最大，且电流的有效值是平均值的 1.57 倍。单相半波整流电路在 $\alpha=0°$时，流过晶闸管的平均电流为

$$I_{dT}=0.45\frac{U_2}{R}=0.45\times\frac{220}{1210}A=0.08A$$

由此可得，当 $\alpha=0°$时流过晶闸管的电流最大有效值为

$$I_{VTm}=1.57I_{dT}=1.57\times0.08A=0.126A$$

第 6 步：确定晶闸管的额定电流 $I_{VT(AV)}$

$$I_{VT(AV)}\geqslant(1.5\sim2)\frac{I_{VTm}}{1.57}=(0.12\sim0.16)A，或 I_{VT(AV)}\geqslant(1.5\sim2)I_{dT}=(0.12\sim0.16)A$$

因为电路无储能元器件，所以选择额定电流为 1A 的晶闸管就可以满足正常工作的需要。

由以上分析可以确定，晶闸管应选用的型号为 KP1-7。

1.2.6 晶闸管的其他派生器件

1. 双向晶闸管（TRIAC）

双向晶闸管是把一对反并联的普通晶闸管集成在同一硅片上，只用一个门极触发的组合器件。双向晶闸管具有正、反两个方向都能控制导通的特性，同时还具有触发电路简单、工作稳定可靠的优点，是一种用于交流变换的理想器件。

(1) 双向晶闸管的外形、内部结构、等效电路及电气符号

双向晶闸管的外形结构与普通晶闸管类似，也有螺栓型、平板型和塑封型等结构，如图 1-9所示。它的内部是一种 NPNPN5 层结构、三端引线的器件，有两个主电极 T_1、T_2，一个门极 G。P_1、N_4 表面用金属连通构成第一阳极 T_1，P_2、N_2 也用金属连通构成第二阳极 T_2，N_3 与 P_2 的一部分作为公共门极 G，门极 G 与第二阳极 T_2 在同一侧面。

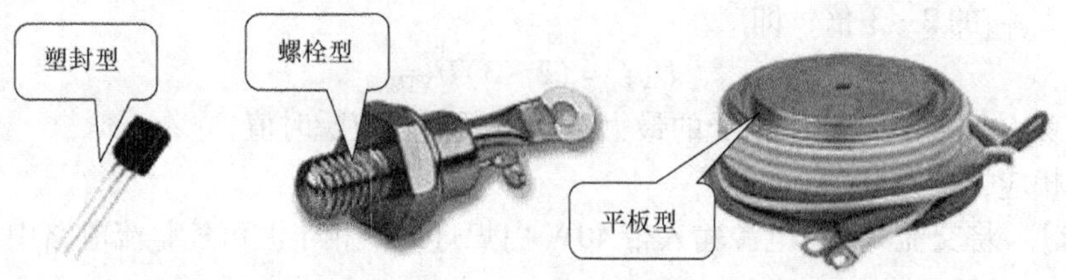

图 1-9　双向晶闸管的外形

双向晶闸管的内部结构、等效电路及电气符号如图 1-10 所示。其中 $P_1N_1P_2N_2$ 称为正向晶闸管，$P_2N_1P_1N_4$ 称为反向晶闸管，且这两个晶闸管的触发导通都由同一个门极 G 来控制。

从图 1-10 可见，双向晶闸管相当于两个普通晶闸管反并联，但它只有一个门极 G。由于 N_3 区的存在，使得门极 G 相对于 T_1 端无论是正的或是负的，都能触发，而且 T_1 相对于 T_2 既可以是正，也可以是负。

（2）双向晶闸管的伏安特性和触发方式

双向晶闸管的伏安特性如图 1-11 所示。在第Ⅰ、第Ⅲ象限具有对称的阳极伏安特性，均可由门极触发导通，因此双向晶闸管是一种半控交流开关器件。

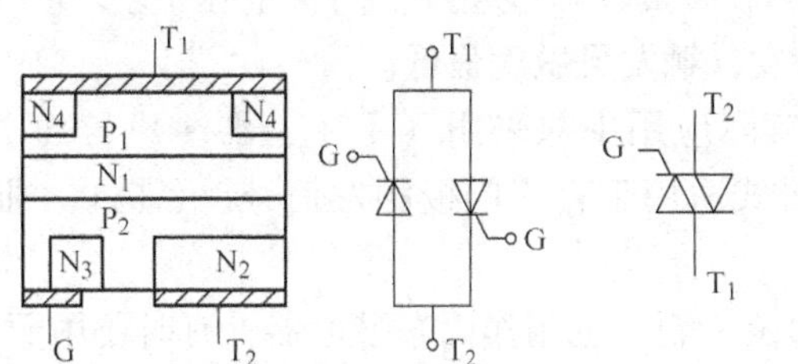

图 1-10　双向晶闸管的内部结构、等效电路及电气符号

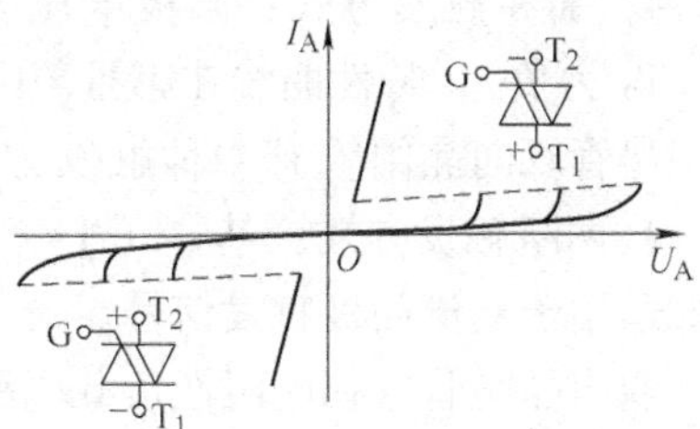

图 1-11　双向晶闸管的伏安特性

双向晶闸管的主要参数中只有额定电流与普通晶闸管有所不同，其他参数定义相似。由于双向晶闸管工作在交流电路中，正反向电流都可以流过，所以它的额定电流不用平均值而是用有效值来表示。定义为：双向晶闸管的额定电流是在标准散热条件下，当器件的单向导通角大于 170°时，允许流过器件的最大交流正弦电流的有效值，用 $I_{VT(RMS)}$ 表示。

国产双向晶闸管用 KS 表示，有关 KS 型双向晶闸管的主要参数和分级的规定见表 1-6。

表 1-6　双向晶闸管的主要参数

参数 数值 系列	额定通态电流（有效值）$I_{VT(RMS)}$/A	断态重复峰值电压（额定电压）U_{DRM}/V	断态重复峰值电流 I_{DRM}/mA	额定结温 T_{jm}/℃	断态电压临界上升率 du/dt/(V/μs)	通态电流临界上升率 di/dt/(A/μs)	换向电流临界下降率 di/dt/(A/μs)	门极触发电流 I_{GT}/mA	门极触发电压 U_{GT}/V	门极峰值电流 I_{GM}/A	门极峰值电压 U_{GM}/V	维持电流 I_H/mA	通态平均电压 $U_{VT(AV)}$/V
KS1	1	100~200	<1	115	≥20	—	≥0.2% $I_{VT(RMS)}$	3~100	≤2	0.3	10	实测值	上限值由各厂根据浪涌电流和结温的合格形式试验决定,并满足$\vert U_{T1}-U_{T2}\vert \leq 0.5V$
KS10	10		<10	115	≥20	—		5~100	≤3	2	10		
KS20	20		<10	115	≥20	—		5~200	≤3	2	10		
KS50	50		<15	115	≥20	10		8~200	≤4	3	10		
KS100	100		<20	115	≥50	10		10~300	≤4	4	12		
KS200	200		<20	115	≥50	15		10~400	≤4	4	12		
KS400	400		<25	115	≥50	30		20~400	≤4	4	12		
KS500	500		<25	115	≥50	30		20~400	≤4	4	12		

由于门极的特殊结构，双向晶闸管的触发电压极性可正可负，以便开通两个反向并联的晶闸管，根据主电极间电压极性以及门极信号极性的不同组合，双向晶闸管有 4 种触发方式，即Ⅰ+、Ⅰ-、Ⅲ+和Ⅲ-触发。

1）Ⅰ+触发方式：阳极电压 $U_{T1T2}>0$（T_1 为正、T_2 为负），门极电压 $U_G>0$（G 为正、T_2 为负），特性曲线在第Ⅰ象限，为正触发，触发灵敏度最高。

2）Ⅰ-触发方式：阳极电压 $U_{T1T2}>0$（T_1 为正、T_2 为负），门极电压 $U_G<0$（G 为负、T_2 为正），特性曲线在第Ⅰ象限，为负触发，触发灵敏度较高。

3）Ⅲ-触发方式：阳极电压 $U_{T1T2}<0$（T_1 为负、T_2 为正），门极电压 $U_G<0$（G 为负、T_2 为正），特性曲线在第Ⅲ象限，为负触发，触发灵敏度较高。

4）Ⅲ+触发方式：阳极电压 $U_{T1T2}<0$（T_1 为负、T_2 为正），门极电压 $U_G>0$（G 为正、T_2 为负），特性曲线在第Ⅲ象限，为正触发，触发灵敏度最低。

尽管双向晶闸管有 4 种触发方式，但在实际应用中只采用（Ⅰ+、Ⅲ-）与（Ⅰ-、Ⅲ-）两组触发方式，其中（Ⅰ-、Ⅲ-）方式适用于直流门极触发信号，（Ⅰ+、Ⅲ-）方式适用于交流门极触发信号。

双向晶闸管常在电阻性负载电路中用作相位控制，也用作固态继电器，有时还用于电动机控制。

（3）双向晶闸管的型号、选择原则

1）双向晶闸管的型号。

双向晶闸管的型号规格如下：

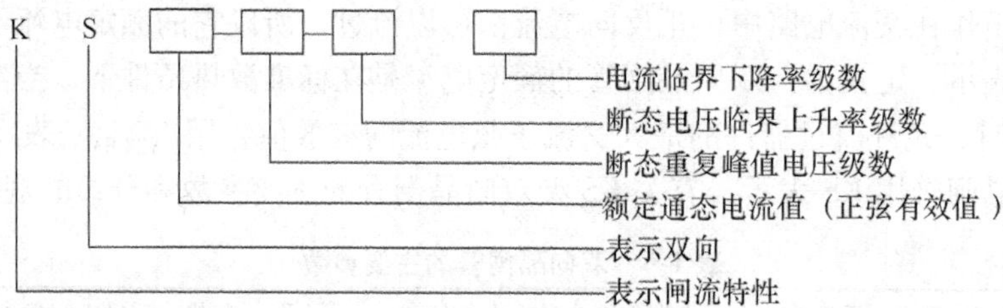

例如，KS100—8—21 表示双向晶闸管，额定电流为 100A，断态重复峰值电压为 8 级（800V），断态电压临界上升率（du/dt）为 2 级（不小于 200V/μs），换向电流临界下降率（di/dt）为 1 级（不小于 $1\% I_{VT(RMS)}$/μs）。

2）双向晶闸管的选择原则。

为了保证交流开关的可靠运行，必须根据开关的工作条件，合理选择双向晶闸管的额定通态电流、断态重复峰值电压（铭牌额定电压）以及换向电压上升率。

额定通态电流 $I_{VT(RMS)}$ 的选择：双向晶闸管交流开关较多用于电动机的频繁起动和制动。对可逆运转的交流电动机，要考虑起动或反接电流峰值来选取器件的额定通态电流 $I_{VT(RMS)}$；对于绕线转子电动机，最大电流为电动机额定电流的 3～6 倍；对笼型电动机则取 7～10 倍。如对于 30kW 的绕线转子电动机和 11kW 的笼型电动机要选用 200A 的双向晶闸管。

额定电压 U_{DRM} 的选择：电压裕量通常取 2 倍。380V 线路用的交流开关，一般应选 1000～1200V 的双向晶闸管。

换向能力（du/dt）的选择：电压上升率（du/dt）是重要参数，一些双向晶闸管的交流开关经常发生短路事故，主要原因之一是器件允许的（du/dt）太小。通常解决的方法是：

① 在交流开关的主电路中串入空心电抗器，抑制电路中的换向电压上升率，降低对双向晶闸管换向能力的要求。

② 选用（du/dt）值高的器件，一般选（du/dt）为 200V/μs。

2. 快速晶闸管（FST）

快速晶闸管是为提高工作频率、缩短开关时间而采用特殊工艺制造的器件，其工作频率在 400Hz 以上。快速晶闸管包括常规的快速晶闸管（简称 KK 管）和工作频率更高的高频晶闸管（简称 KG）两种。

快速晶闸管的外观、电气符号、基本结构、伏安特性与普通晶闸管相同。快速晶闸管的特点是：

1）开通时间和关断时间比普通晶闸管短。一般开通时间为 1 ~ 2μs，关断时间为几 ~ 几十微秒。

2）开关损耗小。

3）有较高的电流上升率和电压上升率。通态电流临界上升率 di/dt≥100A/μs，断态电压临界上升率 du/dt≥100V/μs。

4）允许使用频率范围为几十 ~ 几千赫兹。

3. 光控晶闸管（LATT）

光控晶闸管是一种以光信号代替电信号来进行触发导通的特殊晶闸管，它也是由 $P_1N_1P_2N_2$4 层结构构成的，光控晶闸管的工作原理基本同于普通晶闸管器件，不同的只是 J_2 结及附近区域在光能的激发下，可产生大量的电子和空穴，在外加电压作用下穿过 J_2 阻挡层，起到了普通晶闸管注入 I_G 的作用，使光控晶闸管触发导通。

光控晶闸管的结构、电气符号及伏安特性如图 1-12 所示，与普通晶闸管类似，只不过伏安特性的转折电压是随光照强度的增大而降低。

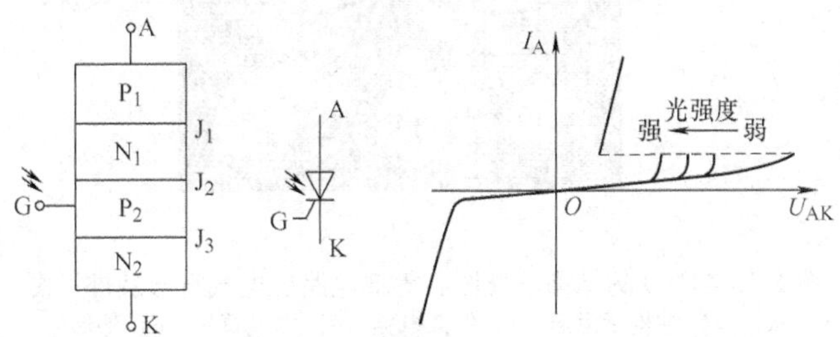

图 1-12　光控晶闸管的结构、电气符号及伏安特性

激光是光控晶闸管的理想光源。光触发与电触发相比，具有抗噪波干扰、主电路与控制电路间高度绝缘、重量轻、体积小等优点。

1.3　门极关断（GTO）晶闸管

门极关断（Gate Turn-Off Thyristor，GTO）晶闸管，简称 GTO，它具有普通晶闸管的全部优点，如耐压高、电流大、耐浪涌能力强、使用方便和价格低等。同时它又有自身的优点，如具有自关断能力、工作效率较高、使用方便、无需辅助关断电路等。GTO 既可用门极正向触发信号使其触发导通，又可向门极加负向触发电压使其关断，是一种应用广泛的大功率全控开关器件，在高电压和大中容量的斩波器及逆变器中获得了广泛应用。

1.3.1　GTO 的结构和工作原理

1. GTO 的结构

和普通晶闸管一样，GTO 也是 4 层 PNPN 结构、三端引出线（A、K、G）的器件；但和普通晶闸管不同的是，GTO 内部是由许多 $P_1N_1P_2N_2$4 层结构的小晶闸管并联而成的，这些小晶闸管的门极和阴极并联在一起，成为 GTO 元。所以 GTO 是集成元件结构，而普通晶闸管是独立元件结构。由于 GTO 和普通晶闸管结构上的不同，其关断性能上也不同。图 1-13给出了 GTO 的结构示意图、等效电路、电气符号及外形图。

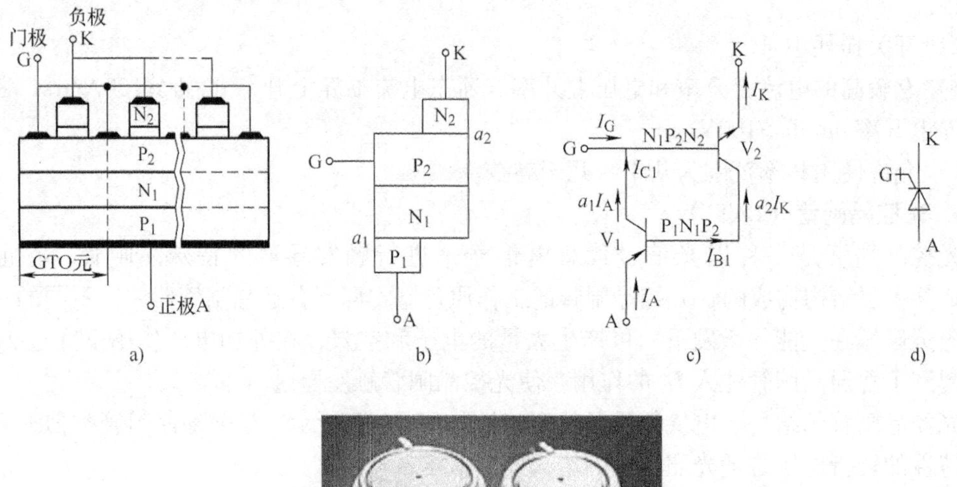

e)

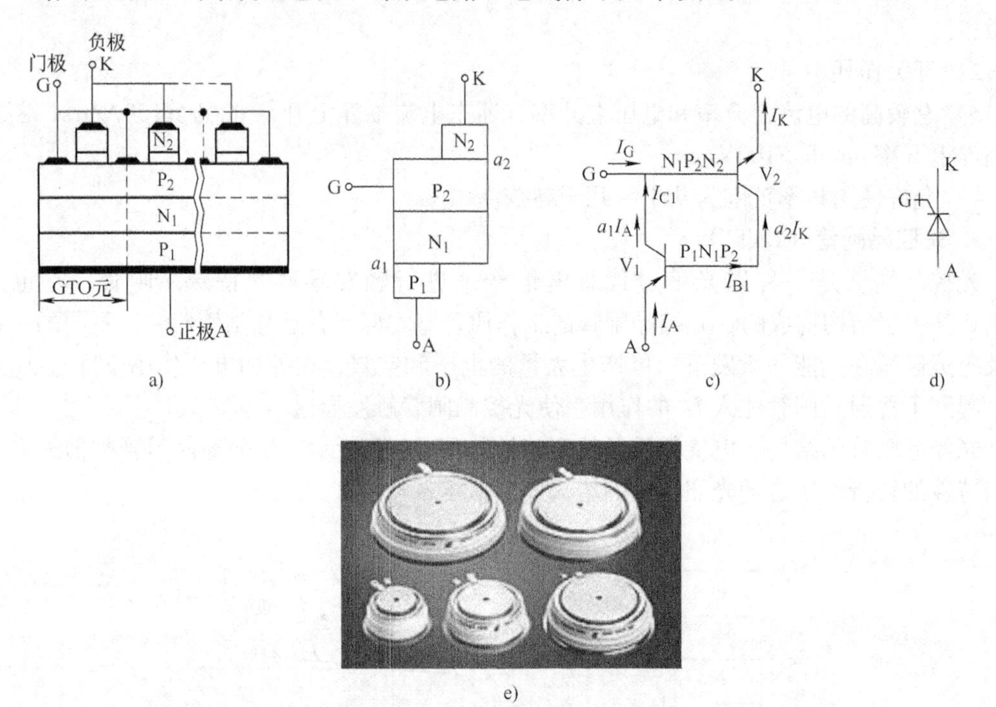

图 1-13　GTO 的结构示意图、等效电路、电气符号及外形图

a)、b）结构示意图　c）等效电路　d）电气符号　e）外形

2. GTO 的工作原理

由于 GTO 也具有 $P_1N_1P_2N_2$4 层结构，同样可用双晶体管模型来分析其工作原理。其中，α_1 和 α_2 分别为 $P_1N_1P_2$ 和 $N_1P_2N_2$ 的共基极电流放大倍数。当 $\alpha_1+\alpha_2\approx1$ 时，双晶体管处于临界饱和导通状态；当 $\alpha_1+\alpha_2>1$ 时，双晶体管处于饱和度较深的导通状态；当 $\alpha_1+\alpha_2<1$ 时，双晶体管处于关断状态。GTO 与晶闸管的最大区别就是回路增益 $\alpha_1+\alpha_2$ 数值不同。

（1）GTO 的导通原理

GTO 的导通与晶闸管一样，当 GTO 的阳极加正向电压，门极加足够的正脉冲信号后，GTO 即可进入导通状态。

通常 GTO 导通时，双晶体管的 $\alpha_1+\alpha_2\approx1.05$，器件处于略过临界的导通状态，这就为用门极负信号关断 GTO 提供了有利条件。而普通晶闸管导通时 $\alpha_1+\alpha_2\approx1.15>1$，器件饱和度较深，用门极负脉冲不足以使 $\alpha_1+\alpha_2<1$，也就不能用门极负信号来关断晶闸管，这是 GTO 与晶闸管的一个极为重要的区别。

（2）GTO 的关断原理

当 GTO 处于导通状态时，对门极加负的关断脉冲，晶体管 $P_1N_1P_2$ 的 I_{C1} 被抽出，形成门极负电流 $-I_G$，此时 $N_1P_2N_2$ 晶体管的基极电流相应减小，进而使 I_{C2} 减小，再引起 I_{C1} 的进一步下降，如此循环下去，最终导致 GTO 的阳极电流消失而关断。当 GTO 门极关断负电流 $-I_G$ 达到最大值时，I_A 开始下降，此时也将引起 α_1 和 α_2 的下降，当 $\alpha_1+\alpha_2\leqslant1$ 时，器件内部正反馈作用停止，$\alpha_1+\alpha_2=1$ 为临界关断点。GTO 的关断条件为 $\alpha_1+\alpha_2<1$。

由于 GTO 处于临界饱和状态，用抽走阳极电流的方法破坏其临界饱和状态，能使器件关断。而晶闸管导通之后，处于深度饱和状态，用抽走阳极电流的方法不能使其关断。

1.3.2 GTO 的特性和主要参数

1. 阳极伏安特性

GTO 的阳极伏安特性与普通晶闸管相同，故不再介绍。

2. 导通特性

当 GTO 的阳极加正向电压，门极也加正向电流时，GTO 由断态转为通态。开通时间 t_{on} 由延迟时间 t_d 和上升时间 t_r 组成，即 $t_{on}=t_d+t_r$。GTO 的 $t_d\approx1\sim2\mu s$，而 t_r 则随 I_A 增大而增大，如图 1-14a、b 所示。

3. 关断特性

当 GTO 导通时，对它的门极加适当的负脉冲电流，可关断 GTO 器件。关断时的阳极电流 i_A、阳极电压 U_A（管压降）随时间变化的曲线如图 1-14 所示。由图可知，关断过程分为储存时间 t_s、下降时间 t_f 和拖尾时间 t_t。关断时间一般指储存时间 t_s 和下降时间 t_f 之和，而不包括拖尾时间 t_t，即 $t_{off}=t_s+t_f$，t_s 随 I_A 增大而增大，一般小于 2μs。储存时间 t_s 为从关断过程开始到出现关断状态为止的区间，在这段时间内从门极抽走大量过剩的载流子，GTO 的导通区不断被压缩。下降时间 t_f 对应阳极电流迅速下降，阳极电压不断上升。在这段过程内，GTO 的中心区域开始退出饱和，继续从门极抽出载流子。拖尾时间 t_t 则是从阳极电流降到极小值开始，直到最终达到维持电流为止的时间。

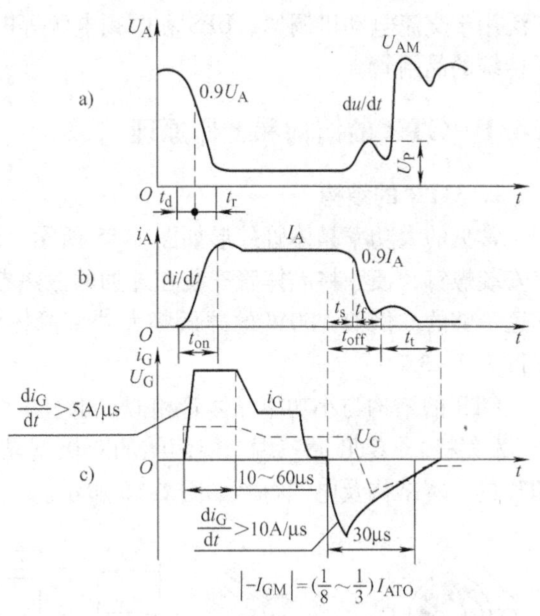

图 1-14　GTO 的电压、电流及门极电流波形
a）电压波形　b）电流波形　c）门极电流波形

4. 主要参数

GTO 的许多参数都和普通晶闸管相应的参数意义相同，但也有一些参数与普通晶闸管不同，现说明如下：

1）最大可关断阳极电流 I_{ATO}：指用门极电流可以重复关断的阳极峰值电流，也称可关断阳极峰值电流。

2）阳极尖峰电压 U_P：如图 1-14 所示，在 GTO 关断过程中，在下降时间的尾部出现了一个阳极尖峰电压 U_P，这是一个重要参数。

3）关断增益 β_{off}：指最大可关断阳极电流 I_{ATO} 与门极负电流最大值之比，即 $\beta_{off}=I_{ATO}/|-I_{GM}|$。它表示 GTO 的关断能力，是一个重要的特征参数。

4）维持电流 I_H：指阳极电流减小到开始出现 GTO 元不能再维持导通的电流值。

5）擎住电流 I_L：指 GTO 元经门极触发后，阳极电流上升到保持所有 GTO 元导通的最低值。

1.4 大功率晶体管（GTR）

大功率晶体管也称巨型晶体管（Giant Transistor，GTR），又称双极型功率晶体管（Bipolar Junction Transistor，BJT）。GTR 和 GTO 一样具有自关断能力，属于电流控制型自关断器件。GTR 可通过基极电流信号方便地对集电极 - 发射极的通断进行控制，并具有饱和压降低、开关性能好、电流大、耐压高等优点。GTR 已实现了大功率、模块化和廉价化，被广泛用于交流电动机调速、UPS 和中频电源等电力变流装置中，并在中小功率应用方面取代了传统的晶闸管。

1.4.1 GTR 的结构和工作原理

1. GTR 的结构

常见的大功率晶体管外形如图 1-15 所示，外形除体积比较大外，其外壳上都有安装孔或安装螺钉，便于将晶体管安装在外加的散热器上。对大功率晶体管来讲，单靠外壳散热是远远不够的。例如，50W 的硅低频大功率晶体管，如不加散热器工作，其最大允许耗散功率仅为 2 ~ 3W。

GTR 的结构与小功率晶体管相似，也有 3 个电极，分别为 B（基极）、C（集电极）和 E（发射极）。GTR 属三端三层两结的双极型晶体管，有两种基本类型：NPN 型和 PNP 型。GTR 的基本结构及电气符号如图 1-16 所示。

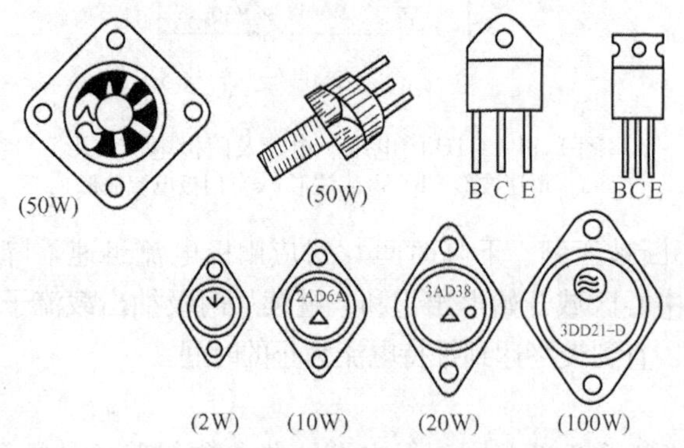

图 1-15　常见大功率晶体管外形

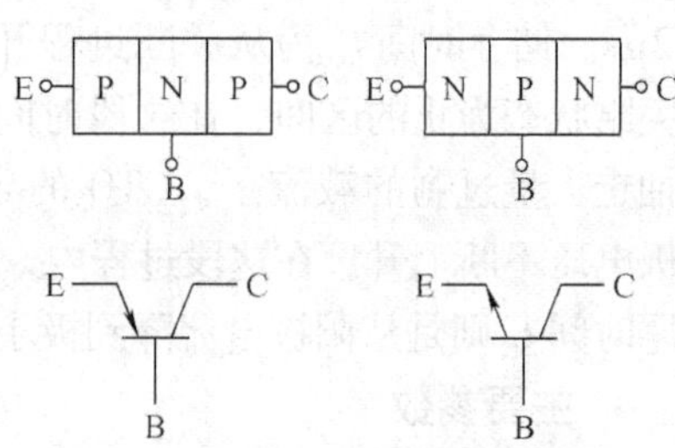

图 1-16　GTR 的基本结构及电气符号

2. GTR 的工作原理

GTR 的工作原理和普通双极型开关晶体管类似。GTR 在应用中多数情况是采用共射极接法，处于开关工作状态。

1.4.2 GTR 的特性和主要参数

1. GTR 的静态（输出）特性

共射电路的输出特性曲线如图 1-17 所示，GTR 的工作状态分为 3 个区域：

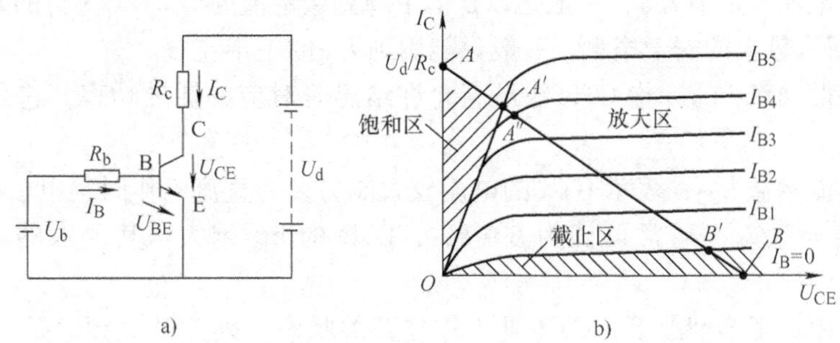

图 1-17 共射电路的输出特性曲线
a）共射电路 b）输出特性

1）截止区：特点是 GTR 的 E 结和 C 结均承受高反偏电压，仅有极少的漏电流存在，相当于开关断开（阻断）。

2）放大区：特点是 $I_C=\beta I_B$，E 结正偏、C 结反偏，此时 GTR 功耗很大。

3）饱和区：特点是 E 结和 C 结均正偏。GTR 饱和导通，导通压降很小但通过电流很大。相当于开关闭合（导通），但关断时间长。

显然，GTR 作为电力开关使用时，其断态工作点必须在截止区，通态工作点必须在饱和区。

2. GTR 的动态（开关）特性

动态特性主要用来描述 GTR 开关过程的瞬态性能，常用开关时间来表示其优劣。GTR 由断态过渡到通态所需时间称为开通时间 t_{on}。它对应于从 $i_B=0.1I_B$ 时起，到 i_C 上升到 $i_C=0.9I_{CS}$时止所需的时间；GTR 由通态过渡到断态所需的时间称为关断时间 t_{off}，它对应于 i_B 下降到 $i_B=0.9I_B$ 时起，到 i_C 下降到 $i_C=0.1I_{CS}$时止所需的时间。图 1-18 给出了 i_B 和 i_C 波形的关系。其中，$t_{on}=t_d+t_r$，$t_{off}=t_s+t_f$。

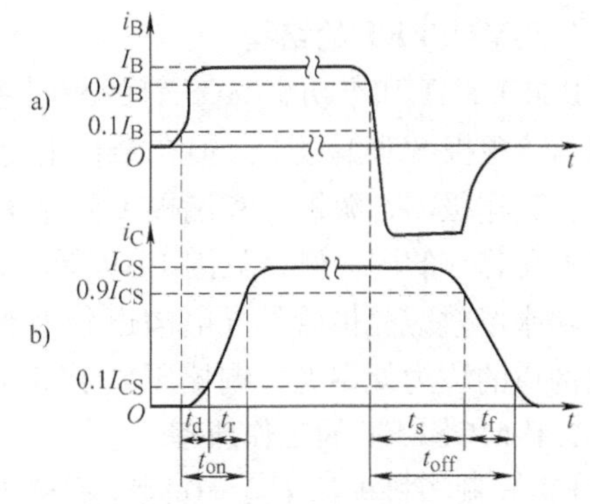

图 1-18 开关过程中 GTR 的 i_B 和 i_C 波形
a）基极电流波形 b）集电极电流波形

一般开通时间为纳秒数量级，比关断时间要小得多；关断时间的数值在微秒数量级。

由于 GTR 在放大区中的 i_C 和 u_{CE}均较大，功耗也大，在 GTR 的导通与关断过程中都要经过放大区，因此，应尽可能缩短开关时间，以减少其开关损耗。

3. GTR 的主要参数

1）电压参数：电压参数体现了 GTR 的耐压能力。当发射极开路时，集电极和基极的反向击穿电压为 BU_{CBO}；当基极开路时，集电极和发射极间的击穿电压为 BU_{CEO}；当发射极与基极间用电阻连接或短路连接时，集电极和发射极间的击穿电压为 BU_{CER} 和 BU_{CES}；当发射结反向偏置时，集电极和发射极间的击穿电压为 BU_{CEX}。这些击穿电压之间的关系为

$$BU_{CBO} > BU_{CEX} > BU_{CES} > BU_{CER} > BU_{CEO}$$

为确保安全，实际应用时的最高工作电压 $U_{TM} = (1/3 \sim 1/2)\ BU_{CEO}$。

2）集电极电流额定值 I_{CM}：一般是以 β 值下降到额定值的 1/2 ~ 1/3 时的 I_C 值定为 I_{CM}。实际使用时要留有较大的安全裕量，一般只能用到 I_{CM} 的一半左右。

3）最大耗散功率 P_{CM}：指 GTR 在最高允许结温时对应的耗散功率，它是 GTR 容量的重要标志。

4）直流电流增益 h_{FE}：表示 GTR 的电流放大能力，为直流工作时集电极电流和基极电流之比，即 $h_{FE} = I_C/I_B$。通常可认为 $\beta \approx h_{FE}$，GTR 的 h_{FE} 越大，其要求的驱动电路功率越小。

5）开关频率：很多情况下，GTR 是工作在开关状态，因此开关频率是一个重要参数。应用时，总是希望 GTR 的开通时间 t_{on} 和关断时间 t_{off} 越小越好。

1.5 功率场效应晶体管（P-MOSFET）

功率场效应晶体管（Power Metal Oxide Semiconductor Field Effect Transistor，P-MOSFET）的特点是：属电压型全控器件、门极静态内阻极高（$10^9\Omega$）、驱动功率很小、工作频率高、热稳定性好等；但 P-MOSFET 的电流容量小、耐压低、功率不易做得过大，常用于中小功率开关电路中。

1.5.1 P-MOSFET 的结构和工作原理

1. P-MOSFET 的结构

P-MOSFET 和小功率 MOS 管的相同之处是：①导电机理相同；②3 个外引电极相同，为栅极 G、源极 S 和漏极 D。但在结构上有较大的区别：①小功率 MOS 管是一次扩散形成的器件，其栅极 G、源极 S 和漏极 D 在芯片的同一侧；②P-MOSFET 采用立式结构，G、S 和 D 极不在芯片的同一侧，如图 1-19 所示。

功率场效应晶体管的导电沟道分为 N 沟道和 P 沟道，栅偏压为零时漏源极之间就存在导电沟道的称为耗尽型，栅偏压大于零（N 沟道）才存在导电沟道的称为增强型。

2. P-MOSFET 的工作原理

1）当栅源极电压 $U_{GS}=0$ 时，栅极下的 P 型区表面呈现空穴堆积状态，不可能出现反型层，无法沟通漏源极。此时，即使在漏源极之间施加电压，MOS 管也不会导通，如图 1-19a所示。

2）当栅源极电压 $U_{GS}>0$ 且不够充分时，栅极下面的 P 型区表面呈现耗尽状态，还是无法沟通漏源极，此时 MOS 管仍保持关断状态，如图 1-19b 所示。

3）当栅源极电压 U_{GS} 达到或超过一定值时，栅极下面的硅表面从 P 型反型成 N 型，形

成N型沟道，把源区和漏区联系起来，从而把漏源极沟通，使MOS管进入导通状态，如图1-19c所示。

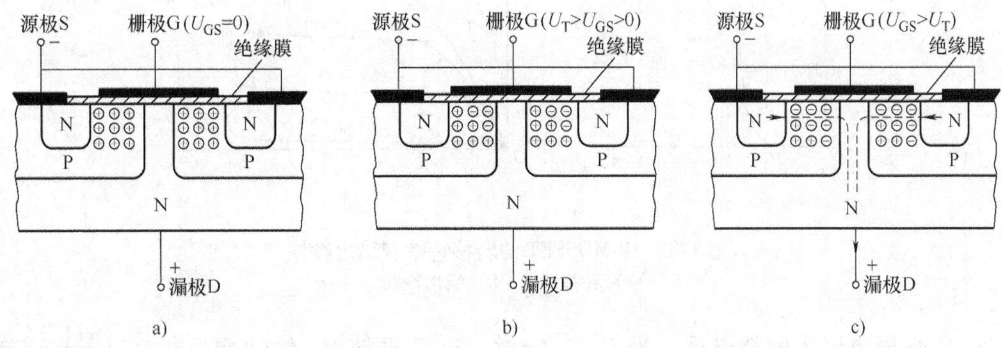

图1-19　P-MOSFET的结构示意图

几种功率场效应晶体管的外形如图1-20所示，图1-21分别是N沟道功率场效应晶体管和P沟道功率场效应晶体管的电气图形符号。

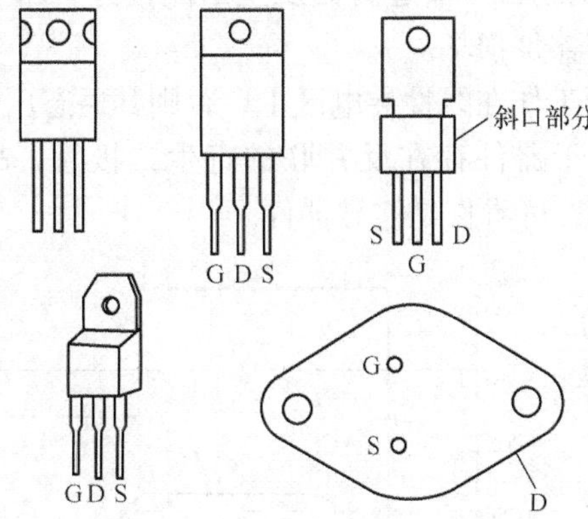

图1-20　几种功率场效应晶体管的外形

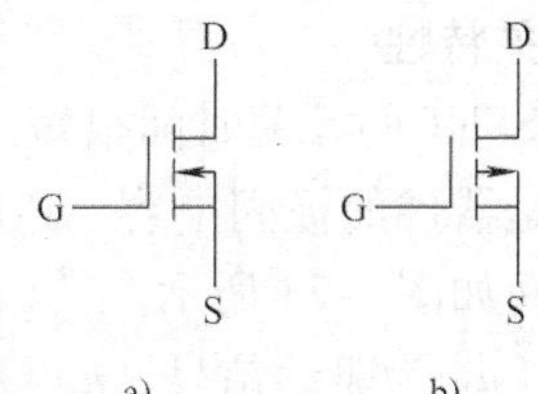

图1-21　P-MOSFET的电气符号
a）N沟道　b）P沟道

1.5.2　P-MOSFET的特性和主要参数

1. 转移特性

转移特性是指：在输出特性的饱和区内，维持U_{DS}不变时，U_{GS}与I_D之间的关系曲线，如图1-22a所示，与GTR中的电流增益相仿。图中U_T是P-MOSFET的开启电压（又称阈值电压）。

2. 输出特性

P-MOSFET的输出特性如图1-22b所示，它反映的是：当U_{GS}一定时，I_D与U_{DS}间的关系。

当$U_{GS} < U_T$时，P-MOSFET处于截止（断态）；当$U_{GS} > U_T$时，P-MOSFET导通；当$U_{DS} > U_{BR}$时，器件将被击穿，使I_D急剧增大。第Ⅰ象限特性曲线表示P-MOSFET正向导通时的情况，它分为3个区域，即线性导电区Ⅰ、饱和恒流区Ⅱ和雪崩击穿区Ⅲ。

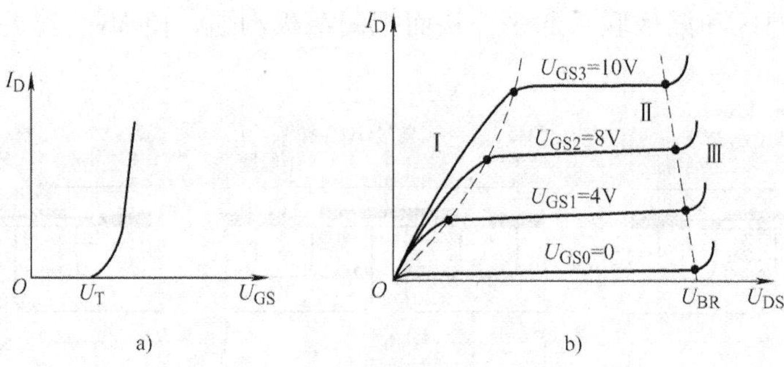

图 1-22 P-MOSFET 的转移特性和输出特性
a）转移特性 b）输出特性

1）线性导电区Ⅰ的特点是：当 U_{GS}一定时，I_D 几乎随 U_{DS}线性增长，对应于沟道未夹断时的情况。

2）饱和恒流区Ⅱ的特点是：U_{GS}对 I_D 的控制力增强，I_D 随 U_{GS}的增大而增大，而 U_{DS}对 I_D 影响甚微，对应于沟道夹断时的情况，常用于线性放大。

3）雪崩击穿区Ⅲ的特点是：D 极 PN 结上反偏电压 U_{DS}过高而发生雪崩击穿，I_D 突然增大。器件使用时应避免出现这种情况，否则会使器件损坏。

当 P-MOSFET 用作电子开关时，导通时它必须工作在线性导电区Ⅰ，否则其通态压降太大，功耗也大。第Ⅲ象限反向特性曲线未画，由于器件存在反并联的寄生二极管，故 P-MOSFET 无反向阻断能力，加反向电压时器件导通，可看作是逆导器件。

3. 开关特性

P-MOSFET 的开关时间很短，影响开关速度的主要因素是器件的极间电容。P-MOSFET 开关过程及开关时间如图 1-23 所示。

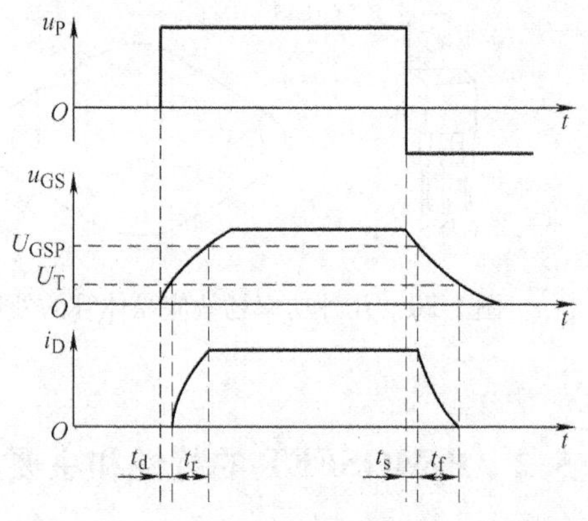

图 1-23 P-MOSFET 开关过程及开关时间

图中，u_P 为驱动信号，u_{GS}为栅极电压，i_D 为漏极电流。当 u_P 信号到来时，栅极输入电容 C_{in}有一个充电过程，使栅极电压 u_{GS}只能按指数规律上升。当 $u_{GS}=U_T$ 时，开始形成导电沟道，出现漏极电流 i_D，这段时间称为开通延迟时间 t_d。以后 u_{GS}继续按指数规律增长，i_D 也随之增长，MOS 管内沟道夹断长度逐渐缩短。当 MOS 管脱离预夹断状态后，i_D 不再随沟道宽度增加而增大，到达其稳定值。漏极电流从零上升到稳定值所需的时间称为上升时间 t_r，故 P-MOSFET 的开通时间为 $t_{on}=t_d+t_r$。

当 u_P 信号下降为零后，器件开始进入关断过程，输入电容 C_{in}上存储的电荷开始放电，栅极电压 u_{GS}按指数规律下降，导电沟道随之变窄，直到沟道缩小到预夹断状态（此时栅极电压下降到 u_{GSP}），i_D 电流才开始减小，这段时间称为关断延迟时间 t_s。以后 C_{in}会继续放电，u_{GS}继续下降，沟道夹断区增长，i_D 亦继续下降，直到 $u_{GS}<U_T$，沟道消失，$i_D=0$。漏极电流从稳定值下降到零所需的时间称为下降时间 t_f，故 P-MOSFET 的关断时间为 $t_{off}=t_s+t_f$。$i_D=0$ 后，C_{in}继续放电，直至 $u_{GS}=0$ 为止，完成一次开关周期。

由上可见，P-MOSFET 的开关速度和其输入电容的充放电时间有很大关系，使用者虽无

法降低 C_{in} 的值，但可降低驱动信号源的内阻，从而减小栅极回路的充放电时间常数，加快开关速度。P-MOSFET 的工作频率可达 100kHz 以上，是各种电力电子器件中最高的。

4. 主要参数

P-MOSFET 的静态参数主要有以下几个：

1）通态电阻 R_{on}：在确定的 u_{GS} 下，P-MOSFET 由线性导电区进入饱和恒流区时的直流电阻，它是影响最大输出功率的重要参数。

2）开启电压 U_T：是指沟道体区形成沟道所需的最低栅极电压。开启电压一般为 2～4V。

3）漏极击穿电压 BU_{DS}：是为避免器件进入雪崩击穿区而设的极限参数。

4）栅源击穿电压 BU_{GS}：表征 P-MOSFET 栅源极间所能承受的最高正、反向电压，是为防止绝缘栅层因 U_{GS} 过高发生介质电击穿而设定的参数。一般栅源电压的极限值为 ±20V。

5）极间电容：包括栅源电容 C_{GS}、栅漏电容 C_{GD} 和漏源电容 C_{DS}。前两者由 MOS 结构的绝缘层形成，后者由 PN 结构成。但一般生产厂家并不提供极间电容值，而只给出输入电容 C_{in}、输出电容 C_{out} 及反馈电容 C_f，它们与极间电容的关系由下列三式换算：

$$C_{in}=C_{GS}+C_{GD},\quad C_{out}=C_{GD}+C_{DS},\quad C_f=C_{GD}$$

显然，C_{in}、C_{out} 和 C_f 均与漏源电容 C_{GD} 有关。

1.6 绝缘栅双极型晶体管（IGBT）

绝缘栅双极型晶体管（Insulated Gate Bipolar Transistor，IGBT）是由 P-MOSFET 与 GTR 混合组成的电压控制型自关断器件。它将 P-MOSFET 和 GTR 的优点集于一身，既具有 P-MOSFET 输入阻抗高、开关速度快、工作频率高、热稳定性好、驱动电路简单的长处，又有 GTR 通态压降低、耐压高和承受电流大的优点。

1.6.1 IGBT 的结构和工作原理

1. IGBT 的基本结构

可以将 IGBT 看成是以 N 沟道 MOSFET 为输入级、PNP 型晶体管为输出级的单向达林顿晶体管。它是以 GTR 为主导器件，MOSFET 为驱动器件的复合器件，其等效电路和电气符号如图 1-24 所示。外部有 3 个电极，分别为 G 门极、C 集电极和 E 发射极。

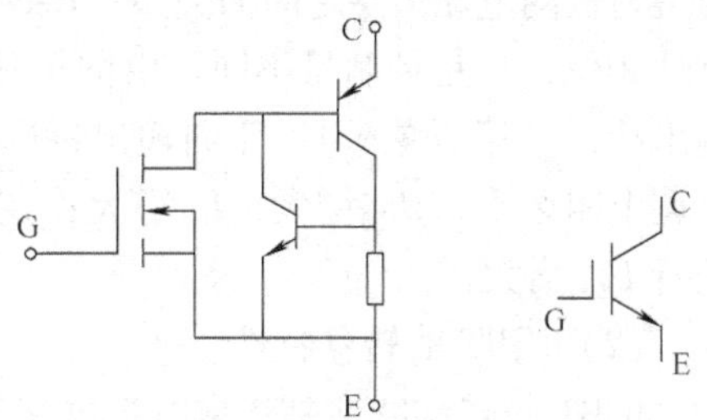

图 1-24 IGBT 的等效电路和电气符号

2. IGBT 的工作原理

由 IGBT 的等效电路可以看出，IGBT 是一种场控器件，它的开通与关断由 G 极和 E 极之间的门极电压 U_{GE} 所决定。

当 IGBT 门极加上正电压时，MOSFET 内形成沟道，并为 PNP 型晶体管提供基极电流，使 IGBT 导通；当 IGBT 门极加上负电压时，MOSFET 内沟道消失，切断 PNP 型晶体管的基极电流，IGBT 关断。

当 $U_{CE}<0$ 时，IGBT 呈反向阻断状态。

当 $U_{CE}>0$ 时，分两种情况：

1）若门极电压 $U_{GE}<U_T$（开启电压），沟道不能形成，IGBT 呈正向阻断状态。

2）若门极电压 $U_{GE}>U_T$（开启电压），绝缘门极下的沟道形成，并为 PNP 型晶体管提供基极电流，从而使 IGBT 导通。

IGBT 的驱动原理与 MOSFET 基本相同，但 IGBT 的开关速度比 MOSFET 要慢。

1.6.2 IGBT 的特性和主要参数

1. 静态特性

IGBT 的静态特性主要有输出特性及转移特性，如图 1-25 所示。

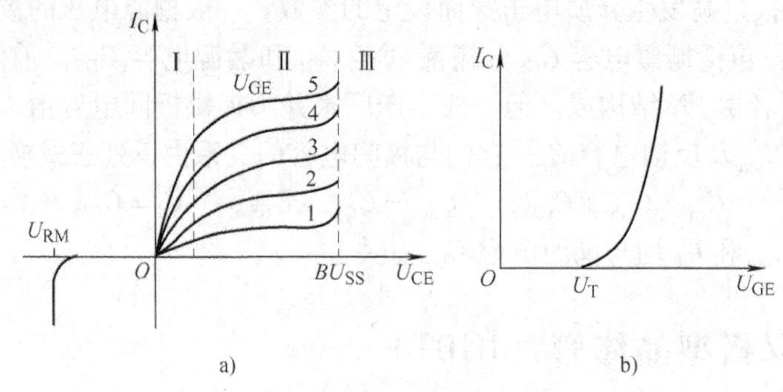

图 1-25　IGBT 的输出特性、转移特性

a）输出特性　b）转移特性

（1）IGBT 的输出特性

IGBT 的输出特性也称为伏安特性，它描述以栅射电压 U_{GE} 为参变量时，集电极电流 I_C 与集射极间电压 U_{CE} 之间的关系，IGBT 的输出特性如图 1-25a 所示。该特性与 GTR 的输出特性相似，只是控制量不同。由图可见，输出特性分为正向输出特性（第Ⅰ象限）和反向输出特性（第Ⅲ象限）。正向输出特性又分为可调电阻区Ⅰ、恒流饱和区Ⅱ和雪崩区Ⅲ。在可调电阻区Ⅰ，U_{CE} 增大，I_C 增大；在恒流饱和区Ⅱ，对于一定的 U_{GE}，U_{CE} 增大，I_C 不再随着 U_{CE} 增大。

（2）IGBT 的转移特性

IGBT 的转移特性是指集电极电流 I_C 与栅射电压 U_{GE} 之间的关系，如图 1-25b 所示。与 P-MOSFET 的转移特性相似。当 $U_{GE}<U_T$（开启电压）时，IGBT 处于截止状态；当 $U_{GE}>U_T$ 时，IGBT 导通，且在大部分集电极电流范围内，I_C 与 U_{GE} 是线性关系。只有当 U_{GE} 接近 U_T 时才呈非线性关系。

2. 动态特性

IGBT 的动态特性包括开通过程和关断过程两个方面，如图 1-26 所示。

IGBT 的开通过程是从正向阻断状态到正向导通的过程。在开通过程中，大部分时间是作为 MOSFET 来运行的。t_d 为开通延迟时间，t_r 为电流上升时间，则开通时间为

$$t_{on}=t_d+t_r$$

而集射电压 u_{CE} 下降分为 t_{fu1} 和 t_{fu2} 两段。t_{fu1} 段为 MOSFET 单独工作时的电压下降时间；

t_{fu2}为 MOSFET 和 PNP 型晶体管两个器件同时工作，PNP 型晶体管从放大进入饱和时的电压下降时间。IGBT 的关断过程是从正向导通状态转换到正向阻断状态的过程，关断时间为

$$t_{off} = t_s + t_f$$

式中，t_s 为关断储存时间；t_f 为电流下降时间。t_f 又可分为 t_{f1} 和 t_{f2} 两段，t_{f1} 对应 MOSFET 的关断过程；t_{f2} 对应于 PNP 型晶体管的关断过程。

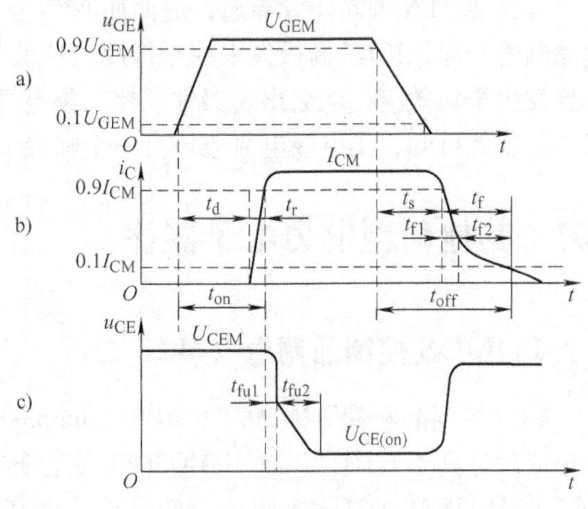

图 1-26　IGBT 的动态开关特性

IGBT 的开关时间还与集电极电流 I_C、栅极串接电阻 R_G 和结温 T_j 等参数有关，I_C 越大、R_G 越高以及 T_j 增高都将使 IGBT 的开关时间增加。其中 R_G 对开关时间的影响较大，实际应用中可改变 R_G 来改变开关时间。

3. 主要参数

1）集射极击穿电压 BU_{CES}：为 IGBT 的最高工作电压，它取决于 IGBT 内部 PNP 型晶体管所能承受的击穿电压值。击穿电压 BU_{CES}的大小与结温成正温度系数关系。

2）开启电压 U_T 和最大栅射极电压 BU_{GES}：开启电压 U_T 是 IGBT 导通所需的最低栅射极电压，即转移特性与横坐标的交点电压。U_T 具有负温度系数，约为 -5mV/℃。在 25℃条件下，U_T 一般为 2 ~6V。由于 IGBT 的驱动为 MOSFET，应将最大栅射极电压限制在 ±20V 以内，最佳值一般取 15V 左右。

3）通态压降 $U_{CE(on)}$：指 IGBT 处于导通状态时集射极间的导通压降。它决定了 IGBT 的通态损耗，此值越小，管子的功率损耗越小。一般 $U_{CE(on)}$为 2.5 ~3.5V。

4）集电极连续电流 I_C 和峰值电流 I_{CP}：IGBT 集电极允许流过的最大连续电流 I_C 为 IGBT 的额定电流。IGBT 还规定了最大集电极峰值电流 I_{CP}（条件为脉宽 1ms）。一般情况下，峰值电流 I_{CP}为额定电流 I_C 的 2 倍左右。此外，为了避免动态擎住现象发生，规定了最大集电极电流 I_{CM}。三者间的关系为

$$I_C < I_{CP} < I_{CM}\ (I_C = 1/2I_{CP},\ I_C = 1/6I_{CM})$$

1.6.3　IGBT 的擎住效应

IGBT 的等效电路如图 1-27 所示。从图中可以看出，IGBT 内还含有一个寄生的 NPN 型晶体管，它与作为主开关器件的 PNP 型晶体管一起组成一个寄生晶闸管。在 NPN 型晶体管的基极与发射极之间存在着体区短路电阻 R_s。在该电阻上，PNP 型晶体管的集电极电流会产生一定压降。对

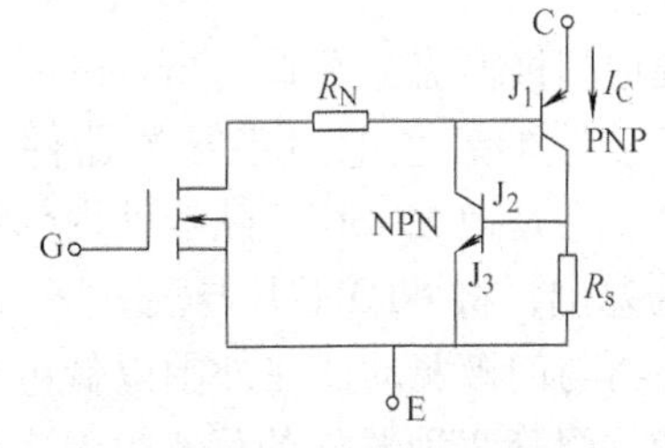

图 1-27　具有寄生晶闸管的 IGBT 等效电路

J_3 结来说，相当于施加了一个正偏置电压。在额定的集电极电流范围内，这个正偏压很小，

不足以使 J_3 结导通，NPN 型晶体管不起作用。如果集电极电流大到一定程度，这个正偏压将上升到使 NPN 型晶体管导通，进而使 NPN 型和 PNP 型晶体管同时处于饱和状态，造成寄生晶闸管开通，IGBT 栅极失去控制作用，这就是所谓的擎住效应，也称为自锁效应。IGBT 一旦发生擎住效应，就会出现器件失控，集电极电流很大，从而造成过高的功耗，导致器件损坏。由此可知，集电极电流应该有一个临界值 I_{CM}。

1.7 其他新型电力电子器件

1.7.1 MOS 控制晶闸管（MCT）

MOS 控制晶闸管简称 MCT（MOS Controlled Thyristor），也叫作 MOS 控制的 GTO，是一种集成度远高于 GTO，以 SCR-MOSFET 复合器件为集成单元的新型大功率集成开关器件。MCT 将 MOSFET 的高输入阻抗、低驱动功率和开关速度快的特性，以及晶闸管的高电压、大电流特性结合在一起，同时又克服了晶闸管开关速度慢、不能自关断和 MOSFET 通态电压高的缺点。MCT 也是一种电压型控制器件，且开关频率与 IGBT 差不多，是近年来国内外重点开发的器件之一。随着 MCT 制造工艺和结构的进一步完善，它将在诸多应用领域内取代 GTR 和晶闸管，并与 IGBT 形成竞争的局面。

（1）MCT 与晶闸管相比较

它也有阳极 A、阴极 K 和门极 G 3 个电极，但门极控制原理却不相同。晶闸管是电流型控制器件，而 MCT 是电压型控制器件；晶闸管的控制信号加在门极与阴极两端，而 MCT 的控制信号是加在门极与阳极两端。

（2）MCT 与 IGBT 相比较

1）MCT 的控制信号是脉冲，只起触发作用；而 IGBT 的控制信号为电压，必须一直加入。

2）结构上 MCT 和 IGBT 均为 4 层结构，但两者存在质的差别，MCT 工作时必须产生正反馈，属 PNPN 器件；而 IGBT 工作时不能引起正反馈，否则会产生擎住效应。

（3）MCT 的优点

MCT 的优点包括：①电压、电流容量大；②通态压降小；③极高的 di/dt 和 du/dt 容量；④开关速度快，开关损耗小；⑤工作温度高（200℃以上）。

1.7.2 集成门极换流晶闸管（IGCT）

集成门极换流晶闸管（Integrated Gate Commutated Thyristor，IGCT）是一种用于巨型电力电子装置的新型电力半导体器件，也称为发射极关断晶闸管（ETO）。它是把 MOSFET 从器件内部拿到外部的 MCT。IGCT 是以 GTO 为基础，将 GTO 芯片与反并联二极管和门极驱动电路集成在一起，再与门极驱动器在外围以低电感方式连接。IGCT 结合了晶体管和晶闸管两种器件的优点，具备晶体管的稳定的关断能力和晶闸管的低通态损耗的特性。IGCT 的电气符号如图 1-28 所示。

GU

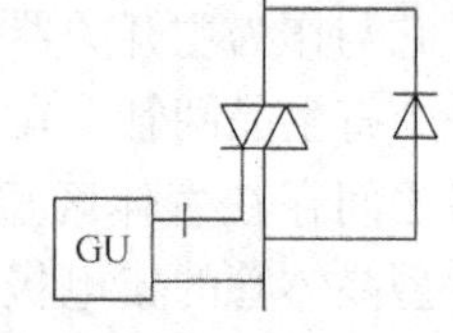

图 1-28　IGCT 的电气符号

IGCT 的主要特点：①高阻断电压；②大导通电流；③低导通

电压降；④可忽略不计的开关损耗；⑤很小的关断时间（小于 3μs）。

与标准 GTO 相比，IGCT 的最显著特点是存储时间短，因此器件之间关断时间的差异很小，可方便地将 IGCT 进行串并联，适合应用于大功率的范围。

1.7.3 功率模块与功率集成电路

功率集成电路（Power Integrated Circuit，PIC）是电力电子技术与微电子技术相结合的产物。PIC 是将以前的电力电子器件及其配套的各种分立电路或装置（如触发电路、控制电路和各种保护电路）集成在一个芯片上，PIC 中至少应该包含一个电力电子器件和一个独立功能的单片集成电路。目前 PIC 可分为 3 类：

1）高压集成电路（High Voltage IC，HVIC）：它是高耐压电力电子器件与控制电路的单片集成，用来控制功率输出。

2）智能功率集成电路（Smart Power IC，SPIC）和智能功率模块（Intelligent Power Module，IPM）：它们都是将电力电子器件与控制电路、保护电路以及传感器等电路集成在同一个集成电路中，或做成模块。IPM 除具有处理功率的能力外，还具有控制功能、接口功能和保护功能。其中，控制功能的作用是自动检测某些外部参数并调整功率器件的运行状态，以补偿外部参量的偏离；接口功能的作用是接收并传输控制信号；保护功能的作用是，当出现过载、短路、过电压、欠电压和过热等非正常状态时，能测取相关的信号并能自动调整保护，使功率器件能工作在安全区范围内。由于高度集成化，结构紧凑，减少了分布参数及保护延时带来的问题，故 IPM 特别适应于电力电子技术高频化发展的需要。

3）功率专用集成电路（Special IC，SIC）：顾名思义，SIC 是为某种特殊用途而设计制造的功率 IC。SIC 的种类繁多，有智能功率开关、无刷直流电动机专用 PIC、步进电动机控制集成电路、单片桥式驱动器、无串通电路的桥路驱动器和单片三相逆变器等，限于篇幅，这里就不一一赘述。

1.7.4 静电感应晶体管（SIT）

静电感应晶体管（Static Induction Transistor，SIT）是一种新型高频大功率电力电子器件。由于 SIT 中门极电压和漏极电压都能通过电场控制漏极电流，类似于静电感应现象，因此把 SIT 命名为静电感应晶体管。SIT 具有工作频率高、输出功率大、线性度好、无二次击穿现象、热稳定性好、抗辐射能力强、输入阻抗高等一系列优点。在雷达通信设备、超声波功率放大、开关电源、脉冲功率放大和高频感应加热等方面获得了广泛应用，并已发展成为一个相当大的家族，其主要品种有功率 SIT、超高频 SIT、双极模式静电感应晶体管（BSIT）和静电感应晶闸管（SITH）等。

SIT 也是一种集成器件，每个 SIT 由几百个或几千个单元胞并联而成。SIT 有门极 G、漏极 D 和源极 S 3 条引线，其电路符号如图 1-29 所示。SIT 分为 N 沟道和 P 沟道两种，图中箭头表示门源结正偏时门极电流的方向。

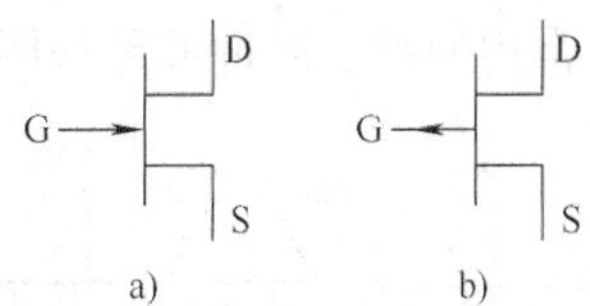

图 1-29　SIT 的电气符号
a）N-SIT　b）P-SIT

SIT 的特点是：

1）工作频率高，频带宽。

2）采用垂直沟道，易实现大规模的多沟道并联和多胞合成，电流容量大，增益高。

3）结构上源、漏区分别位于硅片的相反面上，易避免电场集中，加上漏、源之间有足够厚的高阻层，易得到高的耐压。

4）有负的温度特性，不易发生电流集中现象，由于在电流通道上没有 PN 结，不会出现二次击穿。

5）电压控制型器件，输入端为反偏 PN 结，容易驱动。

6）输出阻抗低，输出功率大，负载能力强。

1.7.5 静电感应晶闸管（SITH）

静电感应晶闸管（Static Induction Thyristor，SITH）也可称为场控晶闸管（FCT）或双极静电感应晶闸管（BSITH）。SITH 是一种大功率场控开关器件，与晶闸管和 GTO 相比，具有通态电阻小、通态压降低、开关速度快、开关损耗小、正向电压阻断增益高、开通和关断电流增益大、di/dt 和 du/dt 耐量高、高温特性好、抗干扰能力强等优点。

1.8 电力电子器件的驱动

晶闸管、GTO、GTR、P-MOSFET、IGBT 等电力电子器件要正常工作，必须在其门极加驱动信号，各种器件对驱动信号的要求是不一样的，必须分别或分类讨论。晶闸管的门极驱动又称为触发，相应的门极驱动电路又称触发电路，下面首先对其进行讨论。

1.8.1 晶闸管的门极驱动（触发）

在晶闸管的阳极加上正向电压后，还必须在门极与阴极之间加上触发控制电压，晶闸管才能从阻断变为导通。它决定了晶闸管的导通时刻，是晶闸管变流装置中不可缺少的重要组成部分。

1. 对触发电路的要求

晶闸管触发主要有移相触发、过零触发和脉冲列调制触发等。对触发脉冲的要求如下：

1）为减小门极损耗，广泛采用脉冲触发信号。

2）触发脉冲应有足够的功率，并留有一定的裕量。

3）触发脉冲应有一定的宽度，脉冲的前沿应尽可能陡，使器件在触发导通后，阳极电流能迅速上升超过擎住电流而维持导通。对于电感性负载，由于电感会抵制电流上升，因而触发脉冲的宽度应更大一些或采用双窄脉冲；有些则需要强触发脉冲。

4）触发脉冲必须与晶闸管的阳极电压同步，脉冲移相范围必须满足电路要求。

2. 常用的触发脉冲信号

常用的触发脉冲波形如图 1-30 所示。

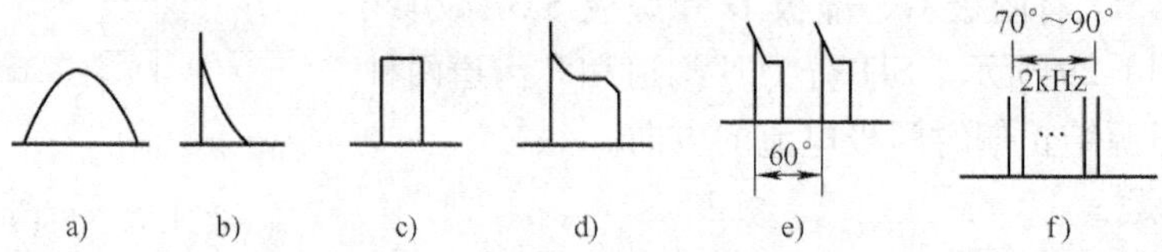

图 1-30 常用的触发脉冲波形

a）正弦波触发脉冲 b）尖脉冲 c）矩形脉冲 d）强触发脉冲 e）双窄脉冲 f）脉冲列脉冲

图 1-30 中给出的脉冲的特点如下：

1）正弦波触发脉冲：由于前沿不陡，触发准确性差，仅用在触发要求不高的场合。

2）尖脉冲：生成较容易，电路简单，也用于触发要求不高的场合。

3）矩形脉冲：较常用。

4）强触发脉冲：前沿陡，宽度可变，有强触发功能，适用于大功率场合。

5）双窄脉冲：有强触发功能，变压器耦合效率高，用于控制精度较高、带有感性负载的装置。

6）脉冲列脉冲：具有双窄脉冲的优点，应用广泛。

3. 脉冲触发电路与晶闸管的连接方式

（1）直接连接

主电路和触发电路采用导线直接连接，如图 1-31a 所示。由于主电路电压较高，采用直接连接易造成操作不安全，主电路又往往干扰触发电路，所以这种连接常用在一些简单设备中。

（2）光耦合器连接

光耦合器是一种将电信号转换为光信号，又将光信号转换为电信号的半导体器件。它将发光和受光的元器件密封在同一管壳里，以光为媒介传递信号。光耦合器的发光源通常选砷化镓发光二极管，而受光部分采用硅光敏二极管及光敏晶体管。光耦合器具有可实现输入和输出间电隔离、绝缘性能好、抗干扰能力强的优点，在用微机组成的触发电路中经常采用，如图 1-31b 所示。

（3）脉冲变压器耦合连接

脉冲变压器能够很好地把一次侧的脉冲信号传输到二次绕组，二次绕组与晶闸管连接，主电路与控制电路有良好的电气绝缘。图 1-31c 是采用脉冲变压器隔离的电路形式，VD_1、VD_2 用来消除负半周波，为晶闸管提供正向触发脉冲，起抗干扰作用，发光二极管用来指示脉冲是否正常。

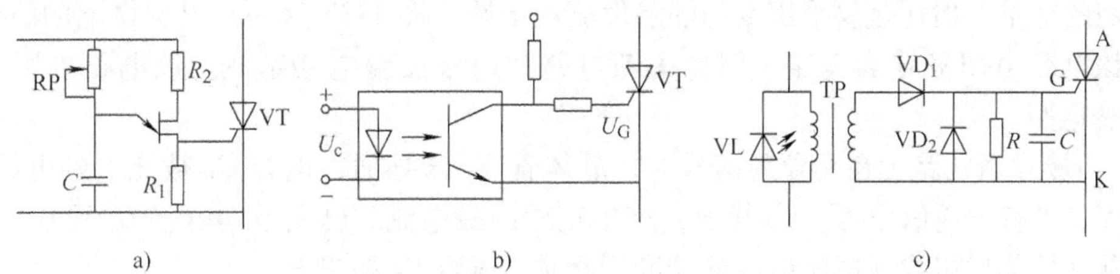

图 1-31　触发电路与晶闸管的连接方式

具体的晶闸管触发电路详见“2.9 节——晶闸管相控电路的驱动控制”的有关内容。

1.8.2　电流型全控电力电子器件的门极驱动

GTO 和 GTR 都是电流驱动型器件。

1. GTO 的门极驱动

（1）GTO 的门极驱动信号

GTO 可以用正门极电流开通和负门极电流关断。开通时与一般晶闸管基本相同，关断时则完全不一样，因此需要具有特殊门极关断功能的门极驱动电路。理想的 GTO 门极驱动电流波形如图 1-32 所示，驱动电流波形的上升沿陡度、波形的宽度和幅度，以及下降沿的陡度等对 GTO 的特性有很大影响。

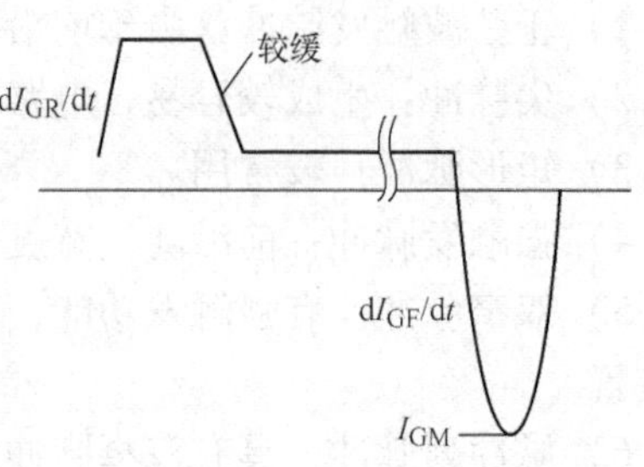

图 1-32　GTO 门极驱动电流波形

（2）GTO 的驱动电路

GTO 的驱动电路包括门极开通电路、门极关断电路和门极反偏电路，门极控制的关键是关断控制。

1）门极开通电路。GTO 的门极触发特性与普通晶闸管基本相同，驱动电路设计也基本一致。要求门极开通控制电流信号具有前沿陡、幅度高、宽度大、后沿缓的脉冲波形。脉冲前沿陡有利于 GTO 的快速导通，一般 dI_{GR}/dt 为 5～10A/μs；脉冲幅度高可实现强触发，有利于缩短开通时间，减少开通损耗；脉冲有足够的宽度则可保证阳极电流可靠建立；后沿缓一些可防止产生振荡。

2）门极关断电路。已导通的 GTO 用门极反向电流来关断，反向门极电流波形对 GTO 的安全运行有很大影响。要求关断控制电流波形为前沿较陡、宽度足够、幅度较高、后沿平缓。一般关断脉冲电流的上升率 dI_{GF}/dt 取 10～50A/μs，这样可缩短关断时间，减少关断损耗，但 dI_{GF}/dt 过大时会使关断增益下降，通常关断增益为 3～5，可见关断脉冲电流要达到阳极电流的 1/5～1/3 才能将 GTO 关断。当关断增益保持不变时，增加关断控制电流幅值可提高 GTO 的阳极关断能力。关断脉冲的宽度一般为 120μs 左右。

3）门极反偏电路。由于结构原因，GTO 与普通晶闸管相比承受 du/dt 的能力较差，如阳极电压上升率较高时可能会引起误触发。为此可设置反偏电路，在 GTO 正向阻断期间于门极上施加负偏压，从而提高承受电压上升率 du/dt 的能力。

用门极正脉冲可使 GTO 开通，门极负脉冲可以使其关断，这是 GTO 最大的优点。要求关断 GTO 的门极反向电流比较大，约为阳极电流的 1/5。尽管采用高幅值的窄脉冲可以减少关断所需的能量，但还是要采用专门的触发驱动电路。图 1-33 为一双电源供电的门极驱动电路。该电路由门极导通电路、门极关断电路和门极反偏电路组成。该电路可用于三相 GTO 逆变电路。

1）门极导通电路。在无导通信号时，晶体管 V_1 未导通，电容 C_1 被充电到电源电压，约为 20V。当有导通信号时，V_1 导通，产生正向门极电流。已充电的电容 C_1 可加快 V_1 的导通，从而增加门极导通电流前沿的陡度。此时，电容 C_2 被充电。

2）门极关断电路。当有关断信号时，晶体管 V_2 导通，C_2 经 GTO 的阴极、门极、V_2 放电，形成峰值 90V、前沿陡度大、宽度大的门极关断电流。

3）门极反偏电路。电容 C_3 由 −20V 电源充电、稳压管 VS 钳位，其两端得到上正下负、数值为 10V 的电压。当晶体管 V_3 导通时，此电压作为反偏电压加在 GTO 的门极上。

2. GTR 的基极驱动

（1）GTR 的基极驱动电流信号

GTR 基极驱动电路的作用是将控制电路输出的控制信号电流放大到足以保证功率晶体管能可靠开通或关断。而 GTR 的基极驱动方式直接影响它的工作状况，故应根据主电路的

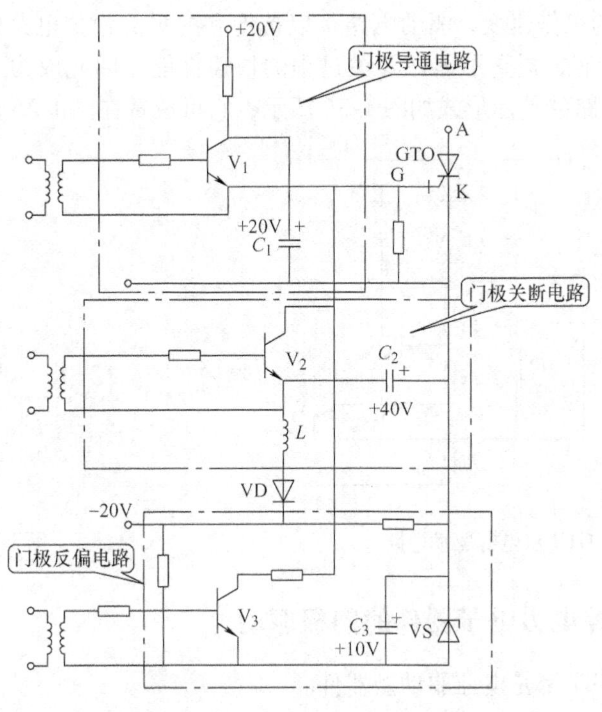

图 1-33　GTO 的门极驱动电路

需要正确选择、设计基极驱动电路。基极驱动电路一般应满足以下基本要求：

1）控制开通 GTR 时，驱动电流前沿要陡（小于 1μs），并且要有一定的过冲电流，以缩短开通时间，减小开通损耗。

2）GTR 导通后，应相应减小驱动电流，使 GTR 处于准饱和导通状态，且使之不进入放大区和深饱和区，以降低驱动功率，缩短储存时间。

3）GTR 关断时，应迅速加上足够大的反向基极电流，迅速抽取基区的剩余载流子，以确保 GTR 快速关断，并减小关断损耗。

4）GTR 的驱动电路要具有自动保护功能，以便在故障状态下能快速自动切除基极驱动信号，避免 GTR 遭到损坏。

理想的 GTR 基极驱动电流波形如图 1-34所示。

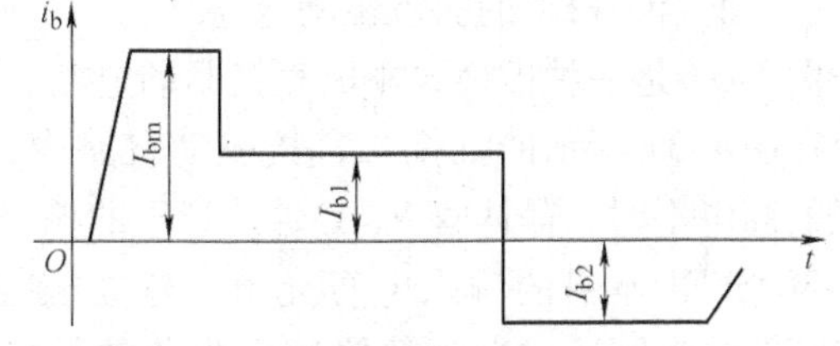

图 1-34　比较理想的基极驱动电流波形

（2）GTR 的驱动电路

简单的双电源驱动电路如图 1-35 所示，驱动电路与 GTR（V_6）直接耦合，控制电路用光耦合实现电隔离，正、负电源（$+U_{C2}$和$-U_{C3}$）供电。当输入端 S 为低电位时，$V_1 \sim V_3$ 导通，V_4、V_5 截止，B 点电压为负，给 GTR 基极提供反向基极电流，此时 GTR（V_6）关断。当 S 端为高电位时，$V_1 \sim V_3$ 截止，V_4、V_5 导通，V_6 流过正向基极电流，此时 GTR 开通。

（3）贝克钳位电路

为了提高 GTR 的工作速度，驱动电路都以抗饱和的贝克钳位电路作为基本电路。它使 GTR 工作在准饱和状态，提高了器件开关过程的快速性能，因此成为一种被广泛采用的基本电路。贝克钳位电路的具体形式如图 1-36 所示，它可放置在图 1-35 中的 B 点后。

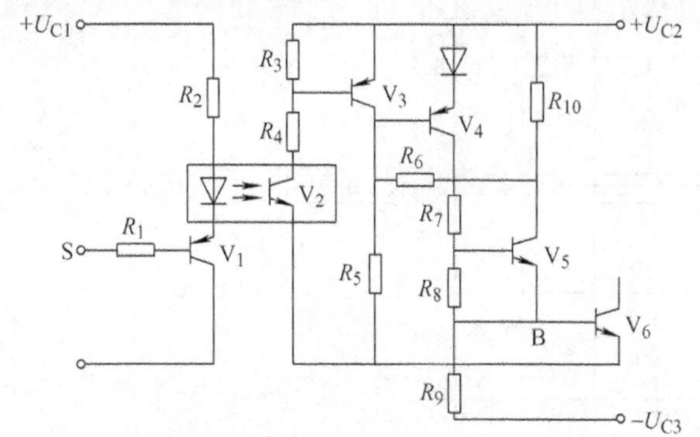

图 1-35　GTR 双电源驱动电路

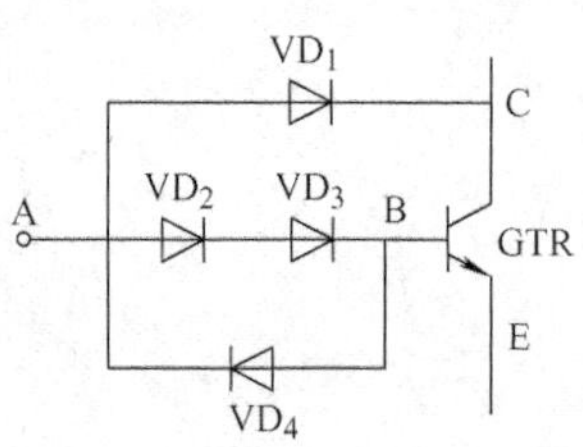

图 1-36　贝克钳位电路

1.8.3　电压型全控电力电子器件的门极驱动

P-MOSFET 和 IGBT 都是电压驱动型器件。

1. P-MOSFET 的栅极驱动

P-MOSFET 是场控型电压驱动器件，不同功率的 P-MOSFET 有不同的栅、源极间电容，功率越大，极间电容也越大，在开通和关断驱动中所需的驱动电流也越大。

（1）P-MOSFET 的栅极驱动信号

P-MOSFET 对驱动信号的要求有：

1）触发脉冲要有足够快的上升和下降速度，即脉冲前、后沿要求陡峭。

2）为使 P-MOSFET 可靠触发导通，触发电压应高于开启电压 U_T，但不得超过最大触发额定电压 BU_{GS}。触发脉冲电压也不能过低，否则会使通态电阻增大，降低抗干扰能力。

3）驱动电路的输出电阻应低，开通时以低电阻对栅极电容充电，关断时为栅极电荷提供低电阻放电回路，以提高 P-MOSFET 的开关速度。

4）为防止误导通，在 P-MOSFET 截止时应能提供负的栅源电压。

（2）P-MOSFET 的栅极驱动电路

图 1-37 是一种推挽式栅极直接驱动电路。

在图 1-37 所示的推挽式直接驱动电路中，当驱动信号为正的高电平时，晶体管 V_1 导通，15V 的栅极电源经过 V_1 给 P-MOSFET 本身的输入电容充电，建立栅控电场，使 P-MOSFET 快速导通；当驱动信号变为负的低电平时，V_2 导通，P-MOSFET 的输入电容通过 V_2 快速放电，P-MOSFET 管快速关断，并提供负偏压。两个晶体管 V_1 和 V_2 都使信号放大，提高了电路的工作速度，同时它们是作为射极输出器工作的，所以不会出现饱和状态。因此信号的传输无延迟。

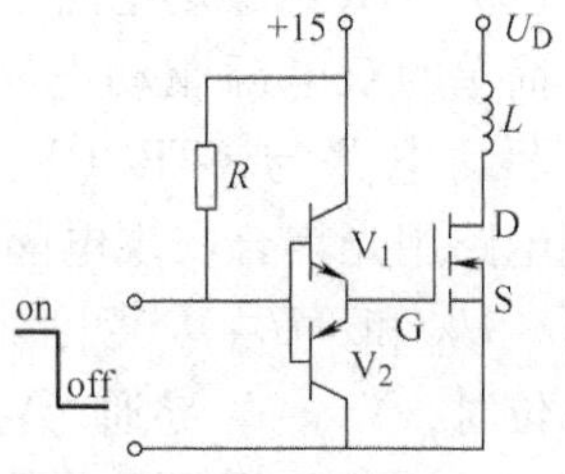

图 1-37　推挽式栅极直接驱动电路原理图

2. IGBT 的栅极驱动

(1) IGBT 的栅极驱动信号

由于 IGBT 是以 MOSFET 为输入级的，因此具有与 P-MOSFET 相似的输入特性和高输入阻抗，故驱动电路相对比较简单，驱动功率也比较小。

IGBT 对驱动信号及电路有以下基本要求：

1）驱动脉冲的上升沿和下降沿要陡：上升沿陡可使 IGBT 快速开通，减小开通损耗；下降沿陡，并在栅射极间加一适当的反向偏压，有助于 IGBT 快速关断，减少关断损耗。

2）驱动功率足够大：IGBT 开通后，栅极驱动源应能提供足够的功率及电压、电流幅值，使 IGBT 总处于饱和状态，不因退出饱和而损坏。

3）合适的负偏压：为缩短关断过程中的关断时间，需施加负偏压 $-U_{GE}$，同时还可防止关断瞬间因 du/dt 过高造成误导通，并提高抗干扰能力。反偏压 $-U_{GE}$ 一般取 $-2\sim-10V$。

4）合理的栅极电阻 R_G：在开关损耗不太大的情况下，应选用较大的 R_G。R_G 的范围为 $1\sim400\Omega$。

5）IGBT 多用于高压场合，故驱动电路与整个控制电路应严格隔离。

符合上述基本要求的 IGBT 典型驱动电压波形如图 1-38 所示。

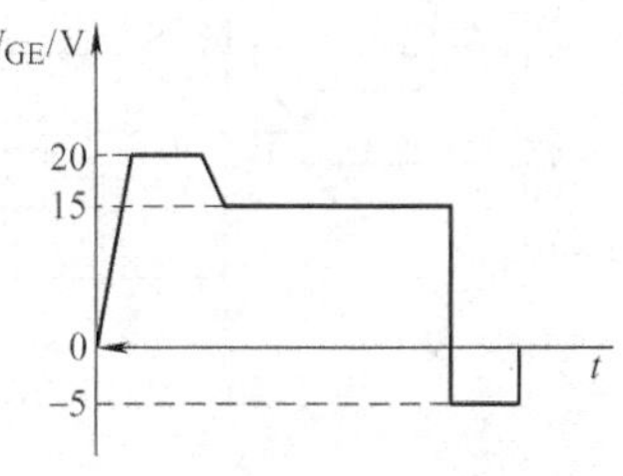

图 1-38　IGBT 典型驱动电压波形

(2) IGBT 的栅极驱动电路

因为 IGBT 的输入特性和 MOSFET 几乎相同，所以用于 MOSFET 的驱动电路同样可用于 IGBT。

1）脉冲变压器直接驱动 IGBT 的驱动电路。

图 1-39a 为采用脉冲变压器直接驱动 IGBT 的驱动电路图。图中来自控制电路脉冲形成单元产生的脉冲信号，经晶体管 V 功率放大后，加到脉冲变压器，由脉冲变压器隔离耦合，经稳压管 VS_1、VS_2 限幅后驱动 IGBT，驱动电压和电流的波形如图 1-39b 所示。

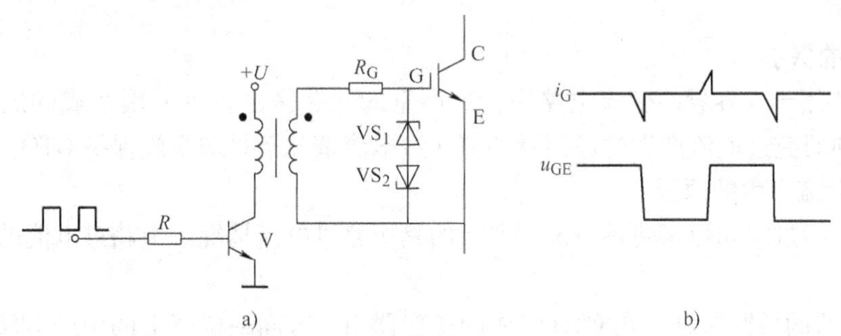

图 1-39　应用脉冲变压器驱动 IGBT

a）电路原理图　b）驱动电压和被驱动 IGBT 的栅极电流波形

2）IGBT 专用驱动模块。

大多数 IGBT 生产厂家为了解决 IGBT 的可靠性问题，都生产与其相配套的混合集成驱动电路。东芝公司的 M57962L 型 IGBT 专用驱动模块是 N 沟道大功率 IGBT 的驱动电路，能驱动 600V/400A 和 1200V/400A 的 IGBT，其原理框图如图 1-40 所示。它有以下几个特点：

① 采用光耦合器实现电气隔离，光耦合器是快速型的，适合 20kHz 左右的高频开关运行，光耦合器的输入端已串联限流电阻，可将 5V 的电压直接加到输入侧。

② 采用双电源驱动技术，使输出负栅压比较高。电源电压一般取 +15V/ -10V。

③ 信号传输延迟时间短，低电平 - 高电平的传输延迟时间及高电平 - 低电平的传输延迟时间都在 1.5μs 以下。

④ 具有过电流保护功能。M57962L 通过检测 IGBT 的饱和压降来判断 IGBT 是否过电流，一旦过电流，M57962L 将对 IGBT 实施软关断，并输出过电流故障信号。

IGBT 驱动电路图如图 1-41 所示。

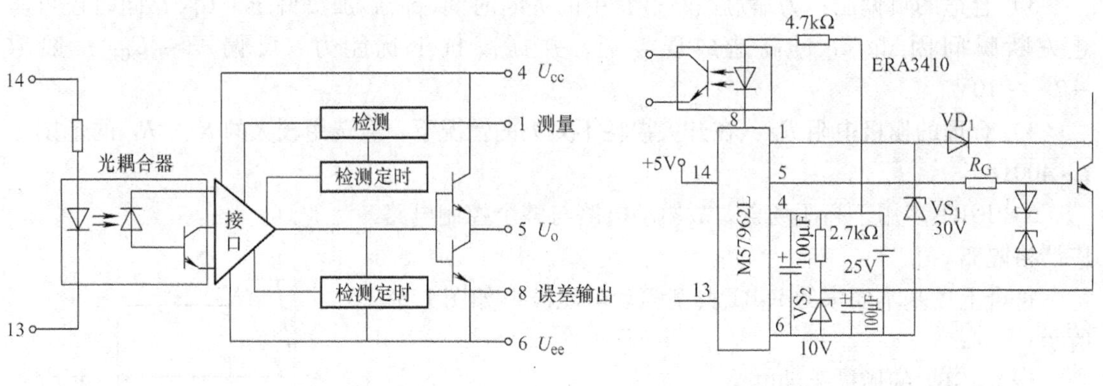

图 1-40　M57962L 的原理框图　　图 1-41　IGBT 驱动电路图

1.9　电力电子器件的保护

半控型晶闸管器件的保护可参考《晶闸管整流器的工程设计》，资料见参考文献［1］。下面讨论 GTO、GTR、P-MOSFET 和 IGBT 等全控型器件的保护问题，主要是过电流或过电压的保护问题。

1. GTO 的保护

GTO 主要用于大容量的变流电路中，最严重的问题是由各种原因造成的短路过电流现象。为此必须研究过电流产生的原因及如何在过电流情况下采取措施保护 GTO。

（1）过电流产生的原因

过电流包括过载和短路两种情况，严重的是短路过电流情况。短路过电流的原因大致有下述 3 种：

1）逆变器的桥臂短路。在 GTO 组成的逆变器中，若同一桥臂上的两个 GTO 同时导通，则会产生桥臂短路情况，也称桥臂直通故障。

2）输出端的线间短路。若输出端发生线间短路，则短路电流流经相应支路的 GTO，其短路电流相当大。

3）输出端线对地短路。

（2）GTO 的过电流保护

针对上述过电流情况，可采取多种措施对 GTO 进行过电流保护。其保护方法有以下 3

种：①快速熔断器保护法；②撬杠保护法；③自关断保护法。

2. GTR 的保护

由于 GTR 存在二次击穿问题，且二次击穿过程很快，远小于快速熔断器的熔断时间，因此诸如快速熔断器之类的过电流保护方法对 GTR 类电力电子设备是不起作用的。GTR 的过电流保护要依赖于驱动和特殊的保护电路，采用的方法主要有：①电压状态识别保护；②桥臂互锁保护；③欠饱和及过饱和保护。

3. P-MOSFET 的保护

P-MOSFET 的薄弱之处是栅极绝缘层易受各种静电感应电压而被击穿。在使用时必须采取下列保护措施：①防静电击穿保护；②栅源间的过电压保护；③漏源间的过电压保护；④短路、过电流保护。

4. IGBT 的保护

将 IGBT 用于变流器时，为防止损坏器件，采取的保护措施有：

1）通过检测出的过电流信号切断栅极控制信号，实现过电流保护。

2）利用缓冲电路抑制过电压并限制 du/dt。

3）利用温度传感器检测 IGBT 的壳温，当超过允许温度时主电路跳闸，实现过热保护。

4）静电保护：IGBT 的输入级为 MOSFET，所以 IGBT 也存在静电击穿问题，可采用 MOSFET 的防静电方法。

5）短路保护。

1.10 典型电力电子器件的 MATLAB 仿真模型

为了方便读者学习仿真软件，本书仿真章节电气符号的标注完全采用软件中的符号，没有严格按照我国有关电气符号标准及其出版物规定书写，与本章前面部分文中的标注不一定一致。本节内容主要译自软件的英文指导手册。

1.10.1 二极管的仿真模型

1. 二极管模块的图标和仿真电路模型

MATLAB 软件中的二极管是一个单向导电的半导体二端器件，没有普通二极管、功率二极管等种类之分，均采用一个图标，如图 1-42 所示，它们的区别主要是在参数设置上。二极管模块常带有一个 $R_s - C_s$ 串联缓冲电路，它与二极管并联。缓冲电路的 R_s 和 C_s 值可以设置，当指定 C_s = inf 时，缓冲电路为纯电阻；当指定 $R_s = 0$ 时，缓冲电路为纯电容；当指定 R_s = inf 或 $C_s = 0$ 时，缓冲电路去除（下面介绍的其他几种器件也类似）。

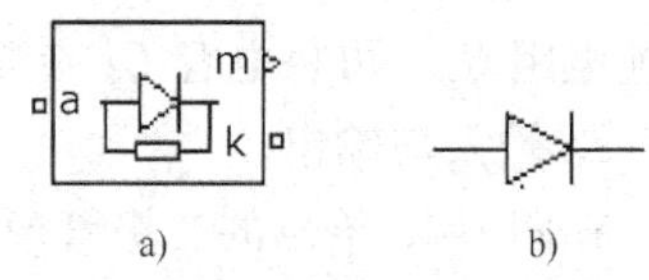

图 1-42　二极管模块的图标
a）带缓冲电路的图标
b）不带缓冲电路的图标

二极管承受正向电压时导通，此时管压降 V_f 很小；当二极管承受反向电压或流过管子的电流降到零时关断。二极管的仿真模型由内电阻 R_{on}、电感 L_{on}、直流电压源 V_f 和一个开关 SW 串联而成。开关受二极管电压 V_{ak} 和电流 I_{ak} 控制。二极管的仿真电路模型如图 1-43所示。

2. 二极管模块的参数设置对话框和参数设置

二极管模块的参数设置对话框如图 1-44 所示。

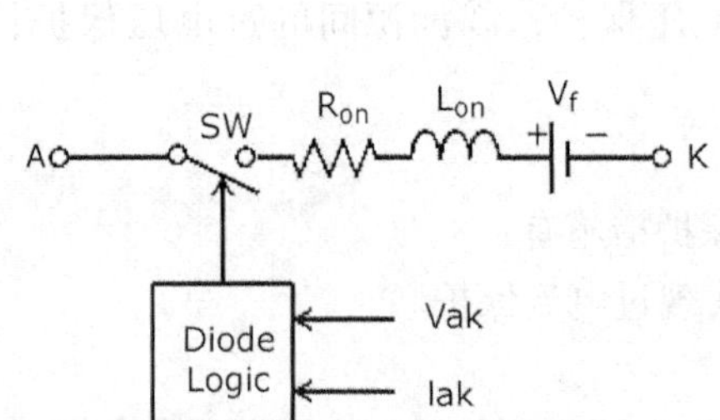

图 1-43　二极管的仿真电路模型

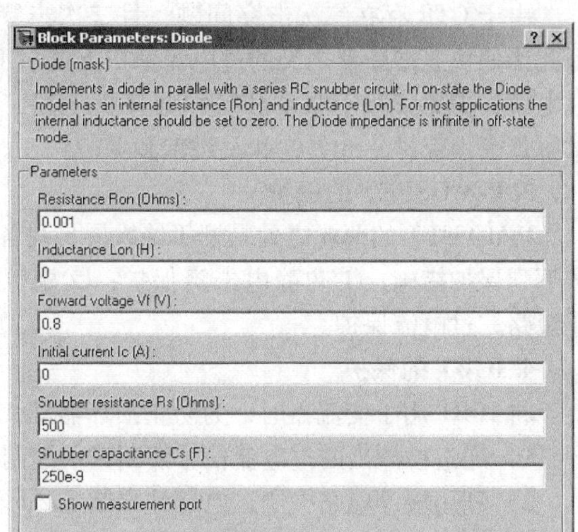

图 1-44　二极管模块的参数设置对话框

可设置的参数有：

1）二极管器件内电阻 R_{on}，单位 Ω。当内电感参数设置为 0 时，内电阻不能为 0。

2）二极管器件内电感 L_{on}，单位 H。当内电阻参数设置为 0 时，内电感不能为 0。

3）二极管器件的正向电压 V_f，单位 V。即二极管的门槛电压，在设置了门槛电压后，只有当二极管所加的正向电压大于门槛电压时，二极管才能导通。

4）初始电流 I_c，单位 A。通常将 I_c 设为 0，使器件在零状态下开始工作；当然，也可以将 I_c 设为非 0。其前提是：二极管的内电感大于 0，仿真电路的其他储能元件也设置了初始值。

5）缓冲电阻 R_s，单位 Ω。为了在模型中消除缓冲，可将 R_s 参数设置为 inf。

6）缓冲电容 C_s，单位 F。为了在模型中消除缓冲，可将缓冲电容 C_s 设置为 0；为了得到纯电阻 R_s，可将电容 C_s 参数设置为 inf。

3. 输入与输出

在图 1-42 给出的二极管模块图标中可以看到，它有一个输入和两个输出。一个输入是二极管的阳极 a；第一个输出是二极管的阴极 k，第二个输出 m 用于测量二极管的电流和电压输出向量 $[I_{ak}, V_{ak}]$。

1.10.2　晶闸管的仿真模型

1. 晶闸管模块的图标和仿真电路模型

晶闸管是一种由门极信号控制其开通的半导体器件。晶闸管的仿真模型由内电阻 R_{on}、电感 L_{on}、直流电压源 V_f 和开关 SW 串联组成。开关 SW 受逻辑信号控制，该逻辑信号由晶闸管的电压 V_{ak}、电流 I_{ak} 和门极触发信号 g 决定。晶闸管的仿真电路模型如图 1-45 所示。

晶闸管模块也包括一个 R_s-C_s 串联缓冲电路，它通常与晶闸管并联。缓冲电路的 R_s 和

C_s 值可以设置，方法同二极管仿真模型。晶闸管模块的图标如图 1-46 所示。

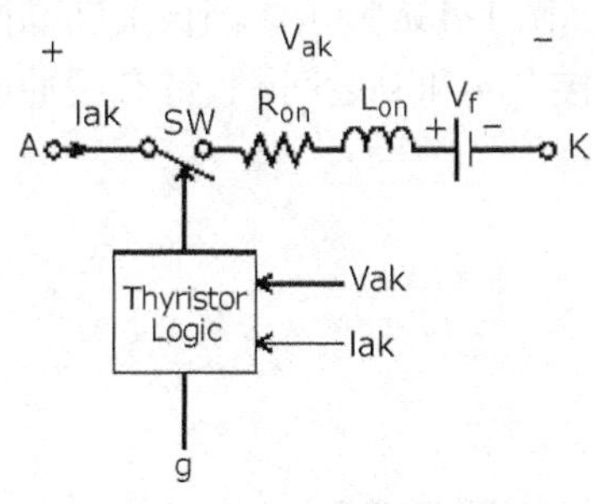

图 1-45　晶闸管的仿真电路模型

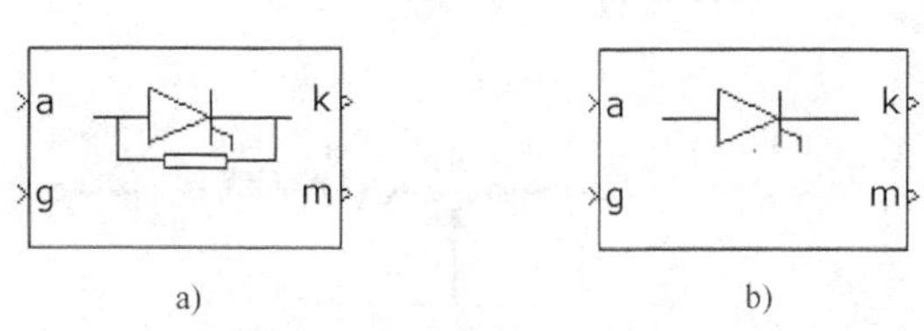

图 1-46　晶闸管模块的图标

a）带缓冲电路的图标　b）不带缓冲电路的图标

2. 晶闸管的仿真模型类型和输入、输出

（1）晶闸管的仿真模型类型

晶闸管的仿真模型有详细（标准）模型和简化模型两种。为了提高仿真速度，可以采用简化的晶闸管模型，即令详细（标准）模型中的擎住电流 I_L 和恢复时间 T_q 为零。

（2）输入与输出

在图 1-46 给出的晶闸管模块图标中可以看到，它有两个输入和两个输出。第一个输入 a 和输出 k 对应于晶闸管阳极和阴极，第二个输入 g 为加在门极上的逻辑触发信号（g），第二个输出 m 用于测量晶闸管的电流和电压输出向量［I_{ak}，V_{ak}］。

3. 晶闸管仿真模块的参数

晶闸管模块的参数设置对话框如图 1-47 所示。

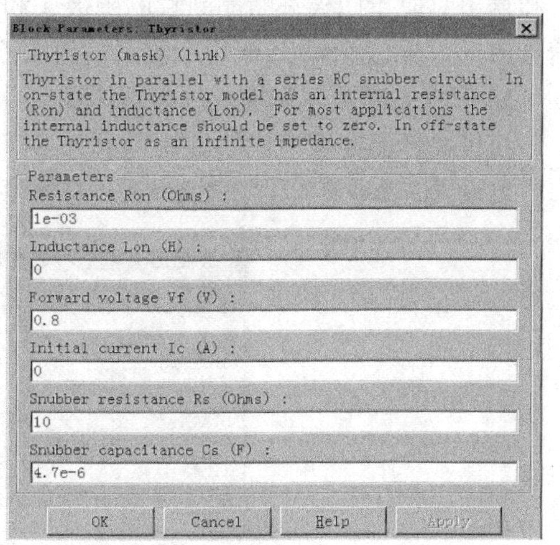

图 1-47　晶闸管模块的参数设置对话框

可设置的参数有：①晶闸管器件内电阻 R_{on}；②内电感 L_{on}；③正向管压降 V_f；④初始电流 I_c；⑤缓冲电阻 R_s；⑥缓冲电容 C_s；⑦擎住电流 I_L，单位为 A；⑧关断时间 T_q，单位为 s。前 6 个参数的含义与二极管相同，而后两个参数 I_L、T_q 只出现在晶闸管详细（标准）模型中。

1.10.3　GTO 的仿真模型

1. 门极关断晶闸管模块的图标和仿真电路模型

门极关断（GTO）晶闸管是一个由门极信号控制其导通和关断的半导体器件。与普通晶闸管一样，GTO 可被正的门极信号（$g>0$）触发导通。与普通晶闸管不同的是：普通晶闸管导通后，只有等到阳极电流为 0 时才能关断；而 GTO 可在任何时刻，通过施加等于 0 或负的门极信号将其关断。

门极关断晶闸管的仿真电路模型由内电阻 R_{on}、电感 L_{on}、直流电压源 V_f 和一个开关 SW

串联组成，该开关受 GTO 逻辑信号控制，该逻辑信号又由门极关断晶闸管的电压 V_{ak}、电流 I_{ak}和门极驱动信号 g 决定。门极关断晶闸管的仿真电路模型如图 1-48a 所示，门极关断晶闸管模块也包含一个 R_s-C_s 串联缓冲电路，它与 GTO 并联（连接在 a 和 k 之间）。带有缓冲电路的 GTO 图标如图 1-48b 所示。

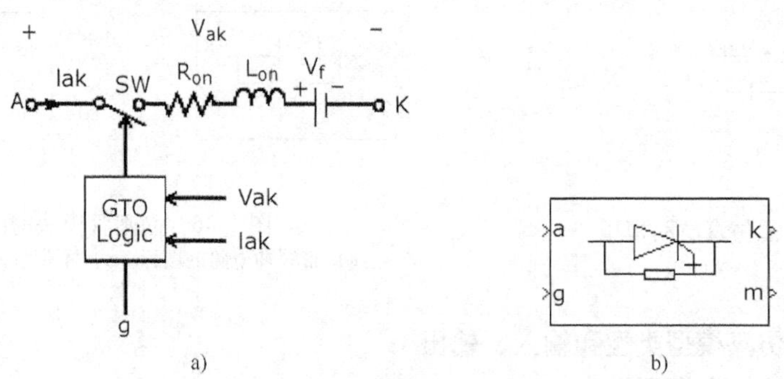

a）　　b）

图 1-48　门极关断晶闸管的仿真电路模型和图标
a）仿真电路模型　b）图标

2. 门极关断晶闸管模块的输入和输出

由图 1-48b 给出的门极关断晶闸管模块图标可见，它有两个输入和两个输出。第一个输入和输出对应于门极关断晶闸管的阳极 a 和阴极 k，第二个输入 g 为加在门极上的 Simulink 信号（g），第二个输出 m 用于测量门极关断晶闸管的电流和电压输出向量［I_{ak}，V_{ak}］。

3. 门极关断晶闸管模块的参数设置

门极关断晶闸管模块的参数设置对话框如图 1-49 所示。

可设置的参数有：①门极关断晶闸管器件内电阻 R_{on}；②内电感 L_{on}；③正向管压降 V_f；④初

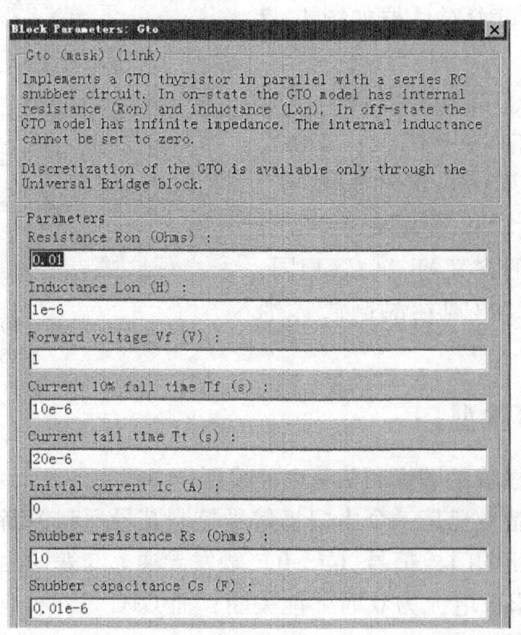

图 1-49　门极关断晶闸管模块的参数设置对话框

始电流 I_c；⑤缓冲电阻 R_s；⑥缓冲电容 C_s；⑦电流下降到10%的时间 T_f；⑧电流拖尾时间 T_t，单位为 s。前6个参数的含义与二极管相同，而后两个参数 T_f、T_t 是 GTO 新增加的参数。

1.10.4 IGBT 的仿真模型

1. IGBT 模块的图标和仿真电路模型

IGBT 是一个受栅极信号控制的器件，IGBT 的仿真模型由内电阻 R_{on}、电感 L_{on}、直流电压源 V_f 和一个开关 SW 串联组成，该开关受 IGBT 逻辑信号控制，该逻辑信号又由 IGBT 的电压 V_{CE}、电流 I_C 和栅极驱动信号 g 决定。IGBT 模块的图标和仿真电路模型如图 1-50 所示。

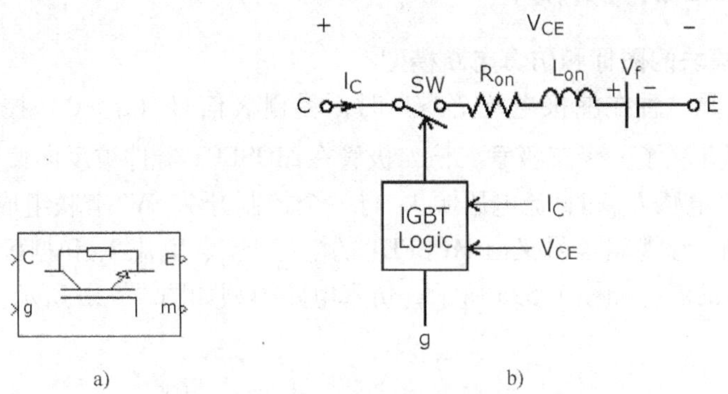

图 1-50　IGBT 模块的图标和仿真电路模型
a) 图标　b) 仿真电路模型

2. IGBT 模块的输入和输出

由图 1-50a 给出的 IGBT 模块的图标可见，它有两个输入和两个输出。第一个输入 C 和输出 E 对应于 IGBT 的集电极（C）和发射极（E），第二个输入 g 为加在栅极上的 Simulink 逻辑控制信号（g），第二个输出 m 用于测量 IGBT 的电流和电压输出向量［I_{ak}，V_{ak}］。

3. IGBT 模块的参数设置

IGBT 模块的参数设置对话框如图 1-51 所示。

Block Parameters: IGBT1

IGBT (mask) (link)

Implements an IGBT device in parallel with a series RC snubber circuit. In on-state the IGBT model has internal resistance (Ron) and inductance (Lon). In off-state the IGBT model has infinite impedance. The internal inductance cannot be set to zero.

Discretization of the IGBT is available only through the Universal Bridge block.

Parameters

Resistance Ron (Ohms) :
0.01

Inductance Lon (H) :
1e-6

Forward voltage Vf (V) :
1

Current 10% fall time Tf (s) :
1e-6

Current tail time Tt (s):
2e-6

Initial current Ic (A) :
0

Snubber resistance Rs (Ohms) :
10

Snubber capacitance Cs (F) :
0.01e-6

图 1-51　IGBT 模块的参数设置对话框

设置的参数包括 IGBT 的内电阻 R_{on}、内电感 L_{on}、正向管压降 V_f、电流下降到 10% 的时间 T_f、电流拖尾时间 T_t、初始电流 I_c、缓冲电阻 R_s 和缓冲电容 C_s 等，它们的含义和设置方法与门极关断晶闸管模块相同。需要说明的是，初始电流 I_c 通常设置为 0，表示仿真模型从 IGBT 的关断状态开始；如果设置为一个大于 0 的数值，则仿真模型认为 IGBT 的初始状态是导通状态。

仿真含有 IGBT 器件的电路时，必须使用刚性积分算法，通常可使用 ode23tb 或 ode15s 算法，以获得较快的仿真速度。

1.10.5 MOSFET 的仿真模型

1. MOSFET 模块的图标和仿真电路模型

MOSFET 模块是一种在漏极电流 $I_d>0$ 时，受栅极信号（$g>0$）控制的半导体器件。MOSFET 模块内部并联了一个二极管，该二极管在 MOSFET 器件被反向偏置时开通；它的仿真模型由电阻 R_t、电感 L_{on} 和直流电压源 V_f 与一个控制开关 SW 串联组成。该开关受 MOSFET 逻辑信号控制，该逻辑信号又由 MOSFET 的电压 V_{DS}、电流 I_d 和栅极驱动信号（g）决定。MOSFET 模块的图标如图 1-52a 所示，仿真电路模型如图 1-52b 所示。

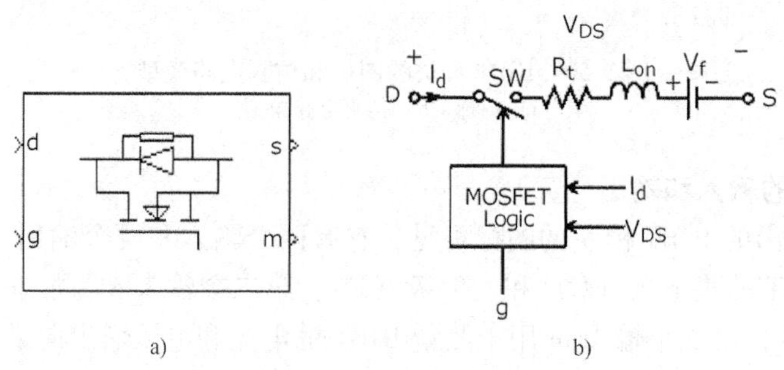

图 1-52　MOSFET 模块的图标和仿真模型
a）图标　b）仿真电路模型

2. MOSFET 模块的输入和输出

由图 1-52 给出的 MOSFET 模块的图标可见，它有两个输入和两个输出。第一个输入 d 和输出 s 对应于 MOSFET 器件的漏极（D）和源极（S），第二个输入 g 为加在栅极上的 Simulink 逻辑控制信号，第二个输出 m 用于测量 MOSFET 的电流和电压输出向量 $[I_{ak}, V_{ak}]$。

3. MOSFET 模块的参数设置

MOSFET 模块的参数设置对话框如图 1-53 所示。MOSFET 模块的参数设置包括 MOSFET 的内电阻 R_{on}、内电感 L_{on}、内部二极管电阻 R_d、初始电流 I_c、缓冲电阻 R_s 和缓冲电容 C_s 等，除二极管电阻 R_d 是一个新参数外，其他参数的含义和设置方法与门极关断晶闸管模块相同。仿真含有 MOSFET 器件的电路时，也必须使用刚性积分算法。通常可使用 ode23tb 或 ode15s 算法，以获得较快的仿真速度。

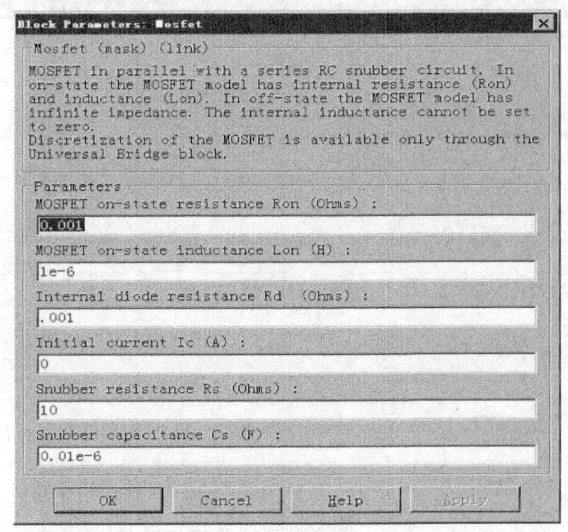

图 1-53　MOSFET 模块的参数设置对话框

1.10.6　理想开关的仿真模型

理想开关（Ideal Switch）是 MATLAB 软件中特设的一种电子开关，实际的电力电子器件中没有该器件。理想开关受门极控制，开关导通时电流可双向流通。理想开关在仿真中可作断路器使用，对门极作适当设计，也可作为简单的半导体开关用于自动控制。

1. 理想开关模块的图标和仿真电路模型

理想开关的模型图标如图 1-54 所示，其仿真电路模型如图 1-55 所示。

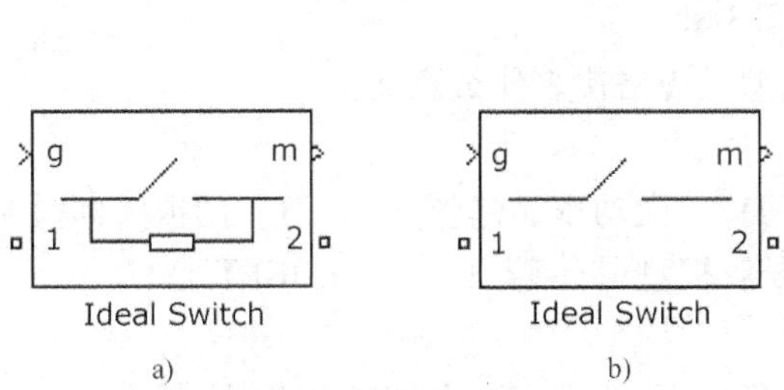

图 1-54　理想开关模块的图标

a）带缓冲电路的图标　b）不带缓冲电路的图标

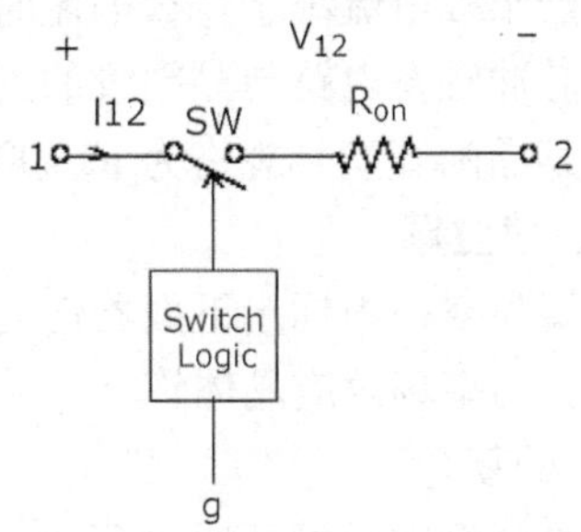

图 1-55　理想开关模块的仿真电路模型

2. 理想开关模块的参数设置

理想开关模块的参数设置对话框如图 1-56 所示。

由图 1-56 可知，理想开关模块的参数设置与普通晶闸管几乎完全相同，另有两个参数设置需注意。“Internal resistance Ron（Ohms）”为理想开关导通电阻 R_{on}（Ω）；“Initial state（0 for ‘open’、1 for ‘closed’）”为初始状态，导通设为 0，关断设为 1。

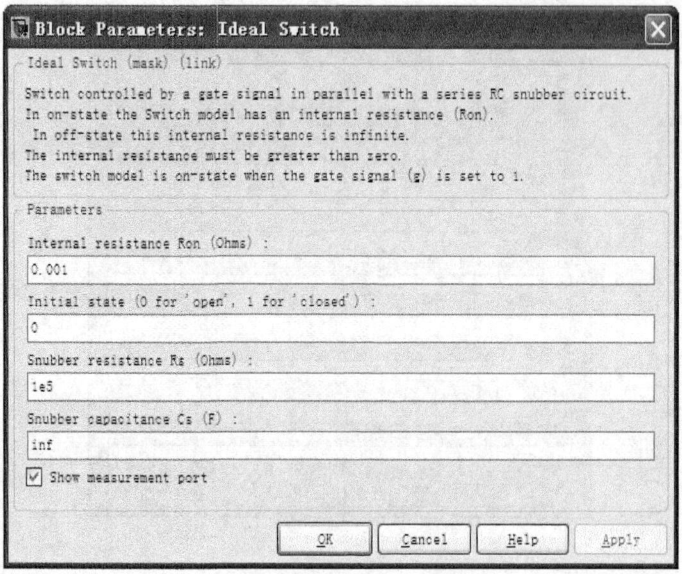

Block Parameters: Ideal Switch

Ideal Switch (mask) (link)

Switch controlled by a gate signal in parallel with a series RC snubber circuit.
In on-state the Switch model has an internal resistance (Ron).
In off-state this internal resistance is infinite.
The internal resistance must be greater than zero.
The switch model is on-state when the gate signal (g) is set to 1.

Parameters

Internal resistance Ron (Ohms) :
0.001
Initial state (0 for 'open', 1 for 'closed') :
0
Snubber resistance Rs (Ohms) :
1e5
Snubber capacitance Cs (F) :
inf
Show measurement port

OK Cancel Help Apply

图 1-56　理想开关模块的参数设置对话框

习　题

一、简答题

1. 晶闸管内部有几个 PN 结？外部有几个电极？
2. 普通晶闸管的额定电流用什么电流表示？双向晶闸管的额定电流又用什么电流表示？
3. 双向晶闸管通常用在什么类型的变换电路中？其外部有几个电极？
4. 当阳极电流小于什么电流时，晶闸管才会由导通转为截止？
5. 脉冲触发电路与晶闸管的连接方式有哪 3 种？
6. 某晶闸管型号规格为 KP200-8D，试问型号规格代表什么意义？

二、填空题

1. 请在空格内标出下面器件的英文大写简称：大功率晶体管（　　）；门极关断晶闸管（　　）；功率场效应晶体管（　　）；绝缘栅双极型晶体管（　　）；IGBT 是（　　）和（　　）的复合管。

2. 晶闸管在触发开通过程中，当阳极电流小于（　　）电流前，如去掉（　　）脉冲，晶闸管又会关断。

3. 由波形系数可知，晶闸管在额定情况下的有效值电流 I_{Tn} 等于（　　）倍 $I_{\mathrm{T(AV)}}$，如果 $I_{\mathrm{T(AV)}}=100\mathrm{A}$，则它允许的有效电流为（　　）A。通常在选择晶闸管时还要留出（　　）倍的裕量。

4. 型号为 KS100-8 的器件表示（　　）晶闸管，它的额定电压为（　　）V、额定电流为（　　）A。

5. 目前常用的具有自关断能力的电力电子器件有（　　）、（　　）、（　　）、（　　）等。并给出它们的电气符号。

三、问答题

1. 晶闸管导通的条件是什么？导通后流过晶闸管的电流和负载上的电压由什么决定？

2. 晶闸管的关断条件是什么？如何实现？晶闸管处于阻断状态时其两端的电压大小由什么决定？

3. 试说明晶闸管有哪些派生器件？

4. 请简述光控晶闸管的有关特征。

5. 晶闸管触发的触发脉冲要满足哪几项基本要求？

6. GTO 和普通晶闸管同为 PNPN 结构，为什么 GTO 能够自关断，而普通晶闸管不能？

7. 如何防止 P-MOSFET 因静电感应引起的损坏？

8. IGBT、GTR、GTO 和 P-MOSFET 的驱动电路各有什么特点？

9. 试说明 IGBT、GTR、GTO 和 P-MOSFET 各自的优缺点。

10. GTR 对基极驱动电路的要求是什么？

11. 与 GTR 相比，P-MOSFET 有何优缺点？

12. 分别说明什么是不可控型、半控型和全控型电力电子器件。

四、计算题

1. 图 1-57 中实线部分为晶闸管处于通态区间的电流波形，各波形的电流最大值均为 I_m，试计算各波形的电流平均值 $I_{T(AV)}$ 与电流有效值 I_T 以及波形系数 K_f。

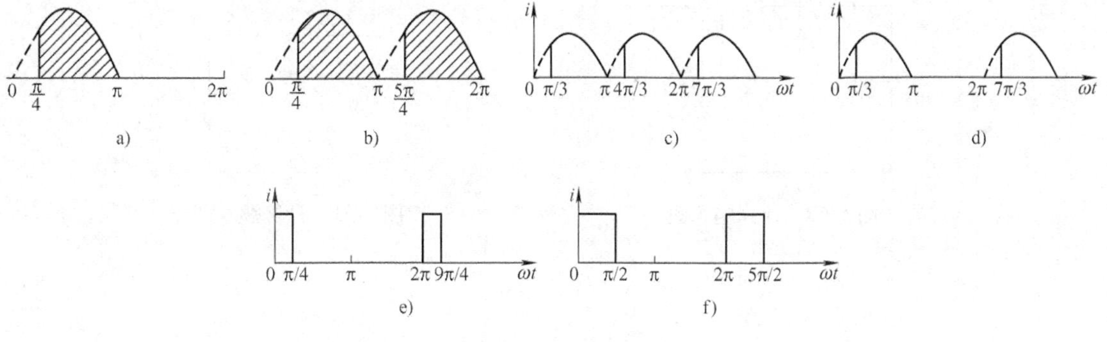

图 1-57　计算题 1 图

2. 上题中，如不考虑安全裕量，问额定电流 100A 的晶闸管允许流过的平均电流分别是多少？

3. 型号为 KP100-3、维持电流 $I_H = 4mA$ 的晶闸管，使用在图 1-58 所示电路中是否合理，为什么？（暂不考虑电压、电流裕量）

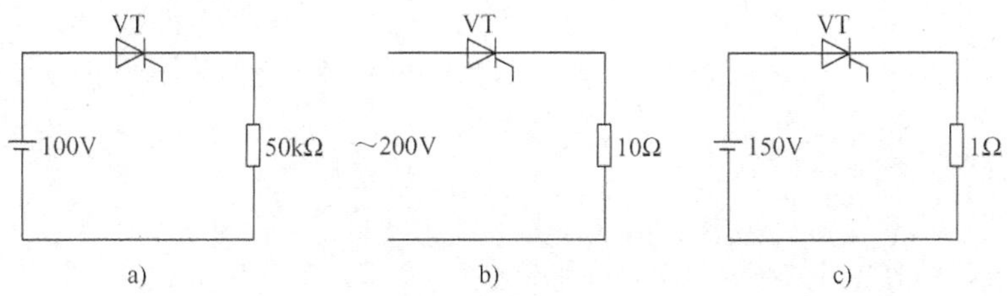

图 1-58　计算题 3 图

4. 如图 1-59 所示，试画出负载 R_d 上的电压波形（不考虑管子的导通压降）。

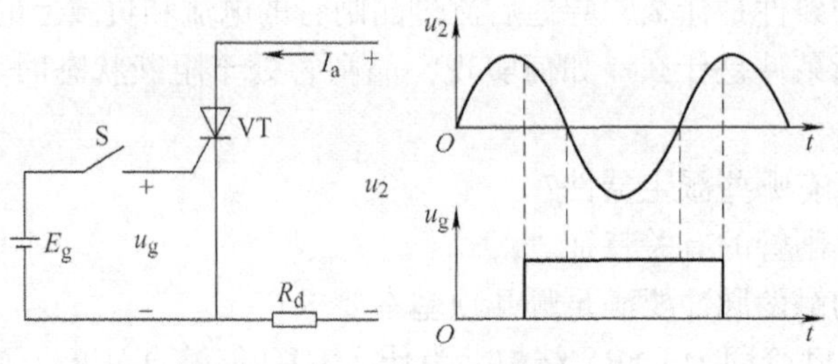

图 1-59　计算题 4 图

5. 在图 1-60 中，若要使用单次脉冲触发晶闸管 VT 导通，门极触发信号（触发电压为脉冲）的宽度最小应为多少微秒（设晶闸管的擎住电流 $I_L=15\text{mA}$）？

6. 单相正弦交流电源作用下，晶闸管和负载电阻串联，如图 1-61 所示，交流电源电压有效值为 220V。

（1）考虑安全裕量，应如何选取晶闸管的额定电压？

（2）当电流的波形系数为 $K_f=2.22$ 时，通过晶闸管的有效电流为 100A，考虑晶闸管的安全裕量，应如何选择晶闸管的额定电流？

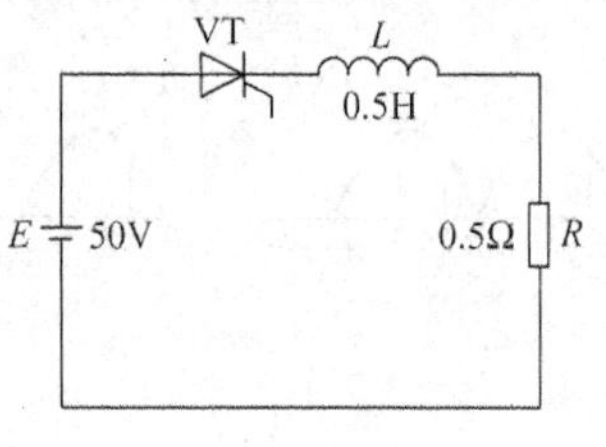

图 1-60　计算题 5 图

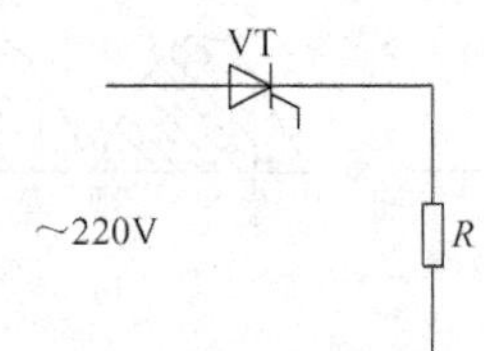

图 1-61　计算题 6 图

第 2 章　交流 - 直流变换电路及其仿真

交流 - 直流（AC-DC）变换电路，又称为整流器，它能够将交流电能转换为直流电能。整流电路有采用二极管的不可控整流电路、采用晶闸管的相控整流电路以及采用全控器件的 PWM 整流电路。许多电气设备需要恒定或可调直流电源，另外，直流 - 直流（DC-DC）变换、直流 - 交流（DC-AC）变换也需要利用整流器先进行 AC-DC 变换。

整流电路种类很多，如果按相数来分，可分为单相、三相和多相整流电路；根据整流电路的构成形式，又可分为半波、全波和桥式整流电路；按控制方式，可分为不可控整流、相控整流和 PWM（脉冲宽度调制）整流形式。不可控整流采用功率二极管作为整流元件，输出整流电压不可调；相控整流采用晶闸管作为主要的功率开关器件，通过控制晶闸管在一个交流电源周期内导通的相位角来实现电压调节，这种电路容量大、控制简单、技术成熟；PWM 整流技术是近年发展起来的一种新型 AC-DC 变换技术，它采用全控型功率器件和现代控制技术，由于其性能优良而越来越受到工程领域的重视。

2.1　带滤波电路的不可控整流电路

在交 - 直 - 交变频器、不间断电源、开关电源等应用场合中，大都采用不可控整流电路经电容滤波后提供直流电源，供后级的逆变器、斩波器等使用。目前最常用的是单相桥式和三相桥式两种接法。由于电路中的电力电子器件采用整流二极管，故也称这类电路为二极管整流电路。

二极管不可控整流电路的原理对我们来说并不陌生，在模拟电子技术的直流稳压电源部分已经有过接触，另外，晶闸管相控整流电路触发控制角等于零时的工作情况与其基本相同。为此，下面主要选择单相桥式和三相桥式两种典型的不可控整流电路，分析其在带滤波电路情况下的工作过程。

2.1.1　带滤波电路的单相桥式不可控整流电路

1. 电路组成

图 2-1a 是单相桥式不可控整流电路原理图。二极管作为不可控开关器件，变压器 Tr 起变换电压和隔离的作用，u_1 和 u_2 分别表示变压器一次和二次电压瞬时值，二次电压 u_2 为 50Hz 正弦波，其有效值为 U_2。假设该电路已工作于稳态，同时由于在实际中作为负载的后级电路稳态时消耗的直流平均电流是一定的，所以分析中以电阻 R 作为负载。工作波形如图 2-1b 所示。

2. 工作原理

该电路的基本工作过程是：

1）u_2 正半周过零点至 $\omega t=0$ 期间，$u_2<u_d$，因此二极管均不导通，此阶段电容 C 向 R 放电，提供负载所需电流，同时 u_d 下降。

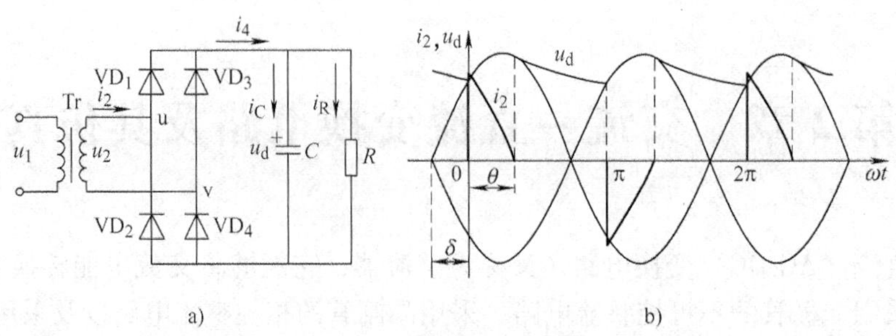

图 2-1　电容滤波的单相桥式不可控整流电路

a）电路原理图　b）工作波形

2）在 $\omega t=0$ 至 $\omega t=\theta$ 期间，u_2 超过 u_d，使得 VD_1 和 VD_4 开通，$u_d=u_2$，交流电源向电容充电，同时向负载 R 供电。

3）在 $\omega t=\theta$ 至 $\omega t=\pi$ 期间，$u_2<u_d$，二极管又都不导通，电容 C 再向 R 放电，提供负载所需电流，同时 u_d 下降。

4）当 $\omega t=\pi$ 后，即放电经过（$\pi-\theta$）角时，u_d 降至开始充电时的初值，另一对二极管 VD_2 和 VD_3 导通，此后 u_2 又向 C 充电，与 u_2 正半周的情况一样。二极管导通后 u_2 开始向 C 充电时的 u_d 与二极管关断后 C 放电结束时的 u_d 相等。

在空载时，$R=\infty$，放电时间常数为无穷大，输出电压最大，$U_d=\sqrt{2}U_2$；在重载时，R 很小，电容放电很快，几乎失去储能作用，随负载加重 U_d 逐渐趋近于 $0.9U_2$。通常在设计时根据负载的情况选择电容 C 值，使 $RC\geqslant$（1.5 ~ 2.5）T，T 为交流电源的周期，此时输出电压 $U_d\approx 1.2U_2$。

在实际应用中为了抑制电流冲击，常在直流侧串入较小的电感，成为感容滤波电路，如图 2-2a 所示。此时输出电压和输入电流的波形如图 2-2b 所示。

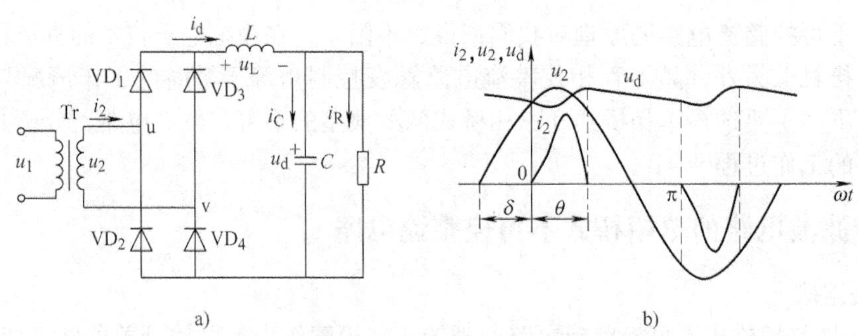

图 2-2　感容滤波的单相桥式不可控整流电路

a）电路原理图　b）工作波形

由波形可见，u_d 波形更平直，而电流 i_2 的上升段平缓了许多，这对电路的工作是有利的。当 L 与 C 的取值变化时，电路的工作情况会有很大的不同，这里不再详细介绍。

2.1.2　带滤波电路的三相桥式不可控整流电路

1. 电路组成

在电容滤波的三相不可控整流电路中，最常用的是三相桥式结构，图 2-3 给出了其电路及理想的电压电流波形。图中不可控开关器件二极管的编号顺序反映了二极管的导通顺序，变压器 Tr 一次侧的 D（三角形）联结是为了抑制 3 次及其整数倍谐波电流进入电网。

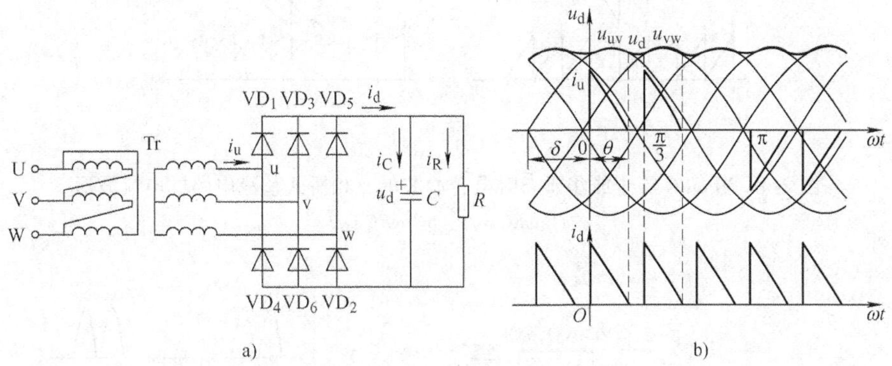

图 2-3　电容滤波的三相桥式不可控整流电路

a）电路原理图　b）工作波形

2. 工作原理

在该电路中，当某一对二极管导通时，输出直流电压等于交流侧电压中最大的一个，该线电压既向电容供电，也向负载供电。当没有二极管导通时，由电容向负载放电，u_d 按指数规律下降。

设二极管在距线电压过零点 δ 角处开始导通，并将二极管 VD_6 和 VD_1 开始同时导通的时刻作为时间零点，则线电压为 $u_{uv} = \sqrt{6}\, U_2 \sin(\omega t + \delta)$，而相电压为 $u_u = \sqrt{2}\, U_2 \sin\left(\omega t + \delta - \frac{\pi}{6}\right)$。

在 $\omega t = 0$ 时，二极管 VD_6 和 VD_1 开始导通，直流侧电压等于 u_{uv}；下一次同时导通的一对管子是 VD_1 和 VD_2，直流侧电压等于 u_{uw}。这两段导通过程之间的交替有两种情况：一种是在 VD_1 和 VD_2 同时导通之前 VD_6 和 VD_1 是关断的，交流侧向直流侧的充电电流 i_d 是断续的，如图 2-3 所示；另一种是 VD_1 一直导通，交替时由 VD_6 导通换相至 VD_2 导通，i_d 是连续的。介于二者之间的临界情况是，VD_6 和 VD_1 同时导通的阶段与 VD_1 和 VD_2 同时导通的阶段在 $\omega t + \delta = 2\pi/3$ 时刻“速度相等”恰好发生。其临界条件是 $\omega RC = \sqrt{3}$，这就是说，$\omega RC > \sqrt{3}$和 $\omega RC \leqslant \sqrt{3}$分别是电流 i_d 断续和连续的条件。图 2-4 给出了 $\omega RC \leqslant \sqrt{3}$时的电流波形。对一个确定的装置来讲，通常只有 R 是可变的，它的大小反映了负载的轻重。因此，在轻载时直流侧获得的充电电流是断续的，在重载时是连续的，分界点就是 $R = \sqrt{3}/(\omega C)$。当 $\omega RC < \sqrt{3}$时，交流侧电压电流波形如图 2-4b 所示。

以上分析的是理想情况，未考虑实际电路中存在的交流侧电感以及为抑制冲击电流而串联的电感。当考虑上述电感时，电路的工作情况发生变化，其电路图和交流侧电流波形如图 2-5所示。

其中图 2-5a 为电路原理图，图 2-5b、c 分别为轻载和重载时的交流侧电流波形。将电流波形与不考虑电感时的波形相比较可知，有电感时，电流波形的前沿平缓了许多，有利于电路的正常工作。随着负载加重，电流波形与电阻负载时的交流侧电流波形逐渐接近。

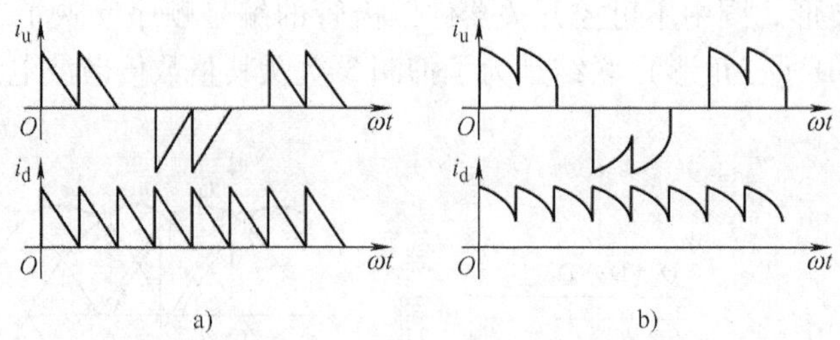

图 2-4　当 ωRC 等于或小于$\sqrt{3}$时电容滤波的三相桥式整流电路的电流波形

a）$\omega RC=\sqrt{3}$　b）$\omega RC<\sqrt{3}$

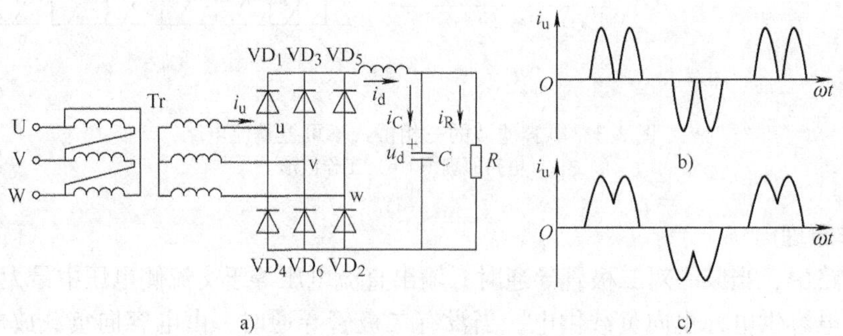

图 2-5　感容滤波的三相桥式不可控整流电路

a）电路原理图　b）轻载时的交流侧电流波形　c）重载时的交流侧电流波形

三相桥式不可控整流电路的输出电压平均值 U_d 在（2.34～2.45）U_2 之间变化。输出电流平均值为 $I_d=U_d/R$。二极管承受的电压为线电压的峰值$\sqrt{6}U_2$。

利用整流二极管构成的不可控整流电路其输出直流电压不可调节，如果要使输出直流电压可调，则要使用晶闸管相控整流电路或 PWM 整流器。

2.2　晶闸管单相可控整流电路

2.2.1　单相半波可控整流电路（电阻性负载）

电阻加热炉、电解和电镀等设备基本上是电阻性负载。其特点是电压与电流成正比，波形同相位，电流可以突变。在分析电路工作原理前，首先假设：

1）开关器件是理想的，即开关器件（晶闸管）导通时，通态压降为零，关断时电阻为无穷大。

2）变压器是理想的，即变压器漏抗为零，绕组的电阻为零，励磁电流为零。

1. 电路组成

图 2-6a 是单相半波可控整流电路原理图。晶闸管为可控开关器件，工作波形如图 2-6b 所示。

2. 工作原理

1）在电源电压正半波（0～π 区间），晶闸管承受正向电压，脉冲 u_g 在 $\omega t=\alpha$ 处触发晶闸管，晶闸管开始导通，形成负载电流 i_d，负载上有电压和电流输出。

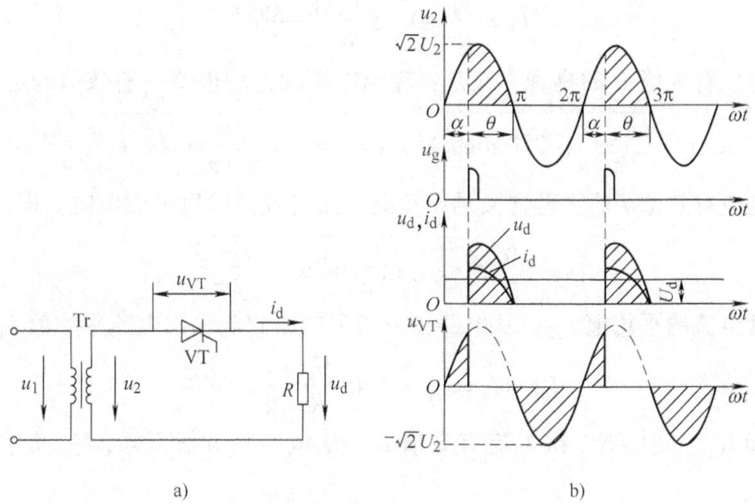

图 2-6　单相半波可控整流电路（电阻性负载）
a）电路原理图　b）工作波形

2）在 $\omega t=\pi$ 时刻，$u_2=0$，电源电压自然过零，晶闸管电流小于维持电流而关断，负载电流为零。

3）在电源电压负半波（$\pi\sim2\pi$ 区间），晶闸管承受反向电压而处于关断状态，负载上没有输出电压，负载电流为零。

直到电源电压 u_2 的下一周期的正半波，脉冲 u_g 在 $\omega t=2\pi+\alpha$ 处又触发晶闸管，晶闸管再次被触发导通，输出电压和电流又加在负载上，如此不断重复。

图 2-6b 给出了直流输出电压 u_d 和晶闸管两端电压 u_{VT} 的理论分析波形，其中负载电流 i_d 和 u_d 的波形相位相同。

通过改变触发脉冲控制角 α 的大小，直流输出电压 u_d 的波形发生变化，负载上输出电压的平均值发生变化，显然 $\alpha=180°$ 时，平均电压 $U_d=0$。由于晶闸管只在电源电压正半波（$0\sim\pi$）区间内导通，输出电压 u_d 为极性不变但瞬时值变化的脉动直流，故称为“半波”整流。

下面介绍几个名词术语和概念：

1）触发延迟角 α 与导通角 θ。触发延迟角 α 就是触发角或控制角 α，是指晶闸管从承受正向阳极电压开始到导通时为止之间的电角度。导通角 θ 是指晶闸管在一周期内处于通态的电角度。

单相半波可控整流电路电阻性负载情况下控制角 α 与导通角 θ 的关系是 $\alpha+\theta=180°$

2）移相。移相是指改变触发脉冲 u_g 出现的时刻，即改变控制角 α 的大小。

3）移相范围。移相范围是指触发脉冲 u_g 的移动范围，它决定了输出电压的变化范围。

3. 基本数量关系

1）直流输出电压平均值 U_d 的物理含义是：输出电压的面积除以周期。即

$$U_d=\frac{1}{2\pi}\int_{\alpha}^{\pi}\sqrt{2}U_2\sin\omega t\mathrm{d}(\omega t)=\frac{\sqrt{2}U_2}{\pi}\frac{1+\cos\alpha}{2}=0.45U_2\frac{1+\cos\alpha}{2}\tag{2-1}$$

2）输出电流平均值 I_d 的物理含义是：直流输出电压平均值除以负载电阻。即

$$I_d = \frac{U_d}{R} = 0.45\frac{U_2}{R}\frac{1+\cos\alpha}{2} \tag{2-2}$$

3）负载电压有效值 U 的物理含义是：输出电压的方均根值（有效值的定义）。即

$$U = \sqrt{\frac{1}{2\pi}\int_{\alpha}^{\pi}(\sqrt{2}U_2\sin\omega t)^2\mathrm{d}(\omega t)} = U_2\sqrt{\frac{1}{4\pi}\sin2\alpha + \frac{\pi-\alpha}{2\pi}} \tag{2-3}$$

4）负载电流有效值 I 的物理含义是：负载电压有效值除以负载电阻。即

$$I = \frac{U}{R} = \frac{U_2}{R}\sqrt{\frac{1}{4\pi}\sin2\alpha + \frac{\pi-\alpha}{2\pi}} \tag{2-4}$$

5）晶闸管电流的平均值 I_{dT}，从电路图分析可知，它与输出电流平均值 I_d 相等。即

$$I_{dT} = I_d = \frac{U_d}{R} = 0.45\frac{U_2}{R}\frac{1+\cos\alpha}{2} \tag{2-5}$$

6）晶闸管 I_{VT}、变压器二次电流有效值 I_2，从电路图分析可知，它们与输出电流有效值 I 相等。即

$$I_{VT} = I_2 = I = \frac{U_2}{R}\sqrt{\frac{1}{4\pi}\sin2\alpha + \frac{\pi-\alpha}{2\pi}} \tag{2-6}$$

7）移相范围的物理含义是：输出电压平均值从 $U_{d\,max}$ 变化到 $U_{d\,min}$ 所对应的 α 变化范围，本电路移相范围为 0～180°。

8）导通角 θ，其值是 $\theta = 180° - \alpha$。

9）整流电路功率因数 $\cos\varphi$ 的物理含义是：变压器二次侧有功功率与视在功率的比值。即

$$\cos\varphi = \frac{P}{S} = \frac{UI}{U_2I_2} = \frac{UI_2}{U_2I_2} = \sqrt{\frac{1}{4\pi}\sin2\alpha + \frac{\pi-\alpha}{2\pi}} \tag{2-7}$$

10）晶闸管承受的最大正反向电压是相电压峰值，即

$$U_{VTM} = \sqrt{2}U_2 \tag{2-8}$$

【例 2-1】 如图 2-6 所示的单相半波可控整流电路，采用电阻性负载，电源电压 U_2 为 220V，要求直流输出平均电压为 50V，直流输出平均电流为 20A，试计算：

1）晶闸管的控制角。

2）输出电流有效值。

3）电路功率因数。

4）晶闸管的额定电压和额定电流。

解：1）由式（2-1）计算输出平均电压 50V 时的晶闸管控制角 α，得

$$\cos\alpha = \frac{2U_d}{0.45U_2} - 1 = \frac{2\times50}{0.45\times220} - 1 \approx 0，则\ \alpha = 90°$$

2）负载电阻 $R = \frac{U_d}{I_d} = \frac{50}{20}\Omega = 2.5\Omega$

当 $\alpha = 90°$时，输出电流有效值 $I = \frac{U}{R} = \frac{U_2}{R}\sqrt{\frac{1}{4\pi}\sin2\alpha + \frac{\pi-\alpha}{2\pi}} = 44\text{A}$

3）电路功率因数 $\cos\varphi = \frac{P}{S} = \frac{UI}{U_2I_2} = \frac{UI_2}{U_2I_2} = \frac{44\times50\div20}{220} = 0.5$

4）晶闸管的电流有效值 I_{VT} 与输出电流有效值 I 相等，即 $I_{VT}=I$。则 $I_{VT(AV)}=(1.5\sim2)\dfrac{I_{VT}}{1.57}$，取2倍安全裕量，晶闸管的额定电流为 $I_{VT(AV)}=56A$；考虑（2～3）倍安全裕量，晶闸管的额定电压为

$$U_{VTn}=(2\sim3)U_{VTM}=(2\sim3)\times311V=(622\sim933)V$$

式中，$U_{VTM}=\sqrt{2}U_2=\sqrt{2}\times220V=311V$。

根据计算结果可以选取满足要求的晶闸管。

2.2.2 单相半波可控整流电路（阻－感性负载）

1. 电路组成

单相半波阻－感性负载整流电路如图2-7a所示。属于阻－感性负载的有电机的励磁线圈和串联了电抗器的负载等，阻－感性负载的等效电路可以用一个电感和电阻的串联电路来表示。图2-7中其他元器件的作用与电阻性负载同。

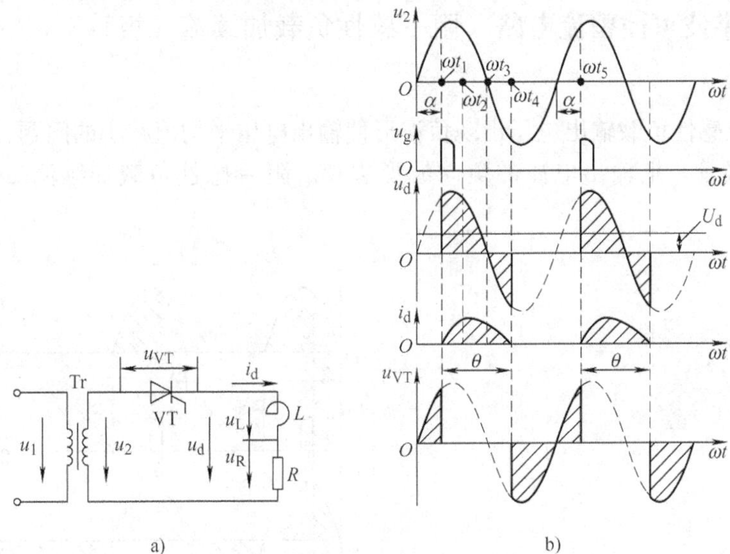

图2-7 单相半波可控整流电路（阻－感性负载）
a）电路原理图 b）工作波形

2. 工作原理

1）在 $\omega t=0\sim\alpha$ 期间，晶闸管承受正向阳极电压，但没有触发脉冲，晶闸管处于正向关断状态，输出电压、电流都等于零。

2）在 $\omega t=\alpha$（ωt_1）时刻，门极加上触发脉冲，晶闸管被触发导通，电源电压 u_2 加到负载上，输出电压 $u_d=u_2$。由于电感的存在，在 u_d 的作用下，负载电流 i_d 只能从零按指数规律逐渐上升。

3）在 $\omega t=\omega t_1\sim\omega t_2$ 期间，输出电流 i_d 从零增至最大值。在 i_d 的增长过程中，电感产生的感应电动势力图限制电流增大，电源提供的能量一部分供给负载电阻，另一部分转变为电感的储能。

4）在 $\omega t=\omega t_2\sim\omega t_3$ 期间，负载电流从最大值开始下降，电感电压 $u_L=L\mathrm{d}i/\mathrm{d}t$ 改变方

向，电感释放能量，企图阻止电流下降。

5）在 $\omega t=\pi$ 时，交流电压 u_2 过零，但由于电感电压的存在，晶闸管阳、阴极间的电压 u_{AK} 仍大于零，晶闸管继续导通，此时电感储存的磁能一部分释放变成电阻的热能，同时另一部分磁能变成电能送回电网，电感的储能全部释放完后，晶闸管在 u_2 反向电压作用下而截止。

直到下一个周期的正半周，即在 $\omega t=2\pi+\alpha$ 时，晶闸管再次被触发导通，如此循环下去。

其输出电压、电流及晶闸管两端电压的理论分析波形如图 2-7b 所示。仿真波形如图 2-84所示。

3. 电路特点

与电阻性负载相比，电感负载的存在使得晶闸管的导通角增大，在电源电压由正到负的过零点也不会关断，输出电压出现了负波形，输出电压和电流的平均值减小；大电感负载时输出电压正、负面积趋于相等，输出电压平均值趋于零。

2.2.3 单相半波可控整流电路（阻－感性负载加续流二极管）

1. 电路组成

为了解决电感性负载输出电压出现负波形使输出电压平均值减小的问题，必须在负载两端并联续流二极管，把输出电压的负向波形去掉。阻－感性负载加续流二极管的电路如图 2-8所示。

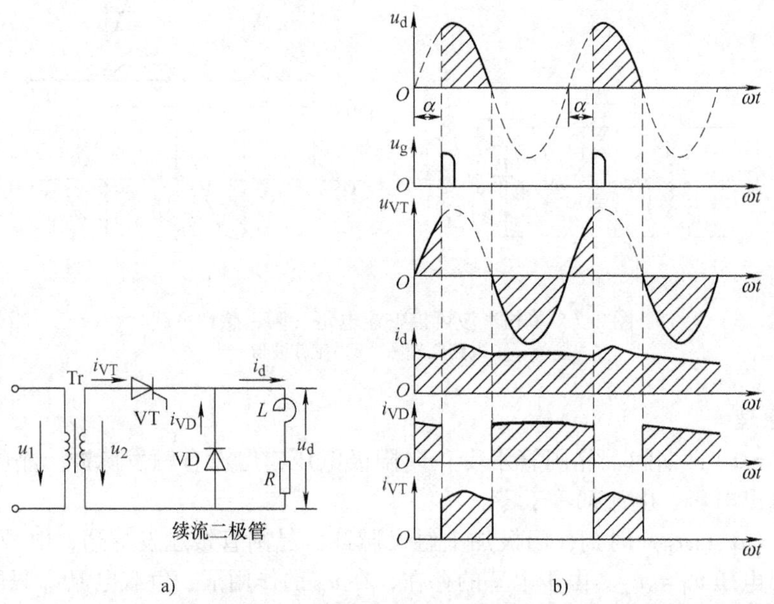

图 2-8 单相半波可控整流电路（阻－感性负载加续流二极管）
a）电路原理图 b）工作波形

2. 工作原理

1）在电源电压正半波（0～π 区间），晶闸管承受正向电压。脉冲 u_g 在 $\omega t=\alpha$ 处触发晶闸管使其导通，形成负载电流 i_d，负载上有电压和电流输出，在此期间续流二极管 VD 承受反向电压而关断。

2）在电源电压负半波（$\pi\sim2\pi$ 区间），电感的感应电压使续流二极管 VD 承受正向电压而导通续流，此时电源电压 $u_2<0$，u_2 通过续流二极管 VD 使晶闸管承受反向阳极电压而关断，负载两端的输出电压仅为续流二极管的管压降。如果电感较小，电流 i_d 是断续的；电感较大时，续流二极管一直导通到下一周期晶闸管导通，使 i_d 连续，且 i_d 波形为一条脉动线；电感无穷大时，电流 i_d 连续，为一平直线。

图 2-8b 给出了直流负载电压 u_d、负载电流 i_d、晶闸管两端电压 u_{VT}、流过晶闸管的电流 i_{VT}和续流二极管电流 i_{VD}的理论分析波形。

3. 基本数量关系（大电感负载）

1）输出电压平均值 U_d 的物理含义是：输出电压的面积除以周期。即

$$U_d = \frac{1}{2\pi}\int_{\alpha}^{\pi}\sqrt{2}U_2\sin\omega t\mathrm{d}(\omega t) = \frac{\sqrt{2}U_2}{\pi}\frac{1+\cos\alpha}{2} = 0.45U_2\frac{1+\cos\alpha}{2} \tag{2-9}$$

电路的移相范围为 0～180°。

2）输出电流平均值 I_d 的物理含义是：直流输出电压平均值除以负载电阻。即

$$I_d = \frac{U_d}{R} = 0.45\frac{U_2}{R}\frac{1+\cos\alpha}{2} \tag{2-10}$$

3）晶闸管电流平均值 I_{dT}的物理含义是：输出电流的面积除以周期，而面积 $=(\pi-\alpha)I_d$，所以

$$I_{dT} = \frac{\pi-\alpha}{2\pi}I_d \tag{2-11}$$

4）晶闸管电流有效值 I_{VT}的物理含义是：流过晶闸管的电流的方均根值。一个周期中，晶闸管在（$\pi-\alpha$）区间长度中有幅值为 I_d 的电流流过。它的系数是平均值电流系数的二次方根。

$$I_{VT} = \sqrt{\frac{1}{2\pi}\int_{\alpha}^{\pi}I_d^2\mathrm{d}(\omega t)} = \sqrt{\frac{\pi-\alpha}{2\pi}}I_d \tag{2-12}$$

续流二极管电流的平均值和有效值的情况与晶闸管类似，它们分别是：

5）续流二极管的电流平均值

$$I_{dD} = \frac{\pi+\alpha}{2\pi}I_d \tag{2-13}$$

6）续流二极管的电流有效值

$$I_{VD} = \sqrt{\frac{1}{2\pi}\int_{0}^{\pi+\alpha}I_d^2\mathrm{d}(\omega t)} = \sqrt{\frac{\pi+\alpha}{2\pi}}I_d \tag{2-14}$$

7）晶闸管和续流二极管承受的最大正、反向电压均为电源电压的峰值 $U_{VTM}=\sqrt{2}U_2$。

4. 电路特点

阻－感性负载加续流二极管后，输出电压波形与电阻性负载波形相同，续流二极管起到了提高输出电压的作用。在电感无穷大时，负载电流为一直线，流过晶闸管和续流二极管的电流波形是矩形波。阻－感性负载加续流二极管的单相半波可控整流也有 $\alpha+\theta=180°$的关系。

单相半波可控整流电路的优点是电路简单，调整方便，容易实现；但整流电压脉动大，

每周期脉动一次。变压器二次侧流过单方向的电流，存在直流磁化、利用率低的问题，为使变压器不饱和，必须增大铁心截面积，这样就导致设备容量增大。

【例 2-2】 具有续流二极管的单相半波可控整流电路对大电感负载供电，如图 2-9 所示，其中电阻 $R=7.5\Omega$，电源电压为 220V。计算控制角为 30°时，负载平均电压和平均电流值，晶闸管和续流二极管的平均电流值和有效值。

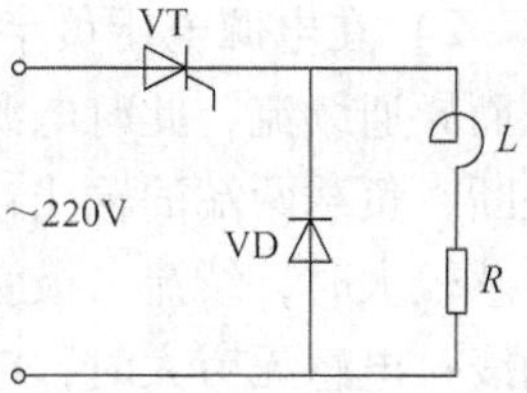

图 2-9 例 2-2 图

解：当 $\alpha=30°$时，有

输出电压平均值 $U_{\mathrm{d}}=0.45U_2\dfrac{1+\cos\alpha}{2}$

$$=0.45\times220\times\frac{1+\cos30°}{2}\mathrm{V}=92.4\mathrm{V}$$

输出电流平均值 $I_{\mathrm{d}}=\dfrac{U_{\mathrm{d}}}{R}=\dfrac{92.4}{7.5}\mathrm{A}=12.3\mathrm{A}$

流过晶闸管的电流平均值 $I_{\mathrm{dT}}=\dfrac{\pi-\alpha}{2\pi}I_{\mathrm{d}}=\dfrac{180°-30°}{360°}\times12.3\mathrm{A}=5.1\mathrm{A}$

流过晶闸管的电流有效值 $I_{\mathrm{VT}}=\sqrt{\dfrac{\pi-\alpha}{2\pi}}I_{\mathrm{d}}=\sqrt{\dfrac{180°-30°}{360°}}\times12.3\mathrm{A}=7.9\mathrm{A}$

流过续流二极管 VD 的电流平均值 $I_{\mathrm{dD}}=\dfrac{\pi+\alpha}{2\pi}I_{\mathrm{d}}=\dfrac{180°+30°}{360°}\times12.3\mathrm{A}=7.2\mathrm{A}$

流过续流二极管 VD 的电流有效值 $I_{\mathrm{VD}}=\sqrt{\dfrac{\pi+\alpha}{2\pi}}I_{\mathrm{d}}=\sqrt{\dfrac{180°+30°}{360°}}\times12.3\mathrm{A}=9.4\mathrm{A}$

2.2.4 单相桥式全控整流电路（电阻性负载）

1. 电路组成

图 2-10a 为典型的单相桥式全控整流电路，共用了 4 个晶闸管，两个晶闸管接成共阴极，另两个晶闸管接成共阳极，每一个晶闸管是一个桥臂，桥式整流电路的工作特点是整流元件必须成对导通以构成回路，负载为电阻性。

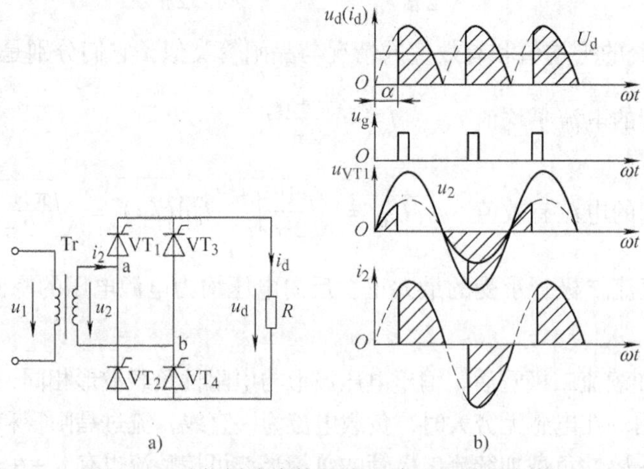

图 2-10 单相桥式全控整流电路（电阻性负载）
a）电路原理图 b）工作波形

2. 工作原理

1）在 u_2 正半波的（$0\sim\alpha$）区间，晶闸管 VT_1、VT_4 承受正向电压，但无触发脉冲，晶闸管 VT_2、VT_3 承受反向电压，因此在 $0\sim\alpha$ 区间，4 个晶闸管都不导通。假设 4 个晶闸管的漏电阻相等，则 $u_{VT1,4}=u_{VT2,3}=\frac{1}{2}u_2$。

2）在 u_2 正半波的（$\alpha\sim\pi$）区间，在 $\omega t=\alpha$ 时刻，触发晶闸管 VT_1、VT_4 使其导通。则负载电流沿 a→VT_1→R→VT_4→b→Tr 的二次绕组→a 流通，此时负载上有电压（$u_d=u_2$）和电流输出，两者波形相位相同，且 $u_{VT1,4}=0$。此时电源电压反向施加到晶闸管 VT_2、VT_3 上，使其承受反向电压而处于关断状态，则 $u_{VT2,3}=u_2$。晶闸管 VT_1、VT_4 一直导通到 $\omega t=\pi$ 为止，此时因电源电压过零，晶闸管阳极电流下降为零而关断。

3）在 u_2 负半波的（$\pi\sim(\pi+\alpha)$）区间，晶闸管 VT_2、VT_3 承受正向电压，因无触发脉冲而处于关断状态，晶闸管 VT_1、VT_4 承受反向电压也不导通。此时，$u_{VT2,3}=u_{VT1,4}=\frac{1}{2}u_2$。

4）在 u_2 负半波的（$(\pi+\alpha)\sim2\pi$）区间，在 $\omega t=\pi+\alpha$ 时刻，触发晶闸管 VT_2、VT_3 使其导通，负载电流沿 b→VT_3→R→VT_2→a→Tr 的二次绕组→b 流通，电源电压沿正半周期的方向施加到负载电阻上，负载上有输出电压（$u_d=-u_2$）和电流，且波形相位相同。此时电源电压反向施加到晶闸管 VT_1、VT_4 上，使其承受反向电压而处于关断状态。晶闸管 VT_2、VT_3 一直导通到 $\omega t=2\pi$ 为止，此时电源电压再次过零，晶闸管阳极电流也下降为零而关断。

晶闸管 VT_1、VT_4 和 VT_2、VT_3 在对应时刻不断地周期性交替导通、关断，图 2-10b 给出了直流负载电压 u_d、负载电流 i_d、晶闸管两端电压 u_{VT}、变压器二次电流 i_2 的理论分析波形。

3. 基本数量关系

1）输出电压平均值 U_d 的物理含义是：输出电压的面积除以周期 π。即

$$U_d=\frac{1}{\pi}\int_{\alpha}^{\pi}\sqrt{2}U_2\sin\omega t\,d(\omega t)=\frac{2\sqrt{2}U_2}{\pi}\frac{1+\cos\alpha}{2}=0.9U_2\frac{1+\cos\alpha}{2}\tag{2-15}$$

当 $\alpha=0°$ 时，输出电压最高；当 $\alpha=180°$ 时，输出电压最低，因此其移相范围是 $0\sim180°$。

2）输出电流平均值 I_d 的物理含义是：直流输出电压平均值除以负载电阻。即

$$I_d=\frac{U_d}{R}=0.9\frac{U_2}{R}\frac{1+\cos\alpha}{2}\tag{2-16}$$

3）输出电压有效值 U 的物理含义是：输出电压的方均根值（有效值的定义）。即

$$U=\sqrt{\frac{1}{\pi}\int_{\alpha}^{\pi}(\sqrt{2}U_2\sin\omega t)^2d(\omega t)}=U_2\sqrt{\frac{1}{2\pi}\sin2\alpha+\frac{\pi-\alpha}{\pi}}\tag{2-17}$$

4）输出电流有效值 I 的物理含义是：负载输出电压有效值除以负载电阻。从电路可见，变压器二次电流 I_2 与输出电流有效值 I 相同。所以

$$I=I_2=\frac{U}{R}=\frac{U_2}{R}\sqrt{\frac{1}{2\pi}\sin2\alpha+\frac{\pi-\alpha}{\pi}}\tag{2-18}$$

5）晶闸管的平均电流 I_{dT}：从电路可见，4 个晶闸管成对交替工作，每对晶闸管串联，流过相同电流，为负载电流平均值 I_d 的一半，即

$$I_{dT}=\frac{1}{2}I_d=0.45\frac{U_2}{R}\frac{1+\cos\alpha}{2} \tag{2-19}$$

6）晶闸管电流有效值是输出电流有效值的 $1/\sqrt{2}$，它的系数是平均值电流系数的二次方根。即

$$I_{VT}=\frac{U_2}{R}\sqrt{\frac{1}{4\pi}\sin2\alpha+\frac{\pi-\alpha}{2\pi}}=\frac{1}{\sqrt{2}}I \tag{2-20}$$

7）功率因数为

$$\cos\varphi=\frac{P}{S}=\frac{UI}{U_2I_2}=\frac{UI_2}{U_2I_2}=\sqrt{\frac{1}{2\pi}\sin2\alpha+\frac{\pi-\alpha}{\pi}} \tag{2-21}$$

8）晶闸管承受的最大反向电压是相电压峰值的 $\sqrt{2}U_2$，承受的最大正向电压是 $U_2/\sqrt{2}$。

4. 电路特点

尽管整流电路的输入电压 u_2 是交变的，但负载上正、负两个半波内均有相同方向的电流流过，输出电压一个周期内脉动两次，由于桥式整流电路在正、负半周均能工作，变压器二次绕组在正、负半周内均有大小相等、方向相反的电流流过，消除了变压器的直流磁化，提高了变压器的有效利用率。

【例 2-3】 单相桥式全控整流电路向电阻性负载供电，该装置可输出连续可调平均电压，输出最高平均电压为 30V，触发电路最小控制角 $\alpha_{min}=20°$，平均电压 U_d 在 12 ~ 30V 范围内变化时，输出平均电流 I_d 均可达 20A。求整流变压器二次电压和电流、晶闸管额定电压和额定电流。

解： 根据最高输出电压 $U_d=30V$ 和最小控制角 $\alpha_{min}=20°$，由式（2-15）可求得整流变压器二次电压为

$$U_2=\frac{2U_d}{0.9(1+\cos\alpha_{min})}=\frac{2\times30}{0.9\times(1+\cos20°)}V=34.37V$$

变压器二次电流 I_2 应按最大电流工作条件考虑。在输出功率一定的情况下，输出电压低时其电流大，故以输出平均电压 $U_d=12V$、输出平均电流 $I_d=20A$ 为依据。先求 $U_d=12V$ 时的控制角 α_{max}，由式（2-16）可得

$$\cos\alpha=\frac{2U_d}{0.9U_2}-1=\frac{2\times12}{0.9\times34.37}-1=-0.224\text{，则 }\alpha=103°$$

将 α 代入式（2-16）和式（2-18），求得 $I_2/I_d=1.714$，则 $I_2=1.714I_d=34.3A$

此时流过晶闸管的电流有效值为 $I_{VT}=\frac{1}{\sqrt{2}}I=\frac{1}{\sqrt{2}}I_2=24.25A$

则晶闸管的通态平均电流为 $I_{VT(AV)}=(1.5\sim2)\frac{I_{VT}}{1.57}=(23.2\sim30.9)A$

晶闸管的额定电压为 $U_{VTn}=(2\sim3)\sqrt{2}U_2=(97.2\sim145.8)V$

所以可选用 KP30-2 型晶闸管。

2.2.5 单相桥式全控整流电路（阻－感性负载）

1. 电路组成

阻－感性负载电路如图 2-11 所示。

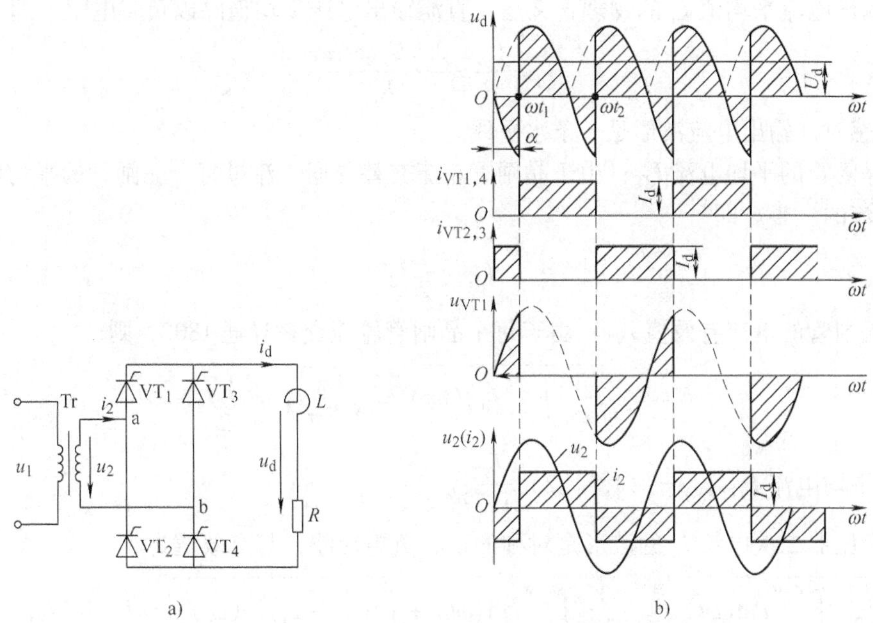

图 2-11 单相全控桥式整流电路（阻－感性负载）
a）电路原理图 b）工作波形

2. 工作原理

1）在电压 u_2 正半波的（$0 \sim \alpha$）区间，晶闸管 VT_1、VT_4 承受正向电压，但无触发脉冲，VT_1、VT_4 处于关断状态。假设电路已经工作在稳定状态，则在 $0 \sim \alpha$ 区间由于电感的作用，晶闸管 VT_2、VT_3 维持导通。

2）在 u_2 正半波的（$\alpha \sim \pi$）区间，在 $\omega t = \alpha$ 时刻，触发晶闸管 VT_1、VT_4 使其导通，负载电流沿 a→VT_1→L→R→VT_4→b→Tr 的二次绕组→a 流通，此时负载上有输出电压（$u_d = u_2$）和电流。电压 u_2 反向施加到晶闸管 VT_2、VT_3 上，使其承受反向电压而处于关断状态。

3）在电压 u_2 负半波的（$\pi \sim (\pi + \alpha)$）区间，当 $\omega t = \pi$ 时，电源电压自然过零，感应电动势使晶闸管 VT_1、VT_4 继续导通。在电源电压负半波，晶闸管 VT_2、VT_3 承受正向电压，因无触发脉冲，VT_2、VT_3 处于关断状态。

4）在 u_2 负半波的（$(\pi + \alpha) \sim 2\pi$）区间，在 $\omega t = \pi + \alpha$ 时刻，触发晶闸管 VT_2、VT_3 使其导通，负载电流沿 b→VT_3→L→R→VT_2→a→Tr 的二次绕组→b 流通，电源电压沿正半周期的方向施加到负载上，负载上有输出电压（$u_d = -u_2$）和电流。此时电源电压反向施加到晶闸管 VT_1、VT_4 上，使其承受反向电压而关断。晶闸管 VT_2、VT_3 一直要导通到下一周期 $\omega t = 2\pi + \alpha$ 处再次触发晶闸管 VT_1、VT_4 为止。

3. 基本数量关系

1）输出电压平均值 U_d 的物理含义是：输出电压的面积除以周期 π。即

$$U_d = \frac{1}{\pi}\int_{\alpha}^{\pi+\alpha}\sqrt{2}U_2\sin\omega t\,d(\omega t) = \frac{2\sqrt{2}U_2}{\pi}\cos\alpha = 0.9U_2\cos\alpha \tag{2-22}$$

从波形可以看出，当 $\alpha=90°$时，输出电压波形正、负面积相同，平均值为零；当 $\alpha=0°$时，电压平均值最大，该电路的移相范围是 0 ~ 90°。

2）输出电流平均值 I_d 的物理含义是：直流输出电压平均值除以负载电阻。即

$$I_d = \frac{U_d}{R} = \frac{0.9U_2\cos\alpha}{R} \tag{2-23}$$

大电感时，输出电流波形是一条水平线。

3）晶闸管的平均电流 I_{dT}：由于晶闸管轮流交替导通，流过每个晶闸管的平均电流是负载平均电流的一半。即

$$I_{dT} = \frac{1}{2}I_d \tag{2-24}$$

4）晶闸管的电流有效值 I_{VT}：由于每个晶闸管轮流交替导通 180°，则

$$I_{VT} = \sqrt{\frac{1}{2\pi}\int_{\alpha}^{\pi+\alpha}I_d^2\,d(\omega t)} = \sqrt{\frac{\pi}{2\pi}}I_d = \frac{1}{\sqrt{2}}I_d \tag{2-25}$$

通态平均电流 $I_{VT(AV)} = (1.5\sim2)\dfrac{I_{VT}}{1.57}$。

5）变压器二次电流 I_2 的波形是对称的正、负矩形波，其有效值为

$$I_2 = \sqrt{\frac{1}{2\pi}\int_{\alpha}^{2\pi+\alpha}I_d^2\,d(\omega t)} = \sqrt{\frac{1}{2\pi}\left[\int_{\alpha}^{\pi+\alpha}I_d^2\,d(\omega t) + \int_{\pi+\alpha}^{2\pi+\alpha}(-I_d)^2\,d(\omega t)\right]} = I_d = \sqrt{2}I_{VT} \tag{2-26}$$

6）晶闸管承受的最大正、反向电压 $U_{VTM}=\sqrt{2}U_2$。

4. 电路特点

由于电感的作用，输出电压出现负波形；当电感无限大时，控制角 α 在 0 ~ 90°之间变化时，晶闸管导通角 $\theta=\pi$，导通角 θ 与控制角 α 无关。输出电流近似平直，流过晶闸管和变压器二次侧的电流为矩形波，如图 2-11b 所示。

【例 2-4】 将例 2-3 中的电阻性负载改为阻 - 感性负载，且电感 L 足够大，其他条件相同，试选择变压器的二次电压和电流、晶闸管的额定电压和电流，计算额定输出电压 $U_d=12V$ 和 $U_d=30V$ 时的功率因数 $\cos\varphi$。

解： 根据最高输出电压 $U_d=30V$ 和最小控制角 $\alpha_{min}=20°$，由式（2-22）可求得整流变压器二次电压和电流分别为

$$U_2 = \frac{U_d}{0.9\cos\alpha_{min}} = \frac{30}{0.9\times\cos20°}V = 35.5V,\ I_2 = I_d = 20A$$

晶闸管的额定电压为 $U_{VTn} = (2\sim3)\sqrt{2}U_2 = (100.4\sim150.6)\ V$

由于大电感的作用，流过负载的电流近似为一直线，所以 $I_{VT}=\dfrac{1}{\sqrt{2}}I_d=14A$

晶闸管的额定电流为 $I_{VT(AV)}=(1.5\sim2)\dfrac{I_{VT}}{1.57}=(13.5\sim18)A$

因此可选用 KP20-2 型晶闸管。

可求出功率因数：当 $U_d=12V$ 时，$\cos\varphi=U_d/U_2=0.34$；当 $U_d=30V$ 时，$\cos\varphi=$

$U_d/U_2=0.85$。

2.2.6 单相桥式全控整流电路（反电动势负载）

1. 电阻性反电动势负载的情况

蓄电池充电电路是典型的电阻性反电动势负载。反电动势负载的特点是：只有整流电压的瞬时值 u_d 大于反电动势 E 时，晶闸管才能承受正向电压而导通，这使得晶闸管导通角减小。晶闸管导通时，$u_d=u_2$，$i_d=\dfrac{u_d-E}{R}$，晶闸管关断时，$u_d=E$，如图 2-12b 所示。与电阻性负载相比晶闸管提前了电角度 δ 停止导通，在 α 相同的情况下，i_d 波形在一周期内为 0 的时间较电阻性负载时长，δ 称作停止导电角。

$$\delta=\arcsin\frac{E}{\sqrt{2}U_2} \tag{2-27}$$

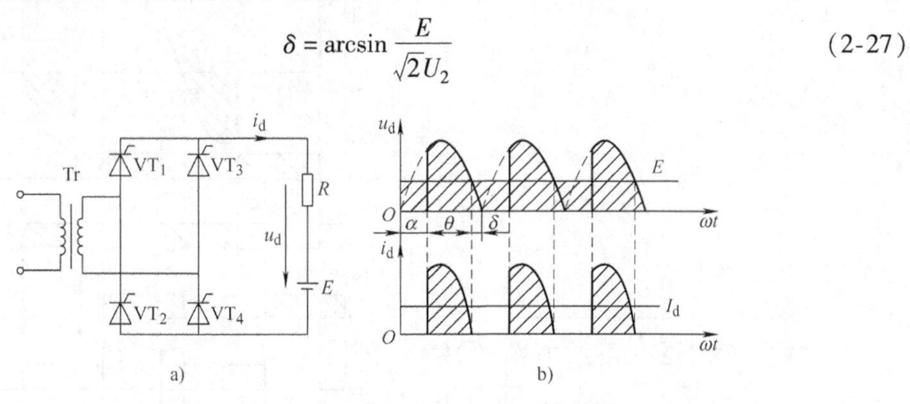

图 2-12 单相桥式全控反电动势负载（$L=0$）
a）电路原理图 b）工作波形

当 $\alpha<\delta$ 时，触发脉冲到来时，晶闸管承受负电压，不可能导通。为了使晶闸管可靠导通，要求触发脉冲有足够的宽度，保证当 $\omega t=\alpha$ 时刻晶闸管开始承受正电压时，触发脉冲仍然存在。这样，相当于触发角被推迟，即 $\alpha=\delta$。

2. 阻－感性反电动势负载的情况

图 2-12 中，若负载为直流电动机时，此时负载性质为阻－感性反电动势负载（电枢电阻、电枢电感、感应电动势分别为电阻、电感和反电动势负载）。当电枢电感不足够大时，输出电流波形断续，使晶闸管－电动机系统的机械特性变软，为此通常在负载回路串接平波电抗器以减小电流脉动，延长晶闸管导通时间；如果电感足够大，电流就能连续，在这种条件下其工作情况与电感性负载相同。

单相桥式全控整流电路主要适用于 4kW 左右的整流电路，与单相半波可控整流电路相比，整流电压脉动减小，每周期脉动两次。变压器二次侧流过正、反两个方向的电流，不存在直流磁化，利用率高。

2.2.7 单相桥式半控整流电路（阻－感性负载、不带续流二极管）

单相桥式全控整流电路中，每个工作区间有两个晶闸管导通，每个导电回路由两个晶闸管同时控制。实际上，对单个导电回路进行控制只需一个晶闸管就可以了。为此，可在每个导电回路中，一个仍用晶闸管进行控制，另一个则用大功率整流二极管代替，从而简化了整个电路。把图 2-11a 中的晶闸管 VT_2、VT_4 换成二极管 VD_2、VD_4，即成为单相桥式半控整流电路。

在电阻性负载下，单相桥式半控整流电路和单相桥式全控整流电路的 u_d、i_d、i_2 等波形完全相同，因而一些计算公式也相同。

下面主要讨论阻－感性负载时的工作情况。

1. 电路组成

电路如图 2-13a 所示，负载电感理论上为无穷大，电路中电流平直。

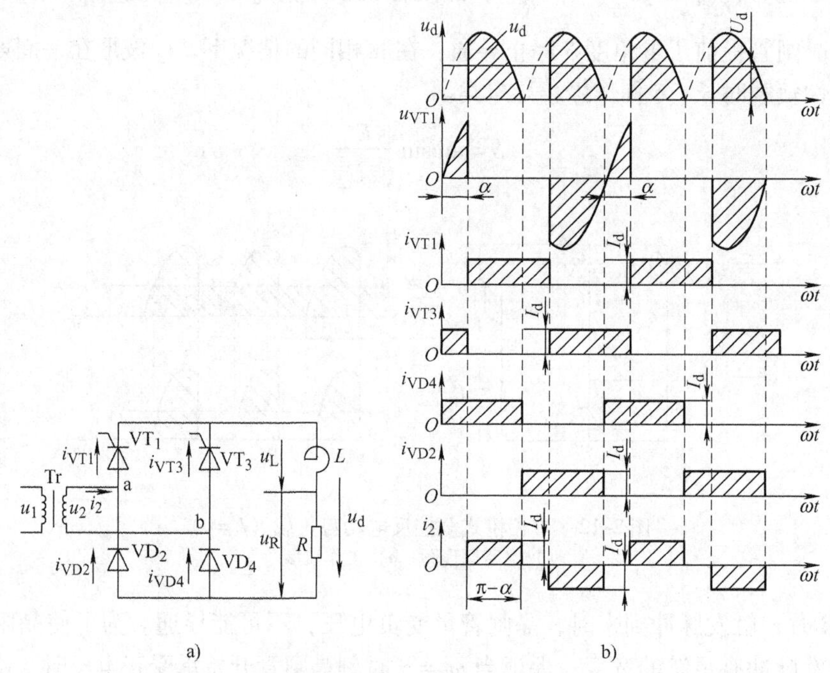

图 2-13　单相桥式半控整流电路带大电感负载时的电路原理图和电压、电流波形

a）电路原理图　b）工作波形

2. 工作原理

1）当 u_2 为正半周时，在 $\omega t=\alpha$ 时刻触发晶闸管 VT_1 使其导通，电流从电源电压 u_2 正端→VT_1→L→R→VD_4→u_2 负端向负载供电。

2）u_2 过零变负时，因电感 L 的作用使电流连续，VT_1 继续导通。但因 a 点电位低于 b 点电位，使得电流从 VD_4 转移至 VD_2，VD_4 关断，电流不再流经变压器二次绕组，而是经 VT_1 和 VD_2 续流。此阶段，忽略器件的通态压降，则 $u_d=0$，不像全控电路那样出现 u_d 为负的情况。

3）在 u_2 负半周 $\omega t=\pi+\alpha$ 时刻触发 VT_3 使其导通，则 VT_1 承受反压而关断，u_2 经 VT_3→L→R→VD_2→u_2 负端向负载供电。

4）u_2 过零变正时，VD_4 导通，VD_2 关断。VT_3 和 VD_4 续流，u_d 又为零。

此后重复以上过程。

单相桥式半控整流电路带大电感负载时电路的电压、电流波形如图 2-13b 所示。

3. 电路特点

1）晶闸管在触发时刻换流，二极管则在电源过零时刻换流。所以单相桥式半控整流电路即使直流输出端不接续流二极管，由于桥路二极管内部的续流作用，负载端与接续流二极管一样，U_d、I_d 的计算公式与电阻性负载相同。流过晶闸管和二极管的电流都是宽度为 180°的方波且与控制角无关，变压器的二次电流为正、负对称的交变方波。

2）尽管电路具有自续流能力，但在实际运行时，当突然把控制角 α 增大到 180°或突然切断触发电路时，会发生导通的晶闸管一直导通而两个二极管轮流导通的失控现象。

例如，VT_1 正在导通时切断整个触发电路（这样 VT_3 不可能导通），当 u_2 过零变负时，因电感 L 的作用，使电流通过 VT_1、VD_2 形成续流。L 中的能量如在整个负半周都没有释放完，就使 VT_1 在整个负半周都导通。当 u_2 过零变正时 VT_1 承受正压继续导通，同时 VD_2 关断、VD_4 导通。因此即使不加触发脉冲，负载上仍保留了正弦半波的输出电压，这在使用时是不允许的。失控时，不导通的晶闸管两端的电压波形为 u_2 的交流波形。

3）实用中还需要加续流二极管 VD，以避免可能发生的失控现象。

【例 2-5】 有一大电感负载采用单相桥式半控不带续流二极管的整流电路供电，负载电阻为 5Ω，输入电压为 220V，晶闸管控制角 $\alpha=60°$，求流过晶闸管、二极管的电流平均值及有效值。

解： 输出电压平均值 $U_d=0.9U_2\dfrac{1+\cos\alpha}{2}=0.9\times220\times\dfrac{1+0.5}{2}\text{V}=149\text{V}$

负载电流平均值 $I_d=U_d/R=\dfrac{149}{5}\text{A}\approx30\text{A}$

晶闸管及整流二极管每周期的导电角 $\theta_T=180°$

晶闸管及整流二极管的电流平均值 $I_{dT}=I_{dD}=\dfrac{180°}{360°}I_d=15\text{A}$

晶闸管及整流二极管的有效值 $I_{VT}=I_{VD}=\sqrt{\dfrac{180°}{360°}}I_d=21.2\text{A}$

2.2.8 单相桥式半控整流电路（带续流二极管）

1. 电路结构

单相桥式半控整流电路（带续流二极管）的电路图和电压、电流波形如图 2-14 所示。

2. 工作原理

接上续流二极管后，当电源电压降到零时，负载电流经续流二极管续流，使桥路直流输出端只有 1V 左右的压降，迫使晶闸管与二极管串联电路中的电流减小到维持电流以下，使晶闸管关断，这样就不会出现失控现象了。

3. 数量关系

上述电路的输出直流电压、电流平均值和有效值计算与单相桥式全控整流电路（带续流二极管）阻 - 感性负载相同。因续流二极管的分流作用，晶闸管的电流不同。控制角为 α 时每个晶闸管的导通角为 $\theta_T=180°-\alpha$。

1）流经晶闸管和整流二极管的平均电流

$$I_{dT}=\frac{\theta_T}{2\pi}I_d=\frac{\pi-\alpha}{2\pi}I_d \tag{2-28}$$

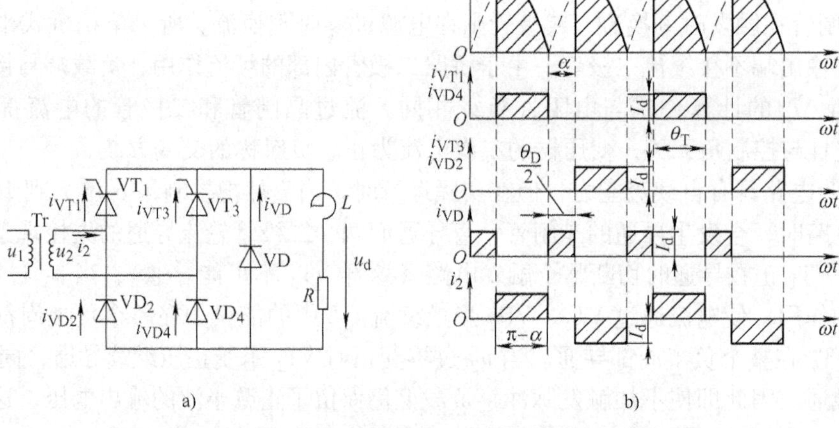

图 2-14　单相桥式半控整流电路（带续流二极管）

a）电路原理图　b）工作波形

流经晶闸管和整流二极管的电流有效值

$$I_{\mathrm{VT}}=\sqrt{\frac{\pi-\alpha}{2\pi}}I_{\mathrm{d}} \tag{2-29}$$

2）流经续流二极管的平均电流

$$I_{\mathrm{dD}}=\frac{\theta_{\mathrm{D}}}{2\pi}I_{\mathrm{d}}=\frac{2\alpha}{2\pi}I_{\mathrm{d}}=\frac{\alpha}{\pi}I_{\mathrm{d}} \tag{2-30}$$

流经续流二极管的电流有效值

$$I_{\mathrm{VD}}=\sqrt{\frac{\alpha}{\pi}}I_{\mathrm{d}} \tag{2-31}$$

变压器电流的平均值为0，有效值电流是流经晶闸管和整流二极管电流有效值的$\sqrt{2}$倍，即 $I_2=\sqrt{2}I_{\mathrm{VT}}$。

【例 2-6】　有一大电感负载采用单相桥式半控带续流二极管的整流电路供电，电路如图 2-14a所示。负载电阻为5Ω，输入电压为220V，晶闸管控制角 $\alpha=60°$，求流过晶闸管、二极管的电流平均值及有效值。

解： 输出电压平均值 $U_{\mathrm{d}}=0.9U_2\dfrac{1+\cos\alpha}{2}=0.9\times220\times\dfrac{1+0.5}{2}\mathrm{V}=149\mathrm{V}$

负载电流平均值 $I_{\mathrm{d}}=U_{\mathrm{d}}/R=\dfrac{149}{5}\mathrm{A}\approx30\mathrm{A}$

晶闸管及整流二极管每周期的导电角 $\theta_{\mathrm{T}}=180°-\alpha=180°-60°=120°$

续流二极管每周期的导电角 $\theta_{\mathrm{D}}=360°-2\theta_{\mathrm{T}}=360°-240°=120°$

晶闸管及整流二极管的电流平均值 $I_{\mathrm{dT}}=I_{\mathrm{dD}}=\dfrac{120°}{360°}I_{\mathrm{d}}=10\mathrm{A}$

晶闸管及整流二极管的电流有效值 $I_{\mathrm{VT}}=I_{\mathrm{VD}}=\sqrt{\dfrac{120°}{360°}}I_{\mathrm{d}}=17.3\mathrm{A}$

由上述计算可知，单相桥式半控整流电路接大电感负载时，流过晶闸管的平均电流与器件的导通角成正比。当导通角为120°时，流过续流二极管和晶闸管的平均电流相等；当导通角小于120°时，流过续流二极管的平均电流比流过晶闸管的电流大，导通角越小，前者大得越多。因此续流二极管的容量必须考虑在续流二极管中实际流过的电流的大小，有时可以与晶闸管的额定电流相同，有时应选择比晶闸管额定电流大一级的器件。

4. 电路改进

单相桥式半控整流电路的另一种接法如图2-15a所示，相当于把图2-11a中的VT_3和VT_4换成二极管VD_3和VD_4，这样可以省去续流二极管VD，续流由VD_3和VD_4来实现。因此，即使不外接续流二极管，电路也不会出现失控现象。但这种电路的二极管既要参与整流又要参与续流，其负担增加。此时，两个晶闸管阴极电位不同，VT_1和VT_2触发电路要隔离。这种电路的电流和电压波形如图2-15b所示。

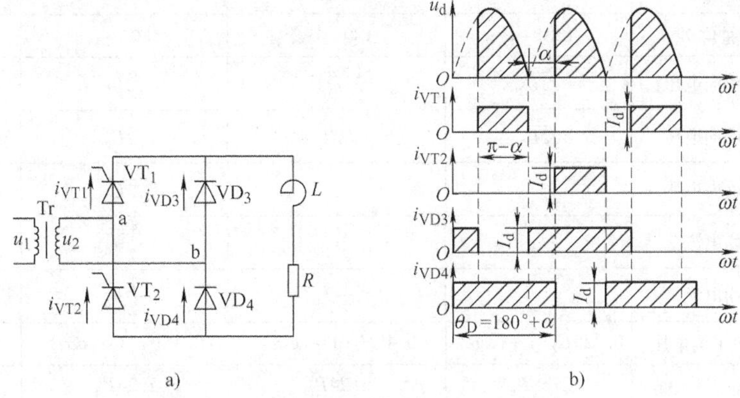

图2-15 晶闸管串联的单相桥式半控整流电路

a）电路原理图 b）工作波形

【例2-7】 有一大电感负载采用单相半控桥式不带续流二极管的整流电路供电，电路如图2-15a所示。负载电阻为5Ω，输入电压为220V，晶闸管控制角$\alpha=60°$，求流过晶闸管、二极管的电流平均值及有效值。

解： 输出电压平均值 $U_d=0.9U_2\dfrac{1+\cos\alpha}{2}=0.9\times220\times\dfrac{1+0.5}{2}\text{V}=149\text{V}$

负载电流平均值 $I_d=U_d/R=\dfrac{149}{5}\text{A}\approx30\text{A}$

晶闸管每周期的导电角 $\theta_T=180°-\alpha=180°-60°=120°$

整流二极管每周期的导电角 $\theta_D=180°+\alpha=180°+60°=240°$

晶闸管电流的平均值 $I_{dT}=\dfrac{120°}{360°}I_d=10\text{A}$

整流二极管电流的平均值 $I_{dD}=\dfrac{240°}{360°}I_d=20\text{A}$

晶闸管的有效值 $I_{VT}=\sqrt{\dfrac{120°}{360°}}I_d=17.3\text{A}$；整流二极管的有效值 $I_{VD}=\sqrt{\dfrac{240°}{360°}}I_d=24.5\text{A}$

从计算结果可以看出，这种电路中的二极管既要参与整流又要参与续流，其要求的容量比例2-5和例2-6的容量都大。

表 2-1 列出了部分常见的单相整流电路在不同负载时的数量关系。

表 2-1　部分常见单相整流电路在不同负载时的数量关系

电路名称			单相半波	单相桥式全控		单相桥式半控（一）		单相桥式半控（二）
电路图			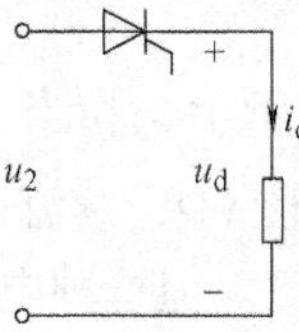	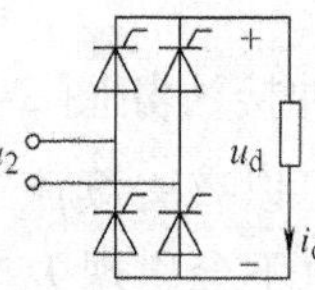		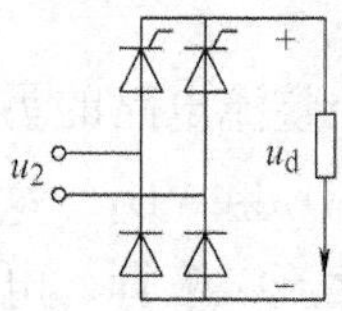		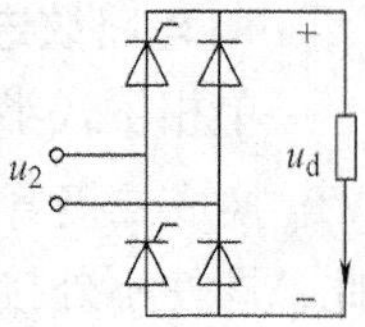
输出平均电压 U_d			$0\sim0.45U_2$	$0\sim0.9U_2$		$0\sim0.9U_2$		$0\sim0.9U_2$
电阻性负载	最大移相范围		180°	180°		180°		180°
	晶闸管导通角 θ		$180°-\alpha$	$180°-\alpha$		$180°-\alpha$		$180°-\alpha$
	晶闸管最大正向电压		$\sqrt{2}U_2$	$\frac{1}{2}\sqrt{2}U_2$		$\sqrt{2}U_2$		$\sqrt{2}U_2$
	晶闸管最大反向电压		$\sqrt{2}U_2$	$\sqrt{2}U_2$		$\sqrt{2}U_2$		$\sqrt{2}U_2$
	整流管最大反向电压					$\sqrt{2}U_2$		$\sqrt{2}U_2$
	晶闸管平均电流		I_d	$\frac{1}{2}I_d$		$\frac{1}{2}I_d$		$\frac{1}{2}I_d$
	整流管平均电流			$\frac{1}{2}I_d$		$\frac{1}{2}I_d$		$\frac{1}{2}I_d$
	$\alpha\neq0$ 时，输出平均电压		$0.225U_2(1+\cos\alpha)$	$0.45U_2(1+\cos\alpha)$		$0.45U_2(1+\cos\alpha)$		$0.45U_2(1+\cos\alpha)$
	变压器功率（$\alpha=0$ 时）	一次侧	$2.68P_d$	$1.24P_d$		$1.24P_d$		$1.24P_d$
		二次侧	$3.49P_d$	$1.24P_d$		$1.24P_d$		$1.24P_d$
大电感性负载	是否需要续流二极管		要	要	不要	要	不要	不要
	最大移相范围		180°	180°	90°	180°	90°	180°
	晶闸管导通角 θ		$180°-\alpha$	$180°-\alpha$	180°	$180°-\alpha$	180°	$180°-\alpha$
	晶闸管电流有效值/输出直流平均值		$\sqrt{\frac{180°+\alpha}{360°}}$	$\sqrt{\frac{180°+\alpha}{360°}}$	0.707	$\sqrt{\frac{180°+\alpha}{360°}}$	0.707	$\sqrt{\frac{180°+\alpha}{360°}}$
	整流二极管电流有效值/输出电流平均值					$\sqrt{\frac{180°+\alpha}{360°}}$	0.707	$\sqrt{\frac{180°+\alpha}{360°}}$
	续流二极管电流有效值/输出电流平均值		$\sqrt{\frac{180°+\alpha}{360°}}$	$\sqrt{\frac{\alpha}{360°}}$		$\sqrt{\frac{\alpha}{360°}}$		
	续流二极管最大反向电压		$\sqrt{2}U_2$	$\sqrt{2}U_2$		$\sqrt{2}U_2$		
	$\alpha\neq0$ 时，输出平均电压		$0.225U_2\times(1+\cos\alpha)$	$0.45U_2\times(1+\cos\alpha)$	$0.9U_2\times\cos\alpha$	$0.45U_2\times(1+\cos\alpha)$	$0.45U_2\times(1+\cos\alpha)$	$0.25U_2\times(1+\cos\alpha)$
	变压器功率（$\alpha=0$ 时）	一次侧	$1.11P_d$	$1.11P_d$		$1.11P_d$		$1.11P_d$
		二次侧	$1.57P_d$	$1.11P_d$		$1.11P_d$		$1.11P_d$
	脉动电压情况（$\alpha=0$）	波纹因数	1.21	0.48		0.48		0.48
		最低脉动频率	f	$2f$		$2f$		$2f$

2.3 三相半波可控整流电路

2.3.1 三相半波可控整流电路（电阻性负载）

1. 电路组成

三相半波可控整流电路如图2-16a所示，为了得到零线，整流变压器Tr的二次绕组接成星形；为了给3次及其倍数次谐波电流提供通路，减少其对电网的影响，变压器一次绕组接成三角形；图中3个晶闸管的阴极连在一起，称为共阴极接法。3个晶闸管的触发脉冲互差120°，在三相整流电路中，通常规定$\omega t=30°$为控制角α的起点，称为自然换相点。三相半波共阴极整流电路的自然换相点是三相电源相电压正半周波形的交点，在各相相电压的30°处，即ωt_1、ωt_2、ωt_3点。自然换相点之间互差120°。

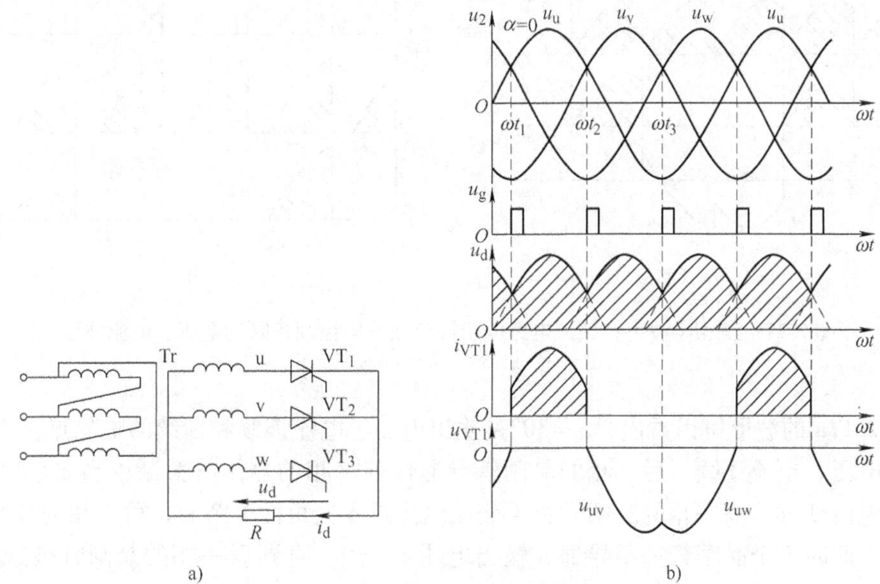

图2-16 三相半波可控整流电路（电阻性负载）
a）电路原理图 b）工作波形

2. 工作原理

假设电路已经正常工作，以电阻性负载$\alpha=0°$为例进行分析，在图2-16中：

1）在$\omega t_1 \sim \omega t_2$区间，有$u_u > u_v$、$u_u > u_w$，u相电压最高，$VT_1$承受正向电压。在$\omega t_1$时刻触发$VT_1$使其导通，导通角$\theta=120°$，输出电压$u_d=u_u$。其他两个晶闸管承受反向电压而不能导通。$VT_1$通过的电流$i_{VT1}$与变压器二次侧u相电流波形相同，大小相等，可在负载电阻R两端测得。

2）在$\omega t_2 \sim \omega t_3$区间，有$u_v > u_u$，v相电压最高，$VT_2$承受正向电压。在$\omega t_2$时刻触发$VT_2$，则$VT_2$导通，$u_d=u_v$。$VT_1$两端电压$u_{VT1}=u_u-u_v=u_{uv}<0$，晶闸管$VT_1$承受反向电压关断。

3）在$\omega t_3 \sim \omega t_4$区间，有$u_w > u_v$，w相电压最高，$VT_3$承受正向电压。在$\omega t_3$时刻触发

VT_3，则 VT_3 导通，$u_d = u_w$。VT_2 两端电压 $u_{VT2} = u_v - u_w = u_{vw} < 0$，晶闸管 VT_2 承受反向电压关断。在 VT_3 导通期间，VT_1 两端电压 $u_{VT1} = u_u - u_w = u_{uw} < 0$。这样在一个周期内，$VT_1$ 只导通 120°，在其余 240°时间承受反向电压而处于关断状态。

3. 电路波形

电阻性负载 $\alpha = 30°$ 和 $\alpha = 60°$ 时的输出电压、晶闸管电压和电流的理论波形如图 2-17a、b 所示。

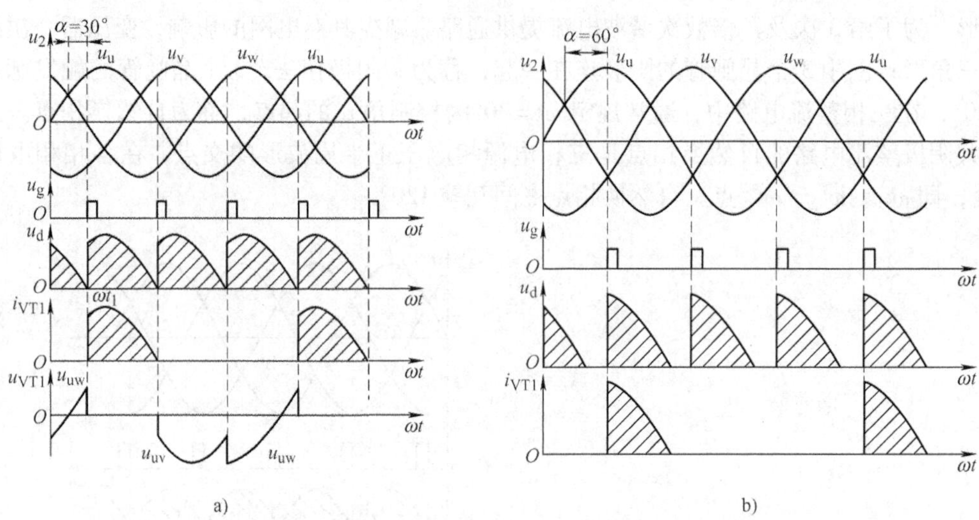

图 2-17　三相半波可控整流电路电阻性负载不同控制角时的电压、电流波形
a）$\alpha = 30°$　b）$\alpha = 60°$

从图 2-17a 的波形可以看出，$\alpha = 30°$ 是输出电压、电流连续和断续的临界点。当 $\alpha < 30°$ 时，输出电压、电流连续，后一相的晶闸管导通使前一相的晶闸管关断；当 $\alpha > 30°$ 时，输出电压、电流断续，前一相的晶闸管由于交流电压过零变负而关断后，后一相的晶闸管未到触发时刻，此时 3 个晶闸管都不导通，输出电压 $u_d = 0$，直到后一相的晶闸管被触发导通，输出电压为该相电压。图 2-17b 是 $\alpha = 60°$ 时的波形。显然，$\alpha = 150°$ 时输出电压为零，所以三相半波可控整流电路电阻性负载的移相范围是 0° ~ 150°。

4. 数量关系

（1）输出电压平均值 U_d

U_d 的物理含义是：输出电压的面积除以周期 $2\pi/3$。因为 $\alpha = 30°$ 是 u_d 波形连续和断续的分界点。$\alpha \leqslant 30°$，输出电压 u_d 波形连续，$\alpha > 30°$，u_d 波形断续，因此，计算输出电压平均值 U_d 时应分两种情况进行。

1）$\alpha \leqslant 30°$ 时，一个周期中有 3 个相同的波形，或每 120°有一个波形。因此计算 U_d 的表达式为

$$U_d = \frac{3}{2\pi}\int_{\frac{\pi}{6}+\alpha}^{\frac{5\pi}{6}+\alpha} \sqrt{2}U_2 \sin\omega t \mathrm{d}(\omega t) = \frac{1}{2\pi/3}\int_{\frac{\pi}{6}+\alpha}^{\frac{5\pi}{6}+\alpha} \sqrt{2}U_2 \sin\omega t \mathrm{d}(\omega t) = 1.17U_2\cos\alpha \quad (2\text{-}32)$$

2）$\alpha > 30°$ 时，波形在 π 处结束，所以 U_d 表达式的积分上限为 π，则

$$U_d = \frac{1}{2\pi/3}\int_{\frac{\pi}{6}+\alpha}^{\pi}\sqrt{2}U_2\sin\omega t\mathrm{d}(\omega t) = 0.675U_2[1+\cos(\pi/6+\alpha)] \tag{2-33}$$

当 $\alpha=0°$ 时，$U_d = U_{d0} = 1.17U_2$；当 $\alpha = 150°$ 时，$U_d = 0$。电阻性负载的移相范围为0 ~ 150°。

（2）输出电流平均值 I_d

I_d 的物理含义是：直流输出电压平均值除以负载电阻。即

$$I_d = \frac{U_d}{R} \tag{2-34}$$

（3）晶闸管电流平均值 I_{dT}

由于每个周期360°中晶闸管轮流导通120°，流过每个晶闸管的平均电流是负载平均电流的1/3。即

$$I_{dT} = \frac{1}{3}I_d \tag{2-35}$$

（4）晶闸管电流有效值 I_{VT}

可根据流过晶闸管电流有效值的定义计算 I_{VT}。

1）$\alpha \leqslant 30°$时，电流波形连续，每个晶闸管在 2π 周期中导通 $2\pi/3$ 区间，所以

$$I_{VT} = \sqrt{\frac{1}{2\pi}\int_{\frac{\pi}{6}+\alpha}^{\frac{5\pi}{6}+\alpha}\left(\frac{\sqrt{2}U_2\sin\omega t}{R}\right)^2\mathrm{d}(\omega t)} = \frac{U_2}{R}\sqrt{\frac{1}{2\pi}\left(\frac{2\pi}{3}+\frac{\sqrt{3}}{2}\cos2\alpha\right)} \tag{2-36}$$

2）$\alpha > 30°$时，电流波形在 π 处断续，所以 I_{VT}表达式的积分上限为 π，每个周期中有一个波形，则

$$I_{VT} = \sqrt{\frac{1}{2\pi}\int_{\frac{\pi}{6}+\alpha}^{\pi}\left(\frac{\sqrt{2}U_2\sin\omega t}{R}\right)^2\mathrm{d}(\omega t)} = \frac{U_2}{R}\sqrt{\frac{1}{2\pi}\left(\frac{5\pi}{6}-\alpha+\frac{\sqrt{3}}{4}\cos2\alpha+\frac{1}{4}\sin2\alpha\right)}$$

$$= \frac{U_2}{R}\sqrt{\frac{1}{2\pi}\left[\frac{5\pi}{6}-\alpha+\frac{1}{2}\sin\left(\frac{\pi}{3}+2\alpha\right)\right]} \tag{2-37}$$

（5）晶闸管承受的最大正、反向电压 U_{VTM}

从上述波形图可以看出，晶闸管承受的最大正向电压是变压器二次相电压的峰值，即晶闸管阳极与零线间的最高电压，$U_{FM} = \sqrt{2}U_2$；承受的最大反向电压是二次线电压的峰值，$U_{RM} = \sqrt{2}\times\sqrt{3}U_2 = \sqrt{6}U_2$。因此，在选择晶闸管的额定电压时，应考虑到承受最大反向电压的峰值情况。

5. 电路特点

1）任一时刻，只有承受最高电压的晶闸管才能被触发导通，输出电压 u_d 的波形是三相电源相电压正半波完整的包络线，输出电流 i_d 与输出电压 u_d 的波形相同、相位相同（$i_d = u_d/R$）。

2）当 $\alpha = 0°$时，输出整流电压最大；增大 α 时，波形的面积减小，即整流电压减小；当 $\alpha = 150°$时，整流电压为零。所以，电阻性负载控制角 α 的移相范围为 0° ~ 150°。

3）当 $\alpha \leqslant 30°$时，负载电流连续，每个晶闸管在一个周期中持续导通 120°；当 $\alpha > 30°$

时，负载电流断续，晶闸管的导通角为 $\theta = 150° - \alpha$。

4）流过晶闸管的电流等于变压器的二次电流。

5）晶闸管承受的最大电压是变压器二次线电压的峰值 $\sqrt{6}U_2$。

6）输出整流电压 u_d 的脉动频率为 3 倍的电源频率。

【例 2-8】 三相半波可控整流电路向电阻负载供电，已知 $U_2 = 220V$、$R = 11.7$。计算 $\alpha = 60°$ 时，负载电流 i_d、晶闸管电流 i_{VT}、变压器二次电流 i_2 的平均值、有效值，并计算晶闸管上最大可能的正向阻断电压值。

解： 由于 $\alpha > 30°$ 时 u_d 波形断续，每相晶闸管导电区间为 α 至本相电压的正变负过零点，故有

整流输出电压平均值为

$$U_d = \frac{1}{2\pi/3}\int_{\frac{\pi}{6}+\alpha}^{\pi} \sqrt{2}U_2 \sin\omega t \mathrm{d}(\omega t) = 0.675U_2[1 + \cos(\pi/6 + \alpha)] = 148.6V$$

负载电流平均值为 $I_d = \dfrac{U_d}{R} = 148.6/11.7A = 12.7A$

负载电流有效值为

$$I = \sqrt{\frac{3}{2\pi}\int_{\frac{\pi}{6}+\alpha}^{\pi}\left(\frac{\sqrt{2}U_2\sin\omega t}{R}\right)^2 \mathrm{d}(\omega t)} = \frac{U_2}{R}\sqrt{\frac{3}{2\pi}\left(\frac{5\pi}{6} - \alpha + \frac{1}{2}\sin(\frac{\pi}{3} + 2\alpha)\right)} = 16.3A$$

晶闸管电流的平均值为 $I_{dT} = \dfrac{U_d}{3R} = 4.2A$

晶闸管电流的有效值为

$$I_{VT} = \sqrt{\frac{1}{2\pi}\int_{\frac{\pi}{6}+\alpha}^{\pi}\left(\frac{\sqrt{2}U_2\sin\omega t}{R}\right)^2 \mathrm{d}(\omega t)} = \frac{U_2}{R}\sqrt{\frac{1}{2\pi}\left(\frac{5\pi}{6} - \alpha + \frac{1}{2}\sin(\frac{\pi}{3} + 2\alpha)\right)} = 9.4A$$

变压器二次电流平均值为 $I_{2d} = I_{dT} = \dfrac{U_d}{3R} = 4.2A$

变压器二次电流有效值为 $I_2 = I_{VT} = 9.4A$

由于 $\alpha > 30°$ 时，负载电流出现断续，所以电路可能出现的最大正向阻断电压为

$$U_{FM} = \sqrt{2}U_2 = \sqrt{2} \times 220V = 311V$$

2.3.2 三相半波可控整流电路（阻－感性负载）

1. 电路结构

三相半波共阴极阻－感性负载电路如图 2-18 所示。

2. 工作原理

当 $\alpha \leqslant 30°$ 时，相邻两相的换流是在原导通相的交流电压过零变负之前，其工作情况与电阻性负载相同，输出电压 u_d 波形、u_{VT} 波形也相同。由于负载电感的储能作用，输出电流 i_d 是近似平直的直流波形，晶闸管中分别流过幅度 I_d、宽度 120° 的矩形波电流，导通角 $\theta = 120°$。

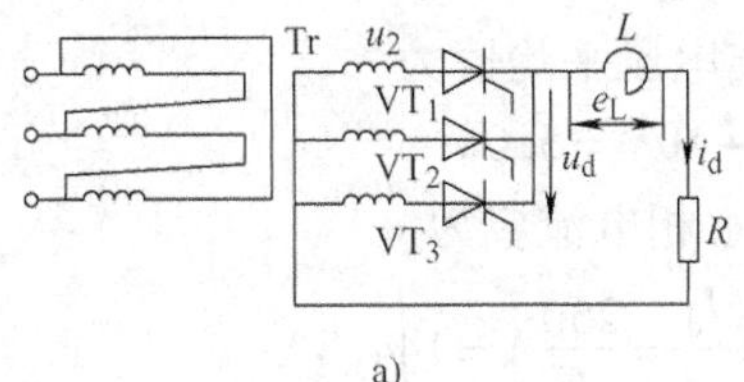

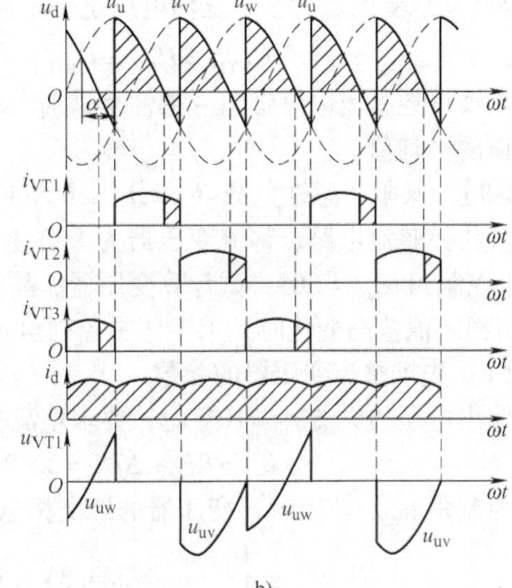

图 2-18 三相半波可控整流电路（阻－感性负载）及波形（$\alpha=60°$）
a）电路原理图 b）工作波形

当$\alpha>30°$时，假设$\alpha=60°$，VT_1 已经导通，在u 相交流电压过零变负后，由于未到VT_2 的触发时刻，VT_2 未导通，VT_1 在负载电感产生的感应电动势作用下继续导通，输出电压$u_d<0$，直到VT_2 被触发导通，VT_1 承受反向电压而关断，输出电压 $u_d=u_v$，然后重复 u 相的过程。

三相半波可控整流电路带阻－感性负载的电压、电流波形如图 2-18b 所示。

3. 数量关系

1）输出电压平均值 U_d 的物理含义是：输出电压的面积除以周期 2π/3。由于 u_d 波形是连续的，所以计算输出电压 U_d 时只需一个计算公式：

$$U_d = \frac{1}{2\pi/3}\int_{\frac{\pi}{6}+\alpha}^{\frac{5\pi}{6}+\alpha}\sqrt{2}U_2\sin\omega t\mathrm{d}(\omega t) = 1.17U_2\cos\alpha \tag{2-38}$$

当 $\alpha=90°$时输出电压为零，所以三相半波可控整流电路阻－感性负载（电流连续）的移相范围是 0°～90°。

2）输出电流平均值 I_d 的物理含义是：直流输出电压平均值除以负载电阻。即

$$I_d=\frac{U_d}{R}=1.17\frac{U_2}{R}\cos\alpha \tag{2-39}$$

3）晶闸管电流平均值 I_{dT}：由于每个周期 2π 中晶闸管轮流导通 2π/3，流过每个晶闸管的平均电流是负载平均电流的 1/3。即

$$I_{dT}=\frac{1}{3}I_d \tag{2-40}$$

4）晶闸管电流有效值 I_{VT}：根据流过晶闸管电流有效值的定义计算。电流波形连续时，每个晶闸管在 2π 周期中导通 2π/3 区间，所以

$$I_{VT} = \sqrt{\frac{1}{2\pi}\int_{\frac{\pi}{6}+\alpha}^{\frac{5\pi}{6}+\alpha}I_d^2\mathrm{d}(\omega t)} = \sqrt{\frac{2\pi/3}{2\pi}}I_d = \frac{1}{\sqrt{3}}I_d = 0.577I_d \tag{2-41}$$

并且 I_{VT}和变压器二次电流有效值 I_2 相等，即 $I_{VT}=I_2$。

5）晶闸管承受的最大正、反向电压是变压器二次侧线电压的峰值，即

$$U_{VTM}=U_{FM}=U_{RM}=\sqrt{2}\times\sqrt{3}U_2=\sqrt{6}U_2 \tag{2-42}$$

三相半波可控整流电路带阻－感性负载时，也可接续流二极管，削去 u_d 中的负波，提高输出电压的平均值。

【例 2-9】 某阻－感性负载 $R=2\Omega$，$\omega L>>\mathrm{R}$。要求输出电流 $I_d=250\mathrm{A}$ 维持不变，拟采用三相半波相控整流电路，整流变压器为 D/Y 接线，考虑整流电路直流电压损失为 $\Delta U_d=10\mathrm{V}$，最小控制角 $\alpha_{min}=30°$，试计算变压器、晶闸管的有关额定值。若交流电源电压经常在 1～1.15 倍额定值范围变化时，求工作中控制角 α 的变化范围。

解：（1）先求整流变压器的参数

考虑输出电压损失 $\Delta U_d=10\mathrm{V}$ 时，要求整流输出电压平均值为

$$U_d=RI_d+\Delta U_d=2\times250+10\mathrm{V}=510\mathrm{V}$$

最小控制角 $\alpha_{min}=30°$时，变压器的二次相电压、相电流应为

$$U_2=\frac{U_d}{1.17\cos\alpha_{min}}=503.3\mathrm{V},\ I_2=\frac{I_d}{\sqrt{3}}=\frac{250}{\sqrt{3}}\mathrm{A}=144.3\mathrm{A}$$

变压器一次线电压取 $U_{1L}=380\mathrm{V}$。由于一次绕组为 D 接法，因此变压器电压比为

$$k_n=\frac{N_1}{N_2}=\frac{380}{503.3}=0.755$$

由于变压器只能将二次电流的交流分量感应到一次侧，所以 $I_1=\frac{1}{k_n}\frac{\sqrt{2}I_d}{3}=156.1\mathrm{A}$。式中$\frac{\sqrt{2}}{3}I_d$ 的由来见参考文献［14］中 P71 图 3-9 及其有关文字说明。

变压器的容量为

$$S_1=3U_1I_1=3\times380\times156.1\mathrm{kV\cdot A}=178\mathrm{kV\cdot A};$$

$$S_2=3U_2I_2=3\times503.3\times144.3\mathrm{kV\cdot A}=218\mathrm{kV\cdot A}$$

$$S=(S_1+S_2)/2=198\mathrm{kV\cdot A}$$

视在功率只是电压和电流有效值的乘积，它并不能反映能量消耗的程度，在一般电路中，特别是非正弦电路中，视在功率并不遵守能量守恒定律。此题中变压器绕组中的电流为方波，含有大量的谐波分量，特别是变压器的二次侧还含有直流分量，所以，$S_1<S_2$。

变压器二次侧输出的有功功率为 $P_d=U_dI_d=510\times250\mathrm{kW}=127.5\mathrm{kW}$

变压器二次侧的功率因数为 $\cos\varphi=P_d/S_2=127.5/218=0.585$

（2）计算晶闸管的参数

流过晶闸管的电流有效值为

$$I_{VT}=\frac{I_d}{\sqrt{3}}=\frac{250}{\sqrt{3}}\mathrm{A}=144.3\mathrm{A}$$

则通态平均电流为

$$I_{VT(AV)}=(1.5\sim2)\frac{I_{VT}}{1.57}=138\sim184\mathrm{A}$$

因电源电压常在 1～1.15 倍额定值之间波动，所以晶闸管的额定电压应为

$$U_{VTn}=(2\sim3)U_{VTM}=(2\sim3)\times\sqrt{6}\times1.15U_2=(2836\sim4253)\mathrm{V}$$

可选用 KP200-40 型晶闸管。

（3）计算控制角 α 的变化范围

当电源电压为 $1.15U_2$ 时，控制角 α 为 $\cos\alpha=\dfrac{510}{1.17\times1.15\times503.3}=0.753$，则 $\alpha=41.1°$

即电路工作时控制角 α 在 30° ~41.1°范围内变化。

2.3.3 三相半波共阳极可控整流电路

把 3 个晶闸管的阳极接成公共端连在一起，就构成了共阳极接法的三相半波可控整流电路。由于晶闸管只有在阳极电位高于阴极电位时才能导通，因此在共阳极接法中，工作在整流状态的晶闸管只有在电源相电压负半周才能被触发导通，换相总是换到阴极电位更负的那一相。其工作情况、波形和数量关系与共阴极接法时相仿，仅输出极性相反。三相半波可控整流共阳极接法电路如图 2-19 所示。

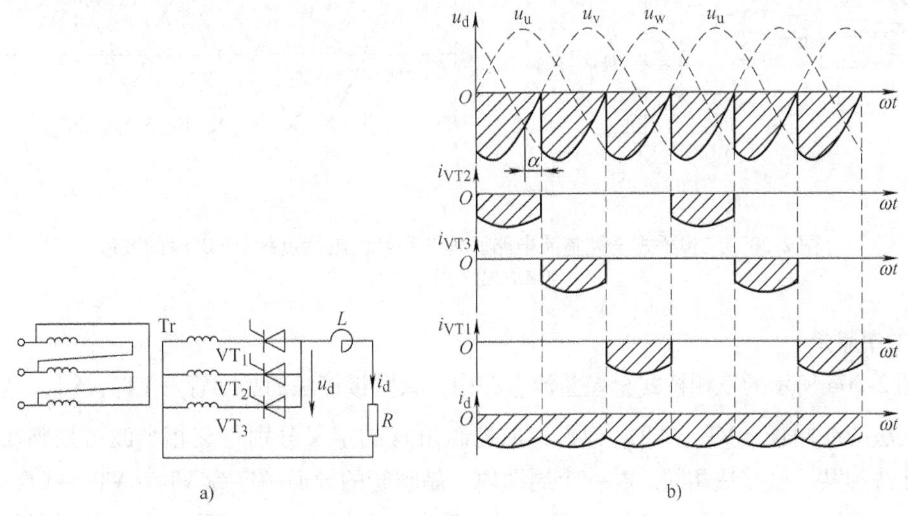

图 2-19 三相半波可控整流电路共阳极接法及波形

a）电路原理图 b）工作波形

2.4 三相桥式全控整流电路

2.4.1 三相桥式全控整流电路（电阻性负载）

1. 电路组成

三相桥式全控整流电路可以看作是共阴极接法的三相半波（VT_1、VT_3、VT_5）和共阳极接法的三相半波（VT_4、VT_6、VT_2）的串联组合，如图 2-20a 所示。由于共阴极组在正半周导电，流经变压器的是正向电流；而共阳极组在负半周导电，流经变压器的是反向电流。因此变压器绕组中没有直流磁通，且每相绕组正、负半周都有电流流过，提高了变压器的利用率。共阴极组的输出电压是输入电压的正半周，共阳极组的输出电压是输入电压的负半周，总的输出电压是正、负两个输出电压的串联。

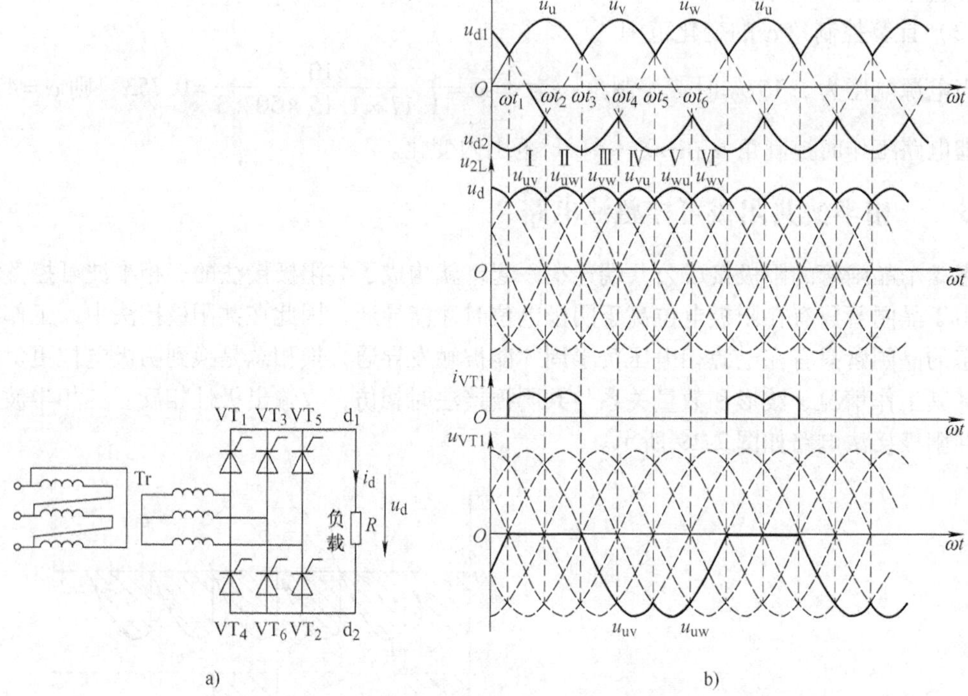

图 2-20　三相桥式全控整流电路原理图和带电阻性负载 $\alpha=0°$时的波形

a）电路原理图　b）工作波形

2. 工作原理

在图 2-20a 所示的三相桥式全控整流电路中，共阴极接法的晶闸管（VT_1、VT_3、VT_5）和共阳极接法的晶闸管（VT_4、VT_6、VT_2）的控制角 α 的定义分别与三相半波可控整流电路的共阴极接法和共阳极接法相同。在一个周期内，晶闸管的导通顺序为 $VT_1 \rightarrow VT_2 \rightarrow VT_3 \rightarrow VT_4 \rightarrow VT_5 \rightarrow VT_6$。下面首先分析 $\alpha=0°$时电路的工作情况。如图 2-20b 所示，将一个周期相电压分为 6 个区间：

1）在 $\omega t_1 \sim \omega t_2$ 区间：u 相电压最高，VT_1 被触发导通，v 相电压最低，VT_6 被触发导通，加在负载上的输出电压 $u_d=u_u-u_v=u_{uv}$。

2）在 $\omega t_2 \sim \omega t_3$ 区间：u 相电压最高，VT_1 被触发导通，w 相电压最低，VT_2 被触发导通，加在负载上的输出电压 $u_d=u_u-u_w=u_{uw}$。

3）在 $\omega t_3 \sim \omega t_4$ 区间：v 相电压最高，VT_3 被触发导通，w 相电压最低，VT_2 被触发导通，加在负载上的输出电压 $u_d=u_v-u_w=u_{vw}$。

4）在 $\omega t_4 \sim \omega t_5$ 区间：v 相电压最高，VT_3 被触发导通，u 相电压最低，VT_4 被触发导通，加在负载上的输出电压 $u_d=u_v-u_u=u_{vu}$。

5）在 $\omega t_5 \sim \omega t_6$ 区间：w 相电压最高，VT_5 被触发导通，u 相电压最低，VT_4 被触发导通，加在负载上的输出电压 $u_d=u_w-u_u=u_{wu}$。

6）在 $\omega t_6 \sim \omega t_7$（图中没画出）区间：w 相电压最高，$VT_5$ 被触发导通，v 相电压最低，VT_6 被触发导通，加在负载上的输出电压 $u_d=u_w-u_v=u_{wv}$。

3. 电路波形

工作波形如图 2-20b 所示，当 $\alpha>0$ 时，晶闸管从自然换相点后移 α 角度开始换流，工作过程与 $\alpha=0$ 基本相同。电阻性负载 $\alpha\leqslant60°$ 时的 u_d 波形连续，$\alpha>60°$ 时 u_d 波形断续。$\alpha=60°$ 和 $\alpha=90°$ 时的波形分别如图 2-21a、b 所示。

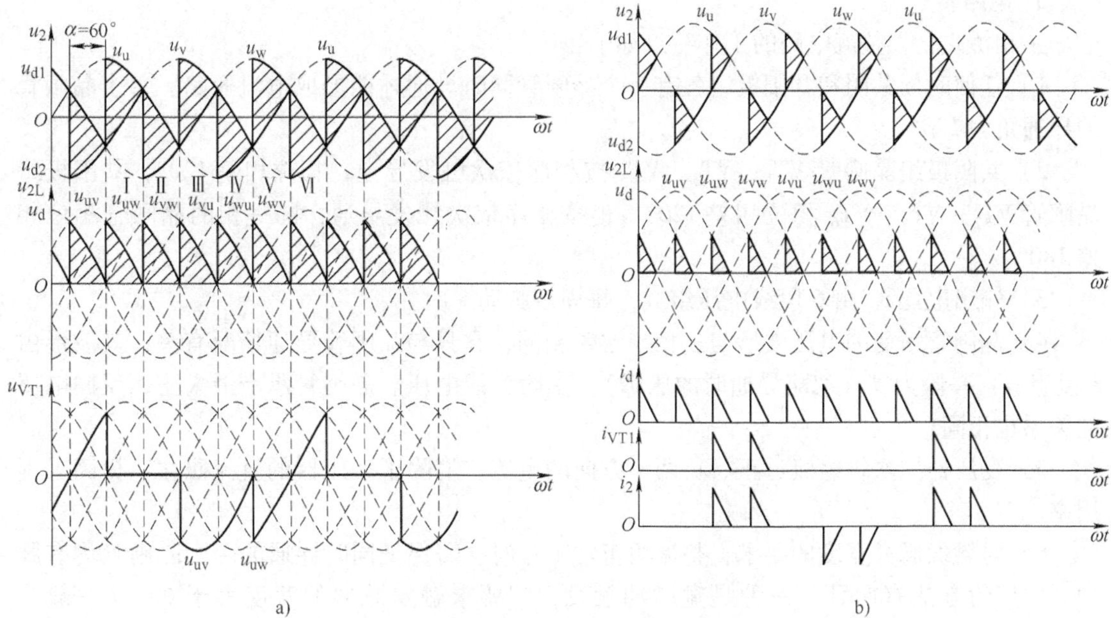

图 2-21　三相桥式全控整流电路带电阻性负载不同控制角时的波形

a) $\alpha=60°$　b) $\alpha=90°$

4. 基本数量关系

（1）输出电压平均值 U_d

U_d 的物理含义是：输出电压的面积除以周期 $\pi/3$，同时 α 的起点离开所对应的正弦波线电压零点为 $\pi/3$。因为 $\alpha=60°$ 是 u_d 波形连续和断续的分界点。$\alpha\leqslant60°$ 时，输出电压 u_d 波形连续，$\alpha>60°$ 时，u_d 波形断续，因此，计算输出电压平均值 U_d 时应分两种情况进行。

1）$\alpha\leqslant60°$ 时，一个 2π 周期中有 6 个相同的波形，或每 60° 有一个波形。因此计算 U_d 的表达式为

$$U_d=\frac{6}{2\pi}\int_{\frac{\pi}{3}+\alpha}^{\frac{2\pi}{3}+\alpha}\sqrt{3}\times\sqrt{2}U_2\sin\omega t\mathrm{d}(\omega t)=\frac{1}{\pi/3}\int_{\frac{\pi}{3}+\alpha}^{\frac{2\pi}{3}+\alpha}\sqrt{3}\times\sqrt{2}U_2\sin\omega t\mathrm{d}(\omega t)$$
$$=2.34U_2\cos\alpha=1.35U_{21}\cos\alpha \tag{2-43}$$

2）$\alpha>60°$ 时，波形在 π 处结束，U_d 表达式的积分上限为 π，所以

$$U_d=\frac{1}{\pi/3}\int_{\frac{\pi}{3}+\alpha}^{\pi}\sqrt{3}\times\sqrt{2}U_2\sin\omega t\mathrm{d}(\omega t)=2.34U_2[1+\cos(\pi/3+\alpha)] \tag{2-44}$$

当 $\alpha=0°$ 时，$U_d=U_{d0}=2.34U_2$；当 $\alpha=120°$ 时，$U_d=0$。移相范围为 0° ~ 120°。

（2）晶闸管承受的最大正、反向电压 U_{VTM}

U_{VTM}在数值上等于变压器二次线电压的峰值，即

$$U_{VTM}=U_{FM}=U_{RM}=\sqrt{2}\times\sqrt{3}U_2=\sqrt{6}U_2=2.45U_2 \tag{2-45}$$

5. 电路特点

三相桥式全控整流电路的工作特点如下：

1）任何时候共阴和共阳极组各有一个晶闸管同时导通才能形成电流通路。每个晶闸管的导通角为120°。

2）共阴极组晶闸管 VT_1、VT_3、VT_5 按相序依次触发导通，相位相差120°，共阳极组晶闸管 VT_2、VT_4、VT_6 相位相差120°，也按相序依次触发导通，同一相的晶闸管相位相差180°。

3）输出电压 u_d 由6段线电压组成，每周期脉动6次。

4）晶闸管承受的电压波形与三相半波时相同，它只与晶闸管导通情况有关，其波形由3段组成：一段为零（忽略导通时的压降），两段为线电压。晶闸管承受最大正、反向电压的关系也相同。

5）变压器二次绕组流过正、负两个方向的电流，消除了变压器的直流磁化，提高了利用率。

6）对触发脉冲宽度的要求：整流桥正常工作时，需保证同时导通的两个晶闸管均有脉冲，常用的方法有两种，一种是宽脉冲触发，它要求触发脉冲的宽度大于60°（一般为80°~100°）；另一种是双窄脉冲触发，即触发一个晶闸管时，向小一个序号的晶闸管补发一个脉冲。宽脉冲触发要求触发功率大，易使脉冲变压器饱和，所以多采用双脉冲触发。

2.4.2 三相桥式全控整流电路（阻－感性负载）

1. 工作情况和电路波形

1）当 $\alpha\leqslant60°$时，三相桥式全控整流电路的 u_d 波形连续，工作情况与带电阻性负载时相似，各晶闸管的通断情况、输出整流电压 u_d 波形、晶闸管承受的电压波形都一样；区别在于，由于负载电感的存在，同样的输出整流电压加到负载上，得到的负载电流 i_d 波形不同。由于电感的作用，使得负载电流波形变得平直，当电感足够大时，负载电流的波形可近似为一条水平线。$\alpha=0°$时的波形如图2-22a所示。

2）$\alpha>60°$时，电感性负载时的工作情况与电阻负载时不同，电阻负载时 u_d 波形不会出现负的部分，波形断续，而电感性负载时，由于负载电感感应电动势的作用，u_d 波形会出现负的部分。图2-22b为带电感性负载 $\alpha=90°$时的波形，可以看出，$\alpha=90°$时，u_d 波形上下对称，平均值为零，因此带电感性负载三相桥式全控整流电路的 α 角移相范围为0°~90°。

2. 基本数量关系

1）输出电压平均值 U_d 的计算与电阻性负载相同，对于电感性负载，u_d 波形总是连续的，所以输出电压平均值的表达式只用一个。其物理含义是：输出电压的面积除以周期 π/3，α 的起点离开所对应的正弦波线电压零点为 π/3。一个 2π 周期中有6个相同的波形，或每60°有一个波形。因此计算 U_d 的表达式为

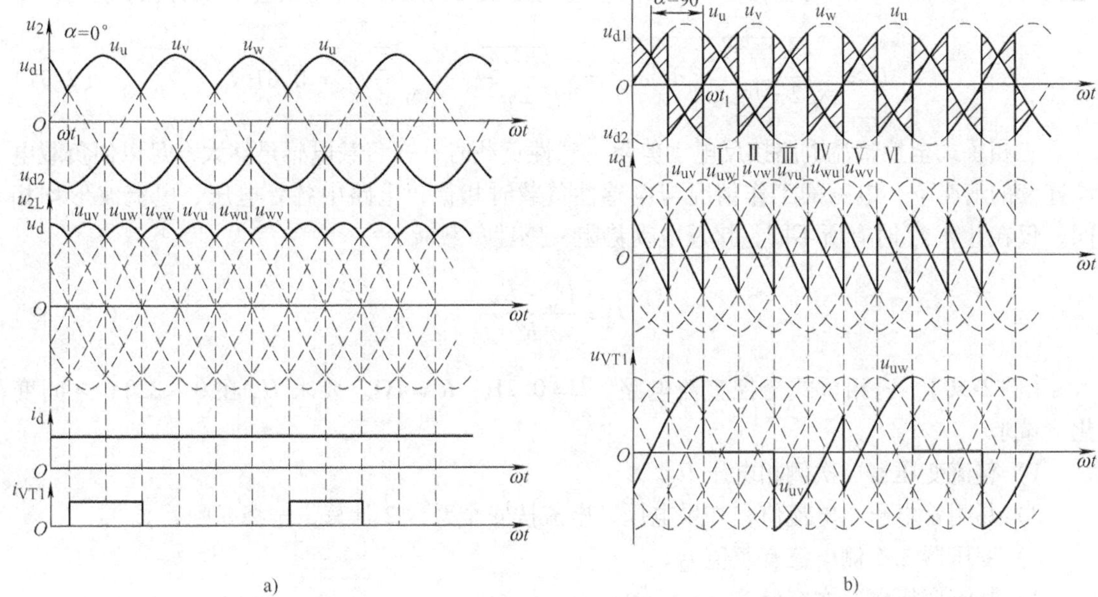

图 2-22　三相桥式全控整流电路带电感性负载不同控制角时的波形
a）$\alpha=0°$　b）$\alpha=90°$

$$U_d = \frac{6}{2\pi}\int_{\frac{\pi}{3}+\alpha}^{\frac{2\pi}{3}+\alpha}\sqrt{3}\times\sqrt{2}U_2\sin\omega t\mathrm{d}(\omega t) = \frac{1}{\pi/3}\int_{\frac{\pi}{3}+\alpha}^{\frac{2\pi}{3}+\alpha}\sqrt{3}\times\sqrt{2}U_2\sin\omega t\mathrm{d}(\omega t) \tag{2-46}$$

$$= 2.34U_2\cos\alpha = 1.35U_{2L}\cos\alpha$$

2）输出电流平均值

$$I_d = 2.34\frac{U_2}{R}\cos\alpha \tag{2-47}$$

3）晶闸管电流平均值 I_{dT}：由于每个周期 360°中，6 个晶闸管分成 3 对轮流导通 120°，流过每个晶闸管的平均电流是负载平均电流的 1/3。即

$$I_{dT} = \frac{1}{3}I_d \tag{2-48}$$

4）晶闸管电流有效值 I_{VT}：根据流过晶闸管电流有效值的定义计算。电流波形连续时，每个晶闸管在 2π 周期中导通 2π/3 区间，所以

$$I_{VT} = \sqrt{\frac{1}{2\pi}\int_{\frac{\pi}{6}+\alpha}^{\frac{5\pi}{6}+\alpha}I_d^2\mathrm{d}(\omega t)} = \sqrt{\frac{2\pi/3}{2\pi}}I_d = \frac{1}{\sqrt{3}}I_d = 0.577I_d \tag{2-49}$$

5）晶闸管额定电流

$$I_{VT(AV)} = \frac{I_{VT}}{1.57}(1.5\sim2) = (0.552\sim0.736)I_d \tag{2-50}$$

6）变压器二次电流有效值 I_2：根据流过变压器二次电流有效值的定义计算。电流波形

连续时，变压器二次侧每相在 2π 周期中的电流为区间长度为 $2\pi/3$ 的正、负方波，所以

$$I_2 = \sqrt{\frac{2}{2\pi}\int_{\frac{\pi}{6}+\alpha}^{\frac{5\pi}{6}+\alpha} I_d^2 \mathrm{d}(\omega t)} = \sqrt{\frac{4\pi/3}{2\pi}}I_d = \sqrt{\frac{2}{3}}I_d = 0.816I_d \tag{2-51}$$

三相桥式全控整流电路接反电动势阻－感性负载时，在负载电感足够大，足以使负载电流连续的情况下，电路的工作情况与电感性负载时相似，电路中各处电压、电流波形均相同，仅在计算 I_d 时有所不同，接反电动势阻－感性负载时

$$I_d = \frac{U_d - E_M}{R} \tag{2-52}$$

【例 2-10】 三相桥式全控整流电路，$L = 0.2\text{H}$，$R = 4\Omega$。要求 U_d 在 0 ~ 220V 之间变化。试求：

1）整流变压器二次侧相电压 U_2。

2）晶闸管电压、电流值，如果电压、电流按安全系数 2 计算，选择晶闸管。

3）变压器二次侧电流有效值 I_2。

4）整流变压器二次容量 S_2。

解： 计算得 $\omega L = 2\pi fL = 62.8\Omega$，而 $R = 4\Omega$，所以按大电感负载情况计算。当 U_d 电压最大时，三相桥式全控整流电路控制角最小，为 $\alpha_{min} = 0$。

1）计算整流变压器二次侧相电压 U_2：$U_d = 2.34U_2$，则 $U_2 = 220/2.34\text{V} = 94\text{V}$

2）计算晶闸管电压、电流值：

晶闸管承受的最大峰值电压为 $U_{TM} = \sqrt{6}U_2 = 230.25\text{V}$

按安全系数 2 计算，则 $U_{Tn} = 2U_{TM} = 460.5\text{V}$，选择额定电压为 500V 的晶闸管。

又负载电流平均值 $I_d = U_d/R = 55\text{A}$，晶闸管电流平均值 $I_{dT} = \frac{1}{3}I_d = 55/3\text{A} = 18.3\text{A}$

$$I_{VT} = \frac{1}{\sqrt{3}}I_d = 55/\sqrt{3}\text{A} = 31.75\text{A}$$

按安全系数 2 计算，则 $I_{VT(AV)} = 2 \times \frac{1}{1.57}I_{VT} = 2 \times 31.75/1.57\text{A} = 40.4\text{A}$，选择额定通态平均电流为 50A 的晶闸管。

3）计算变压器二次电流有效值 I_2：$I_2 = \sqrt{2/3}I_d = 44.9\text{A}$

4）计算整流变压器二次容量 S_2：$S_2 = 3U_2I_2 = 3 \times 94 \times 44.9\text{kV}\cdot\text{A} = 12.66\text{kV}\cdot\text{A}$

【例 2-11】 三相桥式全控整流电路，$U_2 = 220\text{V}$，$\alpha = \pi/3$。反电动势负载，$E_M = 100\text{V}$，$R = 20\Omega$，L 值极大。根据上述情况，计算直流输出电压 U_d、电流 I_d、变压器二次电流有效值 I_2。

解： 带反电动势负载时，直流输出电压平均值为

$$U_d = 2.34U_2\cos\alpha = 2.34 \times 220 \times \cos\frac{\pi}{3}\text{V} = 257.4\text{V}$$

直流输出电流平均值为

$$I_d = \frac{U_d - E_M}{R} = \frac{257.4 - 100}{20}\text{A} = 7.87\text{A}$$

变压器二次电流有效值为

$$I_2=\sqrt{\frac{2}{3}}I_d=\sqrt{\frac{2}{3}}\times7.87A=6.43A$$

2.5 三相桥式半控整流电路

2.5.1 三相桥式半控整流电路（电阻性负载）

1. 电路组成

在中等容量的整流装置或不要求可逆的电力拖动中，可采用比三相桥式全控整流电路更简单、经济的三相桥式半控整流电路，如图 2-23a 所示，它由共阴极接法的三相半波可控整流电路与共阳极接法的三相半波不可控整流电路串联而成，因此这种电路兼有可控与不可控两者的特性。共阳极组的 3 个整流二极管总是在自然换流点换流，使电流换到阴极电位更低的一相中去；而共阴极组的 3 个晶闸管则要在触发后才能换到阳极电位高的那一相中去。输出整流电压 u_d 的波形是两组整流电压波形之和，改变共阴极组晶闸管的控制角 α，可获得 0 ~ $2.34U_2$ 的直流可调电压。

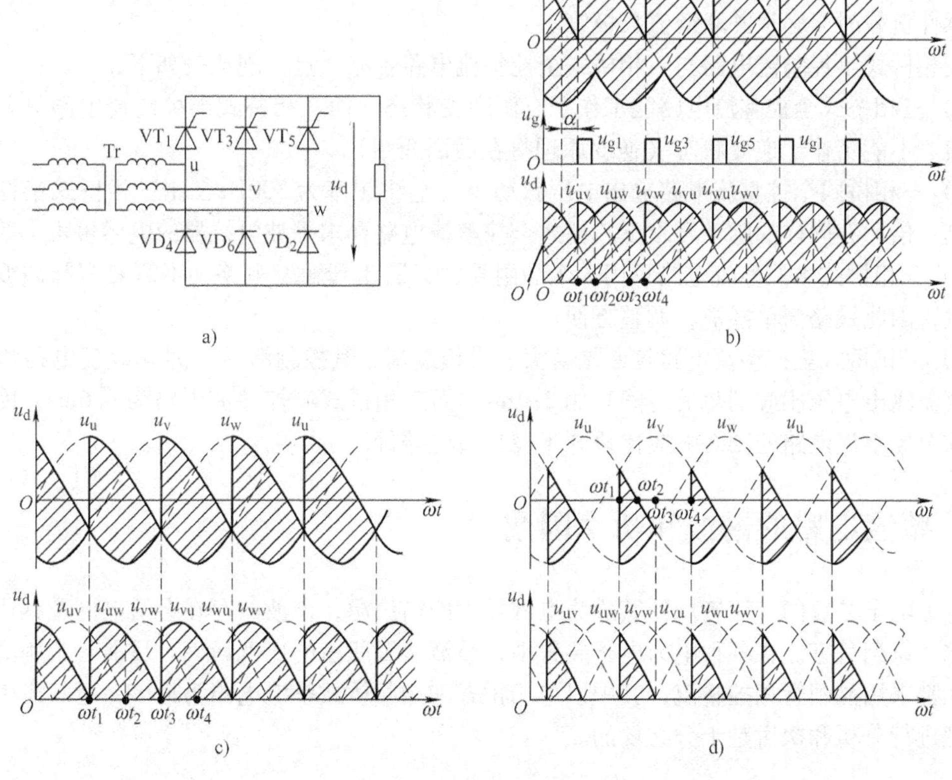

图 2-23 三相桥式半控整流电路及其电压、电流波形

a）电路原理图 b）$\alpha=30°$ c）$\alpha=60°$ d）$\alpha=120°$

2. 工作原理和电路波形

1）当触发角 $\alpha=0°$时，触发脉冲在自然换流点出现，共阴极接法的晶闸管整流电路输出电压最大，其数值为 $2.34U_2$，三相桥式半控整流电路的输出电压 u_d 的波形与三相桥式全控整流电路在 $\alpha=0°$时输出的电压波形一样。

2）当 $\alpha\leqslant60°$时，如图 2-23b 所示为 $\alpha=30°$时的波形。在 ωt_1 时刻，u_{g1}触发 VT_1 管导通，电源电压 u_{uv}通过 VT_1、VD_6 加于负载。在 ωt_2 时刻，共阳极组二极管自然换流，所以 ωt_2 之后，VD_2 导通，VD_6 自关断，电源电压 u_{uw}通过 VT_1、VD_2 加于负载。在 ωt_3 时刻，由于 u_{g3}还未出现，VT_3 不能导通，VT_1 维持导通。到 ωt_4 时刻，触发 VT_3 管，VT_3 导通后使 VT_1 管承受反向电压而关断，电路转为 VT_3 与 VD_2 导通，依次类推，负载 R 上得到的是 3 个间隔波头完整、3 个波头缺角的脉动波形。

3）当 $\alpha=60°$时，u_d 波形只剩下 3 个波头，波形刚好维持连续，如图 2-23c 所示。

2.5.2 三相桥式半控整流电路（阻－感性负载）

三相桥式半控整流电路与单相桥式半控整流电路一样，桥路内部二极管有续流作用，因此在带电感性负载时，输出 u_d 波形和平均电压 U_d 值与带电阻性负载时一样，不会出现负电压。

大电感负载若负载端不加接续流二极管，当突然切断触发信号或把控制角突然调到 180°以外时，与单相桥式半控整流电路时一样，也会发生某个导通的晶闸管不关断，而共阳极组的 3 个整流二极管轮流导通的失控现象。为了避免这种现象，在三相桥式半控整流电路带电感性负载时，必须并联续流二极管。

三相桥式半控整流电路与三相桥式全控整流电路各有优点，现比较如下：

1）三相桥式全控整流电路能工作于有源逆变状态，而三相桥式半控整流电路只能作可控整流，不能工作于逆变状态（逆变原理将在后面介绍）。

2）三相桥式全控整流电路输出电压脉动小，基波频率为 300Hz，比三相桥式半控整流电路高一倍，在同样的脉动要求下，桥式全控整流电路要求平波电抗器的电感量可小些。

3）三相桥式半控整流电路只用 3 个晶闸管，只需 3 套触发电路，不需要宽脉冲或双脉冲触发，因此线路简单经济，调整方便。

4）三相桥式全控整流电路控制增益大、灵敏度高，其控制滞后时间（改变电路的 α 角后，直流输出电压相应变化的时间）为 3.3ms，而三相桥式半控整流电路为 6.6ms，因此三相桥式全控整流电路的动态响应比桥式半控整流电路好。

2.6 整流电路的谐波和功率因数

电力电子装置的广泛应用使其成为电网最大的谐波源，谐波的存在会给电网及其用电设备带来一系列危害。在各种电力电子装置中，整流装置所占的比例最大。目前，常用的整流电路大都采用晶闸管相控整流，其中以单相桥式和三相桥式整流电路为最多，对其产生的谐波机理进行分析和探讨是十分必要的。

2.6.1 谐波

在供用电系统中，通常希望交流电压和交流电流呈正弦波形。正弦电压可表示为

$$u(t) = \sqrt{2}U\sin(\omega t + \alpha) \tag{2-53}$$

式中，U 为电压有效值；α 为初相角；ω 为角频率，$\omega = 2\pi f = 2\pi/T$；f 为频率；T 为周期。

当正弦电压施加在线性无源元件电阻、电感和电容上时，其电流和电压分别为比例、积分和微分关系，仍为同频率的正弦波。但当正弦电压施加在非线性电路上时，电流就变为非正弦波，非正弦电流在电网阻抗上产生压降，会使电压波形也变为非正弦波。当然，非正弦电压施加在线性电路上时，电流也是非正弦波。对于周期为 $T = 2\pi/\omega$ 的非正弦电压 $u(\omega t)$，一般满足狄里赫利条件，可分解为如下傅里叶级数形式：

$$u(\omega t) = a_0 + \sum_{n=1}^{\infty}(a_n\cos n\omega t + b_n\sin n\omega t) \tag{2-54}$$

式中

$$a_0 = \frac{1}{2\pi}\int_0^{2\pi} u(\omega t)\mathrm{d}(\omega t)\text{；}\ a_n = \frac{1}{\pi}\int_0^{2\pi} u(\omega t)\cos n\omega t\mathrm{d}(\omega t)\text{；}$$

$$b_n = \frac{1}{\pi}\int_0^{2\pi} u(\omega t)\sin n\omega t\mathrm{d}(\omega t)\quad n = 1,\ 2,\ 3,\ \cdots$$

或

$$u(\omega t) = a_0 + \sum_{n=1}^{\infty} c_n\sin(n\omega t + \varphi_n) \tag{2-55}$$

其中，c_n、φ_n 和 a_n、b_n 的关系为

$$c_n = \sqrt{a_n^2 + b_n^2}\text{；}\quad \varphi_n = \arctan(a_n/b_n)\text{；}\quad a_n = c_n\sin\varphi_n\text{；}\quad b_n = c_n\cos\varphi_n$$

式（2-54）或式（2-55）的傅里叶级数中，频率与工频相同的分量称为基波（Fundamental），频率为基波频率整数倍（大于1）的分量称为谐波，谐波次数为谐波频率和基波频率的整数比。以上公式及定义均以非正弦电压为例，对于非正弦电流的情况也完全适用。

n 次谐波电流含有率以 HRI_n（Harmonic Ratio for I_n）表示，即

$$\mathrm{HRI}_n = \frac{I_n}{I_1} \times 100\% \tag{2-56}$$

式中，I_n 为第 n 次谐波电流有效值；I_1 为基波电流有效值。

电流谐波总畸变率 THD_i（Total Harmonic Distortion）定义为

$$\mathrm{THD}_i = \frac{I_\mathrm{h}}{I_1} \times 100\% \tag{2-57}$$

式中，I_h 为总谐波电流有效值。

2.6.2 功率因数

在正弦交流电路中，电路的有功功率就是其平均功率，即

$$P = \frac{1}{2\pi}\int_0^{2\pi} ui\mathrm{d}(\omega t) = UI\cos\varphi \tag{2-58}$$

式中，U、I 分别为电压和电流的有效值；φ 为电流滞后于电压的相位差。

无功功率定义为

$$Q = UI\sin\varphi \tag{2-59}$$

视在功率为电压、电流有效值的乘积，即

$$S = UI \tag{2-60}$$

功率因数 λ 定义为有功功率 P 和视在功率 S 的比值，即

$$\lambda = \frac{P}{S} \tag{2-61}$$

此时无功功率 Q 与有功功率 P、视在功率 S 之间有如下关系：

$$S^2 = P^2 + Q^2 \tag{2-62}$$

在正弦电路中，功率因数是由电压和电流的相位差 φ 决定的，其值为

$$\lambda = \cos\varphi \tag{2-63}$$

在非正弦电路中，有功功率、视在功率、功率因数的定义均和正弦电路相同，功率因数仍由式（2-61）定义。公用电网中，通常电压的波形畸变很小，而电流波形的畸变可能很大。因此，不考虑电压畸变，研究电压波形为正弦波、电流波形为非正弦波的情况有很大的实际意义。

设正弦波电压有效值为 U，含有谐波的非正弦畸变电流有效值为 I，基波电流有效值及其与电压的相位差分别为 I_1 和 φ_1。这时有功功率为

$$P = UI_1\cos\varphi_1 \tag{2-64}$$

功率因数为

$$\lambda = \frac{P}{S} = \frac{UI_1\cos\varphi_1}{UI} = \frac{I_1}{I}\cos\varphi_1 = \nu\cos\varphi_1 \tag{2-65}$$

式中，$\nu = I_1/I$ 为基波电流有效值和总电流有效值之比，称为电流畸变系数；而 $\cos\varphi_1$ 称为位移因数或基波功率因数。可见，功率因数是由电流波形畸变和基波功率因数这两个因素共同决定的。

2.6.3 交流侧谐波和功率因数分析

相控整流电路流过整流变压器二次侧的是周期性变化的非正弦波电流，它包含谐波分量，这些谐波电流在电源回路中引起阻抗压降，使得电源电压中也含有高次谐波。下面分析几种典型整流电路带大电感负载的交流侧谐波。

1. 单相桥式全控整流电路

忽略换相过程和电流脉动，当单相桥式整流电路所带阻－感性负载的电感 L 足够大时，变压器二次电流波形近似为理想方波。将电流波形分解为傅里叶级数形式，可得

$$\begin{aligned} i_2 &= \frac{4}{\pi}I_{\mathrm{d}}\left(\sin\omega t + \frac{1}{3}\sin3\omega t + \frac{1}{5}\sin5\omega t + \cdots\right) \\ &= \frac{4}{\pi}I_{\mathrm{d}}\sum_{n=1,3,5,\cdots}\frac{1}{n}\sin n\omega t = \sum_{n=1,3,5,\cdots}\sqrt{2}I_n\sin n\omega t \end{aligned} \tag{2-66}$$

其中基波和各次谐波有效值为

$$I_n = \frac{2\sqrt{2}I_{\mathrm{d}}}{n\pi},\ n = 1,\ 3,\ 5,\ \cdots \tag{2-67}$$

电流中仅含奇次谐波，各次谐波有效值与谐波次数成反比，且与基波有效值的比值为谐波次数的倒数。由式（2-67）可知基波电流的有效值为

$$I_1 = \frac{2\sqrt{2}}{\pi}I_{\mathrm{d}} \tag{2-68}$$

又由变压器二次电流 i_2 的有效值 $I=I_{\mathrm{d}}$［见式（2-26）］，可得到基波因数为

$$\nu=\frac{I_1}{I}=\frac{2\sqrt{2}}{\pi}\approx 0.9 \tag{2-69}$$

为了避免与二次谐波电流混淆，此处用 I 表示变压器二次电流 i_2 的有效值，后同。

而电流的基波与电压的相位差就为控制角 α，故位移因数为

$$\lambda_1=\cos\varphi_1=\cos\alpha \tag{2-70}$$

最终的功率因数为

$$\lambda=\nu\lambda_1=\frac{I_1}{I}\cos\varphi_1=\frac{2\sqrt{2}}{\pi}\cos\alpha\approx 0.9\cos\alpha \tag{2-71}$$

2. 三相桥式全控整流电路

忽略换相过程和电流脉动，阻－感性负载的三相桥式全控整流电路的电流波形为正、负半周各120°的方波，三相电流波形相同，且依次相差120°，其有效值与直流平均电流的关系为

$$I=\sqrt{\frac{2}{3}}I_{\mathrm{d}}=0.816I_{\mathrm{d}} \tag{2-72}$$

以u相电流来举例，可将电流波形分解成傅里叶级数形式，得

$$\begin{aligned} i_{\mathrm{u}} &= \frac{2\sqrt{3}}{\pi}I_{\mathrm{d}}\left(\sin\omega t-\frac{1}{5}\sin5\omega t-\frac{1}{7}\sin7\omega t+\frac{1}{11}\sin11\omega t+\frac{1}{13}\sin13\omega t-\cdots\right) \\ &= \frac{2\sqrt{3}}{\pi}I_{\mathrm{d}}\sin\omega t+\frac{2\sqrt{3}}{\pi}I_{\mathrm{d}}\sum_{\substack{n=6k\pm1\\k=1,2,3,\cdots}}(-1)^k\frac{1}{n}\sin n\omega t \\ &= \sqrt{2}I_1\sin\omega t+\sum_{\substack{n=6k\pm1\\k=1,2,3,\cdots}}(-1)^k\sqrt{2}I_n\sin n\omega t \end{aligned} \tag{2-73}$$

由此可得以下结论：电流中仅含 $6k\pm1$（k 为正整数）次谐波，各次谐波有效值与谐波次数成反比，且与基波有效值的比值为谐波次数的倒数。

由式（2-73）可得电流基波有效值 I_1 为

$$I_1=\frac{\sqrt{6}}{\pi}I_{\mathrm{d}} \tag{2-74}$$

各次谐波有效值 I_n 为

$$I_n=\frac{\sqrt{6}}{n\pi}I_{\mathrm{d}},\quad n=6k\pm1,\ k=1,\ 2,\ 3,\ \cdots \tag{2-75}$$

由式（2-72）和式（2-74）可得出基波因数为

$$\nu=\frac{I_1}{I}=\frac{3}{\pi}\approx 0.955 \tag{2-76}$$

基波电流与基波电压的相位差为 α，故位移因数为 $\cos\varphi_1=\cos\alpha$，功率因数为

$$\lambda=\nu\cos\varphi_1=\frac{I_1}{I}\cos\varphi_1\approx 0.955\cos\alpha \tag{2-77}$$

2.6.4 直流侧输出电压和电流的谐波分析

整流电路的输出电压是周期性的非正弦函数，其中主要成分为直流，同时包含各种频率的谐波，这些谐波对于负载的工作是不利的。下面以 m 相半波相控整流电路 $\alpha=0°$时的整流输出电压为例进行谐波分析，而对于 $\alpha>0°$的 m 相整流电压谐波分析，由于其表达式很复杂，因此不作讨论。

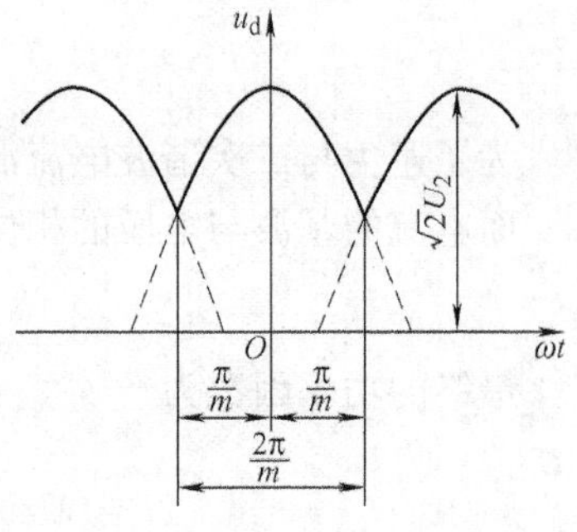

图 2-24　$\alpha=0°$时 m 脉波整流电路的整流电压波形

设当 $\alpha=0°$时，m 脉波整流电路的整流电压如图 2-24 所示（以 $m=3$ 为例）。

将纵坐标选在整流电压的峰值处，则在 $-\pi/m \sim \pi/m$ 区间，整流电压的表达式为

$$u_{d0}=\sqrt{2}U_2\cos\omega t \tag{2-78}$$

对该整流输出电压进行傅里叶级数分解，得到

$$u_{d0} = U_{d0} + \sum_{n=mk}^{\infty} b_n\cos n\omega t = U_{d0}\left(1 - \sum_{n=mk}^{\infty}\frac{2\cos k\pi}{n^2-1}\cos n\omega t\right) \tag{2-79}$$

式中，$k=1$，2，3，…；且

$$U_{d0}=\sqrt{2}U_2\frac{m}{\pi}\sin\frac{\pi}{m} \tag{2-80}$$

$$b_n = -\frac{2\cos k\pi}{n^2-1}U_{d0} \tag{2-81}$$

如果将 $m=2$、3、6 分别代入式（2-79），可得到单相桥式全控电路（或单相双半波）、三相半波电路、三相桥式全控电路 $\alpha=0°$时整流输出电压的傅里叶级数表达式，如下列（2）、（3）和（4），而单相半波电路较特殊。

（1）单相半波电路

$$u_{d0}=\sqrt{2}U_2\frac{1}{\pi}\sin\frac{\pi}{2}\left(1+\frac{\pi}{2}\cos\omega t+\frac{2\cos 2\omega t}{1\times3}-\frac{2\cos 4\omega t}{3\times5}+\frac{2\cos 6\omega t}{5\times7}-\cdots\right)$$

（2）单相桥式全控电路

$$u_{d0}=\sqrt{2}U_2\frac{2}{\pi}\sin\frac{\pi}{2}\left(1+\frac{2\cos 2\omega t}{1\times3}-\frac{2\cos 4\omega t}{3\times5}+\frac{2\cos 6\omega t}{5\times7}-\cdots\right)$$

（3）三相半波电路

$$u_{d0}=\sqrt{2}U_2\frac{3}{\pi}\sin\frac{\pi}{3}\left(1+\frac{2\cos 3\omega t}{2\times4}-\frac{2\cos 6\omega t}{5\times7}+\frac{2\cos 9\omega t}{8\times10}-\cdots\right)$$

（4）三相桥式全控电路

$$u_{d0}=\sqrt{2}U_{2L}\frac{6}{\pi}\sin\frac{\pi}{6}\left(1+\frac{2\cos 6\omega t}{5\times7}-\frac{2\cos 12\omega t}{11\times13}+\frac{2\cos 18\omega t}{17\times19}-\cdots\right)$$

式中电压代入线电压 U_{2L}。

为了描述整流电压 u_{d0} 中所含谐波的总体情况，定义电压纹波因数 γ_u 为 u_{d0} 中谐波分量

有效值 U_R 与整流电压平均值 U_{d0}之比，即

$$\gamma_u = \frac{U_R}{U_{d0}} \tag{2-82}$$

其中

$$U_R = \sqrt{\sum_{n=mk}^{\infty} U_n^2} = \sqrt{U^2 - U_{d0}^2} \tag{2-83}$$

式中，整流电压有效值 U 为

$$U = \sqrt{\frac{m}{2\pi}\int_{-\frac{\pi}{m}}^{\frac{\pi}{m}} (\sqrt{2}U_2\cos\omega t)^2 d\omega t} = U_2\sqrt{1 + \frac{\sin\frac{2\pi}{m}}{2\pi/m}} \tag{2-84}$$

将式（2-83）、式（2-84）和式（2-80）代入式（2-82），得

$$\gamma_u = \frac{U_R}{U_{d0}} = \frac{\sqrt{\frac{1}{2} + \frac{m}{4\pi}\sin\frac{2\pi}{m} - \frac{m^2}{\pi^2}\sin^2\frac{\pi}{m}}}{\frac{m}{\pi}\sin\frac{\pi}{m}} \tag{2-85}$$

表 2-2 给出了不同脉波数 m 时的电压纹波因数值。

表 2-2　不同脉波数 m 时的电压纹波因数值

m	2	3	6	12	∞
γ_u/%	48.2	18.27	4.18	0.994	0

负载电流的傅里叶级数可由整流电压的傅里叶级数求得

$$i_d = I_d + \sum_{n=mk}^{\infty} d_n\cos(n\omega t - \varphi_n) \tag{2-86}$$

当负载 R、L 和反电动势 E 串联时，式（2-86）中

$$I_d = \frac{U_{d0} - E}{R} \tag{2-87}$$

n 次谐波电流的幅值 d_n 为

$$d_n = \frac{b_n}{z_n} = \frac{b_n}{\sqrt{R^2 + (n\omega L)^2}} \tag{2-88}$$

n 次谐波电流的滞后角为

$$\varphi_n = \arctan\frac{n\omega L}{R} \tag{2-89}$$

由式（2-79）和式（2-86）可得出，$\alpha = 0°$时的整流电压、电流中的谐波有如下规律：

1）m 脉波整流电压 u_{d0} 的谐波次数为 $mk(k=1, 2, 3, \cdots)$ 次，即 m 的倍数次；整流电流的谐波由整流电压的谐波决定，也为 mk 次。

2）当 m 一定时，随谐波次数增大，谐波幅值迅速减小，表明最低次（m 次）谐波是最主要的，其他次数的谐波相对较少；当负载中有电感时，负载电流谐波幅值 d_n 的减小更为迅速。

3）m 增加时，最低次谐波次数增大，且幅值迅速减小，电压纹波因数迅速下降。

以上是 $\alpha=0°$时的情况分析。

2.7 相控整流电路的组合

前面讨论了典型的三相半波整流电路，将共阴极的三相半波整流电路和共阳极的三相半波整流电路串联，得到了三相桥式整流电路。如果将两组三相半波整流电路并联，或两组三相桥式整流电路并联，或两组三相桥式整流电路串联，就会得到由这些典型电路组合而成的大功率整流电路。这些整流电路不但容量增大，而且整流波形的脉波数增加，谐波得到减小。

2.7.1 带平衡电抗器的双反星形大功率相控整流电路

有些设备需要低电压、大电流可控直流电源，这些电源一般电压只有几十伏，而电流高达几千至几万安。如果采用三相半波可控整流电路，则每相需要十几个晶闸管并联才能满足这么大的电流，使均流、保护等一系列问题复杂化。大家知道，三相桥式电路是两个三相半波电路的串联，适宜在高电压、小电流的情况下工作；对于低压大电流负载，能否用两组三相半波整流电路并联工作，利用整流变压器二次侧的适当连接，达到消除三相半波整流电路变压器直流磁化缺点的目的呢？这就是本节要叙述的带平衡电抗器的双反星形可控整流电路。

1. 电路组成

图2-25a是有两个二次绕组的双反星形变压器，图2-25b为带平衡电抗器 L_B 的双反星形可控整流电路原理图。电路中整流变压器一次绕组接成三角形，两个二次绕组 u－v－w 和 u′－v′－w′接成星形，但接到晶闸管的两绕组同名端相反，画出的电压矢量图是两个相反的星形，故称为双反星形。在两个中点 N_1-N_2 之间接有平衡电抗器 $L_B(L_{B1}+L_{B2})$。所谓平衡电抗器就是一个带有中心抽头的铁心线圈，抽头两侧的绕组匝数相等，两侧电感量 $L_{B1}=L_{B2}$，在任一侧线圈中有交变电流流过时，在 L_{B1} 与 L_{B2} 中均会有大小相同、方向一致的感应

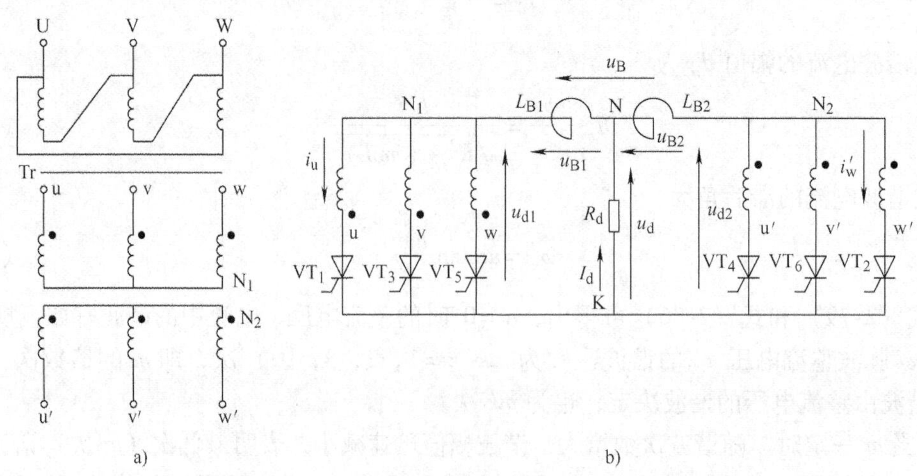

图2-25　带平衡电抗器的双反星形可控整流电路和双反星形三相变压器

a）双反星形三相变压器　b）带平衡电抗器的双反星形可控整流电路

电动势产生。

可见双反星形整流电路是由两个三相半波整流电路并联而成的，每组供给总负载电流的一半。它与由两个三相半波电路串联而成的三相桥式电路相比，输出电流可增大一倍。变压器二次侧两绕组的极性相反是为了消除变压器中的直流磁动势。

2. 电路工作原理和平衡电抗器的作用

（1）不接平衡电抗器

为了说明平衡电抗器的作用，先将图 2-25b 中的 L_B 短接，这就构成了通常的六相半波整流电路，变压器二次电压波形如图 2-26a 所示：实线为 u－v－w 组的三相波形，虚线为u′－v′－w′组的波形。由于 6 个晶闸管为共阴极接法，因此在任何瞬间，只有相电压瞬时值最大的一相器件导通，下面以 $\alpha=0$ 时刻为例进行分析。

在 ωt_1 时刻，u 相电压最大，VT_1 管导通，以 N 点作为电位参考点，则共阴极点 K 电位亦最高（见图 2-25b），迫使其他 5 个晶闸管承受反压而不能导通。变压器二次侧以 u－w′－v－u′－w－v′的顺序依次达到电压最大值，所以晶闸管以 VT_1—VT_2—VT_3—VT_4—VT_5—VT_6 的顺序依次导通 60°，输出直流电压 u_d 波形为 6 个正向相电压波头的包络线，波形与三相桥式整流时相同，只是六相半波时是相电压，而三相桥式是线电压。由于任一瞬时只有一个管子导通，所以每个整流元件与变压器二次绕组都要流过全部负载电流，导通角为 60°，仅为 1/6 周期，u 相电流波形如图 2-26b 所示。流过晶闸管或变压器二次绕组的电流导电时间短，峰值高，晶闸管电流的波形系数大，这就要求整流元件的额定电流与变压器导线的截面积要大，变压器利用率下降，从而体现不出供应大电流的优点，所以六相半波整流在大电流场合使用较少。

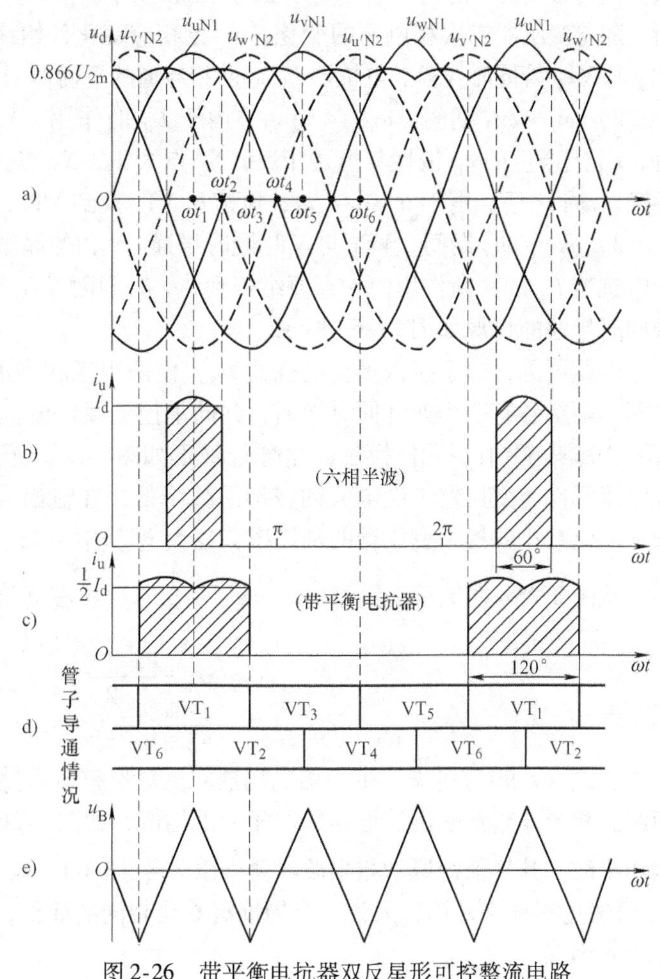

图 2-26　带平衡电抗器双反星形可控整流电路

（2）接入平衡电抗器

现接入平衡电抗器，仍以 $\alpha=0°$时的可控整流情况进行分析。由图 2-26a 可知：

1）$\omega t_1 \sim \omega t_2$ 期间，合上变压器一次侧电源，此时 u_{uN1} 相电压最高，晶闸管 VT_1 导通，从图 2-25b 可见，VT_1 导通后 K 点与 u 点同电位，其他晶闸管承受反压而不导通。由于存在平衡电抗器，VT_1 导通后使电流 i_u 逐渐增大，在平衡电抗器 L_{B1} 与 L_{B2} 中感应出电动势 e_B，阻碍电流增大，极性为右正左负（电压 u_B 极性与 e_B 相反）。以 N 点为电位参考点，u_{B1} 削弱了左侧整流组管子的阳极电压。在 $\omega t_1 \sim \omega t_2$ 期间，是削弱 VT_1 管的阳极电压；u_{B2} 增强右侧整流组管子的阳极电压。在 $\omega t_1 \sim \omega t_2$ 期间，除 u_{uN1} 最高外，右侧 $u_{w'N2}$ 相最高，在 u_{B2} 作用下，只要 u_B 的大小使 $u_{w'N2}+u_B>u_{uN1}$，则晶闸管 VT_2 受正压导通。因此，L_B 的存在使 VT_1 和 VT_2 管同时导通。当两管同时导通时，$u_u=u_{w'}$，由于在此期间 $u_{uN1}>u_{w'N2}$，所以 VT_2 导通后，VT_1 不会关断。随着变压器二次相电压的变化，u_B 也相应变化，始终保持 $u_u=u_{w'}$，两电位相等，维持 VT_2 和 VT_1 管同时导通。电抗器 L_B 起两相导通的平衡作用，所以称为平衡电抗器。

2）$\omega t_2 \sim \omega t_3$ 期间，$u_{uN1}<u_{w'N2}$，由于 L_B 的作用，VT_1 也不会关断。因为 i_u 开始减小时，L_B 上产生的 e_B 极性与上述相反，N_1 点为正，N_2 点为负，使 VT_2 和 VT_1 仍能维持共同导通。ωt_3 之后，由于 $u_{vN1}>u_{uN1}$，电流从 VT_1 换到 VT_3，与 $\omega t_1 \sim \omega t_2$ 情况相同。

3）$\omega t_3 \sim \omega t_4$ 期间，VT_2 与 VT_3 同时导通。v 相的晶闸管 VT_3，从 ωt_3 时刻开始导通，由于电抗器 L_B 的平衡作用，一直要维持到 ωt_6 时刻因 VT_5 导通而关断，导通 120°。两组晶闸管同时导通的情况如图 2-26d 所示。

由此可见，由于接入平衡电抗器 L_B，使两组三相半波整流电路能同时工作，即在任一瞬间，两组各有一个元件同时导通，共同承担负载电流，同时每个元件导通角由 60°扩大为 120°，每隔 60°有一元件换流，此时 i_u 波形如图 2-26c 所示。所以平衡电抗器的作用是使流过整流元件与变压器二次电流的波形系数降低，在输出同样直流电流 I_d 时，可使晶闸管的额定电流减小并提高变压器的利用率，在大电流输出时，晶闸管可少并联或不并联。

从图 2-25b 左侧整流组看，$u_d=u_{d1}-\frac{1}{2}u_B$，从右侧整流组看，$u_d=u_{d2}+\frac{1}{2}u_B$，因此得

$$u_d=\frac{u_{d1}+u_{d2}}{2} \tag{2-90}$$

$$u_B=u_{d1}-u_{d2} \tag{2-91}$$

由式（2-90）可见，带平衡电抗器双反星形整流电路的直流输出电压 u_d 波形是左、右两组三相半波整流输出波形相邻两相的平均值，如图 2-26a 中实线所示。可以看成一个新的六相半波，其峰值为原六相半波峰值乘以 cos（π/6）$=\sqrt{3}/2=0.866$。此波形的电压平均值 U_d 可通过积分来计算，因为一个周期有 6 块相同的面积，只取其中一块积分求平均值即可，计算式为

$$U_d=1.17U_2\cos\alpha \tag{2-92}$$

由式（2-91）可见，平衡电抗器 L_B 上的电压波形 u_B 为两组三相半波输出电压波形之差，近似如图 2-26e 所示的三角波，频率为 150Hz。

由于两组三相半波整流电路并联运行，两者输出电压的瞬时值不相等，会产生环流（即不经过负载的两相之间的电流），因此必须由平衡电抗器 L_B 来限制。通常要求将环流值限制在额定负载电流的 2% 左右，使并联运行的两组电流分配尽量均匀。当负载电流很小，其值与环流幅值相等时，工作电流与环流相反的管子由于流过电流小于维持电流而关断，失去并联导电性能，电路转为六相半波整流状态，输出直流电压 U_d 从原来的 $1.17U_2$ 突升为 $1.35U_2$。

3. 带平衡电抗器的双反星形可控整流电路

由上面分析可知，带平衡电抗器的双反星形可控整流电路 $\alpha=0°$的位置是三相半波整流

时原来的自然换流点，α 从该点起算。带电阻性负载时 $\alpha=30°$、$\alpha=60°$ 和带电感性负载时 $\alpha=90°$ 的 u_d 波形分别如图 2-27a、b、c 所示。

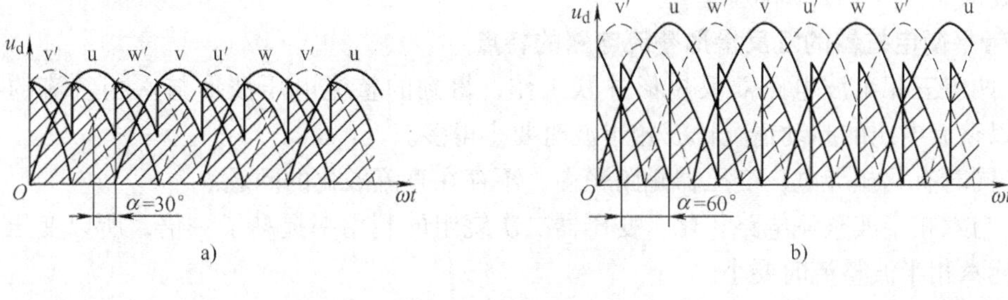

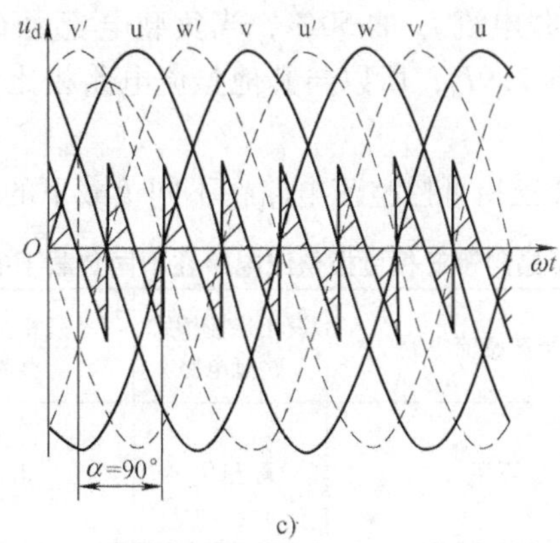

图 2-27　带平衡电抗器的双反星形可控整流电压波形

a）带电阻性负载（$\alpha=30°$）　b）带电阻性负载（$\alpha=60°$）　c）带电感性负载（$\alpha=90°$）

4. 基本数量关系

1）当 $\alpha\leqslant60°$时，波形连续，输出电压平均值为

$$U_d=1.17U_2\cos\alpha，\ 0\leqslant\alpha\leqslant60° \tag{2-93}$$

2）当 $\alpha\geqslant60°$时，波形断续，输出电压平均值为

$$U_d=1.17U_2[1+\cos(\alpha+60°)],\qquad 60°<\alpha<120° \tag{2-94}$$

为了确保电流断续后，两组三相半波整流电路还能同时工作，与三相桥式整流电路一样，也要求采用双窄脉冲或宽脉冲触发，窄脉冲脉宽应大于 30°。带电阻性负载时，触发脉冲的最大移相范围为 120°（单组时为 150°）。

带电感性负载时，当 $\alpha\leqslant60°$时，u_d 波形没有负电压，与带电阻性负载相同；当 $60°<\alpha<90°$时，u_d 波形出现负电压。当 $\alpha=90°$时，$U_d\approx0$，波形如图 2-27c 所示。

3）带电感性负载时输出直流平均电压为

$$U_d=1.17U_2\cos\alpha，\ 0<\alpha<90° \tag{2-95}$$

晶闸管可能承受的最大正、反向电压与三相半波整流时相同，也为$\sqrt{6}U_2$。

从图 2-26、图 2-27 可以看出，双反星形电路的输出电压波形与三相半波相比较，脉动程度减小了，脉动频率加大了一倍，达到 $f=300\text{Hz}$。在电感性负载情况下，$\alpha=90°$时输出电压波形正、负面积相等，平均电压为零，因而感性负载的移相范围是 90°。如果是电阻性负载，则不出现负压，仅保留波形的正半部分。同样可以看出，当 $\alpha=120°$时，输出电压为零，因而电阻性负载的移相范围为120°（单组为150°）。双反星形电路是两组三相半波电路的并联，所以整流电压平均值 U_d 就等于一组三相半波整流电路的整流电压平均值，在不同控制角 α 时，$U_d = 1.17U_2\cos\alpha$。

5. 带平衡电抗器的双反星形整流电路的特点

1）两组三相半波电路双反星形并联工作，得到的整流电压波形与六相整流的波形一样，所以整流电压的脉动情况比三相半波时要小得多。

2）同时有两相导电，变压器磁路平衡，不存在直流磁化的问题。

3）与六相半波整流电路相比，变压器二次绕组的利用率提高了一倍，所以变压器的设备容量比六相半波整流时要小。

4）每一整流元件承担负载电流 I_d 的50%，当负载电流为 I_d 时，整流元件流过电流的有效值（电感性负载时）为 $0.289I_d$，所以与其他整流电路相比，提高了整流元件承受负载的能力。

表2-3列出了常见晶闸管三相可控整流电路在不同负载下的数量关系。

表2-3　常见晶闸管三相可控整流电路在不同负载下的数量关系

整流主电路		三相半波整流电路	三相半控桥式整流电路	三相全控桥式整流电路	双反星形带平衡电抗器的整流电路
控制角 $\alpha=0°$ 时，空载直流输出电压平均值 U_{d0}		$1.17U_2$	$2.34U_2$	$2.34U_2$	$1.17U_2$
控制角 $\alpha\neq0°$ 时，空载直流输出电压平均值	电阻性负载或电感性负载有续流二极管的情况	当 $0\leqslant\alpha\leqslant\frac{\pi}{6}$ 时为 $U_{d0}\cos\alpha$ 当 $\frac{\pi}{6}<\alpha\leqslant\frac{5\pi}{6}$ 时为 $0.577U_{d0}\left[1+\cos\left(\alpha+\frac{\pi}{6}\right)\right]$	$\frac{1+\cos\alpha}{2}\cdot U_{d0}$	当 $0\leqslant\alpha\leqslant\frac{\pi}{3}$ 时为 $U_{d0}\cos\alpha$ 当 $\frac{\pi}{3}<\alpha\leqslant\frac{2\pi}{3}$ 时为 $U_{d0}\left[1+\cos\left(\alpha+\frac{\pi}{3}\right)\right]$	当 $0\leqslant\alpha\leqslant\frac{\pi}{3}$ 时为 $U_{d0}\cos\alpha$ 当 $\frac{\pi}{3}<\alpha\leqslant\frac{2\pi}{3}$ 时为 $U_{d0}\left[1+\cos\left(\alpha+\frac{\pi}{3}\right)\right]$
	电阻+无限大电感的情况	$U_{d0}\cos\alpha$	$\frac{1+\cos\alpha}{2}\cdot U_{d0}$	$U_{d0}\cos\alpha$	$U_{d0}\cos\alpha$
$\alpha=0°$ 时	脉动电压的最低脉动频率、脉动系数	$3f$ 0.25	$6f$ 0.057	$6f$ 0.057	$6f$ 0.057
元件承受的最大正反向电压		$\sqrt{6}U_2$	$\sqrt{6}U_2$	$\sqrt{6}U_2$	$\sqrt{6}U_2$
移相范围	纯电阻性负载或电感性负载有续流二极管的情况	$0\sim\frac{5\pi}{6}$	$0\sim\pi$	$0\sim\frac{2\pi}{3}$	$0\sim\frac{2\pi}{3}$
	电阻+无限大电感的情况	$0\sim\frac{\pi}{2}$	$0\sim\pi$	$0\sim\frac{\pi}{2}$	$0\sim\frac{\pi}{2}$
最大导通角		$\frac{2\pi}{3}$	$\frac{2\pi}{3}$	$\frac{2\pi}{3}$	$\frac{2\pi}{3}$

（续）

整流主电路	三相半波整流电路	三相半控桥式整流电路	三相全控桥式整流电路	双反星形带平衡电抗器的整流电路
特点与使用场合	电路最简单，但元件承受电压高，对变压器或交流电源因存在直流分量，故较少采用或用在功率不大的场合	各项指标较好，适用于较大功率、高电压场合	各项指标好，用于电压控制要求高或者要求逆变的场合。但需要6个晶闸管，触发比较复杂	在相同 I_d 时，元件电流等级最低，电流仅经过一个元件产生压降，因此适用于低电压大电流场合

2.7.2 带平衡电抗器的12脉波大功率相控整流电路

在一个周期内，整流装置输出电压的脉波数越多，则它的谐波阶次越高，谐波幅度越小，其整流特性越好。为此可以考虑选用带平衡电抗器的双三相桥式12脉波相控整流电路。

双反星形相控整流电路是由两个三相半波整流电路并联组成的，当负载更大且要求电压脉动更小时，可采用两个三相桥式相控整流电路并联，构成带平衡电抗器的12脉波相控整流电路。

1. 电路结构

带平衡电抗器的12脉波整流电路如图2-28所示，它由两组三相桥式全控整流电路经平衡电抗器并联组成。三相桥式全控整流电路的输出电压为6脉波整流电压，为了得到12脉波整流电压，需要两组三相交流电源，且两组电源间的相位差为π/6。为此，整流变压器采用三相三绕组变压器，一次绕组采用D（三角形）接法，二次侧第Ⅰ绕组 u_1、v_1、w_1 采用Y接法；第Ⅱ绕组 u_2、v_2、w_2 采用D接法。如果同名端如图2-28所示，则变压器Ⅰ组为 D/Y_{11} 接法，Ⅱ组为 D/D_{12} 接法，因而二次线电压 u_{u1v1} 比 u_{u2v2} 超前π/6。变压器二次侧三角形接法的绕组匝数取星形接法绕组匝数的 $\sqrt{3}$ 倍，使得二次侧星形连接的绕组线电压与三角形连接的绕组线电压相等。

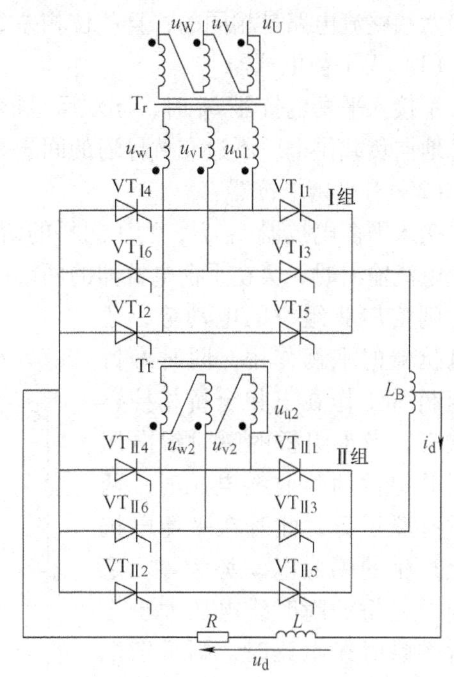

图2-28 带平衡电抗器的12脉波相控整流电路原理图

2. 工作原理

从变压器的连接可以看出，一次相电压 u_U 与二次相电压 u_{u1}、u_{u2} 同相；u_V 与二次相电压 u_{v1}、u_{v2} 同相；u_W 与二次相电压 u_{w1}、u_{w2} 同相；二次侧第Ⅱ绕组的线电压等于相电压。所以，$u_{u2v2}=u_{v2w2}=u_{w2u2}=u_{u2}=u_{v2}=u_{w2}$。且线电压 u_{u1v1} 与三角形绕组的线电压 u_{u2v2} 相位相差30°，u_{v1w1} 与 u_{v2w2} 相位相差30°，u_{w1u1} 与 u_{w2u2} 相位相差30°。其电压矢量图如图2-29所示。

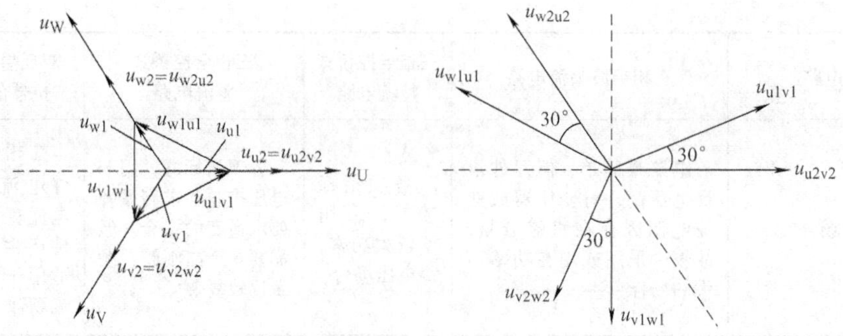

图 2-29　电压矢量图

从三相桥式相控整流电路的分析可知，第Ⅰ组整流桥输出电压 u_{d1} 的大小是由线电压 u_{u1v1}、u_{v1w1}、u_{w1u1} 决定的；同理第Ⅱ组整流桥输出电压 u_{d2} 的大小由线电压 u_{u2v2}、u_{v2w2}、u_{w2u2} 决定。因为三角形接法绕组的线电压等于它的相电压，所以它的整流电压 u_{d1}、u_{d2} 的波形与六相整流电路是相同的，且相位相差 30°。

（1）无平衡电抗器

不接入平衡电抗器 L_B 时，同双反星形电路一样，两组桥不能同时向负载供电，而只能交替地向负载供电，不过交替导通的间隔是 π/6。此时只有一组三相桥整流电路在工作。

（2）有平衡电抗器

接入平衡电抗器 L_B 后，当Ⅰ组桥的瞬时线电压高于Ⅱ组桥的瞬时线电压，并同时伴有整流电流输出时，会在平衡电抗器的两端产生感应电动势，其一半减小Ⅰ组桥的电动势，另一半则增加Ⅱ组桥的电动势，通过电抗器的平衡作用，同时维持两组桥都工作在三相全桥相控整流状态。当Ⅰ组桥的瞬时线电压等于Ⅱ组桥的瞬时线电压时，两组桥并联运行，此时在平衡电抗器上产生的感应电动势为零。之后当Ⅱ组桥的瞬时线电压大于Ⅰ组桥的瞬时线电压时，则平衡电抗器上产生的感应电动势极性相反，继续维持两桥正常导通。图 2-30所示为控制角 $\alpha=0°$ 时电路的整流输出电压波形。

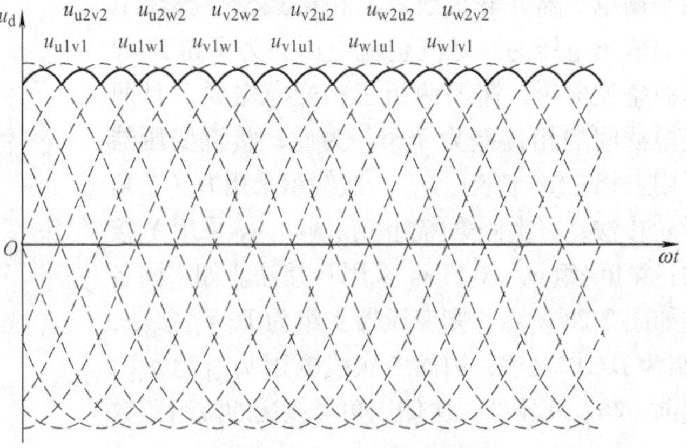

图 2-30　带平衡电抗器的 12 脉波相控整流电路 $\alpha=0°$时的输出电压波形

3. 数量关系

$\alpha=0°$时，第Ⅰ组三相全控桥整流电路输出电压为

$$u_{d1}(t)=\frac{3\sqrt{2}}{\pi}U_{2L}\left(1+\frac{2}{5\times7}\cos6\omega t-\frac{2}{11\times13}\cos12\omega t+\frac{2}{17\times19}\cos18\omega t-\frac{2}{23\times25}\cos24\omega t+\cdots\right)\tag{2-96}$$

式中，U_{2L}为线电压有效值。

因为 u_{d1}与 u_{d2}相差 30°，所以

$$u_{d2}(t)=\frac{3\sqrt{2}}{\pi}U_{2L}\Big[1+\frac{2}{5\times7}\cos6(\omega t-30°)-\frac{2}{11\times13}\cos12(\omega t-30°)+\frac{2}{17\times19}\cos18(\omega t-30°)-\frac{2}{23\times25}\cos24(\omega t-30°)+\cdots\Big]$$
$$=\frac{3\sqrt{2}}{\pi}U_{2L}\Big[1-\frac{2}{5\times7}\cos6\omega t-\frac{2}{11\times13}\cos12\omega t-\frac{2}{17\times19}\cos18\omega t-\frac{2}{23\times25}\cos24\omega t-\cdots\Big] \tag{2-97}$$

没有平衡电抗器时，其电位差为

$$u_B(t)=u_{d1}(t)-u_{d2}(t)=\frac{3\sqrt{2}}{\pi}U_{2L}\left(\frac{4}{5\times7}\cos6\omega t+\frac{4}{17\times19}\cos18\omega t+\cdots\right) \tag{2-98}$$

两组三相整流桥经过平衡电抗器后的输出电压瞬时值为

$$u_d(t)=\frac{1}{2}[u_{d1}(t)+u_{d2}(t)]=\frac{3\sqrt{2}}{\pi}U_{2L}\left(1-\frac{2}{11\times13}\cos12\omega t-\frac{2}{23\times25}\cos24\omega t-\cdots\right) \tag{2-99}$$

直流输出电压平均值为

$$U_d=\frac{3\sqrt{2}}{\pi}U_{2L}=\frac{3\sqrt{6}}{\pi}U_B=1.35U_{2L}=2.34U_B \tag{2-100}$$

结论：两个三相桥式整流电路输出的 u_{d1}和 u_{d2}经过平衡电抗器 L_B 后输出电压 u_d，直流输出电压平均值 U_d 仍然等于一组三相桥式整流电路输出电压平均值，但每组整流桥仅承担负载电流的一半。根据负载电流的波形，可推导出交流侧电源 U 相电流表达式为

$$i_U(t)=\frac{4\sqrt{3}}{\pi}I_d\left(\sin\omega t+\frac{1}{11}\sin11\omega t+\frac{1}{13}\sin13\omega t+\frac{1}{23}\sin23\omega t+\frac{1}{25}\sin25\omega t+\cdots\right) \tag{2-101}$$

电流的谐波为 $12K\pm1$（$K=1,2,3,\cdots$）次，而它的最低谐波次为 11 次。

2.7.3 两个三相桥式整流电路串联连接的 12 脉波整流电路

2.7.2 节分析了带平衡电抗器的 12 脉波相控整流电路，该电路是两个三相全控桥式整流电路的并联。整流电路的连接有并联和串联两种，本节分析两个三相桥式整流电路的串联连接。

1. 电路组成

图 2-31 所示为移相 π/6 的两个三相桥式整流电路串联连接的原理图，两图是变压器连接的不同画法，没有本质上的区别。图中变压器 T_r 与带平衡电抗器的 12 脉波相控整流电路中变压器的接法相同，其电压矢量图也与图 2-29 一样，因此该电路也是 12 脉波相控整流电路。

2. 工作原理

从图 2-31 中可以看出，变压器一次侧接成星形或三角形，二次绕组分别接成星形和三角形，这样可使得两相之间的相位相互错开 30°，二次绕组为三角形接法的相电压是二次绕

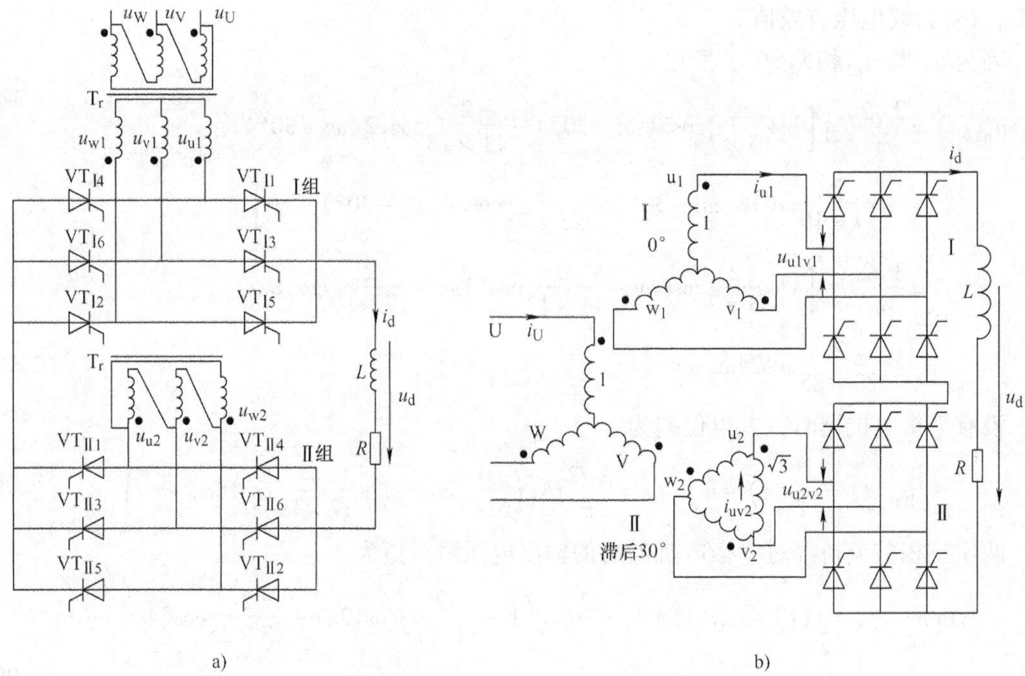

图 2-31　移相 π/6 构成的串联连接 12 脉波电路原理图

a）画法一　b）画法二

组为星形接法的$\sqrt{3}$倍，这样两组的交流电源有相等的线电压。变压器一次绕组与二次绕组匝数比是 1∶1∶$\sqrt{3}$。从整流器的连接可知，两组整流桥输出的 u_{d1} 和 u_{d2} 是相加的关系。

3. 数量关系

由于两组整流电路所对应的线电压相位差为 π/6，故此电路的整流输出电压瞬时值表达式为

$$u_d(t)=u_{d1}(t)+u_{d2}(t)=\sqrt{6}U_2\sin\omega t+\sqrt{6}U_2\sin\left(\omega t+\frac{\pi}{6}\right)$$
$$=2\sqrt{6}U_2\cos\frac{\pi}{12}\sin\left(\omega t+\frac{\pi}{12}\right) \tag{2-102}$$

整流输出电压平均值表达式为

$$U_d(t)=\frac{1}{2\pi/12}\int_{\frac{\pi}{3}+\alpha}^{\frac{\pi}{2}+\alpha}2\sqrt{6}U_2\cos\frac{\pi}{12}\sin(\omega t+\frac{\pi}{12})\mathrm{d}(\omega t)=2\times2.34U_2\cos\alpha \tag{2-103}$$

两组整流桥电路极性相加，输出电压是一组整流电路的 2 倍，输出电流没有扩大。该线路适用于负载要求高电压、高供电质量的场合。

图 2-32 所示为移相 π/6 构成的串联连接电路变压器一次电流 i_U（t）波形图，对其进行傅里叶分析，可得其基波幅值 I_{m1} 和 n 次谐波幅值 I_{mn} 如下：

交流侧 U 相电流 i_U（t）为

$$i_U(t)=\frac{4\sqrt{3}}{\pi}I_d\left(\sin\omega t+\frac{1}{11}\sin11\omega t+\frac{1}{13}\sin13\omega t+\frac{1}{23}\sin23\omega t+\frac{1}{25}\sin25\omega t+\cdots\right) \tag{2-104}$$

对输入的电流 i_A 波形进行傅里叶分析，得到基波幅值 I_{m1} 和 n 次谐波的幅值 I_{mn} 分别为

$$I_{m1} = \frac{4\sqrt{3}}{\pi} I_d \tag{2-105}$$

$$I_{mn} = \frac{1}{n} \frac{4\sqrt{3}}{\pi} I_d,\ n = 12k+1,\ k = 1,\ 2,\ 3,\ \cdots \tag{2-106}$$

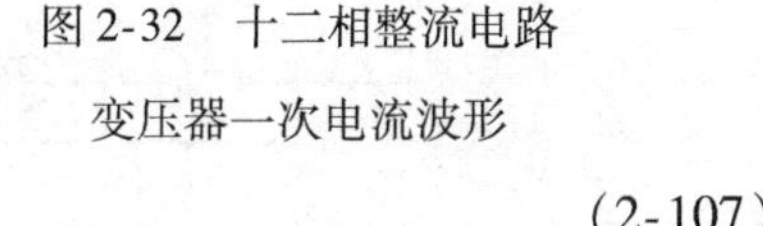

图 2-32　十二相整流电路变压器一次电流波形

从以上两式可以看出，输入电流谐波次数为 $n = 12k+1$，其幅值与次数成反比。另外，可以计算其功率因数为

基波位移因数：

$$\cos\varphi_1 = \cos\alpha \tag{2-107}$$

功率因数：

$$\lambda = \frac{I_1}{I}\cos\varphi_1 = 0.988\cos\alpha \tag{2-108}$$

通过上述分析可以看到，采用多重串联连接的方法并不能提高位移因数，但可使输入电流谐波大幅度减小，从而也可以在一定程度上提高功率因数。

为了提高整流输出电压，还可采用更多重串联连接，获得更多相的相控整流电路。例如，利用变压器二次侧的曲折接法，使线电压互相错开 π/9，可将 3 组三相桥式电路构成串联 3 重连接电路，即 18 脉波整流电路。

2.8　变压器漏抗对整流电路的影响

前面介绍整流电路时，曾经假设变压器为理想变压器，变压器的漏抗、绕组电阻和励磁电流都可忽略；曾经假设晶闸管器件是瞬时动作的理想开关。但实际的电源变压器存在漏电抗和电阻，由于电感对电流的变化起阻碍作用，电感电流不能突变，因此晶闸管器件的换相过程是不可能瞬时完成的。

1. 换相过程与换相重叠角

考虑变压器漏抗后的三相半波可控整流电路如图 2-33a 所示，其中三相漏抗相等，忽略交流侧的电阻，并假设负载回路电感足够大，负载电流连续且平直。

下面以三相半波可控整流电路为例，来讨论晶闸管从 u 相到 v 相的换相过程。

在 u 相到 v 相的换流前，VT_1 仍导通，换流时触发 VT_2，由于变压器漏抗的作用，VT_1 不立即关断，i_u 从 I_d 逐渐减小到零；同样 VT_2 也不立即导通，i_v 从零逐渐增加到 I_d，电流有一个换相重叠过程，换相重叠角为 γ。换相过程中，两个晶闸管同时导通，相当于 u、v 两相短路，在 u_{vu} 电压作用下产生短路电流 i_k，u 相电流 $i_u = I_d - i_k$，v 相电流 $i_v = i_k$。当 $i_u = 0$，$i_v = I_d$ 时，u 相和 v 相之间完成了换流，如图 2-33b 所示。

在不考虑晶闸管管压降的情况下，换相期间变压器漏感 L_B 两端的电压为

$$u_v - u_u = 2L_B\frac{di_k}{dt}$$

$$L_B\frac{di_k}{dt} = \frac{1}{2}(u_v - u_u) \tag{2-109}$$

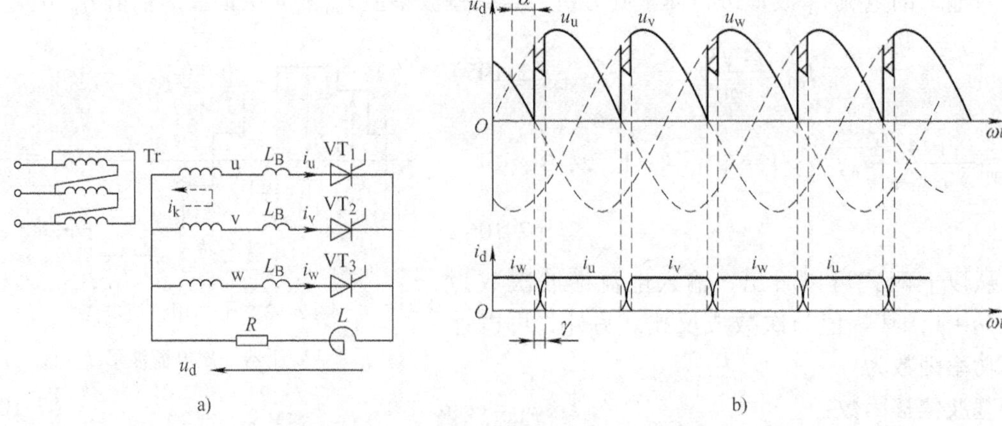

图 2-33　变压器漏感对整流电路换流的影响

a）三相半波可控整流电路换流　b）三相半波可控整流电路换流波形

2. 换相期间的整流电压

换相期间的整流电压为

$$u_d = u_u + L_B \frac{di_k}{dt} = u_v - L_B \frac{di_k}{dt} = \frac{1}{2}(u_u + u_v) \tag{2-110}$$

3. 换相压降

由图 2-33 的波形可以看出，与不考虑变压器漏抗的情况比较，整流电压波形少了一块（图中的阴影部分），以 m 相计算，缺少部分的计算如下：

$$\Delta u_d = \frac{1}{2\pi/m}\int_{\alpha}^{\alpha+\gamma}(u_v - u_d)\mathrm{d}(\omega t) = \frac{1}{2\pi/m}\int_{\alpha}^{\alpha+\gamma}L_B\frac{di_k}{dt}\mathrm{d}(\omega t) = \frac{m}{2\pi}\int_0^{I_d}\omega L_B di_k = \frac{m}{2\pi}X_B I_d \tag{2-111}$$

式中，X_B 是漏感为 L_B 的变压器每相折算到二次侧的漏电抗，$X_B = \omega L_B$；m 是一周期内换相次数。

说明：

1）单相双半波电路 $m=2$，三相半波 $m=3$，三相桥式电路 $m=6$。

2）需要特别说明的是，对于单相桥式全控整流电路，换相压降的上述计算通式不成立，因为单相全控桥虽然每周期换相 2 次（$m=2$），但换相过程中 i_k 是从 $-I_d$ 增加到 I_d，所以对于单相全控桥有

$$\Delta U_d = \frac{4}{2\pi}X_B I_d \tag{2-112}$$

3）换相压降可看成在整流电路直流侧增加一只等效内电阻，负载电流在它上面产生的压降，区别仅在于这个内阻并不消耗有功功率。它可以根据变压器的铭牌参数计算，有

$$X_B = \frac{U_2}{I_2}\frac{U_K\%}{100} \tag{2-113}$$

式中，U_2 为变压器二次绕组额定相电压；I_2 为变压器二次绕组额定相电流；$U_K\%$ 为变压器短路电压比。

4. 换相重叠角 γ

由式（2-109）可得

$$\frac{\mathrm{d}i_{\mathrm{k}}}{\mathrm{d}t}=(u_{\mathrm{v}}-u_{\mathrm{u}})/(2L_{\mathrm{B}})=\frac{\sqrt{6}U_2\left(\sin\omega t-\frac{5\pi}{6}\right)}{2L_{\mathrm{B}}} \tag{2-114}$$

对式（2-114）两边积分，可得

$$\cos\alpha-\cos(\alpha+\gamma)=\frac{X_{\mathrm{B}}I_{\mathrm{d}}}{\sqrt{2}U_2\sin(\pi/m)} \tag{2-115}$$

显然，当α一定时，X_{B}、I_{d}增大，则γ增大，换流时间加长，大电流时更要考虑重叠角的影响。X_{B}、I_{d}一定时，γ随α角的增大而减小。将式（2-115）进行变换，换相重叠角可直接由下式求得：

$$\gamma=\cos^{-1}\left(\cos\alpha-\frac{X_{\mathrm{B}}I_{\mathrm{d}}}{\sqrt{2}U_2\sin(\pi/m)}\right)-\alpha$$

式中，m为每周期换相次数。单相双半波电路$m=2$，三相半波电路$m=3$。

需要说明的是：

1）对于单相全控桥，因为换相过程中，i_{k}是从$-I_{\mathrm{d}}$增加到I_{d}，式（2-115）中I_{d}代以$2I_{\mathrm{d}}$，m取2。所以对于单相全控桥有

$$\cos\alpha-\cos(\alpha+\gamma)=\frac{2I_{\mathrm{d}}X_{\mathrm{B}}}{\sqrt{2}U_2} \tag{2-116}$$

2）对于三相桥式电路，虽然有$m=6$，但式（2-115）仅适用于六相半波整流电路，这里需要把三相桥式电路等效为相电压为$\sqrt{3}U_2$的六相半波整流电路，将这些数值代入式（2-115），有

$$\cos\alpha-\cos(\alpha+\gamma)=\frac{2I_{\mathrm{d}}X_{\mathrm{B}}}{\sqrt{6}U_2} \tag{2-117}$$

表2-4列出了几种整流电路换相压降和换相重叠角的计算公式，表中所列m脉波整流电路的公式为通用公式，可适用于各种整流电路，对于表中未列出的电路可用该公式导出。

表2-4　各种整流电路换相压降和换相重叠角的计算

电路形式	单相全波	单相全控桥	三相半波	三相全控桥	m脉波整流电路
ΔU_{d}	$\frac{X_{\mathrm{B}}}{\pi}I_{\mathrm{d}}$	$\frac{2X_{\mathrm{B}}}{\pi}I_{\mathrm{d}}$	$\frac{3X_{\mathrm{B}}}{2\pi}I_{\mathrm{d}}$	$\frac{3X_{\mathrm{B}}}{\pi}I_{\mathrm{d}}$	$\frac{mX_{\mathrm{B}}}{2\pi}I_{\mathrm{d}}$
$\cos\alpha-\cos(\alpha+\gamma)$	$\frac{I_{\mathrm{d}}X_{\mathrm{B}}}{\sqrt{2}U_2}$	$\frac{2I_{\mathrm{d}}X_{\mathrm{B}}}{\sqrt{2}U_2}$	$\frac{2I_{\mathrm{d}}X_{\mathrm{B}}}{\sqrt{6}U_2}$	$\frac{2I_{\mathrm{d}}X_{\mathrm{B}}}{\sqrt{6}U_2}$	$\frac{X_{\mathrm{B}}I_{\mathrm{d}}}{\sqrt{2}U_2\sin(\pi/m)}$

由此可见，变压器漏感的存在会引起电网波形畸变，出现电压缺口，使$\mathrm{d}u/\mathrm{d}t$加大，成为干扰源，影响其他负载；另外，变压器漏感的存在会使功率因数降低，整流电路的工作状态增多（既有2元件导通又有3元件导通），输出电压脉动增大。当然，变压器的漏感L_{B}也不是一无是处，它的存在可以限制短路电流，限制电流变化率$\mathrm{d}i/\mathrm{d}t$。

【例2-12】 三相半波可控整流电路，反电动势阻-感性负载，$U_2=120\mathrm{V}$，$R=1\Omega$，$L=\infty$，$L_{\mathrm{B}}=1\mathrm{mH}$，求当$\alpha=30°$、$E=50\mathrm{V}$时$U_{\mathrm{d}}$、$I_{\mathrm{d}}$、$\gamma$的值。

解： 考虑L_{B}时，有

$$\begin{cases} U_d = 1.17U_2\cos\alpha - \Delta U_d \\ \Delta U_d = 3X_B I_d/(2\pi) \\ I_d = (U_d - E)/R \end{cases}$$

解方程组得

$$\begin{cases} U_d = (2\pi R \times 1.17U_2\cos\alpha + 3X_B E)/(2\pi R + 3X_B) = 94.6\text{V} \\ I_d = (U_d - E)/R = (94.6 - 50)/1\text{A} = 44.6\text{A} \\ \Delta U_d = 3X_B I_d/(2\pi) = 3 \times 2\pi f L_B \times 44.6/6.28 = 6.7\text{V} \end{cases}$$

又 $\gamma = \cos^{-1}\left(\cos\alpha - \dfrac{X_B I_d}{\sqrt{2}U_2\sin\ (\pi/m)}\right) - \alpha$,对于三相半波整流电路，$m=3$，则

$$\gamma = \cos^{-1}\left(\cos\alpha - \frac{X_B I_d}{\sqrt{2}U_2\sin(\pi/m)}\right) - \alpha = \cos^{-1}\left(0.866 - \frac{0.314 \times 44.6}{\sqrt{2} \times 100\sin(\pi/3)}\right) - 30° = 11.27°$$

2.9 晶闸管相控电路的驱动控制

本章讲述的晶闸管可控整流电路是通过改变触发角的大小，即控制触发脉冲起始相位来调节输出电压大小的，故称为相控整流电路。为保证相控电路的正常工作，应按触发角的大小，在正确的时刻向电路中的晶闸管施加有效的触发脉冲，这就是本节要讲述的相控电路的驱动控制，相应的驱动电路习惯上称为触发电路。

在第 1 章讲述晶闸管的驱动电路时已简单介绍了触发电路应满足的要求、晶闸管触发脉冲与晶闸管的连接方式等内容。但所讲述的内容是孤立的，未与晶闸管所处的主电路相结合，而将触发脉冲与主电路融合正是本节要讲述的主要内容。

一般的小功率变流器较多采用单结晶体管触发电路；大、中功率的变流器，对触发电路的精度要求较高，对输出的触发功率要求较大，故广泛应用晶体管触发电路和集成触发电路，其中以同步信号为锯齿波的触发电路应用最多。

2.9.1 单结晶体管触发电路

单结晶体管触发电路，具有简单、可靠、触发脉冲前沿陡、抗干扰能力强等优点，在单相与要求不高的三相晶闸管变流装置中得到了广泛应用。

1. 单结晶体管

(1) 单结晶体管的结构

单结晶体管的原理结构如图 2-34a 所示。它有 3 个电极，E 为发射极，B_1 为第一基极，B_2 为第二基极。因为只有一个 PN 结，故称为“单结晶体管”，又因为有两个基极，所以又称为“双基二极管”。

单结晶体管等效电路如图 2-34b 所示，两个基极间的电阻 $R_{BB} = R_{B1} + R_{B2}$，一般为 2 ~ 12kΩ。正常工作时，R_{B1} 随发射极电流大小而变化，相当于一个可变电阻。PN 结可等效为二极管 VD，它的正向导通压降通常为 0.7V。单结晶体管的电气符号如图 2-34c 所示。触发电路常用的国产单结晶体管型号主要有 BT31、BT33 和 BT35，外形与管脚排列如图 2-34d 所示，实物及管脚如图 2-35 所示。

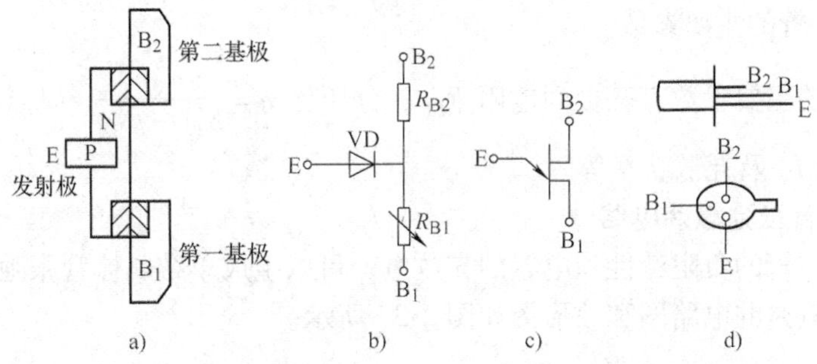

a) b) c) d)

图 2-34　单结晶体管的结构、等效电路、电气符号及管脚排列
a）原理结构图　b）等效电路　c）电气符号　d）外形与管脚排列

（2）单结晶体管的伏安特性及主要参数

1）单结晶体管的伏安特性。

单结晶体管的伏安特性：当两基极 B_1 和 B_2 间加某一固定直流电压 U_{BB} 时，发射极电流 I_E 与发射极正向电压 U_E 之间的关系曲线称为单结晶体管的伏安特性 $I_E=f(U_E)$，实验电路图及特性如图 2-36 所示。当开关 S 断开，I_{BB} 为零，加发射极电压 U_E 时，得到如图 2-36b 中 ①所示伏安特性曲线，该曲线与二极管伏安特性曲线相似。

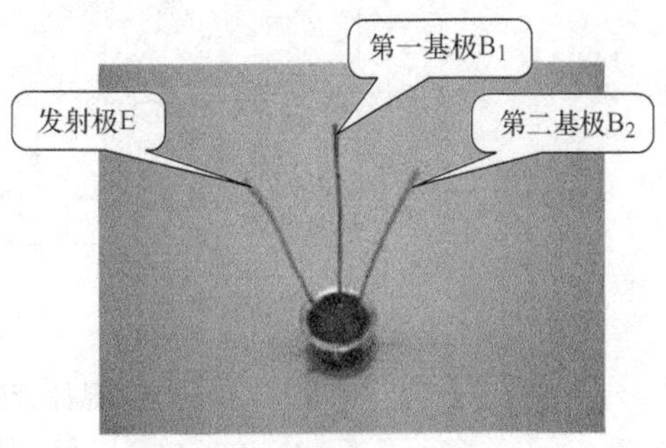

图 2-35　单结晶体管实物及管脚

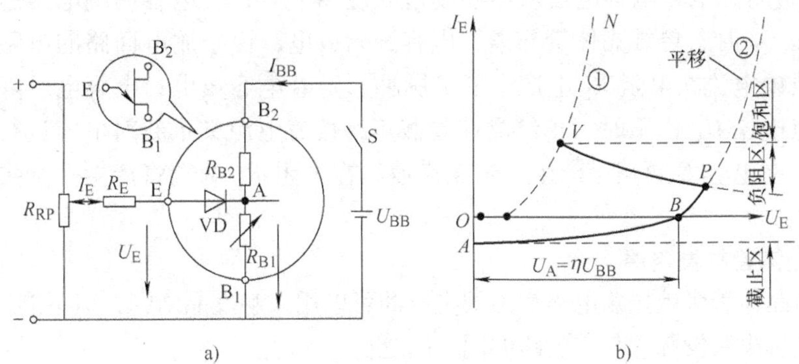

a) b)

图 2-36　单结晶体管伏安特性
a）单结晶体管实验电路　b）单结晶体管伏安特性

在伏安特性曲线上：

① *AP* 段为截止区。其中 *AB* 段只有很小的反向漏电流，*BP* 段出现正向漏电流。*P* 点为截止状态进入导通状态的转折点。*P* 点所对应的电压称为峰点电压 U_P，所对应的电流称为峰点电流 I_P。

② *PV* 段为负阻区。随着 I_E 增大 U_E 下降，R_{B1} 呈现负电阻特性。曲线上的 *V* 点 U_E 最小，*V* 点称为谷点。谷点所对应的电压和电流称为谷点电压 U_V 和谷点电流 I_V。

③ *VN* 段为饱和区。

2）单结晶体管的主要参数。

单结晶体管的主要参数有基极间电阻 R_{BB}、分压比 $\eta=\dfrac{R_{B1}}{R_{B1}+R_{B2}}$、峰点电流 I_P、谷点电压 U_V、谷点电流 I_V 及耗散功率等。

2. 单结晶体管张弛振荡电路

利用单结晶体管的负阻特性和电容的充放电，可以组成单结晶体管张弛振荡电路。单结晶体管张弛振荡电路的电路图和波形图如图 2-37 所示。

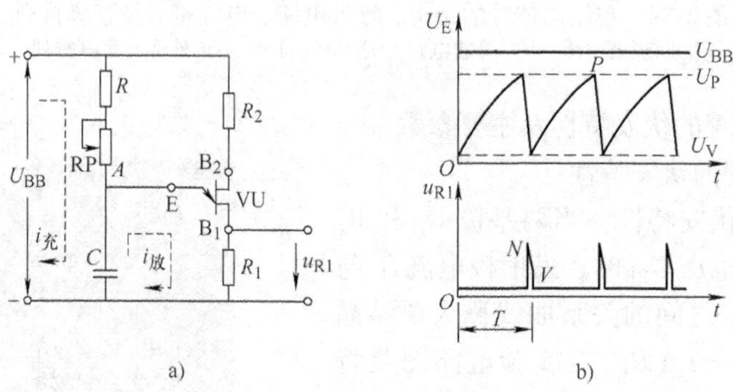

图 2-37　单结晶体管张弛振荡电路的电路图和波形图
a）电路图　b）波形图

设电容初始没有电压，电路接通以后，单结晶体管是截止的，电源经电阻 R、电位器 RP 对电容 C 进行充电，电容电压从零起按指数规律上升；当电容两端电压达到单结晶体管的峰点电压 U_P 时，单结晶体管导通，电容开始放电，由于放电回路的电阻很小，因此放电很快，放电电流在电阻 R_1 上产生了尖脉冲。随着电容放电，电容电压降低，当电容电压降到谷点电压 U_V 以下时，单结晶体管截止，接着电源又重新对电容进行充电……如此周而复始，在电容 C 两端会产生一个锯齿波，在电阻 R_1 两端将产生一个尖脉冲波，如图 2-37b所示。

3. 单结晶体管触发电路

上述单结晶体管张弛振荡电路输出的尖脉冲可以用来触发晶闸管，但不能直接作为触发电路，还必须解决触发脉冲与主电路的同步问题。

图 2-38 所示为单结晶体管触发电路，它是由同步电路和脉冲移相与形成电路两部分组成的。

（1）同步电路

1）什么是同步？

触发信号和电源电压在频率和相位上相互协调的关系叫作同步。例如，在单相半波可控整流电路中，触发脉冲应出现在电源电压正半周范围内，而且每个周期的 α 角相同，以确保电路输出波形不变，输出电压稳定。

2）同步电路的组成。

同步电路由同步变压器 TS、整流二极管 VD、电阻 R_3 及稳压管 VS 组成。同步变压器一次侧与晶闸管整流电路接在同一电源上，交流电压经同步变压器降压、单相半波整流后再经过稳压管稳压削波，形成一梯形波电压，作为触发电路的供电电压。梯形波电压零点与晶闸管阳极电压过零点一致，从而实现触发电路与整流主电路的同步。

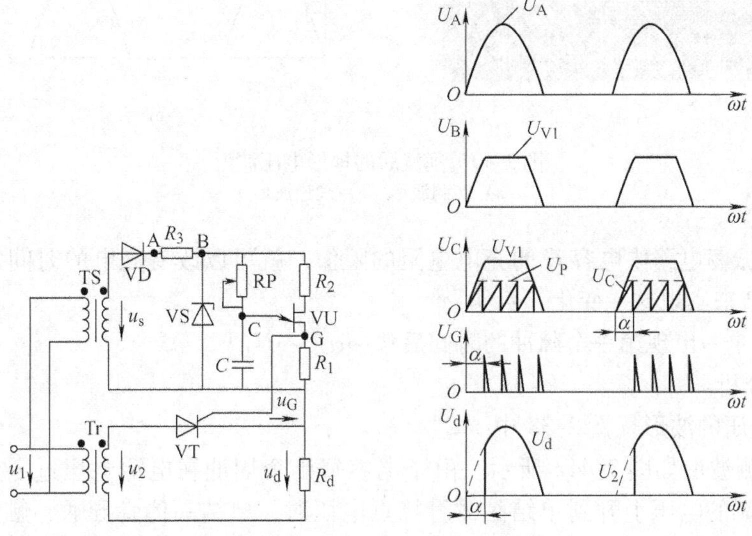

图 2-38　单结晶体管同步触发电路

3）波形分析。

单结晶体管触发电路的调试以及使用过程中的检修，主要是通过几个点的典型波形来判断某个元器件是否正常。为此我们通过理论波形与实测波形的比较来进行分析。

① 半波整流后脉动电压的波形（图 2-38 中“A”点）。

实测波形如图 2-39a 所示，理论分析波形如图 2-39b 所示，可进行对照比较。

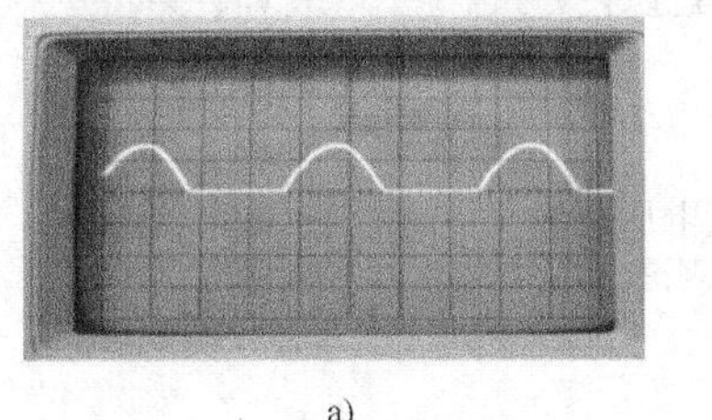

a)

U_A　U_A　O　ωt

b)

图 2-39　半波整流后的电压波形

a）实测波形　b）理论波形

② 削波后梯形电压波形（图 2-38 中“B”点）。

经稳压管削波后的梯形波如图 2-40 所示，图 2-40a 为实测波形，图 2-40b 为理论波形，可进行对照比较。

（2）脉冲移相与形成电路

1）电路组成。

脉冲移相与形成电路实际上就是上述的张弛振荡电路。脉冲移相电路由可变电阻 RP 和电容 C 组成，脉冲形成电路由单结晶体管 VU、电阻 R_2 和输出电阻 R_1 组成。

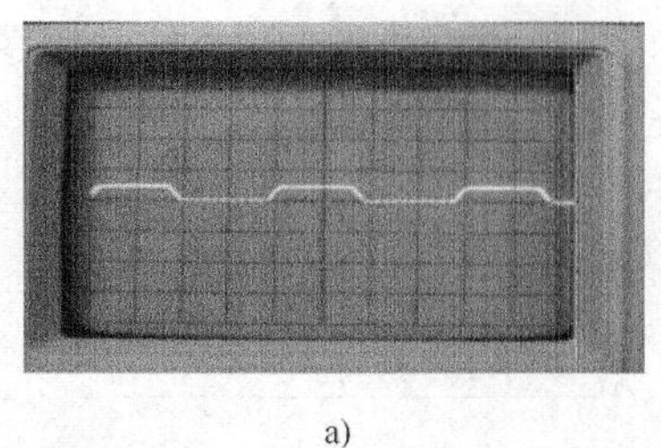

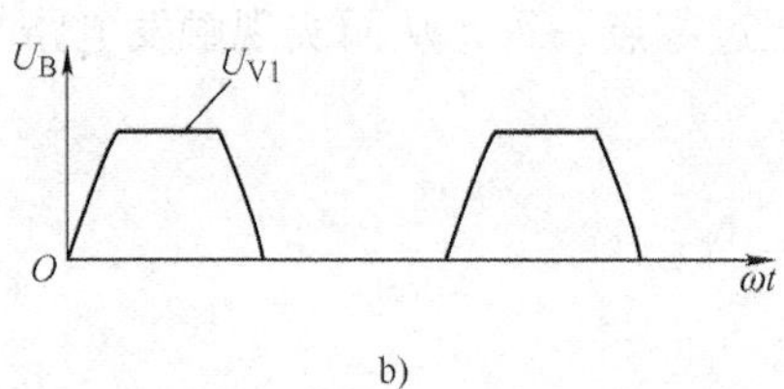

a) b)

图 2-40 削波后的梯形电压波形

a）实测波形 b）理论波形

改变张弛振荡电路中电容 C 的充电电阻的阻值，就可以改变充电的时间常数，图 2-38 中用电位器 RP 来实现这一变化，例如：

RP↑→τ_C↑→出现第一个脉冲的时间后移→α↑→U_d↓

2）波形分析。

① 电容电压的波形（图 2-38 中“C”点）。

C 点的实测波形如图 2-41a 所示。由于电容每半个周期在电源电压过零点从零开始充电，当电容两端的电压上升到单结晶体管峰点电压时，单结晶体管导通，触发电路送出脉冲，电容的容量和充电电阻 RP 的大小决定了电容两端的电压从零上升到单结晶体管峰点电压的时间，因此本触发电路无法实现在电源电压过零点即 $\alpha=0°$时送出触发脉冲。图 2-41b 为理论波形，调节电位器 RP 的旋钮，可观察 C 点波形的变化范围。

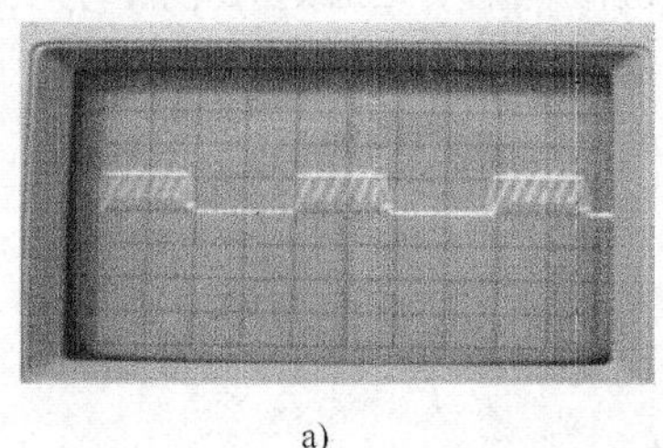

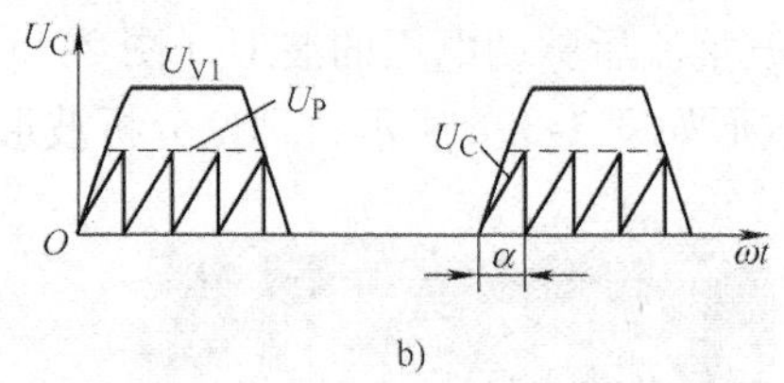

a) b)

图 2-41 电容两端电压波形

a）实测波形 b）理论波形

② 输出脉冲的波形（图 2-38 中“G”点）。

测得 G 点的波形如图 2-42a 所示。单结晶体管导通后，电容通过单结晶体管的 EB_1 迅速向输出电阻 R_1 放电，在 R_1 上得到很窄的尖脉冲。图 2-42b 为理论波形，请对照进行比较。调节电位器 RP 的旋钮，观察 G 点的波形的变化范围。

从图 2-42 可见，单结晶体管触发电路只能产生窄脉冲。对于电感较大的负载，由于晶闸管在触发导通时阳极电流上升较慢，在阳极电流还未达到管子的掣住电流时，触发脉冲已经消失，使晶闸管在触发期间导通后又重新关断。所以单结晶体管如不采取脉冲扩宽措施，是不宜触发电感性负载的。

单结晶体管触发电路一般用于触发带电阻性负载的小功率晶闸管。为满足三相桥式整流电路中晶闸管的导通要求，触发电路应能输出双窄脉冲或宽脉冲。下面讨论能够输出双窄脉冲或宽脉冲的触发电路。

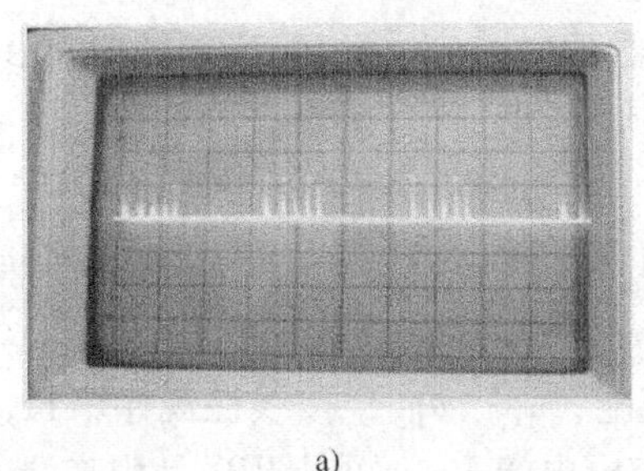

a）

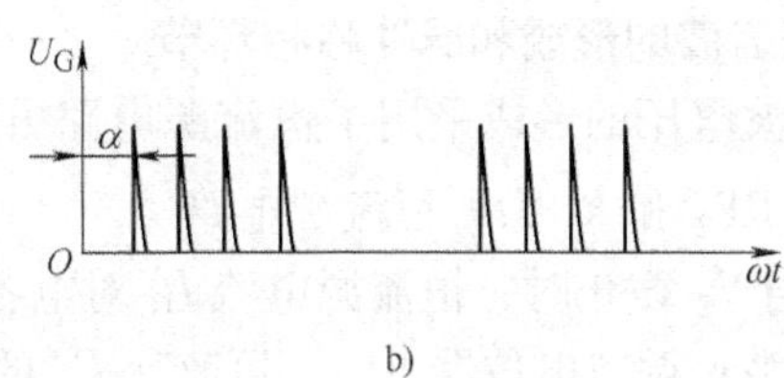

b）

图 2-42　输出波形

a）实测波形　b）理论波形

2.9.2　同步信号为锯齿波的触发电路

对于同步信号为锯齿波的触发电路，由于采用锯齿波同步电压，所以不受电网电压波动的影响，电路的抗干扰能力强，在触发200A 以下的晶闸管变流电路中得到了广泛应用。锯齿波触发电路主要由脉冲形成与放大、锯齿波形成和脉冲移相、同步环节、双窄脉冲形成和强触发等环节组成，如图 2-43 所示。下面进行简单介绍，详细说明见有关专业资料。

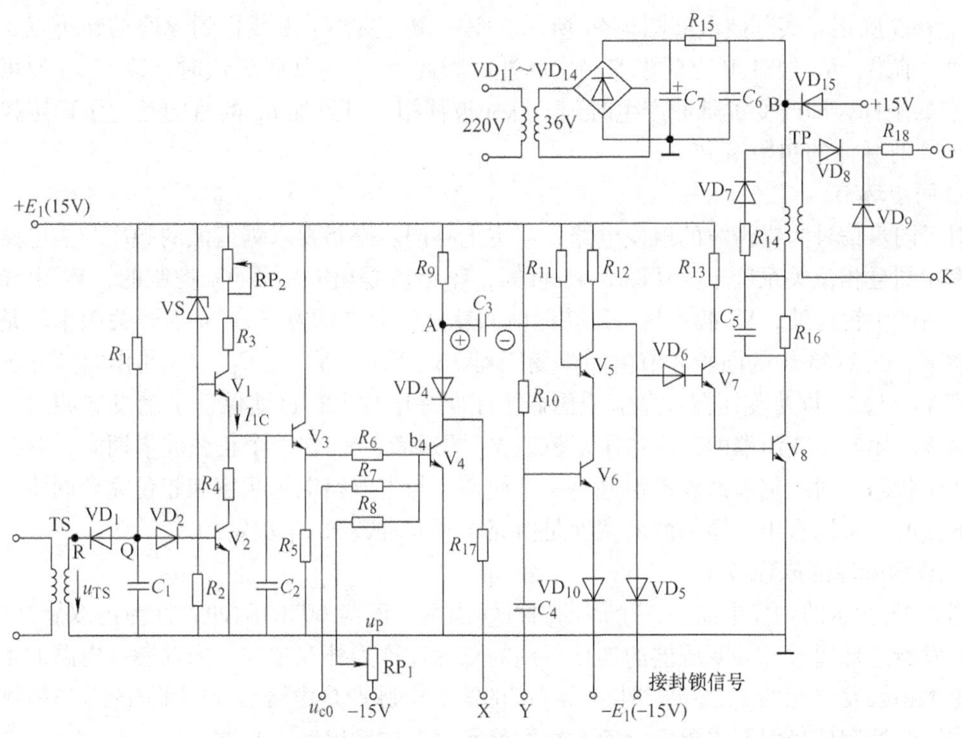

图 2-43　同步信号为锯齿波的触发电路

1. 脉冲形成与放大环节

如图 2-43 所示，脉冲形成环节由 V_4、V_5 构成；放大环节由 V_7、V_8 组成。控制电压

u_{c0}加在 V_4 的基极上，电路的触发脉冲由脉冲变压器 TP 的二次绕组输出。脉冲前沿由 V_4 的导通时刻确定，V_5（或 V_6）的截止持续时间即为脉冲宽度。

2. 锯齿波的形成和脉冲移相环节

锯齿波电压的形成采用了恒流源电路方案，由 V_1、V_2、V_3 和 C_2 等元器件组成，其中 V_1、VS、RP_2 和 R_3 为一恒流源电路。

1）当 V_2 截止时，恒流源电流 I_{1C}对电容 C_2 充电，u_C（u_{B3}）按线性规律增长，形成锯齿波上升沿；调节电位器 RP_2，可改变 C_2 的恒定充电电流 I_{1C}，可见 RP_2 是用来调节锯齿波上升沿斜率的。

2）当 V_2 导通时，因 R_4 很小，所以 C_2 迅速放电，使得 u_{B3}（u_C）的电位迅速降到 0V 附近。当 V_2 周期性地导通和关断时，u_{B3}便形成一锯齿波，同样 u_{E3}也是一个锯齿波。

3）V_4 基极电位由锯齿波电压 u_{E3}、控制电压 u_{c0}和直流偏移电压 u_p 三者的叠加作用所决定，它们分别通过电阻 R_6、R_7、R_8 与 V_4 基极连接。

根据叠加原理，先设 u_h 为锯齿波电压 u_{E3}单独作用在 V_4 基极时的电压，u_h 仍为锯齿波，但斜率比 u_{E3}低。直流偏移电压 u_p 单独作用在 V_4 基极时的电压 u'_p 也为一条与 u_p 平行的直线，但绝对值比 u_p 小。控制电压 u_{c0}单独作用在 V_4 基极时的电压 u'_{c0}仍为一条与 u_{c0}平行的直线，但绝对值比 u_{c0}小。

当 $u_{c0}=0$，u_p 为负值时，b_4 点的波形由 $u_h+u'_p$ 确定。当 u_{c0}为正值时，b_4 点的波形由 $u_h+u'_p+u'_{c0}$确定。实际波形如图 2-44 所示。图中 M 点是 V_4 由截止到导通的转折点，也就是脉冲的前沿。V_4 经过 M 点时电路输出脉冲。因此当 u_p 为某固定值时，改变 u_{c0}便可以改变 M 点的坐标，即改变了脉冲产生时刻，脉冲被移相。可见加 u_p 的目的是为了确定控制电压 $u_{c0}=0$ 时脉冲的初始相位。

3. 同步环节

对于同步信号为锯齿波的触发电路，与主电路同步是指要求锯齿波的频率与主电路电源的频率相同且相位关系确定。从图 2-43 可知，锯齿波是由开关管 V_2 控制的，V_2 由导通变截止期间产生锯齿波，V_2 截止状态维持的时间就是锯齿波的宽度，V_2 的开关频率就是锯齿波的频率。图 2-43 中的同步环节由同步变压器 TS、VD_1、VD_2、C_1、R_1 和作同步开关用的晶体管 V_2 组成。同步变压器和整流变压器接在同一电源上，这就保证了触发脉冲与主电路电源同步。用同步变压器的二次电压来控制 V_2 的通断，V_2 在一个正弦波周期内，有截止与导通两个状态，对应锯齿波波形恰好是一个周期，与主电路电源频率和相位完全同步，达到同步的目的。可以看出，锯齿波的宽度是由充电时间常数 R_1C_1 决定的。

4. 双窄脉冲形成环节

图 2-43 所示的触发电路在一个周期内可输出两个间隔 60°的脉冲，称为内双脉冲电路。而在触发器外部通过脉冲变压器的连接得到的双脉冲称为外双脉冲。内双脉冲电路的第一个脉冲由本相触发单元的 u_{c0}控制产生。隔 60°的第二个脉冲是由滞后 60°相位的后一相触发单元生成一个控制信号引至本单元，使本触发单元第二次输出触发脉冲。

在三相桥式全控整流电路中，要求晶闸管的触发导通顺序为 $VT_1\rightarrow VT_2\rightarrow VT_3\rightarrow VT_4\rightarrow VT_5\rightarrow VT_6$，彼此间隔 60°，相邻器件成双触发导通。因此双脉冲环节的接线可按图 2-45 进行，6 个触发器的连接顺序是 1Y2X、2Y3X、3Y4X、4Y5X、5Y6X、6Y1X。

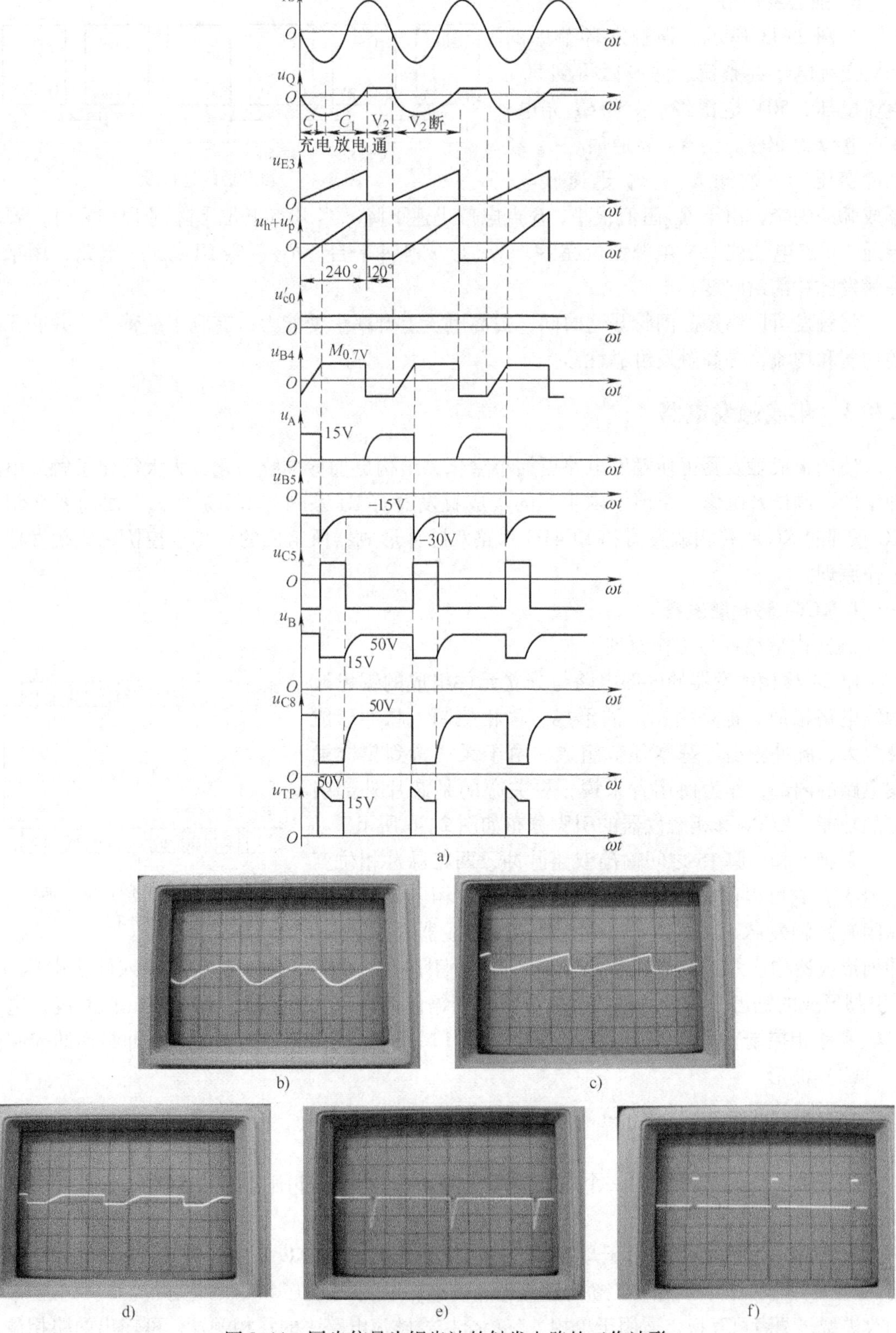

图 2-44　同步信号为锯齿波的触发电路的工作波形

a）理论波形　b）u_Q 波形　c）u_{B3} 锯齿波波形　d）u_{B4} 波形　e）u_{B5} 波形　f）u_{C5} 波形

5. 强触发环节

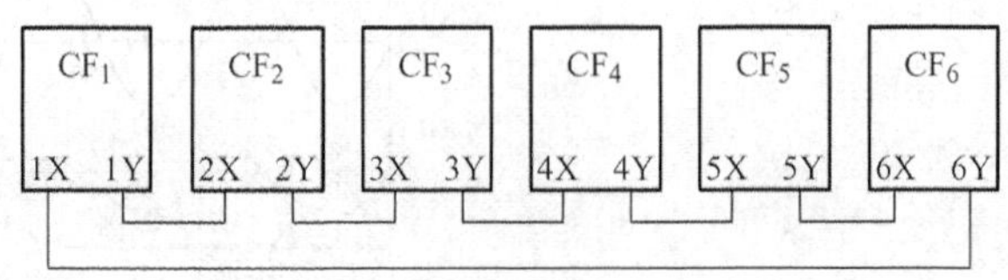

图 2-45 触发器的连接顺序

如图 2-43 所示，强触发环节中的 36V 交流电压经整流、滤波后得到 50V 直流电压，50V 电源经 R_{15} 对 C_6 充电，B 点电位为 50V。当 V_8 导通时，C_6 经脉冲变压器一次侧 R_{16}、V_8 迅速放电，形成脉冲尖峰，由于 R_{16} 阻值很小，B 点电位迅速下降。当 B 点电位下降到 14.3V 时，VD_{15} 导通，B 点电位被 15V 电源钳位在 14.3V，形成脉冲平台。R_{14}、C_5 组成加速电路，用来提高触发脉冲前沿陡度。

强触发可以缩短晶闸管开通时间，提高电流上升率承受能力，有利于改善串、并联元件的均压和均流，提高触发可靠性。

2.9.3 集成触发电路

使用集成触发器可使触发电路更加小型化，结构更加标准统一化，大大简化了触发电路的生产、调试及维修。目前国内生产的集成触发器有 KJ 系列和 KC 系列，下面简要介绍由 KC 系列的 KC04 移相触发器和 KC41C 六路双脉冲形成器所组成的三相全控桥集成触发器的工作原理。

1. KC04 移相触发器

（1）内部结构与工作原理

KC04 移相触发器的内部电路与分立元件组成的锯齿波触发电路相似，也是由锯齿波形成、移相控制、脉冲形成及放大、脉冲输出等基本环节组成。由于无法看到集成触发电路的内部，作为使用者来说，更关心的是芯片外部引脚的功能。KC04 移相触发器的引脚分布如图 2-46 所示。

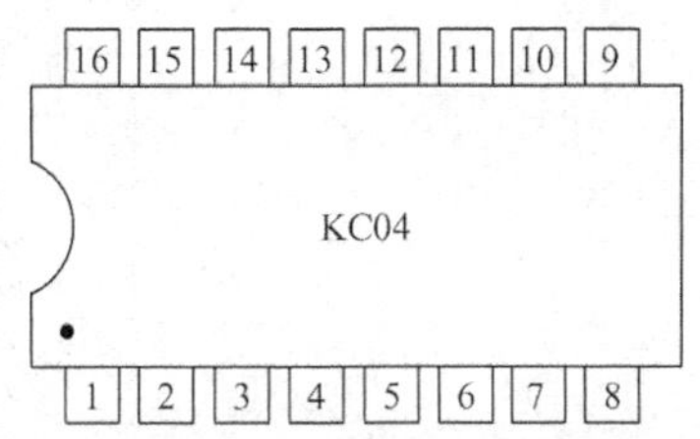

图 2-46 KC04 移相触发器的引脚分布

引脚 1 和引脚 15 之间输出双路脉冲，两路脉冲相位互差 180°，它可以作为三相全控桥主电路同一相上、下桥臂晶闸管的触发脉冲。可以与 KC41 双脉冲形成器、KC42 脉冲列形成器构成六路双窄脉冲触发器。其 16 引脚接 +15V 电源，8 引脚输入同步电压 u_s，4 引脚形成的锯齿波可以通过调节电位器改变锯齿波斜率，9 引脚为锯齿波、直流偏移电压 $-U_b$ 和移相控制直流电压 U_c 综合比较输入，13 引脚可提供脉冲列调制和脉冲封锁的控制。

（2）波形

各引脚的波形如图 2-47 所示。

（3）应用电路

图 2-48 给出了 KC04 的一个典型应用电路，从芯片与外围电路的连接也可以看出部分引脚的功能。

KC04 移相触发器主要用于单相或三相全控桥式装置。KC 系列中还有 KC01、KC09 等。KC01 主要用于单相、三相半控桥等整流电路的移相触发，可获得 60°的宽脉冲。KC09 是 KC04 的改进型，两者可互换，适用于单相、三相全控式整流电路中的移相触发，可输出两路相位差 180°的脉冲。它们都具有输出带负载能力大、移相性能好以及抗干扰能力强的特点。

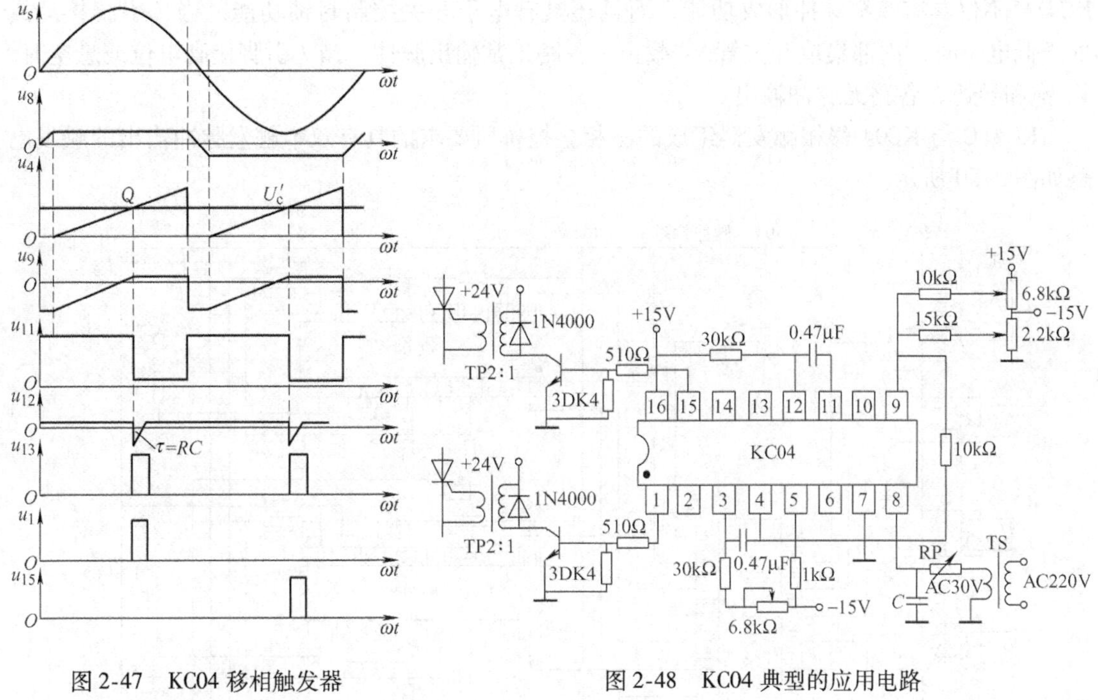

图 2-47　KC04 移相触发器各引脚的波形

图 2-48　KC04 典型的应用电路

2. KC41C 六路双窄脉冲形成器

KC41C 是六路双脉冲形成集成电路。KC41C 的外形和内部原理电路如图 2-49 所示。

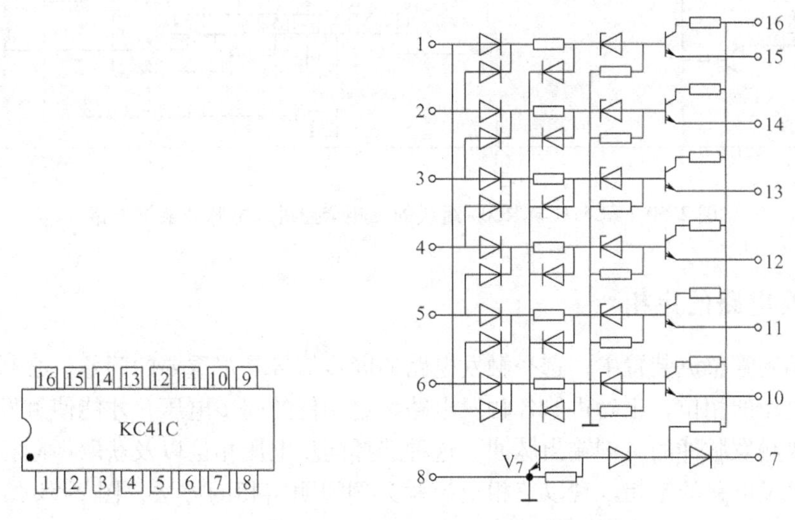

图 2-49　KC41C 的外形和内部原理电路

KC41C 的输入信号通常是 KC04 的输出，把 3 个 KC04 移相触发器的 1 引脚与 15 引脚产生的 6 个主脉冲分别接到 KC41C 集成块的 1 ~ 6 引脚，经内部集成二极管完成“或”功能，形成双窄脉冲，再由内部 6 个集成晶体管放大，从 10 ~ 15 引脚输出；还可以在外部设置 V_1 ~ V_6晶体管作功率放大，得到 800mA 的触发脉冲电流，供触发大电流的晶闸管用。

KC41C 不仅具有双窄脉冲形成功能，而且还具有电子开关控制封锁功能，当 7 引脚接地或处于低电位时，内部集成开关管 V_7 截止，各路正常输出脉冲；当 7 引脚接高电位或悬空时，V_7 饱和导通，各路无脉冲输出。

KC41C 与 KC04 移相触发器组成的三相全控桥所要求的具有双窄触发脉冲输出的触发电路如图 2-50 所示。

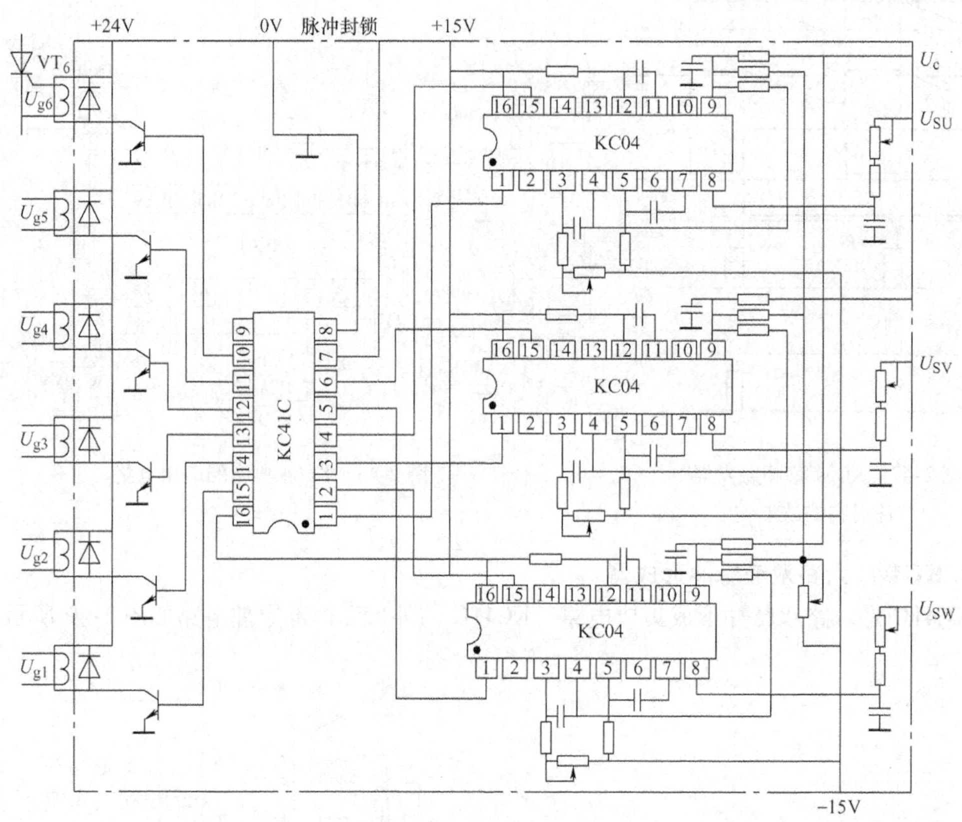

图 2-50　KC41C 与 KC04 组成的三相全控桥双窄脉冲触发电路

2.9.4　触发电路的定相

在三相晶闸管整流装置中，选择触发电路的同步信号是很重要的问题。必须根据被触发晶闸管阳极电压的相位，正确供给各触发电路特定相位的同步电压，才能使触发电路分别在各晶闸管需要触发脉冲的时刻输出脉冲。这种选择同步电压相位以及获取不同相位同步电压的方法称为触发电路的定相。现以三相全控桥为例说明定相的方法，图 2-51 给出了主电路电压与同步电压的关系示意图。

对于晶闸管 VT_1，其阳极与交流侧电压 u_u 相接，可简单表示为 VT_1 所接主电路电压为 $+u_u$，VT_1 的触发脉冲从 0°至 180°对应的范围为 $\omega t_1 \sim \omega t_2$。采用锯齿波同步的触发电路时，同步信号负半周的起点对应于锯齿波的起点，通常使锯齿波的上升段为 240°，上升段起始的 30°和终了的 30°线性度不好，舍去不用，使用中间的 180°。锯齿波的中点与同步信号的 300°位置对应。

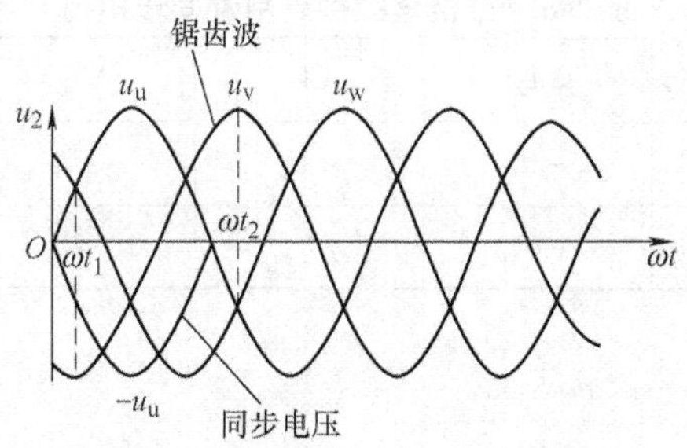

图 2-51　三相全控桥中同步电压与主电路电压关系示意图

将 $\alpha=90°$ 确定为锯齿波的中点，锯齿波向前、向后各有 90°的移相范围。于是 $\alpha=90°$ 与同步电压的 300°对应，也就是 $\alpha=0°$ 与同步电压的 210°对应。由图 2-51 及关于三相桥的介绍可知，$\alpha=0°$ 对应于 u_u 的 30°的位置，则同步信号的 180°与 u_u 的 0°对应，说明 VT_1 的同步电压应滞后于 u_u 电压 180°。对于其他 5 个晶闸管，也存在同样的关系，即同步电压滞后于主电路电压 180°，即同步电压为 $-u_u$。

以上分析了同步电压与主电路电压的关系，一旦确定了整流变压器和同步变压器的接法，即可选定每一个晶闸管的同步电压信号。

图 2-52 给出了变压器接法的一种情况及相应的矢量图，其中主电路整流变压器为 D，y11 联结，同步变压器为 D，y5-11 联结。这时同步电压的选取结果见表 2-5。

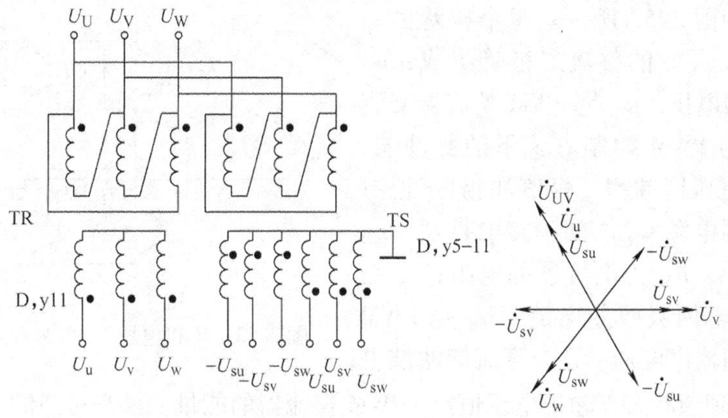

图 2-52　同步变压器和整流变压器的接法及矢量图

表 2-5　三相全控桥晶闸管同步电压

晶闸管	VT_1	VT_2	VT_3	VT_4	VT_5	VT_6
主电路电压	$+U_u$	$-U_w$	$+U_v$	$-U_u$	$+U_w$	$-U_v$
同步电压	$-U_{su}$	$+U_{sw}$	$-U_{sv}$	$+U_{su}$	$-U_{sw}$	$+U_{sv}$

为防止电网电压波形畸变对触发电路产生干扰，可对同步电压进行 *RC* 滤波，当 *RC* 滤波器滞后角为 60°时，同步电压选取结果见表 2-6。

表 2-6　三相全控桥晶闸管同步电压

晶闸管	VT_1	VT_2	VT_3	VT_4	VT_5	VT_6
主电路电压	$+U_u$	$-U_w$	$+U_v$	$-U_u$	$+U_w$	$-U_v$
同步电压	$+U_{sv}$	$-U_{su}$	$+U_{sw}$	$-U_{sv}$	$+U_{su}$	$-U_{sw}$

2.10　PWM 整流器

采用不可控或相控整流方式的传统整流技术，会给电网带来大量的谐波和无功功率，对电网造成污染。有效的治理方法是采用 PWM 脉宽调制技术，该技术起初主要应用在逆变电路中，如今也广泛应用于整流电路中。采用脉宽调制技术的 PWM 整流器除了能使整流侧输出满足一定指标要求的直流电压外，同时还能使网侧电压、电流波形为正弦波，甚至可使网侧和直流侧的电能双向流动，是真正的绿色电能转换装置。采用脉宽调制技术的整流器从根本上降低了电网的污染，因此能更好地对谐波进行抑制，并对无功功率进行补偿。

2.10.1　电压型 PWM 整流器原理分析

1. 电压型单相 PWM 整流器

（1）电路组成

电路结构如图 2-53 所示。每个桥臂由一个全控器件和反并联的整流二极管组成；u_N 是正弦交流电网电压，u_{uv} 是 PWM 整流器交流侧输入电压，为 PWM 控制方式下的脉冲波，其基波与电网电压同频率，幅值和相位可控；在交流侧与电网电源 u_N 之间串接电抗器，L_N 为电抗器的电感，R_N 为电抗器的电阻；i_N 是 PWM 整流器从电网吸收的电流，U_d 是 PWM 整流器的直流侧输出电压，C 为直流侧滤波电容（电压型），理想状态下输出电压恒定；PWM 整流器的能量变换是可逆的，能量传递的趋势是整流还是逆变，主要视 $VT_1 \sim VT_4$ 的脉宽调制方式而定。

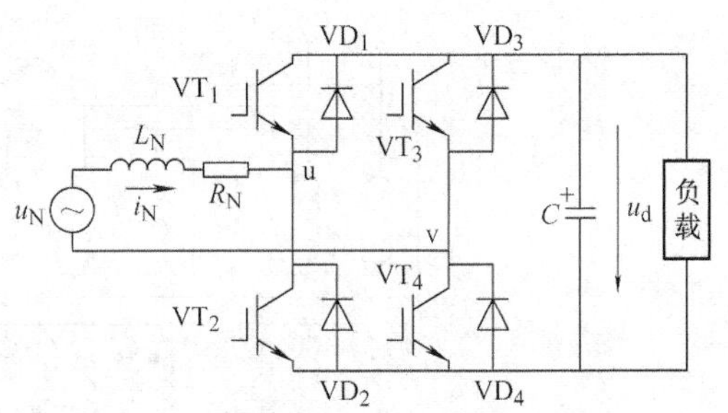

图 2-53　单相电压型 PWM 整流电路的结构

（2）工作原理

该电路的基本工作原理：用正弦调制信号波和三角波相比较的方法对 $VT_1 \sim VT_4$ 进行 SPWM 控制（参见第 3 章的 SPWM 技术部分）。假设直流侧电容足够大，直流电压 U_d 稳定，可看作是一个直流电源。这样，通过对 $VT_1 \sim VT_4$ 进行 SPWM 控制，就可以在整流桥的交流侧 uv 之间产生一个幅值为 U_d 的 SPWM 波 u_{uv}，如图 2-54 所示。u_{uv} 中含有和正弦调制信号波频率相同且幅值成比例的基波分量 u_{uv1}，以及和三角波载波有关的频率很高的谐波，不含有低次谐波。若忽略高次谐波，则 $u_{uv}=u_{uv1}$，这样图 2-53 所示的电路可以等效为图 2-55 所示的等效电路。当正弦电压 u_{uv} 的频率和电源 u_N 频率相同时，i_N 也为与电源同频率的正弦波。当 u_N 一定时，i_N 的幅值和相位仅由 u_{uv} 的幅值及其与 u_N 的相位差决定。改变 u_{uv} 的幅值和相位，可使 i_N

和 u_N 同相或反相，或 i_N 比 u_N 超前 90°，或使 i_N 与 u_N 的相位差为所需要的任意角度。

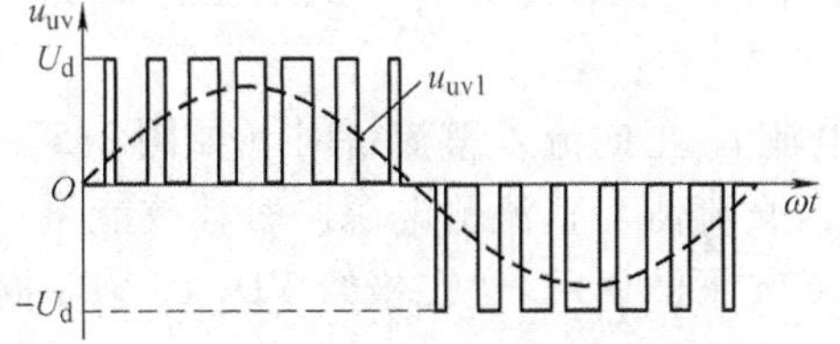

图 2-54 uv 两点的 SPWM 电压波形

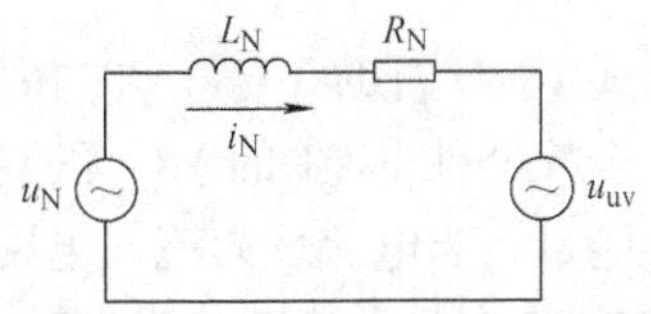

图 2-55 单相桥式 PWM 整流电路的等效电路

图 2-56 所示为单相桥式 PWM 整流电路的运行相量图。由图 2-55 可知，加在电抗器 L_N、R_N 上的电压为 $U_{Nuv} = U_N - U_{uv}$，由于电抗器的参数固定，所以电压 U_{Nuv} 与流过电抗器的电流 i_N 的相位差 φ 也是固定的，如图 2-56a 所示。据此可以确定上述几种情况下各参数的向量关系。

1）$\dot{U}_{uv}$ 滞后 $\dot{U}_N$ 相角 δ，$\dot{U}_N$ 和 $\dot{I}_N$ 同相：电源 u_N 输出能量，电路处于整流状态，且功率因数为 1。这是 PWM 整流电路最基本的工作状态，如图 2-56b 所示。

2）$\dot{U}_{uv}$ 超前 $\dot{U}_N$ 相角 δ，$\dot{U}_N$ 和 $\dot{I}_N$ 反相：电源 u_N 吸收能量，电路处于逆变状态，这说明 PWM 整流电路可实现能量正、反两个方向的流动，这一特点对于需回馈制动的交流电动机调速系统很重要，如图 2-56c 所示。

3）$\dot{U}_{uv}$ 滞后 $\dot{U}_N$ 相角 δ，$\dot{I}_N$ 超前 $\dot{U}_N$ 电压 90°：电路向交流电源送出无功功率，这时的电路被称为静止无功功率发生器（Static Var Generator，SVG），如图 2-56d 所示。

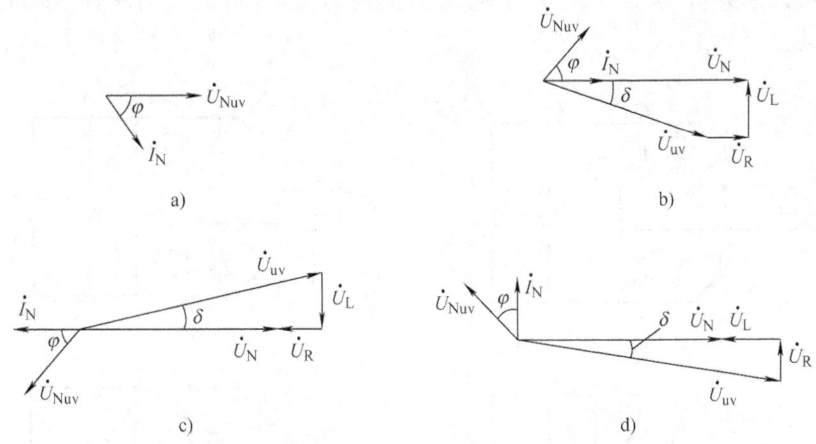

图 2-56 单相桥式 PWM 整流电路的运行相量图

a）U_{Nuv} 与 I_N 的相位关系 b）整流运行 c）逆变运行 d）无功补偿运行

可见，通过对 U_{uv} 幅值和相位的控制，可以使 i_N 比 u_N 超前或滞后任一角度。

（3）工作过程

为简单起见，不考虑换相过程，认为 PWM 整流电路 H 桥的每一个桥臂是一个简单的开关，将电抗器的电感 L_N 和电阻 R_N 统一用电抗器 L_N 表示。正常工作时，H 桥的 4 个桥臂中有两个桥臂导通，但 1、2 桥臂（或 3、4 桥臂）不允许同时导通，避免输出端短路。PWM

整流电路可分为 4 种工作形式，依据交流侧电流 i_N 流向的不同，每种工作形式又可细分为两种具体的工作状态。下面以交流电源电压 u_N 正半周为例，对 4 种形式的工作情况描述如下：

1）形式 1：H 桥的 VT_2、VT_3 桥臂导通。当电流 i_N 正向流入整流桥时（如图 2-57a 上图所示），全控器件 IGBT 的 VT_2 和 VT_3 同时导通，交流侧与直流侧电源同时释放能量，此时 L_N 储存能量；当电流反向流回电网时（如图 2-57a 下图所示），二极管 VD_2 和 VD_3 同时导通，电流的流向与电流正向流入时正好相反。

2）形式 2：H 桥的 VT_1、VT_4 桥臂导通。当电流 i_N 正向流入整流桥时，VD_1 和 VD_4 同时导通，电路处于整流状态，能量从交流侧输出，直流侧吸收来自交流侧的能量；当电流反向流回电网时，VT_1 和 VT_4 同时导通，交流侧吸收回馈的能量，而直流侧向负载输出能量。

在形式 1 与形式 2 中电流既可以正向流动也可以反向流动，所以该电路能实现能量的双向流动。

3）形式 3：H 桥的 VT_2（VD_4）、VT_4（VD_2）桥臂导通。由分析可知电网侧电路被短路，两侧的能量无法进行交换。电流正向流入整流桥时，VT_2 和 VD_4 同时导通，且 L_N 储存能量；而电流反向流回电网时，VD_2 和 VT_4 同时导通，而此时的 L_N 释放能量。

4）形式 4：H 桥的 VT_1（VD_3）、VT_3（VD_1）桥臂导通。由分析可知电路情况如同形式 3。电流正向流入整流侧时，VD_1 和 VT_3 同时导通，L_N 储存能量；而电流反向流回电网时，VT_1 和 VD_3 同时导通，此时 L_N 释放能量。

整流电路工作于形式 3、形式 4 下，电网侧电路被短路，所以需要交流侧的电感来保护电路。

同理，可按照分析 u_N 正半周期时各形式的方法，来分析负半周期各形式的工作状态，这里不再赘述。

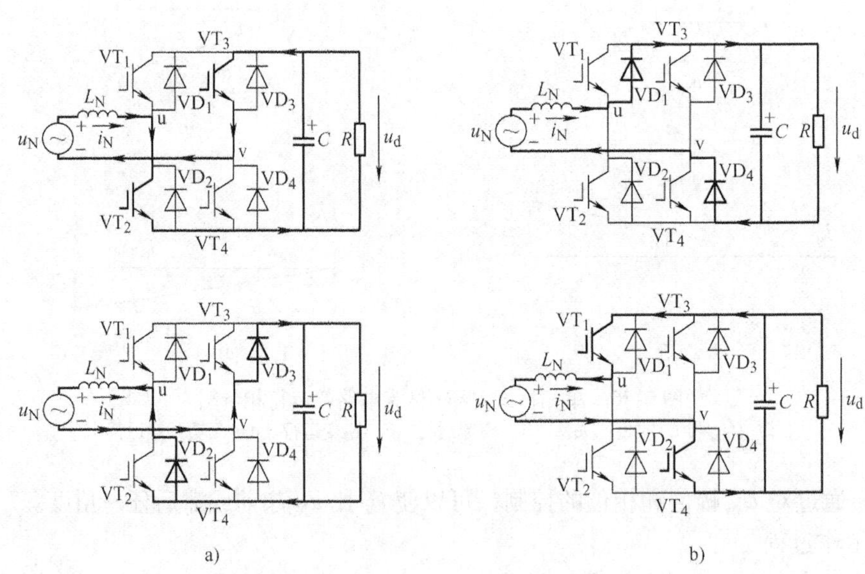

图 2-57　电压型单相 PWM 整流电路的 4 种运行形式

a）形式 1　b）形式 2

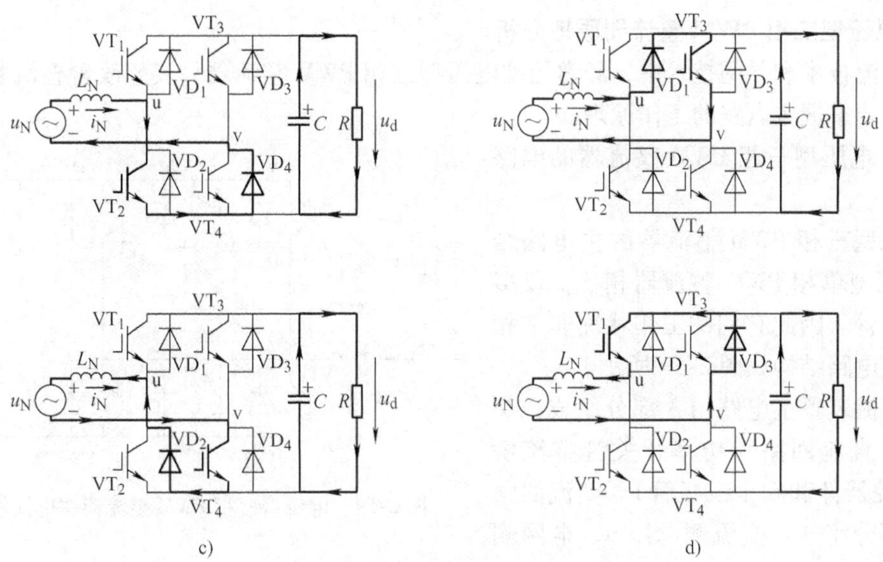

图 2-57　电压型单相 PWM 整流电路的 4 种运行形式（续）
c）形式 3　d）形式 4

图 2-58 是电压型单相 PWM 整流电路运行于单位功率因数时的各电量波形。

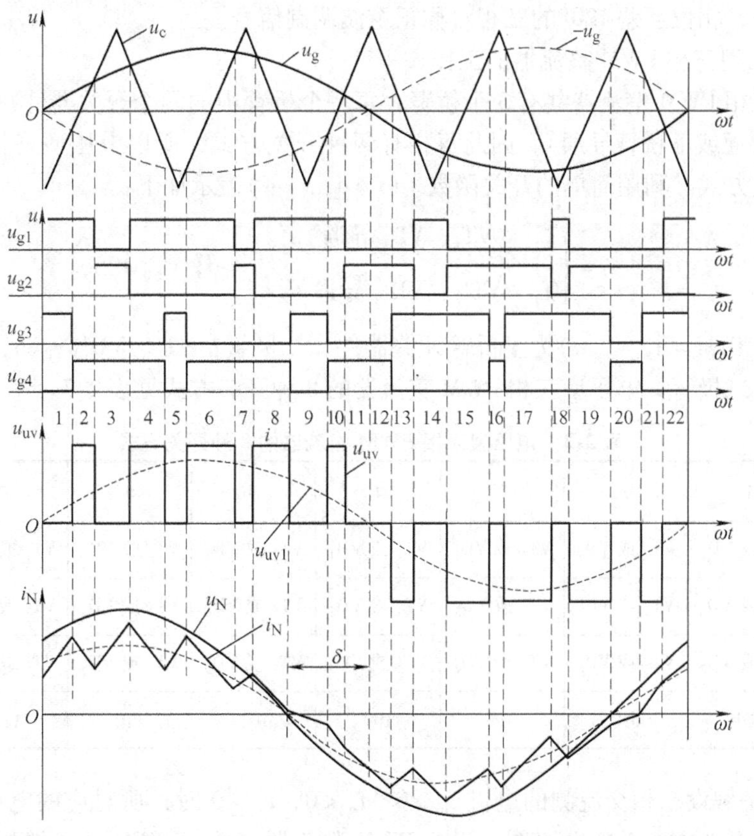

图 2-58　单位功率因数时电压型单相 PWM 整流电路的各电量波形

2. 电压型三相 PWM 整流器原理分析

在整流技术和并网技术中，经常用到电压型三相 PWM 整流器，要想改善整流装置的性能，首先要掌握主电路的工作原理。

（1）电压型三相 PWM 整流器的电路组成

电压型三相 PWM 整流器的主电路结构与电压型单相 PWM 整流器相比，仅多了一相桥臂。因此它们的工作状况非常相似。其主电路结构如图 2-59 所示。

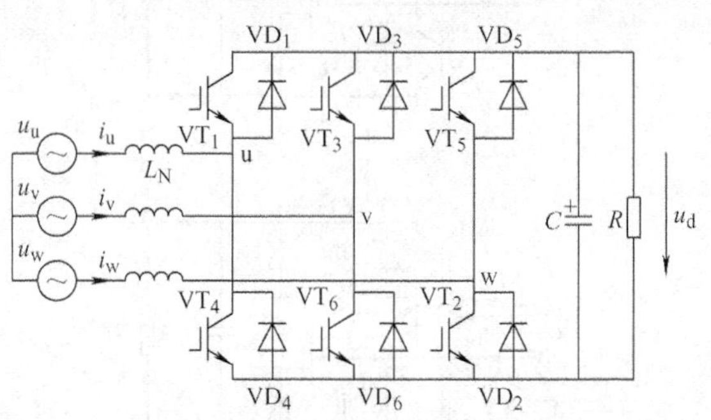

图 2-59　电压型三相 PWM 整流器主电路结构

该整流装置主电路由 3 部分组成：交流回路、直流回路和功率开关管整流桥（6 个全控器件和 6 个二极管）。交流回路又由 3 部分组成：交流侧电压 u、电网侧电感 L_N 和电网侧等效电阻 R_N（图 2-59 中这两项统一用 L_N 表示）；直流回路也由 3 部分组成：直流电容 C、负载电阻 R 和直流电压 U_d。

对于电压型单相 PWM 整流器，只要给 H 桥的两相桥臂施加幅值、频率相等，相位互差 180°的正弦波调制信号即可。同样对于电压型三相 PWM 整流装置，则要给三相桥臂施加幅值、频率相等，相位互差 120°的三相对称正弦波调制信号。

（2）电压型三相 PWM 整流器的工作过程

电压型三相 PWM 整流器共有 3 个桥臂，每一个桥臂中的两个开关器件每次只有一个导通（上桥臂导通或下桥臂导通），因此每相有两种开关方式，所以电压型三相 PWM 整流器共有 8 种开关方式。利用简单的开关函数 $s_i(i=\mathrm{u},\ \mathrm{v},\ \mathrm{w})$表示如下：

$$s_i=\begin{cases}1, & \mathrm{VT}_i\text{、}\mathrm{VD}_i\text{ 导通}\\ 0, & \mathrm{VT'}_i\text{、}\mathrm{VD'}_i\text{ 导通}\end{cases}\qquad i=\mathrm{u},\ \mathrm{v},\ \mathrm{w}$$

其中，VT_i、$\mathrm{VD}_i(i=\mathrm{u},\ \mathrm{v},\ \mathrm{w})$为上桥臂开关器件、二极管；$\mathrm{VT}'_i$、$\mathrm{VD}'_i(i=\mathrm{u},\ \mathrm{v},\ \mathrm{w})$为下桥臂开关器件、二极管。电压型三相 PWM 整流器的 8 种开关方式见表 2-7。

表 2-7　电压型三相 PWM 整流器的 8 种开关方式

开关方式	1	2	3	4	5	6	7	8
导通器件	VT_1 或 VD_1	VT_4 或 VD_4	VT_1 或 VD_1	VT_4 或 VD_4	VT_1 或 VD_1	VT_4 或 VD_4	VT_1 或 VD_1	VT_4 或 VD_4
	VT_6 或 VD_6	VT_3 或 VD_3	VT_3 或 VD_3	VT_6 或 VD_6	VT_6 或 VD_6	VT_3 或 VD_3	VT_3 或 VD_3	VT_6 或 VD_6
	VT_2 或 VD_2	VT_2 或 VD_2	VT_2 或 VD_2	VT_5 或 VD_5	VT_5 或 VD_5	VT_5 或 VD_5	VT_5 或 VD_5	VT_2 或 VD_2
开关函数	001	010	011	100	101	110	111	000

图 2-60 是假设三相交流侧的电流 $i_u>0$，$i_v<0$，$i_w>0$ 时，所对应的电压型三相 PWM 整流器的 8 种开关方式下的电路图。三相 PWM 整流器与单相 PWM 整流器相似，但比单相的稍微复杂些。

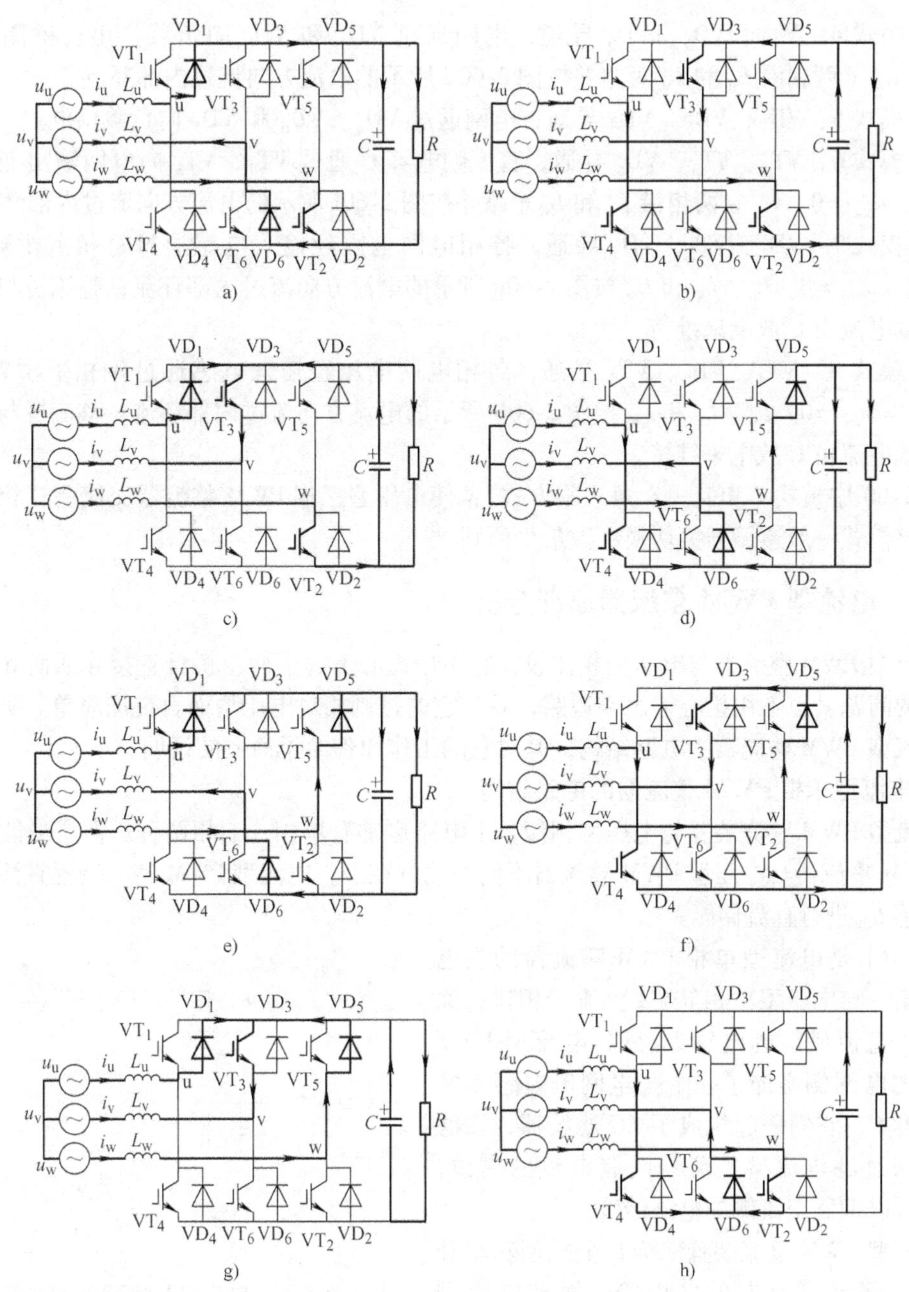

图 2-60　电压型三相 PWM 整流器 8 种开关模式下的电路图

a）模式 1（001）　b）模式 2（010）　c）模式 3（011）　d）模式 4（100）

e）模式 5（101）　f）模式 6（110）　g）模式 7（111）　h）模式 8（000）

1）模式 1：VD_1、VD_6、VT_2 导通，电网通过 VD_1 和 VD_6 向负载供电；桥侧线电压 $u_{vw}=0$。v、w 两相沿 L_v 和 L_w 短路并按图 2-60a 所示的电流方向流过内部环流。

2）模式 2：VT_3、VT_4、VT_2 导通，直流侧电容 C 通过 VT_3、VT_4、VT_2 向电网输出能量。

3）模式 3：VD_1、VT_3、VT_2 导通，直流侧电容 C 通过 VT_3、VT_2 向电网输出能量；桥侧线电压 $u_{uv}=0$，u、v 两相沿 L_u 和 L_v 短路并按图 2-60c 所示的电流方向流过内部环流。

4）模式 4：VT_4、VD_6、VD_5 导通，电网通过 VD_5 和 VD_6 向负载供电；桥侧线电压 $u_{uv}=0$，u、v 两相沿 L_u 和 L_v 短路并按图 2-60d 所示的电流方向流过内部环流。

5）模式 5：VD_1、VD_6、VD_5 导通，电网通过 VD_1、VD_6 和 VD_5 向负载供电。

6）模式 6：VT_4、VT_3、VD_5 导通，直流侧电容 C 通过 VT_4、VT_3 向电网输出能量；桥侧线电压 $u_{vw}=0$。v、w 两相沿 L_v 和 L_w 短路并按图 2-60f 所示的电流方向流过内部环流。

7）模式 7：VD_1、VT_3、VD_5 导通，各相电网电压经输入电感通过每相上桥臂短路，$u_{uv}=u_{vw}=u_{wu}=0$，L_u、L_v 和 L_w 按图 2-60g 所示的电流方向流过内部环流；整流桥与负载脱离，负载电流由 C 放电来维持。

8）模式 8：VT_4、VD_6、VT_2 导通，各相电网电压经输入电感通过每相下桥臂短路，$u_{uv}=u_{vw}=u_{wu}=0$，L_u、L_v 和 L_w 按图 2-60h 所示的电流方向流过内部环流；整流桥与负载脱离，负载电流由 C 放电来维持。

图 2-60 中模式 7 和模式 8 为“零方式”：使电压型三相 PWM 整流器交流侧三相线电压为零，该模式一般遵循开关切换次数最少原则。

2.10.2 电流型 PWM 整流器原理分析

电流型 PWM 整流器与电压型相比较，它不用担心上、下两组桥臂直接导通而导致电路过电流的问题，也不用担心输出端短路，并且它的控制相对电压型而言更加简单。下面主要分析电流型 PWM 整流器主电路结构，并对它的工作原理给予简要的说明。

1. 电流型单相 PWM 整流器的电路结构

电流型 PWM 整流装置与电压型相似，主电路也常有单相、三相两种。但是最能体现电流型 PWM 整流器与电压型 PWM 整流器不同的地方在于，电流型 PWM 整流装置直流侧采用串联电感 L_{dc} 进行直流储能。

图 2-61 是电流型单相 PWM 整流器的主电路结构图，与电压型单相 PWM 整流器相比，除了有用于直流储能的电感 L_{dc} 外，电流型 PWM 整流器的电网侧增加了一个与电网侧电感 L 并联的电容 C，它们一起构成了 LC 滤波器，该滤波器用来过滤电流型整流器网侧电流的谐波，同时又可以抑制交流侧的电压谐波。

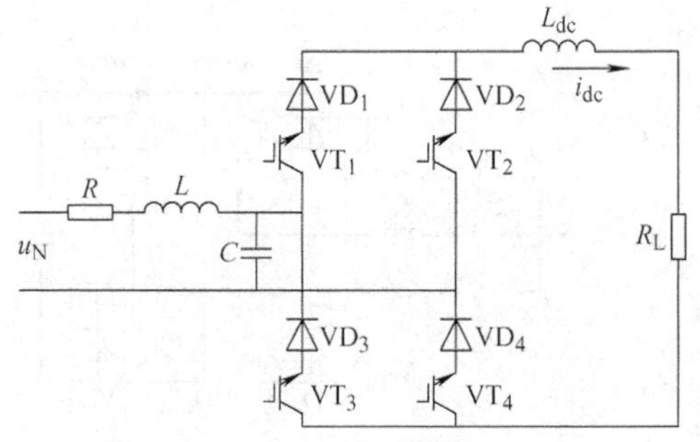

图 2-61　电流型单相 PWM 整流器主电路结构

电压型 PWM 整流装置都会在全控型功率开关器件两侧并联反向的二极管。而在电流型 PWM 整流装置中，为了彻底阻断反向流动的电流并提高全控型功率开关器件的耐反压能力，需要在电流型 PWM 整流器的每个功率开关器件上顺向串联二极管，具体串联方法如图 2-61 所示。

2. 电流型三相 PWM 整流器原理分析

（1）电流型三相 PWM 整流器电路结构

图 2-62 是电流型三相 PWM 整流器的主电路结构图，它的整流侧与电流型单相 PWM 整流器一样，都采用串联电感 L_{dc} 进行储能。电流型三相 PWM 整流器交流侧的 LC 滤波电路是三相对称的，没有中性线。与电流型单相 PWM 整流器一样，为了不让整流电路中的电流反

向流动，在三相中串联了整流二极管 $VD_1 \sim VD_6$，6 个二极管分别串在 6 个全控型功率开关元件 $VT_1 \sim VT_6$ 的发射极。由于电路中串联了二极管，所以电路无法实现电流的回馈，但是电路能量还是可以实现双向流动，这就要求直流侧电压可以改变极性。

（2）电流型三相 PWM 整流器工作过程

电流型三相 PWM 整流器主电路工作过程：假设 2π 为一个周期，在每个 π/3 的时间内，上桥臂（VT_1、VT_3、VT_5）或者下桥臂（VT_4、VT_6、VT_2）的 3 个开关元件中有且只有一个在这个时期内是一直处于导通的状态，而另外两个开关器件则一直处于关断的状态，上桥臂（VT_1、VT_3、VT_5）或者下桥臂（VT_4、VT_6、VT_2）的 3 个开关器件依次导通。比如在一个 π/3 时间内，上桥臂 VT_1 一直导通而 VT_3 与 VT_5 处于关闭状态，下桥臂的 VT_4、VT_6 与 VT_2 依次轮流导通。当 VT_4 导通时，上、下两个桥臂就直接导通，u、v、w 三相的电流均为 0，为 i_{dc} 提供续流通路；当 VT_6、VT_2 分别导通时，v、w 相电流均为 i_{dc}。由于三相电流中的一相电流由另外两相电流决定，所以各相输入电流的波形与幅值的大小可以通过各个开关器件的导通时间来进行相应的控制。

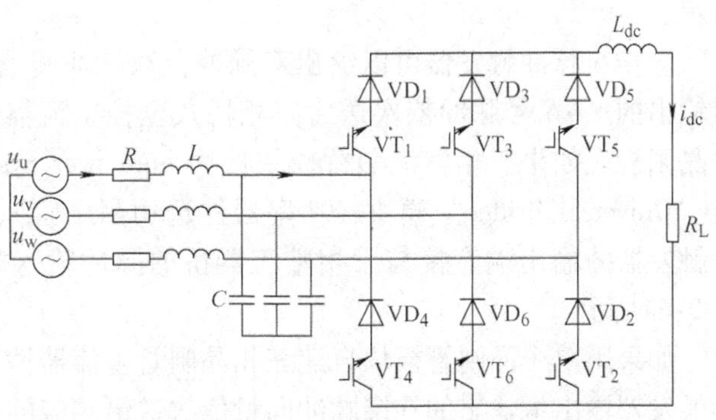

图 2-62　电流型三相 PWM 整流器主电路结构

电流型 PWM 整流器与电压型相比，应用没有电压型广泛，主要原因有：

1）电流型 PWM 整流器的结构更加复杂，存在直流储能电感 L_{dc} 与交流侧滤波电路 LC。而滤波器与平波电抗器的体积和重量都比较大，因此系统的损耗也大大增加了。

2）电流型 PWM 整流电路中多串联了 6 个二极管，用来防止电流的反向流通，而其他整流电路中常用的整流元件内部自带有反并联的二极管。

但电流型 PWM 整流器也有比电压型优越的地方，比如在电流防护性能方面，整流电路中不需另外再加直流储能电感 L_{dc}。在电动机驱动应用中，电流型 PWM 整流器也具有明显的优势：会使系统的动态响应迅速，方便实现回馈制动与四象限运行，电路短路保护性能好及具有较强的限流能力等。

2.11　交流 - 直流变换电路的仿真

晶闸管单相和三相可控整流器是典型的“交流 - 直流”变换器，应用广泛。在讨论晶闸管整流器的建模与仿真之前，首先介绍仿真中要用到的一些基本环节的仿真模型。鉴于二极管不可控整流带滤波器电路在交 - 直 - 交变频以及直流斩波器中的作用，本节最后也将进行仿真研究。

2.11.1　电力电子变流器中典型环节的仿真模型

1. 同步 6 脉冲触发器的仿真模型

（1）同步 6 脉冲触发器仿真模块的功能和图标

同步6脉冲触发器模块用于触发三相全控整流器桥的6个晶闸管，模块的图标如图2-63所示。

同步6脉冲触发器可以给出双脉冲，双脉冲间隔为60°，触发器输出的1~6号脉冲依次送给三相桥式全控整流器对应编号的6个晶闸管。如果三相整流器桥模块使用SimPower System模块库中的“Universal Bridge”模块（功率器件选用晶闸管），则同步6脉冲触发器的输出端直接与三相整流器桥的脉冲输入端相连接，如图2-64所示。

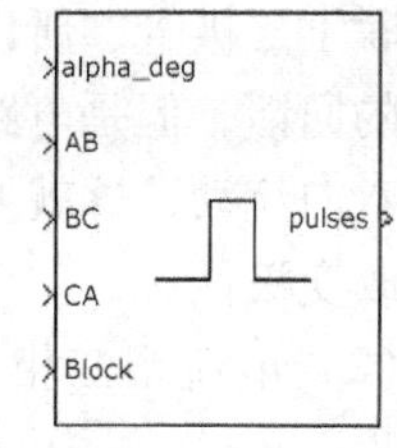

图2-63　同步6脉冲触发器模块图标

如果用单个晶闸管模块自建三相晶闸管整流器桥，则同步6脉冲触发器输出端输出的6维脉冲向量依次送给相应的6个晶闸管。

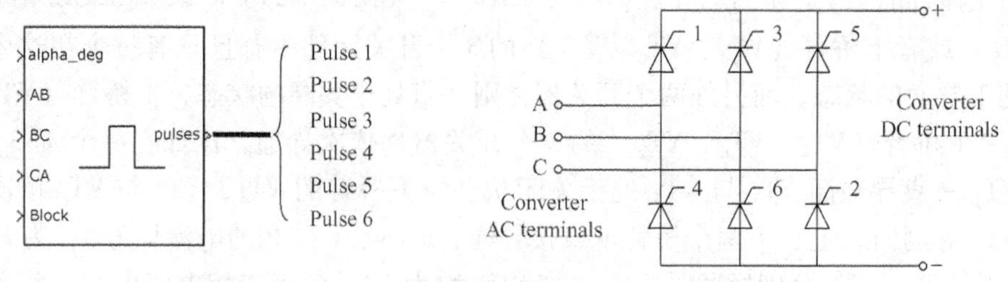

图2-64　同步6脉冲触发器和晶闸管整流器桥

（2）同步6脉冲触发器的输入和输出

该模块有5个输入端，如图2-63所示。

1）输入alpha-deg是移相控制角信号输入端，单位为度。该输入端可与“常数”模块相连，用于设置移相控制角；也可与控制系统中的控制器输出端相连，从而对触发脉冲进行移相控制。

2）输入AB、BC、CA是同步电压U_{AB}、U_{BC}和U_{CA}输入端，同步电压就是连接到整流器桥的三相交流电压的线电压。

3）输入Block为触发器模块的使能端，用于对触发器模块的开通与封锁操作。当施加大于0的信号时，触发脉冲被封锁；当施加等于0的信号时，触发脉冲开通。

4）输出为一个6维脉冲向量，它包含6个触发脉冲。

移相控制角的起始点为同步电压的零点。

（3）同步6脉冲触发器的参数

同步6脉冲触发器的参数设置对话框如图2-65所示。

1）同步电压频率，单位为Hz，通常就是电网频率。

2）脉冲宽度，单位为度。

3）双脉冲：这是个复选框，如果进行了勾选，触发器就能给出间隔60°的双脉冲。

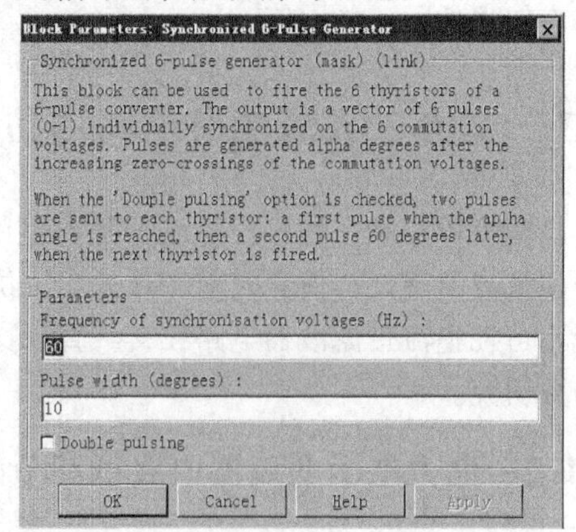

图2-65　同步6脉冲触发器的参数设置对话框

2. 通用变流器桥的仿真模型

（1）通用变流器桥仿真模块的功能

通用变流器桥模块是由6个功率开关器件组成的三相桥式通用变流器模块。功率开关的类型和变流器的结构可通过对话框进行选择。功率开关和变流器的类型有Diode桥、Thyristor桥、GTO-Diode桥、MOSFET-Diode桥、IGBT-Diode桥和Ideal switch桥。桥的结构有单相、两相和三相。

（2）通用变流器桥仿真模块的图标、输入和输出

通用变流器桥的图标如图2-66所示。

模块的输入和输出端取决于所选择的变流器桥的结构：

当A、B、C被选择为输入端时，则直流dc（+ -）端就是输出端。

当A、B、C被选择为输出端时，则直流dc（+ -）端就是输入端。

除二极管桥外，其他桥的“Pulses”输入端可接收来自外部模块用于触发变流器桥内功率开关的触发信号。

（3）通用变流器桥仿真模块的参数

通用变流器桥的参数设置对话框如图2-67所示。

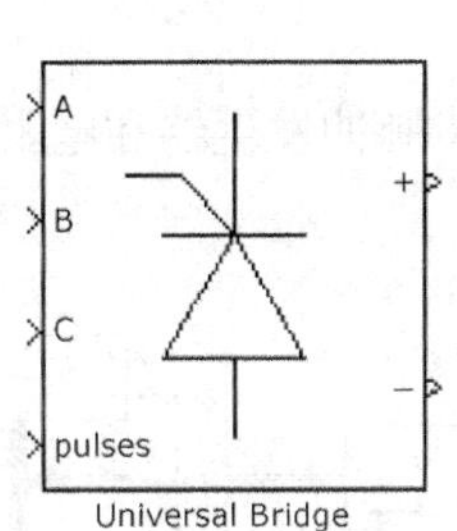

图2-66　通用变流器桥的图标

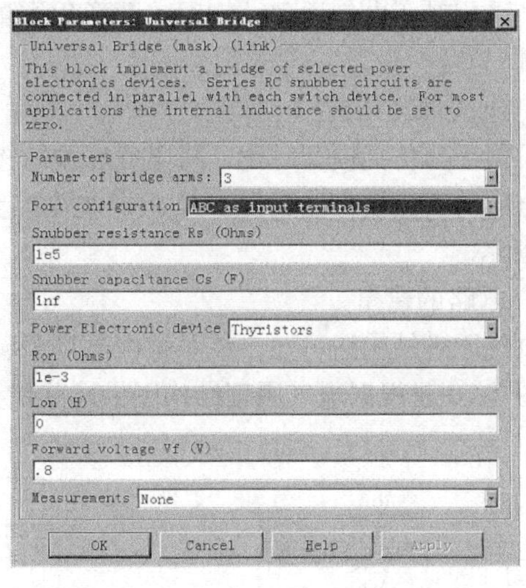

图2-67　通用变流器桥的参数设置

1）端口结构。设定A、B、C为输入端，即将通用变流器桥模块的A、B、C输入口与通用变流器桥内的1、2、3号桥臂连接起来；模块的(+ -)输出口与变流器的直流(+ -)端相连接。

设定A、B、C为输出端，即将通用变流器桥模块的A、B、C输出口与通用变流器桥内的3、2、1号桥臂连接起来；模块(+ -)输入口和变流器的直流端相连接，如图2-68所示。

2）缓冲电阻R_s，单位为Ω。为了消除模块中的缓冲电路，可将缓冲电阻R_s的参数设定为inf。

3）缓冲电容C_s，单位为F。为了消除模块中的缓冲电路，可将缓冲电容C_s的参数设定为0；为了得到纯电阻缓冲电路，可将缓冲电容C_s的参数设定为inf。

4）电力电子器件类型的选择。选择通用变流器桥中使用的电力电子器件的类型。

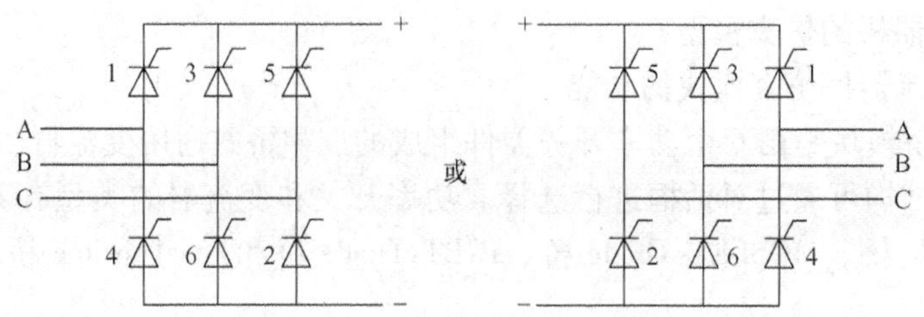

图 2-68　输入、输出口与变流器桥臂的连接

5）内电阻 R_{on}，单位为 Ω。通用变流器桥中使用的功率电子器件的内电阻。

6）内电感 L_{on}，单位为 H。变流器桥中使用的二极管、晶闸管、MOSFET 等功率器件的内电感。

7）T_f、T_t，单位为 s。T_f 和 T_t分别为 GTO、IGBT 器件的电流下降时间和拖尾时间。

2.11.2　晶闸管单相半波和双半波可控整流电路的仿真

1. 单相半波可控整流电路（电阻性负载）

本节采用基于电气原理结构图的图形化仿真方法对本章介绍的各种交流－直流变换电路进行仿真。

（1）电气原理结构图

为了便于与仿真模型对比，将电气原理结构图重画于此，而原理分析则不再重复。其他变流电路的仿真建模方法类似。单相半波可控整流电路带电阻性负载的电气原理结构图如图 2-69所示。

（2）电路的建模

从电气原理结构图可知，该系统由电压源、晶闸管、同步脉冲发生器和电阻负载等部分组成。图 2-70 是根据电气原理结构图搭建的仿真模型。

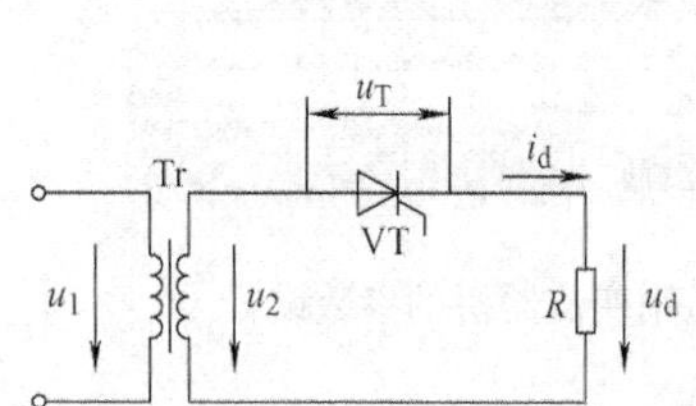

图 2-69　单相半波可控整流电路电气原理结构图（电阻性负载）

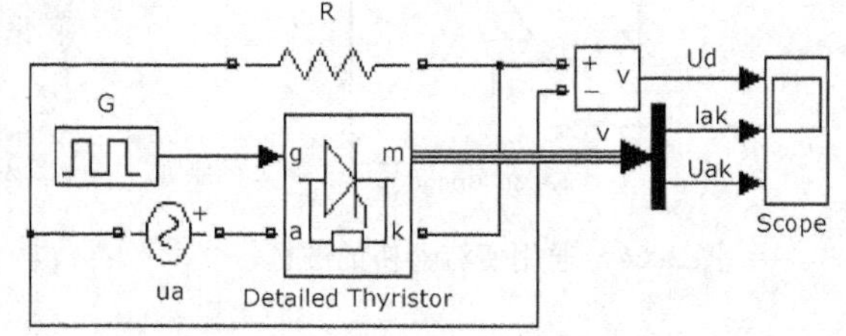

图 2-70　单相半波可控整流电路（电阻性负载）的仿真模型

1）仿真模型中使用的主要模块、提取途径和作用。

① 交流电压源模块：SimPower System/Electrical Source/AC Voltage Source，提供一个交流电压源，相当于变压器二次侧电源。

② 晶闸管模块：SimPower System/Power Electronics/Detailed Thyristor，作为可控开关器件。

③ 脉冲信号发生器模块：Simulink/Sources/Pulse Generator，产生脉冲信号，控制晶闸管的开通。

④ 负载电阻模块：SimPower System/Elements/Series RLC Branch，电路所带的电阻负载。

⑤ 电压测量模块：SimPower System/Measurements/Voltage Measurement，检测电压的大小。

⑥ 示波器模块：Simulink/Sinks/Scope，观察输入、输出信号的仿真波形。

⑦ 信号分解模块：Simulink/Commonly Used Block/Demux，将总线信号分解后输出。

2）典型模块的参数设置。

① 交流电源和负载电阻模块的参数设置：参数设置对话框和参数设置如图 2-71 和图 2-72所示。

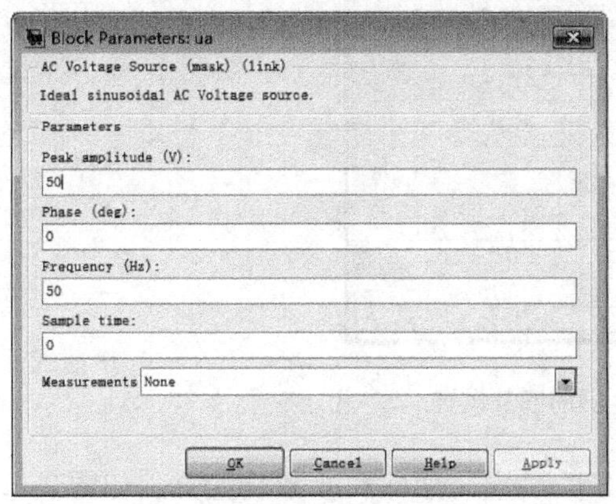

图 2-71　交流电源模块的参数设置

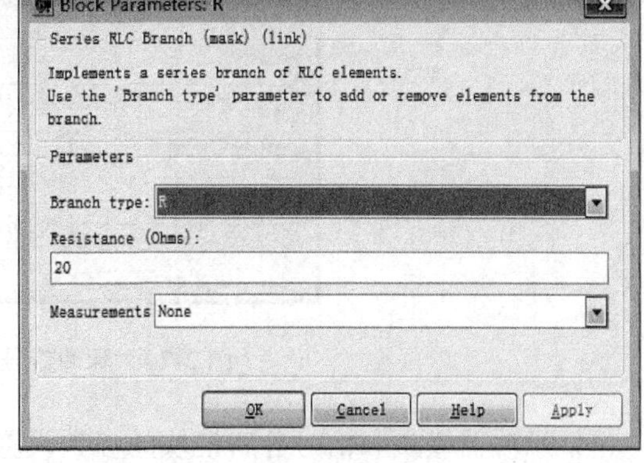

图 2-72　负载电阻模块的参数设置

② 晶闸管模块的参数设置：参数设置对话框和参数设置如图 2-73 所示。

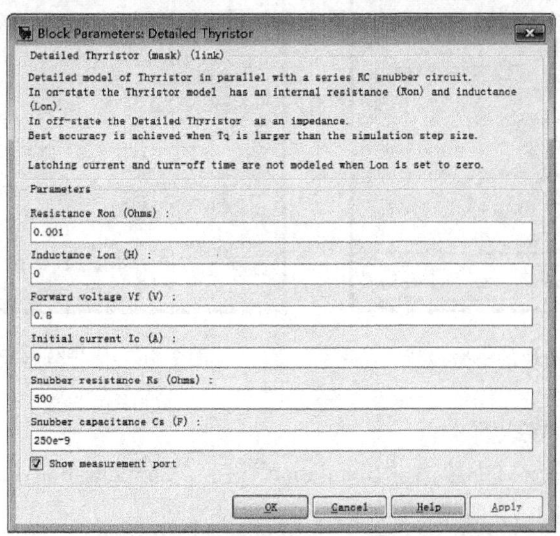

图 2-73　晶闸管模块的参数设置

③ 脉冲信号发生器的参数设置：相位延迟 t 在所搭建的仿真模型里就是晶闸管的控制角 α，它们的关系为 $t/T=\alpha/360°$。若要设置电路的触发角 $\alpha=30°$，可以计算 t 为(1/50) ×

(30/360) s = 0. 00167s。脉冲信号发生器的参数设置对话框如图 2-74 所示。同样可以计算得到，当 $\alpha=45°$时，$t=0.0025s$；当 $\alpha=60°$时，$t=0.00333s$；当 $\alpha=90°$时，$t=0.005s$。

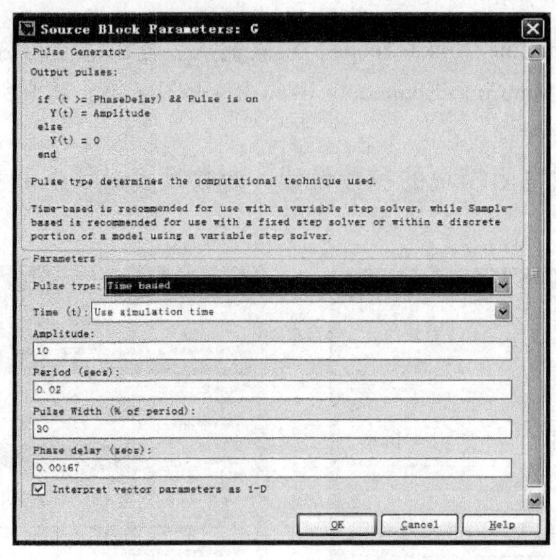

图 2-74　脉冲信号发生器的参数设置

④ 示波器模块和信号分解模块的参数设置：参数设置对话框和参数设置分别如图 2-75 和图 2-76 所示。

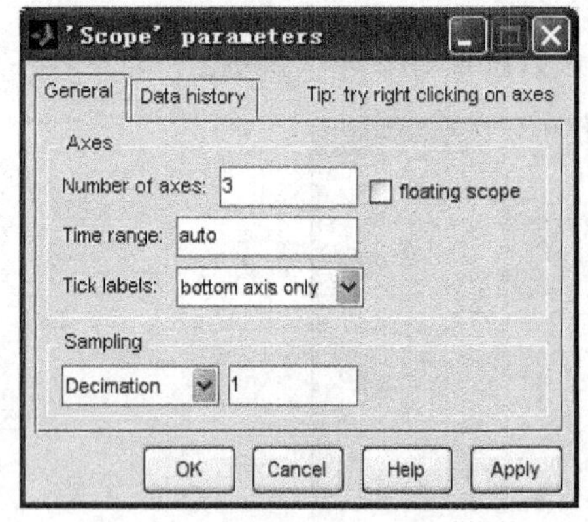

图 2-75　示波器模块的参数设置

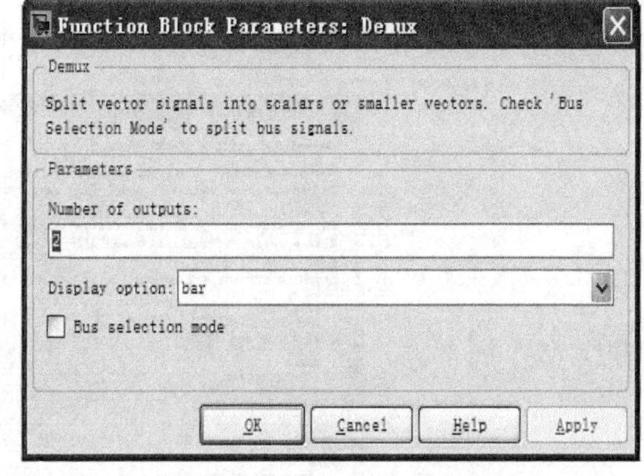

图 2-76　信号分解模块的参数设置

（3）系统的仿真参数设置

在 MATLAB 的模型窗口中单击“Simulation”→“Configuration Parameters…”命令，进行仿真参数设置，如图 2-77 所示。

单击图 2-77 中“Configuration Parameters…”后，弹出有关仿真参数设置的对话框，如图 2-78 所示，此仿真中所选择的算法为 ode23tb。现实中由于系统的多样性，不同的系统需要采用不同的算法，最终使用的算法可通过仿真实践比较选择，相对误差设为 1e-3。仿真开始时间一般设为 0，停止时间根据实际需要而定，这里设置为 0. 08s。

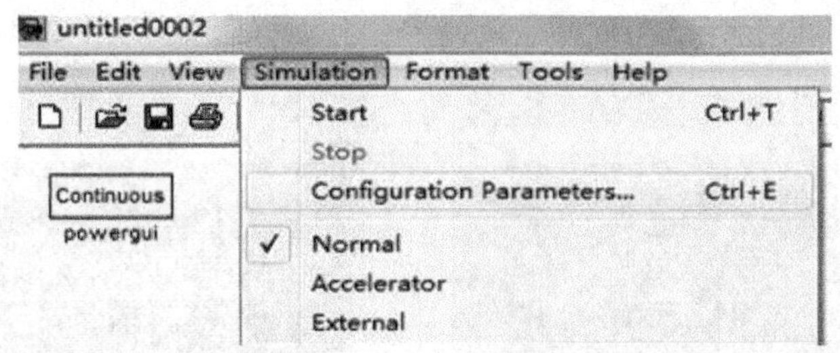

图 2-77　仿真参数设置

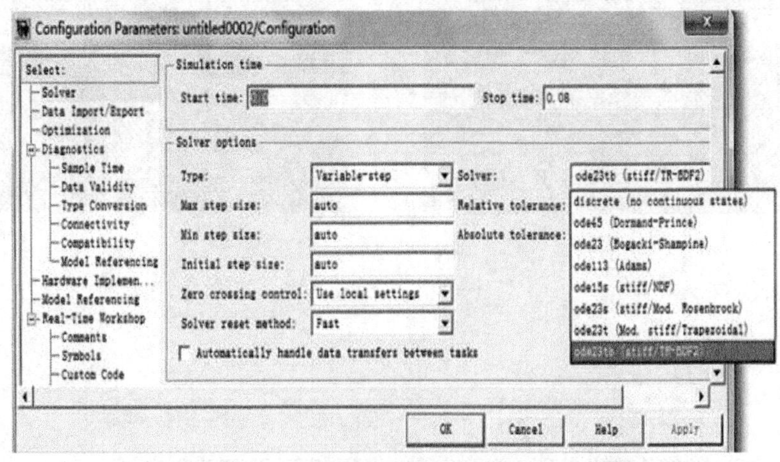

图 2-78　仿真参数设置对话框及参数设置

（4）系统的仿真、仿真结果的输出及结果分析

当完成电路模型的搭建和参数设置后，则可以开始仿真。

1）系统仿真。在 MATLAB 的模型窗口单击“Simulation”→“Start”命令，或直接单击 ▶ 按钮，系统开始仿真。

2）输出仿真结果。系统可以有多种输出方式，根据图 2-70 给出的模型，当使用“示波器”模块观测仿真输出结果时，只需双击“示波器”模块的图标即可。图 2-79 是使用“示波器”模块输出时的曲线图。

3）仿真结果比较及分析。

① 当其他参数不变，改变 α 角为 30°、60°、90°时，仿真波形和实物实验波形分别如图 2-79a、b 和 c 所示。

由图 2-79 所示的波形可知，随着 α 角的增大，直流输出平均电压 U_d 值减小，输出电流平均值 I_d 也相应减小。

② 当 $\alpha=90°$不变时，若改变负载参数，波形的变化情况如图 2-80a、b 所示。

由图 2-80 所示的波形可知，带不同负载电阻 R，在 U_2 不变时，U_d 值只与 α 角的大小有关。而负载电流随着电阻增大成比例减小。

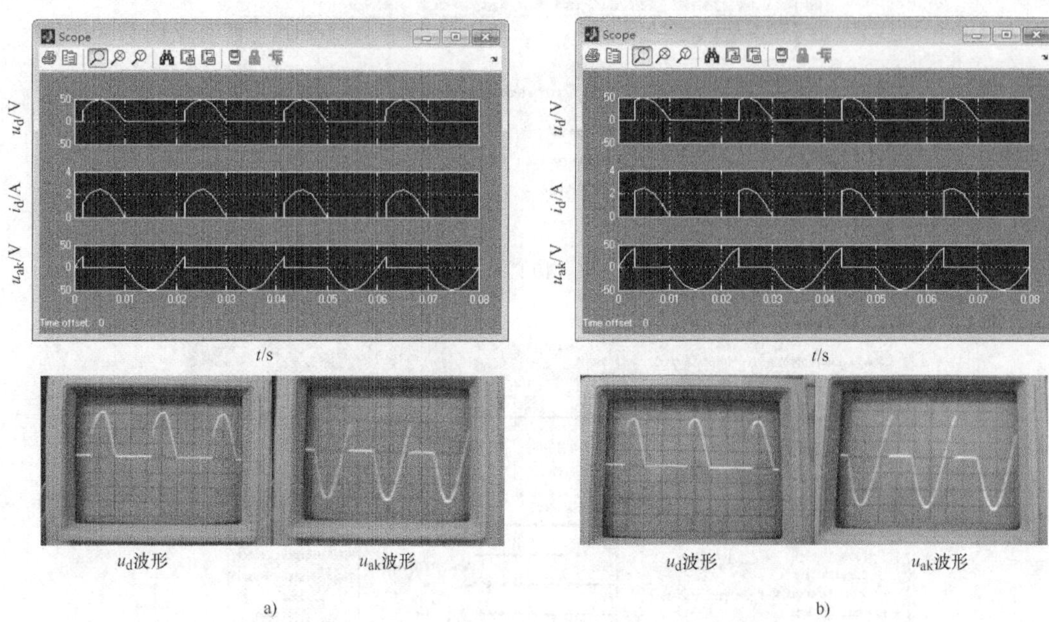

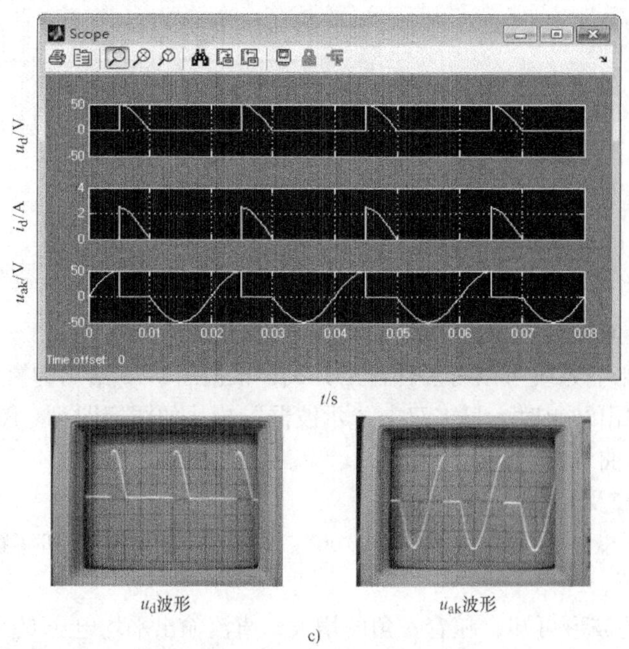

图 2-79　单相半波整流电路带电阻性负载不同控制角时的仿真和实验波形

a）$\alpha=30°$时　b）$\alpha=60°$时　c）$\alpha=90°$时

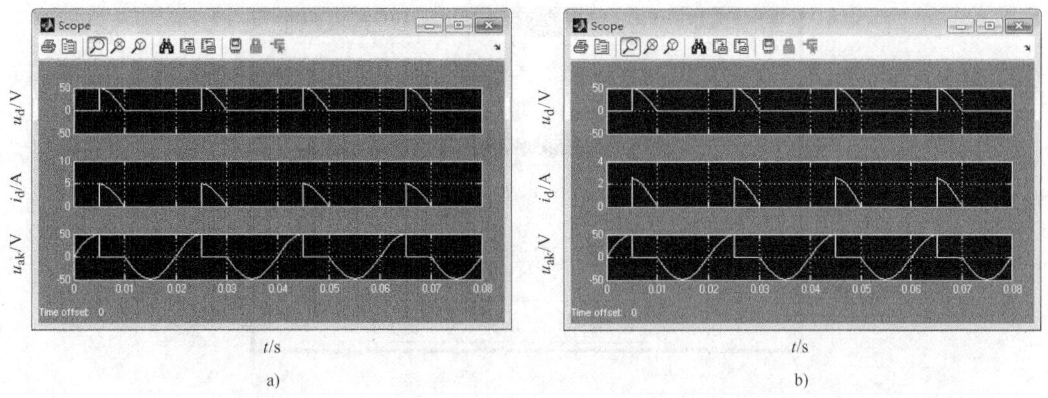

图 2-80　控制角相同、不同负载时的单相半波整流电路电阻性负载的仿真波形

a）$R=10\Omega$　b）$R=20\Omega$

2. 单相半波可控整流电路（阻－感性负载）

（1）电气原理结构图

单相半波可控整流电路带阻－感性负载的电气原理结构图如图 2-81 所示。

（2）电路的建模

图 2-82 是根据原理结构图搭建的仿真模型。

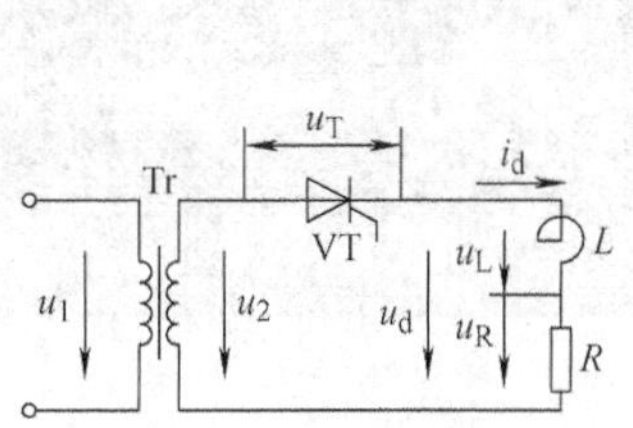

图 2-81　单相半波可控整流电路电气原理结构图（阻－感性负载）

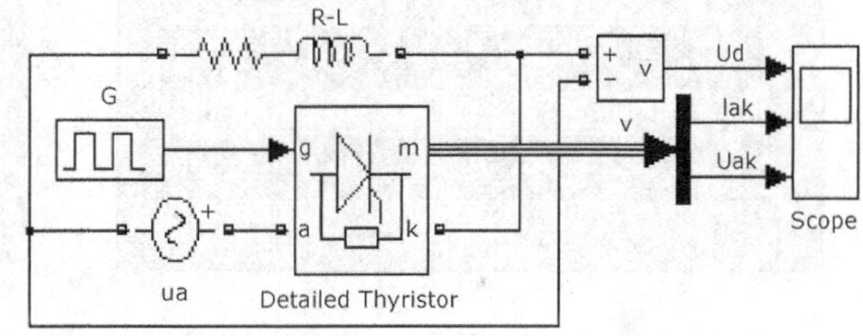

图 2-82　单相半波可控整流电路（阻－感性负载）的仿真模型

大部分模块的提取途径、作用及参数设置在电阻性负载电路中已经详细介绍过，此处只补充前面没有涉及的其他模块。

1）模型中新增的模块、提取途径及作用。

阻－感性负载模块：SimPower System/Elements/Series RLC Branch，电路所带的阻－感性负载。

2）模块的参数设置。负载模块的参数设置如图 2-83 所示，其他模块的参数设置与电阻性负载相同。

（3）模型仿真、仿真结果的输出及结果分析

1）系统仿真。打开仿真参数设置窗口，选择 ode23tb 算法，相对误差设为 1e－3，仿真开始时间为 0，停止时间为 0.08s；单击 “Simulation” → “Start” 命令，或直接单击 ▸ 按钮，系统开始仿真。

2）输出仿真结果。采用 “示波器” 模块输出方式，图 2-84 是双击 “示波器” 模块后显示的仿真曲线。

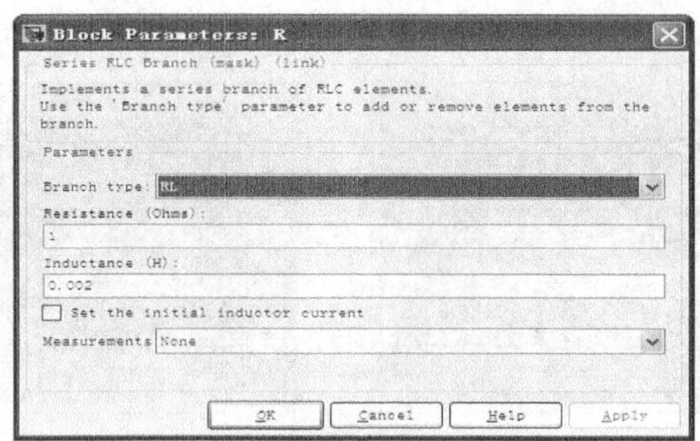

图 2-83　负载模块的参数设置

3）输出结果分析。

① 当其他参数不变，使 $\alpha=30°$、60°、90°时，仿真波形分别如图 2-84a、b 和 c 所示。

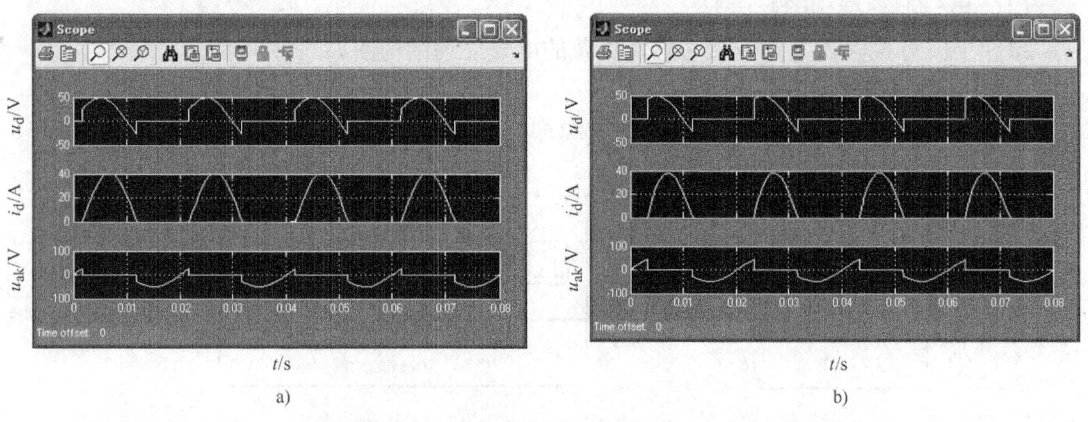

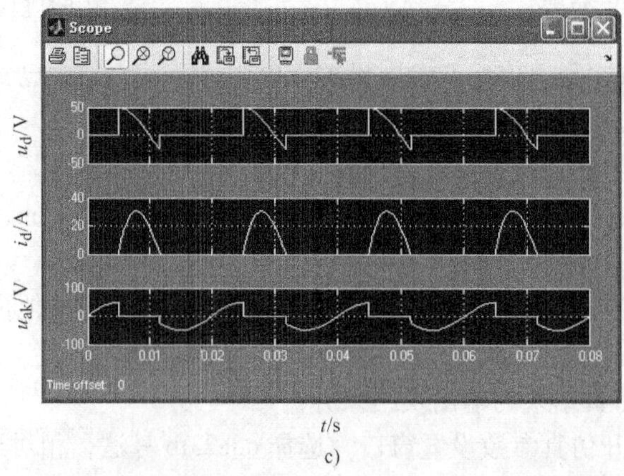

图 2-84　单相半波整流电路带阻 - 感性负载不同控制角时的仿真波形

a）$\alpha=30°$时　b）$\alpha=60°$时　c）$\alpha=90°$时

② 当 $\alpha=60°$和电阻 $R=1\Omega$ 不变，改变负载电感 L 时，波形的变化情况如图 2-85 所示。

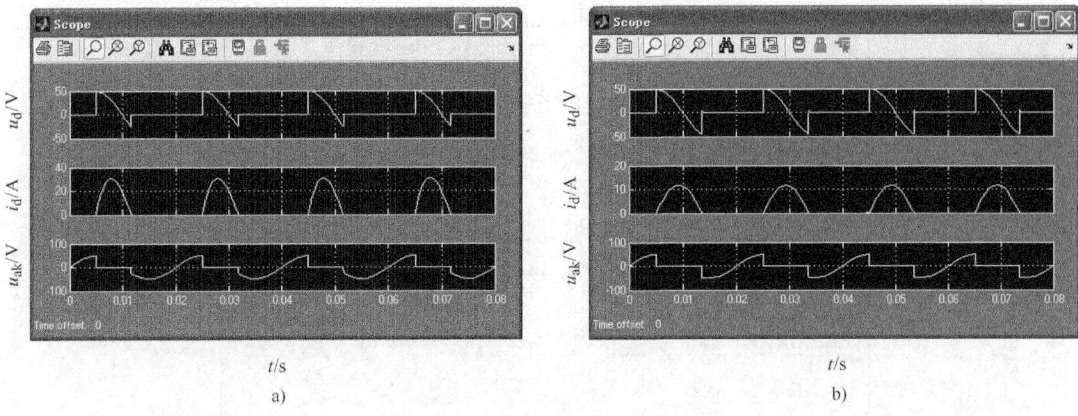

图 2-85 控制角相同、不同负载电感时的单相半波整流电路阻 - 感性负载的仿真波形
a) $L=0.01\text{H}$ b) $L=0.02\text{H}$

由图 2-85 可知，改变负载电感 L 的大小，会直接影响到负载平均电压 U_d，随着电感 L 的增大，负载电压的波形在负半周所占的面积越大，使得 U_d 值越小。

在上述分析的基础上，将单相半波整流电路带电阻性与阻 - 感性负载进行比较可得出以下结论：与电阻性负载相比，电路中所出现的负载电感 L，会使得晶闸管的导通时间加长，当 u_2 由正到零时，晶闸管并没有关断，使输出电压出现了负的部分，从而输出电压平均值 U_d 减小。

3. 单相半波可控整流电路（阻 - 感性负载加续流二极管）

（1）电气原理结构图

为了解决电感性负载存在的问题，必须在负载两端并联续流二极管，把输出电压的负向波形去掉。阻 - 感性负载加续流二极管的电气原理结构图如图 2-86 所示。

（2）电路的建模

图 2-87 是根据电气原理结构图搭建的仿真模型。

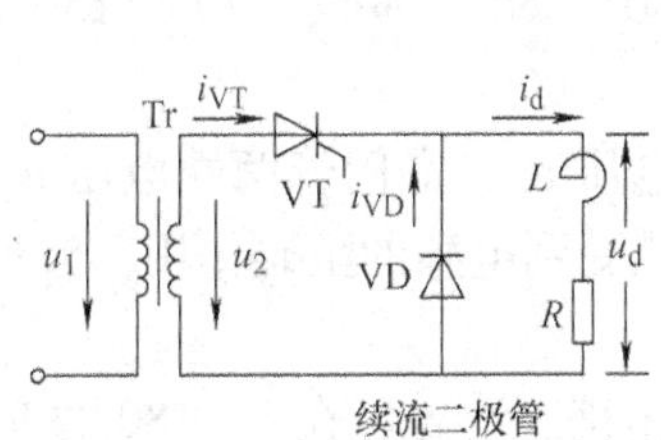

图 2-86 单相半波可控整流电路电气原理结构图（阻 - 感性负载加续流二极管）

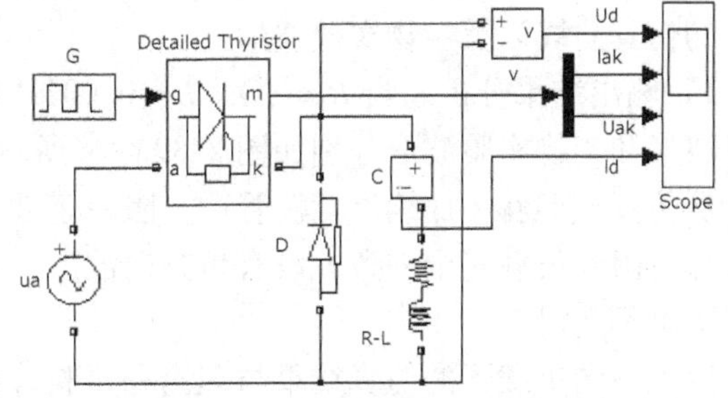

图 2-87 单相半波可控整流电路（阻 - 感性负载加续流二极管）的仿真模型

此处只补充新增模块。

1）模型中新增的模块、提取途径及作用。

① 二极管模块：SimPower System/Power Electronics/Diode，作为续流二极管器件。

② 电流测量模块：SimPower System/Measurements/Current Measurement，用于检测电流的大小。

2）模块的参数设置。续流二极管模块的参数设置如图 2-88 所示。

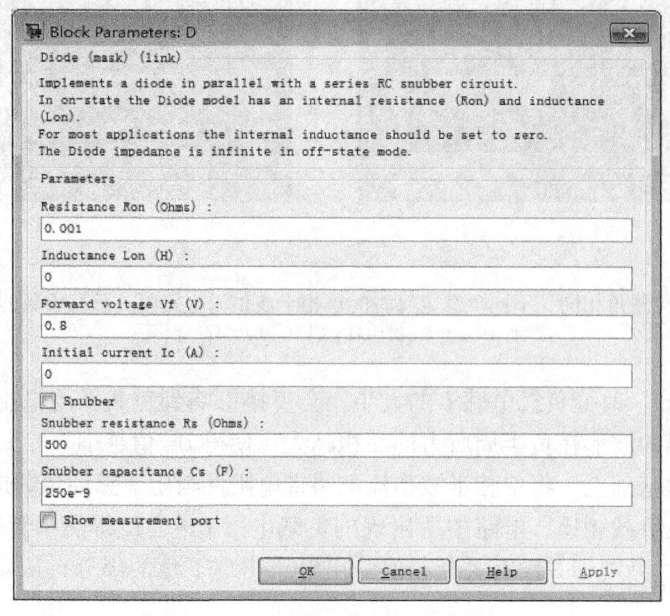

图 2-88　续流二极管模块的参数设置

（3）模型仿真、仿真结果的输出及结果分析

1）系统仿真。打开仿真参数设置窗口，选择 ode23tb 算法，相对误差设为 1e－3，仿真开始时间为 0，停止时间为 0.08s；单击“Simulation”→“Start”命令，或直接单击 ▶ 按钮，系统开始仿真。

2）输出仿真结果。采用“示波器”模块输出方式，图 2-89 是双击“示波器”模块后显示的仿真曲线以及实物实验波形。

3）输出结果分析。当 $R=1\Omega$、$L=0.002$H 时，使 $\alpha=30°$、$60°$、$90°$、$120°$、$150°$时，仿真波形和实物实验波形分别如图 2-89a～e 所示。

从仿真波形看，加续流二极管后，阻－感性负载的负载电压 u_d、晶闸管两端电压 u_{ak} 的波形与电阻性负载完全一致，没有负方向波形。只是负载电流受到电感的阻碍作用，波形上升和下降都变慢。

以上不同负载下的仿真结果与理论和实验分析结果完全相符。读者可在 0～180°之间任意改变 α 的值，观察不同 α 角时的波形情况。

4. 单相双半波可控整流电路（电阻性负载）

（1）电气原理结构图

单相双半波可控整流电路的电气原理结构图如图 2-90 所示。

单相双半波可控整流与单相半波可控整流电路相比，不同之处在于：当在电源电压负半周时，晶闸管 VT_1 过零关断，但此时若有触发脉冲到来（即到达 $\pi+\alpha$ 处），会使得晶闸管 VT_2 导通，给负载电阻 R 供电，直到电源电压过零变正时，晶闸管 VT_2 关断。这样，随着电源电压的正、负半周触发脉冲的到来，晶闸管 VT_1、VT_2 轮流导通，如此反复。

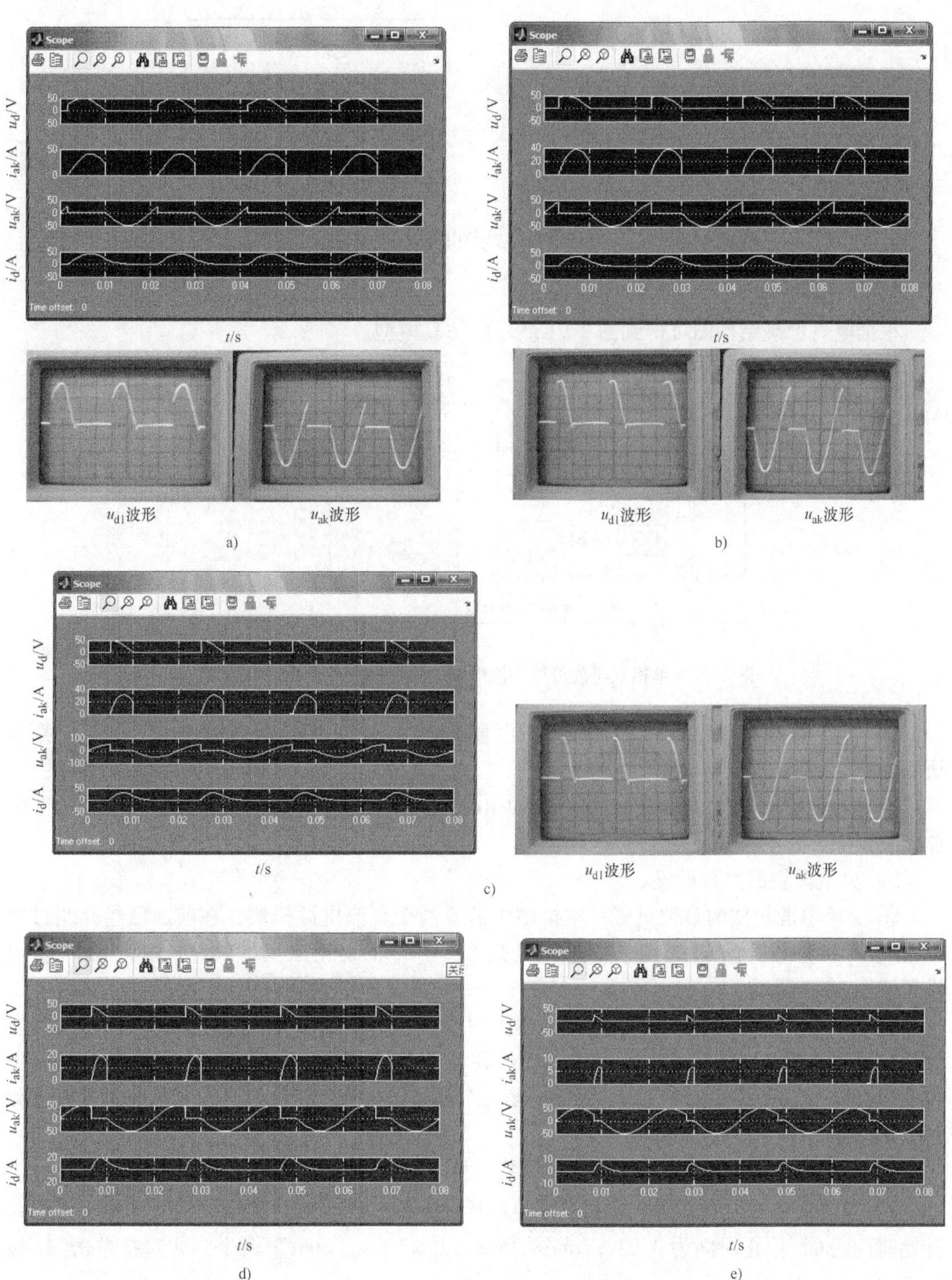

图 2-89　不同控制角时单相半波整流电路阻－感性负载接续流二极管的仿真和实验波形

a）$\alpha=30°$时　b）$\alpha=60°$时　c）$\alpha=90°$时　d）$\alpha=120°$时　e）$\alpha=150°$时

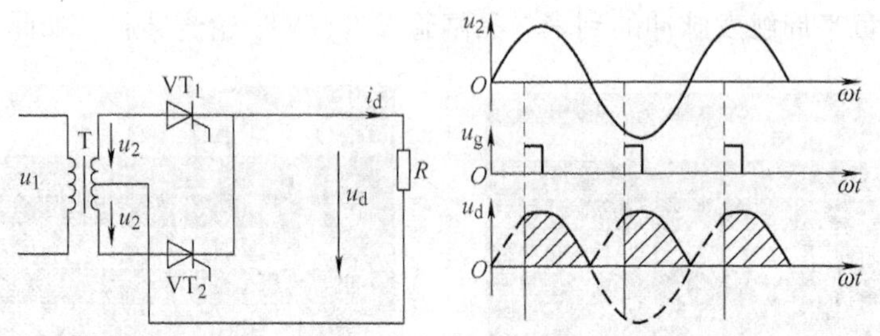

图 2-90　单相双半波可控整流电路电气原理结构图（电阻性负载）

（2）电路的建模

根据电气原理结构图可得到图 2-91 所示的仿真模型。

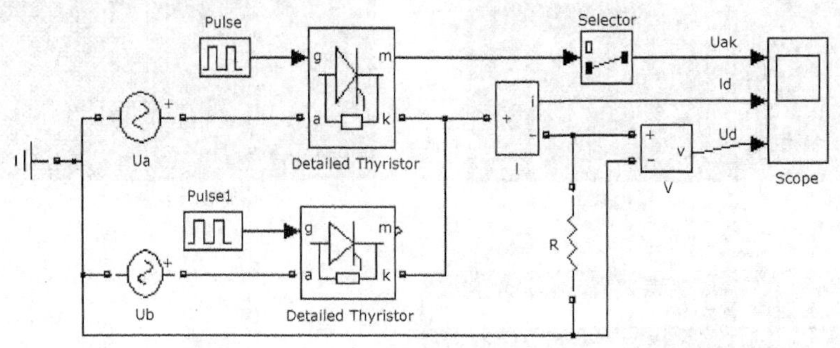

图 2-91　单相双半波可控整流电路（电阻性负载）的仿真模型

1）新增模块的选择、提取途径及主要作用。本仿真模型新增加了选择开关模块Selector。

选择开关模块 Selector：Simulink/Signal Routing/Selector，建立输入和输出信号间的匹配连接关系。

2）典型模块的参数设置。

① 交流电源模块的参数设置：本模型中需要两个交流电源模块，在前面已经介绍过电源模块 U_a 的参数设置方法，唯一不同之处是 U_b 与 U_a 的初相位互差 180°，则将 U_b 的参数设置成图 2-92 所示。

② 脉冲信号发生器的参数设置：本模型中使用了两个信号发生器，第二个信号发生器的相位延迟与第一个信号发生器互差 180°，在第一个信号发生器相位延迟设置值的基础上加上(1/50)×(180/360)s = 0.01s，即为第二个信号发生器的相位延迟设置值，参数设置如图 2-93 所示。

（3）模型仿真、仿真结果的输出及结果分析

1）系统仿真。打开仿真参数设置窗口，选择 ode23tb 算法，相对误差设为 1e－3，仿真开始时间为 0，停止时间为 0.08s；单击“Simulation”→“Start”命令，或直接单击 ▶ 按钮，系统开始仿真。

2）输出仿真结果。采用“示波器”模块输出方式，图 2-94a、b、c 分别是 $R=2\Omega$，$\alpha=30°$、60°、90°时的负载电压、负载电流和晶闸管上的电压仿真波形。

Block Parameters: Ub

AC Voltage Source (mask) (link)

Ideal sinusoidal AC Voltage source.

Parameters

Peak amplitude (V): 50

Phase (deg): 180

Frequency (Hz): 50

Sample time: 0

Measurements: None

OK Cancel Help Apply

图 2-92　U_b 电源模块的参数设置

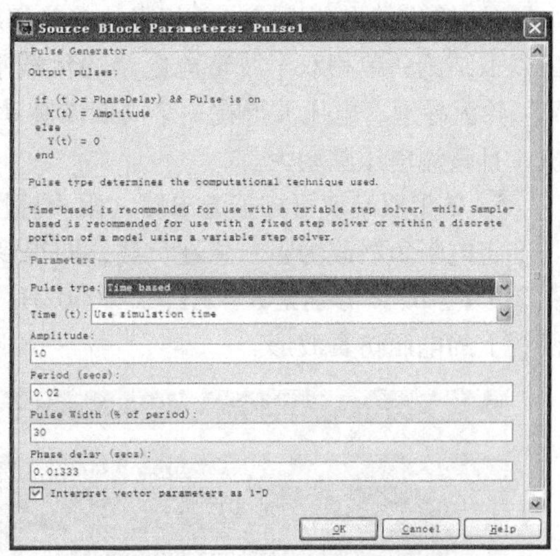

图 2-93　第二个信号发生器的参数设置

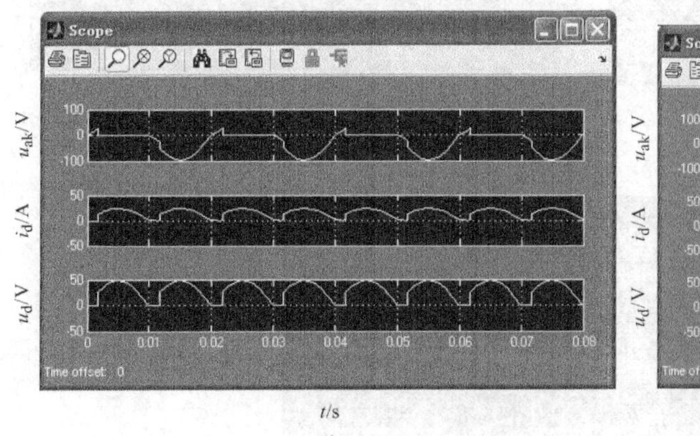

t/s

a)

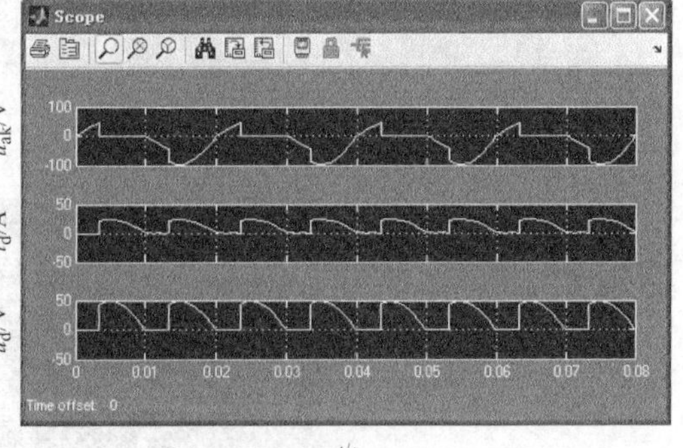

t/s

b)

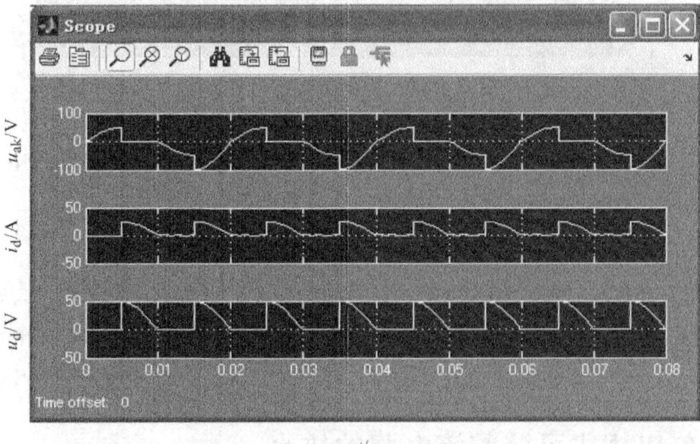

t/s

c)

图 2-94　$R=2\Omega$，不同 α 时的负载电压、负载电流和晶闸管电压仿真波形

a）$R=2\Omega$，$\alpha=30°$　b）$R=2\Omega$，$\alpha=60°$　c）$R=2\Omega$，$\alpha=90°$

3）输出结果分析。将单相半波与单相双半波整流电路的输出电压波形进行比较，可得出以下结论：单相双半波整流电路的负载平均电压 U_{d} 的值比半波时大，因为晶闸管 VT_1、VT_2 轮流导通，电压波形在一个周期内脉动两次，而单相半波输出电压波形每个周期脉动一次，且整流电压脉动大。

5. 单相双半波可控整流电路（阻－感性负载）

将电阻负载改为阻－感性负载，即得到了单相双半波可控整流电路（阻－感性负载）。图2-95a、b、c分别是 $R=2\Omega$，$L=0.02\mathrm{H}$，$\alpha=30°$、$60°$、$90°$时的负载电压、负载电流和晶闸管上的电压仿真波形。

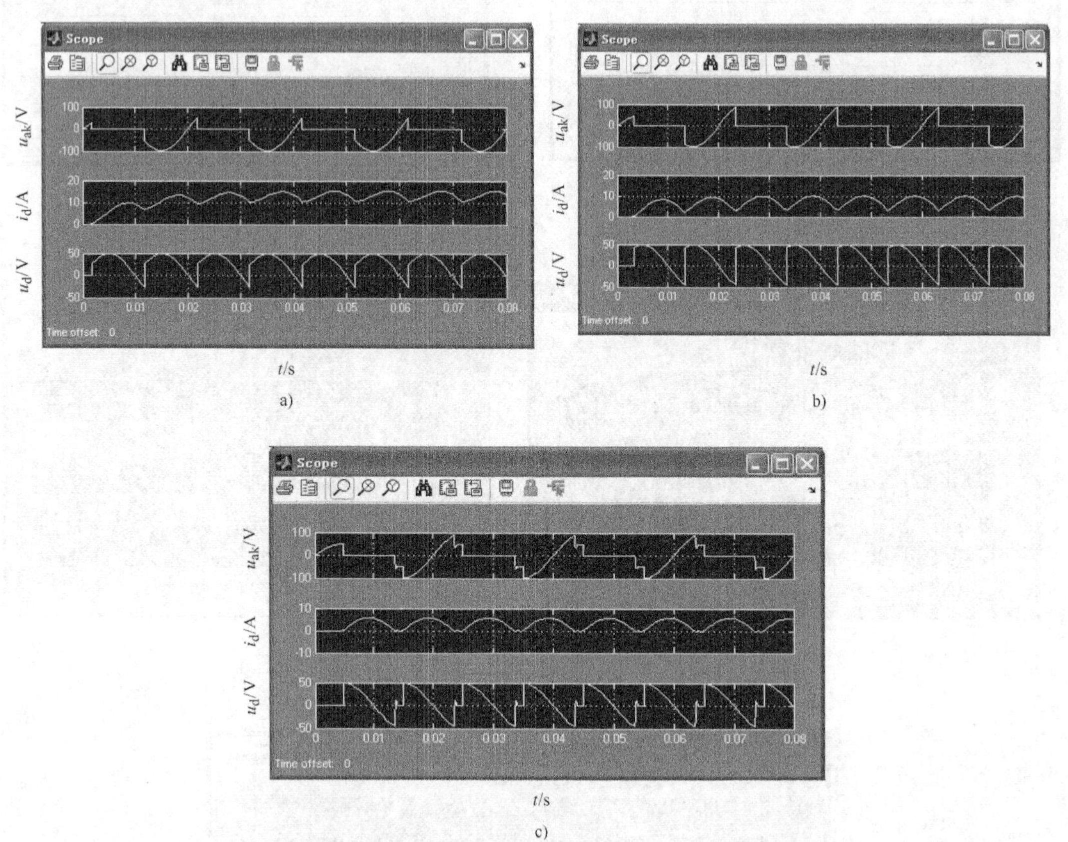

图2-95　$R=2\Omega$，$L=0.02\mathrm{H}$，不同 α 时的负载电压、负载电流和晶闸管电压仿真波形
a) $R=2\Omega$，$L=0.02\mathrm{H}$，$\alpha=30°$　b) $R=2\Omega$，$L=0.02\mathrm{H}$，$\alpha=60°$
c) $R=2\Omega$，$L=0.02\mathrm{H}$，$\alpha=90°$

由图2-95可知，在阻－感性负载中，负载电压 u_{d} 出现了负半波，与电阻性负载相比，负载电流 i_{d} 从零按指数规律逐渐上升，波形变得平滑，且随着 α 角的增加，输出平均电压 U_{d} 减小。

2.11.3　晶闸管单相桥式可控整流电路的仿真

1. 单相桥式全控整流电路（电阻性负载）

（1）电气原理结构图

单相桥式全控整流电路带电阻性负载的电气原理结构图如图2-96所示。

（2）电路的建模

图 2-97 是根据电气原理结构图所搭建的系统仿真模型。

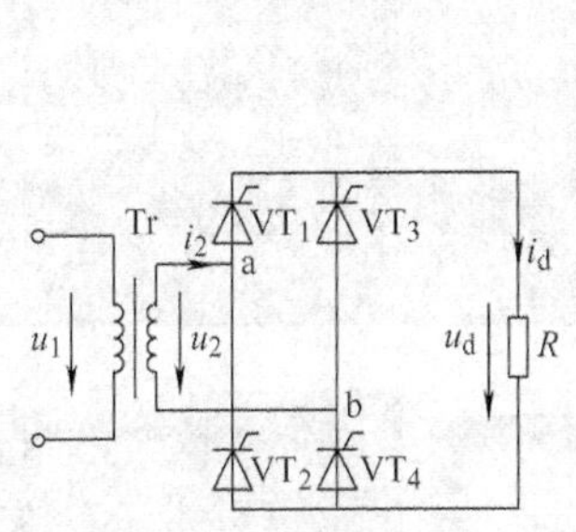

图 2-96 单相桥式全控整流电路电气原理结构图（电阻性负载）

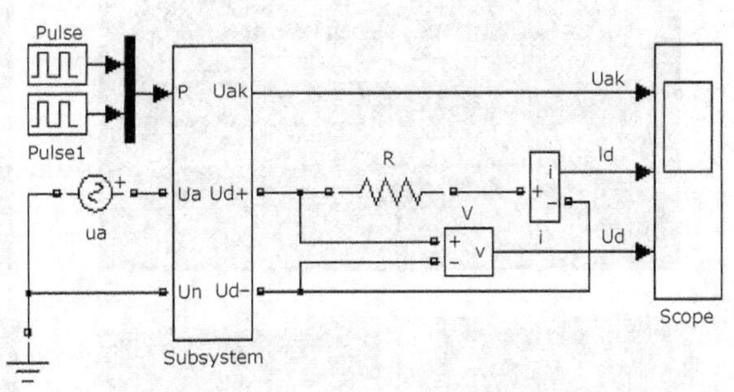

图 2-97 单相桥式全控整流电路（电阻性负载）的仿真模型

1）模型中子系统的建立。本系统中主要是添加了单相桥式全控整流器子系统模型，它的具体模型及封装后的符号图如图 2-98 所示。

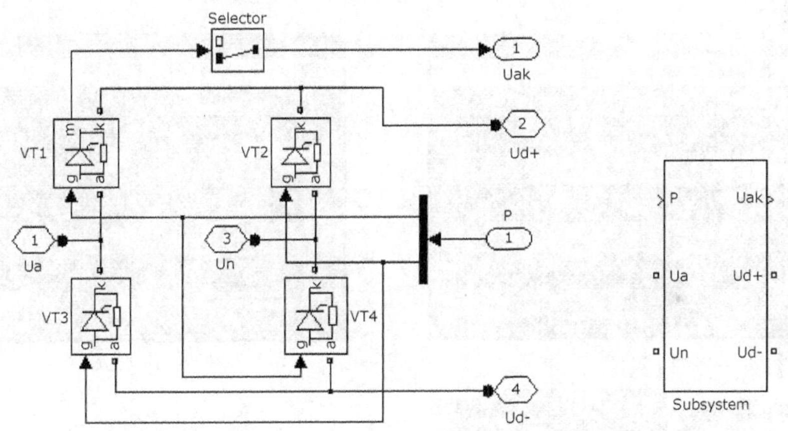

图 2-98 单相桥式全控整流器子系统模型及封装后的符号图

2）新增模块的提取途径及作用。

① 子系统的输出模块：Simulink/Commmonly Used Blocks/Out1，子系统输出端子。

② 子系统的输入模块：Simulink/Commmonly Used Blocks/In1，子系统输入端子。

（3）模型仿真、仿真结果的输出及结果分析

1）系统仿真。打开仿真参数设置窗口，选择 ode23tb 算法，相对误差设为 1e－3，仿真开始时间为 0，停止时间为 0.08s；单击“Simulation”→“Start”命令，或直接单击 ▶ 按钮，系统开始仿真。

2）输出仿真结果。采用“示波器”模块输出方式，图 2-99a～d 分别是 $\alpha=30°$、60°、90°、120°时的负载电压、负载电流和晶闸管上的电压仿真波形和实验波形。

3）输出结果分析。由图 2-99 可知，本电路输出电压 U_d 的值随着控制角 α 的增加而减小。

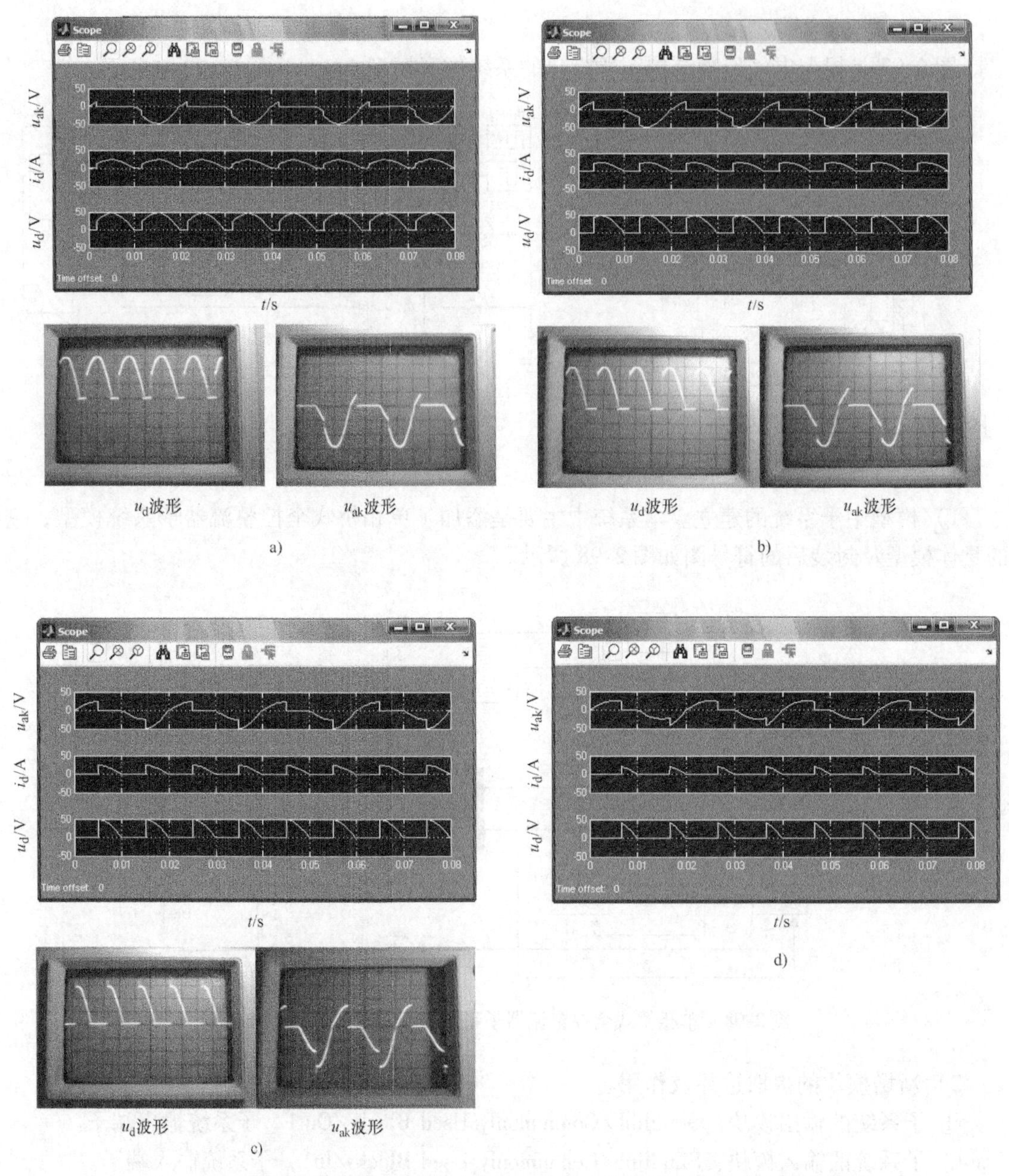

图 2-99　不同控制角时单相桥式全控整流电路电阻性负载的仿真和实验波形

a）$\alpha=30°$　b）$\alpha=60°$　c）$\alpha=90°$　d）$\alpha=120°$

与单相双半波整流电路相比，从仿真波形图不难看出，两电路的输出电压 u_d 波形是相同的，但两者的区别在于，单相双半波的变压器二次绕组是带中心抽头的，这种结构较单相桥式全控电路复杂。单相双半波比单相桥式全控电路少用 2 个晶闸管，这样使门极驱动电路也少了 2 个，且其晶闸管能承受的最大电压是单相桥式全控的 2 倍。

2. 单相桥式全控整流电路（阻－感性负载）

（1）电气原理结构图

单相桥式全控整流电路（阻－感性负载）的电气原理结构图如图 2-100 所示。

（2）电路的建模

此系统的模型只需将图 2-97 中的电阻负载改为阻－感性负载即可，如图 2-101 所示。

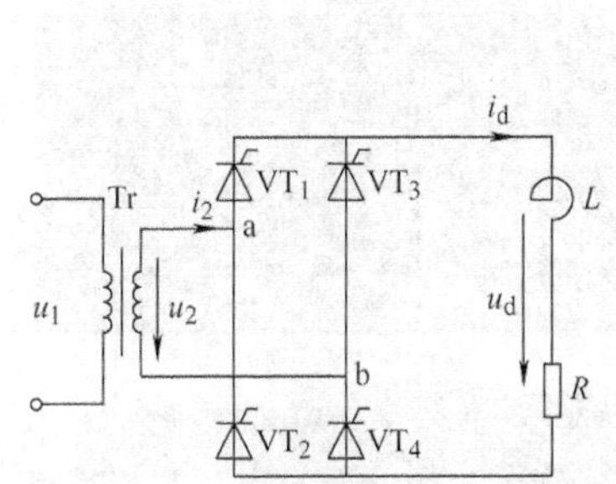

图 2-100　单相桥式全控整流电路气原理结构图（阻－感性负载）

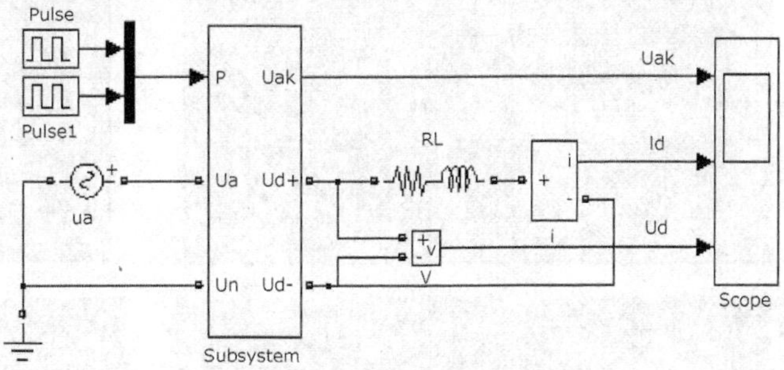

图 2-101　单相桥式全控整流电路（阻－感性负载）的仿真模型

（3）模型仿真、仿真结果的输出及结果分析

1）系统仿真。打开仿真参数设置窗口，选择 ode23tb 算法，相对误差设为 1e－3，仿真开始时间为 0，停止时间为 0.08s；单击“Simulation”→“Start”命令，或直接单击 ▸ 按钮，系统开始仿真。

2）输出仿真结果。采用“示波器”模块输出方式，图 2-102a、b、c 分别是 $\alpha=30°$、60°、90°时的负载电压、负载电流和晶闸管上的电压仿真波形和实验波形。

3）输出结果分析。

① 由于电感的作用，输出电压出现负波形；当电感无限大时，控制角 α 在 0 ~ 90°之间变化时，晶闸管导通角 $\theta=\pi$，导通角 θ 与控制角 α 无关。输出电流近似平直，流过晶闸管和变压器二次侧的电流为矩形波。

② 图 2-102a、b、c 分别是 $\alpha=30°$、60°、90°阻－感性负载时的仿真和实验波形，此时的电感为有限值，晶闸管均不通期间承受$\frac{1}{2}u_2$ 电压。

3. 单相桥式全控整流电路（带反电动势负载）

（1）电气原理结构图

单相桥式全控整流电路带反电动势负载的电气原理结构图如图 2-103 所示。

（2）电路的建模

单相桥式全控整流电路带反电动势负载的仿真模型如图 2-104 所示。

图 2-104 中所增加的反电动势 E 的参数设为 15V。

（3）模型仿真、仿真结果的输出及结果分析

1）系统仿真。打开仿真参数设置窗口，选择 ode23tb 算法，相对误差设为 1e－3，仿真开始时间为 0，停止时间为 0.08s；单击“Simulation”→“Start”命令，或直接单击 ▸ 按钮，系统开始仿真。

2）输出仿真结果。采用“示波器”模块输出方式，不同控制角 α 时的仿真波形如图 2-105所示。

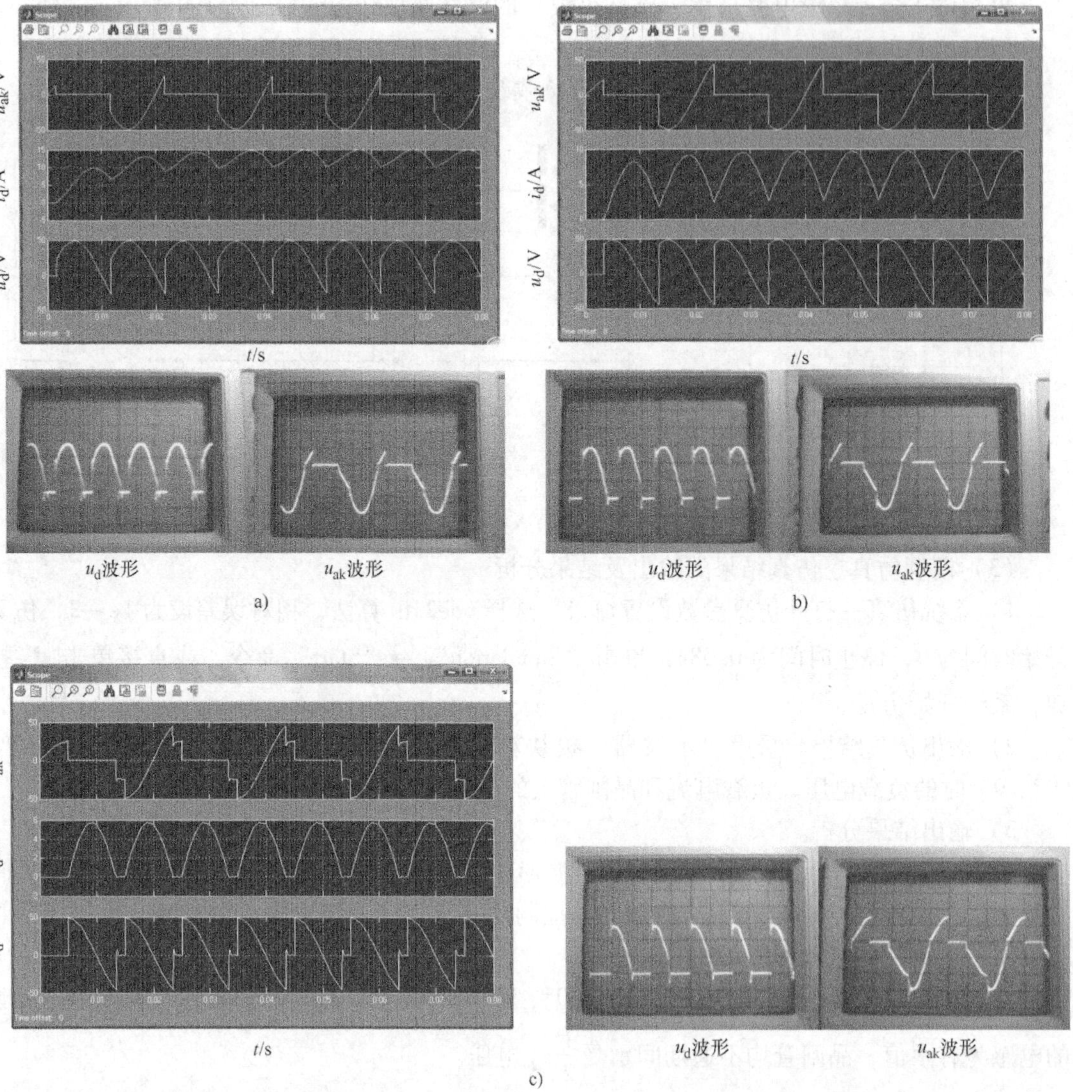

u_{ak}/V
i_d/A
u_d/V
t/s

u_d波形　u_{ak}波形

a)

u_{ak}/V
i_d/A
u_d/V
t/s

u_d波形　u_{ak}波形

b)

u_{ak}/V
i_d/A
u_d/V
t/s

u_d波形　u_{ak}波形

c)

图 2-102　不同控制角时单相桥式全控整流电路阻 - 感性负载的仿真和实验波形

a）$\alpha=30°$　b）$\alpha=60°$　c）$\alpha=90°$

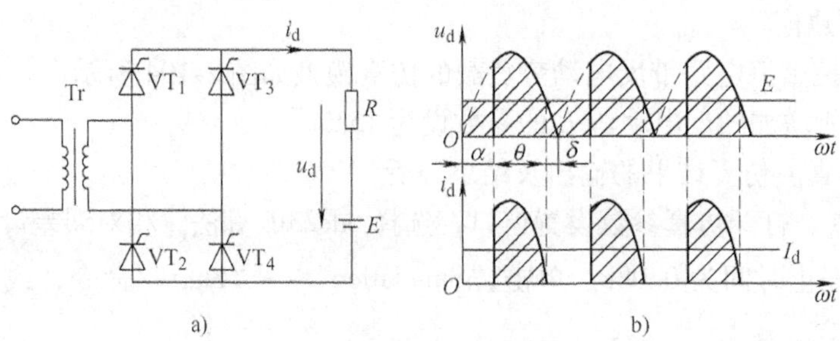

图 2-103　单相桥式全控整流电路带反电动势负载（$L=0$）

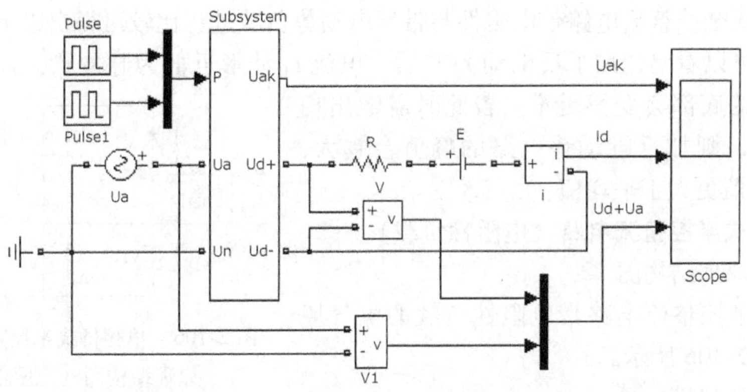

图 2-104　单相桥式全控整流电路带反电动势负载的仿真模型

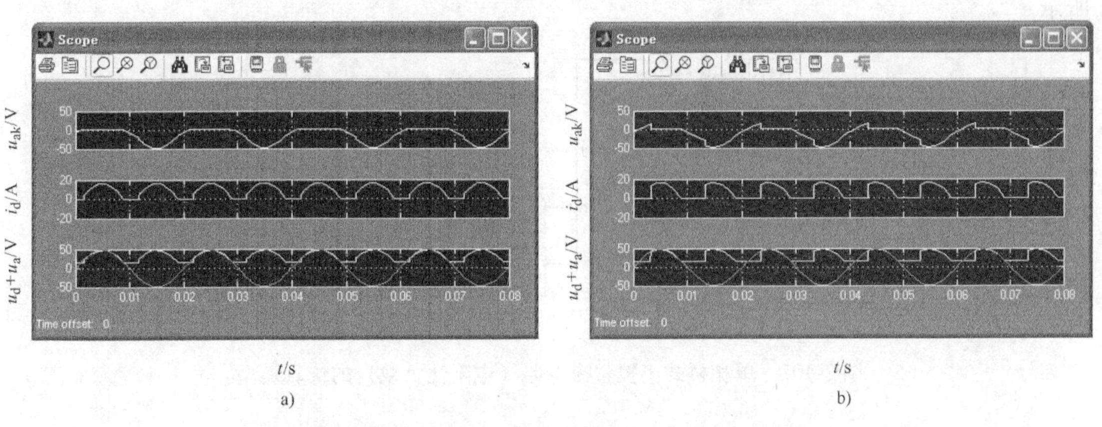

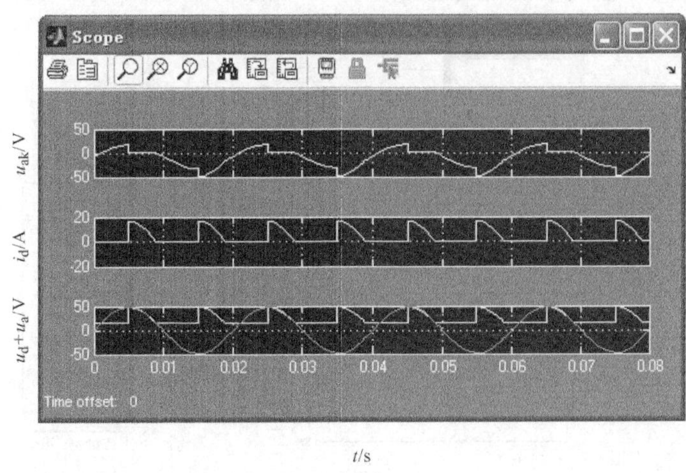

图 2-105　单相桥式全控整流电路带反电动势负载不同控制角 α 时的仿真波形

a）$\alpha=30°$　b）$\alpha=60°$　c）$\alpha=90°$

3）输出结果分析。由图 2-105 可知，随着 α 角的增大，平均电压 U_d 减小，在反电动势 E 一定的情况下，输出电流 I_d 相应地减小。

将单相桥式全控整流电路带电阻性与带反电动势负载进行比较可得出以下结论：从两电路的仿真波形可以看出，加了反电动势 E 后，电流 i_d 波形近似为脉冲状，且随着电动势 E 增大，i_d 波形的底部会变得更窄。若此时需输出相同的平均电流，则加反电动势电路的峰值会越大，进而 I_d 的有效值更大于平均值。

4. 单相桥式半控整流电路（电阻性负载）

（1）电气原理结构图

单相桥式半控整流电路带电阻性负载的电气原理结构图如图 2-106 所示。

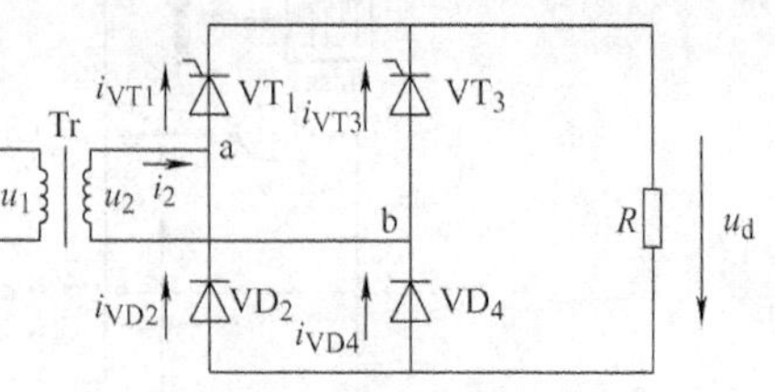

图 2-106　单相桥式半控整流电路电气原理结构图（电阻性负载）

（2）电路的建模

根据电气原理结构图建立的单相桥式半控整流电路带电阻性负载的仿真模型如图 2-107 所示。

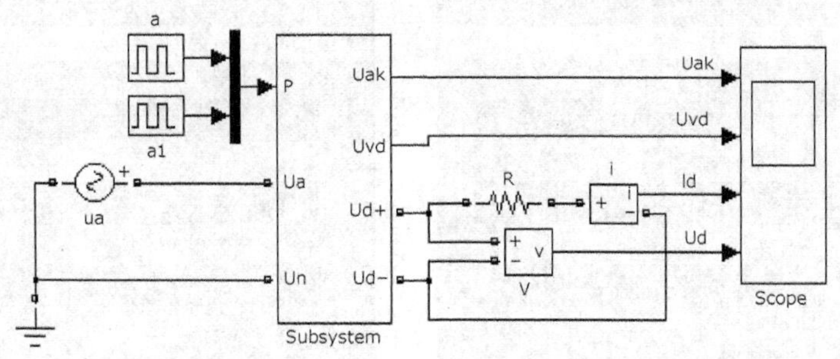

图 2-107　单相桥式半控整流电路（电阻性负载）的仿真模型

电路仿真模型中子系统模型的建立如图 2-108 所示。

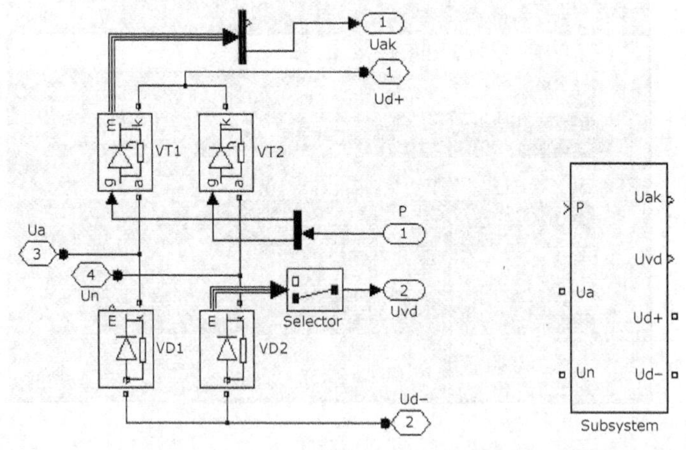

图 2-108　仿真模型中子系统模型及子系统符号

功率二极管模块的提取途径前面已经说明过。

（3）模型仿真、仿真结果的输出及结果分析

1）系统仿真。打开仿真参数设置窗口，选择 ode23tb 算法，相对误差设为 1e－3，仿真

开始时间为0，停止时间为0.08s；单击“Simulation”→“Start”命令，或直接单击▶按钮，系统开始仿真。

2）输出仿真结果。采用“示波器”模块输出方式，其他参数不变，不同控制角α时的仿真波形如图2-109所示。

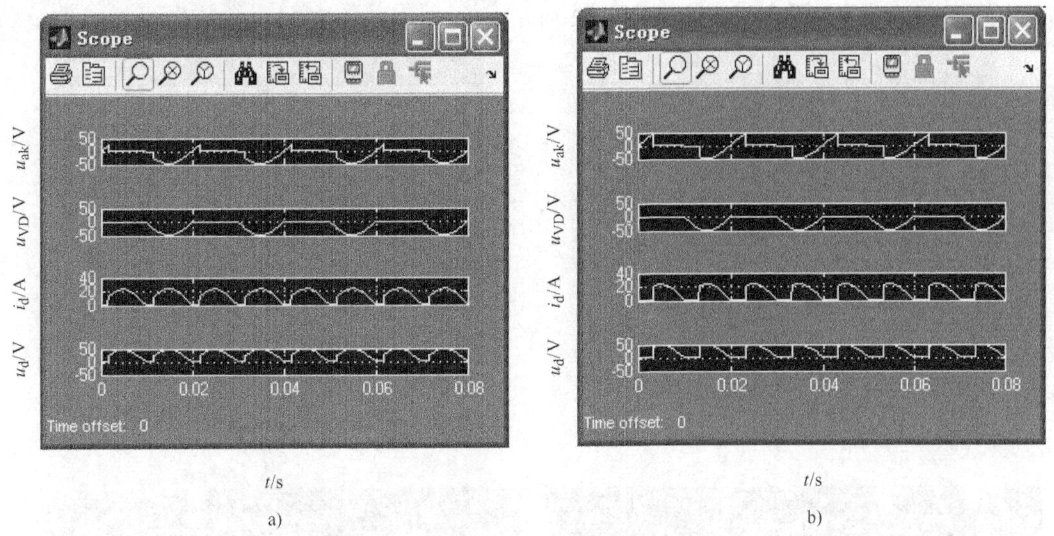

图2-109　改变α角时单相桥式半控整流电路带电阻性负载的仿真波形

a）$\alpha=30°$　b）$\alpha=60°$

3）输出结果分析。从波形图可以看出，此电路的输出电压u_d和输出电流i_d的波形与单相桥式全控整流电路带电阻性负载时相同，输出电压随着控制角α的增大而减小。

5. 单相桥式半控整流电路（阻-感性负载、不带续流二极管）

（1）电气原理结构图

单相桥式半控整流电路带大电感负载的电气原理结构图如图2-110所示。

（2）电路的建模

只要将图2-107模型中的电阻性负载改为阻-感性负载即可。根据原理结构图所搭建的仿真模型如图2-111所示。

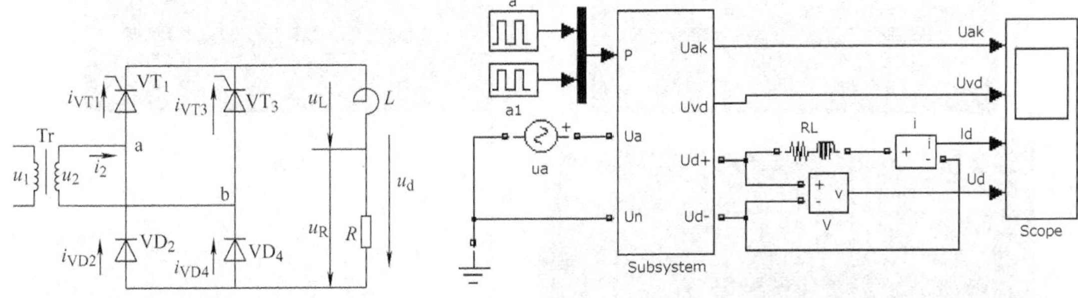

图2-110　单相桥式半控整流电路带大电感负载的电气原理结构图

图2-111　单相桥式半控整流电路带阻-感性负载的仿真模型

（3）模型仿真、仿真结果的输出及结果分析

1）系统仿真。打开仿真参数设置窗口，选择 ode23tb 算法，相对误差设为 1e－3，仿真开始时间为 0，停止时间为 0.08s；单击“Simulation”→“Start”命令，或直接单击 ▶ 按钮，系统开始仿真。

2）输出仿真结果。采用“示波器”模块输出方式，不同控制角 α 带阻－感性负载且电感为有限值时的仿真和实验波形如图 2-112 所示。

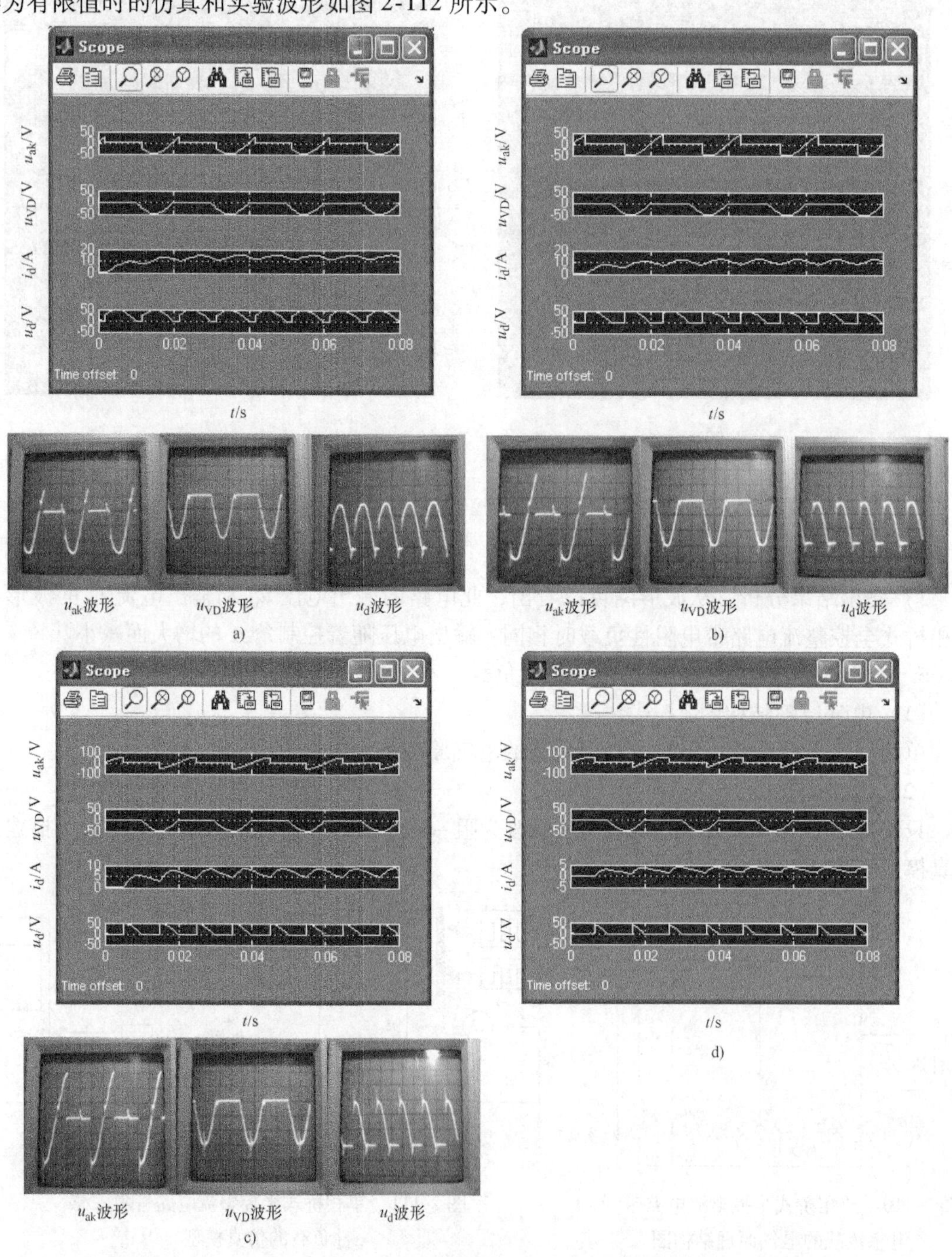

图 2-112　不同控制角 α 带阻－感性负载且电感为有限值时的仿真和实验波形

a）$\alpha=30°$　b）$\alpha=60°$　c）$\alpha=90°$　d）$\alpha=120°$

3）输出结果分析。当负载 $R=2\Omega$，$L=0.02\text{H}$（即阻－感性负载）时，仿真结果如图 2-112所示。图 2-112a ~ d 分别是 $\alpha=30°$、60°、90°、120°阻－感性负载且电感为有限值时的仿真和实验波形。

从图 2-112 分析可知，该电路与电阻性负载时输出的 u_d 波形是一样的。该电路即使直流输出端不接有续流二极管，但由于桥路内部的续流作用，负载端与接续流二极管时的情况是一样的。

6. 晶闸管单相可控整流电路直流侧输出电压的谐波分析

电力电子变流电路会产生大量的谐波，注入电网后会影响电能质量，所以进行谐波分析非常必要。

前面应用傅里叶级数进行了谐波分析，下面使用 MATLAB 中的 Powergui 模块进行谐波分析。在用 Powergui 模块分析之前，先双击示波器，在示波器的“Format”下拉列表中选择“Structure with time”，如图 2-113 所示，选择完成后所保存的数据就可以用 Powergui 模块进行分析了。

单击 Powergui 模块，弹出它的属性参数对话框，如图 2-114 所示，单击其中的“FFT Analysis”按钮，弹出 Powergui 的 FFTtools 对话框，如图 2-115 所示。

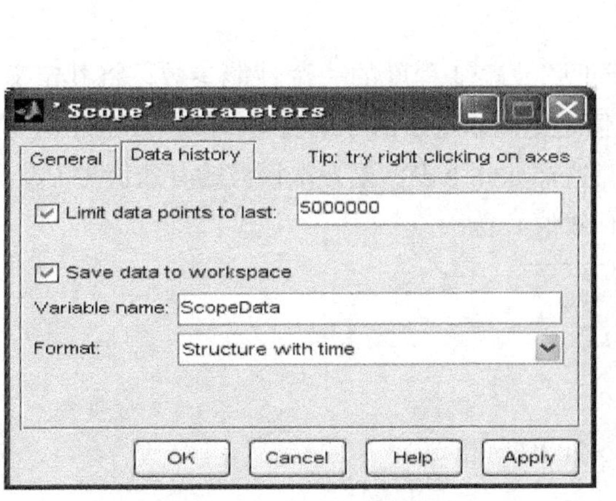

图 2-113　示波器的参数设置

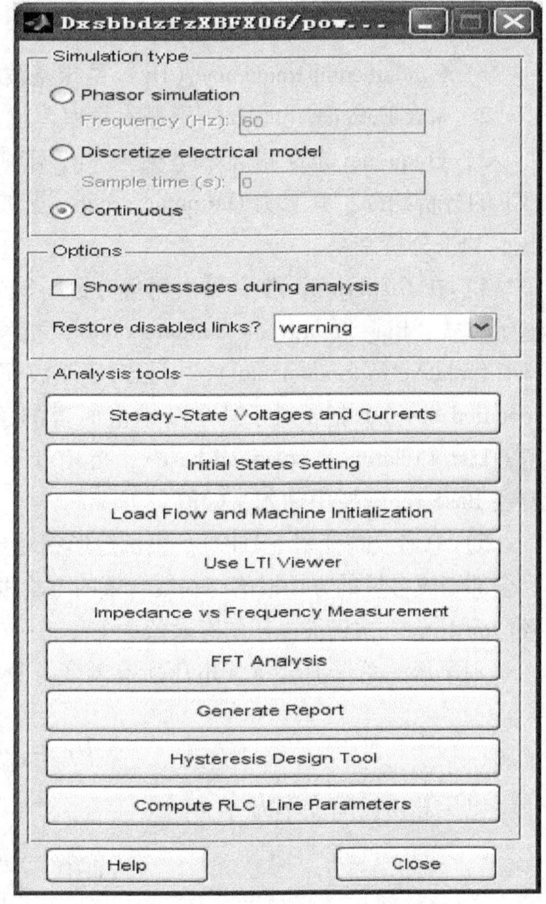

图 2-114　Powergui 模块属性参数对话框

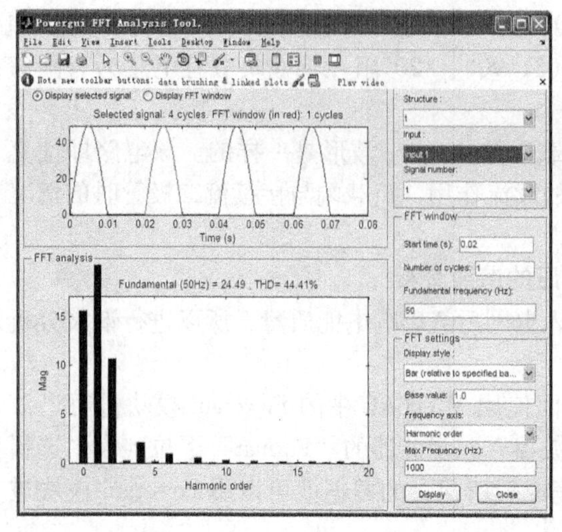

a)

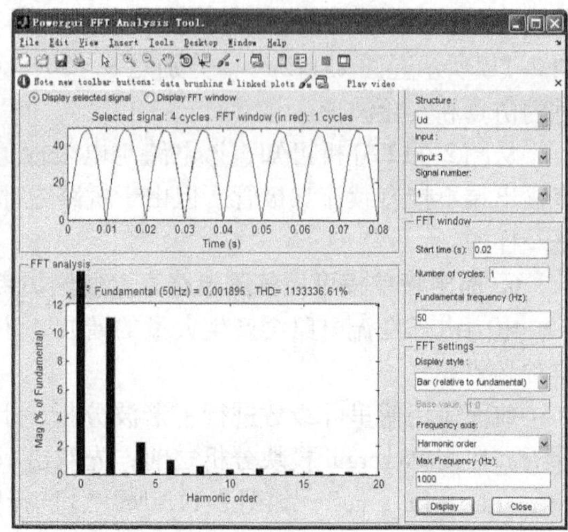

b)

图 2-115　FFTtools 的对话框和谐波分析结果

a）单相半波 FFTtools 的对话框　b）单相双半波 FFTtools 的对话框

关于 FFT tools 对话框的说明：

1）Fundamental frequency（Hz）是指基波频率，本系统中为 50Hz。

2）Max Frequency（Hz）指最大频率，就是要分析的波形的谐波范围。

3）Frequency axis 指频率坐标轴，有两种输出方式：其一为 Hertz，表示以 Hz 来显示 FFT 的分析结果；其二为 Harmonic order（谐波次数），表示以相对于基波频率的谐波次数来显示 FFT 分析结果。

4）在 Displaystyle 中，可由傅里叶分析得到直流侧输出电压的谐波波形，该波形有 4 种显示方式：Bar（relative to fundamental），指相对于基波而言的条形图，如图 2-115 所示；List（relative to fundamental），指相对于基波而言的高次谐波所占的百分比；Bar（relative to specified base），指相对于某个基础值而言的条形图，但此时需要在 Base value 中输入基础值；List（relative to specified base），指相对于某个基础值而言的高次谐波所占的百分比，需要在 Base value 栏中输入基础值。

5）总谐波畸变率（THD）：表示波形相对于正弦波畸变程度的一个性能参数，将其定义为全部谐波含量的方均根值与基波含量的方均根值之比。以电压信号来说明，如基波电压的有效值为 U_1，二次谐波电压的有效值为 U_2，……，这样如此下去，记 h 次谐波的有效值为 U_h。

则电压的总谐波含量（电压所有畸变分量有效值）为

$$U_H = \sqrt{\sum_{h=2}^{\infty} U_h^2}$$

电压总谐波畸变率为

$$\mathrm{THD} = \frac{U_H}{U_1} \times 100\%$$

由傅里叶谐波分析得到下列结果：

1）当 $\alpha = 0°$时，单相半波整流电路电阻性负载输出电压的傅里叶级数为

$$u_{\mathrm{d}}=\frac{\sqrt{2}U_2}{\pi}\left(1+\frac{\pi\cos\omega t}{2}+\frac{2\cos2\omega t}{3}-\frac{2\cos4\omega t}{15}+\frac{2\cos6\omega t}{35}+\cdots\right)$$

输出电压波形中含有直流分量和第1、2、4、…次谐波，与图2-115a分析结果一致。

2）当 $\alpha=0°$ 时，单相双半波整流电路电阻性负载输出电压的傅里叶级数为

$$u_{\mathrm{d}}=\sqrt{2}U_2\,\frac{2}{\pi}\sin\frac{\pi}{2}\left(1+\frac{2\cos2\omega t}{1\times3}-\frac{2\cos4\omega t}{3\times5}+\frac{2\cos6\omega t}{5\times7}+\cdots\right)$$

单相桥式全控整流电路和双半波整流电路的谐波情况相同。

7. 晶闸管单相桥式全控整流电路带阻－感性负载时的谐波和功率因数分析

整流电路的功率因数低，则意味着输出功率中无功功率所占比重大，在供电线路上会有大量的电压降和功率损耗，这对电力系统的运行不利，所以对功率因数的研究很有必要。

（1）变压器二次电流的谐波分析

当电感 L 很大时，变压器二次电流的波形可以看作是方波，将电流波形分解为傅里叶级数为

$$i_2=\frac{4}{\pi}I_{\mathrm{d}}\left(\sin\omega t+\frac{1}{3}\sin3\omega t+\frac{1}{5}\sin5\omega t+\cdots\right)=\frac{4}{\pi}I_{\mathrm{d}}\sum_{n=1,3,5,\cdots}^{\infty}\frac{1}{n}\sin n\omega t=\sum_{n=1,3,5,\cdots}^{\infty}\sqrt{2}I_n\sin n\omega t$$

最终的功率因数：$\lambda=0.9\cos\alpha$。

由以上谐波和功率因数分析可知，电流中只含有奇次谐波，且随着 α 角的增加，功率因数 λ 的值减小。

变压器二次电流的谐波分析结果如图2-116所示，与傅里叶级数的理论分析结果一致。

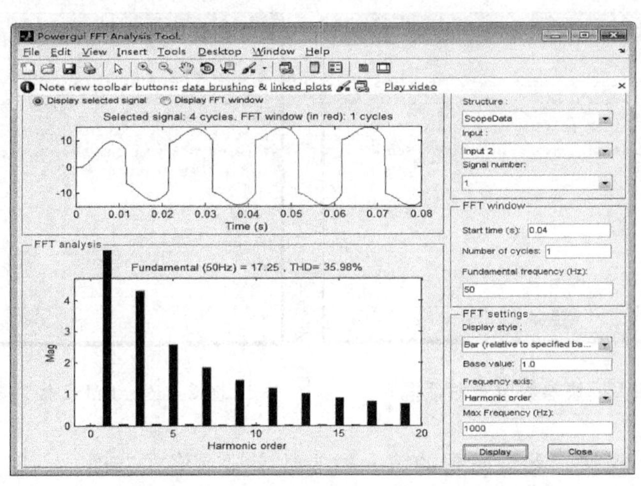

图2-116　变压器二次电流的谐波分析结果

（2）测量功率因数的模型

在图2-101仿真模型的基础上添加部分测量功率因数的模块，即可测出此电路的功率因数，图2-117是本系统的具体模型。

1）模型中新增的主要模块、提取途径和作用。

① 有效值测量RMS2：SimPower System/Extra Library/Measurements/RMS，用于测量电路中电压或者电流的有效值。

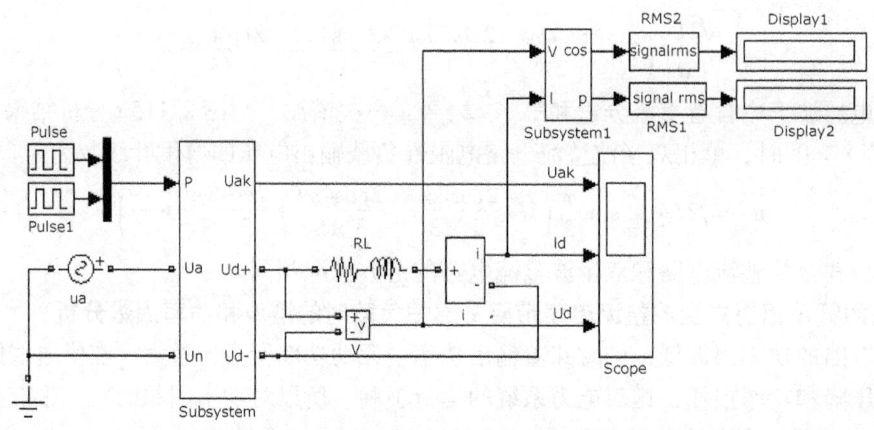

图 2-117　添加了功率因数测量模块的单相桥式全控整流电路（阻 - 感性负载）的仿真模型

② 有功功率和无功功率测量 RMS1：SimPower System/Extra Library/Measurements/Active & Reactive Power，根据输入的电压和电流（瞬时值）计算其中有功和无功分量。

③ 数字显示 Display：Simulink/Sink/Display，将信号以数字方式显示出来。

2）模型中主要模块的参数设置。

① 双击 RMS1 和 RMS2 模块，将其频率都设置为 50Hz，参数设置对话框如图 2-118 和图 2 – 119 所示。

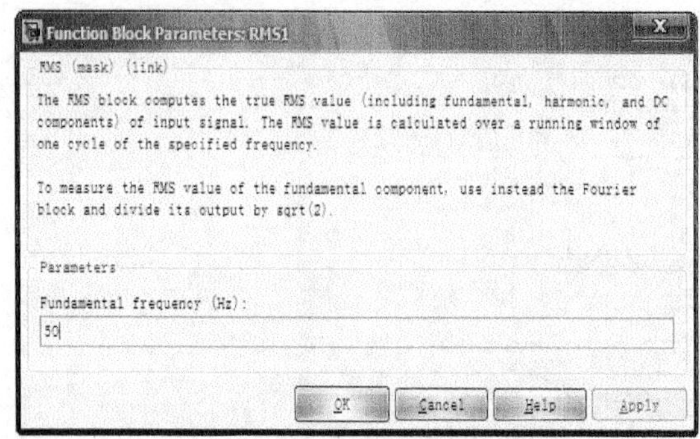

图 2-118　RMS1 模块参数设置对话框

Function Block Parameters: RMS2
RMS (mask) (link)
The RMS block computes the true RMS value (including fundamental, harmonic, and DC components) of input signal. The RMS value is calculated over a running window of one cycle of the specified frequency.
To measure the RMS value of the fundamental component, use instead the Fourier block and divide its output by sqrt(2).
Parameters
Fundamental frequency (Hz):
50
OK　Cancel　Help　Apply

图 2-119　RMS2 模块参数设置对话框

② 对于 Display 模块，参数设置的第一栏为数字显示格式选项，一般选择 short。

3）功率测量结果比较及分析。参数设置完成后，单击菜单“Simulation”→“Start”命令，仿真开始，此时会在 Display 中显示出电路的功率因数。

若电路中负载等其他参数不变，只改变 α 角时，功率因数的变化情况见表 2-8。

表 2-8　α 角与 λ 的关系

α	λ
30°	0.7366
60°	0.6344
90°	0.5444

由表2-8可知，随着α角的增大，功率因数下降，这与理论分析的结果相符合。

2.11.4 晶闸管三相可控整流电路的仿真

1. 三相半波可控整流电路（电阻性负载）

（1）电气原理结构图

三相半波可控整流电路的电气原理结构图如图2-120所示。

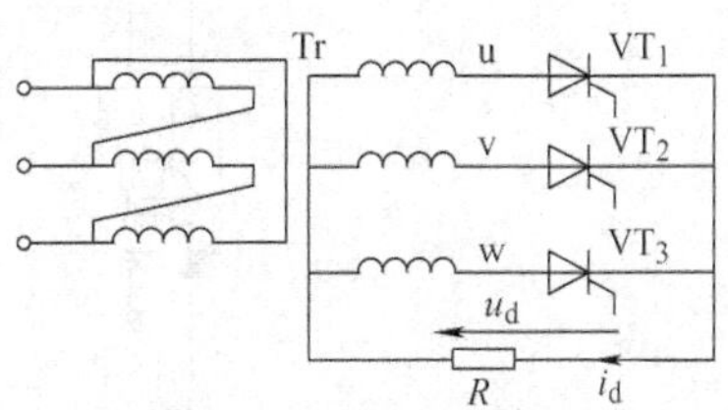

图2-120 三相半波可控整流电路（电阻性负载）电气原理结构图

（2）电路的建模

从电气原理图分析可知，该系统由三相半波整流器、脉冲触发器等部分组成。根据电气原理结构图搭建的仿真模型如图2-121所示。

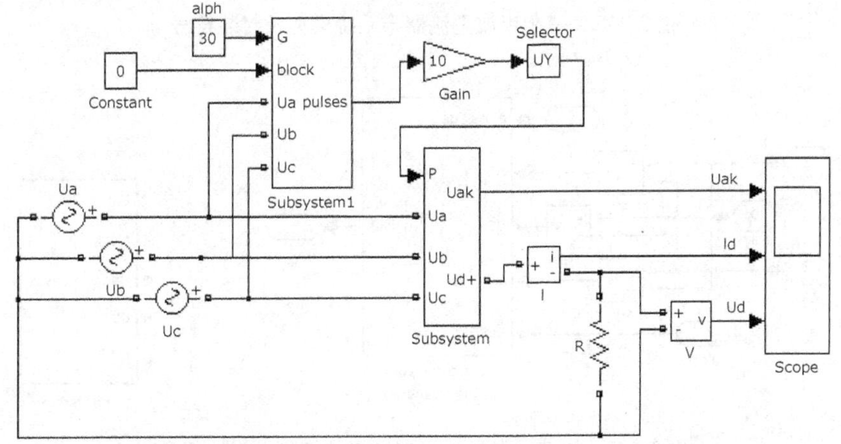

图2-121 三相半波可控整流电路（电阻性负载）的仿真模型

1）模型中的新增模块、提取途径和作用。

① 增益模块：Simulink/Commonly Used Blocks/Gain，输出为输入乘以增益。

② 同步6脉冲触发器模块：SimPower System/Controlblocks/Synchronized 6 - Pulse Generator，用于产生触发脉冲。

2）子系统的建模。系统中三相半波整流器子系统和同步6脉冲触发器的模型及封装符号如图2-122和图2-123所示。

（3）典型模块的参数设置

1）增益模块的参数设置：参数设置情况如图2-124所示。

2）同步6脉冲触发器的参数设置：参数设置情况如图2-125所示。

3）三相电源为对称的正弦交流电源，其幅值设为50V，频率设为50Hz，U_a、U_b、U_c相的初相位分别设置为0°、-120°、-240°。其具体设置过程在前面已经介绍过，此处不再重复。

4）信号选择器（YU）Selector：Index vector的参数改成［1 3 5］，即选择了第1、3、5信号作为输出信号；Input port size参数设置为6，即信号总共有6路。图2-126是其具体设置情况。

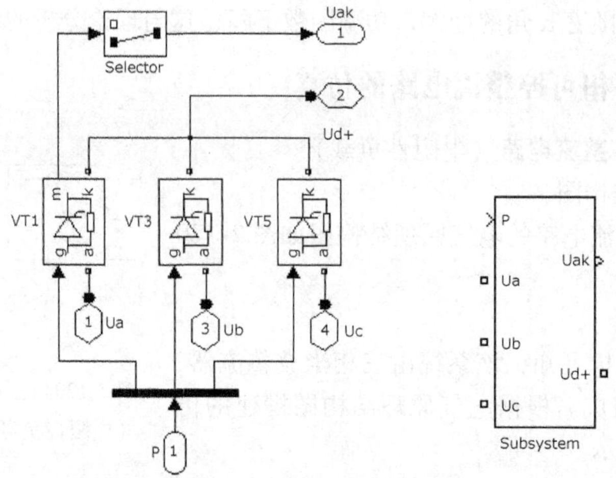

图 2-122　三相半波整流器子系统模型及封装符号

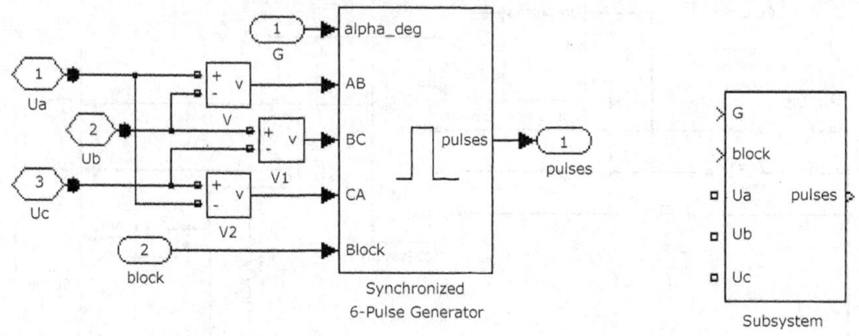

图 2-123　同步 6 脉冲触发器子系统模型及封装符号

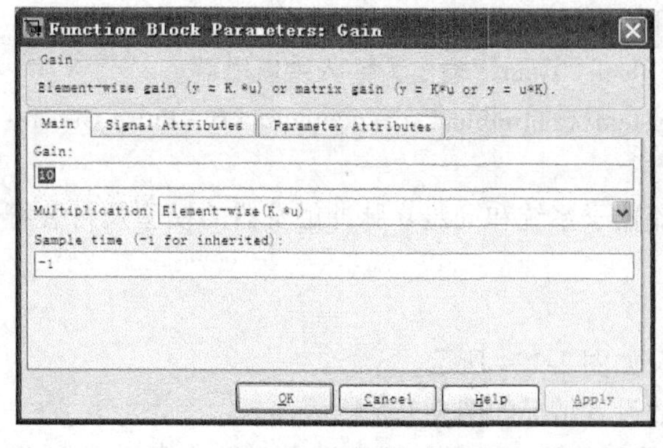

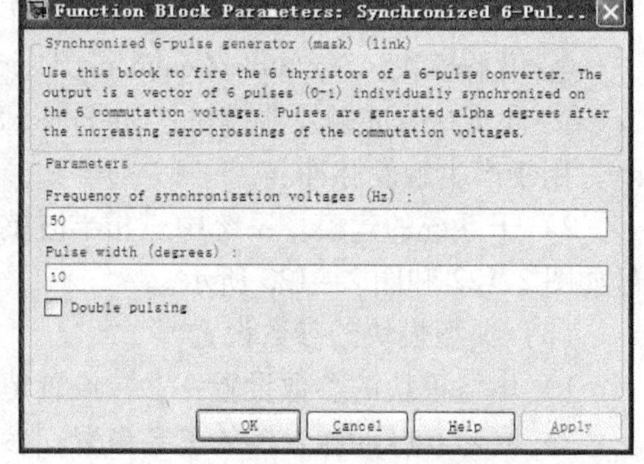

图 2-124　增益模块的参数设置　　　　图 2-125　同步 6 脉冲触发器的参数设置

5）增益模块 Gain 的参数设置为 10，这是为了使触发脉冲的功率满足晶闸管的触发要求，所以才将脉冲触发器产生的 6 路脉冲采用放大器放大了 10 倍。

6）constant 的参数设置为 0，这用作同步 6 脉冲触发器的开关使能信号。

7）alph 的参数设置为 30 或其他数值，即触发脉冲 $\alpha=30°$或其他数值。

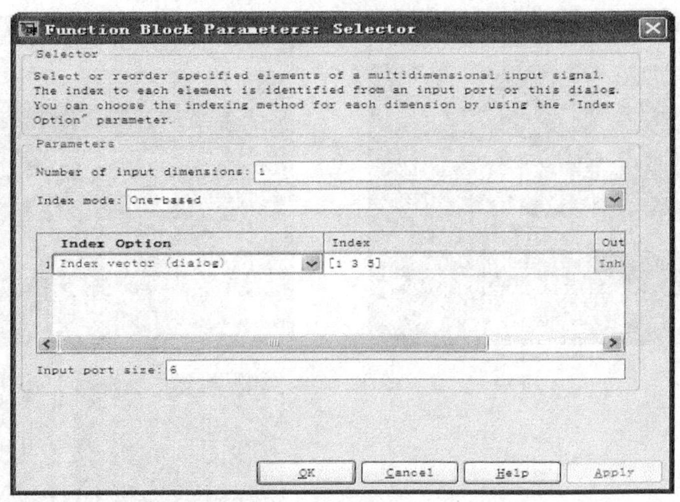

图 2-126　信号选择器的参数设置

（4）系统的仿真、仿真结果的输出及结果分析

1）系统仿真。打开仿真参数设置窗口，选择 ode23tb 算法，相对误差设为 1e－3，仿真开始时间为 0，停止时间为 0.1s；单击“Simulation”→“Start”命令，或直接单击▶按钮，系统开始仿真。

2）输出仿真结果。采用“示波器”模块输出方式，不同控制角 α 时的仿真和实验波形如图 2-127 所示。

3）输出结果分析。图 2-127a～f 分别是 $\alpha=0°$、30°、60°、90°、120°、150°电阻性负载（$R=2\Omega$）的仿真和实验波形。从理论分析波形、仿真波形和实验波形的对比看，这三者基本是一致的。

从图 2-127 中还可以看出，电阻性负载 $\alpha=0°$时，VT_1 在 VT_2、VT_3 导通时仅受反压，随着 α 的增加，晶闸管承受正向电压增加；增大 α，则整流电压相应减小；$\alpha=150°$时，晶闸管不导通，承受电源电压。

2. 三相半波可控整流电路（阻－感性负载）

（1）电气原理结构图

三相半波共阴极阻－感性负载的电气原理结构图如图 2-128 所示。

（2）电路的建模

本系统的模型只需将图 2-121 中的电阻负载改为阻－感性负载即可，具体模型如图 2-129所示。

（3）模型仿真、仿真结果的输出及结果分析

1）系统仿真。打开仿真参数设置窗口，选择 ode23tb 算法，相对误差设为 1e－3，仿真开始时间为 0，停止时间为 0.1s；单击“Simulation”→“Start”命令，或直接单击▶按钮，系统开始仿真。

2）输出仿真结果。采用“示波器”模块输出方式，不同控制角 α 时的仿真和实验波形如图 2-130 所示。

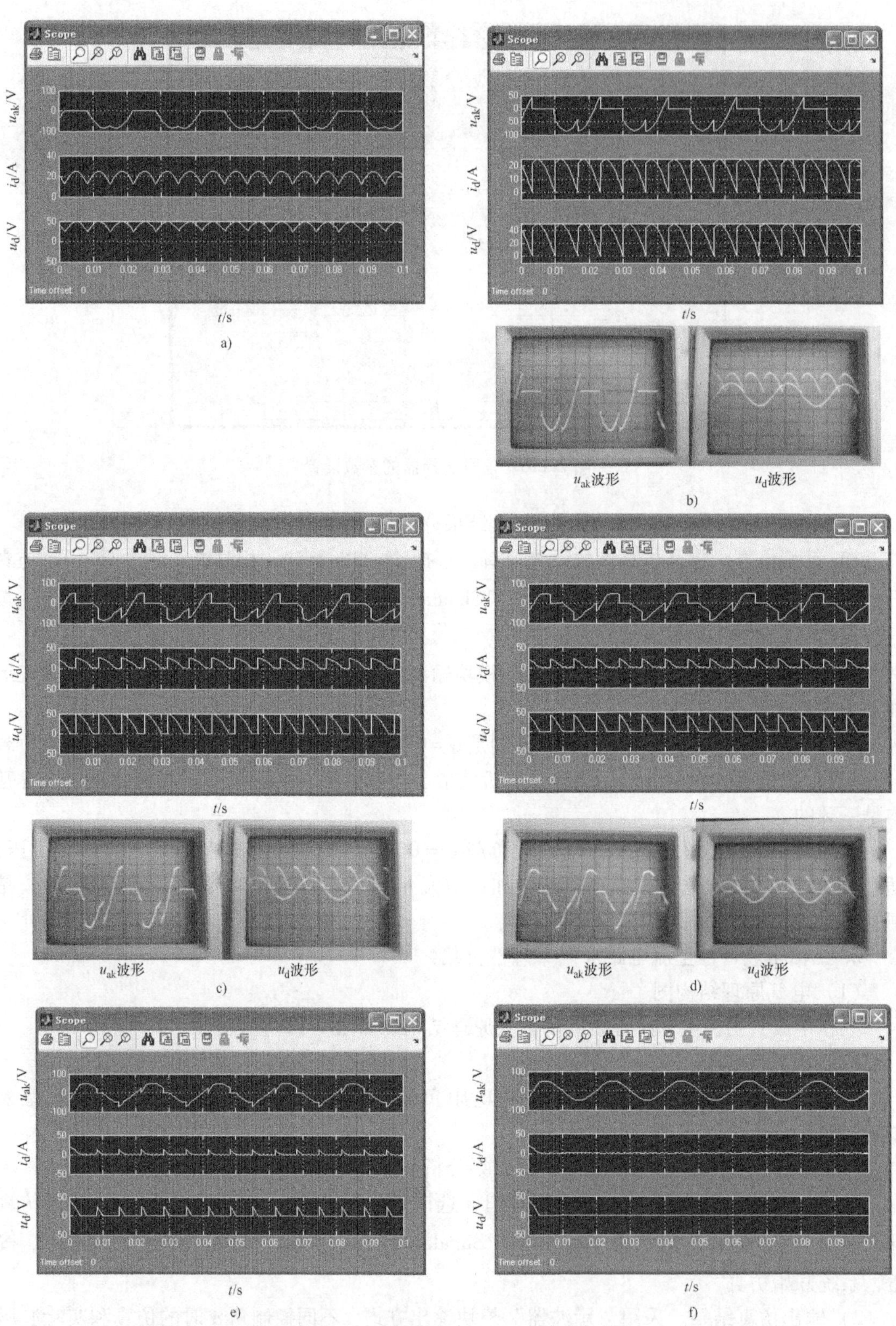

图 2-127　不同控制角时三相半波整流电路电阻性负载的仿真和实验波形

a）$\alpha=0°$　b）$\alpha=30°$　c）$\alpha=60°$　d）$\alpha=90°$　e）$\alpha=120°$　f）$\alpha=150°$

3）输出结果分析。图2-130a～d分别是$\alpha=0°$、30°、60°、90°阻－感性负载（$R=2\Omega$、$L=0.02\mathrm{H}$）时的仿真和实验波形。从理论分析波形、仿真波形和实验波形的对比看，这三者基本是一致的。

由波形图可以看出，当$\alpha\leqslant30°$时，由于电感的储能作用，电流i_d的波形接近水平线，其他波形情况与电阻性负载时相同；当$\alpha>30°$时，由于电感的作用，负载电压出现了负半波，使得其平均值减小；当$\alpha=90°$时，$U_d=0$。所以该电路控制角α的取值范围是0°～90°。

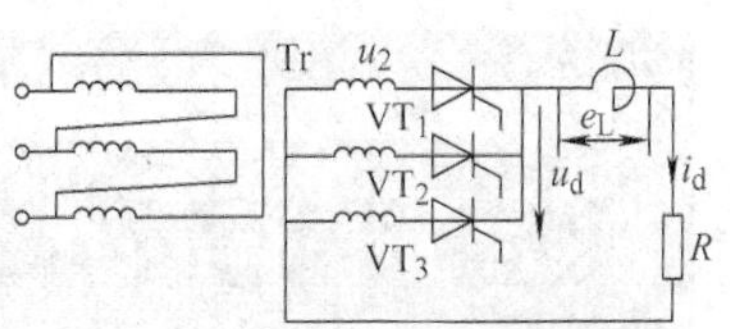

图2-128　三相半波可控整流电路电气原理结构图（阻－感性负载）

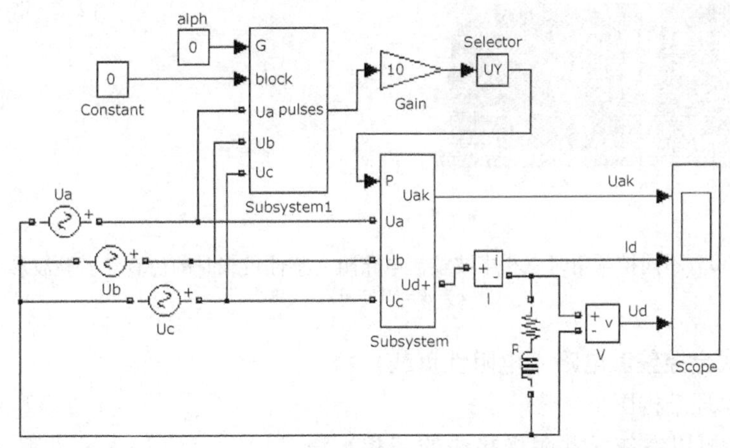

图2-129　三相半波可控整流电路（阻－感性负载）的仿真模型

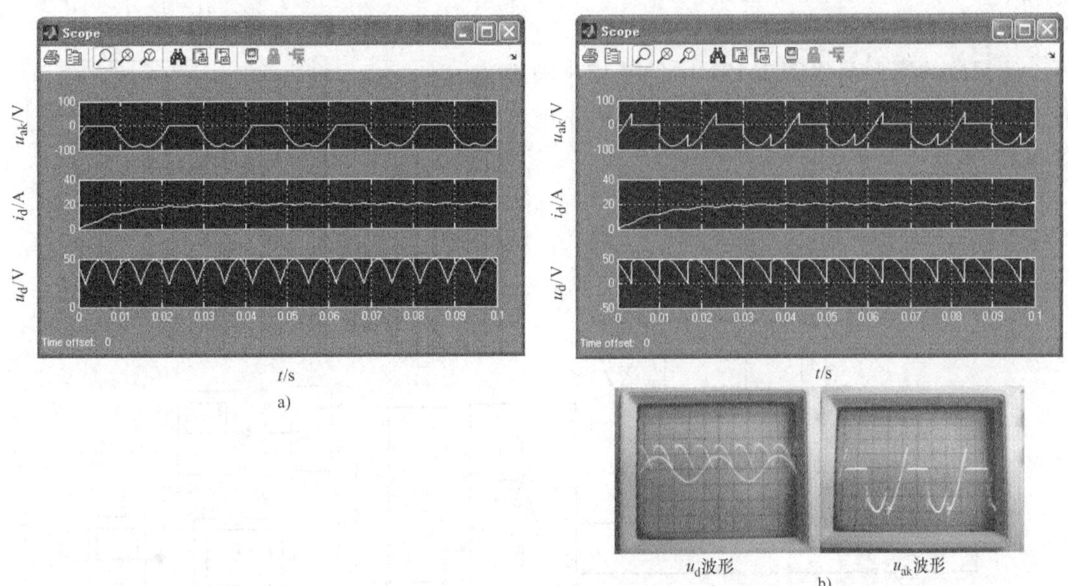

图2-130　不同控制角时三相半波整流电路阻－感性负载时的仿真和实验波形

a）$\alpha=0°$　b）$\alpha=30°$

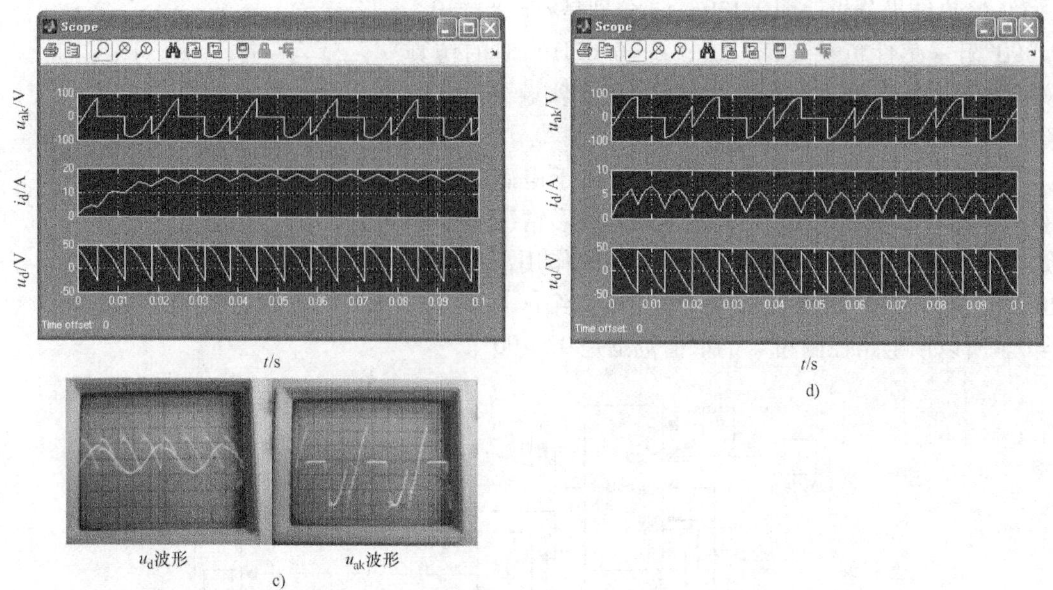

图 2-130　不同控制角时三相半波整流电路阻 - 感性负载时的仿真和实验波形（续）
c）$\alpha=60°$　d）$\alpha=90°$

3. 三相桥式全控整流电路（电阻性负载）

（1）电气原理结构图

本系统实际可以看作是共阴极接法的三相半波（VT_1、VT_3、VT_5）和共阳极接法的三相半波（VT_4、VT_6、VT_2）的串联组合，如图 2-131 所示。

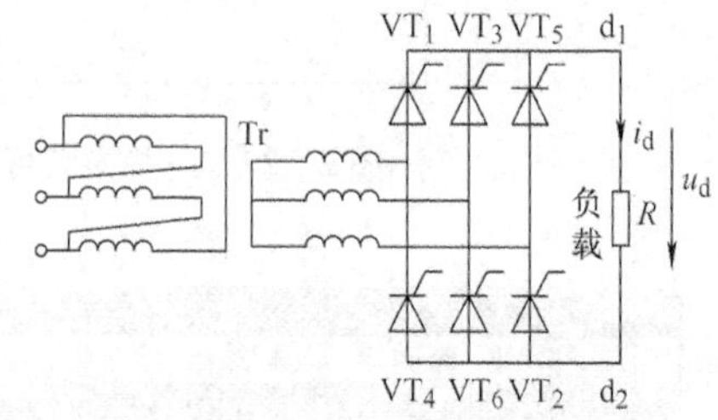

图 2-131　三相桥式全控整流电路电气原理结构图

（2）电路的建模

此系统的模型是将图 2-121 中的三相半波整流器模块换成通用变换器桥模块即可，具体模型如图 2-132所示。

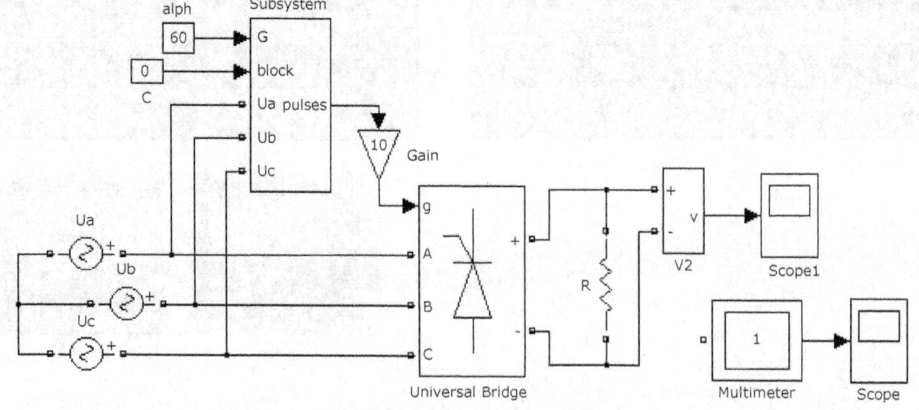

图 2-132　三相桥式全控整流电路（电阻性负载）的仿真模型

1）新增模块的提取途径和作用。

① 通用变换器桥：SimPowerSystem/Power Electronics/Universal Bridge，它可以设置为单相和三相，可以选择多种电力电子器件中的任意一种，并且可以作为整流器或逆变器使用。

② 万用表：SimPowerSystem/Measurement/Mulimeter，用于测量有关物理量。

2）模块的参数设置。

①通用变换器桥的参数设置如图2-133所示。

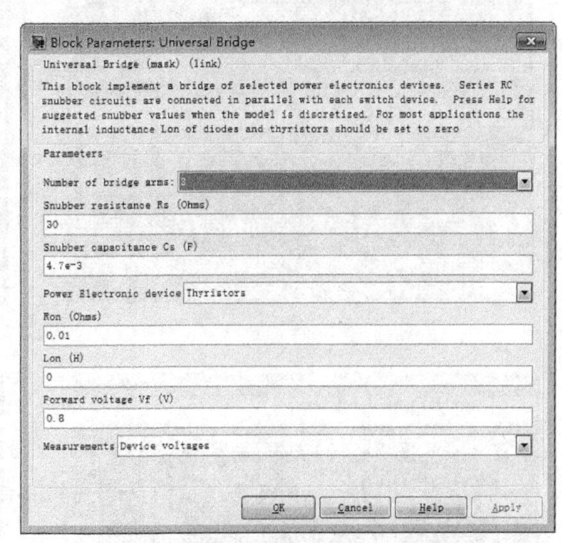

图2-133　通用变换器桥的参数设置

图2-133中第一栏是选择模块桥臂的相数，本模型中选择“3”，它对应三相全控桥式。第四栏可以选择整流器所使用的电力电子开关种类，这里选择晶闸管“Thyristors”。

②万用表模块的参数选择。利用万用表模块可以显示仿真过程中所需观察的测量量。万用表的参数设置如图2-134所示，图2-134所示的对话框中，左边一列为在图2-134中所有选中测量（Measurements）功能的参数（被测参数在元件、负载模块中选择），右边一列为选择进行输出处理（例如显示等）的参数。本例中选择了测量晶闸管的电压量，所以在左边一列有6个晶闸管的电压参数，选中1号晶闸管后用鼠标左键单击最上一个按钮可以将选定的参数添加到右边一栏。中间的其他几个按钮分别为向上（Up）、向下（Down）、移除（Remove）和正负（+/-）调整功能。下面左侧的按钮为更新（Update）左侧备选测量参数功能。

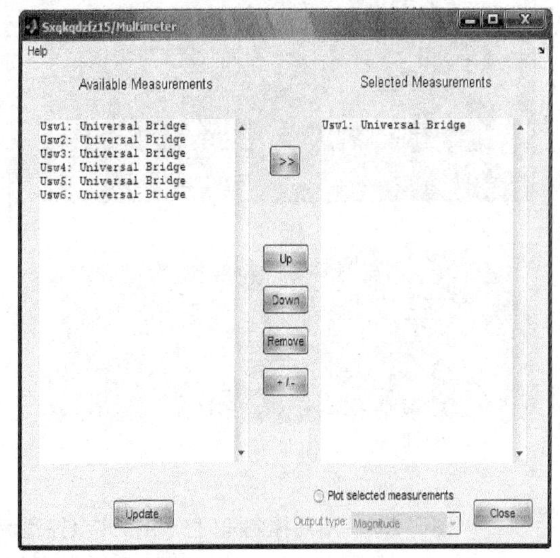

图2-134　万用表的参数设置

（3）系统的仿真、仿真结果的输出及结果分析

1）系统仿真。打开仿真参数设置窗口，选择ode23tb算法，相对误差设为1e-3，仿真开始时间为0，停止时间为0.08s；单击“Simulation”→“Start”命令，或直接单击 ▶ 按钮，系统开始仿真。

2）输出仿真结果。采用“示波器”模块输出方式，不同控制角α时的仿真和实验波形如图2-135所示。

3）输出结果分析。图2-135a、b分别是$\alpha=0°$、90°时的仿真波形，图2-135c、d分别是$\alpha=30°$、60°时电阻性负载的仿真和实验波形。从理论分析波形、仿真波形和实验波形的

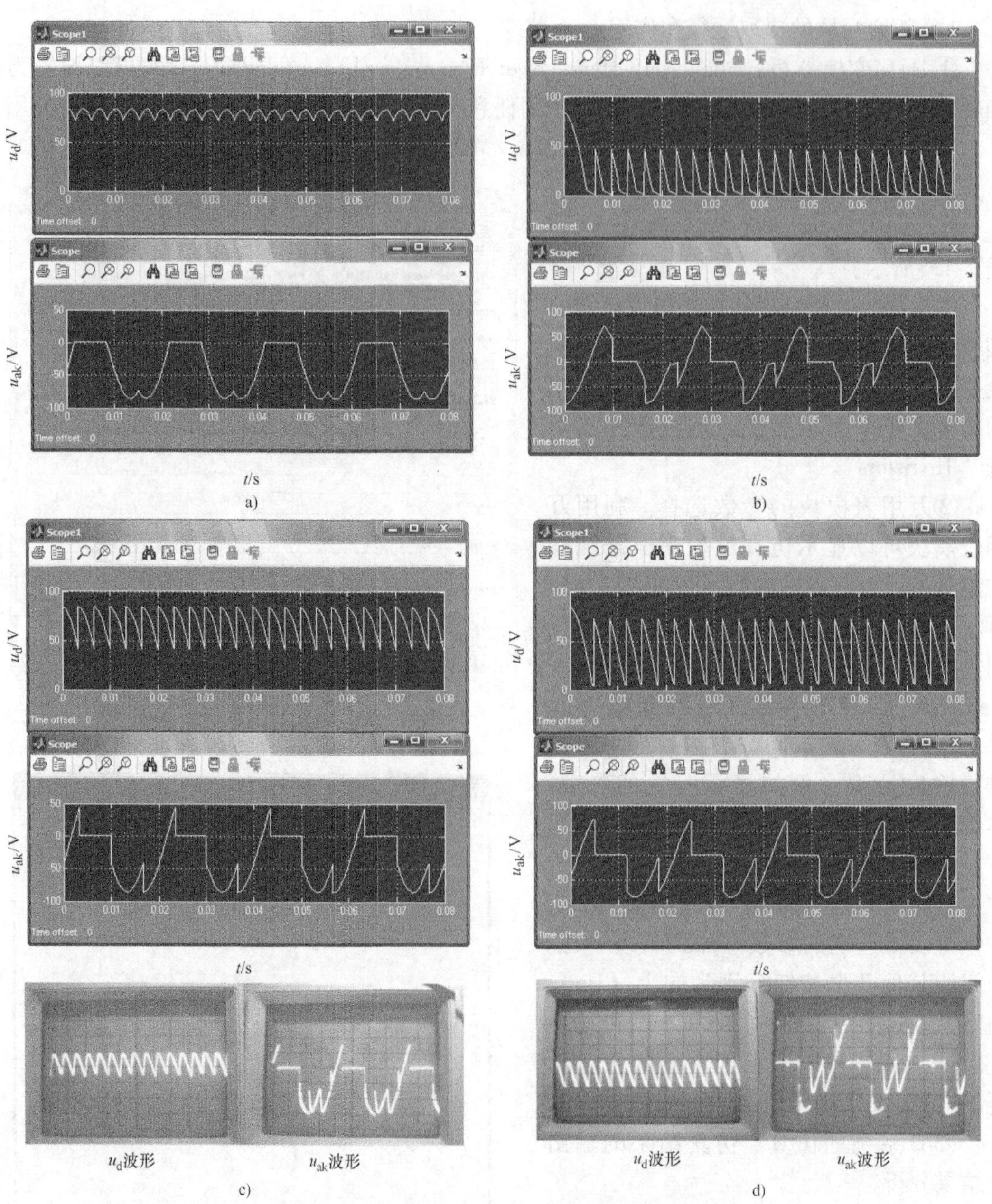

图 2-135　不同控制角时三相桥式全控整流电路带电阻性负载时的仿真和实验波形
a）$\alpha=0°$　b）$\alpha=90°$　c）$\alpha=30°$　d）$\alpha=60°$

对比看，这三者基本是一致的。

由图 2-135 可知，当 $\alpha\leqslant60°$时的 u_d 波形连续；$\alpha>60°$时的 u_d 波形断续。

4. 三相桥式全控整流电路（阻 - 感性负载）

（1）电气原理结构图

只要将图 2-131 中的电阻性负载换成阻 - 感性负载，就可以得到三相桥式全控整流电路带阻 - 感性负载的电气原理结构图。

（2）电路的建模

将电阻性负载改为阻－感性负载后的仿真模型如图 2-136 所示。

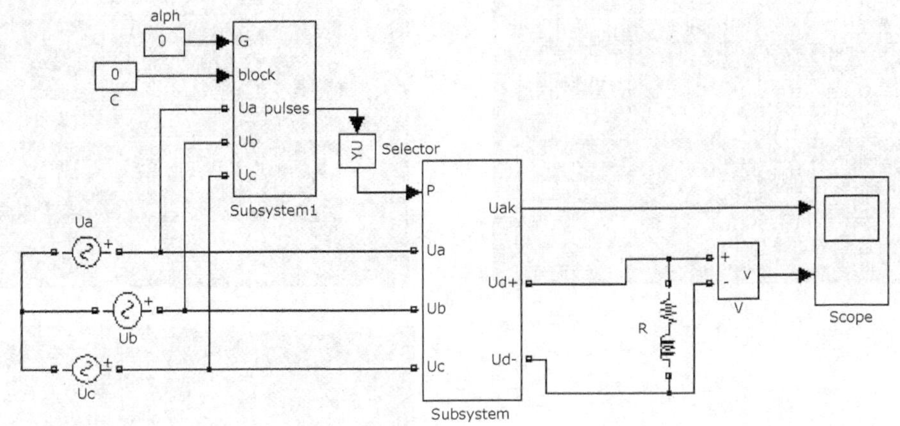

图 2-136　三相桥式全控整流电路（阻－感性负载）的仿真模型

模型中模块的选择和参数设置情况除 $L=0.02\mathrm{H}$ 外，其他与电阻性负载相同。

（3）系统的仿真、仿真结果的输出及结果分析

1）系统仿真。打开仿真参数设置窗口，选择 ode23tb 算法，相对误差设为 1e－3，仿真开始时间为 0，停止时间为 0.08s；单击“Simulation”→“Start”命令，或直接单击 ▶ 按钮，系统开始仿真。

2）输出仿真结果。采用“示波器”模块输出方式，不同控制角 α 时的仿真和实验波形如图 2-137 所示。

3）输出结果分析。图 2-137a 是 $\alpha=0°$时的仿真波形，图 2-137b、c、d 分别是 $\alpha=30°$、60°、90°时阻－感性负载的仿真和实验波形。从理论分析波形、仿真波形和实验波形的对比看，这三者基本是一致的。

由图 2-137 可知，当 $\alpha\leqslant60°$时，u_d 波形均为正值，主要不同点在于电感的存在；当 $60°<\alpha<90°$时，由于电感的作用，u_d 的波形会出现负的部分，但是正的部分还是大于负的部分，平均电压 U_d 仍然为正值；当 $\alpha=90°$时，仿真出来的图形正、负半周所占的面积基本一样，此时 $U_d=0$。则可得出，随着 α 角的增大，平均电压 U_d 的值减小。

5. 三相桥式半控整流电路（电阻性负载）

（1）电气原理结构图

三相桥式半控整流电路电气原理结构图如图 2-138 所示，它由共阴极接法的三相半波可控整流电路与共阳极接法的三相半波不可控整流电路串联而成，因此这种电路兼有可控与不可控两者的特性。

（2）电路的建模

电路的仿真模型只需将图 2-132 中的通用变换器桥模块改为三相桥式半控整流器模块即可，如图 2-139 所示。

三相桥式半控整流器模块和模块符号如图 2-140 所示。

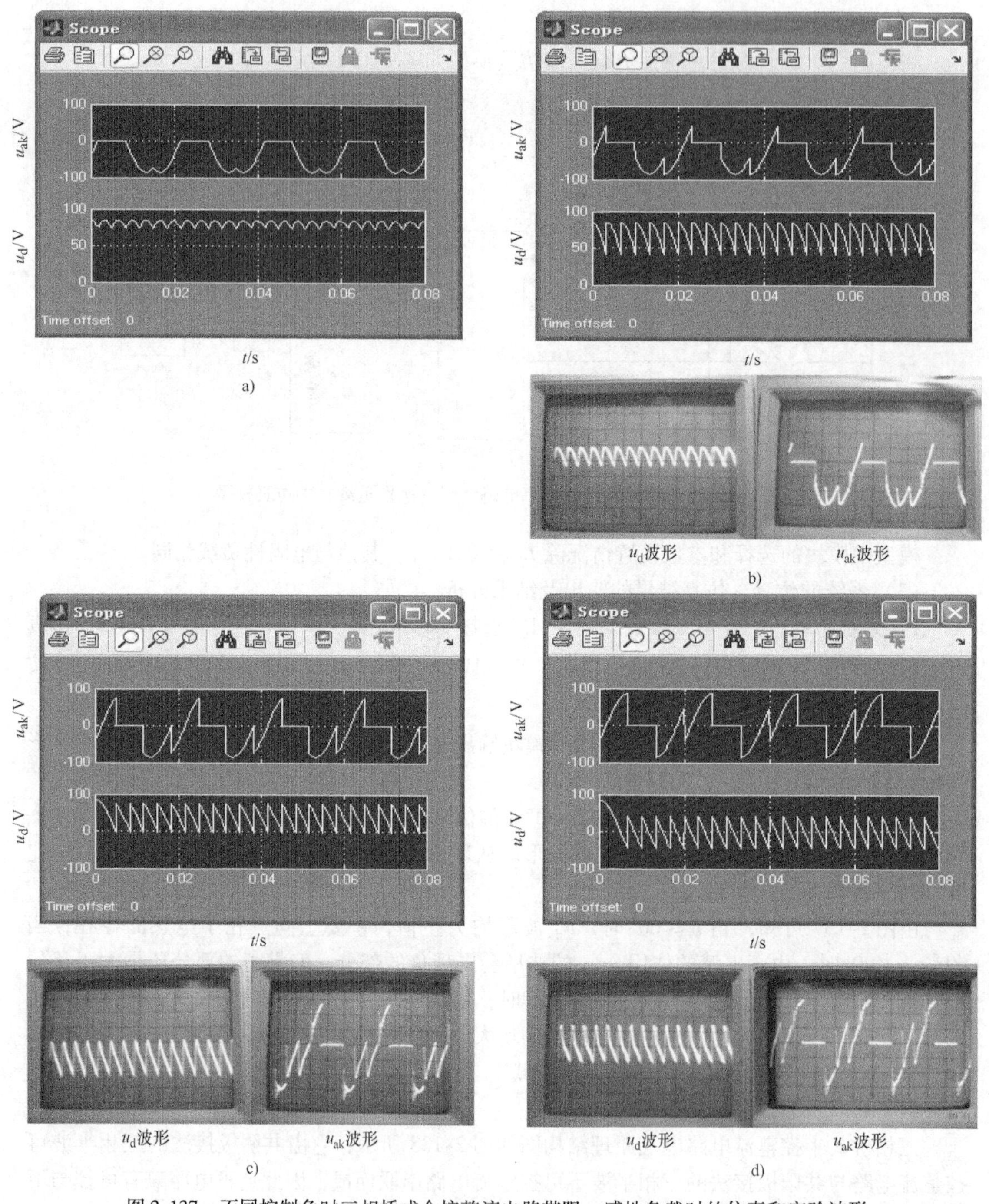

图 2-137　不同控制角时三相桥式全控整流电路带阻－感性负载时的仿真和实验波形
a）$\alpha=0°$　b）$\alpha=30°$　c）$\alpha=60°$　d）$\alpha=90°$

（3）系统的仿真、仿真结果的输出及结果分析

1）系统仿真。打开仿真参数设置窗口，选择 ode23tb 算法，相对误差设为 1e－3，仿真开始时间为 0，停止时间为 0.08s；单击"Simulation"→"Start"命令，或直接单击 ▶ 按

钮，系统开始仿真。

2）输出仿真结果。采用“示波器”模块输出方式，图2-141a～d分别给出了$\alpha=0°$、30°、60°、90°电阻性负载时的仿真波形。

3）输出结果分析。对照理论分析波形来看，它们是一致的。

由波形图2-141可知，当$\alpha=60°$时，电路刚好维持电流连续；当$\alpha>60°$时，输出电压u_d波形出现断续，且平均电压U_d随着α角的增加而减小，此电路控制角α的取值范围是0°～180°。

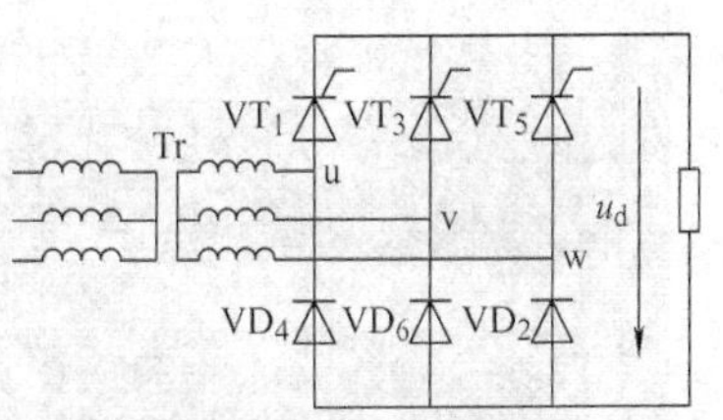

图2-138　三相桥式半控整流电路电气原理结构图

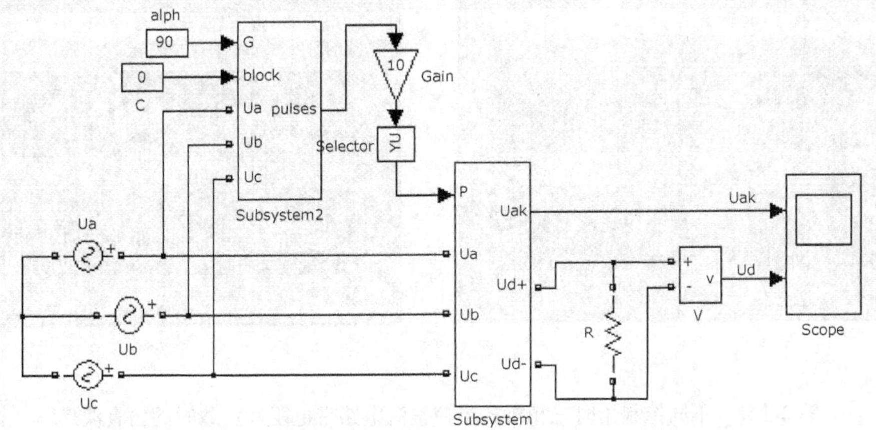

图2-139　三相桥式半控整流电路电阻性负载仿真模型

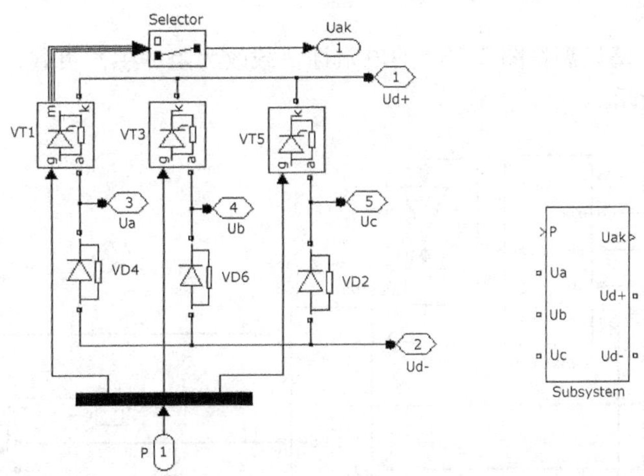

图2-140　三相桥式半控整流器模块和模块符号

6. 三相桥式半控整流电路（阻－感性负载＋续流二极管）

（1）电气原理结构图

t/s
a)

t/s
b)

t/s
c)

t/s
d)

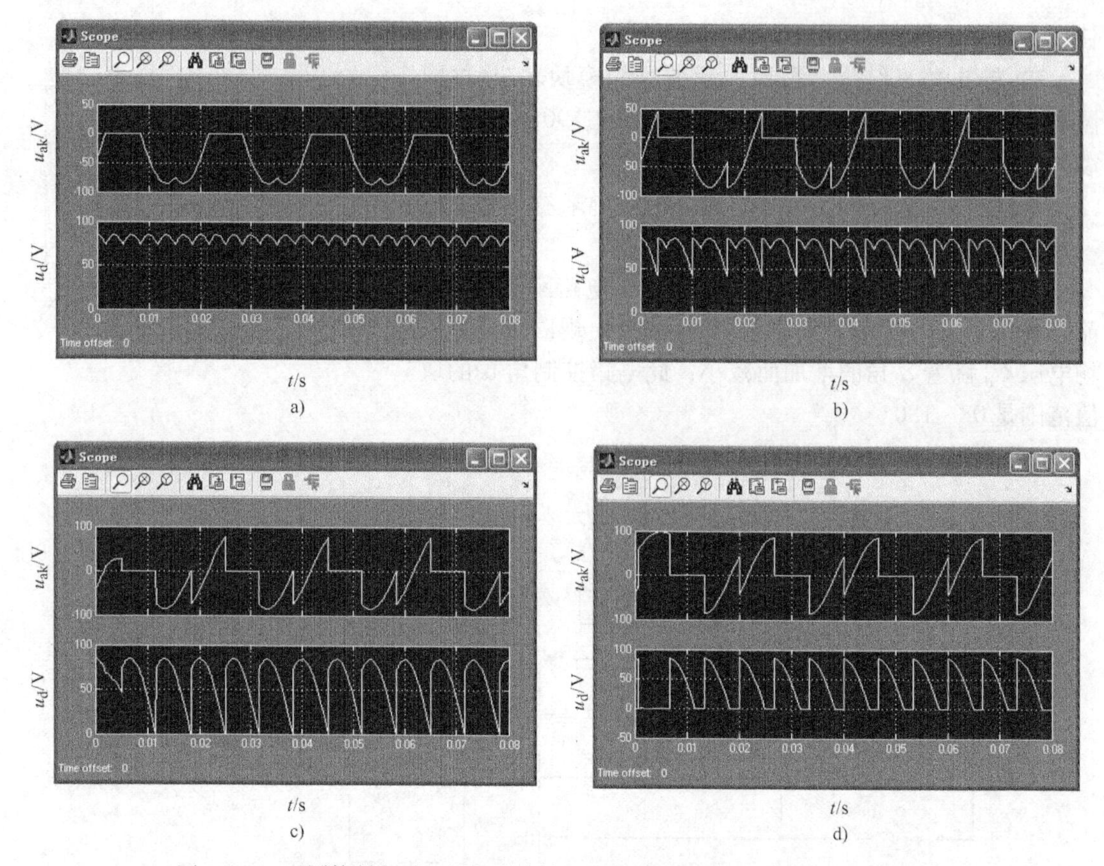

图 2-141　不同控制角时三相桥式半控整流电路带电阻性负载时的仿真波形
a）$\alpha=0°$　b）$\alpha=30°$　c）$\alpha=60°$　d）$\alpha=90°$

只要将图 2-138 中的电阻性负载改为阻－感性负载，再接入续流二极管即可。

（2）电路的建模

本系统的仿真模型只需将图 2-139 的电阻性负载改为阻－感性负载，再接入续流二极管即可，如图 2-142 所示。

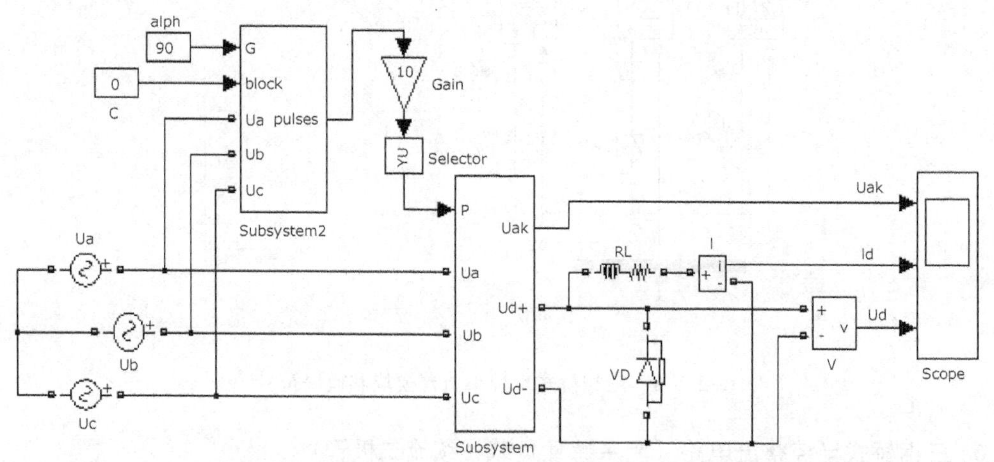

图 2-142　三相桥式半控整流电路阻－感性负载带续流二极管的仿真模型

（3）系统的仿真、仿真结果的输出及结果分析

1）系统仿真。打开仿真参数设置窗口，选择 ode23tb 算法，相对误差设为 1e－3，仿真开始时间为 0，停止时间为 0.08s；单击“Simulation”→“Start”命令，或直接单击 ▶ 按钮，系统开始仿真。

2）输出仿真结果。采用“示波器”模块输出方式，图 2-143a～f 分别给出了 $\alpha=0°$、30°、60°、90°、120°、150°阻－感性负载时的仿真波形。

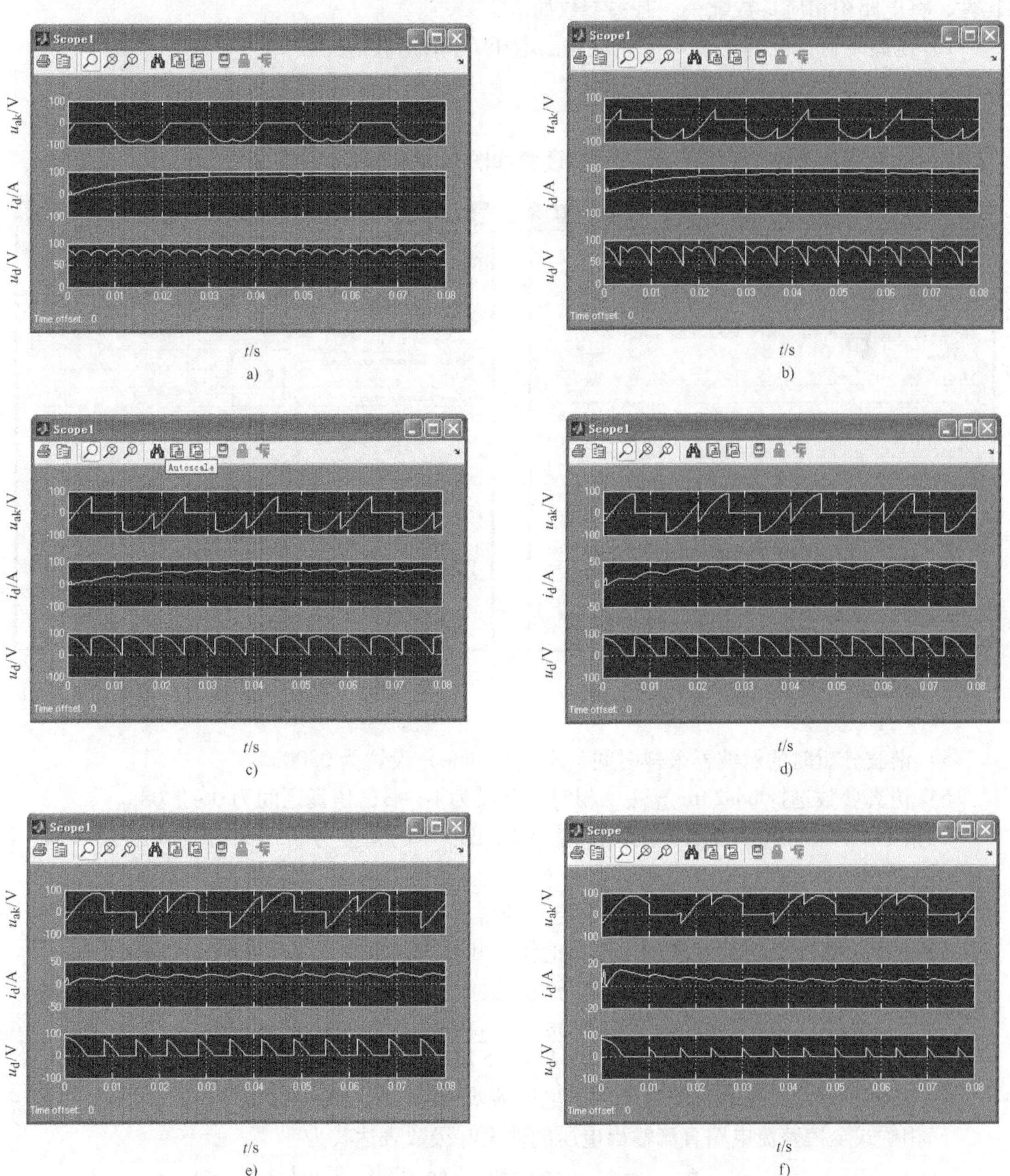

图 2-143　不同控制角时三相桥式半控整流电路带阻－感性负载时的仿真波形

a）$\alpha=0°$　b）$\alpha=30°$　c）$\alpha=60°$　d）$\alpha=90°$　e）$\alpha=120°$　f）$\alpha=150°$

3）输出结果分析。对照理论分析波形来看，它们是一致的。

由图 2-143 可知，接续流二极管的三相桥式半控整流电路的输出电压波形与接电阻性负载时的波形是一样的，当 $\alpha \leqslant 60°$时电压波形连续，当 $\alpha > 60°$时出现断续。

7. 三相可控整流电路的谐波和功率因数分析

（1）三相晶闸管整流电路输出直流电压的谐波分析仿真

为了比较上述几种整流电路的整流效果，下面对其进行谐波分析。为使仿真结果具有可比性，将电路中相应参数统一。有关参数如下：

1）电路均讨论控制角为 0°时整流输出电压 U_{d} 的谐波情况。

2）讨论电阻性负载，$R = 2\Omega$。

3）交流电源幅值 50V，频率 50Hz。

4）仿真中的晶闸管和晶闸管桥参数设置如图 2-144 和图 2-145 所示。

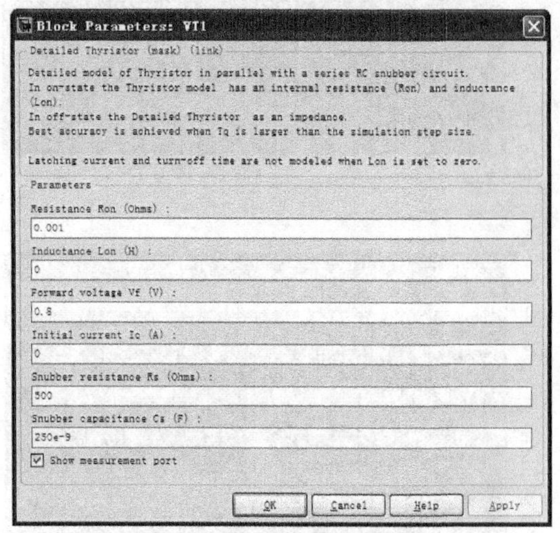
Block Parameters: VT1
Detailed Thyristor (mask) (link)
Detailed model of Thyristor in parallel with a series RC snubber circuit.
In on-state the Thyristor model has an internal resistance (Ron) and inductance (Lon).
In off-state the Detailed Thyristor as an impedance.
Best accuracy is achieved when Tq is larger than the simulation step size.
Latching current and turn-off time are not modeled when Lon is set to zero.
Parameters
Resistance Ron (Ohms) :
0.001
Inductance Lon (H) :
0
Forward voltage Vf (V) :
0.8
Initial current Ic (A) :
0
Snubber resistance Rs (Ohms) :
500
Snubber capacitance Cs (F) :
250e-9
Show measurement port
OK
Cancel
Help
Apply

图 2-144　仿真中的晶闸管参数设置

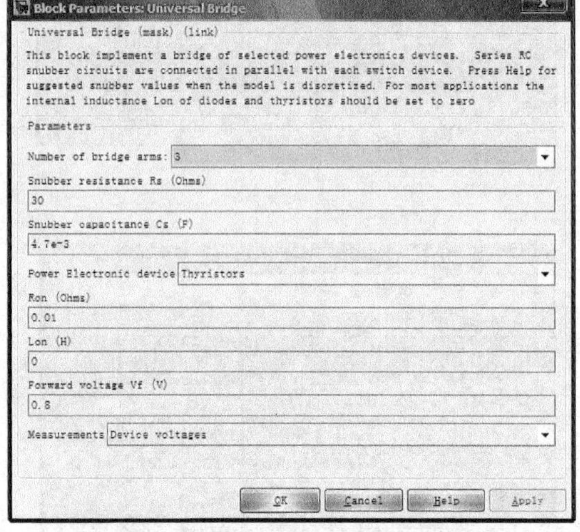
Block Parameters: Universal Bridge
Universal Bridge (mask) (link)
This block implement a bridge of selected power electronics devices. Series RC snubber circuits are connected in parallel with each switch device. Press Help for suggested snubber values when the model is discretized. For most applications the internal inductance Lon of diodes and thyristors should be set to zero
Parameters
Number of bridge arms: 3
Snubber resistance Rs (Ohms)
30
Snubber capacitance Cs (F)
4.7e-3
Power Electronic device Thyristors
Ron (Ohms)
0.01
Lon (H)
0
Forward voltage Vf (V)
0.8
Measurements Device voltages
OK
Cancel
Help
Apply

图 2-145　仿真中的晶闸管桥参数设置

5）谐波分析时的示波器采样时间（Sample time）设置为 0.0005s。

6）仿真参数选择 ode23tb 算法，相对误差设为 1e－3，仿真区间为 0～0.08s。

三相半波、三相桥式全控整流电路直流输出电压的谐波分析结果分别如图 2-146a、b 所示。

（2）三相晶闸管整流电路直流输出电压的傅里叶分析结果

1）三相半波整流电路直流输出电压的傅里叶分析结果。

三相半波整流电路直流输出电压的傅里叶级数表达式为

$$u_{\mathrm{d0}} = \sqrt{2}U_2 \frac{3}{\pi}\sin\frac{\pi}{3}\left(1 + \frac{2\cos 3\omega t}{2 \times 4} - \frac{2\cos 6\omega t}{5 \times 7} + \frac{2\cos 9\omega t}{8 \times 10} - \frac{2\cos 12\omega t}{11 \times 13} + \cdots\right)$$

2）三相桥式全控整流电路直流输出电压的傅里叶分析结果。

三相桥式全控整流电路直流输出电压的傅里叶级数表达式为

$$u_{\mathrm{d0}} = \sqrt{2}U_2 \frac{6}{\pi}\sin\frac{\pi}{6}\left(1 + \frac{2\cos 6\omega t}{5 \times 7} - \frac{2\cos 12\omega t}{11 \times 13} + \frac{2\cos 18\omega t}{17 \times 19} - \cdots\right)$$

将图 2-146 的谐波分析结果与三相电路直流输出电压的傅里叶级数表达式相比较可以看

出，仿真实验结果与理论分析结果是一致的。

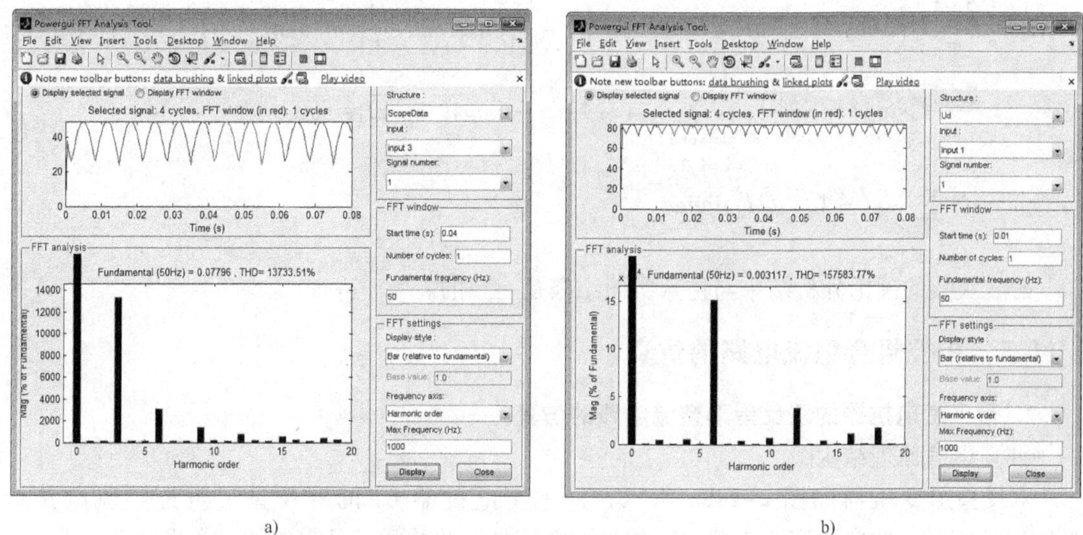

a) b)

图 2-146 三相晶闸管整流电路输出电压的谐波分析结果

a）三相半波整流输出电压谐波分析结果 b）三相桥式全控整流输出电压谐波分析结果

（3）三相桥式全控整流电路变压器二次电流的谐波分析结果

从三相桥式全控整流电路谐波分析模型中得到图 2-147 所示的对话框。

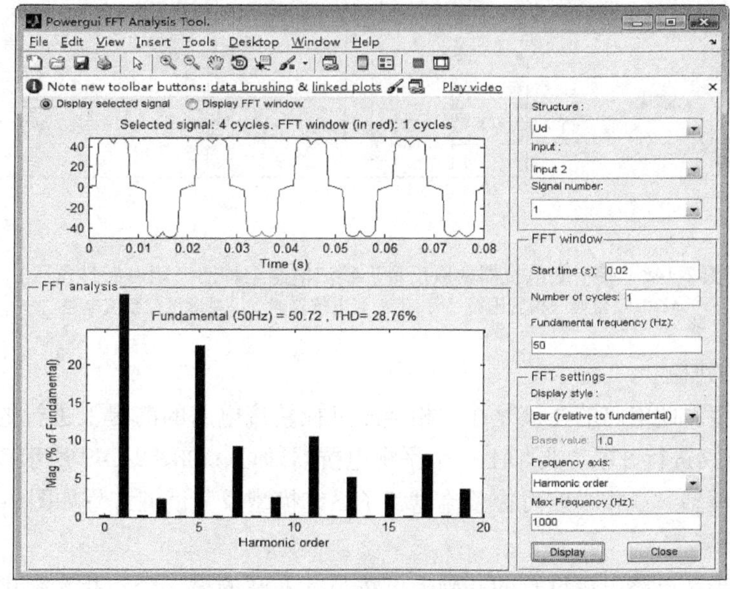

图 2-147 整流变压器二次电流的谐波分析结果对话框

以整流变压器 u 相电流为例，从图 2-147 可以看出，波形包括 $6k\pm1$（$k=0$，1，2，3，…）次波形，其中 $6k\pm1$（$k=1$，2，3，…）谐波较为严重，且随着谐波次数的增加，谐波幅值依次减小。

为了对比，下面重写 u 相电流的傅里叶级数表达式：

$$i_u = \frac{2\sqrt{3}}{\pi}I_d\left(\sin\omega t - \frac{1}{5}\sin5\omega t - \frac{1}{7}\sin7\omega t + \frac{1}{11}\sin11\omega t + \frac{1}{13}\sin13\omega t - \cdots\right)$$

$$= \frac{2\sqrt{3}}{\pi}I_d\sin\omega t + \frac{2\sqrt{3}}{\pi}I_d\sum_{\substack{n=6k\pm1\\k=1,2,3,\cdots}}(-1)^k\frac{1}{n}\sin n\omega t = \sqrt{2}I_1\sin\omega t +$$

$$\sum_{\substack{n=6k\pm1\\k=1,2,3,\cdots}}(-1)^k\sqrt{2}I_n\sin n\omega t$$

谐波次数的理论分析结果与仿真实验结果是一致的。

2.11.5　相控组合整流电路的仿真

1. 带平衡电抗器的双反星形整流电路的仿真

（1）电气原理结构图

双反星形变压器如图 2-148a 所示，带平衡电抗器 L_B 的双反星形可控整流电路如图 2-148b所示。此电路实质为两组三相半波整流电路的并联，且需要加一个平衡电抗器。

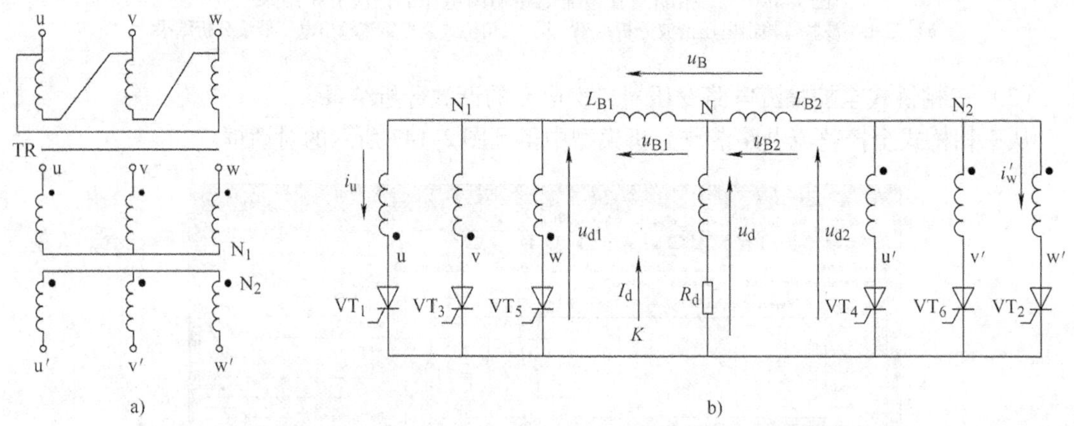

图 2-148　带平衡电抗器的双反星形整流电路结构图（阻 - 感性负载）

a）双反星形三相变压器　b）带平衡电抗器的双反星形可控整流电路

（2）电路的建模

1）系统模型。此电路的建模是在三相半波可控整流电路的前提下进行的，只需将三相半波可控整流电路进行并联，再加上一个平衡电抗器即可，如图 2-149 所示。

2）子系统模型。三相半波可控整流电路子系统模型及其模型符号如图 2-150 所示。

（3）参数设置

1）在三相半波电路电源设置的基础上，将与其并联的另一个三相半波电路中的三相电源的相位设置为互差 180°，即分别设置为 180°、60°、-60°。

2）三相半波电路中晶闸管的参数设置如图 2-151 所示。

3）1/2 平衡电抗器的参数设置如图 2-152 所示。

4）负载电阻 $R=0.05\Omega$，$L=0.01\text{H}$。

（4）系统的仿真、仿真结果的输出及结果分析

1）系统仿真。打开仿真参数设置窗口，选择 ode23tb 算法，相对误差设为 1e－3，仿真开始时间为 0，停止时间为 0.08s；单击 "Simulation" → "Start" 命令，或直接单击 ▶ 按钮，系统开始仿真。

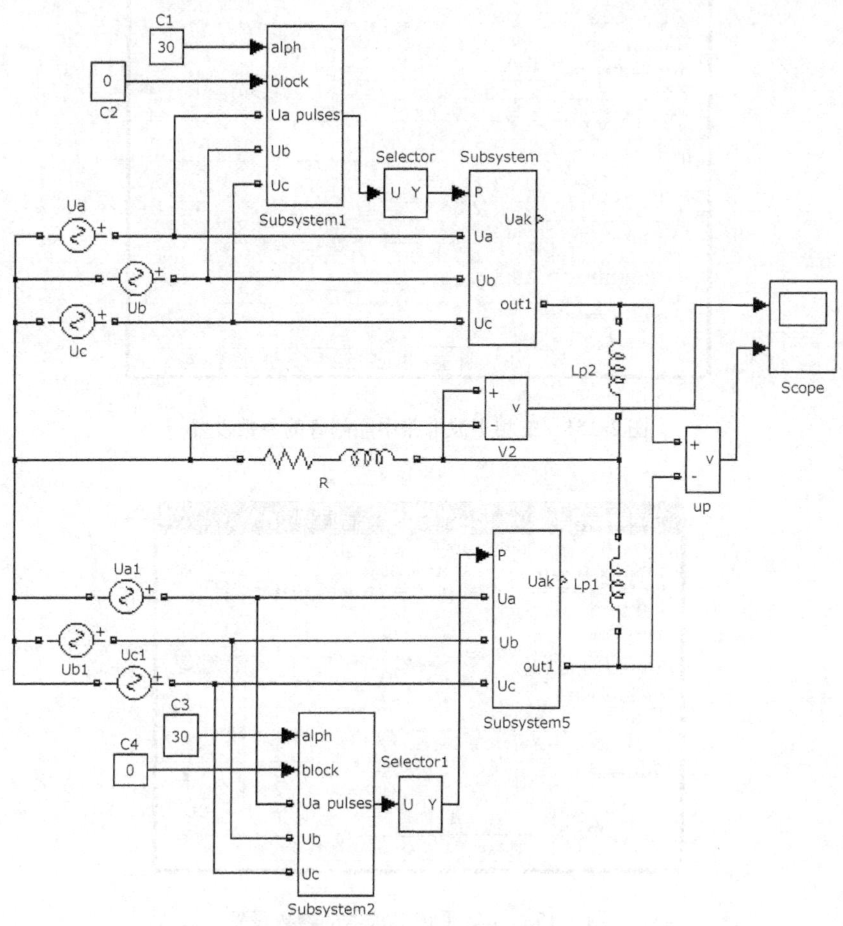

图 2-149　带平衡电抗器的双反星形整流电路阻－感性负载的仿真模型

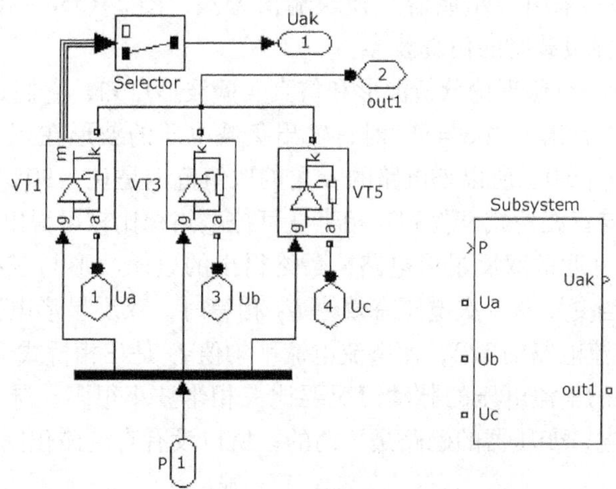

图 2-150　三相半波可控整流电路子系统模型及其模型符号

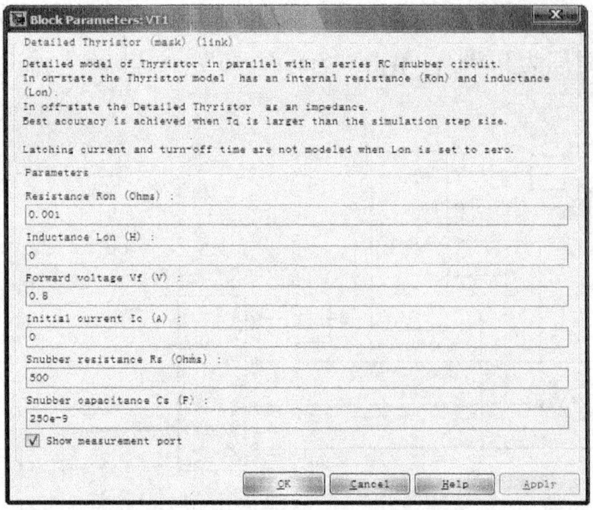

Block Parameters: VT1

Detailed Thyristor (mask) (link)

Detailed model of Thyristor in parallel with a series RC snubber circuit.
In on-state the Thyristor model has an internal resistance (Ron) and inductance (Lon).
In off-state the Detailed Thyristor as an impedance.
Best accuracy is achieved when Tq is larger than the simulation step size.

Latching current and turn-off time are not modeled when Lon is set to zero.

Parameters

Resistance Ron (Ohms) :
0.001
Inductance Lon (H) :
0
Forward voltage Vf (V) :
0.8
Initial current Ic (A) :
0
Snubber resistance Rs (Ohms) :
500
Snubber capacitance Cs (F) :
250e-9
☑ Show measurement port

OK　Cancel　Help　Apply

图 2-151　三相半波电路中晶闸管的参数设置

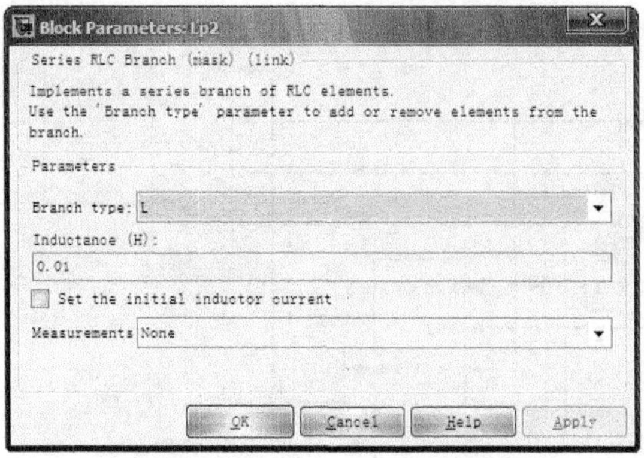

Block Parameters: Lp2

Series RLC Branch (mask) (link)

Implements a series branch of RLC elements.
Use the 'Branch type' parameter to add or remove elements from the branch.

Parameters

Branch type: L
Inductance (H):
0.01
☐ Set the initial inductor current
Measurements None

OK　Cancel　Help　Apply

图 2-152　1/2 平衡电抗器的参数设置

2）输出仿真结果。采用“示波器”模块输出方式，图 2-153a ~ d 分别给出了 $\alpha=0°$、30°、60°、90°阻－感性负载时的仿真波形。

3）输出结果分析。对照理论分析波形和仿真实验波形可知，它们是一致的。

从仿真波形图可以看出，当 $\alpha=90°$时，输出负载电压的波形在正、负半周所占的面积相等，此时平均电压 $U_d=0$，所以该电路的 α 角的取值范围是 0°~90°。

将双反星形电路与三相桥式全控和三相半波可控电路相比较可得出以下结论：

① 两组三相半波并联的双反星形电路，最终得出的电压波形与三相桥式全控整流的波形基本上是一样的。当变压器二次电压有效值 U_2 相等时，双反星形电路的整流电压平均值 U_d 是三相桥式全控整流电路的 1/2，而整流电流平均值 I_d 是三相桥式全控的 2 倍。

② 双反星形电路的整流电压的脉动情况要比三相半波小很多，脉动频率加大一倍。而且同一时刻有两相导电，变压器的磁路是平衡的，所以没有直流磁化问题，变压器的利用率比三相半波时高。

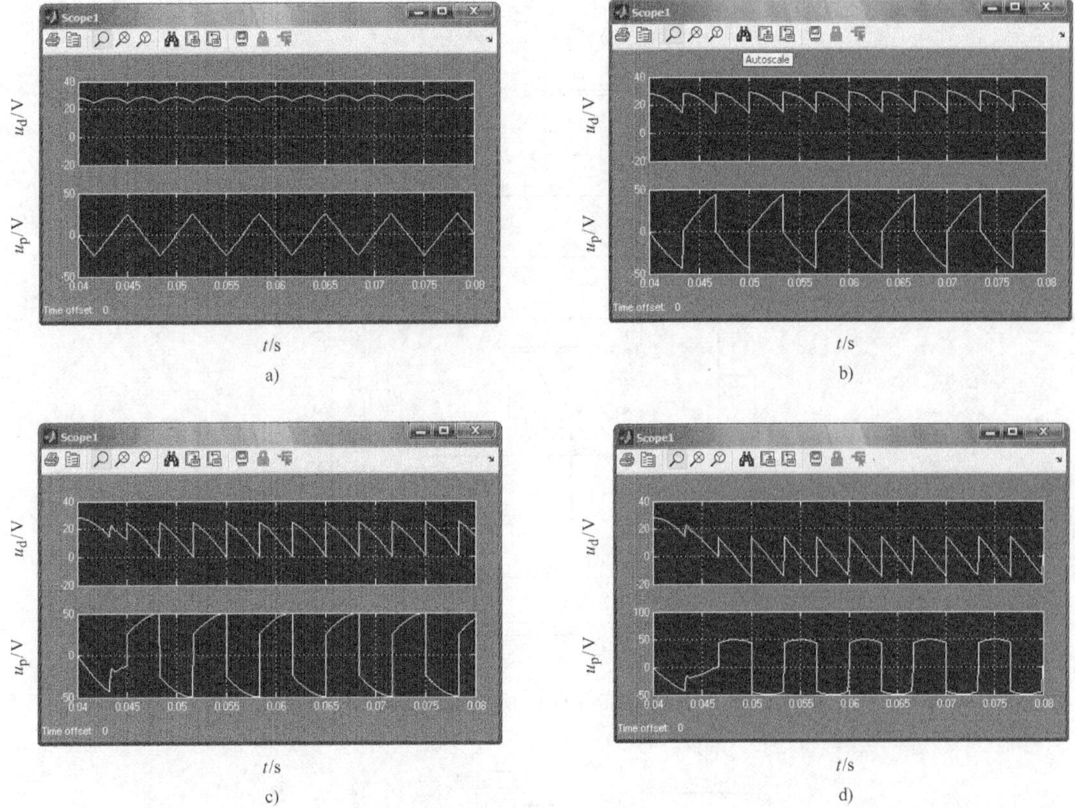

图 2-153　不同控制角时带平衡电抗器的双反星形整流电路阻 - 感性负载时的仿真波形

a) $\alpha=0°$　b) $\alpha=30°$　c) $\alpha=60°$　d) $\alpha=90°$

2. 带平衡电抗器的 12 脉波大功率相控整流电路的仿真

(1) 电气原理结构图

带平衡电抗器的 12 脉波整流电路如图 2-154 所示，它由两组三相桥式全控整流电路经平衡电抗器并联组成。整流变压器采用三相三绕组变压器，一次绕组采用 D 接法，二次侧第Ⅰ绕组 u_1、v_1、w_1 采用 Y 接法；第Ⅱ绕组 u_2、v_2、w_2 采用 D 接法。

(2) 电路的建模

1) 系统模型。此电路的建模是在三相桥式全控整流电路的前提下进行的，只需将三相桥式全控整流电路进行并联，再加上一个平衡电抗器即可，仿真模型如图 2-155 所示。

2) 模型中的新增模块、提取途径和作用。

① 三绕组整流变压器模块：SimPower System/Elements/Three Phase Transformer (Three Windings)，提供双电源。

② 同步 12 脉冲触发器模块：SimPower System/Extra Library/Control Blocks/Synchronized 6 - Pulse Generator，用于产生 12 相触发脉冲。

(3) 典型模块的参数设置

1) 三相对称电源幅值为 100V。

2) 同步 12 脉冲触发器的参数设置对应变压器 D1 连接，同步电压频率为 50Hz，脉冲宽度为 20%。

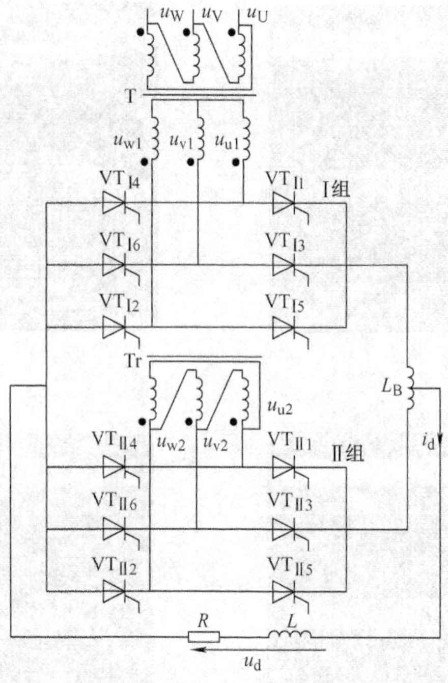

图 2-154　带平衡电抗器的 12 脉波相控整流电路原理图

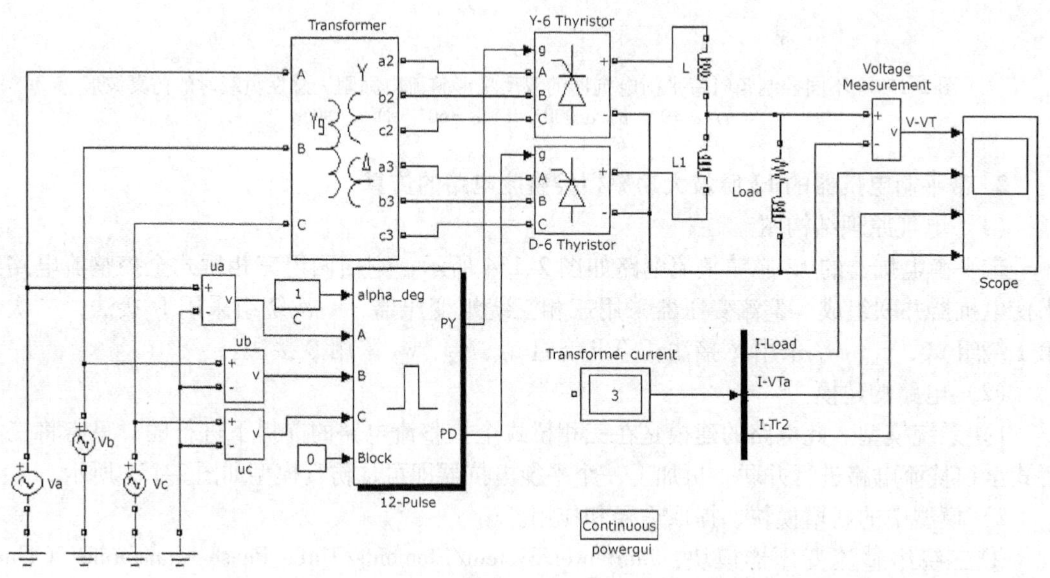

图 2-155　带平衡电抗器的 12 脉波相控整流电路仿真模型

3）变压器参数设置如图 2-156a 和 b 所示。

4）第一个整流器参数设置如图 2-157 所示，另一整流器参数相同。

5）平衡电抗器电感为 0.1H；负载电阻为 10Ω，电感为 0.1H。

（4）系统的仿真、仿真结果的输出及结果分析

Block Parameters: Transformer
Three-Phase Transformer (Three Windings) (mask) (link)
This block implements a three-phase transformer by using three single-phase transformers. Set the winding connection to 'Yn' when you want to access the neutral point of the Wye (for winding 1 and 3 only).
Click the Apply or the OK button after a change to the Units popup to confirm the conversion of parameters.
Configuration | Parameters | Advanced
Winding 1 connection (ABC terminals) : Yg
Winding 2 connection (abc-2 terminals) : Y
Winding 3 connection (abc-3 terminals) : Delta (D1)
Saturable core
Measurements Winding currents
OK Cancel Help Apply

a)

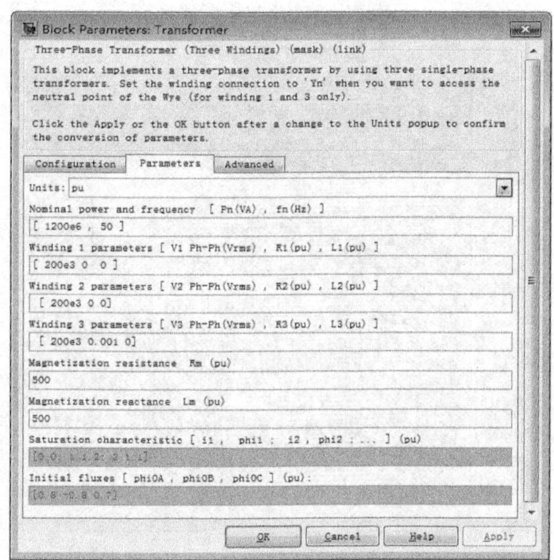

b)

图 2-156　变压器参数设置

a）参数设置 1　b）参数设置 2

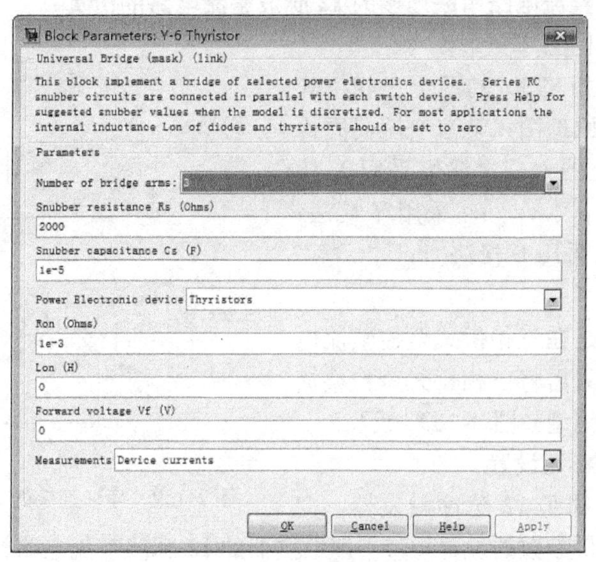

图 2-157　整流器的参数设置

1）系统仿真。选择 ode23tb 算法，相对误差设为 1e－3，仿真开始时间为 0，停止时间为 0.08s；单击“Simulation”→“Start”命令，或直接单击 ▶ 按钮，系统开始仿真。

2）输出仿真结果。采用“示波器”模块输出方式，图 2-158a、b 分别是 $\alpha=0°$、$\alpha=60°$阻－感性负载时的仿真波形。其中 u_d、i_d 为负载电压和电流，i_{ak}为晶闸管电流，i_2 为变压器二次电流。

3）输出结果分析。从仿真实验波形可知，直流输出电压是 12 脉波的。

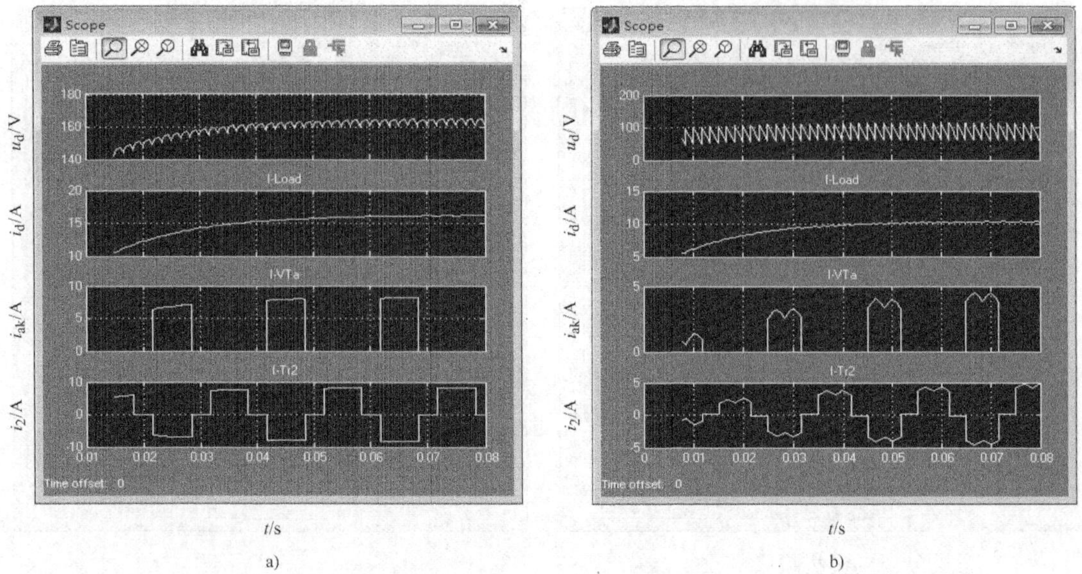

图 2-158　不同控制角时带平衡电抗器的 12 脉波整流电路阻－感性负载时的仿真波形
a）$\alpha=0°$　b）$\alpha=60°$

3. 两个三相桥式整流电路串联连接的 12 脉波整流电路的仿真

（1）电气原理结构图

图 2-159 是相位相差 30°的两个三相桥式整流电路串联连接的原理图，整流变压器同样采用三相三绕组变压器，一次绕组采用 Y 接法，二次侧第Ⅰ绕组 u_1、v_1、w_1 采用 Y 接法；第Ⅱ绕组 u_2、v_2、w_2 采用 D 接法。

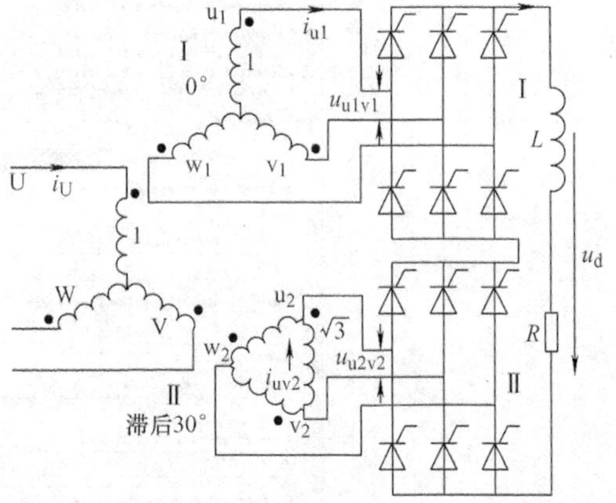

图 2-159　串联连接的 12 脉波电路原理图

（2）电路的建模

此电路的建模也是在三相桥式全控整流电路的前提下进行的，只需将三相桥式全控整流电路进行串联，仿真模型如图 2-160 所示。

（3）典型模块的参数设置

三相对称电源、同步 12 脉冲触发器、变压器、整流器和负载桥参数的设置与带平衡电抗器的 12 脉波整流电路的对应模块参数相同。

（4）系统的仿真、仿真结果的输出及结果分析

1）系统仿真。选择 ode23tb 算法，相对误差设为 1e－3，仿真开始时间为 0，停止时间为 0.08s；单击“Simulation”→“Start”命令，或直接单击 ▶ 按钮，系统开始仿真。

2）输出仿真结果。采用“示波器”模块输出方式，图 2-161a、b 分别是 $\alpha=0°$、$\alpha=60°$阻－感性负载时的仿真波形，输出波形与并联电路相同。

3）输出结果分析。从仿真实验波形可知：

① 直流输出电压是 12 脉波的。

② 在同样的电源电压和触发控制角时，串联 12 脉波电路的输出电压高于并联电路。

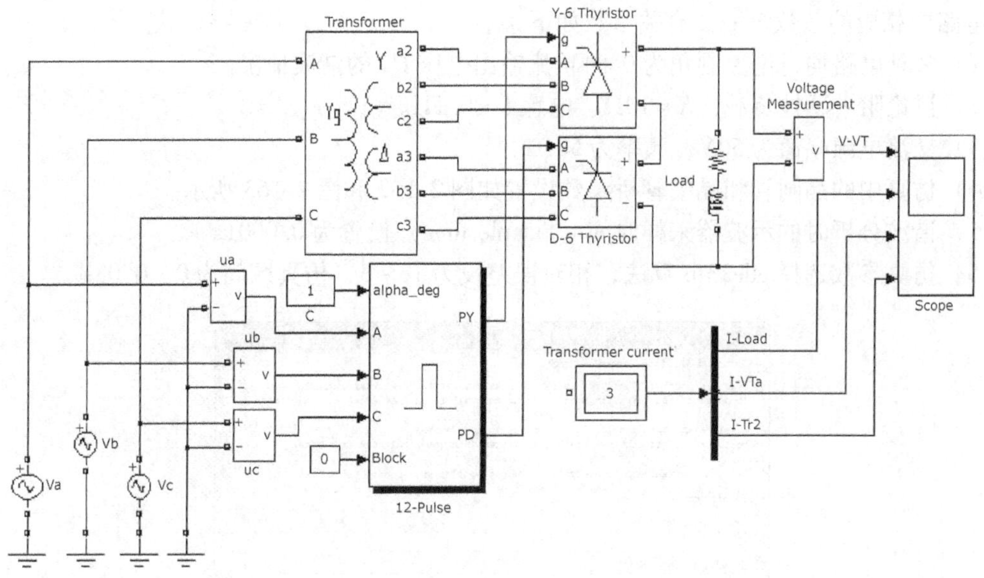

图 2-160　两组三相桥式全控整流器串联组成的 12 脉波相控整流电路仿真模型

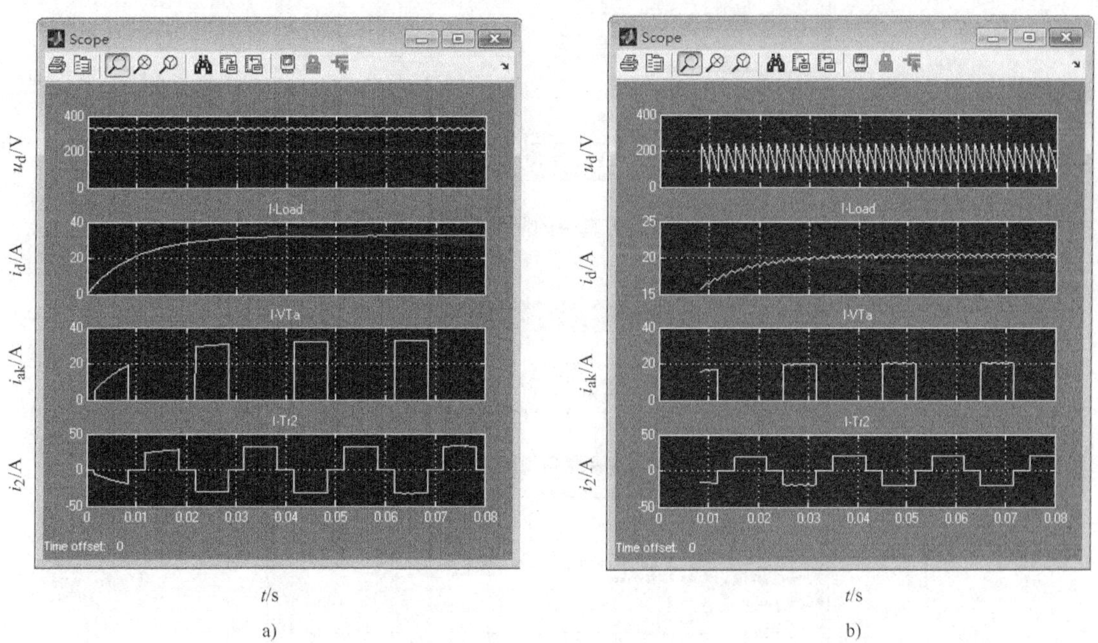

图 2-161　两组三相桥式全控整流器串联组成的 12 脉波整流电路阻 - 感性负载时的仿真波形
a）$\alpha=0°$　b）$\alpha=60°$

2.11.6　多相整流电路的谐波分析仿真

1. 3 种多相组合整流电路的谐波分析

为了比较带平衡电抗器的双反星形、带平衡电抗器的两组三相全控桥并联、两组三相全控桥串联 3 种整流电路的整流效果，下面对其进行谐波分析。为使仿真结果具有可比性，将

3 种电路中相应的参数统一。有关参数如下：

1）多种电路均讨论控制角为0°时整流输出电压 U_d 的谐波情况。

2）讨论阻 - 感性负载，$R=10\Omega$、电感 $L=0.1H$。

3）交流电源幅值为50V，频率为50Hz。

4）仿真中的晶闸管和晶闸管桥参数设置如图 2-162 和图 2-163 所示。

5）谐波分析时的示波器采样时间（Sample time）设置为 0.0001s。

6）仿真参数选择 ode23tb 算法，相对误差设为 1e - 3，仿真区间为 0 ~ 0.08s。

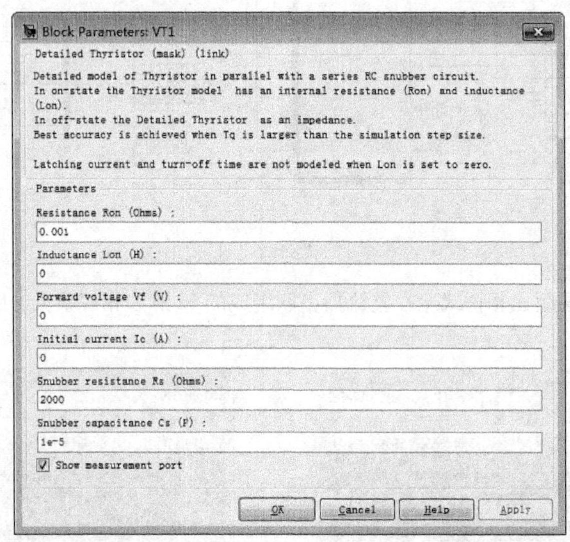
Block Parameters: VT1
Detailed Thyristor (mask) (link)
Detailed model of Thyristor in parallel with a series RC snubber circuit.
In on-state the Thyristor model has an internal resistance (Ron) and inductance (Lon).
In off-state the Detailed Thyristor as an impedance.
Best accuracy is achieved when Tq is larger than the simulation step size.
Latching current and turn-off time are not modeled when Lon is set to zero.
Parameters
Resistance Ron (Ohms) :
0.001
Inductance Lon (H) :
0
Forward voltage Vf (V) :
0
Initial current Ic (A) :
0
Snubber resistance Rs (Ohms) :
2000
Snubber capacitance Cs (F) :
1e-5
Show measurement port
OK
Cancel
Help
Apply

图 2-162　仿真中的晶闸管参数设置

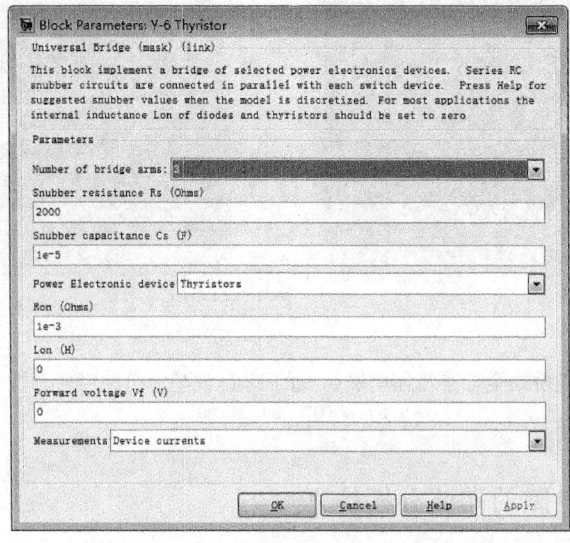
Block Parameters: Y-6 Thyristor
Universal Bridge (mask) (link)
This block implement a bridge of selected power electronics devices. Series RC snubber circuits are connected in parallel with each switch device. Press Help for suggested snubber values when the model is discretized. For most applications the internal inductance Lon of diodes and thyristors should be set to zero
Parameters
Number of bridge arms: 3
Snubber resistance Rs (Ohms)
2000
Snubber capacitance Cs (F)
1e-5
Power Electronic device Thyristors
Ron (Ohms)
1e-3
Lon (H)
0
Forward voltage Vf (V)
0
Measurements Device currents
OK
Cancel
Help
Apply

图 2-163　仿真中的晶闸管整流桥参数设置

带平衡电抗器的双反星形、带平衡电抗器的两组三相桥式全控并联整流电路直流输出电压的谐波分析结果分别如图 2-164a、b 和 c 所示，两组三相桥式全控串联整流电路变压器一次绕组电流的谐波分析结果如图 2-164d 所示。

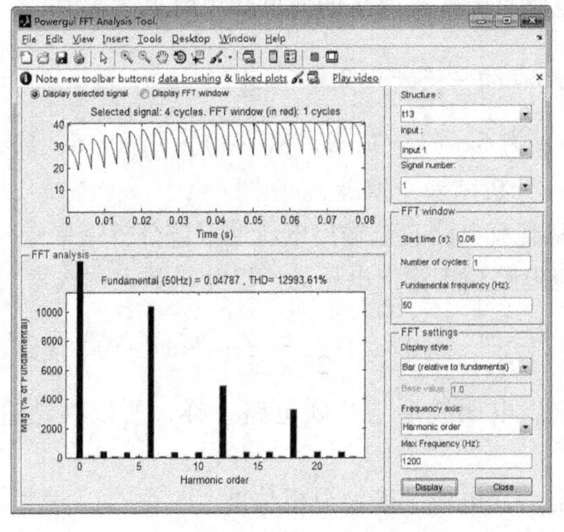

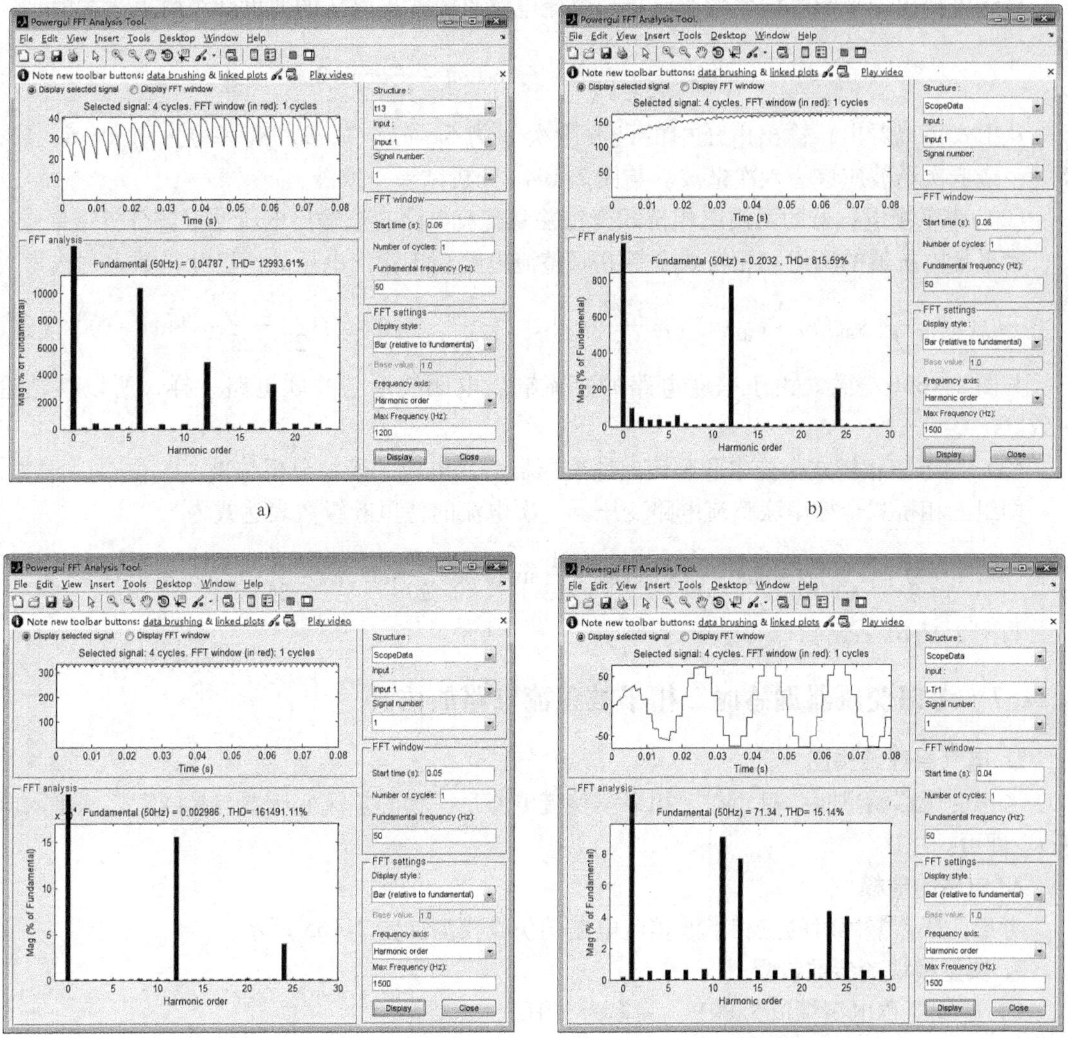

a)

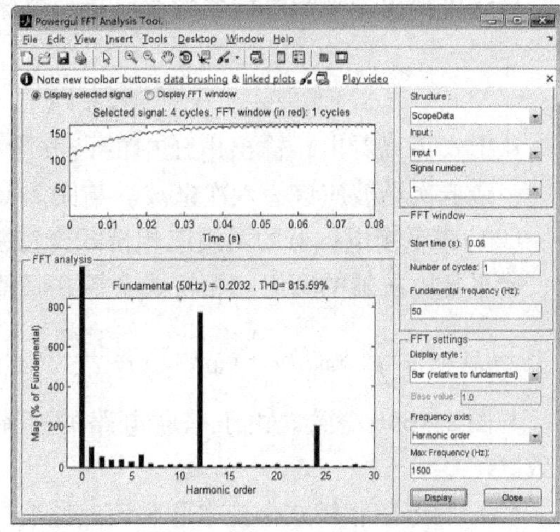

b)

c)

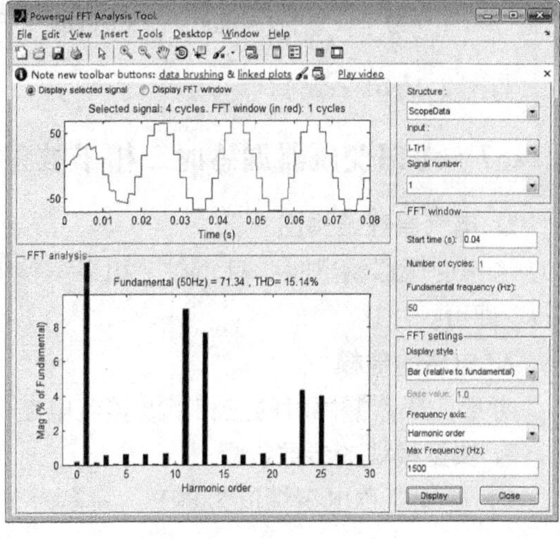

d)

图 2-164　晶闸管多相组合整流电路谐波分析

a）双反星形整流电路输出电压谐波分析结果　b）三相桥式全控并联输出电压谐波分析
c）三相桥式全控串联输出电压谐波分析　d）三相桥式全控串联时变压器一次电流谐波分析

2. 多相组合整流电路谐波的傅里叶分析

（1）带平衡电抗器的双反星形整流电路直流输出电压的傅里叶分析结果

将双反星形电路中负载上半部分的三相半波电路 u_{d1} 的波形用傅里叶级数展开，若此时 $\alpha=0°$，则有

$$u_{d1}=\frac{3\sqrt{6}U_2}{2\pi}\left(1+\frac{1}{4}\cos3\omega t-\frac{2}{35}\cos6\omega t+\frac{1}{40}\cos9\omega t-\frac{2\cos12\omega t}{143}+\cdots\right)$$

而负载下半部分的三相半波电路 u_{d2} 的波形用傅里叶级数展开为

$$u_{d2}=\frac{3\sqrt{6}U_2}{2\pi}\left(1-\frac{1}{4}\cos3\omega t-\frac{2}{35}\cos6\omega t-\frac{1}{40}\cos9\omega t-\frac{2}{143}\cos12\omega t-\cdots\right)$$

最终可得出带平衡电抗器的双反星形整流电路直流输出电压的傅里叶级数表达式为

$$u_d=\frac{u_{d1}+u_{d2}}{2}=\frac{3\sqrt{6}U_2}{2\pi}\left(1-\frac{2}{35}\cos6\omega t-\frac{2}{143}\cos12\omega t-\cdots\right)$$

从上式可以看出，输出电压中的谐波阶次 n 为 $6k$（$k=1, 2, 3, \cdots$），则 $n=6, 12, 18, \cdots$最低次谐波应该为六次谐波。与图 2-164a 分析结果一致。

（2）带平衡电抗器的两组三相桥式全控并联整流电路直流输出电压的谐波分析结果

带平衡电抗器的两组三相桥式全控并联整流电路直流输出电压的傅里叶级数表达式为

$$u_d(t)=\frac{1}{2}[u_{d1}(t)+u_{d2}(t)]=\frac{3\sqrt{2}}{\pi}U_{1L}\left(1-\frac{2}{11\times13}\cos12\omega t-\frac{2}{23\times25}\cos24\omega t-\cdots\right)$$

与图 2-164b 一致。由于串联电路的直流输出电压波形与并联电路一样，所以其结论一致。

（3）两组三相桥式全控串联整流电路变压器一次电流的谐波分析结果

两组三相桥式全控串联整流电路变压器一次电流的傅里叶级数表达式为

$$i_U(t)=\frac{4\sqrt{3}}{\pi}I_d\left(\sin\omega t+\frac{1}{11}\sin11\omega t+\frac{1}{13}\sin13\omega t+\frac{1}{23}\sin23\omega t+\frac{1}{25}\sin25\omega t+\cdots\right)$$

与图 2-164d 一致。

2.11.7 考虑变压器漏感时三相半波整流电路的仿真

1. 电气原理结构图

考虑变压器漏感时，只要在三相半波整流电路每一相的整流变压器与晶闸管之间串入电感 L_B 即可。

2. 电路的建模

考虑变压器漏感时的三相半波整流电路的仿真模型如图 2-165 所示。

3. 典型模块的参数设置

1）三相对称电源幅值为 80V，频率为 50Hz。

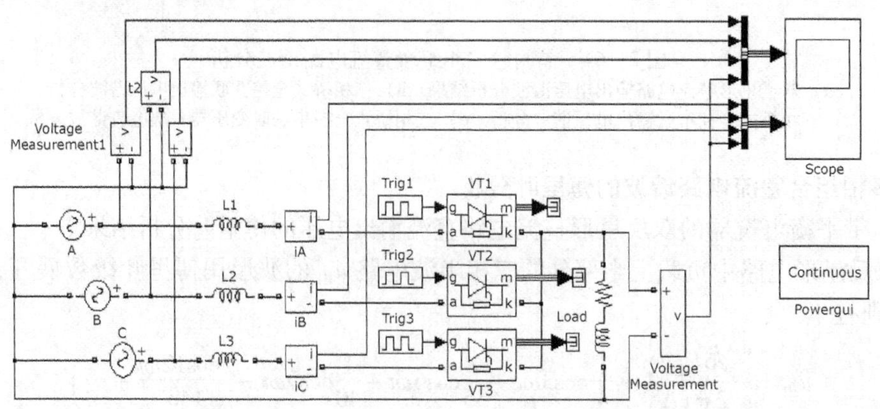

图 2-165　考虑变压器漏感时的三相半波整流电路的仿真模型

2）漏感 $L_B=0.003$H；负载电阻为0.5Ω，负载电感为0.005H。

3）A相触发控制角为30°，其他依次延迟120°。

4）晶闸管参数设置如图2-166所示。

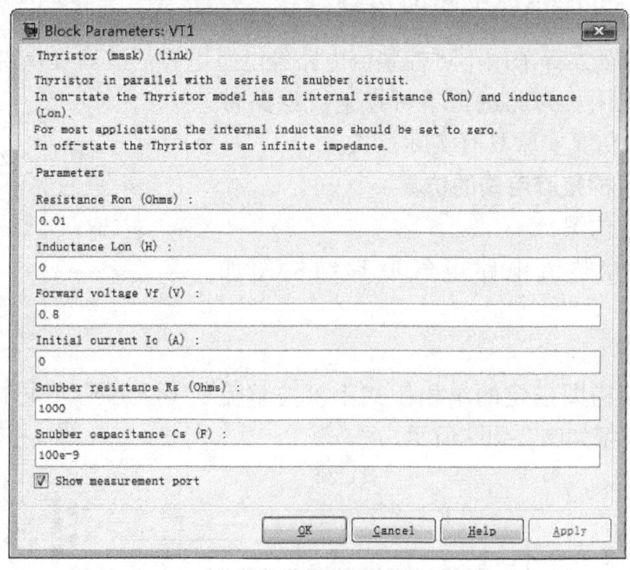

图2-166　晶闸管参数设置

4. 系统的仿真、仿真结果的输出及结果分析

1）系统仿真。打开仿真参数设置窗口，选择ode23tb算法，相对误差设为1e-3，仿真开始时间为0，停止时间为0.05s；单击“Simulation”→“Start”命令，或直接单击 ▶ 按钮，系统开始仿真。

2）输出仿真结果。采用“示波器”模块输出方式，控制角 $\alpha=30°$时的仿真波形如图2-167所示。

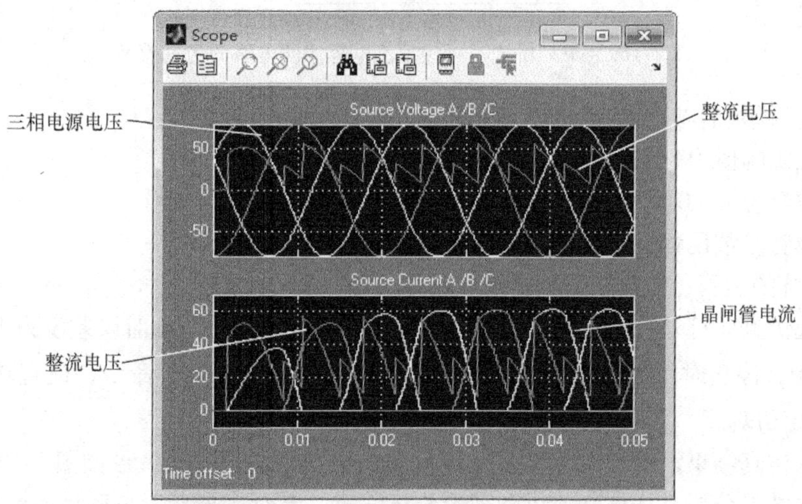

图2-167　控制角 $\alpha=30°$考虑变压器漏感时三相半波整流电路带阻-感性负载时的仿真波形

3）输出结果分析。从仿真实验波形看，输出整流电压出现缺角，缺角出现期间恰好是晶闸管两相电流换流期间。

2.11.8 二极管不可控整流电路的仿真

在变换器的输入级大都采用不可控整流电路经电感电容滤波后提供直流电源，供后级的逆变器、斩波器等使用。为此进行不可控整流电路带电感电容滤波电路的仿真实验具有实际意义。

1. 单相桥式不可控整流电路的仿真

（1）电气原理结构图

单相桥式不可控整流电路电气原理结构图如图2-168所示。

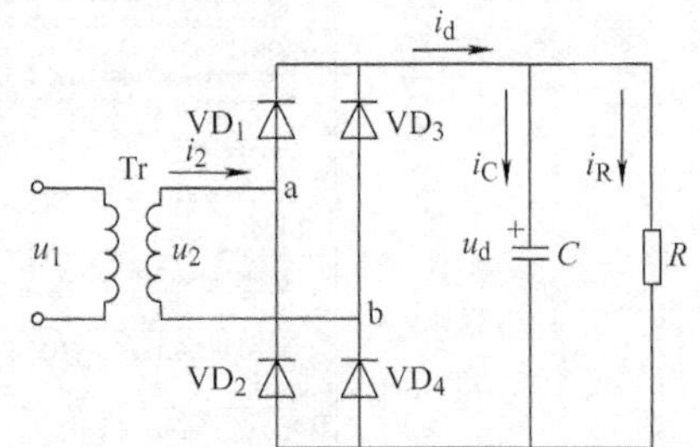

图2-168 单相桥式不可控整流电路电气原理结构图

（2）电路的建模

根据电气原理结构图搭建的单相桥式不可控整流电容滤波电路仿真模型如图2-169所示。

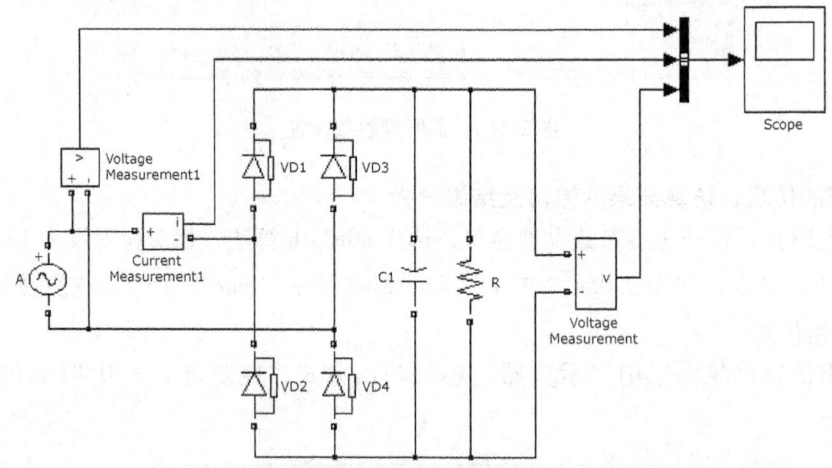

图2-169 单相桥式不可控整流电容滤波电路的仿真模型

（3）典型模块的参数设置

1）电压源幅值为80V。

2）滤波电容 $C=0.001\text{F}$，负载电阻 $R=10\Omega$。

3）二极管参数设置情况如图2-170所示。

（4）系统的仿真、仿真结果的输出及结果分析

1）系统仿真。打开仿真参数设置窗口，选择ode23tb算法，相对误差设为1e－3，仿真开始时间为0，停止时间为0.15s；单击“Simulation”→“Start”命令，或直接单击▶按钮，系统开始仿真。

2）输出仿真结果。采用“示波器”模块输出方式，仿真实验波形如图2-171所示。

3）输出结果分析。从仿真波形和理论分析波形二者对比来看，波形是一致的。

（5）采用 *LC* 滤波的仿真结果

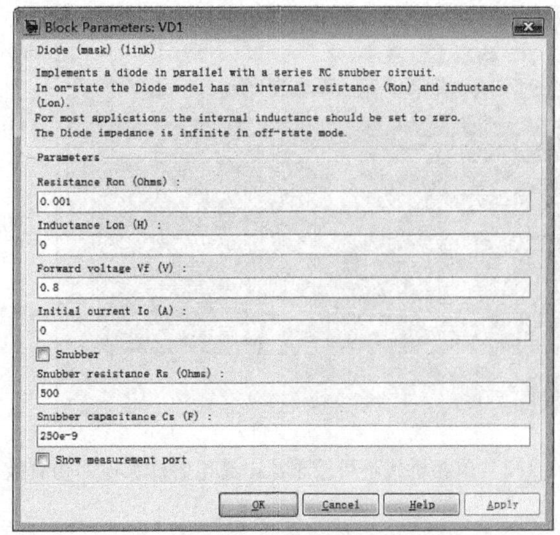

图 2-170　二极管参数设置

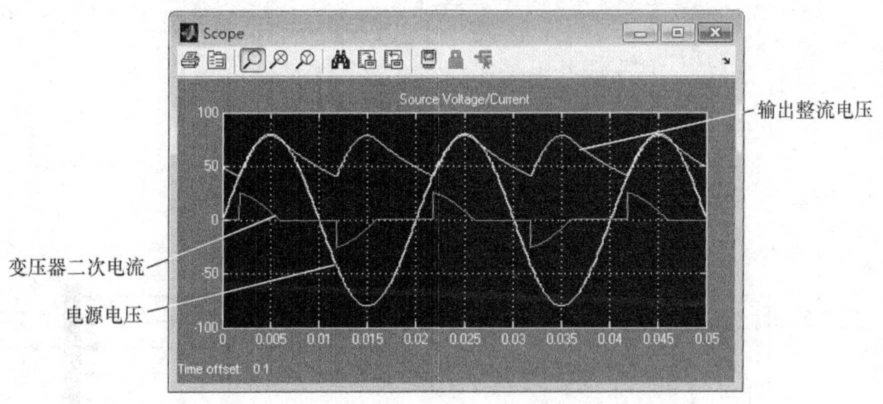

图 2-171　单相桥式不可控整流电容滤波电路仿真波形

图 2-172 是单相桥式不可控整流采用电感电容滤波时的仿真结果。仿真模型是在二极管整流桥后加入一个滤波电感，电感量为 0.001H。与图 2-171 对比，变压器的二次电流变得平缓了。

2. 三相桥式不可控整流电路的仿真

（1）电气原理结构图

三相桥式不可控整流电路电气原理结构图如图 2-173 所示。

（2）电路的建模

根据电气原理结构图搭建的三相桥式不可控整流电容滤波电路仿真模型如图 2-174 所示。

（3）典型模块的参数设置

1）电压源幅值为 80V。

2）滤波电容 $C=0.002\text{F}$，负载电阻 $R=5\Omega$。

3）二极管参数设置情况与图 2-170 相同。

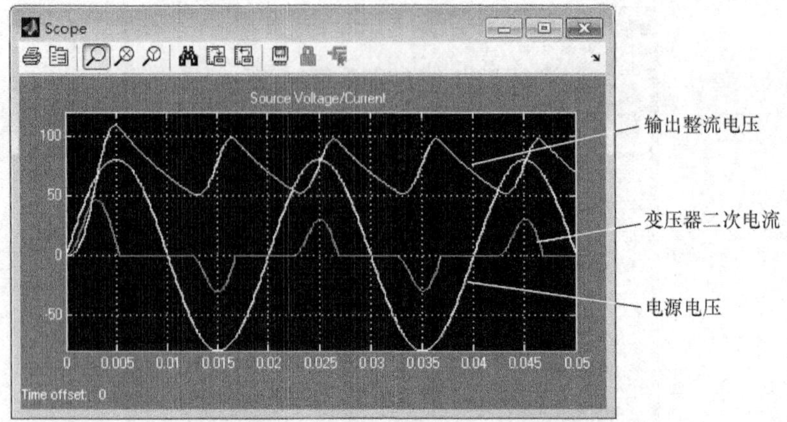

图 2-172　单相桥式不可控整流电感电容滤波电路仿真波形

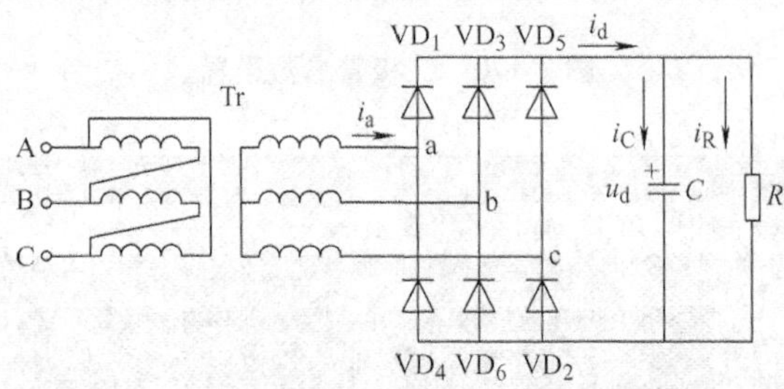

图 2-173　三相桥式不可控整流电路电气原理结构图

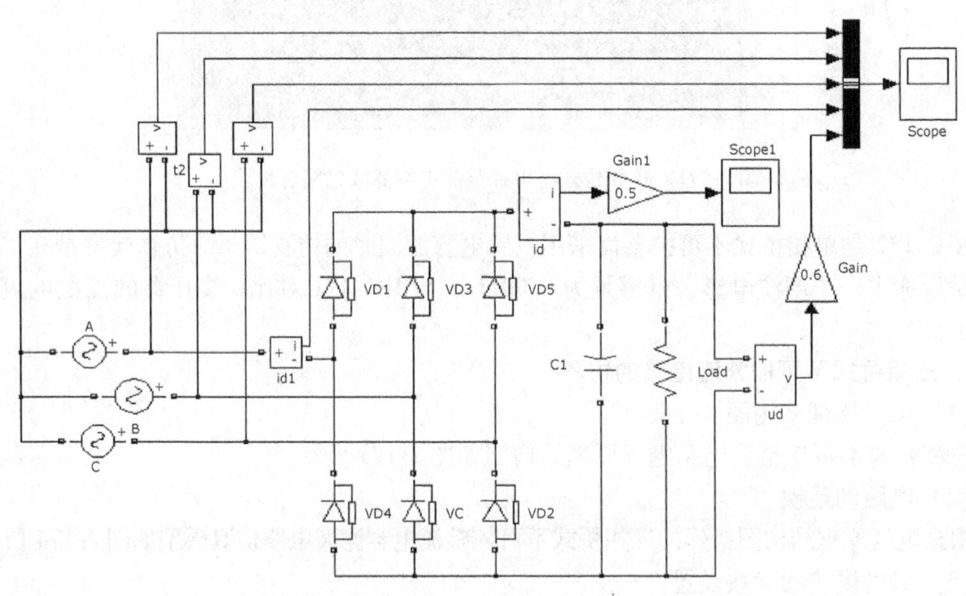

图 2-174　三相桥式不可控整流电容滤波电路的仿真模型

（4）系统的仿真、仿真结果的输出及结果分析

1）系统仿真。打开仿真参数设置窗口，选择 ode23tb 算法，相对误差设为 1e－3，仿真开始时间为 0，停止时间为 0.05s；单击“Simulation”→“Start”命令，或直接单击 ▶ 按钮，系统开始仿真。

2）输出仿真结果。采用“示波器”模块输出方式，仿真实验波形如图 2-175 所示。图 2-176是三相桥式不可控整流桥输出电流仿真波形，它与图 2-3 的输出电流波形是一致的。

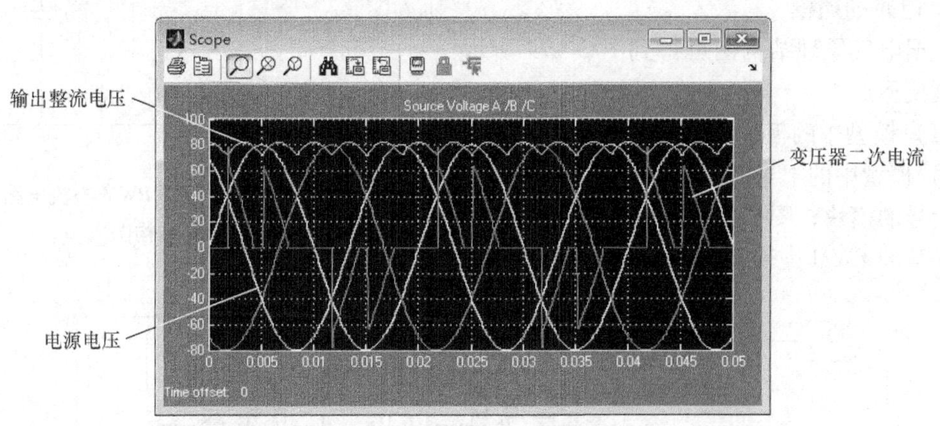

图 2-175　三相桥式不可控整流电容滤波电路仿真波形

3）输出结果分析。从仿真波形和理论分析波形二者对比来看，波形是一致的。

（5）采用 *LC* 滤波的仿真结果

图 2-177 是三相桥式不可控整流采用电感电容滤波时的仿真结果。仿真模型是在二极管整流桥后加入一个滤波电感，电感量为 0.1mH。另外，模型中电源电压幅值为 100V，滤波电容为 0.001F，负载电阻为 20Ω。与图 2-175 对比，变压器的二次电流变得平缓了。

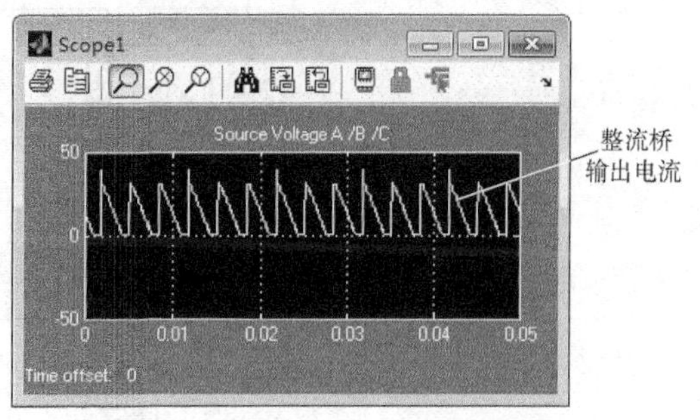

图 2-176　三相桥式不可控整流桥输出电流仿真波形

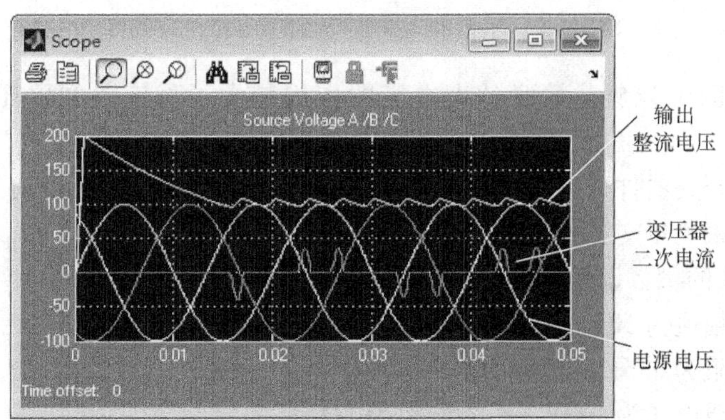

图 2-177　单相桥式不可控整流电感电容滤波电路仿真波形

2.11.9 单相 PWM 整流器的仿真

1. 电气原理结构图

单相电压型 PWM 整流电路电气原理结构图如图 2-178 所示。

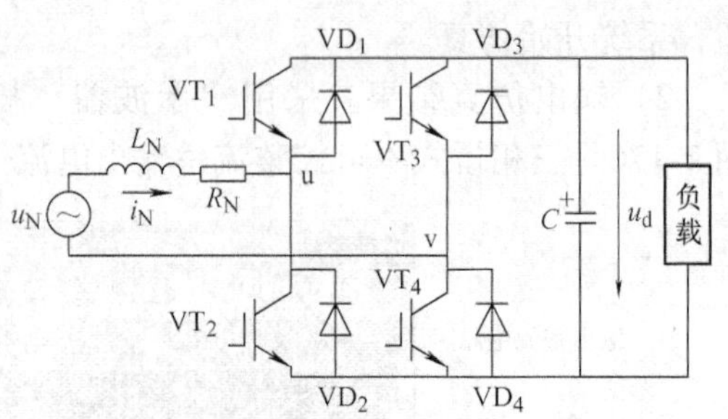

图 2-178　单相电压型 PWM 整流电路电气原理结构图

2. 电路的建模

根据电气原理结构图可得到图 2-179 所示的仿真模型。

（1）模型中的模块说明

1）模型中的上半部分为产生单极性 PWM 控制信号的模块，图中模块提取途径和作用参考第 3 章的 PWM 逆变部分。

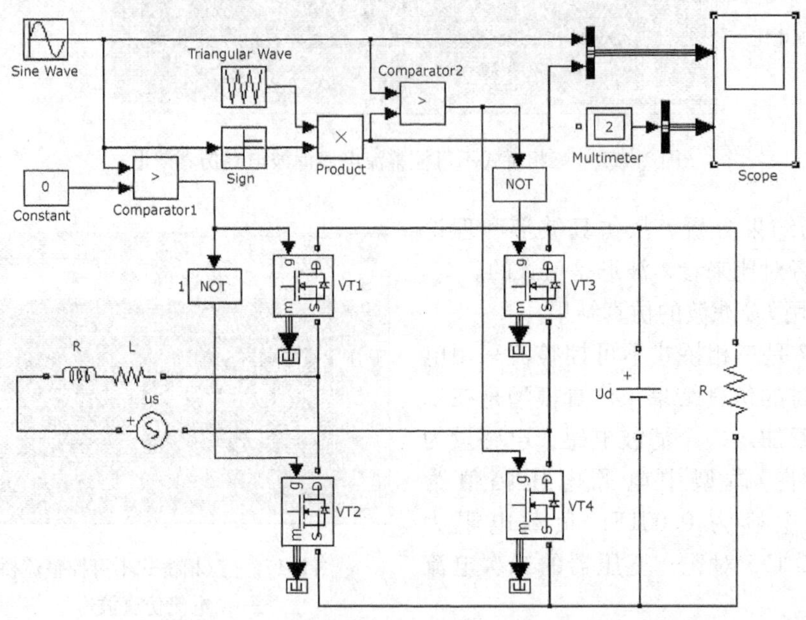

图 2-179　单相电压型 PWM 整流电路仿真模型

2）电气原理图中与负载并联的大电容的作用是为了稳定负载电压，此处用电压源替代。

3）电力电子开关器件采用 P－MOSFET，主要考虑到该模块带有反馈二极管。

4）万用表用来测量交流侧电源 U_S 与负载电流 I_R 的关系。

（2）典型模块的参数设置

1）交流电源幅值为 50V，相位为 －45°。

2）交流侧电阻为 0.5Ω，电感为 0.01H。

3）直流侧电源电压为 100V，负载电阻为 1Ω。

4）开关器件 P－MOSFET 的参数设置如图 2-180 所示。

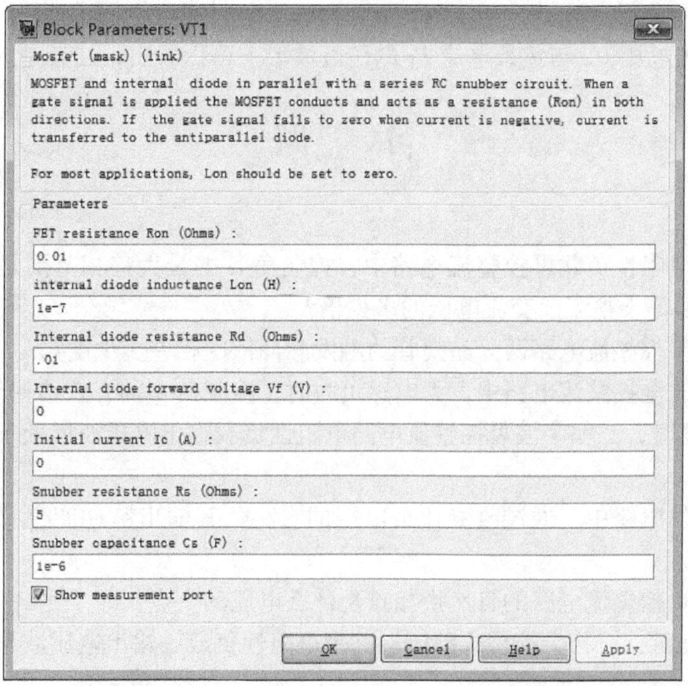

Block Parameters: VT1

Mosfet (mask) (link)

MOSFET and internal diode in parallel with a series RC snubber circuit. When a gate signal is applied the MOSFET conducts and acts as a resistance (Ron) in both directions. If the gate signal falls to zero when current is negative, current is transferred to the antiparallel diode.

For most applications, Lon should be set to zero.

Parameters

FET resistance Ron (Ohms) :

0.01

internal diode inductance Lon (H) :

1e-7

Internal diode resistance Rd (Ohms) :

.01

Internal diode forward voltage Vf (V) :

0

Initial current Ic (A) :

0

Snubber resistance Rs (Ohms) :

5

Snubber capacitance Cs (F) :

1e-6

☑ Show measurement port

OK　Cancel　Help　Apply

图 2-180　开关器件 P－MOSFET 的参数设置

3. 模型仿真、仿真结果的输出及结果分析

（1）系统仿真

打开仿真参数设置窗口，选择 ode23tb 算法，相对误差设为 1e－3，仿真开始时间为 0，停止时间为 0.04s；单击“Simulation”→“Start”命令，或直接单击 ▶ 按钮，系统开始仿真。

（2）输出仿真结果

采用“示波器”模块输出方式，图 2-181 是单极性 PWM 控制信号、交流侧电源电压 U_S 与负载电流 I_R 的仿真波形。

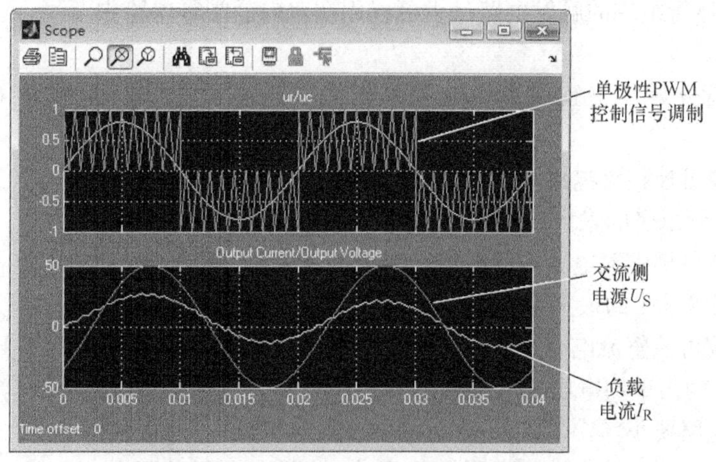

图 2-181　单相电压型 PWM 整流器仿真波形

（3）输出结果分析

从交流侧电源电压 U_S 与负载电流 I_R 的仿真波形上可以看出，二者是同相位的。

习　题

一、简答题

1. 单相半波电阻性负载可控整流电路中，控制角 α 的最大移相范围是多少？输出最大直流电压的平均值等于整流前交流电压的多少倍？

2. 单相桥式半控整流电路两只晶闸管的触发脉冲依次相差多少度？

3. 在单相桥式全控整流电路中，大电感负载时，控制角 α 的有效移相范围是多少？

4. α 为多少度时，三相半波可控整流电路电阻性负载输出电压波形处于连续和断续的临界状态？

5. 晶闸管触发电路中，通过改变什么电压的大小，其输出脉冲产生相位移动，达到移相控制的目的？

6. 三相半波可控整流电路的自然换相点是什么电压的交点？

7. α 为多少度时，三相全控桥式整流电路带电阻性负载，输出电压波形处于连续和断续的临界状态？

8. 三相全控桥式整流电路带大电感负载时，控制角 α 的有效移相范围是多少？

9. 为了让晶闸管可控整流电感性负载电路正常工作，应在电路中接入什么元件？

10. 晶闸管可控整流电路中直流端的蓄电池或直流电动机属于什么类型的负载？

11. 带平衡电抗器的双反星型可控整流电路适用于什么负载？

12. 三相可控整流与单相可控整流相比较，输出直流电压的纹波系数哪个大？

13. 在桥式半控带大电感负载不加续流二极管整流电路中，电路可能会出现什么现象？

14. 在桥式半控整流电路中，带大电感负载，不带续流二极管时，输出电压波形中会不会出现负面积？

15. 三相桥式全控整流电路输出电压波形的脉动频率是多少？

16. 单结晶体管组成的触发电路是否可以用在双向晶闸管电路中？

二、填空题

1. 从晶闸管开始承受正向电压起到晶闸管导通之间的电角度称为（　　）角，用（　　）表示。

2. 单相半波可控整流电路中，晶闸管承受的最大反向电压为（　　）；三相半波可控整流电路中，晶闸管承受的最大反向电压为（　　）。（电源相电压为 U_2）

3. 单相全波可控整流电路中，晶闸管承受的最大反向电压为（　　）；三相半波可控整流电路中，晶闸管承受的最大反向电压为（　　）。（电源相电压为 U_2）

4. 三相半波可控整流电路中，输出平均电压波形脉动频率为（　　）Hz；而三相全控桥整流电路中，输出平均电压波形脉动频率为（　　）Hz；这说明（　　）电路的纹波系数比（　　）电路要小。

5. 三相半波可控整流电路带电阻性负载时，电路的移相范围为（　　）；三相桥式全控整流电路带电阻性负载时，电路的移相范围为（　　）；三相桥式半控整流电路带电阻性负载时，电路的移相范围为（ ）。

6. 要使三相桥式全控整流电路正常工作，对晶闸管的触发方法有两种：一是用（ ）触发，二是用（ ）触发。

7. 三相桥式全控整流电路是由一组共（ ）极的3个晶闸管和一组共（ ）极的3个晶闸管串联后构成的，晶闸管的换相是在同一组内的器件间进行的。每隔（ ）换一次相，在电流连续时每个晶闸管导通（ ）度。要使电路工作正常，必须任何时刻要有（ ）个晶闸管同时导通，且要求不是（ ）的两个器件。

8. 当晶闸管可控整流的负载为大电感负载时，负载两端的直流电压平均值会（ ），解决的办法就是在负载的两端（ ）接一个（ ）。

9. 带平衡电抗器的双反星形电路，变压器绕组同时有（ ）相导电；晶闸管每隔（ ）度换一次流，每个晶闸管导通（ ）度，变压器同一铁心柱上的两个绕组同名端（ ），所以两绕组的电流方向也（ ），因此变压器的铁心不会被（ ）。

10. 单结晶体管内部共有（ ）个PN结，外部共有3个电极，它们分别是（ ）极、（ ）极和（ ）极。

11. 单结晶体管产生的触发脉冲是（ ）脉冲；主要用于驱动（ ）功率的晶闸管；锯齿波同步触发电路产生的脉冲为（ ）脉冲；可以触发（ ）功率的晶闸管。

12. 锯齿波触发电路主要由（ ）、（ ）、（ ）、（ ）、（ ）环节组成。

三、问答题

1. 单相半波可控整流电路中，如果：

（1）晶闸管内部短路；

（2）晶闸管内部开路。

试在图2-182给出的坐标中画出其直流输出电压 U_d 和晶闸管两端电压 U_T 的波形。

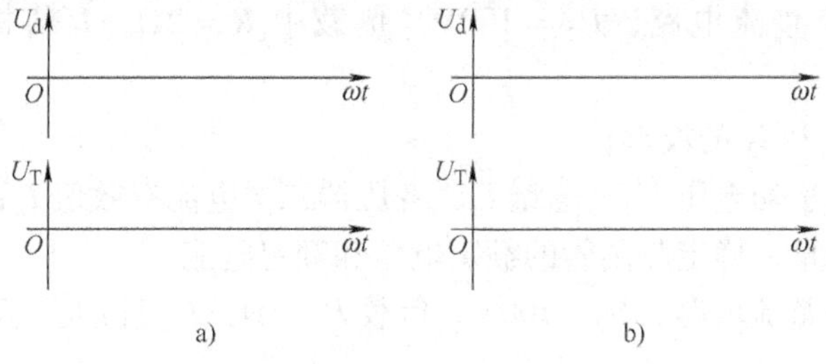

图2-182 问答题1图

a）晶闸管内部短路 b）晶闸管内部开路

2. 单相半波可控整流电路中，如果：

（1）晶闸管门极不加触发脉冲；

（2）晶闸管内部短路；

（3）晶闸管内部断开。

试分析上述三种情况负载两端电压 u_d 和晶闸管两端电压 u_T 的波形。

3. 单相桥式半控整流电路，带电阻性负载。当控制角 $\alpha=90°$ 时，试画出负载电压 u_d、晶闸管 VT_1 电压 u_{VT1}、整流二极管 VD_2 电压 u_{VD2} 在一周期内的电压波形图。

4. 相控整流电路带电阻性负载时，负载电阻上的 U_d 与 I_d 的乘积是否等于负载有功功率？为什么？带大电感负载时，负载电阻 R_d 上的 U_d 与 I_d 的乘积是否等于负载有功功率？为什么？

5. 带电阻性负载的三相半波可控整流电路，如触发脉冲左移到自然换流点之前15°处，分析电路工作情况，并画出触发脉冲宽度分别为10°和15°时负载两端的电压 u_d 的波形。

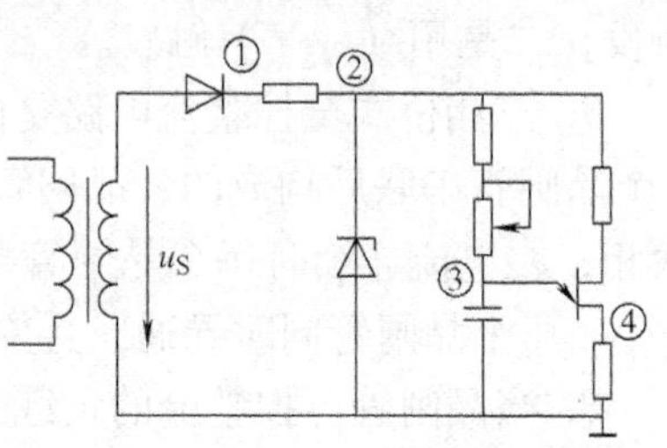

图 2-183　问答题 6 图

6. 画出图 2-183 所示单结晶体管触发电路图的各点波形。

7. 三相半波整流电路的共阴极接法与共阳极接法，u、v 两相的自然换相点是同一点吗？如果不是，它们在相位上差多少度？

8. 具有变压器中心抽头的单相全波可控整流电路，问该变压器还有直流磁化问题吗？试说明：

（1）晶闸管承受的最大反向电压为 $2\sqrt{2}U_2$；

（2）当负载是电阻或电感时，其输出电压和电流的波形与单相桥式全控的相同。

四、计算题

1. 某电阻性负载要求提供0～24V 直流电压，最大负载电流 $I_d=30A$。如采用220V 交流直接供电和由变压器降压到60V 供电的单相半波相控整流电路，是否两种方案都能满足要求？试比较两种供电方案的晶闸管的导通角、额定电压、额定电流和电源侧功率因数。

2. 阻－感性负载，电感极大，电阻 $R=5\Omega$，电路采用有续流二极管的单相桥式半控整流电路，输入电压 $U_2=220V$，当控制角 $\alpha=60°$时，求流过晶闸管的平均电流值 I_{dT}、有效值 I_{VT}，流过续流二极管的电流平均值 I_{dD}、有效值 I_{VD}。

3. 单相桥式全控整流电路，$U_2=100V$，负载中 $R=2\Omega$，L 值极大，当 $\alpha=30°$时，要求：

（1）画出 u_d、i_d 和 i_2 的波形；

（2）求整流输出平均电压 U_d、电流 I_d，变压器二次电流有效值 I_2；

（3）考虑安全裕量，确定晶闸管的额定电压和额定电流。

4. 单相桥式全控整流电路，$U_2=100V$，负载 $R=2\Omega$，L 值极大，反电动势 $E=60V$，当 $\alpha=30°$时，要求：

（1）画出 u_d、i_d 和 i_2 的波形；

（2）求整流输出平均电压 U_d、平均电流 I_d，变压器二次电流有效值 I_2；

（3）不考虑安全裕量，确定晶闸管的额定电压和额定电流。

5. 晶闸管串联的单相桥式半控整流，电路如图 2-184所示，$U_2=100V$，阻－感性负载，$R=2\Omega$，L 值极大，当 $\alpha=60°$时，求流过器件的电流有效值，并画出 u_d、i_d、i_{VT}和 i_{VD}的波形。

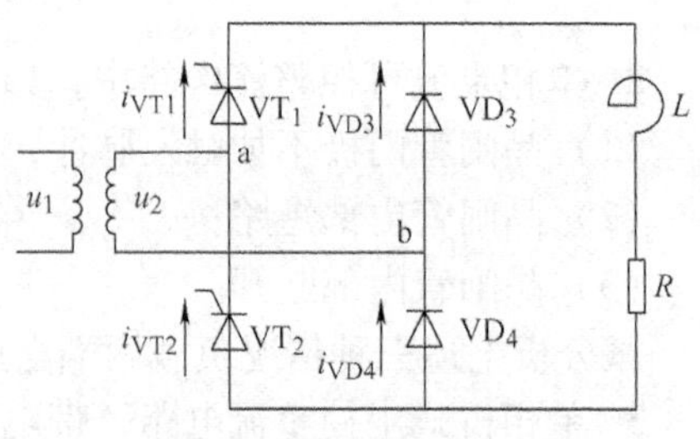

图 2-184　计算题 5 图

6. 某电阻性负载，$R=50\Omega$，要求 U_d 在 0～600V 间可调，用单相半波和单相桥式全控两种整流电路来供电，分别计算：

（1）晶闸管额定电压、电流值（不考虑安全裕量）；

（2）负载电阻上消耗的最大功率。

7. 在三相半波整流电路中，如果 u 相的触发脉冲消失，试绘出在电阻性负载和电感性负载下整流电压 u_d 的波形。

8. 三相半波可控整流电路带大电感负载，$R=10\Omega$，相电压有效值 $U_2=220V$。求 $\alpha=45°$时负载直流电压 U_d、流过晶闸管的平均电流 I_{dT}和有效电流 I_{VT}，画出 u_d、i_{VT2}和 u_{VT3}的波形。

9. 三相半波整流电路带电动机负载并串入足够大的电抗器，相电压有效值 $U_2=220V$，电动机负载电流为 40A，负载回路总电阻 $R=0.2\Omega$，求当 $\alpha=60°$时流过晶闸管的电流平均值与有效值、电动机的反电动势。

10. 三相桥式全控整流电路，$U_2=100V$，带阻感性负载，$R=5\Omega$，L 极大。当控制角 $\alpha=60°$时，要求：

（1）画出 u_d、i_d 和 i_{VT1}的波形。

（2）计算负载直流平均电压 U_d、平均电流 I_d；流过晶闸管的平均电流 I_{dT}和有效电流 I_{VT}的值。

11. 三相桥式全控整流电路带大电感负载，负载电阻 $R=4\Omega$，要求 U_d 在 0～220V 之间变化。试求：

（1）不考虑控制角裕量时，整流变压器二次线电压；

（2）计算晶闸管电压、电流值，如电压、电流取 2 倍裕量，选择晶闸管型号。

第3章 直流-交流变换电路及其仿真

3.1 逆变的概念

将交流电能变换成直流电能的过程称为整流，而把直流电能变换成交流电能的过程称为逆变，它是整流的逆过程。

在逆变电路中，按照负载性质的不同，逆变分为有源逆变和无源逆变。如果把逆变电路的输出接到交流电源上，把经过逆变得到的与交流电源同频率的交流电能返送到该电源中，这样的逆变称作有源逆变，相应的装置称为有源逆变器。而把直流电能变换为交流电能，直接向非电源负载供电的电路，称为无源逆变电路。不加说明时，逆变电路一般多指无源逆变电路。

逆变电路经常和变频电路的概念联系在一起，两者既有联系又有区别。变频电路是将一种频率的交流电变换为另一种频率的交流电的电路，可分为交-交直接变频电路和交-直-交间接变频电路。交-直-交间接变频电路由交-直变换和直-交变换电路两部分组成，交-直变换电路即为整流电路，直-交变换电路即为逆变电路，直-交变换电路是间接变频电路的核心环节。

可见，无源逆变电路实际上是逆变和变频两个概念的交汇点。由于无源逆变电路在电力电子电路中占有举足轻重的地位，因此通常所说的变频指无源逆变电路。

3.1.1 逆变电路的基本类型

逆变电路可按下列几种方法进行分类：

1. 按逆变能量输出去向分类

有源逆变电路：输出交流电能输向交流电网的逆变电路。

无源逆变电路：输出交流电能直接用于负载的逆变电路。

2. 按组成电路的电力电子器件分类

半控型逆变电路：由晶闸管等半控型器件组成的逆变电路。

全控型逆变电路：由全控型器件如GTO、GTR、P-MOSFET、IGBT等组成的逆变电路。

3. 按直流电源的性质分类

电压型逆变电路：直流侧并联大电容，使直流电源近似为恒压源的逆变电路。

电流型逆变电路：直流侧串联大电感，使直流电源近似为恒流源的逆变电路。

4. 按逆变电路输出端相数分类

它分为单相逆变电路、三相逆变电路和多相逆变电路。

一个实际的逆变装置的名称往往涉及上述多个分类。例如，三相电压型无源逆变电路就涉及了1、3、4三个分类。

3.1.2 逆变电路中的换流方式

电路在工作过程中，电流从一个支路向另一个支路转移的过程称为换流，换流也称为换相。在逆变电路中有下列几种换流方式：

1. 电网电压换流

电路中利用电网的电压反向施加在欲关断的晶闸管上使其关断的换流方式称为电网电压换流。例如可控整流电路、有源逆变电路、相控交－交变频电路等均为电网电压换流。这种换流方式不需要全控型器件，也无需附加换流电路，但不适用于没有交流电网的电路。

2. 器件换流

在采用IGBT、P-MOSFET、GTO、GTR等全控型器件的电路中，利用全控型器件的自关断能力进行换流称为器件换流。

3. 强迫换流

通过设置附加换流电路，给欲关断的晶闸管强迫施加反向电压或反向电流的换流方式称为强迫换流。强迫换流通常利用附加电容上所存储的能量来实现，因此也称为电容换流。

强迫换流可使输出频率不受电源频率的限制，但需附加换流电路，同时还要增加晶闸管的电压、电流定额，对晶闸管的动态特性要求也高。

在强迫换流方式中，由换流电路内的电容直接提供换流电压的方式称为直接耦合式强迫换流，其原理如图3-1所示。在晶闸管VT处于通态时，预先给电容C充电（如图中所示极性）。如果合上开关S，就可以使晶闸管被施加反向电压而关断。这种给晶闸管加上反向电压而使其关断的换流又称为电压换流。

如果通过换流电路内的电容和电感的耦合来提供换流电压和换流电流，则称为电感耦合式强迫换流，其原理如图3-2所示。图3-2a中晶闸管在LC振荡第一个半周期内关断。过程是：接通开关S后，LC振荡电流将反向流过晶闸管VT，与VT的负载电流相减，直到流过VT的合成正向电流减至零后，再流过二极管VD。二极管上的管压降就是施加在VT上的反向电压。图3-2b中晶闸管在LC振荡第二个半周期内关断。过程是：接通S后，LC振荡电流先正向流过VT并和VT中原有负载电流叠加，经半个振荡周期$\pi\sqrt{LC}$后，振荡电流反向流过VT，直到VT的合成正向电流减至零后再流过二极管VD。在这两种情况下，晶闸管都是在正向电流减至零且二极管开始流过电流时关断，二极管上的管压降就是施加在晶闸管上的反向电压。这种先使晶闸管电流减为零，然后通过反并联二极管压降施加反向电压的换流方式又称为电流换流。

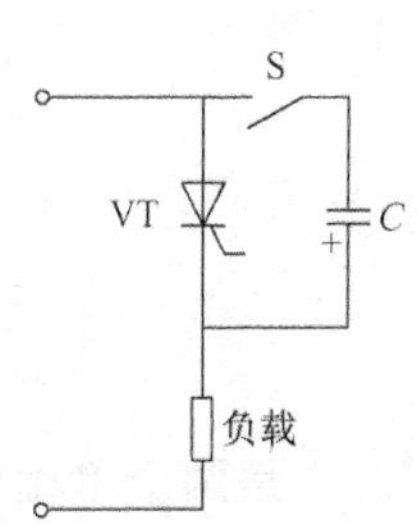

图3-1 直接耦合式强迫换流原理图

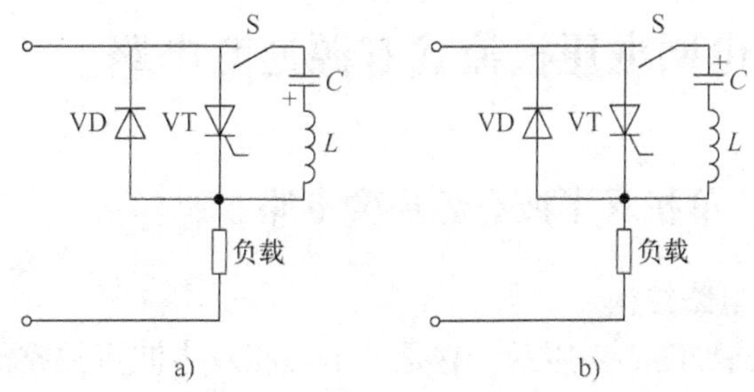

图3-2 电感耦合式强迫换流原理图

a）前半周期关断电感耦合电路图 b）后半周期关断电感耦合电路图

4. 负载换流

由负载提供换流电压的方式称为负载换流，也称为负载谐振换流方式。凡是负载电流的相位超前于负载电压的场合，例如电容性负载，均可实现负载换流。图 3-3 为采用负载换流方式的并联谐振式逆变电路，负载为阻－感串联后和电容并联，附加电容的目的是使整个负载工作在接近并联谐振而略呈容性的状态，并改善负载功率因数。电路的工作波形如图 3-3b所示，直流侧串入大电感使直流输出电流平直，4 个桥臂开关的切换仅使电流流通路径改变，所以负载电流基本呈矩形波。因为负载工作在对基波电流接近并联谐振的状态，故对基波的阻抗很大而对谐波的阻抗很小，所以负载电压 u_o 波形接近正弦波。

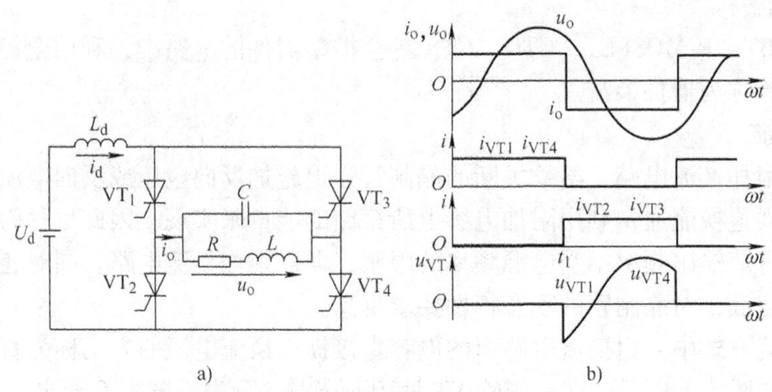

图 3-3　采用负载换流方式的并联谐振式逆变电路及其工作波形

a）电路原理图　b）工作波形

设在 t_1 时刻前 VT_1、VT_4 为导通状态，VT_2、VT_3 为关断状态，u_o、i_o 均为正。此时 VT_2、VT_3 承受正压，在 t_1 时刻触发 VT_2、VT_3 使其开通，负载电压 u_o 通过 VT_2、VT_3 分别反向加在 VT_1、VT_4 上，使其关断，负载电流就从 VT_1、VT_4 分别转移到 VT_2、VT_3 上，触发 VT_2、VT_3 的 t_1 时刻必须在 u_o 过零前并留有足够的裕量，才能使应阻断的器件被施加足够的反压时间，使其可靠关断，保证换流顺利完成，实现换相。从 VT_2、VT_3 向 VT_1、VT_4 换相的过程和上述情况类似。图 3-3b 中 i 为流过晶闸管的电流。

上述 4 种换流方式中，器件换流只适用于全控型器件，由全控型器件构成的电路称为自换流电路。其余 3 种方式主要是针对晶闸管而言，都是借助于外部手段而实现换流的，这样的电路称为外部换流电路。

3.2　电网电压换流式有源逆变电路

3.2.1　单相双半波有源逆变电路

1. 电路结构

电路如图 3-4 所示，它是一个单相双半波可控整流电路，该电路实际上是两个单相半波可控整流电路经过适当连接而成的。为保持逆变电流的连续，电路串接了大电感 L。下面讨论该电路是如何从整流状态转变为有源逆变状态的。

2. 工作原理

（1）整流状态（$0° \leqslant \alpha < 90°$）

当 α 等于零时，输出电压瞬时值 u_d 在整个周期内全部为正；当 $0° < \alpha < 90°$ 时，u_d 在整个周期内有正有负，但其正面积总是大于负面积，故平均值 U_d 为正值，其极性是上正下负，如图 3-4a 所示。通常 U_d 略大于 E，此时电流 I_d 从 U_d 的正端流出，从 E 的正端流进。因此电动机 M 吸收电能，作电动运行，电路把从电网吸收的交流电能转变成直流电能输送给电动机，电路工作在整流状态，电动机 M 工作在电动状态。这是在整流电路中大家熟悉的内容。

（2）逆变状态（$90° < \alpha \leqslant 180°$）

所谓逆变，就是要求电路把负载（电动机）吸收的直流电能转变成交流电能反馈回电网。由于晶闸管的单向导电性，负载电流 I_d 不能改变方向，为此只有将 E 反向，即电动机作发电运行，输出电能才能回馈电网；为避免 U_d 与 E 顺接，此时要求将 U_d 的极性也反过来，如图 3-4b 所示。从 $U_d = 0.9U_2\cos\alpha$ 可知，要使 U_d 反向，α 应该大于 90°。

当 α 在 $90° < \alpha \leqslant 180°$ 范围内变动时，输出电压瞬时值 u_d 在整个周期内有正有负，但其负面积总是大于正面积，故平均值 U_d 为负值，其极性是上负下正，如图 3-4b 所示。此时 E 略大于 U_d，电流 I_d 的流向是从 E 的正端流出，从 U_d 的正端流入，电动机输出电能，逆变电路吸收从电动机返送来的直流电能，并将其转变成交流电能反馈回电网，这就是单相双半波电路的有源逆变工作状态。

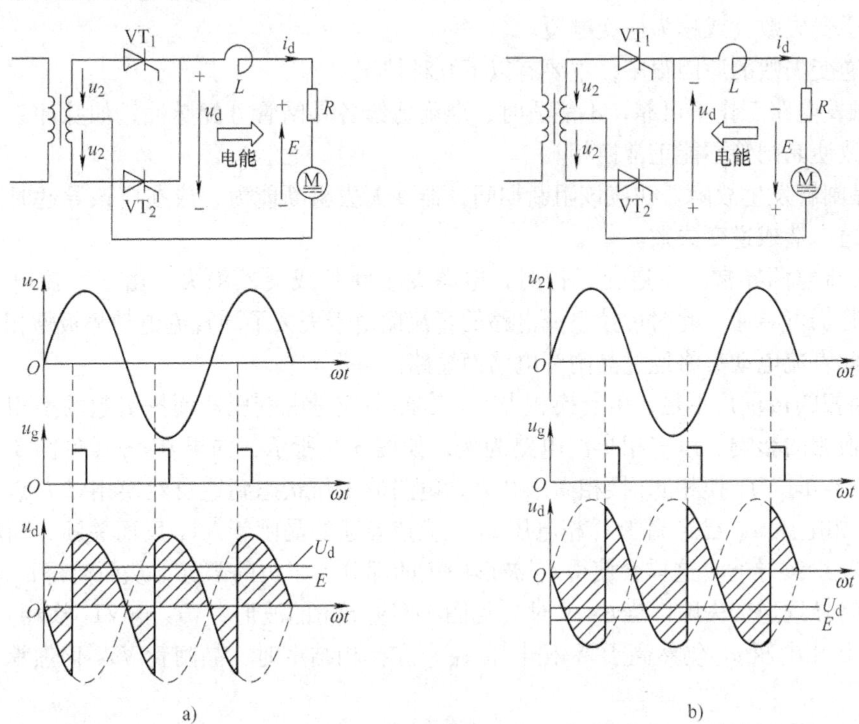

图 3-4　单相双半波电路工作于整流和逆变状态时的电路及电压波形
a）整流状态　b）逆变状态

从上述分析可以看出，要使整流电路工作在逆变状态，必须满足两个条件：

1）变流器的输出 U_d 能够改变极性（内部条件）。由于晶闸管的单向导电性，电流 I_d 不能改变方向，为实现有源逆变，必须改变 U_d 的极性。为此，变流器的控制角 α 应该大于 90°。因此，所有的半控和接有续流二极管的整流电路都不能实现有源逆变。

2）必须有外接的提供直流电能的电源 E。电源 E 也要能改变极性，且有 $|E| > |U_d|$（外部条件）。

上述条件必须同时满足，才能实现有源逆变。

（3）逆变角 β

当变流器工作在逆变状态时，常将控制角 α 改用 β 表示，β 称为逆变角，规定以 $\alpha = \pi$ 处作为计量 β 角的起点，β 角的大小由计量起点向左计算。α 和 β 的关系满足 $\alpha + \beta = \pi$。例如，$\beta = 30°$ 时，对应 $\alpha = 150°$。

按照整流时规定的参考方向或极性，将逆变状态时的逆变角计算归纳如下：

逆变状态时的控制角称为逆变角 β，满足如下关系：$\beta = \pi - \alpha$。

3.2.2 逆变失败与最小逆变角的限制

1. 逆变失败

可控整流电路运行在逆变状态时，一旦发生换相失败，电路又重新工作在整流状态，外接的直流电源就会通过晶闸管电路形成短路，使变流器的输出平均电压 U_d 和直流电动势 E 变成顺向串联，由于变流电路的内阻很小，将出现很大的短路电流流过晶闸管和负载，这种情况称为逆变失败，或称为逆变颠覆。

造成逆变失败的原因很多，主要有以下几种情况：

1）触发电路工作不可靠，不能适时、准确地给各晶闸管分配脉冲，如脉冲丢失、脉冲延时等，致使晶闸管不能正常换相。

2）晶闸管发生故障。在应该阻断期间，器件失去阻断能力，或在应该导通时间器件不能正常导通，造成逆变失败。

3）交流电源异常。在逆变工作时，电源发生断相或突然消失，由于直流电动势的存在，晶闸管仍可导通，此时可控整流电路的直流侧由于失去了同直流电动势极性相反的直流电压，因此直流电动势将经过晶闸管电路而短路。

4）换相的裕量角不足，引起换相失败。实际中应考虑变压器漏抗引起的换相重叠角对逆变电路换相的影响。以三相半波电路为例，如图 3-5 所示，如果 $\beta < \gamma$（见图 3-5 右下角的波形，VT_3 向 VT_1 换相），换相尚未结束，电路的工作状态到达自然换相点 P 点后，参加换相的 W 相电压 u_W 已经高于 U 相电压 u_U，应该导通的晶闸管 VT_1 反而关断，而应关断的晶闸管 VT_3 继续导通。这样会使得 u_d 波形中正的部分大于负的部分，从而使得 u_d 和 E 顺向串联，最终导致逆变失败。当 $\beta > \gamma$ 时（见图 3-5 左下角的波形，VT_3 与 VT_1 换相），经过换相过程后 U 相电压 u_U 仍然高于 W 相电压 u_W，在换相结束时，晶闸管 VT_3 仍然承受反压而关断。

为了防止换相失败，要求逆变电路有可靠的触发电路，选用可靠的晶闸管器件，设置快速的电流保护环节，同时还应对逆变角 β 进行严格的限制。

2. 最小逆变角 β 的确定方法

为防止逆变颠覆，必须限制最小逆变角。确定最小逆变角 β 的大小要考虑以下因素：

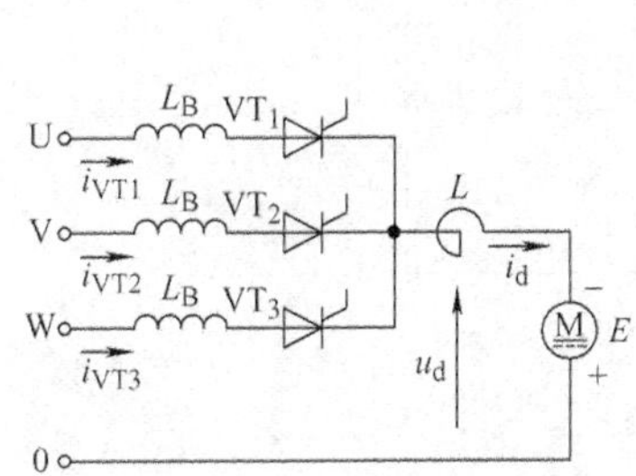

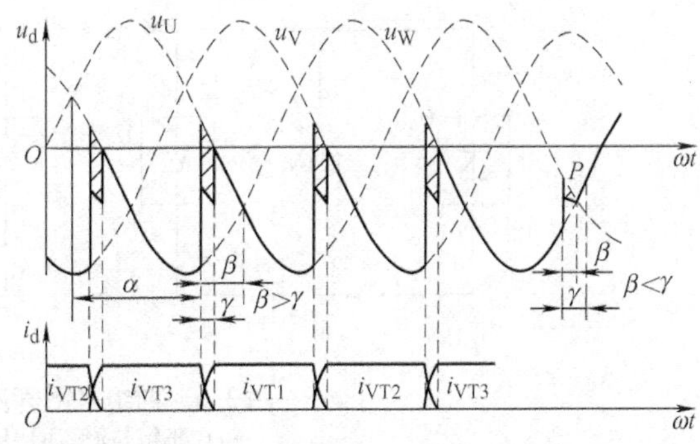

图 3-5　交流侧电抗对逆变换相过程的影响

1）换相重叠角 γ。此值随电路形式、工作电流大小的不同而不同。可按照下式计算，即

$$\cos\alpha - \cos(\alpha+\gamma) = \frac{I_d X_B}{\sqrt{2}U_2 \sin\frac{\pi}{m}} \tag{3-1}$$

式中，m 为一个周期内的波头数（换相次数），对于三相半波电路，$m=3$；对于三相桥式全控电路，$m=6$。

根据逆变工作时 $\alpha=\pi-\beta$，并设 $\beta=\gamma$，上式可改写成

$$\cos\gamma = 1 - \frac{I_d X_B}{\sqrt{2}U_2 \sin\frac{\pi}{m}} \tag{3-2}$$

γ 为 15°~20°电角度。

2）晶闸管关断时间 t_q 所对应的电角度 δ。折算后的电角度为 4°~5°。

3）安全裕量角 θ'。考虑到脉冲调整时不对称、电网波动、畸变与温度等影响，还必须留一个安全裕量角，一般取 θ' 为 10°左右。

综上所述，最小逆变角为

$$\beta_{min} = \delta + \gamma + \theta' \approx 30° \sim 35° \tag{3-3}$$

有源逆变在晶闸管直流可逆调速系统和绕线转子异步电动机串级调速系统中得到了广泛应用。

3.2.3　有源逆变的应用——两组晶闸管反并联时电动机的可逆运行

图 3-6 为两组晶闸管反并联电路的框图。设 P 为正组，N 为反组，电路有 4 种工作状态。

（1）正组整流

图 3-6a 为正组整流工作状态。在控制角 α 作用下，P 组整流输出电压 $U_{d\alpha}$ 加于电动机 M 使其正转。当 P 组整流时，反组 N 绝对不能也工作在整流状态，否则将使电流 I_{d1} 不经过负载 M，而只在两组晶闸管之间流通，这种电流称为环流，环流实质上是两组晶闸管电源之间的短路电流。因此，当正组整流时，反组应关断或处于待逆变状态。所谓待逆变，就是 N

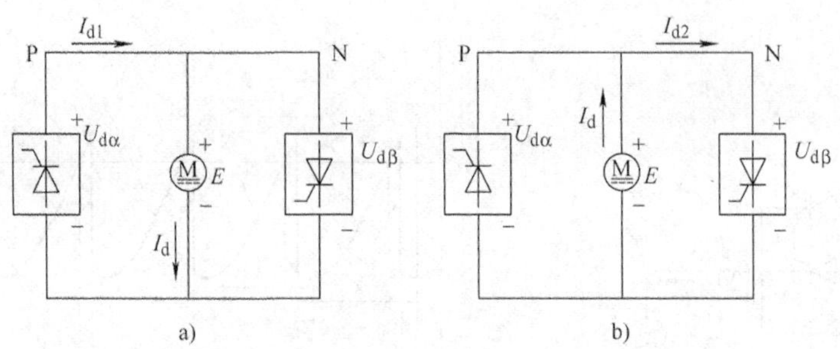

图 3-6　两组晶闸管反并联电路

a）正组整流　b）反组逆变

组由逆变角 β 控制处于逆变状态但无逆变电流。要做到这一点，可使 $U_{d\beta}$（$=U_{d0}\cos\beta$）$\geqslant U_{d\alpha}$（$=U_{d0}\cos\alpha$）。这样，正组 P 的平均电流供电动机正转，反组 N 处于待逆变状态，极性如图 3-6a 所示。由于 $U_{d\beta}\geqslant U_{d\alpha}$，故没有电流流过反组，不产生真正的逆变。

（2）反组逆变

图 3-6b 为反组逆变工作状态。当要求正向制动时，流过电动机 M 的电流 I_d 必须反向才能得到制动转矩，由于晶闸管的单向导电性，只有利用反组 N 的逆变。为此，只要降低 $U_{d\beta}$，且使 $E>U_{d\beta}$（$=U_{d\alpha}$），则 N 组产生逆变，流过电流 I_{d2}，电动机的电流 I_d 反向，反组有源逆变将电动势能 E 通过反组 N 送回电网，实现回馈制动。

（3）反组整流

N 组整流，使电动机反转，其过程与正组整流类似。

（4）正组逆变

P 组逆变，产生反向制动转矩，其过程与反组逆变类似。

由此可见，变流器的整流和逆变状态对应于电动机的电动和回馈制动状态。两组晶闸管装置反并联的可逆电路可实现直流电动机的可逆运行和快速回馈制动，它是晶闸管变流装置工作于整流和有源逆变状态的典型例子。

在该可逆系统中，正组作为整流供电，反组提供有源逆变制动。正转时可以利用反组晶闸管实现回馈制动，反转时可以利用正组晶闸管实现回馈制动，正反转和制动的装置合二为一。

3.3　器件换流式无源逆变电路

与有源逆变相比，无源逆变不是把变换后的交流电反馈到交流电网中去，而是供给无源的负载使用。当用晶闸管等半控型电力电子器件构成无源逆变器且带感性负载时，就不可能像有源逆变那样，借助电网电压实现换流，而必须另设强迫换流电路来实现换流。当采用全控型器件构成逆变器主电路时，则相对简单得多，可采用器件换流方式。采用不同的全控型电力电子器件（如采用 P-MOSFET、GTR、GTO、IGBT 等不同器件）时，其主电路结构没有原则差别，差别主要在于门极（栅极）控制电路的不同。

3.3.1　电压型和电流型无源逆变电路

用于逆变的直流电通常是由电网提供的交流电整流而来。为了实现把“变压变频交流电供给无源负载”，首先把交流电整流为直流电，经过中间滤波环节后，再把直流电逆变成变压变频的交流电，这一过程称为交-直-交变频。无源逆变是交-直-交变频的后面部分。

根据交-直-交变压变频器的中间滤波环节是采用电容性元件或电感性元件，可以将交-直-交变频器分为电压型变频器和电流型变频器两大类。

当中间直流环节采用大电容滤波时，直流电压波形比较平直，在理想情况下是一个内阻抗为零的恒压源，输出交流电压是矩形或阶梯波，这类变频装置叫作电压型变频器，图3-7所示为电压型交-直-交变频器的逆变电路部分，输入整流部分没有画出来。

当交-直-交变频器的中间直流环节采用大电感滤波时，直流电流波形比较平直，因而电源内阻抗很大，对负载来说基本上是一个恒流源，输出交流电流是矩形波或阶梯波，这类变频装置叫作电流型变频器，如图3-8所示。

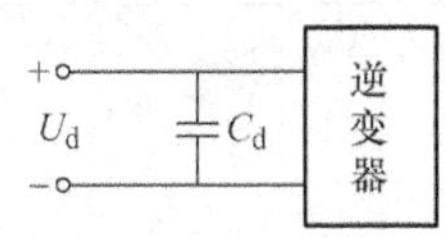

图3-7　电压型逆变电路

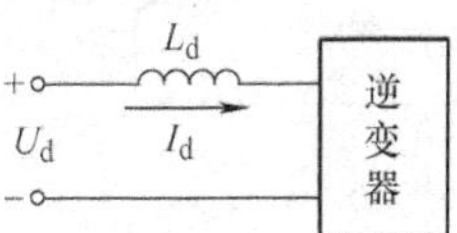

图3-8　电流型逆变电路

3.3.2　器件换流式电压型无源逆变电路

器件换流式电压型逆变电路采用全控型器件作为主开关器件，不需要专门的换流电路。

无源逆变电路种类很多，最常见的有单相半桥逆变电路、单相全桥逆变电路和三相桥式逆变电路等。下面以电压型逆变电路为例说明它的工作原理。

1. 单相半桥逆变电路

（1）电路组成

桥式逆变电路的一种最简单结构如图3-9a所示，它是一种电压型半桥电路。半桥电路由一条桥臂和一个带有电压中点的直流电源组成，电压的中点可以由两个容量较大且数值相等的电容串联分压构成。若负载为纯电阻R，VT_1、VT_2轮流切换导通，可获得图3-9b、c所示的输出电压u_{UN}和输出电流i_o的波形。

（2）工作原理

1）如果在$0 \leqslant t < T/2$期间，VT_1有驱动信号，则VT_1导通而VT_2截止，这时$u_{UN}=+U_d/2$。

2）如果在$T/2 \leqslant t < T$期间，VT_2有驱动信号，则VT_2导通而VT_1截止，这时$u_{UN}=-U_d/2$。则逆变器输出电压u_{UN}是幅值为$U_d/2$、宽度为180°（$T/2$）的方波，如图3-9b所示。改变开关管的门极驱动信号的频率，输出电压的频率也随着改变。值得注意的是，为保证逆变电路的正常工作，必须保证VT_1和VT_2两个开关管不同时导通，否则将出现直流电源短路的情况，这种情况被称为逆变器的贯穿短路。实际的控制电路应采取有效的措施避免这种情况的发生，如对在同一桥臂上的两个开关器件，在一个开关关断另一开关开通之前设置一个驱动脉冲封锁时间，以保证同一桥臂的两个开关管不同时导通，从而避免发生贯穿短路的情况。

当负载为纯电感L时，有

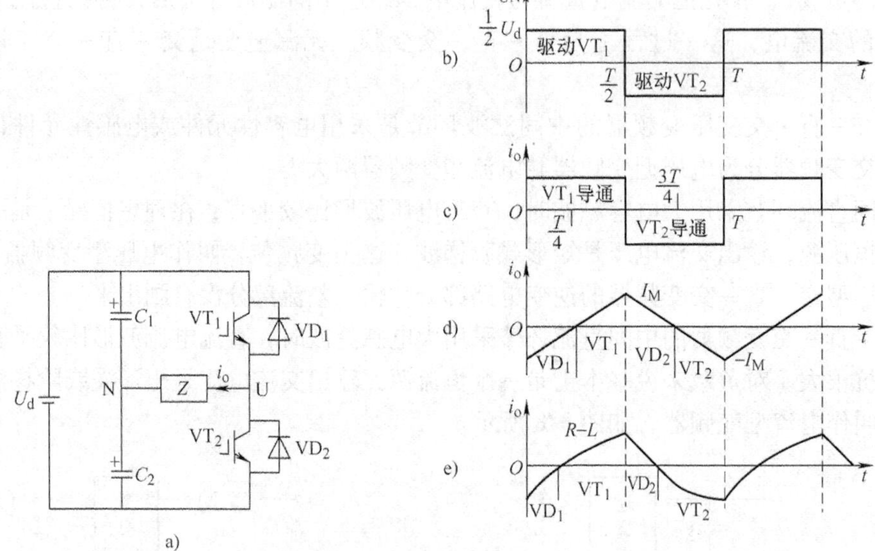

图 3-9　单相半桥逆变电路及电压、电流波形

a）电路原理图　b）电压波形　c）电阻负载电流波形　d）电感负载电流波形　e）*RL* 负载电流波形

1）在 $0 \leqslant t < T/2$ 期间，$u_{UN} = \dfrac{U_d}{2} = L\dfrac{di_o}{dt}$，$i_o$ 线性上升。

2）在 $T/2 \leqslant t < T$ 期间，$u_{UN} = -\dfrac{U_d}{2} = -L\dfrac{di_o}{dt}$，$i_o$ 线性下降，如图 3-9d 所示。

在图 3-9d 中第一个 $T/4$ 期间，若 VT_2 管关断，由于电感中电流不能突然改变方向，此时即使 VT_1 管加上驱动信号，负载电流 i_o 也必须通过 VD_1 管流通，直到 $i_o = 0$ 时，VT_1 管才导通，负载电流开始反向。同样，VT_1 管关断时，负载电流先要通过 VD_2 管流通，直至 $i_o = 0$ 时，VT_2 管才导通，负载电流开始又一次反向。当 VD_1 或 VD_2 管导通时，能量返回电源。

如果负载为 *RL* 负载，则电流波形如图 3-9e 所示。当 VT_1 或 VT_2 为通态时，负载电流和电压同方向，直流侧向负载提供能量；而当 VD_1 或 VD_2 为通态时，负载电流和电压反向，负载电感中储存的能量向直流侧反馈，即负载电感将其吸收的无功能量反馈回直流侧。反馈回的能量暂时储存在直流侧电容中，直流侧电容起着缓冲这种无功能量的作用。因为二极管 VD_1、VD_2 是负载向直流侧反馈能量的通道，故称为反馈二极管；又因为 VD_1、VD_2 起着使负载电流连续的作用，因此又称为续流二极管。

输出交流基波电压的幅值和有效值分别为

$$U_{UV1m} = \frac{2U_d}{\pi} = 0.637U_d \tag{3-4}$$

$$U_{UV1} = \frac{2U_d}{\sqrt{2}\pi} = 0.45U_d \tag{3-5}$$

如果采用半控型器件时，必须附加强迫换流电路才能使逆变电路正常工作。

（3）电路特点

半桥逆变电路的优点是简单、使用器件少；缺点是电源利用率低，输出交流电压的幅值

仅为 $U_d/2$，工作时还需控制直流侧两个电容电压的均衡。因此，半桥电路常用于几千瓦以下的小功率逆变电源。半桥逆变电路是单相全桥逆变电路、三相桥式逆变电路的基本单元。

2. 单相全桥逆变电路

（1）电路组成

电压型单相全桥逆变电路如图 3-10a 所示。在容量较大的场合，全桥逆变电路使用更为普遍。

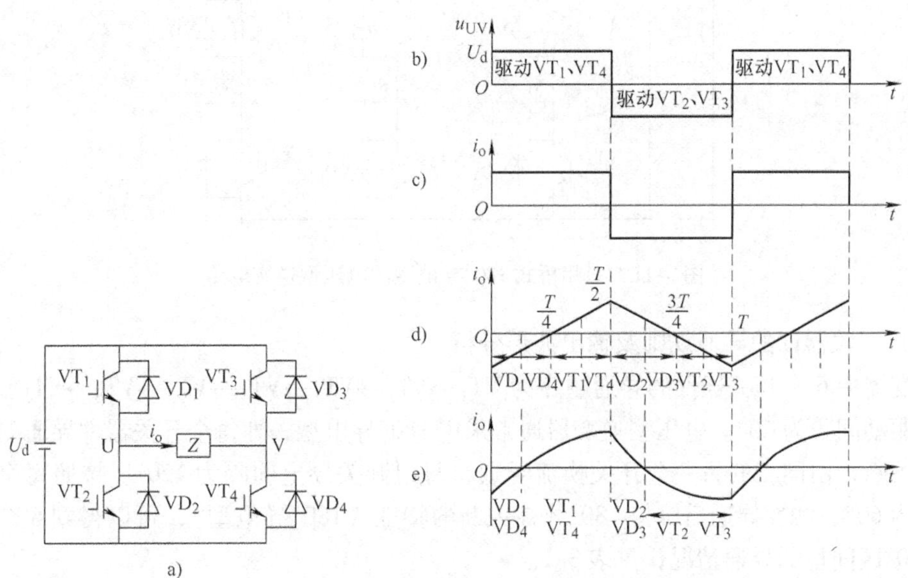

图 3-10　单相全桥逆变电路及电压、电流波形

a）电路原理图　b）负载电压波形　c）电阻负载电流波形　d）电感负载电流波形　e）*RL* 负载电流波形

（2）工作原理

1）在 $0 \leqslant t < T/2$ 期间，VT_1、VT_4 导通而 VT_2、VT_3 截止，这时 $u_{UV} = +U_d$。

2）在 $T/2 \leqslant t < T$ 期间，VT_1、VT_4 截止而 VT_2、VT_3 导通，这时 $u_{UV} = -U_d$。

逆变器输出电压 u_{UV} 为幅值 U_d、宽度 180°（$T/2$）的方波，如图 3-10b 所示。带电阻、纯电感和阻－感负载时的电流波形分别示于图 3-10c、d、e。其电路工作原理同半桥逆变电路一样。

单相全桥逆变电路是单相逆变电路中应用最多的，下面对其电压波形作定量分析。把幅值为 U_d 的矩形波利用傅里叶级数展开得

$$u_{UV}(t) = \frac{4}{\pi}U_d\left(\sin\omega t + \frac{1}{3}\sin 3\omega t + \frac{1}{5}\sin 5\omega t + \cdots\right) \tag{3-6}$$

其中基波的幅值和有效值分别为

$$U_{UV1m} = \frac{4U_d}{\pi} = 1.27U_d \tag{3-7}$$

$$U_{UV1} = \frac{4U_d}{\sqrt{2}\pi} = 0.9U_d \tag{3-8}$$

上述公式对于半桥式逆变器也是适用的，只是要将公式中的 U_d 换成 $\frac{1}{2}U_d$。

3. 三相桥式逆变电路

（1）电路组成

在需要进行大功率变换或者负载要求提供三相电源时，可采用三相桥式逆变电路，其主电路组成与单相全桥逆变电路相比较，只是较其多了一条桥臂。电压型三相桥式逆变电路主要采用180°导电型，其电路原理图如图3-11 所示。

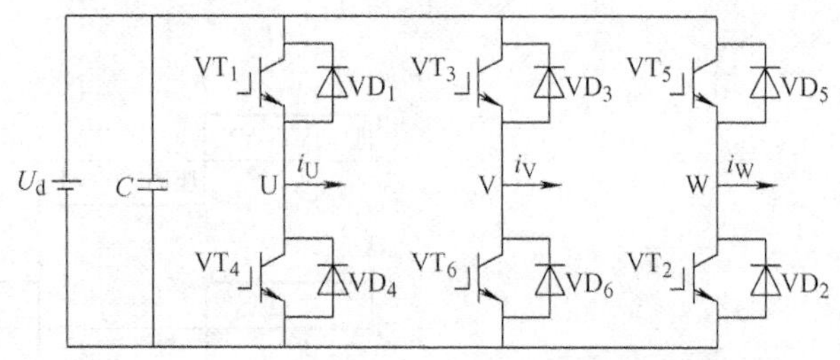

图3-11　三相桥式180°导电型的电压型逆变电路

（2）开关器件的导通规则及输出波形分析

逆变器中6个开关器件的导通顺序为 $VT_1 \rightarrow VT_2 \rightarrow VT_3 \rightarrow VT_4 \rightarrow VT_5 \rightarrow VT_6 \rightarrow VT_1$，各开关的触发驱动间隔为60°。电压型逆变器通常采用180°导电型，即每个开关器件导通180°电角度后被关断，由同相的另一个开关换流导通，每组开关导电间隔为120°。按照每个开关触发间隔为60°，触发导通后维持180°才被关断的特征（180°导电型），可以得到6个开关器件在360°区间里的导通情况，见表3-1。

表3-1　逆变器中开关器件的导通情况（180°电压型）

开关＼区间	0°~60°	60°~120°	120°~180°	180°~240°	240°~300°	300°~360°
VT_1	导通	导通	导通	×	×	×
VT_2	×	导通	导通	导通	×	×
VT_3	×	×	导通	导通	导通	×
VT_4	×	×	×	导通	导通	导通
VT_5	导通	×	×	×	导通	导通
VT_6	导通	导通	×	×	×	导通

根据每60°间隔中开关器件的导通情况，可以作出每个60°区间内负载连接的等效电路，如图3-12 所示。由此可求出输出相电压和线电压，而线电压等于相电压之差。

【例3-1】　由表3-1知，在0°~60°区间，VT_5、VT_6、VT_1 同时导通，等效电路如图3-12所示，三相负载分别为 Z_U、Z_V、Z_W，且 $Z_U = Z_V = Z_W = Z$。则

输出相电压　　　　　　　　　　　　输出线电压

$$U_{U0} = U_d \frac{Z_U//Z_W}{(Z_U//Z_W)+Z_V} = \frac{1}{3}U_d \qquad U_{UV} = U_{U0} - U_{V0} = U_d$$

$$U_{V0} = -U_d \frac{Z_V}{(Z_U//Z_W)+Z_V} = -\frac{2}{3}U_d \qquad U_{VW} = U_{V0} - U_{W0} = -U_d$$

$$U_{W0} = U_{U0} = \frac{1}{3}U_d \qquad U_{WU} = U_{W0} - U_{U0} = 0$$

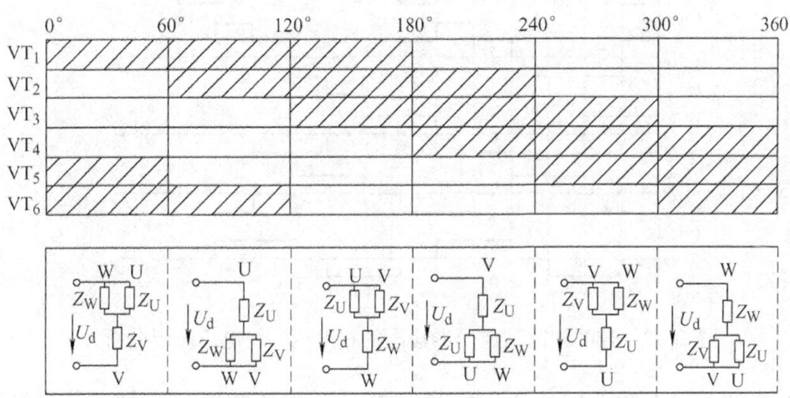

图 3-12　每个 60°区间内的负载等效电路

在 60°~120°区间，有 VT_6、VT_1、VT_2 同时导通，该区间相、线电压计算值为

$$U_{U0} = \frac{2}{3}U_d \qquad U_{UV} = U_d$$

$$U_{V0} = -\frac{1}{3}U_d \qquad U_{VW} = 0$$

$$U_{W0} = -\frac{1}{3}U_d \qquad U_{WU} = -U_d$$

同理，可求出后 4 个区间的相电压和线电压计算值，见表 3-2。

表 3-2　逆变器的相电压和线电压计算值（180°电压型）

区间		0°~60°	60°~120°	120°~180°	180°~240°	240°~300°	300°~360°
相电压	U_{U0}	$\frac{1}{3}U_d$	$\frac{2}{3}U_d$	$\frac{1}{3}U_d$	$-\frac{1}{3}U_d$	$-\frac{2}{3}U_d$	$-\frac{1}{3}U_d$
	U_{V0}	$-\frac{2}{3}U_d$	$-\frac{1}{3}U_d$	$\frac{1}{3}U_d$	$\frac{2}{3}U_d$	$\frac{1}{3}U_d$	$-\frac{1}{3}U_d$
	U_{W0}	$\frac{1}{3}U_d$	$-\frac{1}{3}U_d$	$-\frac{2}{3}U_d$	$-\frac{1}{3}U_d$	$\frac{1}{3}U_d$	$\frac{2}{3}U_d$
线电压	U_{UV}	U_d	U_d	0	$-U_d$	$-U_d$	0
	U_{VW}	$-U_d$	0	U_d	U_d	0	$-U_d$
	U_{WU}	0	$-U_d$	$-U_d$	0	U_d	U_d

按表 3-2 将各区间的电压连接起来后即可得到交－直－交电压型变频器输出的相电压波形和线电压波形，如图 3-13 所示。

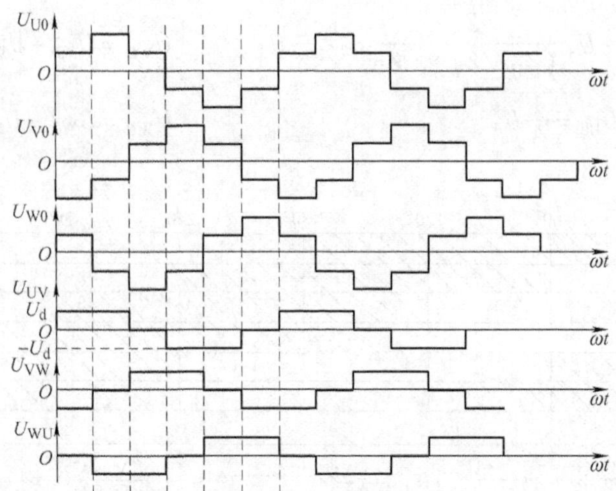

图 3-13　180°导电型逆变器输出的相电压、线电压波形分析

由图 3-13 可见，三个相电压是相位互差 120°电角度的阶梯状交变电压波形，三个线电压波形则为矩形波，三相交变电压为对称交变电压。图 3-13 所示相、线电压波形的有效值为

$$U_{U0}=U_{V0}=U_{W0}=\sqrt{\frac{1}{2\pi}\int_0^{2\pi}u_{U0}^2\mathrm{d}\omega t}=\frac{\sqrt{2}}{3}U_d=U_p$$

$$U_{UV}=U_{VW}=U_{WU}=\sqrt{\frac{1}{2\pi}\int_0^{2\pi}u_{UV}^2\mathrm{d}\omega t}=\sqrt{\frac{2}{3}}U_d=U_l$$

$$U_l=\sqrt{3}U_p$$

即线电压为 $\sqrt{3}$ 倍相电压。由以上分析可知，线电压、相电压及二者关系的结论与正弦三相交流电是相同的。

180°导电型逆变器的相电压为交流六阶梯状波形，如果取时间坐标轴原点为相电压阶梯状波形的起点，利用傅里叶分析，可求得逆变器输出 U 相电压的瞬时值 u_{U0} 为

$$\begin{aligned}u_{U0}(t)&=\frac{2}{\pi}U_d\left(\sin\omega t+\frac{1}{5}\sin5\omega t+\frac{1}{7}\sin7\omega t+\frac{1}{11}\sin11\omega t+\frac{1}{13}\sin13\omega t+\cdots\right)\\&=\frac{2U_d}{\pi}\left(\sin\omega t+\sum_{n=6k\pm1}^{\infty}\frac{\sin n\omega t}{n}\right)\end{aligned}\tag{3-9}$$

从式（3-9）可知，180°导电方式的电压型三相桥式逆变器的相电压波形中不包含偶次和 3 的倍数次谐波，而只含有 5 次及 5 次以上的奇次谐波，且谐波幅值与谐波次数成反比。

相电压有效值为

$$U_{U0}=0.471U_d\tag{3-10}$$

其中基波的幅值为

$$u_{U01m}=\frac{2U_d}{\pi}=0.637U_d\tag{3-11}$$

基波有效值为

$$U_{U01}=\frac{2U_d}{\sqrt{2}\pi}=0.45U_d\tag{3-12}$$

同样，180°导电型逆变器的线电压为120°的交流方波波形，如果取时间坐标轴原点为线电压零电平的中点，利用傅里叶分析，则可求得逆变器输出线电压的瞬时值u_{UV}为

$$u_{UV}(t)=\frac{2\sqrt{3}}{\pi}U_d\left(\sin\omega t-\frac{1}{5}\sin5\omega t-\frac{1}{7}\sin7\omega t+\frac{1}{11}\sin11\omega t+\frac{1}{13}\sin13\omega t-\cdots\right)$$

$$=\frac{2\sqrt{3}}{\pi}U_d\left[\sin\omega t+\sum_{n=6k\pm1}^{\infty}\frac{(-1)^k}{n}\sin n\omega t\right] \tag{3-13}$$

从式（3-13）可知，180°导电型三相桥式逆变器的线电压波形中不包含偶次和3的倍数次谐波，而只含有5次及5次以上的奇次谐波，且谐波幅值与谐波次数成反比。

输出线电压有效值为

$$U_{UV}=0.816U_d \tag{3-14}$$

其中线电压基波幅值为

$$u_{UV1m}=\frac{2\sqrt{3}U_d}{\pi}=1.1U_d \tag{3-15}$$

线电压基波有效值为

$$u_{UV1}=\frac{\sqrt{6}U_d}{\pi}=0.78U_d \tag{3-16}$$

现将180°导电型逆变器的工作规律总结如下：

1）每个脉冲间隔60°区间内有3个开关器件导通，它们分属于逆变桥的共阴极组和共阳极组。

2）在3个导通器件中，若属于同一组的有两个器件，则器件所对应相的相电压为$\frac{1}{3}U_d$，另一个器件所对应相的相电压为$\frac{2}{3}U_d$。

3）共阳极组器件所对应相的相电压为正，共阴极组器件所对应相的相电压为负。

4）3个相电压相位互差120°，相电压之和为0。

5）线电压等于相电压之差，3个线电压相位互差120°，线电压之和为0。

6）线电压为$\sqrt{3}$倍相电压。

3.3.3 器件换流式电流型无源逆变电路

器件换流式电流型逆变电路也采用全控型器件作为主开关元件，不需要专门的换流电路。电流型无源逆变电路同样有单相桥式逆变电路、三相桥式逆变电路等。下面说明它们的工作原理。

1. 单相电流型逆变电路

（1）电路组成

采用全控型器件的单相电流型桥式逆变电路如图3-14a所示。逆变电路直流侧串联了一个大电感，由于大电感中的电流脉动很小，因此可近似看成直流电流源。

（2）工作原理

电路工作过程如下：当VT_1、VT_4导通，VT_2、VT_3关断时，$I_o=I_d$；反之$I_o=-I_d$，当以频率f交替切换开关管VT_1、VT_4和VT_2、VT_3时，则可在负载上获得如图3-14b所示的

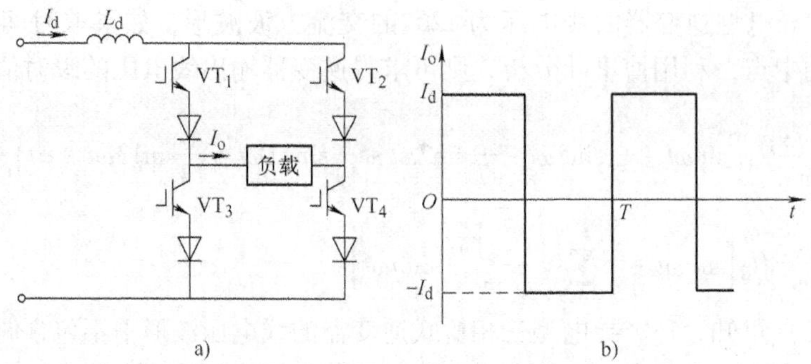

图 3-14　单相电流型桥式逆变电路及输出电流波形
a）电路原理图　b）输出电流波形

电流波形。

电流型逆变电路的主要特点如下：

1）直流侧为电流源（串联大电感，相当于电流源），直流侧电流基本无脉动，直流回路呈现高阻抗。

2）电路中开关器件的作用仅是改变直流电流的流通路径，因此交流侧输出电流为矩形波，同时与负载的性质无关，而输出电压波形由负载性质决定。

3）主电路开关器件采用自关断器件时，其反向不能承受高电压，则需在各开关器件支路串入二极管。

将图 3-14b 所示的电流波形 i_o 展开成傅里叶级数可得

$$i_o(t)=\frac{4}{\pi}I_d\left(\sin\omega t+\frac{1}{3}\sin3\omega t+\frac{1}{5}\sin5\omega t+\cdots\right) \tag{3-17}$$

其基波的幅值 I_{o1m} 和基波有效值 I_{o1} 分别为

$$I_{o1m}=\frac{4I_d}{\pi}=1.27I_d \tag{3-18}$$

$$I_{o1}=\frac{4I_d}{\sqrt{2}\pi}=0.91I_d \tag{3-19}$$

2. 三相桥式电流型逆变电路

在 180°导电型的电压型逆变器中，开关器件的换流是在同一相中进行的。换流时，若应该关断的开关器件没能及时关断，它就会和换流后同一相上的器件形成通路，使直流电源发生短路，带来换流安全问题；为此，引入 120°导电型的电流型逆变器，该逆变器开关器件的换流是在同一组中进行的，不存在电源短路问题。

（1）电路组成

三相全控型器件电流型逆变电路如图 3-15 所示，主电路与单相电流型逆变电路相比较，也是多了一条桥臂。采用 120°导电方式，任意瞬间只有两个桥臂导通，导通顺序为 $VT_1 \to VT_2 \to VT_3 \to VT_4 \to VT_5 \to VT_6$，依次间隔 60°，每个桥臂导通 120°。这样，每个时刻上桥臂组和下桥臂组中都各有一个臂导通。输出电流波形也与负载性质无关，输出电压波形由负载性质决定。该电路常用于中小功率交流电动机调速系统中。

（2）开关器件导通规则及输出波形分析

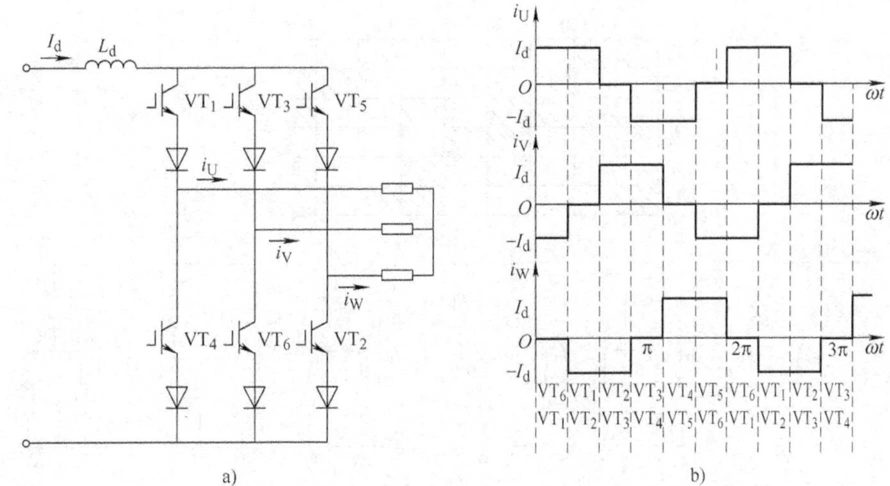

图 3-15　三相全控型器件电流型逆变电路及输出电流波形

a）电路原理图　b）输出电流波形

按照每个开关器件驱动触发间隔为 60°，触发导通后维持 120°才被关断的特征（120°导电型），可以得到 6 个开关器件在 360°区间里的导通情况，见表 3-3。

表 3-3　逆变器中开关器件的导通情况（120°电流型）

晶闸管 \ 区间	0° ~60°	60° ~120°	120° ~180°	180° ~240°	240° ~300°	300° ~360°
VT_1	导通	导通	×	×	×	×
VT_2	×	导通	导通	×	×	×
VT_3	×	×	导通	导通	×	×
VT_4	×	×	×	导通	导通	×
VT_5	×	×	×	×	导通	导通
VT_6	导通	×	×	×	×	导通

根据每 60°间隔中开关器件的导通情况，可以作出每个 60°区间内负载连接的等效电路，如图 3-16 所示。由此可求出输出的相电流和线电流。从表 3-3 和图 3-16 所示的等效电路可以很容易得到表 3-4 的逆变器相电流计算值。

按表 3-4 将各区间的相电流连接起来后即可得到电流型变频器输出的相电流波形，如图 3-17所示。3 个相电流是相位互差 120°电角度的矩形交变电流波形。

在星形对称负载中，线电流等于相电流；若是三角形对称负载，其线电流与相电流关系的分析与正弦电路类似。

从图 3-17 所示的波形可知，输出电流波形和三相桥式可控整流电路在大电感负载下的交流输入电流（变压器二次电流）波形形状相同，也和电压型三相桥式逆变电路中输出线电压波形形状相同，仿照线电压的谐波分析表达式，可写出相电流波形的谐波分析表达式：

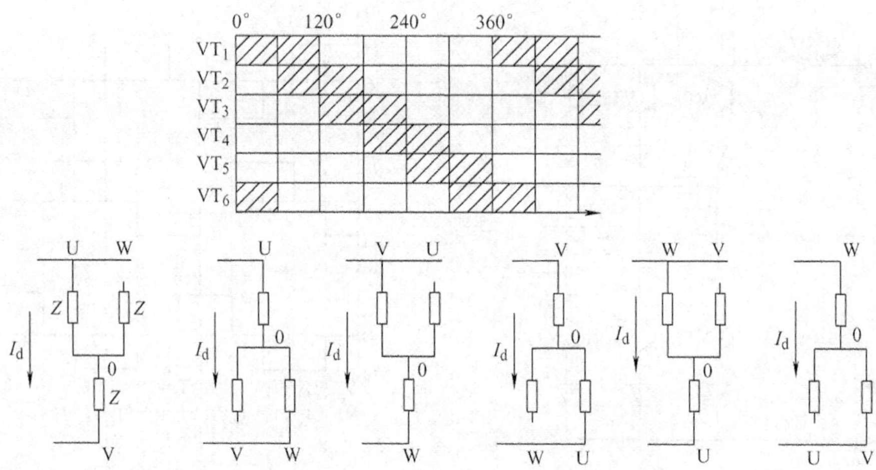

图 3-16　每个 60°区间内的负载等效电路

表 3-4　逆变器的相电流计算值（120°电流型）

相、线电流＼区间	0°～60°	60°～120°	120°～180°	180°～240°	240°～300°	300°～360°
I_{U0}	I_d	I_d	0	$-I_d$	$-I_d$	0
I_{V0}	$-I_d$	0	I_d	I_d	0	$-I_d$
I_{W0}	0	$-I_d$	$-I_d$	0	I_d	I_d

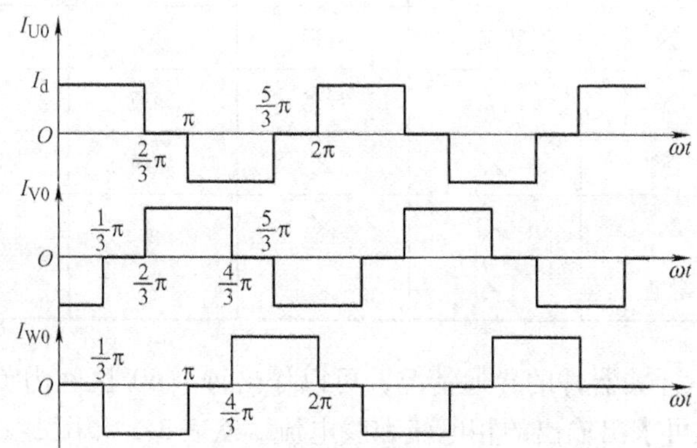

图 3-17　120°导电型逆变器输出的相电流波形

$$i_{U0}(t)=\frac{2\sqrt{3}}{\pi}I_d\left(\sin\omega t-\frac{1}{5}\sin5\omega t-\frac{1}{7}\sin7\omega t+\frac{1}{11}\sin11\omega t+\frac{1}{13}\sin13\omega t-\cdots\right)$$

$$=\frac{2\sqrt{3}}{\pi}I_d\left[\sin\omega t+\sum_{n=6k\pm1}^{\infty}\frac{(-1)^k}{n}\sin n\omega t\right] \tag{3-20}$$

从式（3-20）可知，120°导电方式电流型三相桥式逆变器的相电流波形中不包含偶次和 3 的倍数次谐波，而只含有 5 次及 5 次以上的奇次谐波，且谐波幅值与谐波次数成反比。

输出相电流的基波有效值为

$$i_{U01}=\frac{\sqrt{6}I_d}{\pi}=0.78I_d \tag{3-21}$$

与180°导电型类似，将120°导电型导电规律总结如下：

1）每个脉冲间隔60°内，有2个开关器件导通，它们分属于逆变桥的共阴极组和共阳极组。

2）在2个导通器件中，每个器件所对应相的相电流为I_d。而不导通器件所对应相的电流为0。

3）共阳极组中器件所通过的相电流为正，共阴极组器件所通过的相电流为负。

4）每个脉冲间隔60°内的相电流之和为0。

3.4 强迫换流式无源逆变电路

通过设置附加换流电路，给欲关断的晶闸管强迫施加反向电压或反向电流的换流方式称为强迫换流。考虑到现行的教学设备情况，下面讨论180°导电型的晶闸管交－直－交变频器。

3.4.1 180°导电型的晶闸管交－直－交电压型变频器

1. 主电路组成

变频器的主电路由整流器、中间滤波电容及晶闸管逆变器组成，图3-18是串联电感式电压型变频器逆变部分的电路，图中只画出了滤波电容及晶闸管逆变器部分。整流器可采用单相或三相整流电路。C_d为滤波电容，逆变器中VT_1～VT_6为主晶闸管，VD_1～VD_6为反馈二极管，提供续流回路，R_U、R_V、R_W为衰减电阻，L_1～L_6为换流电感，C_1～C_6为换流电容，Z_U、Z_V、Z_W为变频器的三相对称负载。

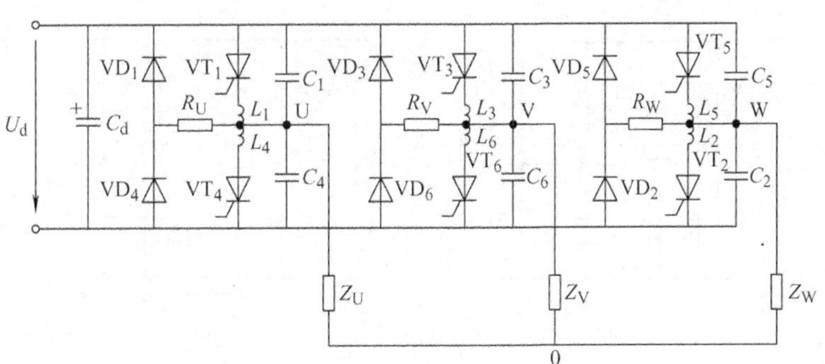

图3-18 三相串联电感式电压型变频器逆变部分主电路

该逆变器部分没有调压功能，将6个晶闸管按一定的导通规则通断，就可以将滤波电容C_d送来的直流电压U_d逆变成频率可调的交流电。调压靠前级的可控整流电路完成。

该电路的工作原理与180°导电型的器件换流式交－直－交变频器一样，下面主要针对半控型晶闸管器件构成的逆变电路分析强迫换流电路的换流过程。

2. 晶闸管换流过程

交－交变频器中晶闸管的换流同普通整流电路一样是采用电网电压自然换流，而交－直－交变频器的逆变部分则无法采用电网电压换流，又由于逆变器的负载一般为三相异步电动机，属电感性负载，也无法采用适用于容性负载的负载换流方式，故逆变器中晶闸管只能采用强迫换流方式。

为便于分析换流原理，特作如下假定：

1）假设逆变器所输出交流电的周期 T 远大于晶闸管的关断时间。

2）在换流过程的短时间内，认为负载电流 I_L 不变。

3）上、下两个换流电感 L_1 和 L_4、L_3 和 L_6、L_5 和 L_2 耦合紧密。

4）晶闸管的触发时间近似认为等于零，反向关断电流也近似为零。

5）忽略各晶闸管及二极管的正向压降。

从表 3-1 可以看出，VT_1 经 180°导电后换流至 VT_4，下面就以这个时刻为例说明其换流原理。

（1）换流前的初始状态

换流之前，逆变器工作于 120°～180°区间，这时 VT_1、VT_2、$VT_3$3 个晶闸管导通，与负载形成初始的闭合回路，U 相负载电流 I_L 如图 3-19a 中虚线箭头所示。稳态时 VT_1、L_1 上无压降，C_4 上充有电压 U_d，极性上正下负，VT_4 上承受正压。

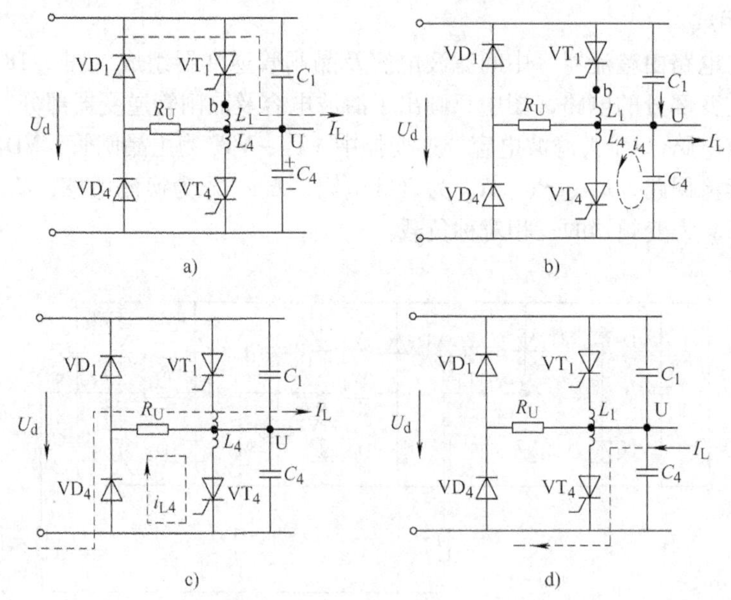

图 3-19　U 相电路的换流过程

a）换流前的初始状态　b）C_4 放电阶段　c）电感释放储能阶段　d）换流后的状态

（2）触发 VT_4 后的 C_4 放电阶段

VT_1 导电 180°后触发 VT_4，电路主要有以下 3 个方面的变化：

1）由于 C_4 上原来充有电压 $U_{C4}=U_d$，VT_4 触发后立即导通，C_4 会通过 VT_4 释放能量。C_4 的放电回路为 C_4（＋）→L_4→VT_4→C_4（－），设放电电流为 i_4，如图 3-19b 所示。

2）触发 VT_4 后，由于 i_4 放电回路使 L_4 两端感应电压立即变为 $u_{L4}=u_{C4}=U_d$，又由于

L_1 和 L_4 紧密耦合，故 L_1 上也必然感应出 $u_{L1}=U_d$，于是 b 点电位被抬高至 $2U_d$，VT_1 承受反压而关断。

3）电容上的电压 u_{C4} 随着放电的进行而降低，换向电容 C_1 同时开始充电，为下次换流做好准备。

这一阶段，负载 U 相电流 I_L 不变，它由 C_1 和 C_4 的充放电电流提供，I_L 的方向也示于图 3-19b 中。

当这一阶段结束时，u_{C4} 放电到零，电容 C_4 流向 L_4 的振荡放电电流 i_4 达到最大值 I_{4m}。各物理量的变化可表示为

电容 C_4 上的电压 u_{C4}：$U_d\downarrow\rightarrow 0$　　　　b 点电位：$2U_d\downarrow\rightarrow U_d\downarrow\rightarrow 0$

电容 C_1 上的电压 u_{C1}：$0\uparrow\rightarrow U_d$　　　　VT_1 上的电压：$-U_d\uparrow\rightarrow 0\uparrow\rightarrow U_d$

由于 C_4 放电阶段，b 点电位由 $2U_d$ 连续降至零，可见 b 点电位必然要经历 U_d 这一时刻，而在这一时刻以前，VT_1 承受的是反偏压，这时刻之后又恢复正偏。因此，应保证 VT_1 承受反偏电压的时间大于 VT_1 器件的关断时间，以确保其可靠关断。

（3）电感释放储能阶段

当电容 C_4 放电完毕后，不能再提供给电感（包括 L_4 及 $L_{负载}$）能量了，于是电路中电感储能开始释放。

电感 L_4 上储能为 $\frac{1}{2}L_4I_{4m}^2$，通过 $VT_4\rightarrow VD_4\rightarrow R_U\rightarrow L_4\rightarrow VT_4$ 构成闭合回路放电，放电电流为 i_{L4}，如图 3-19c 所示，电感能量在 R_U 中消耗掉。VD_4 是本阶段才开始导通的，由于在第（2）阶段中 C_4 上有正向电压，故 VD_4 上承受反压，在 C_4 放电结束之后，VD_4 才承受 u_{L4} 正压而导通。

负载电感中储能为 $\frac{1}{2}L_{负载}I_L^2$，负载放电回路为 $Z_U\rightarrow Z_V\rightarrow VT_3\rightarrow U_d\rightarrow VD_4\rightarrow R_U\rightarrow Z_U$，回路可参考图 3-19c 自己作出，该回路经过直流电源 U_d，可见换流时负载能量回馈电网。

当换流电感 L_4 及负载电感中的能量都释放完毕后，换流过程结束，接着 VT_4 导通，进入新的换流后状态。

（4）换流后的状态

VT_1 与 VT_4 换流后，逆变器进入 180°～240°区间，该区间 U 相负载电流如图 3-19d 所示。值得注意的是，这种逆变器必须具有足够的脉冲宽度去触发晶闸管。原因是：如果负载电感较大，在第（3）阶段中 L_4 电感中的电能先释放完，而 $L_{负载}$ 中的储能后释放完，即 i_{L4} 先从 I_{L4m} 变到 0，这时 VT_4 就会因放电电流到零而关断，待负载电流 i_L 从 I_L 变到零再反向为 $-I_L$ 时，VT_4 已先关断了，为了防止 VT_4 先关断而影响换流，触发脉冲应采用宽脉冲（一般取 120°）或脉冲列，以保证 VT_4 在负载电感量较大时的再触发。

除了上述串联电感式逆变器外，晶闸管交－直－交电压型逆变器还有串联二极管式、采用辅助晶闸管换流等典型接线形式，由于晶闸管器件没有自关断能力，这些逆变器都需要配置专门的换流元件来换流，装置的体积与重量大，输出波形与频率均受限制。

3.4.2　120°导电型的晶闸管交－直－交电流型变频器

在 180°导电型电压型的晶闸管逆变器中，需要外接换流衰减电阻、换流电感和换流电

容等强迫换流电路才能完成换流，使得逆变器体积增加、成本提高、换流损耗加大。而在 120°导电型的电流型逆变器中，不需要换流衰减电阻和换流电感等元件。

因为三相变频器的负载通常是感应电动机，所以可以用感应电动机的定子电感来代替换流电路中的换流电感，并且省去衰减电阻。

经过对电动机等效电路的分析化简，电动机各相等效电压表达式可以写成

$$u_{相} = L_1 \frac{\mathrm{d}i}{\mathrm{d}t} + e_1$$

式中，L_1 为定子相漏感 L_{1s} 与折合到定子侧的转子相漏感 L'_{1r} 之和，即 $L_1 = L_{1s} + L'_{1r}$；e_1 表示定子各相基波电流感应电动势。

1. 主电路的组成

三相串联二极管式电流型变频器的主电路如图 3-20 所示。图中 L_d 为整流与逆变两部分电路的中间滤波环节——直流平波电抗器，$VT_1 \sim VT_6$ 为主晶闸管，C_{13}、C_{35}、C_{51}、C_{46}、C_{62}、C_{24}为换流电容，$VD_1 \sim VD_6$ 为隔离二极管。电动机的电感和换流电容组成换流电路。

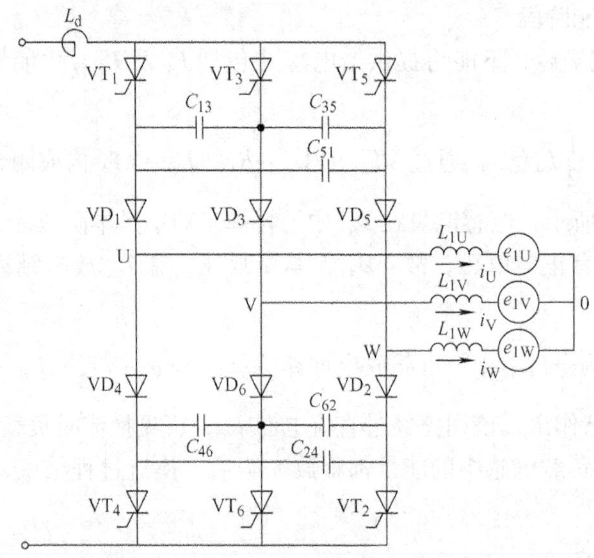

图 3-20　三相电流型变频器主电路图

图 3-20 中负载电动机采用上述简化后的各相等效电路作出。以 e_{1U}、e_{1V}、e_{1W}分别表示各相基波电流感应电动势，L_{1U}、L_{1V}、L_{1W}表示各相漏电感，则

$$u_U = L_{1U}\frac{\mathrm{d}i_U}{\mathrm{d}t} + e_{1U};\quad u_V = L_{1V}\frac{\mathrm{d}i_V}{\mathrm{d}t} + e_{1V};\quad u_W = L_{1W}\frac{\mathrm{d}i_W}{\mathrm{d}t} + e_{1W}$$

2. 120°导电型逆变器晶闸管的换流原理

串联二极管式电流型逆变器的换流过程以 0°电角度时 VT_5 向 VT_1 换流为例进行分析，它可分为以下几个阶段：

（1）原始导通阶段

逆变器在0°电角度之前工作于300°～360°区间，晶闸管 VT_5、VT_6 导通，负载电流 $I_L = I_d$ 流向为：$VT_5 \to VD_5 \to$W 相负载→0→V 相负载→$VD_6 \to VT_6$，电容 C_{35}、C_{51}上均充有左负

右正的电压 u_C，因为 C_{35}、C_{51}的右端均为最高电位，C_{13}上无充电电压。该阶段电流流通情况如图 3-21a 所示。

（2）电容恒流充电阶段

在 0°电角度处触发 VT_1，则 VT_1 由于 C_{51}与 VT_5 回路所施加的正电压而立即导通，VT_1 导通后又与 C_{51}一起对 VT_5 施加反压，于是 VT_5 立即关断。这时负载电流 $I_L = I_d$ 不能突变，暂时保持恒定，流向变为：$VT_1 \to C_{13}$ 串 C_{35} 再并 C_{51} 的等效支路→VD_5→W 相→0→V 相→$VD_6 \to VT_6$，使 3 个电容接受恒流充电，由于电流 I_d 很大，C_{51}上电压将立即由左负右正转为左正右负，随着 C_{51}上充电电压的不断反向升高，当 u_{C51} 达到 $u_{C51} = e_{1U} - e_{1W}$时，将使 VD_1 导通，进入二极管换流阶段。恒流充电阶段电流流通路径如图 3-21b 所示。

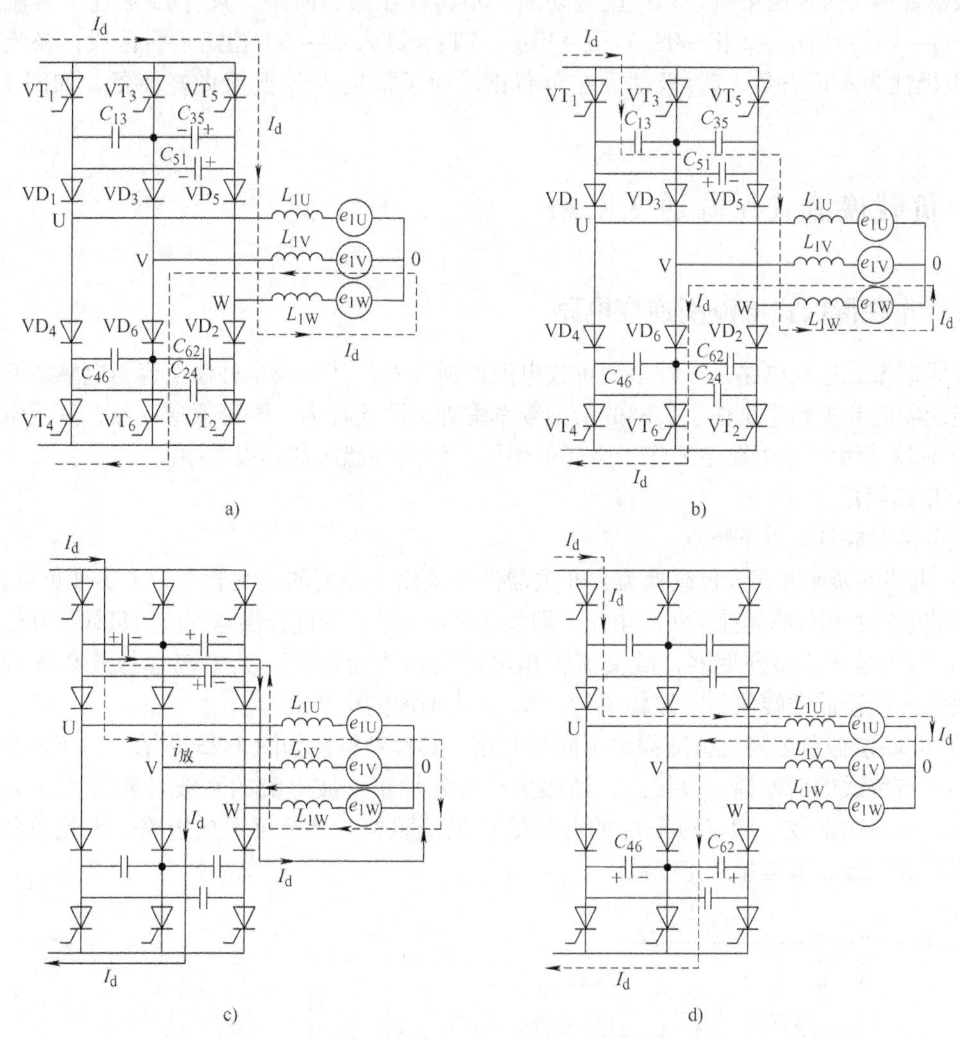

图 3-21　串联二极管式电流型逆变器的换流过程

a）原始导通阶段　b）电容恒流充电阶段　c）二极管换流阶段　d）换流后的状态

（3）二极管换流阶段

VD_1 导通后，等效电容支路立即通过 VD_1 放电，放电具体路径为：C_{13}串 C_{35}再并 C_{51}等效支路→VD_1→U 相→0→W 相→VD_5，此外，负载电流 $I_L=I_d$ 仍由恒流充电阶段的路径沿 W、V 相通过。本阶段中，U 相只流过放电电流 $i_U=i_{放}$，VD_5 中流过的电流为（I_d-i_U），W 相电流 $i_W=$（I_d-i_U），V 相电流同前一阶段。由于电容放电是振荡放电，由 3 个放电电容（$\frac{3}{2}C$）与电动机的两相电感（$2L_1$）组成振荡电路，于是放电电流为一谐振电流，电流 $i_U=i_{放}$ 从零上升，而电容电压下降，当 $i_U=i_{放}$ 上升到 I_d 时，VD_5 截止，这时 $i_U=I_d$，$i_W=I_d-i_U=0$，实质上电流从 W 相恰好换流至 U 相。该阶段的 $i_{放}$ 与 I_d 各自的电流流向如图 3-21c 所示。

（4）换流后的状态

二极管换流阶段结束时，VD_5 已被切断，不再存在振荡回路，只有 I_d 流通，其流通回路为：I_d→VT_1→VD_1→U 相→0→V 相→VD_6→VT_6，进入 0°～60°稳定运行区段，换流电容 C_{46}充电极性为左正右负，C_{62}极性为左负右正，为 VT_6 向 VT_2 换流做好准备，如图 3-21d 所示。

3.5 负载换流式无源逆变电路

3.5.1 并联谐振式电流型逆变电路

并联谐振式逆变电路是一种单相桥式电流型逆变器，其负载是补偿电容与电感线圈的并联，逆变器的开关频率工作于负载的谐振频率附近，因此称为并联谐振逆变器，其主电路结构如图 3-22 所示。该电路主要用于金属的熔炼、淬火等感应加热设备中。

1. 电路组成

该电路组成具有以下特点：

1）电路的换流方式为负载换流，开关器件可采用半控型的晶闸管。为了实现负载换流，要求负载电流的相位略超前于负载电压，即负载略呈容性，因此补偿电容应使负载过补偿。

2）因为是电流型逆变器，故交流输出电流波形为矩形波，其中包含基波和各奇次谐波，且第 n 次谐波的幅值为基波幅值的 $1/n$，n 为谐波的次数。

3）并联谐振负载阻抗值随频率不同而变化，其幅频特性如图 3-23 所示。由于逆变器的工作频率与负载的谐振频率很接近，谐振负载对外加矩形波电流的基波（频率约为 f_0）呈高阻抗，对高次谐波（频率约为 f_0 的奇数倍）呈低阻抗，甚至可看成短路，因此负载两端主要是基波电压，非常接近正弦波。

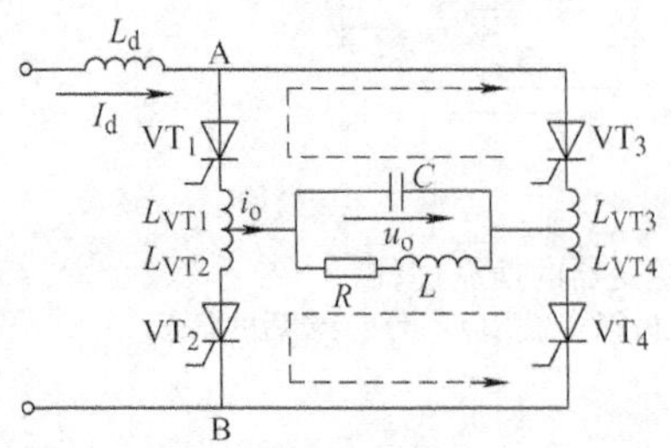

图 3-22　单相桥式并联谐振式逆变电路

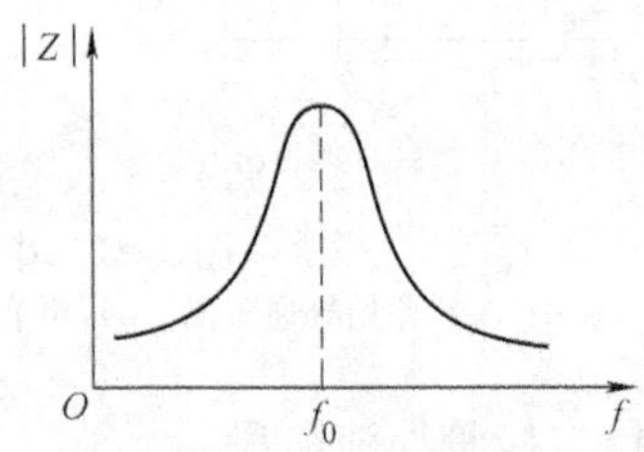

图 3-23　并联谐振负载的幅频特性

4）逆变电路的工作频率在负载的谐振点附近，为了使负载呈电容性，工作频率应略高于谐振频率。随着温度的变化，负载的谐振频率会随之变化，为保证电路正常工作，工作频率必须能随着负载的变化而自动调整。

电路由4个桥臂构成，每个桥臂的晶闸管各串联一个电抗器 L_{VT}，L_{VT}之间不存在互感。L_{VT}用来限制晶闸管开通时的 di/dt，使桥臂1、4和桥臂2、3以1000～2500Hz的中频轮流导通，由此在负载上得到中频交流电。

2. 工作原理

（1）不考虑换流时并联谐振逆变器的理想工作过程

在图3-22所示的电路中，假设晶闸管之间的换流是理想的，即不存在换流过程，并且假设电路已经启动并进入稳态。各晶闸管的触发脉冲如图3-24a所示，在 i_o 的正半周，桥臂1、4同时导通；在 i_o 的负半周，桥臂2、3同时导通，两对桥臂交替导通，各导通180°。由于直流侧为电流源，所以负载上流过的是正负交替的矩形波电流，其幅值为 I_d。

由于逆变电路的工作频率略大于谐振频率，负载呈电容性，所以负载两端的电压波形近似为正弦波，并且滞后于电流的相位一定角度。

（2）考虑换流时并联谐振逆变器的工作过程

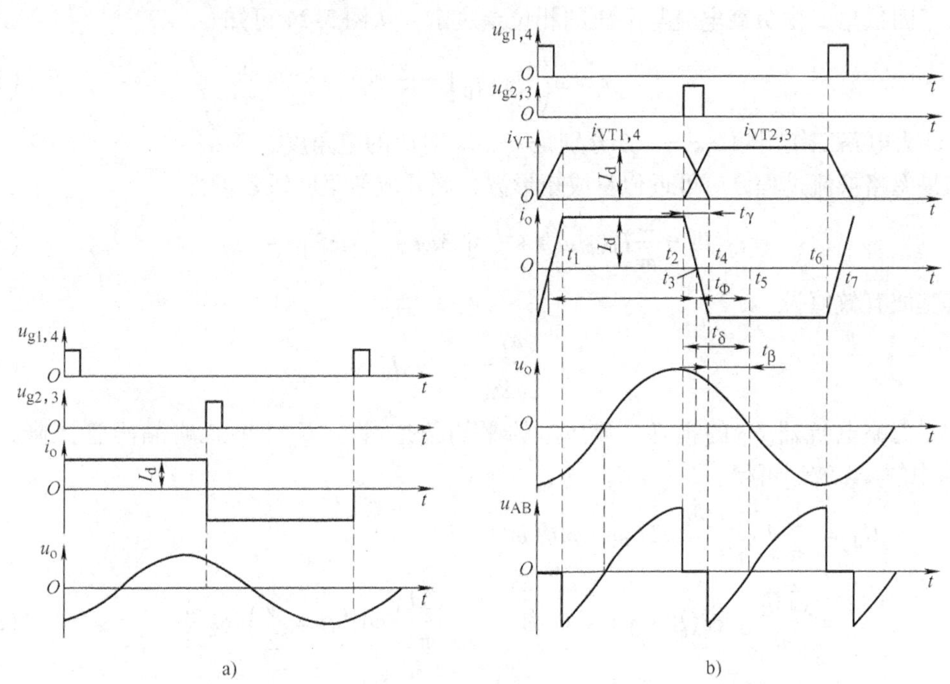

图3-24　并联谐振逆变器的工作波形

a）并联谐振逆变器的理想工作波形　b）考虑换流过程时并联谐振逆变器的工作波形

在交流电流的一个周期内，有两个稳定导通阶段和两个换流阶段。

1）t_1～t_2 之间为晶闸管 VT_1 和 VT_4 稳定导通阶段，负载电流 $I_o=I_d$，近似为恒值。t_2 时刻之前在电容 C 上建立了左正右负的电压，VT_2 和 VT_3 承受正压。

2）在 t_2 时刻触发晶闸管 VT_2、VT_3 导通，电路开始换流。负载两端电压施加到 VT_1、VT_4 的两端，使 VT_1、VT_4 承受反压。由于每个晶闸管都串有换相电抗器 L_{VT}，故 VT_1 和

VT_4 在 t_2 时刻不能立刻关断，VT_2 和 VT_3 中的电流也不能立刻增大到稳定值。此时，4 个晶闸管都导通。负载电容电压经过两个并联的回路同时放电。其中一个回路是 $C\rightarrow L_{VT1}\rightarrow VT_1\rightarrow VT_3\rightarrow L_{VT3}\rightarrow C$；另一个回路是 $C\rightarrow L_{VT2}\rightarrow VT_2\rightarrow VT_4\rightarrow L_{VT4}\rightarrow C$，如图 3-22 中虚线所示。在这个过程中，$VT_1$ 和 VT_4 的电流逐渐减小，VT_2、VT_3 的电流逐渐增大。在这一换流期间，由于时间短和大电感 L_d 的恒流作用，电源不会短路。

3）到 t_4 时刻，VT_1、VT_4 的电流减至零而关断，VT_2、VT_3 的电流增加到 I_d。VT_1、VT_4 的电流全部转移到 VT_2、VT_3，换流过程结束。

其中，$t_\gamma = t_4 - t_2$ 称为换流时间。VT_1、VT_4 中的电流下降到零以后，还需一段时间后才能恢复正向阻断能力，因此换流结束以后，还要使 VT_1、VT_4 承受一段反压时间 t_β 才能保证可靠关断。$t_\beta = t_5 - t_4$ 应大于晶闸管关断时间 t_q。

为了保证电路可靠换流，应在负载电压 u_o 过零前 $t_\delta = t_5 - t_2$ 时刻触发 VT_2 和 VT_3。t_δ 称为触发引前时间，由图 3-24b 可得 $t_\delta = t_\gamma + kt_q$。

为了安全起见，必须使 k 为大于 1 的安全系数，一般取为 2 ~ 3。

负载电流 i_o 超前负载电压 u_o 的时间 t_Φ 为 $t_\Phi = \frac{t_\gamma}{2} + t_\beta$，把 t_Φ 表示为功率因数角 φ，则负载的功率因数角 φ 由负载电流与电压的相位差决定，从图 3-24 可知

$$\varphi = \omega\left(\frac{t_\gamma}{2} + t_\beta\right) = \frac{\gamma}{2} + \beta \tag{3-22}$$

式中，ω 为电路工作角频率；γ、β 分别是 t_γ、t_β 对应的电角度。

如果忽略换流过程，i_o 可近似看成矩形波，展开成傅里叶级数可得

$$i_o(t) = \frac{4}{\pi}I_d\left(\sin\omega t + \frac{1}{3}\sin 3\omega t + \frac{1}{5}\sin 5\omega t + \cdots\right) \tag{3-23}$$

其基波有效值为

$$I_{o1} = \frac{4I_d}{\sqrt{2}\pi} = 0.91I_d \tag{3-24}$$

如果忽略电抗器 L_d 的损耗，则 u_{AB} 的平均值应等于 U_d，再忽略晶闸管压降，则从图 3-24中的 u_{AB} 波形可得

$$\begin{aligned} U_d &= \frac{1}{\pi}\int_{-\beta}^{\pi-(\gamma+\beta)} \sqrt{2}U_0 \sin\omega t \mathrm{d}(\omega t) \\ &= \frac{\sqrt{2}U_0}{\pi}[\cos(\beta+\gamma) + \cos\beta] = \frac{2\sqrt{2}U_0}{\pi}\cos\left(\beta + \frac{\gamma}{2}\right)\cos\frac{\lambda}{2} \end{aligned} \tag{3-25}$$

一般情况下 γ 值较小，可近似认为 $\cos\frac{\lambda}{2} \approx 1$，再考虑到式（3-22）可得

$$U_d = \frac{2\sqrt{2}U_0}{\pi}\cos\varphi \text{ 或 } U_0 = \frac{\pi U_d}{2\sqrt{2}\cos\varphi} = 1.11\frac{U_d}{\cos\varphi}$$

上述讨论是在假设负载参数不变，逆变电路工作频率固定的条件下进行的。实际工作中，感应线圈的参数是变化的，固定的工作频率无法保证晶闸管的反压时间 t_β 大于关断时间 t_q，可能导致逆变失败。为了保证电路正常工作，必须使工作频率能适应负载的变化而自动调整。

3.5.2 串联谐振式电压型逆变电路

串联谐振逆变器是电压型单相逆变器。负载为电感线圈，串联电容 C 进行补偿。由串联谐振电路知识可知，若外加电源的角频率等于谐振频率，则电路处于谐振状态并呈纯阻性；若电源频率小于谐振频率，则负载工作在接近于串联谐振状态而略呈容性。由于负载呈容性，可以进行负载换相，因此主开关器件可以采用半控型器件，如快速晶闸管等。该电路主要用于金属淬火、锻件加热等场合。

1. 电路组成

主电路的结构如图 3-25 所示。图中逆变主电路采用桥式结构，桥中每一导电臂由普通晶闸管及反并联二极管组成。

该电路具有以下一些特点：

1）由于直流侧为电压源，故逆变器输出电压 u_o 为矩形波，与负载大小、性质无关，u_o 可分解为基波与各奇次谐波之和。

2）由于负载为 RLC 串联，在谐振频率 f_0 附近负载呈低阻抗，因此 u_o 的基波电压在负载上会产生很大的基波电流；而在其他频率时负载呈高阻抗，u_o 的谐波电压产生的谐波电流很小甚至可以忽略。所以当晶闸管的开关频率与谐振频率 f_0 接近时，负载中流过的电流是比较理想的正弦波。

3）采用负载换流方式，电路结构简单，器件的开关损耗比较小，电路工作频率可以比较高。工作于谐振频率附近，电路功率因数比较高，效率也较高。

4）调节电路的工作频率就可以改变电路的输出功率，直流端可以采用不可控整流，电路简单。

2. 工作原理

设负载的谐振频率为 f_0，谐振周期为 T_0；晶闸管的开关频率为 f_G，周期为 T_G。则按照负载的谐振周期 T_0 与晶闸管的开关周期 T_G 之间的关系，可以有负载电流断续、临界和连续 3 种工作状态。

当 $T_G>2T_0$，即 $f_G<f_0/2$ 时，谐振电流 i_o 断续；当 $T_G=2T_0$，即 $f_G=f_0/2$ 时，谐振电流 i_o 临界连续；当 $T_G<2T_0$，即 $f_G>f_0/2$ 时，谐振电流 i_o 连续。下面仅讨论谐振电流 i_o 连续时的工作情况。

串联谐振式逆变电路的工作波形如图 3-26 所示。设晶闸管 VT_1、VT_4 导通，电流从 A 流向 B，u_o 左正右负。由于电流超前电压，当 $t=t_1$ 时，电流为零。当 $t>t_1$ 时，电流反向。由于 VT_2、VT_3 未导通，反向电流通过二极管 VD_1、VD_4 续流，VT_1、VT_4 承受反压关断。

当 $t=t_2$ 时，触发 VT_2、VT_3，负载两端电压极性反向，即左负右正，VD_1、VD_4 截止，电流从 VT_2、VT_3 中流过。当 $t>t_3$ 时，电流再次反向，电流通过 VD_2、VD_3 续流，VT_2、VT_3 承受反压关断。当 $t=t_4$ 时，再触发 VT_2、VT_3。二极管导通时间 t_f 即为晶闸管反压时间，要使晶闸管可靠关断，t_f 应大于晶闸管关断时间 t_q。

串联谐振式逆变电路的直流电源可以用不可控整流电路实现，其主电路较为简单。在并联逆变电路中，为了调节逆变输出功率和实现故障保护，就必须采用可控整流电路，而在串联谐振式逆变电路中，上述两种功能均可用其他方法实现，因而可采用不可控整流电路。

串联谐振式逆变电路具有主电路简单、启动性能好的优点，但负载适应性较差，故只适用于负载变化不大但又需要频繁启动的场合。

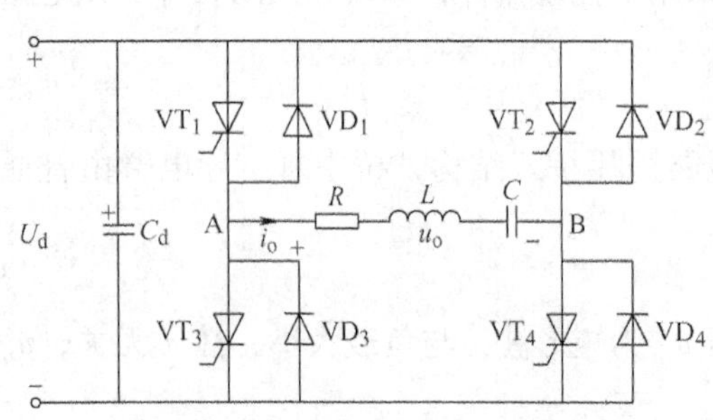

图 3-25　串联谐振式逆变电路

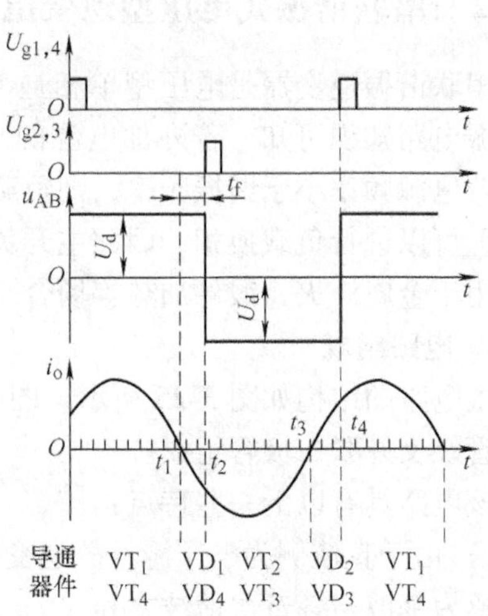

图 3-26　串联谐振式逆变电路的工作波形

3.6　多重逆变电路和多电平逆变电路

在电压型逆变电路中，输出电压是矩形波；在电流型逆变电路中，输出电流是矩形波。矩形波中含有较多的谐波，会对负载产生不利影响。为了减少矩形波中所含的谐波，常常采用多重逆变电路把几个矩形波组合起来，使它们所含的某些主要谐波分量相互抵消，就可以得到较为接近正弦波的波形；也可以改变电路结构，构成多电平逆变电路，它能够输出较多的电平，从而使输出电压向正弦波靠近。下面就这两类电路分别加以介绍。

从电路输出的合成方式来看，多重逆变电路有串联多重和并联多重两种方式。串联多重是把几个逆变电路的输出串联起来，电压型逆变电路多用串联多重方式；并联多重是把几个逆变电路的输出并联起来，电流型逆变电路多用并联多重方式。下面以电压型逆变电路为例说明逆变电路多重化的基本原理。

3.6.1　多重逆变电路

1. 串联二重单相电压型逆变电路

图 3-27 是串联二重单相电压型逆变电路原理图，它由两个单相全桥逆变电路组成，二者输出通过变压器 T_1 和 T_2 串联起来。图 3-28 是电路的输出波形。

两个单相逆变电路的输出电压 u_1 和 u_2 都是导通 180°的矩形波，其中包含所有的奇次谐波。现在只考查其中的 3 次谐波。如图 3-28 所示，把两个单相逆变电路导通的相位错开 $\varphi=60°$，则对于 u_1 和 u_2 中的 3 次谐波来说，它们就错开了 $3\times60°=180°$。通过变压器串联合成后，两者中所含 3 次谐波互相抵消，所得到的总输出电压中就不含 3 次谐波。从图 3-28 可以看出，u_o 的波形是导通 120°的矩形波，和三相桥式 180°导电方式逆变电路下的线电压输出波形相同。其中只含 $6k\pm1$（$k=1$，2，3…）次谐波，$3k$（$k=1$，2，3…）次谐波都被抵消了。

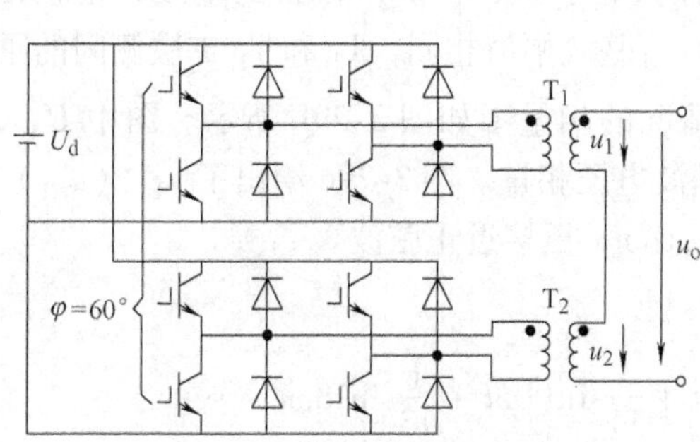

图 3-27　二重单相电压型逆变电路

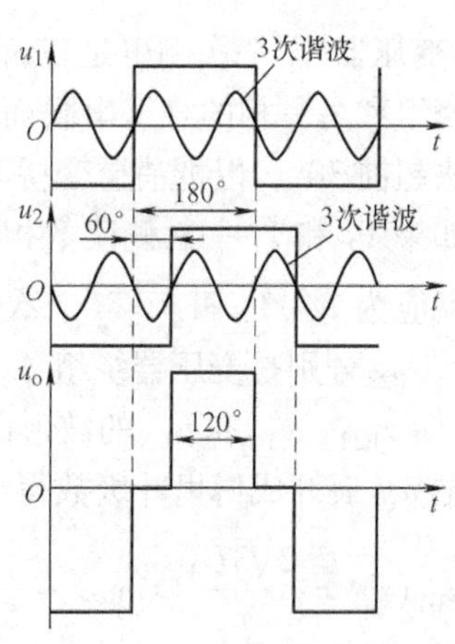

图 3-28　二重逆变电路的工作波形

像上面这样，把若干个逆变电路的输出按一定的相位差组合起来，使它们所含的某些主要谐波分量相互抵消，就可以得到较为接近正弦波的波形。

2. 串联二重三相电压型逆变电路

图 3-29 是串联二重三相电压型逆变电路的电路原理图及其相量图和工作波形。图 3-29a 是电路基本构成。

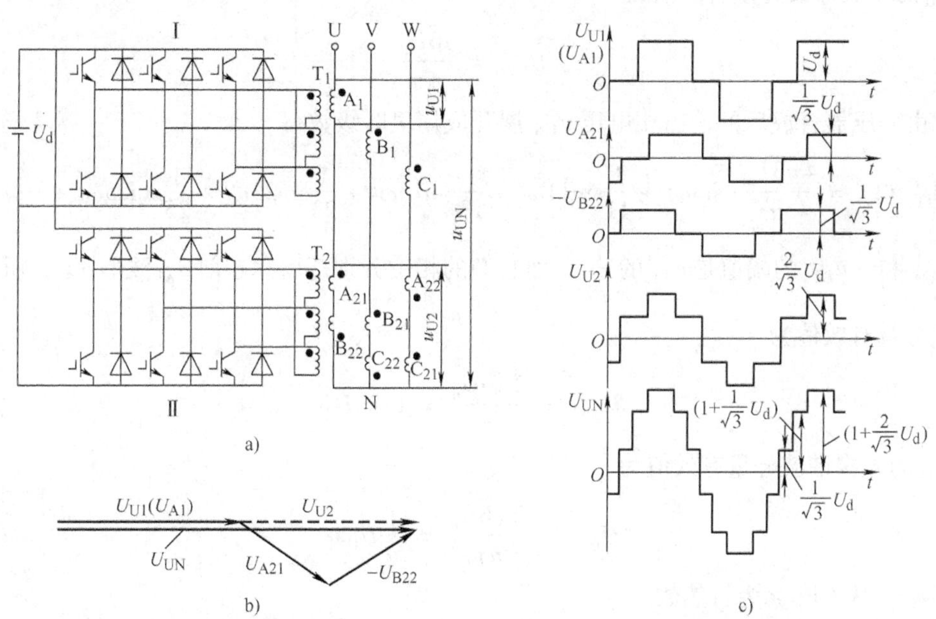

图 3-29　串联二重三相电压型逆变电路原理图及其相量图和工作波形
a）电路原理图　b）二次侧基波电压合成相量图　c）工作波形

该电路由两个三相桥式逆变电路构成，其输入直流电源公用，输出电压通过变压器 T_1 和 T_2 串联合成。两个逆变电路均为 180°导通方式，这样它们各自的输出线电压都是 120°矩形波。工作时，使逆变桥Ⅱ的相位比逆变桥Ⅰ滞后 30°。变压器 T_1 和 T_2 在同一水平上画的绕组是绕在同一铁心柱上的。T_1 为 DY 联结，线电压比为 $1:\sqrt{3}$（一次和二次绕组匝数相等）。变压器 T_2 一次侧也是三角形联结，但二次侧有两个绕组，采用曲折星形接法，即一相的绕组和另一相的绕组串联而构成星形，同时使其二次电压相对于一次电压而言，比 T_1 的接法超前 30°，以抵消逆变桥Ⅱ比逆变桥Ⅰ滞后的 30°。这样，u_{U2} 和 u_{U1} 的基波相位就相同。如果 T_2 和 T_1 一次侧匝数相同，为了使 u_{U2} 和 u_{U1} 基波幅值相同，T_2 和 T_1 二次侧间的匝数比就应为 $1/\sqrt{3}$。T_1、T_2 二次侧基波电压合成情况的相量图如图 3-29b 所示。图中 U_{A1}、U_{A21}、U_{B22}分别是变压器绕组 A_1、A_{21}、B_{22}上的基波电压相量。图 3-29c 给出了 u_{U1}（u_{A1}）、u_{A21}、$-u_{B22}$、u_{U2}和 u_{UN}的波形图。可以看出，u_{UN}比 u_{U1}更接近正弦波。

把 u_{U1}展开成傅里叶级数得

$$\begin{aligned} u_{U1}(t) &= \frac{2\sqrt{3}U_d}{\pi}\left(\sin\omega t - \frac{1}{5}\sin 5\omega t - \frac{1}{7}\sin 7\omega t + \frac{1}{11}\sin 11\omega t + \frac{1}{13}\sin 13\omega t - \cdots\right) \\ &= \frac{2\sqrt{3}U_d}{\pi}\left[\sin\omega t + \sum_{n=6k\pm1}^{\infty}\frac{(-1)^k}{n}\sin n\omega t\right] \end{aligned} \tag{3-26}$$

式中，$n=6k\pm1$，k 为自然数。

u_{U1}的基波分量的有效值为

$$U_{U11} = \frac{\sqrt{6}U_d}{\pi} = 0.78U_d \tag{3-27}$$

u_{U1}的 n 次谐波分量有效值为

$$U_{U1n} = \frac{\sqrt{6}U_d}{n\pi} \tag{3-28}$$

把由变压器合成后的输出相电压 u_{UN} 展开成傅里叶级数得

$$u_{UN}(t) = \frac{4\sqrt{3}U_d}{\pi}\left(\sin\omega t + \frac{1}{11}\sin 11\omega t + \frac{1}{13}\sin 13\omega t + \frac{1}{23}\sin 23\omega t + \frac{1}{25}\sin 25\omega t + \cdots\right)$$

u_{A21} 和 $-u_{B22}$ 的幅值是 u_{A1} 的 $\frac{1}{\sqrt{3}}$，而它们的相位分别落后和超前 u_{A1} 波形 30°，所以 u_{UN} 的基波分量有效值为

$$U_{UN1} = \frac{2\sqrt{6}U_d}{\pi} = 1.56U_d \tag{3-29}$$

u_{UN}的 n 次谐波分量有效值为

$$U_{UNn} = \frac{2\sqrt{6}U_d}{n\pi} = \frac{1}{n}U_{UN1} \tag{3-30}$$

式中，$n=12k\pm1$，k 为自然数。

很显然，u_{UN}中已不再含有 5 次、7 次等谐波。并且直流侧电流每个周期脉动 12 次，为此把它称为 12 脉波逆变电路。一般情况下，按照与上述电路相同的电路结构来拓展电路，使 m 个三相桥逆变电路的相位按照顺序依次分别错开 $\pi/(3m)$，连同使它们的输出电压合成并抵消上述相位差的变压器，就可以构成脉波数为 $6m$ 的逆变电路。

3.6.2 多电平逆变电路

从 180°导电方式的三相电压型逆变电路相电压波形可知，若能使逆变电路的相电压输

出更多种电平，就可以使其波形更接近正弦波。图 3-30 就是一种三电平逆变电路。下面简要分析其工作原理。

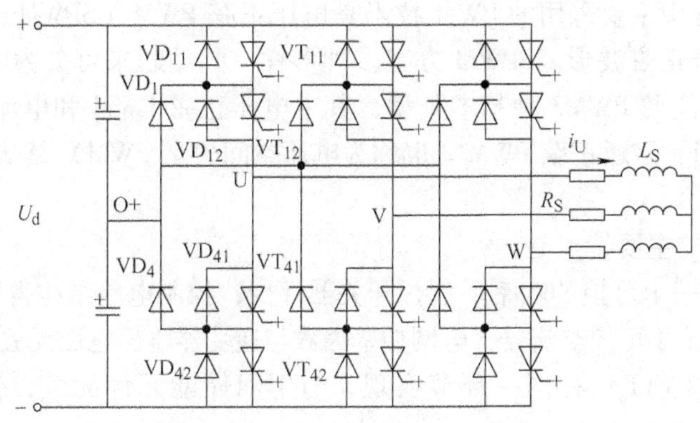

图 3-30　三电平逆变电路

该电路的每个桥臂由两个全控型器件串联构成，两个器件都反并联了二极管。两个串联器件的中点通过钳位二极管和直流侧电容的中点相连接。例如，U 相的上、下两桥臂分别通过钳位二极管 VD_1 和 VD_4 与 O + 点相连接。

以 U 相为例，当 VT_{11} 和 VT_{12}（或 VD_{11} 和 VD_{12}）导通，VT_{41} 和 VT_{42} 关断时，U 点和 O + 点间电位差为 $U_d/2$；当 VT_{41} 和 VT_{42}（或 VD_{41} 和 VD_{42}）导通，VT_{11} 和 VT_{12} 关断时，U 和 O + 间电位差为 $-U_d/2$；当 VT_{12} 和 VT_{41} 导通，VT_{11} 和 VT_{42} 关断时，U 和 O + 间电位差为 0。实际上在最后一种情况下，VT_{12} 和 VT_{41} 不可能同时导通，哪一个导通取决于负载电流 i_U 的方向。按图 3-30 所规定的方向，$i_U>0$ 时，VT_{12} 和钳位二极管 VD_1 导通；$i_U<0$ 时，VT_{41} 和钳位二极管 VD_4 导通。即通过钳位二极管 VD_1 或 VD_4 的导通把 U 点电位钳位在 O + 点电位上。

通过相电压之间的相减可得到线电压。两电平逆变电路的输出线电压共有 $\pm U_d$ 和 0 三种电平，而三电平逆变电路的输出线电压则有 $\pm U_d$、$\pm U_d/2$ 和 0 五种电平。因此，通过适当的控制，三电平逆变电路输出电压谐波可大大少于两电平逆变电路。

三电平逆变电路还有一个突出的优点就是每个主开关器件关断时所承受的电压仅为直流侧电压的一半，因此，这种电路特别适合于高电压大容量的应用场合。

用与三电平电路类似的方法，还可构成五电平、七电平等更多电平的电路。三电平及更多电平的逆变电路统称为多电平逆变电路。

3.7　脉宽调制（PWM）逆变器技术

晶闸管交 - 直 - 交变频器存在着下列问题：

1）晶闸管逆变器输出的阶梯波形中交流谐波成分较大。

2）晶闸管可控整流器在低频低压下功率因数较低。

随着现代电力电子技术的发展，逆变器输出电压靠调节直流电压幅度（PAM）的控制方式已让位于输出电压调宽不调幅（PWM）的控制方式。

所谓脉宽调制（Pulse WidthModulation，PWM）技术是指利用全控型电力电子器件的导通和关断把直流电压变成一定形状的电压脉冲序列，实现变压、变频控制并消除谐波的技术，简称 PWM 技术。

目前，实际工程中主要采用的 PWM 技术是电压正弦 PWM（SPWM），这是因为逆变器输出的波形更接近于正弦波形。SPWM 方案多种多样，归纳起来可分为电压正弦 PWM、电流正弦 PWM 和磁通正弦 PWM3 种基本类型，其中电压正弦 PWM 和电流正弦 PWM 是从电源角度出发的 SPWM，磁通正弦 PWM（也称为电压空间矢量 PWM）是从电动机角度出发的 SPWM 方法。

PWM 型变频器的主要特点是：

1）主电路只有一个可控的功率环节，开关器件少，控制电路结构得以简化。

2）整流侧使用了不可控整流器，电网功率因数与逆变器输出电压无关，基本上接近于 1。

3）变压变频（VVVF）在同一环节实现，与中间储能元件无关，变频器的动态响应加快。

4）通过 PWM 控制技术，能有效地抑制或消除低次谐波，实现接近正弦的输出交流电压波形。

3.7.1 电压正弦脉宽调制的工作原理

1. 电压正弦脉宽调制原理

顾名思义，电压 SPWM 技术就是希望逆变器的输出平均电压是正弦波形，它通过调节脉冲宽度来调节平均电压的大小。

电压正弦脉宽调制法的基本思想是用与正弦波等效的一系列等幅不等宽的矩形脉冲波形来等效正弦波，如图 3-31 所示。

具体是把一个正弦半波分成 n 等分，在图 3-31a 中 $n=12$，然后把每一等分正弦曲线与横轴所包围的面积分别用一个与之面积相等的矩形脉冲来代替，矩形脉冲的幅值不变，各脉冲的中点与正弦波每一等分的中点相重合，如图 3-31b 所示。这样，由 n 个等幅不等宽的矩形脉冲所组成的波形就与正弦波的半周波形等效，称作 SPWM 波形。同样，正弦波的负半周也可用相同的方法与一系列负脉冲等效。这种正弦波正、负半周分别用等幅不等宽的正、负矩形脉冲等效的 SPWM 波形称作单极式 SPWM。

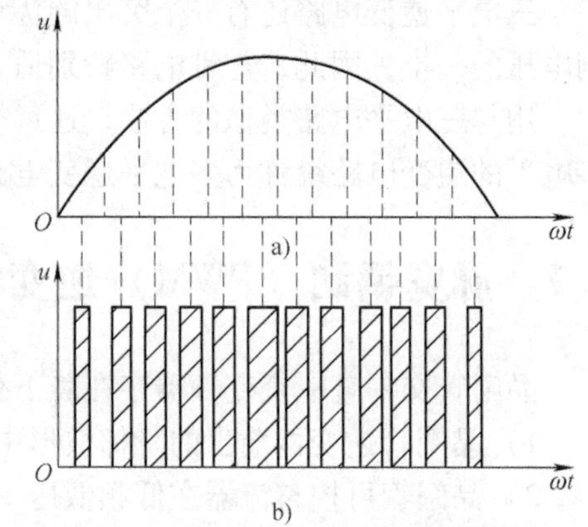

图 3-31 与正弦波等效的等幅不等宽的矩形脉冲波形
a）正弦波形 b）等效的 SPWM 波形

图 3-31b 所示的一系列等幅不等宽的矩形脉冲波形，就是所希望的逆变器输出的 SPWM 波形。由于每个脉冲的幅值相等，所以逆变器可由恒定的直流电源供电，也就是说，这种交－直－交变频器中的整流器采用不可控的二极管整流器即可。当逆变器各功率开关器件都是在理想状态下工作时，驱动相应功率开关器件的信号也应为与图 3-31b 形状一致的一系列脉冲波形。

图 3-32 是 SPWM 变频器主电路的原理图。

图中 $VT_1 \sim VT_6$ 是逆变器的 6 个全控型功率开关器件，它们各有一个续流二极管反并联连接。整个逆变器由三相不可控整流器供电，所提供的直流恒

值电压为 U_d。电容上所获得的相电压为 $U_d/2$。

图 3-33 绘出了单极式 SPWM 电压波形，其等效正弦波为 $U_m\sin\omega_s t$，而 SPWM 脉冲序列波的幅值为 $U_d/2$，各脉冲不等宽，但中心间距相同，都等于 π/n，n 为正弦波半个周期内的脉冲数。

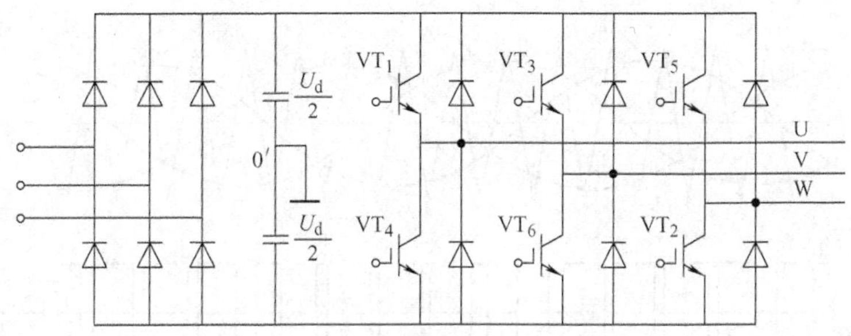

图 3-32　SPWM 变压变频器主电路原理图

令第 i 个脉冲的宽度为 δ_i，其中心点相位角为 θ_i，则根据面积相等的等效原则，可得到

$$\delta_i \approx \frac{2\pi U_m}{nU_d}\sin\theta_i \tag{3-31}$$

即第 i 个脉冲的宽度与该处正弦波值近似成正比。因此，与半个周期正弦波等效的 SPWM 波是两侧窄、中间宽、脉宽按正弦规律逐渐变化的脉冲序列。

原始的脉宽调制方法是利用正弦波作为基准的调制波（ModulationWave），受它调制的信号称为载波（CarrierWave），在 SPWM 中常用等腰三角波当作载波。当调制波与载波相交时（见图 3-34），由它们的交点确定逆变器开关器件的通断时刻。具体的做法是，当 U 相的调制波电压 u_{rU} 高于载波电压 u_t 时，使相应的开关器件 VT_1 导通，输出正的脉冲电压，如图 3-34b所示；当 u_{rU} 低于 u_t 时使 VT_1 关断，输出电压为零。在 u_{rU} 的负半周中，可用类似的方法控制下桥臂的 VT_4，输出负的脉冲电压序列。改变调制波的频率时，输出电压基波的频率也随之改变；降低调制波的幅值时，如 u'_{rU}，各段脉冲的宽度都将变窄，从而使输出电压基波的幅值也相应减小。

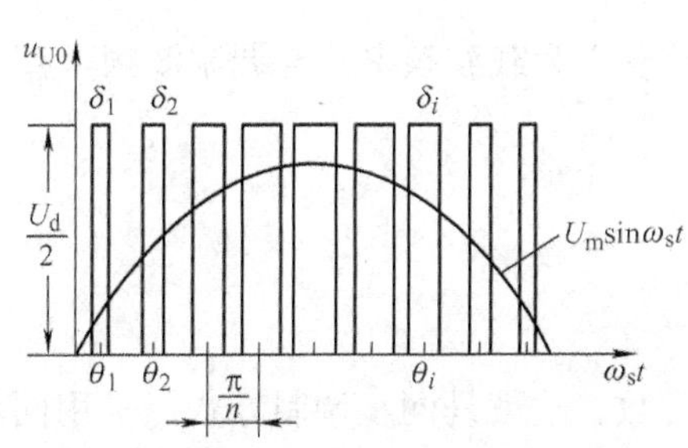

图 3-33　单极式 SPWM 电压波形

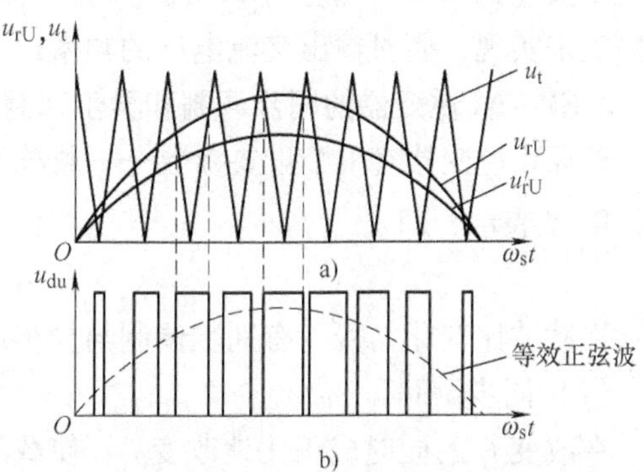

图 3-34　单极式脉宽调制波的形成
a）正弦调制波与三角载波　b）输出的 SPWM 波形

上述的单极式 SPWM 波形在半周内的脉冲电压只在“正”或“负”和“零”之间变

化，主电路每相只有一个开关器件反复通断。如果让同一桥臂上、下两个开关器件交替地导通与关断，则输出脉冲在“正”和“负”之间变化，就得到双极式的 SPWM 波形。图 3-35 绘出了三相双极式的正弦脉宽调制波形，其调制方法和单极式相似，只是输出脉冲电压的极性不同。

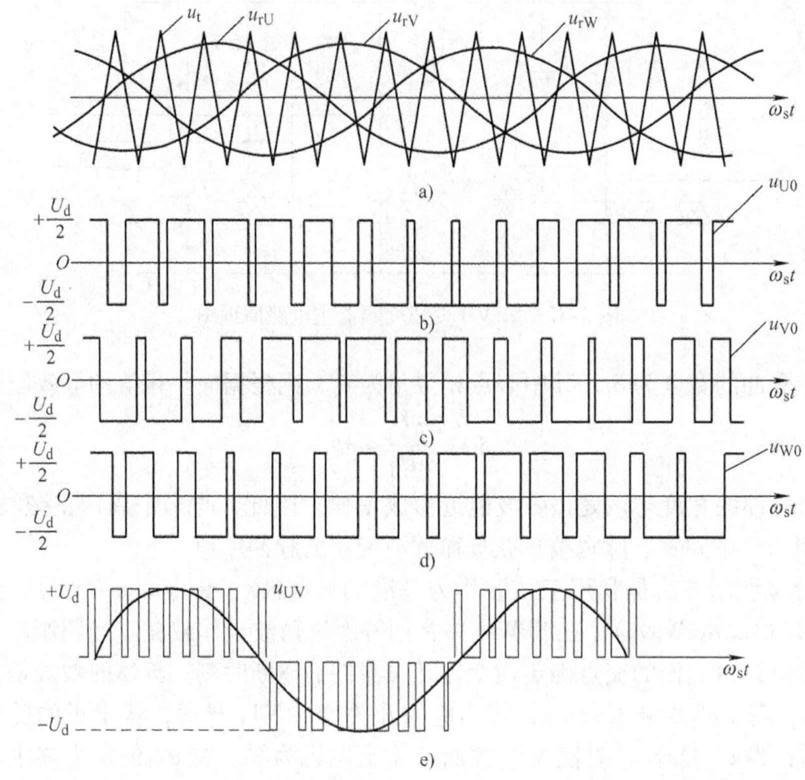

图 3-35　三相双极式 SPWM 波形

a）三相调制波与双极性三角载波　b）$u_{U0}=f(t)$　c）$u_{V0}=f(t)$　d）$u_{W0}=f(t)$　e）$u_{UV}=f(t)$

双极性 SPWM 和单极性 SPWM 方法一样，对输出交流电压的大小调节要靠改变控制波的幅值来实现，而对输出交流电压的频率调节则要靠改变控制波的频率来实现。

2. SPWM 逆变器的同步调制和异步调制

SPWM 逆变器有一个重要参数——载波比 N，它被定义为载波频率 f_t 与调制波频率 f_r 之比，用 N 表示，即

$$N=f_t/f_r$$

视载波比变化与否，有同步调制与异步调制之分。

（1）同步调制

在改变 f_r 的同时成正比地改变 f_t，使载波比 N = 常数，这就是同步调制方式。采用同步调制的优点是可以保证输出电压半波内的矩形脉冲数是固定不变的，如果取 N 等于 3 的倍数，则同步调制能保证输出波形的正、负半波始终保持对称，并能严格保证三相输出波形之间具有互差 120°的对称关系。但是当输出频率很低时，由于相邻两脉冲间的间距增大，谐波会显著增加，这是同步调制方式在低频时的主要缺点。

（2）异步调制

采用异步调制方式是为了消除上述同步调制的缺点。在异步调制中，在变频器的整个变频范围内，载波比 N 不等于常数。一般在改变调制波频率 f_r 时保持三角载波频率 f_t 不变，因而提高了低频时的载波比。这样，输出电压半波内的矩形脉冲数可随输出频率的降低而增加，相应地可减少负载电动机的转矩脉动与噪声，改善系统的低频工作性能。但异步调制方式在改善低频工作性能的同时，又失去了同步调制的优点。当载波比 N 随着输出频率的降低而连续变化时，它不可能总是 3 的倍数，必将使输出电压波形及其相位都发生变化，难以保持三相输出的对称性，因而引起电动机工作不平稳。

（3）分段同步调制

为了扬长避短，可将同步调制和异步调制结合起来，成为分段同步调制方式，实用的 SPWM 变频器多采用此方式。即在一定频率范围内采用同步调制，以保持输出波形对称的优点，当频率降低较多时，如果仍保持载波比 N 不变的同步调制，输出电压谐波将会增大。为了避免这个缺点，可使载波比 N 分段有级地加大，以采纳异步调制的长处，这就是分段同步调制方式。具体地说，把整个变频范围划分成若干频段，每个频段内维持载波比 N 恒定，而对不同的频段取不同的 N 值，频率低时，N 值取大些，一般大致按等比级数安排。

分段同步调制虽比较麻烦，但在微电子技术迅速发展的今天，这种调制方式是很容易实现的。

3. SPWM 的实现方法

SPWM 的控制就是根据三角载波与正弦调制波比较后的交点来确定逆变器功率器件的开关时刻，这个任务可以用模拟电子电路、数字电路或专用的大规模集成电路芯片等硬件电路来完成，也可以用微型计算机通过软件生成 SPWM 波形。在计算机控制的 SPWM 变频器中，SPWM 信号一般由软件加接口电路生成。如何计算 SPWM 的开关点，是 SPWM 信号生成中的一个难点，也是当前人们研究的一个热门课题。下面讨论几种常用的算法。

（1）自然采样法

自然采样法是按照正弦波与三角形波交点进行脉冲宽度与间隙时间的采样，从而生成 SPWM 波形。在图 3-36 中，截取了任意一段正弦波与三角载波的一个周期长度内的相交情况。A 点为脉冲发生时刻，B 点为脉冲结束时刻，在三角波的一个周期 T_t 内，t_2 为 SPWM 波的高电平时间，称作脉宽时间，t_1 与 t_3 则为低电平时间，称为间隙时间。显然 $T_t = t_1 + t_2 + t_3$。

定义正弦控制波与载波的幅值比为调制度，用 $M = U_{rm}/U_{tm}$ 表示，设三角载波幅值 $U_{tm} = 1$，则正弦调制波

$$u_{rU} = M\sin\omega_s t$$

式中，ω_s 为正弦调制波角频率，即输出角频率。

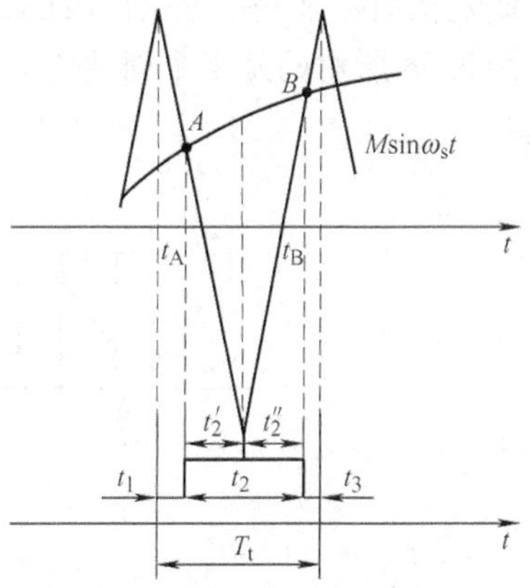

图 3-36　自然采样法

AB 两点对三角波的中心线来说是不对称的，因此脉宽时间 t_2 是由 t_2' 与 t_2'' 两个不等的时间段组成的。这两个时间可由图 3-36 根据两对相似直角三角形高宽比列出方程为

$$\frac{2}{T_t/2}=\frac{1+M\sin\omega_s t_A}{t'_2};\quad \frac{2}{T_t/2}=\frac{1+M\sin\omega_s t_B}{t''_2}$$

得 $t_2 = t'_2 + t''_2 = \frac{T_t}{2}\left[1+\frac{M}{2}(\sin\omega_s t_A + \sin\omega_s t_B)\right]$。

自然采样法中，t_A、t_B 都是未知数，$t_1 \neq t_3$，$t'_2 \neq t''_2$，这使得实时计算与控制相当困难。即使事先将计算结果存入内存，控制过程中通过查表确定时间，也会因参数过多而占用计算机太多内存和时间，因此此法仅限于频率段数较少的场合。

（2）规则采样法

由于自然采样法的不足，人们一直在寻找更实用的采样方法来尽量接近于自然采样法，希望更实用的采样方法比自然采样法的波形更对称一些，以减少计算工作量，这就是规则采样法。规则采样法有多种，常用的方法有规则采样Ⅰ法和规则采样Ⅱ法，计算机实时产生SPWM波形也是基于其采样原理及计算公式。这里只介绍其中的规则采样Ⅱ法。

图3-37所示的规则采样Ⅱ法是将三角波的负峰值对应的正弦控制波值（E点）作为采样电压值，由E点水平截取A、B两点，从而确定脉宽时间t_2。

在这种采样法中，每个周期的采样点E对时间轴都是均匀的，这时$AE = EB$，$t_1 = t_3$，简化了脉冲时间与间隙时间的计算。为此有

$$t_2=\frac{T_t}{2}(1+M\sin\omega_s t_E);\quad t_1=t_3=\frac{1}{2}(T_t-t_2)$$

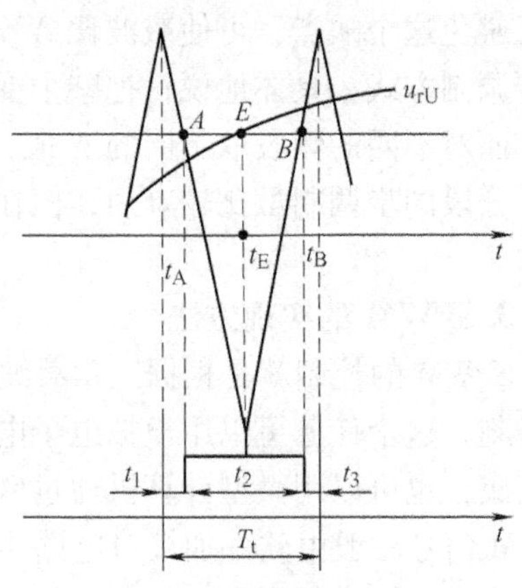

图3-37 规则采样Ⅱ法

（3）指定谐波消除法

指定谐波消除法是SPWM控制模式研究中一种比较有意义的开关点确定法。在这种方法中，脉冲开关时间不是由三角载波与正弦控制波的交点确定的，而是从消除某些指定次谐波的目的出发，通过解方程组解出来的。简单说明如下：

图3-38所示的是半个周期内只有3个脉冲的单极式SPWM波形。

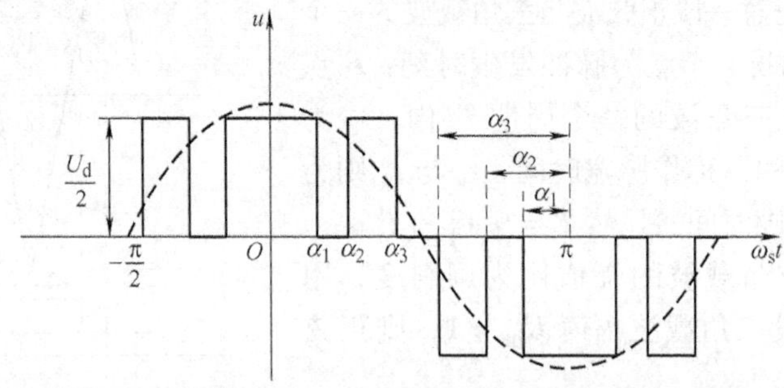

图3-38 三脉冲波的单极式SPWM波形

在图示的坐标系中，SPWM电压波形展开成傅里叶级数后为

$$u(t)=\frac{2U_d}{\pi}\sum_{k=1}^{\infty}\frac{1}{k}(\sin k\alpha_1-\sin k\alpha_2+\sin k\alpha_3)\cos k\omega_s t$$

式中，k 为奇数，由于 SPWM 波形的对称性，展开式中不存在偶数次谐波。

设要求逆变器输出的基波电压幅值为 U_{1m}，并要求消除 5 次、7 次谐波（三相异步电动机无中性线情况下不存在 3 次及 3 的倍数次谐波），按上述要求，可列出下列方程组：

$$U_{1m}=\frac{2U_d}{\pi}(\sin\alpha_1-\sin\alpha_2+\sin\alpha_3)$$

$$U_{5m}=\frac{2U_d}{5\pi}(\sin5\alpha_1-\sin5\alpha_2+\sin5\alpha_3)=0$$

$$U_{7m}=\frac{2U_d}{7\pi}(\sin7\alpha_1-\sin7\alpha_2+\sin7\alpha_3)=0$$

求解方程组即可得到合适的开关时刻 α_1、α_2 与 α_3 数值。当然，要消除更高次谐波，则需要用更多的方程来求解更多的开关时刻，也就是说，要在一个周期内有更多的脉冲才能更好地抑制与消除输出电压中的谐波成分。

当然，利用指定谐波消除法来确定一系列脉冲波的开关时刻是能够有效地消除所指定次数的谐波的，但是指定次数以外的谐波却不一定能减少，有时甚至还会增大。不过它们已属于高次谐波，对电动机的工作影响不大。

在控制方式上，这种方法并不依赖于三角载波与正弦调制波的比较，因此实际上已经离开了脉宽调制概念，只是由于其效果和脉宽调制一样，才列为 SPWM 控制模式的一类。另外，这种方法在不同的输出频率下有不同的 α_1、α_2 与 α_3 开关时刻配合，因此，求解工作量相当大，难以进行实时控制，一般采用离线方法求解后将结果存入单片机内存，以备查表取用。

3.7.2 电流正弦脉宽调制的工作原理

SPWM 变频器通常用于交流电动机的变频调速，而交流电动机的控制性能主要取决于转矩或者电流的控制质量（在磁通恒定的条件下），为了满足电动机控制的良好动态响应，经常采用电流正弦 PWM 技术。电流正弦 PWM 技术本质上是电流闭环控制，实现方法很多，主要有 PI 控制、滞环控制及无差拍预测控制等几种，它们都具有控制简单、动态响应快和电压利用率高的特点。

目前，实现电流正弦 PWM 控制的常用方法是 A. B. Plunkett 提出的电流滞环 SPWM，即把正弦电流参考波形和电流的实际波形通过滞环比较器进行比较，其结果决定逆变器桥臂上、下开关器件的导通和关断。这种方法的主要优点是控制简单、响应快、瞬时电流可以被限制、功率开关器件可得到自动保护。这种方法的主要缺点是相对的电流谐波较大。下面重点介绍电流滞环 SPWM 技术。

电流滞环控制是一种非线性控制方法，电流滞环控制型逆变器一相（U 相）电流控制原理框图如图 3-39a 所示。

正弦电流信号发生器的输出信号作为相电流给定信号，与实际的相电流信号相比较后送入电流滞环控制器。设滞环控制器的环宽为 2ε，t_0 时刻，$i_U^*-i_U\geqslant\varepsilon$，则滞环控制器输出正电平信号，驱动上桥臂功率开关器件 VT_1 导通，使 i_U 增大。当 i_U 增大到与 i_U^* 相等时，虽然 $\Delta i_U=0$，但滞环控制器仍保持正电平输出，VT_1 保持导通，i_U 继续增大，直到 t_1 时刻，$i_U=i_U^*+\varepsilon$，滞环控制器翻转，输出负电平信号，关断 VT_1，并经保护延时后驱动下桥臂器

件 VT_2。但此时 VT_2 未必导通，因为电流 i_U 并未反向，而是通过续流二极管 VD_2 维持原方向流通，其数值逐渐减小。直到 t_2 时刻，i_U 降到滞环偏差的下限值，又重新使 VT_1 导通。VT_1 与 VD_2 的交替工作使逆变器输出电流与给定值的偏差保持在 $\pm\varepsilon$ 范围之内，在给定电流上下作锯齿状变化。当给定电流是正弦波时，输出电流也十分接近正弦波，如图 3-39b 所示。与此类似，负半周波形是 VT_2 与 VD_1 交替工作形成的。

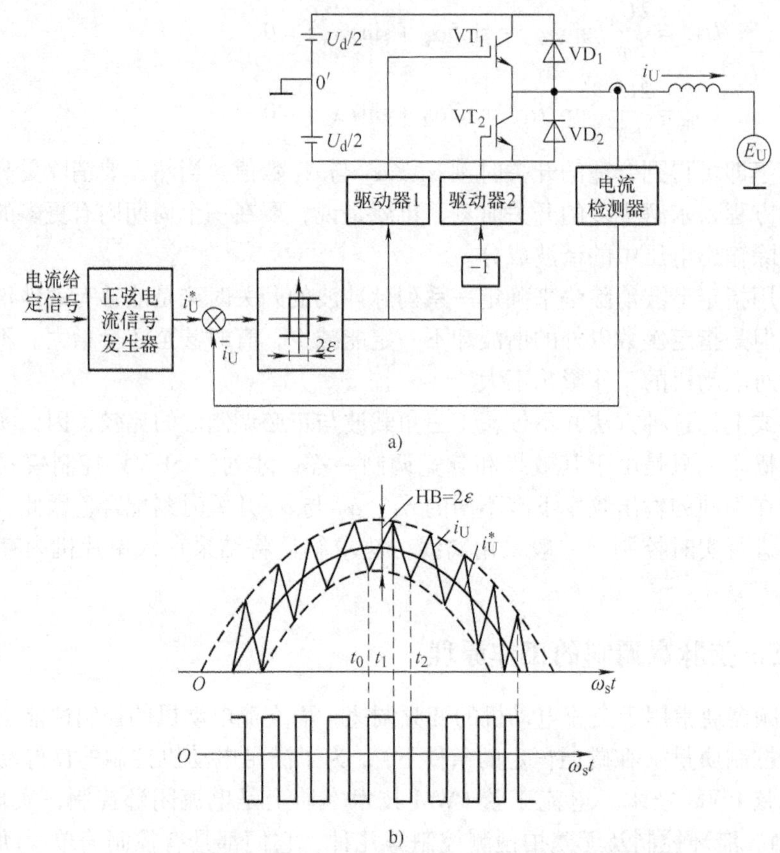

图 3-39　电流滞环控制逆变器一相电流控制框图及波形图

a）滞环电流跟踪型 PWM 逆变器一相结构示意图　b）滞环电流跟踪型 PWM 逆变器输出电流、电压波形图

显然，滞环控制器的滞环宽度越窄，则开关频率越高，可使定子电流波形更逼近给定基准电流波形，从而将有效地使电动机定子绕组获得正弦电流源供电效果。

当开关频率超过功率器件的允许开关频率时，将不利于功率器件的安全工作；当开关频率过低时会造成电流波形畸变，导致电流谐波成分加大。

3.7.3　电压空间向量 SVPWM 的工作原理

电压 SPWM 控制的目的是使逆变器的输出电压接近正弦波；电流跟踪控制 SPWM 的目的是使输出电流按正弦规律变化，它比电压正弦进了一步。然而，从电机学知识知道：感应电动机输入正弦电流的最终目的是想在空间产生圆形旋转磁场。如果能够直接按照跟踪圆形旋转磁场来控制 PWM 的逆变电压，其控制效果一定会更好，这样的模式叫作“磁链跟踪控制 SVPWM”，SVPWM 就是基于跟踪圆形旋转磁场这一原理的 PWM 方法。

为了弄清楚 SVPWM 的原理，首先分析感应电动机的圆形旋转磁场与电动机定子三相电压的关系。在图 3-40 中，U、V、W 分别表示在空间静止不动的电动机定子三相绕组的轴线，它们在空间互差 120°，三相定子相电压 U_{U0}、U_{V0}、U_{W0}分别加在三相绕组上。定义三个电压空间相量 $\dot{U}_{U0}$、$\dot{U}_{V0}$和 $\dot{U}_{W0}$，它们的方向始终在各相的轴线上，而大小则随时间按正弦规律作脉动式变化，时间相位互差 120°，与电机原理中三相脉动磁动势相加产生的合成旋转磁动势相仿，可以证明，三相电压空间相量相加的合成空间相量 $\dot{U}_{SP}$ 是一个旋转的空间相量，它的幅值不变，是每相电压值的 3/2 倍；当频率不变时，它以电源角频率 ω_s 为电气角速度作恒速同步旋转。用公式表示，则有

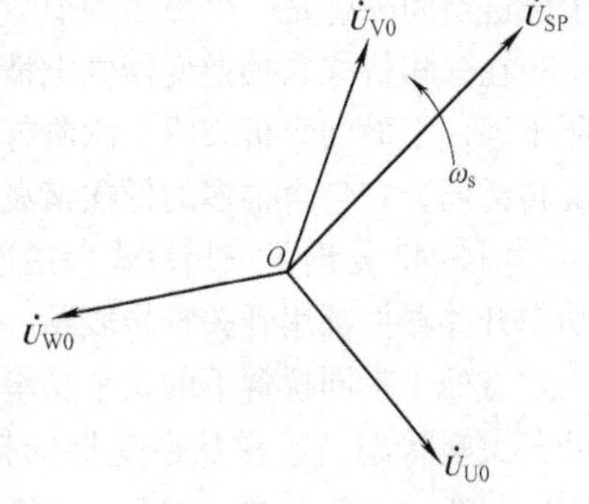

图 3-40　电压空间相量

$$\dot{\boldsymbol{U}}_{SP} = \dot{\boldsymbol{U}}_{U0} + \dot{H}_{V0} + \dot{H}_{W0} \tag{3-32}$$

同理，可以定义电流和磁链的空间相量 $\dot{\boldsymbol{I}}$ 和 $\dot{\boldsymbol{\psi}}$。

异步电动机的三相对称绕组由三相对称正弦电压供电时，对每一相都可以写出它的电压方程式。三相合起来，可用合成空间相量表示定子的电压方程式

$$\dot{\boldsymbol{U}}_1 = \boldsymbol{R}_1 \dot{\boldsymbol{I}}_1 + \frac{d\dot{\boldsymbol{\psi}}_1}{dt} \tag{3-33}$$

式中，$\dot{\boldsymbol{U}}_1$为定子三相电压合成空间相量；$\dot{\boldsymbol{I}}_1$为定子三相电流合成空间相量；$\dot{\boldsymbol{\psi}}_1$为定子三相磁链合成空间相量。

当转速较高时，可忽略定子电阻压降，则定子电压与磁链的近似关系为

$$\dot{\boldsymbol{U}}_1 \approx \frac{d\dot{\boldsymbol{\psi}}_1}{dt} \tag{3-34}$$

或

$$\psi_1 \approx \int \boldsymbol{U}_1 dt \tag{3-35}$$

从电机学知识知道，当电动机由三相对称正弦交流电供电时，电动机产生的是圆形的空间旋转磁场，磁链的空间旋转相量可以表示为

$$\dot{\boldsymbol{\psi}}_1 = \psi_m e^{j\omega_s t} \tag{3-36}$$

式中，ψ_m 为 $\dot{\boldsymbol{\psi}}_1$的幅值；$\omega_s$ 为其旋转角速度。它是一个半径为 ψ_m、旋转角速度为 ω_s 的运动轨迹。

由式（3-34）和式（3-36）可得

$$\begin{aligned}\dot{\boldsymbol{U}}_1 &= \frac{d}{dt}（\psi_m e^{j\omega_s t}） = j\omega_s \psi_m e^{j\omega_s t} = \omega_s \psi_m e^{j(\omega_s t + \pi/2)} \\ &= \omega_s e^{j\pi/2} \cdot \psi_m e^{j\omega_s t} = \omega_s e^{j\pi/2} \cdot \dot{\boldsymbol{\psi}}_1\end{aligned} \tag{3-37}$$

由式（3-37）可见，当磁链幅值 ψ_m 一定时，$\dot{\boldsymbol{U}}_1$的大小与 ω_s 成正比，其方向为磁链圆形轨迹的切线方向。当磁链相量在空间旋转一周时，电压相量也连续地按磁链圆的切线方向

运动 2π 弧度，其轨迹与磁链圆重合，如图 3-41 所示。这样，电动机旋转磁场的形状问题就可转化为电压空间相量运动轨迹的形状问题。也就是说，由三相对称正弦电压供电产生的定子磁链空间矢量是一个磁链幅值恒定的圆形轨迹。

在三相桥式六拍逆变器供电情况下，感应电动机的定子输入电压和三相对称正弦电压有所不同，下面的分析表明，六阶梯波逆变器供电方式下电动机中形成的是步进磁场而非圆形旋转磁场，它包含很多的低次谐波，将导致电动机运行性能变坏。

图 3-42 给出了三相桥式六拍逆变器供电给异步电动机的原理图。为了简单起见，6 个功率开关器件都用开关符号表示。为使电动机对称工作，必须三相同时供电，即在任一时刻一定有处于不同桥臂下的 3 个功率开关器件同时导通，而相应桥臂的另 3 个功率开关器件则处于关断状态。这样从逆变器的拓扑结构看，功率器件共有 VT_6、VT_1、VT_2 导通，VT_1、VT_2、VT_3 导通，VT_2、VT_3、VT_4 导通，VT_3、VT_4、VT_5 导通，VT_4、VT_5、VT_6 导通，VT_5、VT_6、VT_1 导通，VT_1、VT_3、VT_5 导通以及 VT_2、VT_4、VT_6 导通 8 种工作状态。

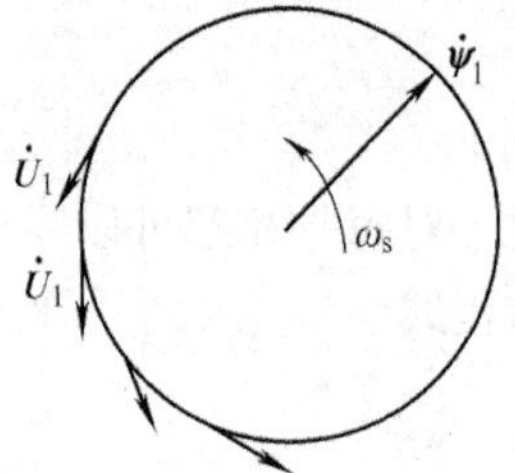

图 3-41　旋转磁场与电压空间相量运动轨迹的关系

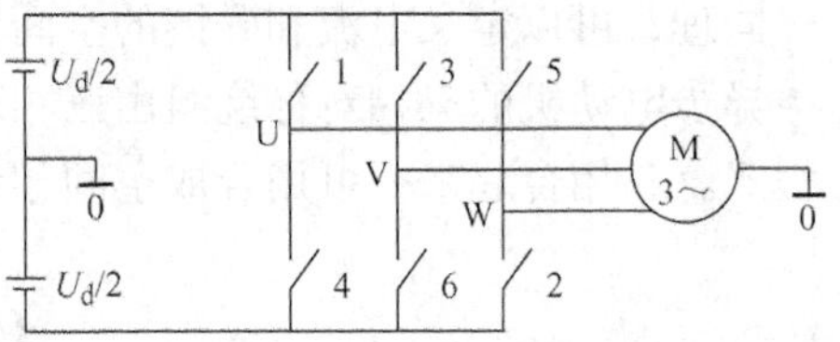

图 3-42　三相 PWM 逆变器－异步电动机原理图

如把上桥臂器件导通用“1”表示，下桥臂器件导通用“0”表示，并依 UVW 相序依次排列，则上述 8 种工作状态可相应表示为 100、110、010、011、001、101、111 与 000 8 组数字。8 种工作状态见表 3-5。

表 3-5　逆变器的 8 种工作状态

导通的开关管（按 UVW 相序排列）	工作状态（数字量）			相　量
	S_U	S_V	S_W	
VT_1、VT_6、VT_2	1	0	0	$\boldsymbol{V}_1$
VT_1、VT_3、VT_2	1	1	0	$\boldsymbol{V}_2$
VT_4、VT_3、VT_2	0	1	0	$\boldsymbol{V}_3$
VT_4、VT_3、VT_5	0	1	1	$\boldsymbol{V}_4$
VT_4、VT_6、VT_5	0	0	1	$\boldsymbol{V}_5$
VT_1、VT_6、VT_5	1	0	1	$\boldsymbol{V}_6$
VT_1、VT_3、VT_5	1	1	1	$\boldsymbol{V}_7$
VT_4、VT_6、VT_2	0	0	0	$\boldsymbol{V}_8$

从逆变器的正常工作看，前 6 个工作状态是有效的，后两个工作状态是无意义的。逆变器每工作一个周期，6 个有效工作状态各出现一次。逆变器每隔 $2\pi/6=\pi/3$ 转角就改变一次工作状态，而在这 $\pi/3$ 转角内则保持不变。

对于每一个工作状态，逆变器供给交流电动机的三相电压都可用一个空间相量表示。由于逆变器直流侧输入电压恒定，且三相对称工作，所以三相相电压的幅值相等，在空间相位上互差 π/3。因此在任一工作状态下电压空间相量的大小都一样，仅是相位不同而已。如以 $\boldsymbol{V}_1$、$\boldsymbol{V}_2$、…、$\boldsymbol{V}_6$ 依次表示 100、110、…、101 这 6 个有效工作状态的电压空间相量，则它们的相互关系如图 3-43 所示。如果把 6 个空间相量首尾相接地画在一起，恰好形成一个封闭的正六边形，如图 3-43b 所示，或者让 6 个相量都从原点出发，则形成一个正六角星，如图 3-43c 所示。至于 111 和 000 两个无意义的状态，可分别冠以 $\boldsymbol{V}_7$ 和 $\boldsymbol{V}_8$，称作零相量。它们的大小为零，也无相位，可认为坐落在正六边形的中心点或六角星的原点上。

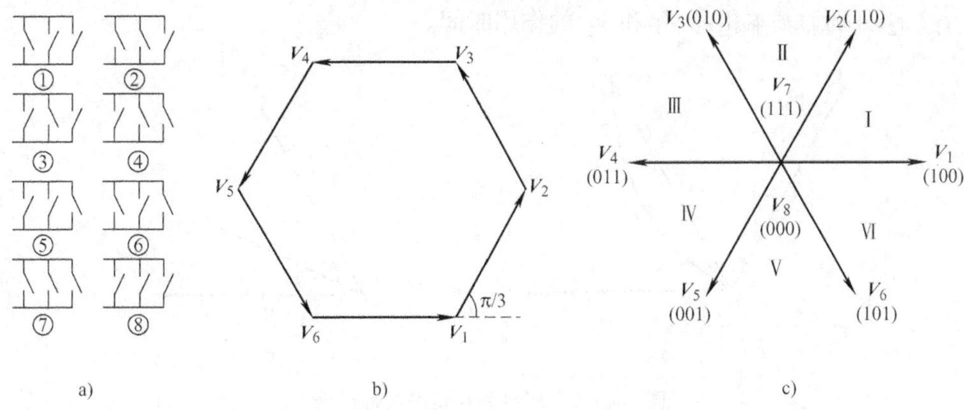

图 3-43　PWM 逆变器供电时三相电动机的电压空间相量

a）功率开关器件的不同工作状态　b）正六边形电压空间相量　c）六角星形电压空间相量

设逆变器的工作周期从 100 状态开始，其电压空间相量 $\boldsymbol{V}_1$ 位于水平线上，它所存在的时间对应的电角度为 π/3。在这段时间以后，工作状态转为 110，电动机的电压空间相量为 $\boldsymbol{V}_2$，它在空间上与 $\boldsymbol{V}_1$ 相差 π/3。随着逆变器工作状态的不断切换，电动机电压空间相量的相位跟着作相应的变化。到一个周期结束，$\boldsymbol{V}_6$ 的顶端恰好与 $\boldsymbol{V}_1$ 的尾端衔接，一个周期的 6 个电压空间相量共转过 2π 弧度，形成一个封闭的正六边形。

如前所述，电压空间相量运动形成的正六边形轨迹可以看成是电动机定子磁链矢量端点的运动轨迹，也就是说，由单脉波逆变器供电的异步电动机只产生正六边形旋转磁场，而非圆形磁场，这显然不利于电动机的匀速旋转。

若希望获得逼近圆形的旋转磁场，就必须使逆变电路在一个周期中具有更多的开关状态切换，形成更多的空间相量。

逆变器的电压空间相量虽然只有 $\boldsymbol{V}_1$ ~ $\boldsymbol{V}_8$ 共 8 个，但可以利用它们的线性组合，以获得更多的新的电压空间相量，构成一组幅值相同、相位不同的电压空间相量，从而形成尽可能逼近圆形的旋转磁场。如图 3-44 所示，图中空间相量 $\boldsymbol{V}_2$ 采用 $\boldsymbol{V}_{21}$、$\boldsymbol{V}_{22}$、$\boldsymbol{V}_{23}$、$\boldsymbol{V}_{24}$ 来代替，每个空间相量的作用时间为 T_z。这样，在一个周期内逆变器的开关状态就要超过 6 个，而有些开关状态会多次重复出现。所以在一周期内逆变器的输出相电压将不再是单脉波，而是一系列等幅不等宽的脉冲波，这就形

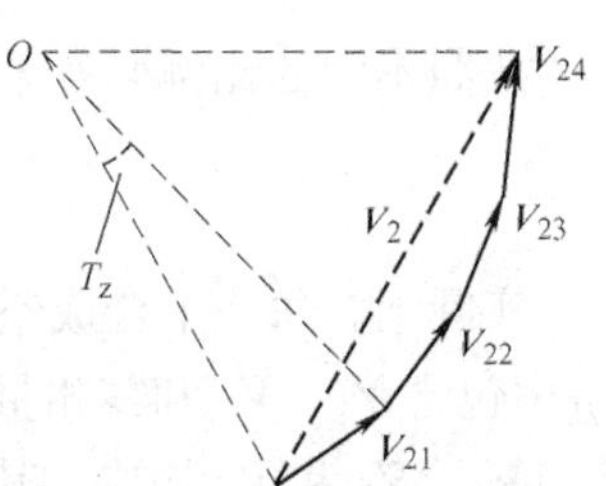

图 3-44　SVPWM 控制下的电压空间相量轨迹

成了电压空间相量控制的 PWM 逆变器。

将图 3-44 画成放射式结构，如图 3-45a 所示。由图可以看出，矢量 $\boldsymbol{V}_{21}$、$\boldsymbol{V}_{22}$的方向介于 $\boldsymbol{V}_1$ 和 $\boldsymbol{V}_2$ 之间，可以由基本矢量 $\boldsymbol{V}_1$ 和 $\boldsymbol{V}_2$ 的线性组合生成；而矢量 $\boldsymbol{V}_{23}$和 $\boldsymbol{V}_{24}$则可以由基本矢量 $\boldsymbol{V}_2$ 和 $\boldsymbol{V}_3$ 线性组合生成。

下面以生成 $\boldsymbol{V}_{21}$为例来说明 SVPWM 控制的实现。图 3-45b 表示了由基本相量 $\boldsymbol{V}_1$ 和 $\boldsymbol{V}_2$ 构成新的电压相量 $\boldsymbol{V}_{21}$ 的线性组合。假定希望新相量的幅值为 U_{21}，运行时间为 T_z，由图可得

$$(t_1/T_z)\boldsymbol{V}_1 + (t_2/T_z)\boldsymbol{V}_2 = \boldsymbol{V}_{21} \tag{3-38}$$

式中，t_1、t_2 分别为基本相量 $\boldsymbol{V}_1$ 和 $\boldsymbol{V}_2$ 的作用时间。

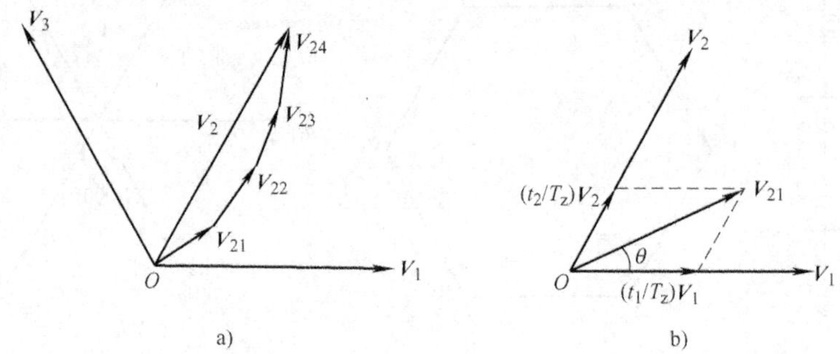

图 3-45　电压空间相量的线性组合

a）用 $\boldsymbol{V}_{21}$ ~ $\boldsymbol{V}_{24}$来代替空间矢量 $\boldsymbol{V}_2$　b）由基本矢量 $\boldsymbol{V}_1$ 和 $\boldsymbol{V}_2$ 的线性组合构成 $\boldsymbol{V}_{21}$

由前述可知，相量 $\boldsymbol{V}_1$ 和 $\boldsymbol{V}_2$ 的幅值均为 U_d。把式（3-38）变换到直角坐标系上来表示，得

$$\begin{aligned} t_1 U_d \cos 0° + t_2 U_d \cos 60° &= T_z U_{21} \cos\theta \\ t_1 U_d \sin 0° + t_2 U_d \sin 60° &= T_z U_{21} \sin\theta \end{aligned} \tag{3-39}$$

在这里，令 $U_{21} = \frac{\sqrt{3}}{2} m U_d$，$m$ 为调制度，$0 < m < 1$。求解式（3-39），得

$$t_1 = T_z m \sin(60° - \theta) \tag{3-40}$$

$$t_2 = T_z m \sin\theta \tag{3-41}$$

式中，θ 的取值范围为 0 ~ 60°。由式（3-40）、式（3-41）得到的 t_1 和 t_2 之和恒等于 T_z，不足的部分将由零矢量 $\boldsymbol{V}_7$ 和 $\boldsymbol{V}_8$ 的作用时间 t_7 和 t_8 来填补，即

$$T_z = t_1 + t_2 + t_7 + t_8 \tag{3-42}$$

按照不同的比例取 t_7 和 t_8 的值，对电路有不同的影响，一般取

$$t_7 = t_8 = \frac{1}{2}(T_z - t_1 - t_2) \tag{3-43}$$

实际上，每一个合成空间相量构成 PWM 输出电压波形中的一个脉冲。例如电压相量 $\boldsymbol{V}_{21}$中包含 $\boldsymbol{V}_1$、$\boldsymbol{V}_2$ 和零相量 3 种状态，把零相量再分配给 $\boldsymbol{V}_7$ 和 $\boldsymbol{V}_8$，这样，电压相量 $\boldsymbol{V}_{21}$由 $\boldsymbol{V}_1$、$\boldsymbol{V}_2$、$\boldsymbol{V}_7$ 和 $\boldsymbol{V}_8$ 构成，其开关状态为 100、110、111 和 000。为使波形对称，把每个状态的作用时间都一分为二，且将 $\boldsymbol{V}_7$ 置于中间，$\boldsymbol{V}_8$ 置于两边，因而形成电压空间相量的作用序列为 81277218，其中 8 表示 $\boldsymbol{V}_8$ 的作用，1 表示 $\boldsymbol{V}_1$ 的作用，……这样，在小区间 T_z 内，逆

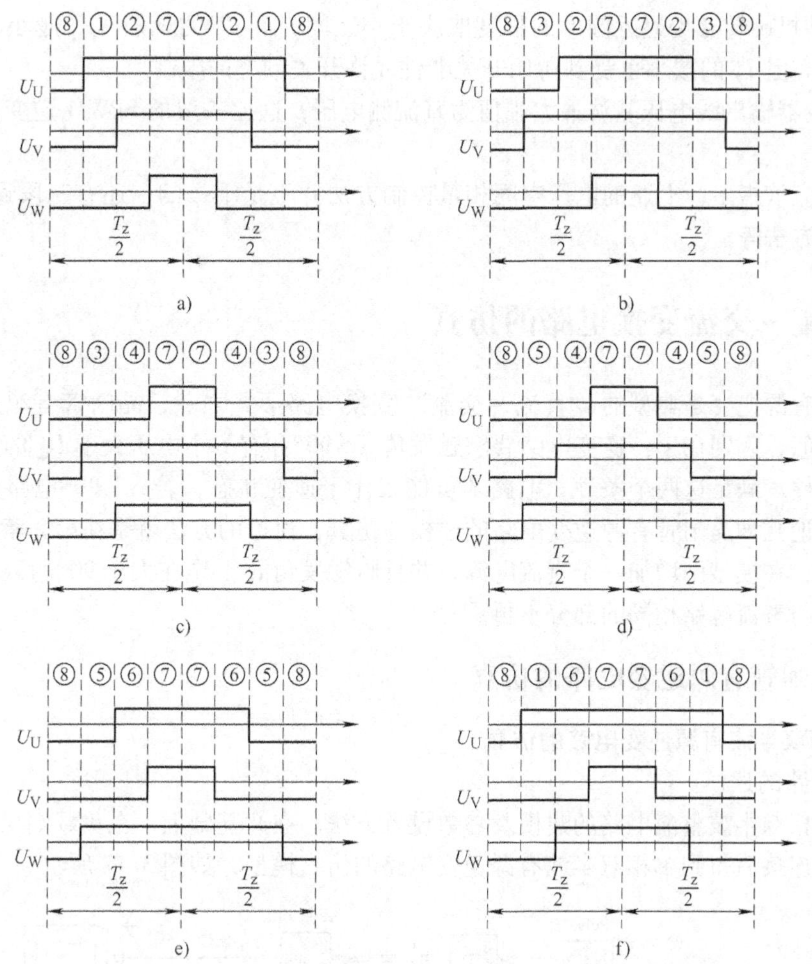

图 3-46　6 个扇区电压空间相量的工作序列与逆变器输出 PWM 电压波形（V_r 为合成相量）

a）V_r 在Ⅰ扇区　b）V_r 在Ⅱ扇区　c）V_r 在Ⅲ扇区　d）V_r 在Ⅳ扇区　e）V_r 在Ⅴ扇区　f）V_r 在Ⅵ扇区

变器三相的开关状态序列为 000、100、110、111、111、110、100、000，如图 3-46a 所示，图中同时表示了在 V_{21} 这一区间 T_z 内逆变器输出的另外两相电压波形，每相电压都是一个脉冲。

同样，相量 V_{22} 中也包含 V_1、V_2 和零相量 3 种状态，其电压空间相量的作用序列也为 81277218，波形也与图 3-46a 相同，只是每一小段的时间长短与前面的不同。同理，相量 V_{23}、V_{24} 中包含 V_2、V_3 和零相量 3 种状态，形成的电压空间相量作用序列为 83277238，波形如图 3-46b 所示，也是每一小段的时间长短各不相同。由图 3-46 还可以看出，不同的合成相量之间以零相量 V_8 相连，没有开关切换现象。

电压空间相量控制方法有以下特点：

1）每个小区间均以零电压相量开始与结束。

2）在每个小区间内虽有多次开关状态切换，但每次切换都只涉及一个功率开关器件，因而开关损耗较小。

3）利用电压空间相量直接生成三相 PWM 波，计算简便。

4）电动机旋转磁场逼近圆形的程度取决于小区间时间 T_z 的长短。T_z 越小，旋转磁场越接近圆形。但 T_z 的减小也受到所用开关器件允许开关频率的限制。

5）逆变器输出线电压基波最大幅值为直流侧电压，这比一般的 SPWM 逆变器输出电压高 15%。

最后，应该指出，上述的电压空间相量控制方法并不是唯一的，还有三段逼近式方法、比较判断式方法等。

3.8 直流 - 交流变换电路的仿真

晶闸管有源逆变是典型的“直流 - 交流”变换电路形式之一，晶闸管有源逆变电路与整流电路相似，区别在于：逆变电路要求触发角 $\alpha>90°$ 和有一个电压大于 U_d 的外加直流电源这两个条件。满足这两个条件，电路才可能工作于逆变状态，若 $\alpha<90°$ 电路则为整流电路。本节讨论几种晶闸管有源逆变电路的建模与仿真，讨论的方法就是在第 2 章整流电路建模的基础上，在模型中增加一个直流电源，并且将触发角 α 工作在大于 90°的区域。下面具体建模时，与整流电路相同的部分不再重复。

3.8.1 晶闸管有源逆变电路的仿真

1. 单向双半波有源逆变电路的仿真

（1）电路的建模

参考单相双半波整流电路的建模及参数设置方法。在此基础上，在负载端增加一个直流电源，适当连接后得到单相双半波有源逆变电路的仿真模型，如图 3-47 所示。

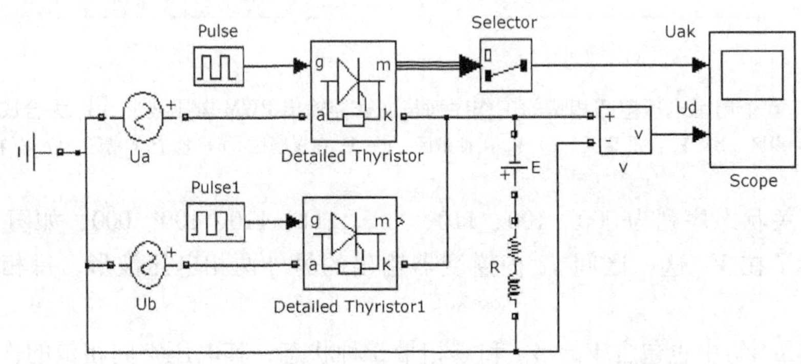

图 3-47　单相双半波有源逆变电路的仿真模型

（2）仿真参数设置

打开仿真参数设置窗口，选择 ode23tb 算法，将相对误差设置为 1e - 3，开始仿真时间设置为 0，停止仿真时间设置为 0.08s。阻 - 感加反电动势负载时的仿真结果如图 3-48 所示，图中 u_d 为负载电压，u_{ak} 为晶闸管端电压。负载参数为 $R=2\Omega$，$L=0.02\text{H}$，直流电源 $E=40\text{V}$。

（3）仿真结果

图 3-48a、b、c 分别为 $\alpha=90°$、120°、150°时阻 - 感加反电动势负载的仿真结果。

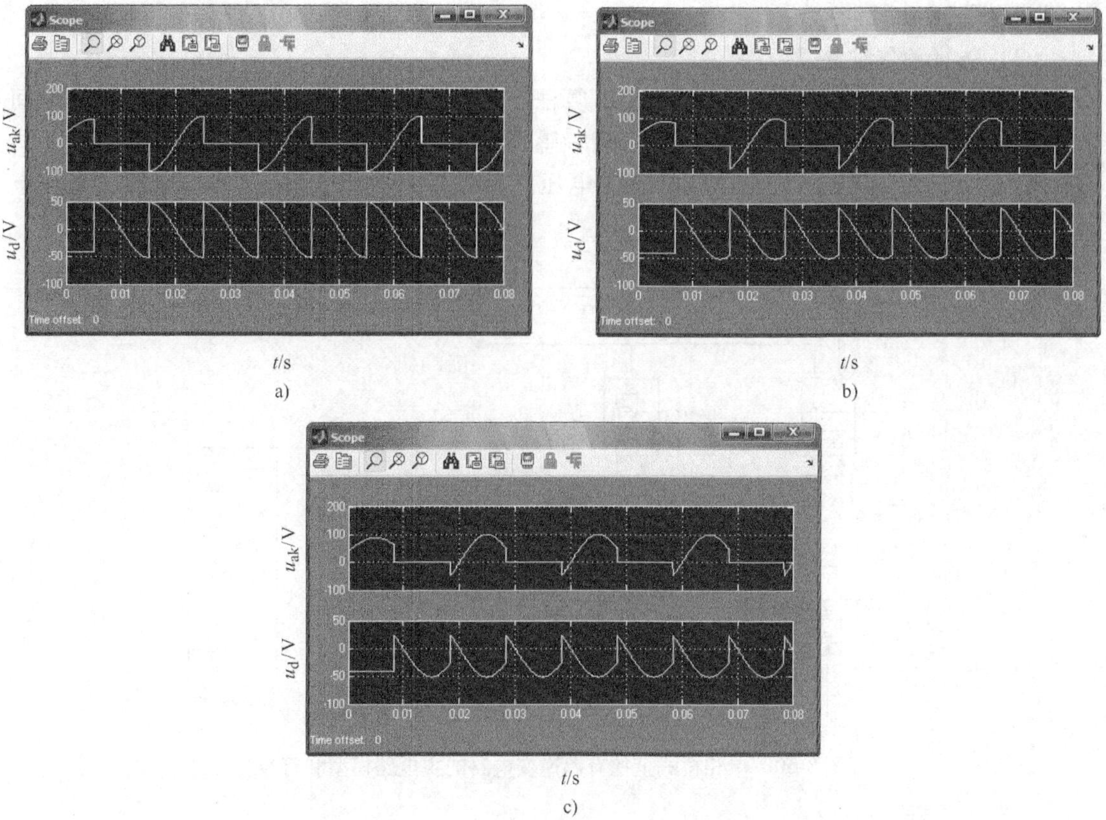

a)

b)

c)

图 3-48　不同控制角时单相双半波有源逆变电路的仿真波形（阻 – 感加反电动势负载）
a）$\alpha=90°$　b）$\alpha=120°$　c）$\alpha=150°$

2. 单相桥式全控有源逆变电路的仿真

（1）电路的建模

1）电路仿真模型。参考单相桥式全控整流电路的建模及参数设置方法。在此基础上，在负载端增加一个直流电源，适当连接后得到单相桥式全控有源逆变电路的仿真模型，如图 3-49所示。

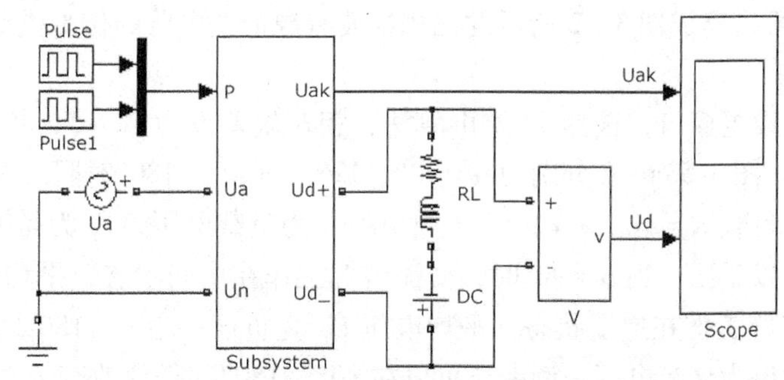

图 3-49　单相桥式全控有源逆变电路的仿真模型

2）子系统的建模。单相桥式全控有源逆变电路的主电路模型和符号与对应的整流电路相同，如图3-50所示。

（2）仿真参数设置

打开仿真参数设置窗口，选择ode23tb算法，将相对误差设置为1e－3，开始仿真时间设置为0，停止仿真时间设置为0.08s。阻－感加反电动势负载时的仿真结果如图3-51所示，图中u_d为负载电压，u_{ak}为晶闸管端电压。负载参数为$R=2\Omega$，$L=0.02H$，直流电源DC＝40V。

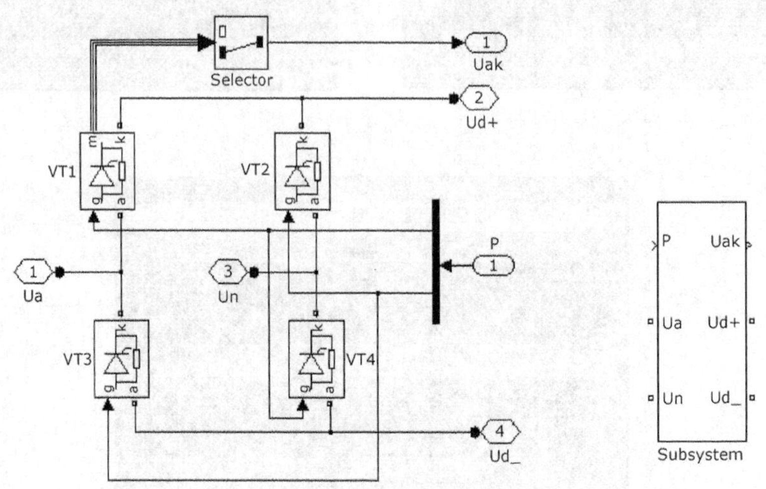

图3-50　单相桥式全控有源逆变电路的主电路模型和符号

（3）仿真结果

图3-51a、b、c分别为$\alpha=90°$、$120°$、$150°$时阻－感加反电动势负载的仿真和实验波形。

从仿真结果可以看出，当$\alpha>90°$时，输出电压u_d波形的负面积大于正面积，负载向电源回馈功率，符合有源逆变的概念。读者可改变α的值，观察不同α角时的波形情况。

3. 三相半波有源逆变电路的仿真

（1）电路的建模

在三相半波可控整流电路仿真模型的基础上，负载回路中增加直流电源，其电压为40V，适当连接后可搭建成图3-52所示的三相半波有源逆变电路的仿真模型。

（2）仿真结果

打开仿真参数设置窗口，选择ode23tb算法，相对误差设为1e－3，仿真开始时间为0，停止时间为0.08s。图3-53a～d分别为$\alpha=90°$、$120°$、$150°$、$180°$时阻－感加反电动势负载的仿真波形，其中负载$R=2\Omega$，$L=0.02H$。图中u_d为负载电压，u_{ak}为晶闸管的端电压。

从仿真结果可以看出，当$\alpha=90°$时，变流装置工作在中间状态，平均电压U_d为0；当$\alpha>90°$时，变流装置工作在逆变状态，平均电压U_d为负值；当$\alpha=180°$时，由于逆变角很小，逆变失败，输出为交流电压。读者还可以在$90°$～$150°$间任意改变α的值，观察不同α角时的波形情况。

4. 三相桥式有源逆变电路的仿真

（1）电路的建模

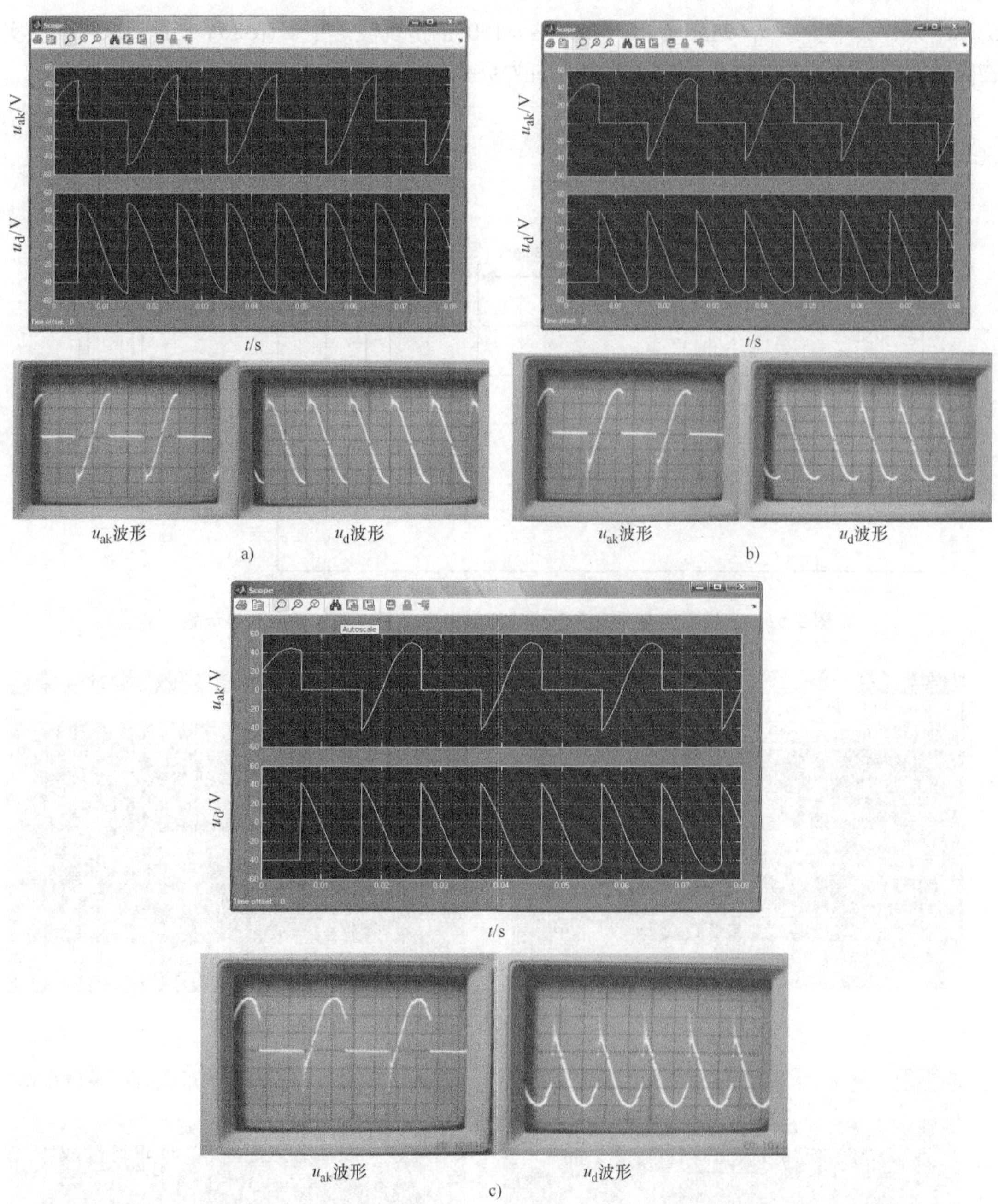

图 3-51　不同控制角时单相桥式全控有源逆变电路的仿真和实验波形（阻 - 感加反电动势负载）
a）$\alpha=90°$　b）$\alpha=120°$　c）$\alpha=150°$

在三相桥式全控整流电路仿真模型的基础上，负载回路中增加直流电源，其电压为40V，适当连接后可搭建成图 3-54 所示的三相桥式全控有源逆变电路的仿真模型。

（2）仿真和实验结果

打开仿真参数设置窗口，选择 ode23tb 算法，相对误差设为 1e - 3，仿真开始时间为 0，停止时间为 0. 08s。图 3-55a、b、c 分别为 $\alpha=90°$、120°、150°时阻 - 感加反电动势负载的仿真结果，其中负载 $R=2\Omega$，$L=0.02\text{H}$。$\alpha=150°$的仿真波形中 E 取 80V，其他取 40V。实物实验波形图中左为晶闸管端电压波形，右为负载电压波形。

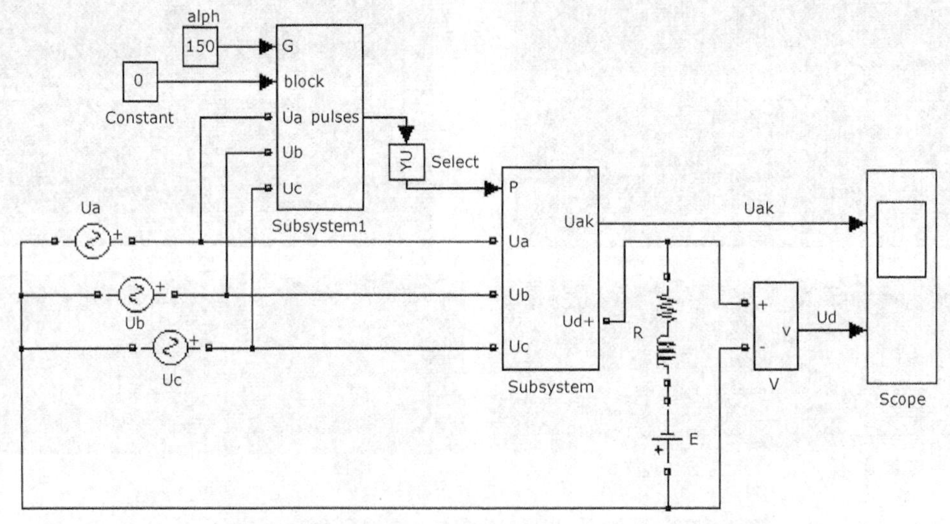

图 3-52　三相半波有源逆变电路的仿真模型（阻－感加反电动势负载）

u_{ak}/V　u_d/V　t/s

a)

u_{ak}/V　u_d/V　t/s

b)

u_{ak}/V　u_d/V　t/s

c)

u_{ak}/V　u_d/V　t/s

d)

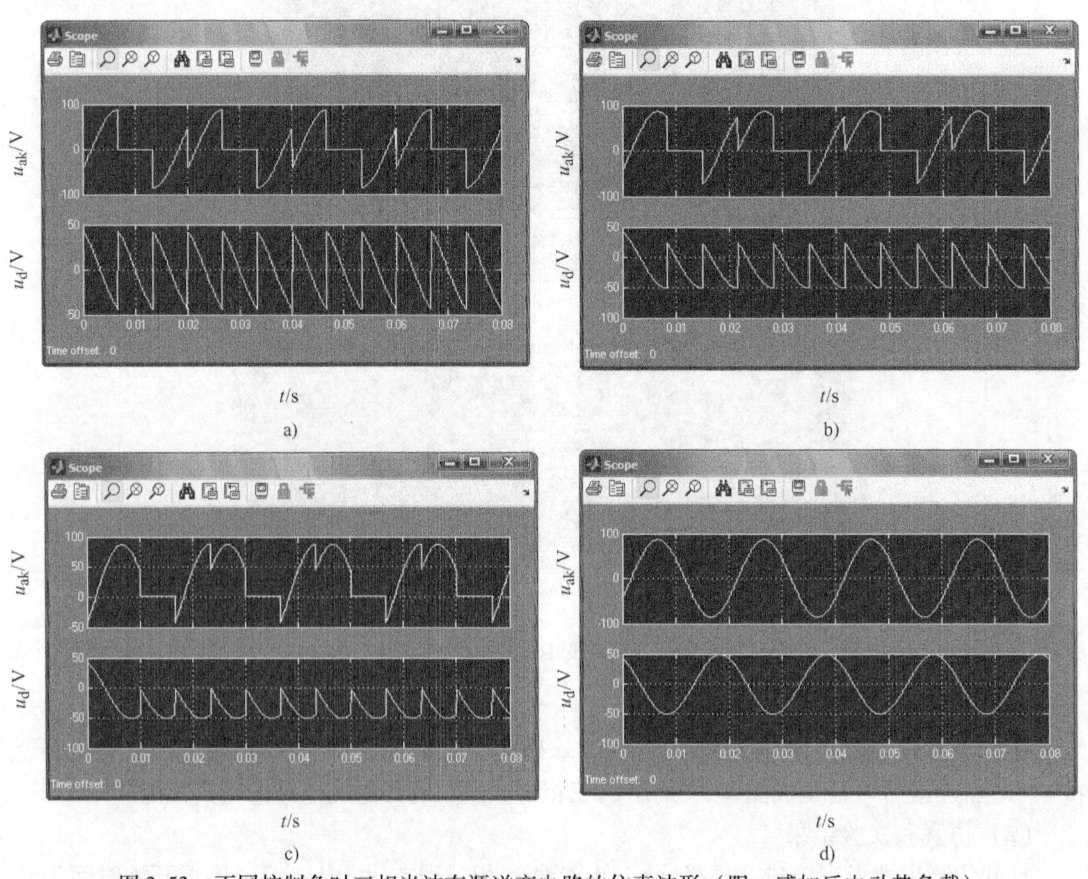

图 3-53　不同控制角时三相半波有源逆变电路的仿真波形（阻－感加反电动势负载）

a）$\alpha=90°$　b）$\alpha=120°$　c）$\alpha=150°$　d）$\alpha=180°$

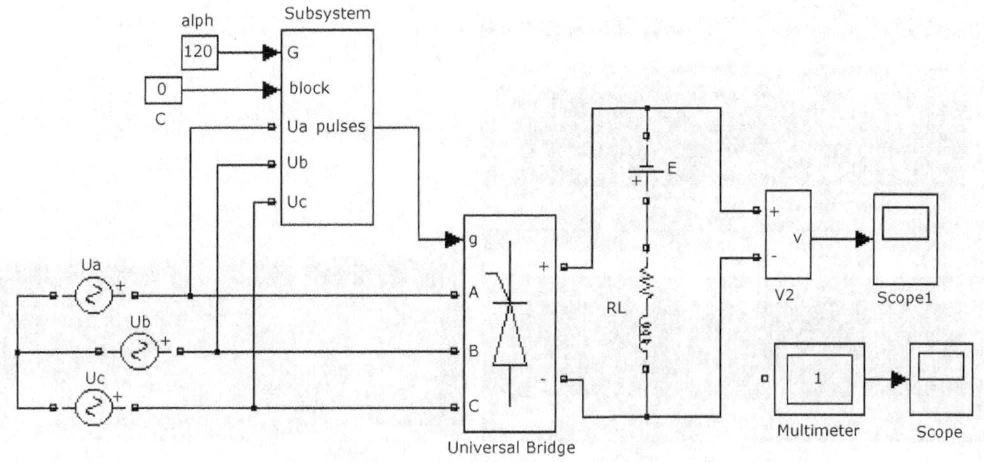

图 3-54　三相桥式有源逆变电路的仿真模型

5. 几种晶闸管有源逆变电路的谐波分析

为了了解上述几种有源逆变电路的逆变效果，下面对其进行谐波分析。为使仿真结果具有可比性，将图 3-47、图 3-49、图 3-52 和图 3-54 中相应参数统一。有关如下：

1）4 种电路均讨论逆变角 120°时逆变输出电压 u_d 的谐波情况。

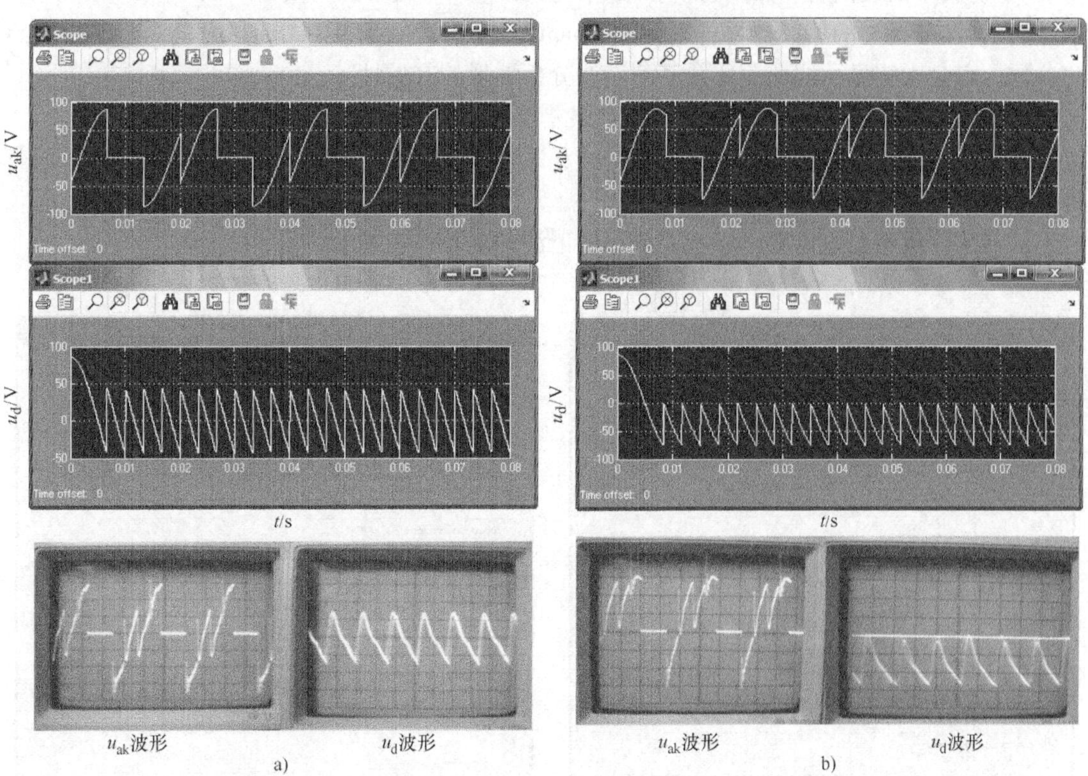

图 3-55　不同控制角时三相桥式有源逆变电路的仿真和实验波形（阻－感加反电动势负载）

a）$\alpha=90°$　b）$\alpha=120°$

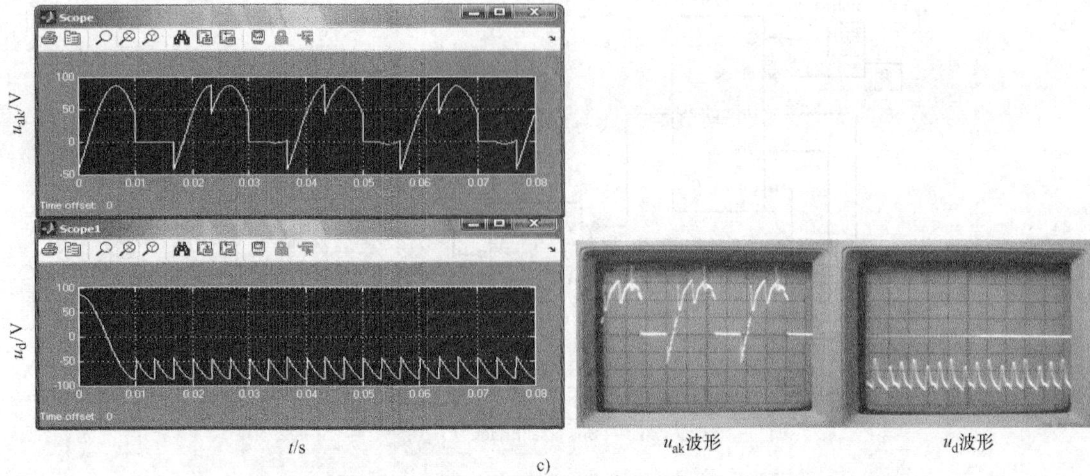

图 3-55　不同控制角时三相桥式有源逆变电路的仿真和实验波形（阻 - 感加反电动势负载）（续）
c）$\alpha=150°$

2）负载 $R=2\Omega$，$L=0.02\text{H}$。E 取 40V。

3）交流电源幅值为 50V，频率为 50Hz。

4）仿真中的晶闸管和晶闸管桥参数选择如图 3-56、图 3-57 所示。

5）谐波分析时的示波器采样时间（Sample time）设置为 0.0001s。这是一个比较敏感的参数，它会影响显示波形，还关系到谐波分析波形的有效性。

6）仿真参数选择 ode23tb 算法，相对误差设为 1e-3，仿真区间为 0~0.08s。

单相双半波、单相桥式全控、三相半波和三相桥式全控有源逆变电路输出电压的谐波分析结果分别如图 3-58a~d 所示。

从谐波分析情况可以看出，交流波形的谐波情况是比较差的。

Block Parameters: VT1

Detailed Thyristor (mask) (link)

Detailed model of Thyristor in parallel with a series RC snubber circuit.
In on-state the Thyristor model has an internal resistance (Ron) and inductance (Lon).
In off-state the Detailed Thyristor as an impedance.
Best accuracy is achieved when Tq is larger than the simulation step size.

Latching current and turn-off time are not modeled when Lon is set to zero.

Parameters

Resistance Ron (Ohms) :
0.001
Inductance Lon (H) :
0
Forward voltage Vf (V) :
0.8
Initial current Ic (A) :
0
Snubber resistance Rs (Ohms) :
500
Snubber capacitance Cs (F) :
250e-9
☑ Show measurement port

OK　Cancel　Help　Apply

图 3-56　仿真中的晶闸管参数设置

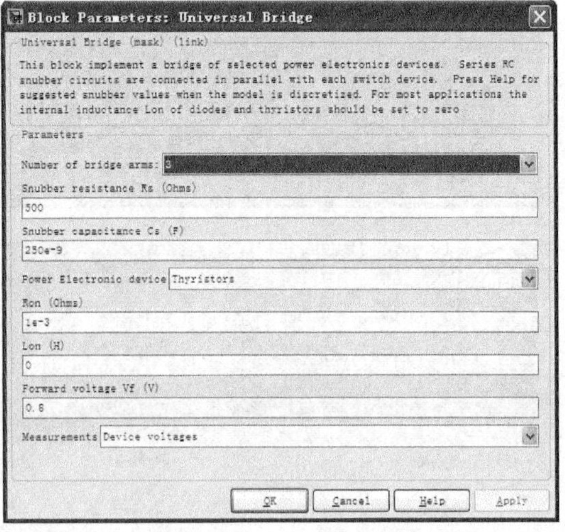

图 3-57　仿真中的晶闸管桥参数设置

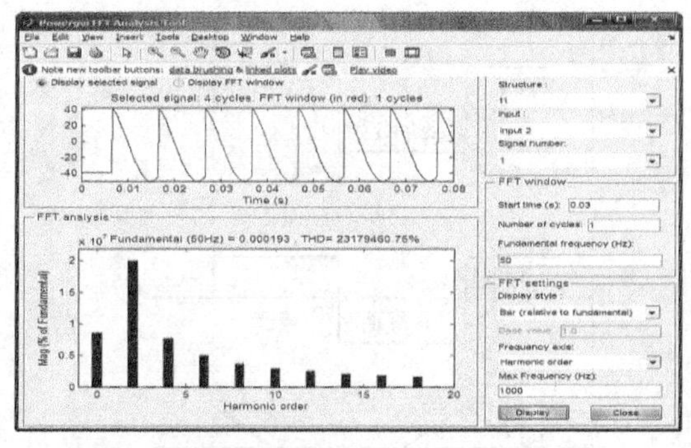

a)

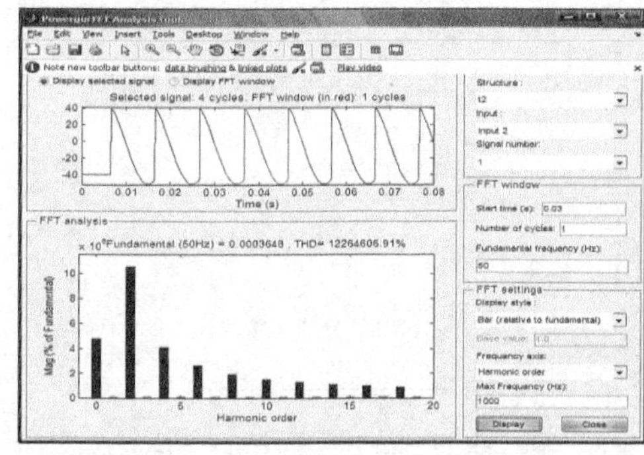

b)

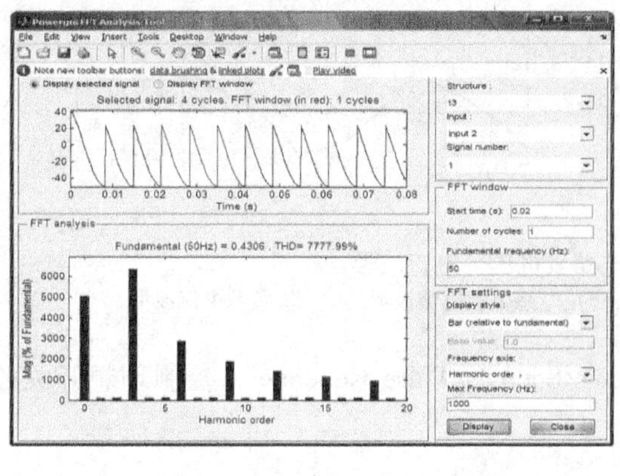

c)

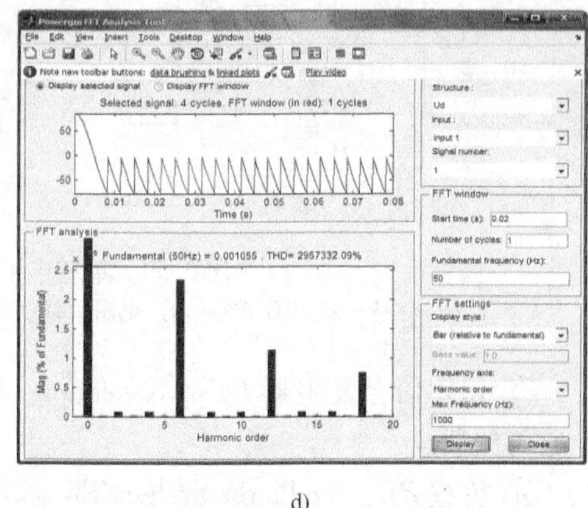

d)

图 3-58　几种晶闸管有源逆变电路输出电压的谐波分析结果

a）单相双半波有源逆变输出电压谐波分析结果　b）单相桥式全控有源逆变输出电压谐波分析结果

c）三相半波有源逆变输出电压谐波分析结果　d）三相桥式全控有源逆变输出电压谐波分析结果

3.8.2　方波无源逆变电路的仿真

在 3.3.2 节主要介绍了器件换流式无源逆变电路、三相桥式逆变电路（180°导电型电压源逆变器和 120°导电型电流源逆变器），下面按照第 2 章的建模与仿真步骤进行 MATLAB 仿真分析。

1. 单相半桥逆变电路的仿真

（1）电气原理结构图

电压型单相半桥逆变电路如图 3-59a 所示。

（2）电路的建模

图 3-60 是采用按照电气原理结构图方法构建的单相半桥无源逆变电路的仿真模型。

从电气原理图分析可知，该电路的实质性器件是直流电源、电力电子开关和负载等部分。

1）电路主要模块的提取途径和作用。

① 直流电源 U_d：SimPower System/Electrical Sources/DC Voltage Source，无源逆变用直流电源。

② 理想开关 IS：SimPower System/Power Electronics/Ideal Switch，逆变用开关，IS1 和 IS2 组成互补对称开关，分别对应于 VT_1 和 VT_2。

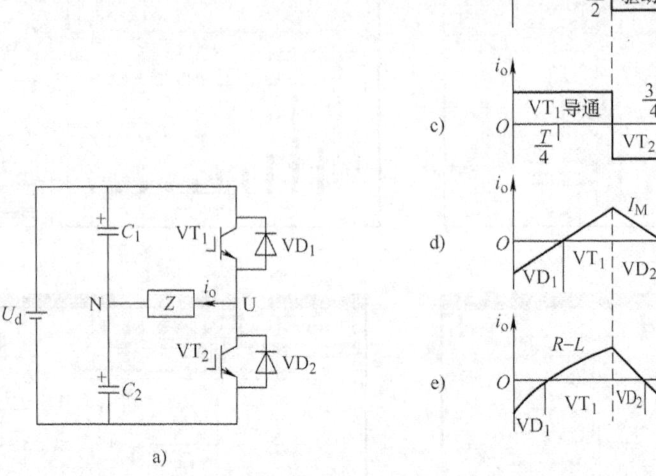

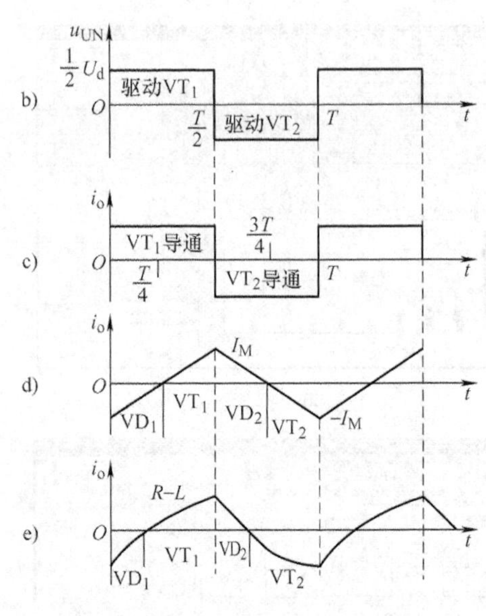

图 3-59　单相半桥逆变电路及电压、电流波形

a）电路　b）电压波形　c）电阻负载电流波形　d）电感负载电流波形　e）*RL* 负载电流波形

③ 脉冲信号发生器 Pulse Generator：Simulink/Sources/Pulse Generator，控制理想开关的导通与关断。

④ 负载 *R*L：SimPower System/Elements/Serise RLC Branch，组成阻－感性负载。

电压、电流测量以及示波器在前面已多次涉及，电源支路上串联一个电阻是为了正常仿真的需要。

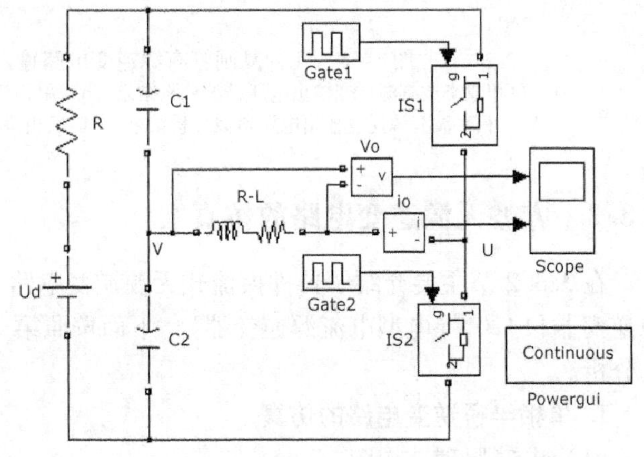

图 3-60　单相半桥无源逆变电路的仿真模型

2）电路主要模块的参数设置。

① 直流电源 U_d 取 30V。

② 理想开关 IS 的参数设置如图 3-61所示。

③ 脉冲信号发生器模块的幅值设为 10，周期设为 0.02s，即频率为 50Hz，占空比设为 50%。IS1 使用脉冲信号发生器模块 Pulse，滞后 0s；IS2 使用脉冲信号发生器模块 Pulse1；因为占空比取 50%，Pulse 和 Pulse1 互补工作，所以 Pulse1 滞后 0.01s，如图 3-62 所示。

④ 负载 *RL* 取 $R=2\Omega$，$L=0.02H$。

（3）电路的仿真和仿真结果分析

1）电路的仿真。打开仿真参数设置窗口，选择 ode23tb 算法，相对误差设为 1e－3，仿真开始时间为 0，停止时间为 0.08s。图 3-63 是其仿真结果。图 3-63 中自上而下为逆变器输出的交流电压 u_{UV}、电阻性负载电流 i_o、电感性负载电流 i_o 和阻－感性负载电流 i_o。

2）电路的仿真结果分析。仿真波形与图 3-59 所示的理论波形一致。

Source Block Parameters: Pulse

Pulse Generator

Output pulses:

```
if (t >= PhaseDelay) && Pulse is on
  Y(t) = Amplitude
else
  Y(t) = 0
end
```

Pulse type determines the computational technique used.

Time-based is recommended for use with a variable step solver, while Sample-based is recommended for use with a fixed step solver or within a discrete portion of a model using a variable step solver.

Parameters

Pulse type: Time based

Time (t): Use simulation time

Amplitude:
10

Period (secs):
0.02

Pulse Width (% of period):
50

Phase delay (secs):
0

☑ Interpret vector parameters as 1-D

OK　Cancel　Help

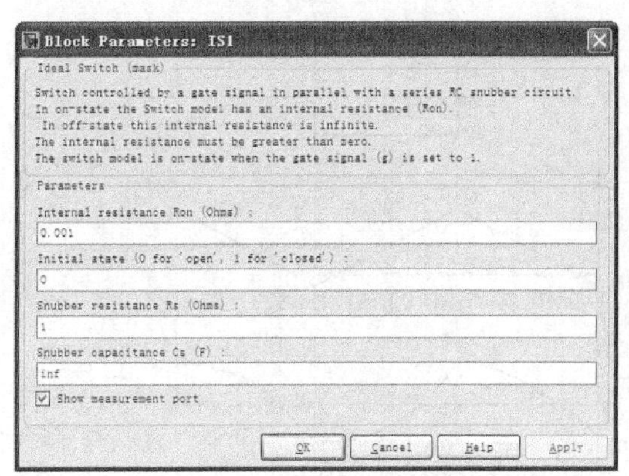

Block Parameters: IS1

Ideal Switch (mask)

Switch controlled by a gate signal in parallel with a series RC snubber circuit.
In on-state the Switch model has an internal resistance (Ron).
In off-state this internal resistance is infinite.
The internal resistance must be greater than zero.
The switch model is on-state when the gate signal (g) is set to 1.

Parameters

Internal resistance Ron (Ohms) :
0.001

Initial state (0 for 'open', 1 for 'closed') :
0

Snubber resistance Rs (Ohms) :
1

Snubber capacitance Cs (F) :
inf

☑ Show measurement port

OK　Cancel　Help　Apply

图 3-61　理想开关 IS 的参数设置

图 3-62　脉冲信号发生器的参数设置

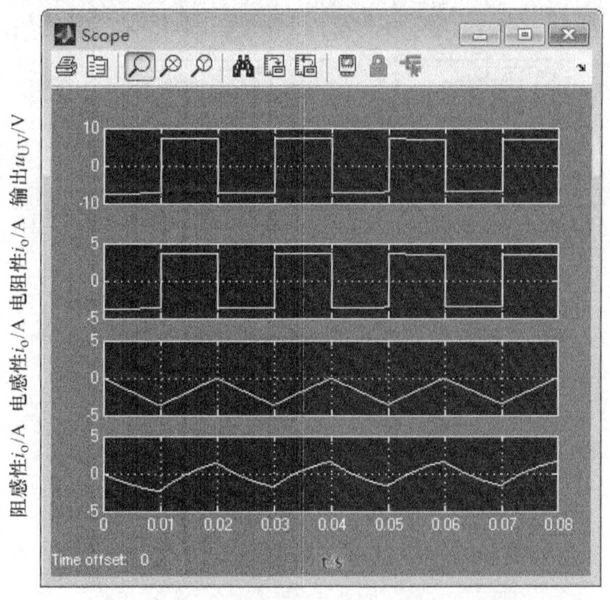

图 3-63　单相半桥逆变电压和不同类型负载电流波形

2. 单相全桥电压型无源逆变电路的仿真

（1）电气原理结构图

电压型单相全桥逆变电路如图 3-64a 所示。

（2）电路的建模

图 3-65 是采用按照电气原理结构图方法构建的单相全桥无源逆变电路的仿真模型。

理想开关 IS1 和 IS4 组成一对开关，IS2 和 IS3 组成另一对开关。分别对应于 VT_1 和 VT_4、VT_2 和 VT_3。直流电源、理想开关、脉冲信号发生器、负载参数与半桥模型相同。

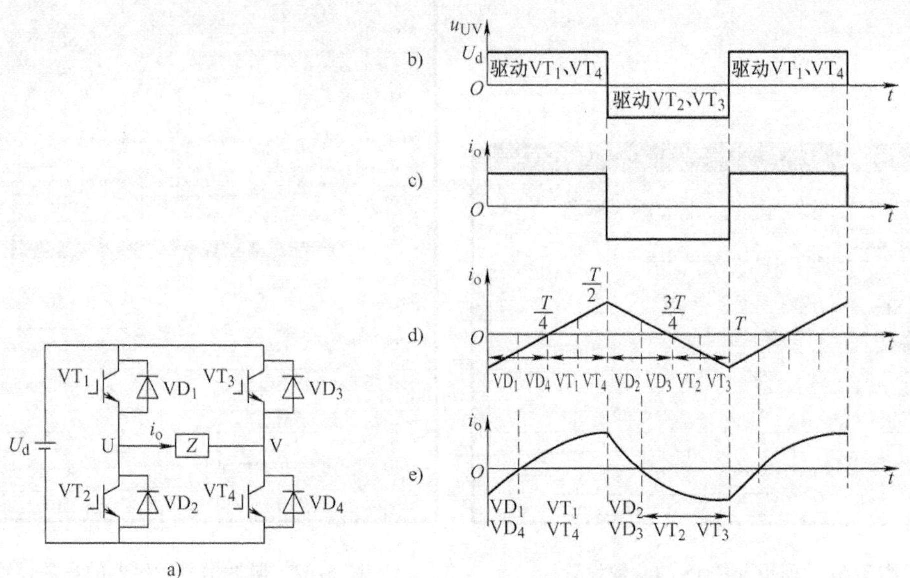

图 3-64　单相全桥逆变电路及电压、电流波形

a）电路　b）负载电压　c）电阻负载电流波形　d）电感负载电流波形　e）*RL* 负载电流波形

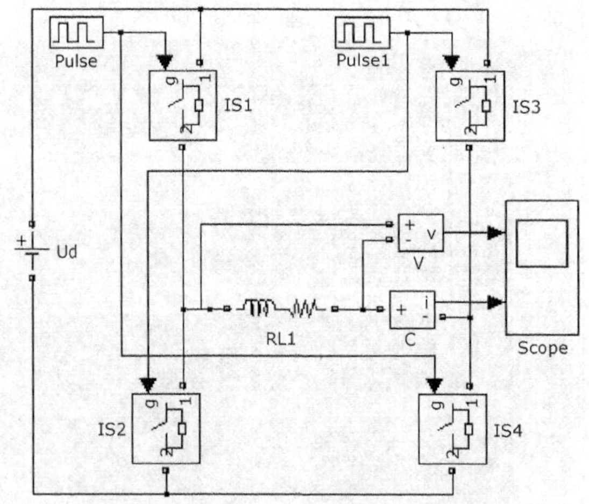

图 3-65　单相全桥无源逆变电路的仿真模型

（3）电路的仿真和仿真结果分析

1）电路的仿真。打开仿真参数设置窗口，选择 ode23tb 算法，相对误差设为 1e－3，仿真开始时间为 0，停止时间为 0.1s。图 3-66 是其仿真结果。图 3-66 中自上而下为逆变器输出的交流电压 u_{UV}、电阻性负载电流 i_o、电感性负载电流 i_o 和阻－感性负载电流 i_o。

2）电路的仿真结果分析。仿真波形与图 3-64 给出的理论波形一致。

3. 三相全桥电压型（180°导电型）无源逆变电路的仿真

（1）电气原理结构图

电压型三相全桥逆变电路如图 3-67 所示。

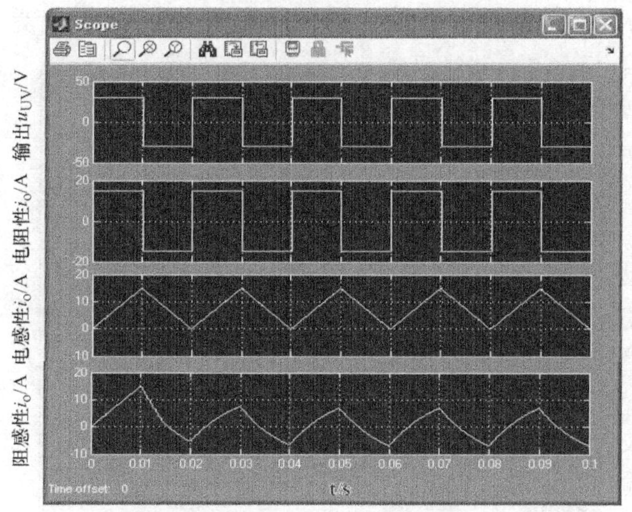

图 3-66 单相全桥逆变电压和不同类型负载电流波形

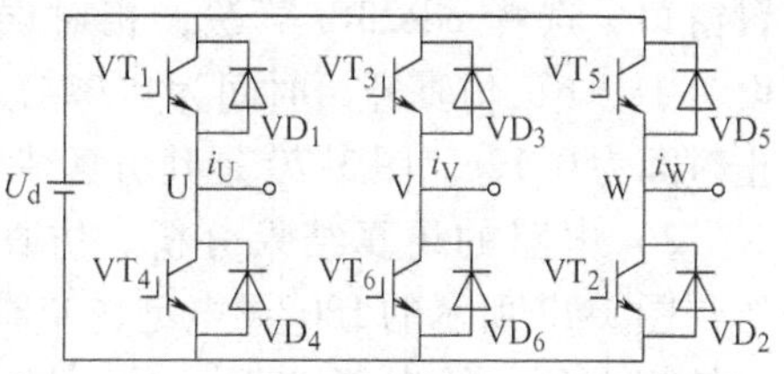

图 3-67 三相全桥逆变电路

（2）电路的建模

图 3-68 是采用基于电气原理结构图方法构建的三相全桥电压型无源逆变电路的仿真模型。

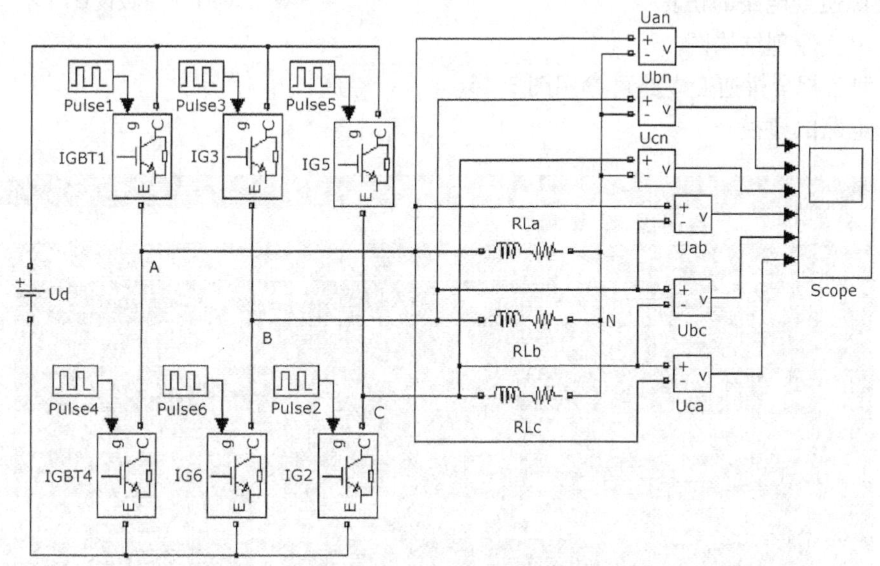

图 3-68 三相全桥电压型无源逆变电路的仿真模型

1）电路主要模块的提取途径和作用。

① 电力电子开关 IGBT：SimPower System/Power Electronics/IGBT，逆变用开关。

② 脉冲信号发生器 Pulse Generator：Simulink/Sources/Pulse Generator，控制 IGBT 的导通与关断。

2）电路主要模块的参数设置。

① 直流电源 U_d 取 10V。

② IGBT 的参数设置如图 3-69 所示。

③ 脉冲信号发生器模块的幅值设为 10，周期设为 0.02s，即频率为 50Hz，占空比设为 50%。IGBT1 ~ IGBT6 分别由 6 个脉冲信号发生器模块 Pulse1 ~ Pulse6 控制，Pulse1 滞后 0s，其他 5 个依次滞后 60°。

④ 负载 *RL* 取 $R=1\Omega$，$L=0.01\text{H}$。

（3）电路的仿真和仿真结果分析

1）电路的仿真。打开仿真参数设置窗口，选择 ode23tb 算法，相对误差设为 1e－6，仿真开始时间为 0.02s，停止时间为 0.12s。图 3-70 是其仿真结果。

2）电路的仿真结果分析。仿真波形与图 3-13 所示的 180°导电型逆变器输出的相电压、线电压波形一致。另外，在与本教材配套的模型库中还提供了用理想开关器件、变流器桥搭建的模型。

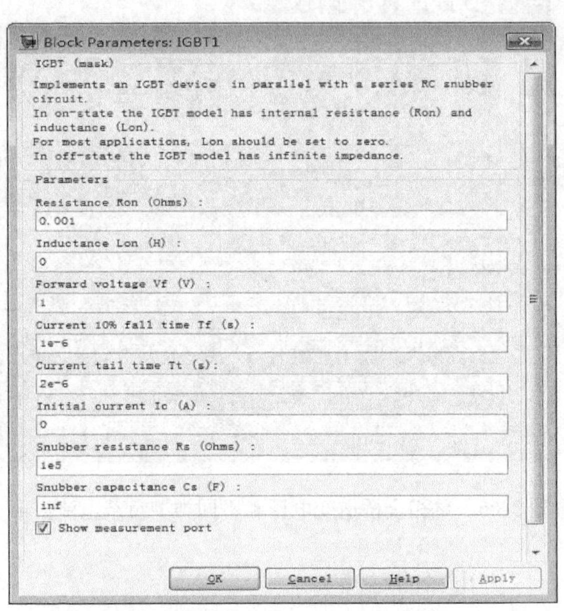

图 3-69　IGBT 的参数设置

4. 三相全桥电流型（120°导电型）无源逆变电路的仿真

（1）电气原理结构图

电流型三相全桥逆变电路可参照图 3-15。

（2）电路的建模

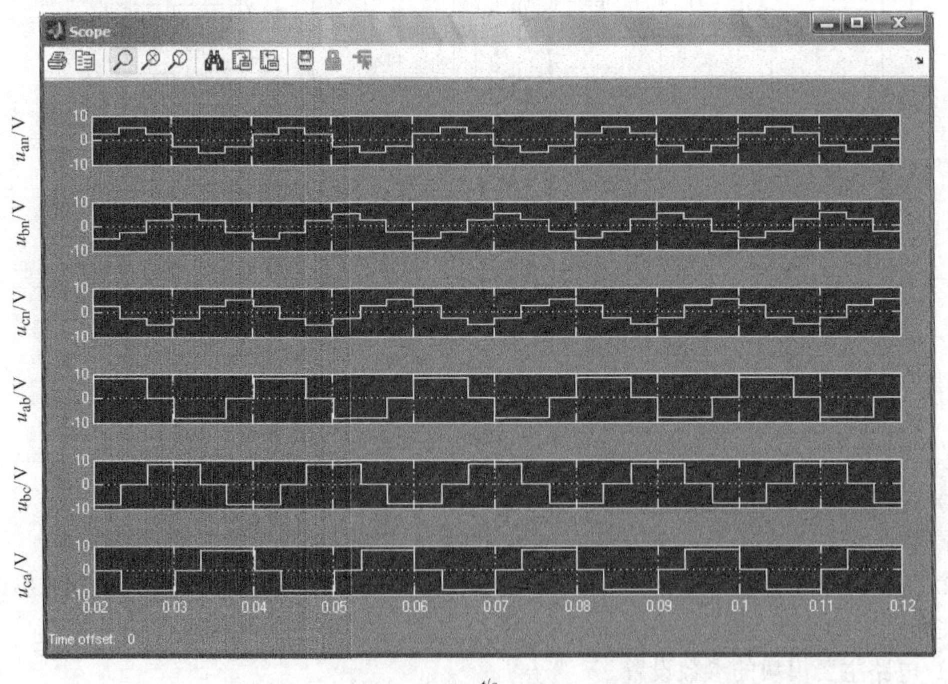

图 3-70　三相全桥逆变电路相电压和线电压波形

图 3-71 是采用按照电气原理结构图方法构建的三相全桥电流型（120°导电型）无源逆变电路的仿真模型。图 a 负载为星形联结，图 b 负载为三角形联结。

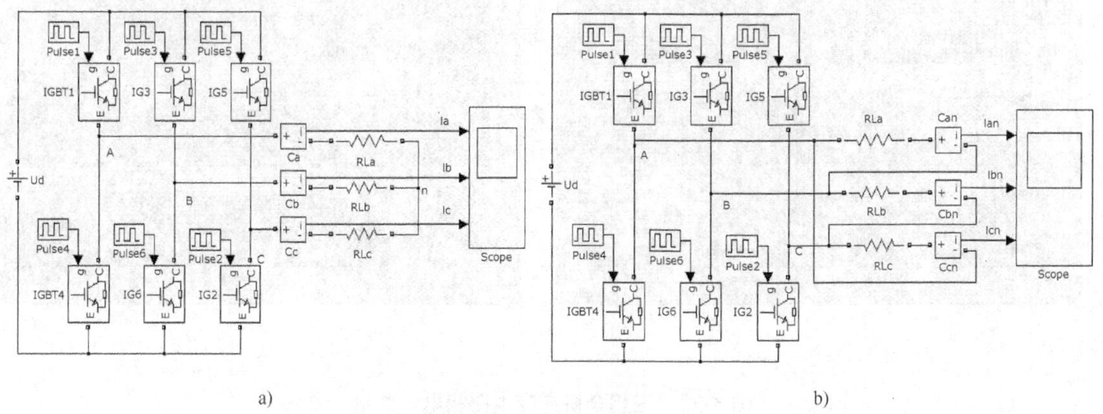

图 3-71　三相全桥电流型无源逆变电路的仿真模型

a）星形联结　b）三角形联结

1）电路主要模块的提取途径和作用。

脉冲信号发生器 Pulse Generator：Simulink/Sources/Pulse Generator，控制 IGBT 的导通与关断。

2）电路主要模块的参数设置。

① 直流电源 U_{d} 取 36V。

② IGBT 的参数设置与电压型相同。

③ 脉冲信号发生器模块的幅值设为 10，周期设为 0.02s，即频率为 50Hz，占空比设为 33.333%（对应 120°导电型）。IGBT1 ~ IGBT6 分别由 6 个脉冲信号发生器模块 Pulse1 ~ Pulse6 控制，Pulse1 滞后 0s，其他 5 个依次滞后 60°。

④ 负载 R 取 $R=2\Omega$。

（3）电路的仿真和仿真结果分析

1）电路的仿真。打开仿真参数设置窗口，选择 ode23tb 算法，相对误差设为 1e－6，仿真开始时间为 0.02s，停止时间为 0.12s。图 3-72 是其仿真结果。

2）电路的仿真结果分析。仿真波形与图 3-17 给出的 120°导电型逆变器输出的相电流波形一致。

5. 几种无源逆变电路的谐波分析

（1）单相全桥电压型无源逆变电路的谐波分析

1）参数设置与“2. 单相全桥电压型无源逆变电路的仿真”相同，谐波分析时的示波器采样时间（Sample time）设置为 0.0001s。

2）谐波分析结果与分析。单相全桥电压型无源逆变电路输出电压的谐波分析结果如图 3-73 所示。图中输出电压成分主要是 1、3、5、9 次谐波。随着谐波次数的增加，其幅值下降。

而前面理论分析得到的单相全桥逆变电路负载电压波形的傅里叶级数为（同式（3-6））

$$u_{\mathrm{UV}}(t)=\frac{4}{\pi}U_{\mathrm{d}}\left(\sin\omega t+\frac{1}{3}\sin 3\omega t+\frac{1}{5}\sin 5\omega t+\cdots\right)$$

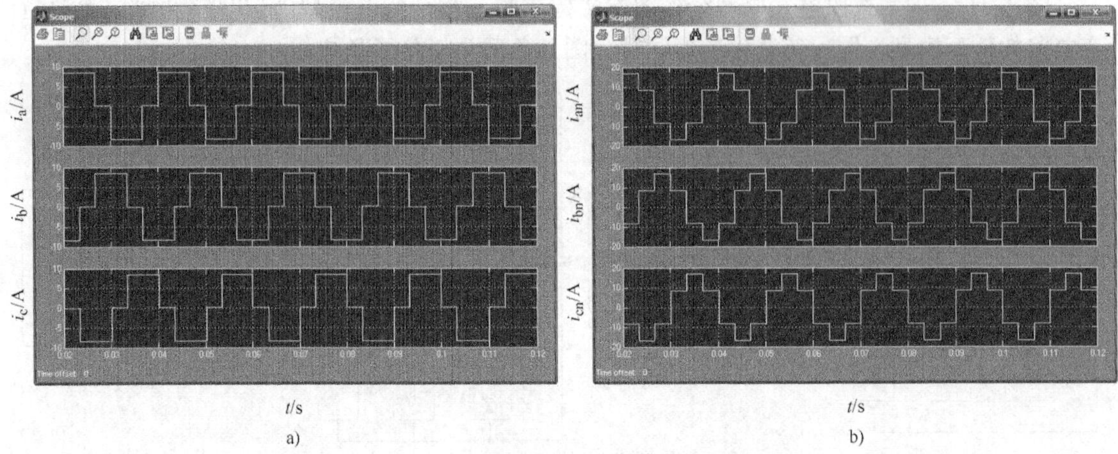

图 3-72　三相全桥逆变电路相电流波形

a）负载星形联结相电流波形　b）负载三角形联结相电流波形

比较上式和图 3-73 所示的谐波分析结果，两者是一致的。

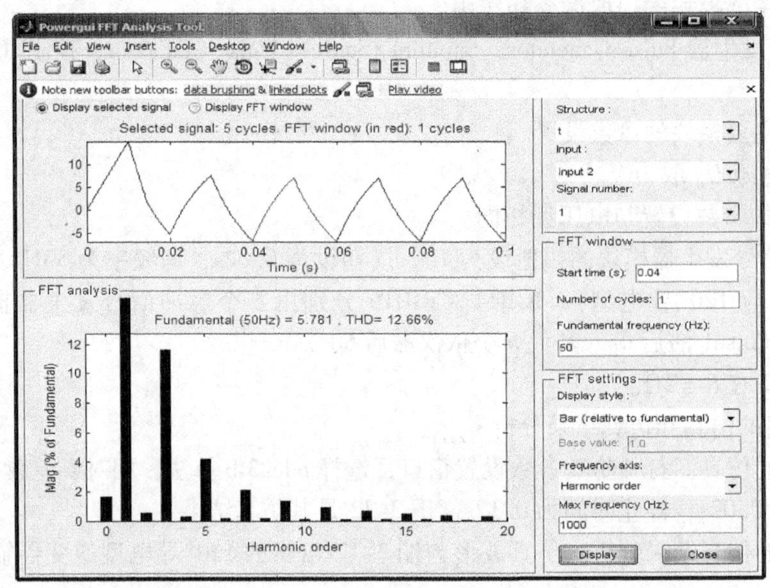

图 3-73　单相全桥电压型无源逆变电路负载电压谐波分析结果

（2）三相全桥电压型（180°导电型）无源逆变电路的谐波分析

1）参数设置与“3. 三相全桥电压型（180°导电型）无源逆变电路的仿真”相同，谐波分析时的示波器采样时间（Sample time）设置为 0. 00005s。

2）谐波分析结果与分析。

① 理论分析得到的 180°导电型逆变器的相电压为交流六阶梯状波形，傅里叶分析后求得的逆变器输出 U 相电压的瞬时值 u_{U0} 为（同式（3-9））

$$u_{U0}(t)=\frac{2}{\pi}U_d\left(\sin\omega t+\frac{1}{5}\sin5\omega t+\frac{1}{7}\sin7\omega t+\frac{1}{11}\sin11\omega t+\frac{1}{13}\sin13\omega t+\cdots\right)$$

从上式可知，相电压波形中不包含偶次和3的倍数次谐波，而只有5次及5次以上的奇次谐波，且谐波幅值与谐波次数成反比。

② 同样，逆变器线电压为120°的交流方波波形，傅里叶分析后得到的线电压的瞬时值u_{UV}为（同式（3-13））

$$u_{\mathrm{UV}}(t)=\frac{2\sqrt{3}}{\pi}U_{\mathrm{d}}\left(\sin\omega t-\frac{1}{5}\sin5\omega t-\frac{1}{7}\sin7\omega t+\frac{1}{11}\sin11\omega t+\frac{1}{13}\sin13\omega t-\cdots\right)$$

从上式可知，线电压波形中不包含偶次和3的倍数次谐波，而只含有5次及5次以上的奇次谐波，且谐波幅值与谐波次数成反比。

三相全桥电压型无源逆变电路输出相电压和线电压的谐波分析结果如图3-74和图3-75所示。

比较式（3-9）和图3-74所示的谐波分析结果，两者是一致的。

比较式（3-13）和图3-75所示的谐波分析结果，两者是一致的。

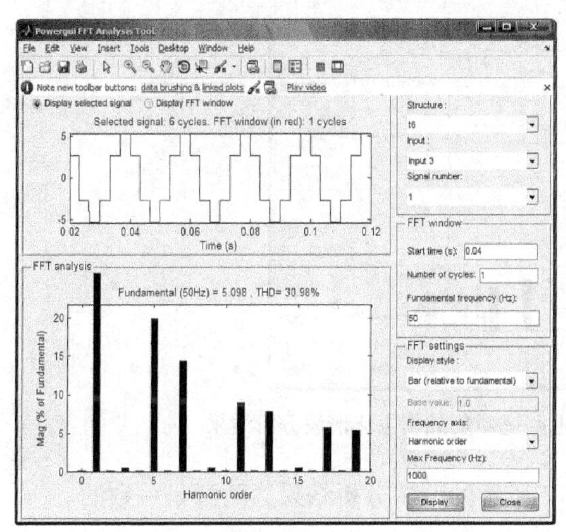

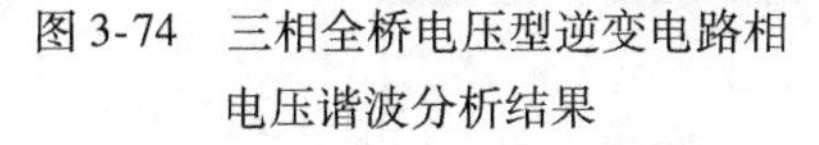

图3-74　三相全桥电压型逆变电路相电压谐波分析结果

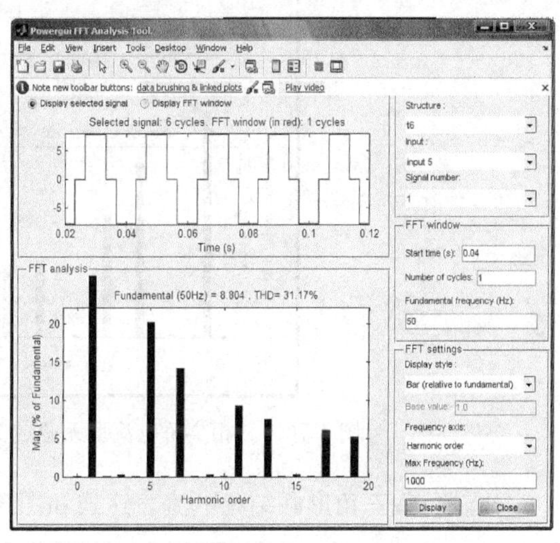

图3-75　三相全桥电压型逆变电路线电压谐波分析结果

（3）三相全桥电流型（120°导电型）无源逆变电路的谐波分析

1）参数设置与“4. 三相全桥电流型（120°导电型）无源逆变电路的仿真”相同，谐波分析时的示波器采样时间（Sample time）设置为0.00005s。

2）谐波分析结果与分析。

① 当负载星形联结时，理论分析得到的输出相电流波形为120°交流方波。采用傅里叶分解后求得的U相电流波形的谐波表达式为（同式（3-20））

$$i_{\mathrm{U0}}(t)=\frac{2\sqrt{3}}{\pi}I_{\mathrm{d}}\left(\sin\omega t-\frac{1}{5}\sin5\omega t-\frac{1}{7}\sin7\omega t+\frac{1}{11}\sin11\omega t+\frac{1}{13}\sin13\omega-\cdots\right)$$

从上式可知，相电流波形中不包含偶次和3的倍数次谐波，而只含有5次及5次以上的奇次谐波，且谐波幅值与谐波次数成反比。

② 同样，当负载三角形联结时，理论分析得到的输出相电流波形为六阶梯状方波。采

用傅里叶分解后得到的相电流谐波表达式为

$$i_{U0}(t)=\frac{2}{\pi}I_{d}\left(\sin\omega t+\frac{1}{5}\sin5\omega t+\frac{1}{7}\sin7\omega t+\frac{1}{11}\sin11\omega t+\frac{1}{13}\sin13\omega t+\cdots\right)$$

从上式可知，相电流波形中不包含偶次和 3 的倍数次谐波，而只含有 5 次及 5 次以上的奇次谐波，且谐波幅值与谐波次数成反比。

三相全桥电流型无源逆变电路负载星形联结输出相电流的谐波分析结果如图 3-76 所示，负载三角形联结输出相电流的谐波分析结果如图 3-77 所示。

比较式（3-20）和图 3-76 所示的谐波分析结果，两者是一致的。

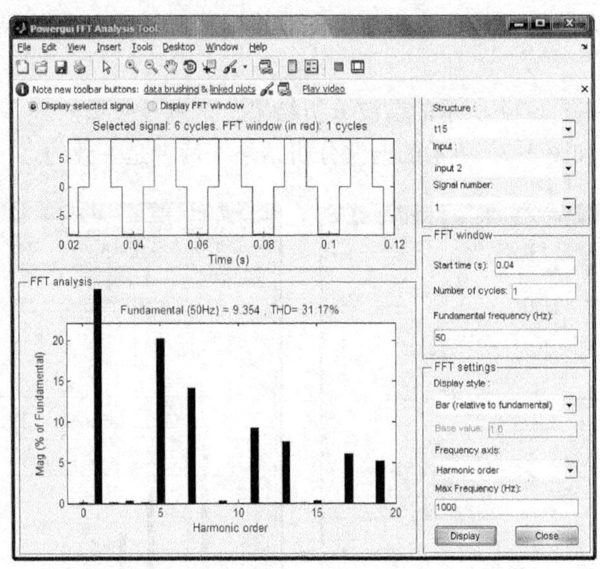

图 3-76　三相全桥电流型无源逆变电路星形负载相电流谐波分析结果

比较负载三角形联结相电流表达式和图 3-77 所示的谐波分析结果，两者是一致的。

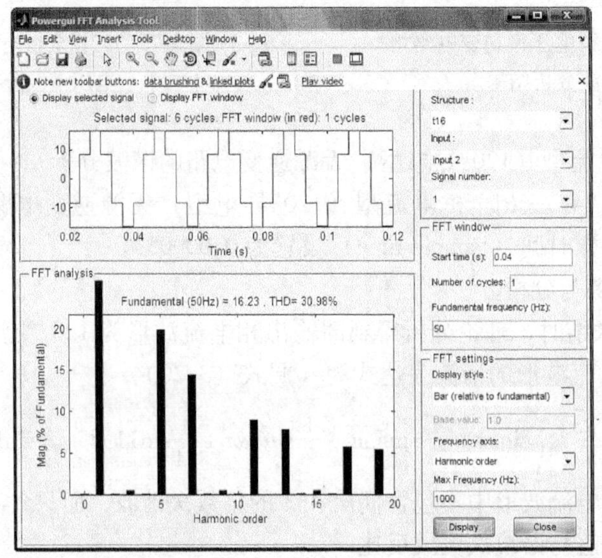

图 3-77　三相全桥电流型无源逆变电路三角形负载相电流谐波分析结果

3.8.3 负载换流式无源逆变电路的仿真

1. 并联谐振式电流型逆变电路的仿真

（1）电气原理结构图

并联谐振式逆变电路是一种单相桥式电流型逆变器，开关器件采用半控型的晶闸管，负载是补偿电容与电感线圈的并联，其主电路结构如图 3-78a 所示，理想工作波形如图 3-78b 所示。

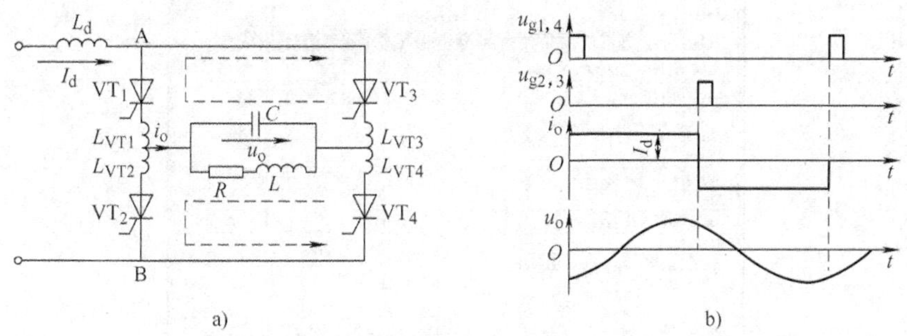

图 3-78 单相桥式并联谐振式逆变电路及其理想工作波形
a）并联谐振式逆变电路 b）并联谐振式逆变电路的理想工作波形

（2）电路的建模

仿真模型如图 3-79 所示，电力电子开关采用晶闸管。

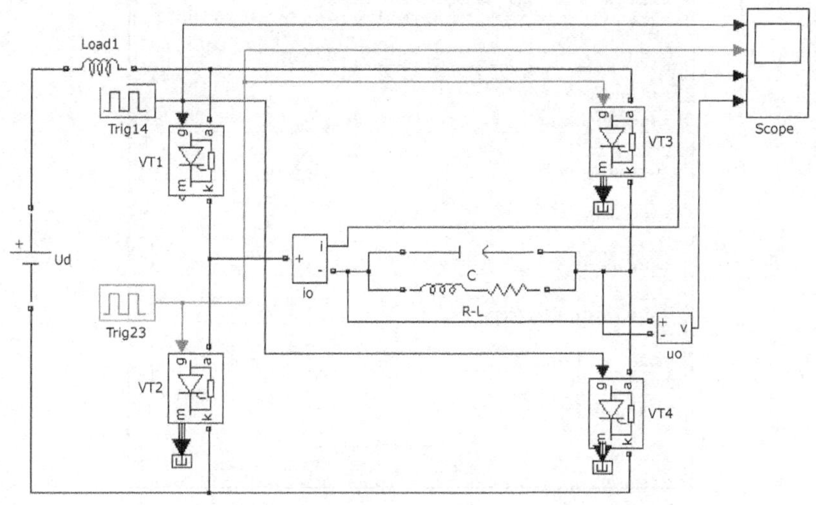

图 3-79 单相桥式并联谐振式逆变电路的仿真模型

（3）仿真模型中使用的主要模块的参数设置

各部分建模与参数设置如下：

1）直流电源电压为 50V，滤波电感 $L_1 = 0.002\text{H}$。

2）脉冲触发器 1-4 的参数设置如图 3-80 所示；脉冲触发器 2-3 的相位延迟 0.0005s，其他参数设置与脉冲触发器 1-4 的参数设置相同。

3）晶闸管元件的参数设置如图 3-81 所示。

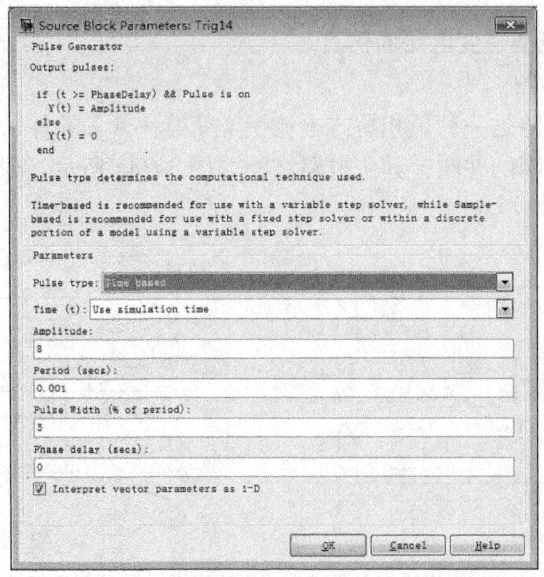

图 3-80　脉冲触发器 1-4 的参数设置

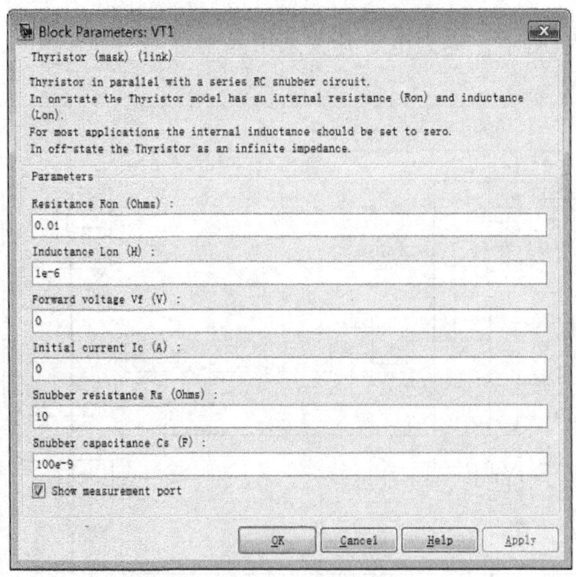

图 3-81　晶闸管元件的参数设置

4）谐振电容为 0.0008F，电阻为 0.1Ω，电感 $L=0.05\text{mH}$。

（4）模型仿真、仿真结果的输出及结果分析

1）系统仿真。打开仿真参数设置窗口，选择 ode23tb 算法，相对误差设为 1e－3，仿真开始时间为 0，停止时间为 0.03s。

2）输出仿真结果。采用“示波器”模块输出方式，即可得图 3-82 所示的仿真曲线。

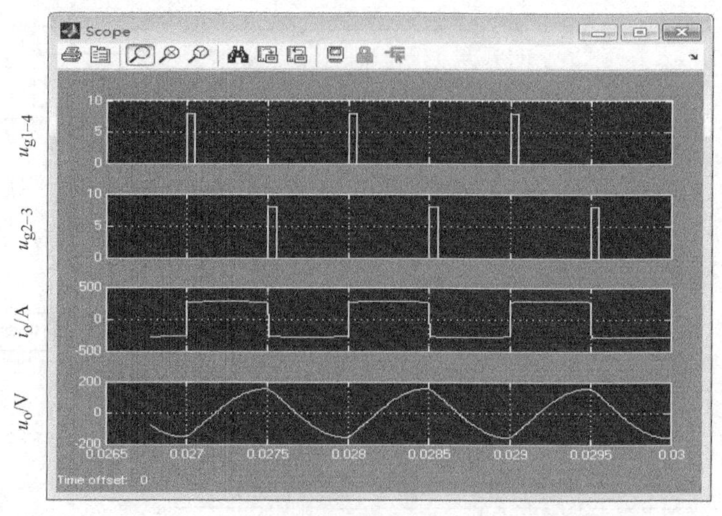

图 3-82　并联谐振逆变器理想工作仿真波形图

3）输出结果分析。将图 3-82 所示的仿真波形图与图 3-78b 所示的并联谐振逆变器理想工作波形对比，可知两者是一致的。

2. 串联谐振式电压型逆变电路的仿真

（1）电气原理结构图

串联谐振逆变器是电压型逆变器。负载为电感线圈，串联电容 C 用于补偿。其主电路结构如图 3-83 所示，理想工作波形如图 3-84 所示，其中图 a 为谐振电流断续情况，图 b 为谐振电流连续情况。

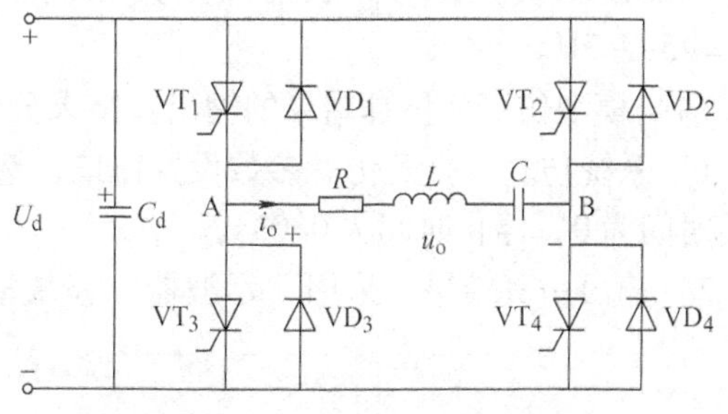

图 3-83　串联谐振式逆变电路

（2）电路的建模

仿真模型如图 3-85 所示，电力电子开关也是采用晶闸管。

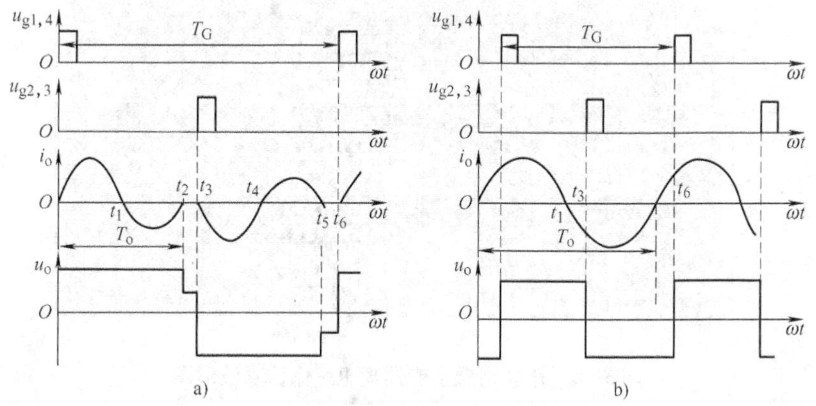

图 3-84　串联谐振式逆变电路的工作波形
a）谐振电流断续　b）谐振电流连续

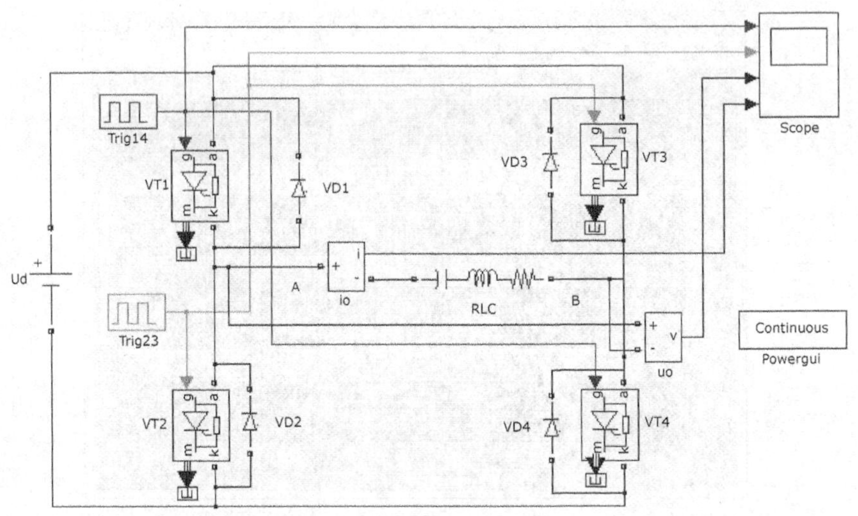

图 3-85　单相桥式串联谐振式逆变电路的仿真模型

（3）仿真模型中使用的主要模块的参数设置

各部分参数设置与并联谐振电路相同。谐振电容为 68e－5F，电阻为 0.001Ω，电感$L=45e-7H$。

（4）模型仿真、仿真结果的输出及结果分析

1）系统仿真。打开仿真参数设置窗口，选择 ode23tb 算法，相对误差设为 1e－3，仿真开始时间为 0，停止时间为 0.03s。

2）输出仿真结果。采用“示波器”模块输出方式，即可得图 3-86 所示的仿真曲线。

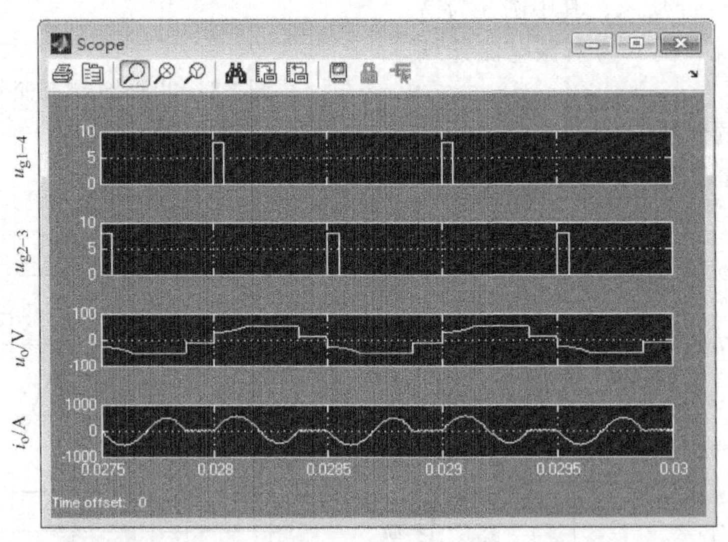

图 3-86　串联谐振逆变器理想工作仿真波形图

3）输出结果分析。将图 3-86 所示的仿真波形图与图 3-84 所示的串联谐振逆变器电流断续理想工作波形对比，可知两者波形是基本一致的。

3.8.4 多重逆变电路的仿真

1. 串联二重单相电压型逆变电路的仿真

（1）电气原理结构图

图 3-87 是串联二重单相电压型逆变电路原理图，它由两个单相桥式全控逆变电路组成，二者输出通过变压器 T_1 和 T_2 串联起来，两个单相电压型逆变电路相位相差 60°。图 3-88 是电路的输出波形。

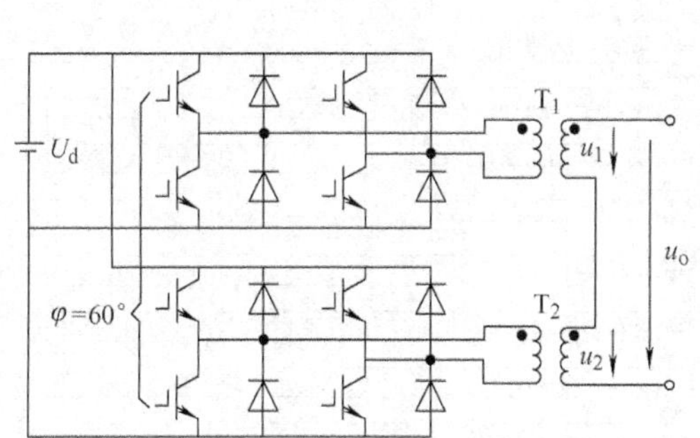

图 3-87 串联二重单相逆变电路

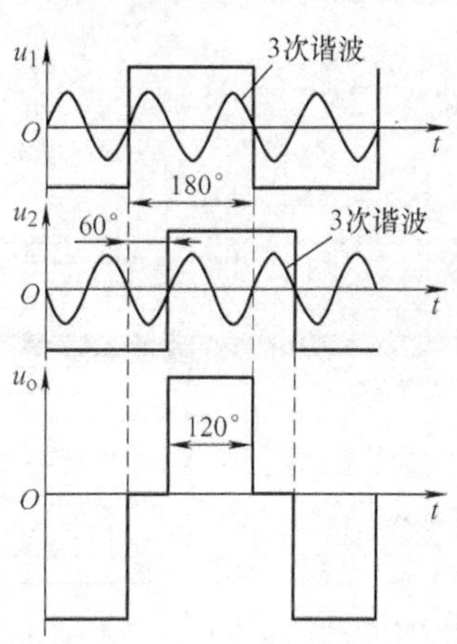

图 3-88 串联二重单相逆变电路的工作波形

（2）电路的建模

串联二重单相电压型逆变电路的仿真模型如图 3-89 所示。

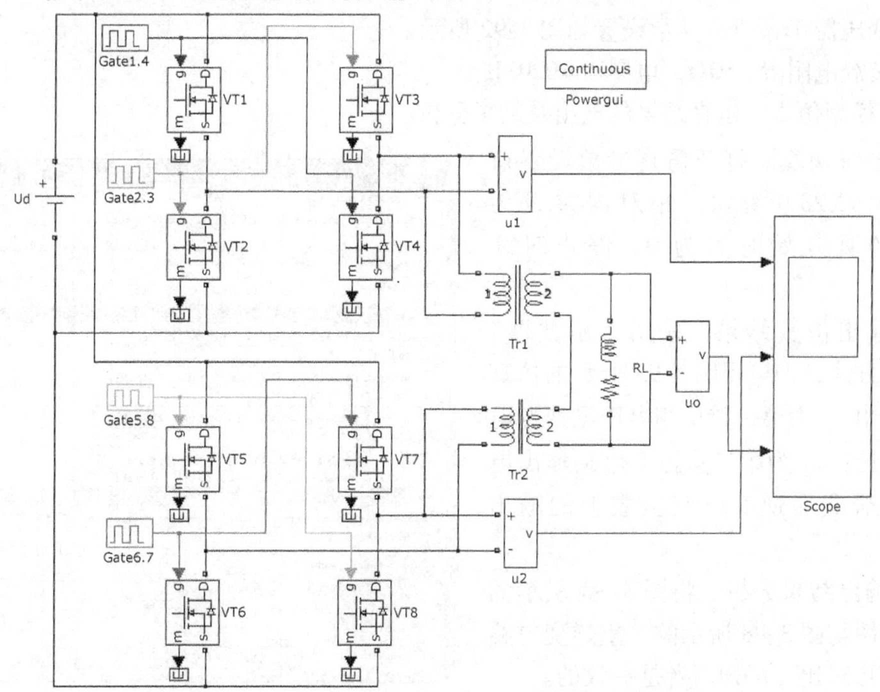

图 3-89 串联二重单相电压型逆变电路的仿真模型

仿真模型中主要模块的参数设置如下：

1）直流电压源幅值为90V。

2）脉冲触发器1-4的参数设置如图3-90所示；脉冲触发器2-3的相位与脉冲触发器1-4相比延迟0.01s，其他参数设置与其相同，且脉冲触发器1-4与2-3的相位互补；同样，脉冲触发器5-8与6-7的相位互补，脉冲触发器5-8的相位滞后1-4号触发器60°，其他参数设置则相同。

3）P-MOSFET开关管参数设置如图3-91所示。

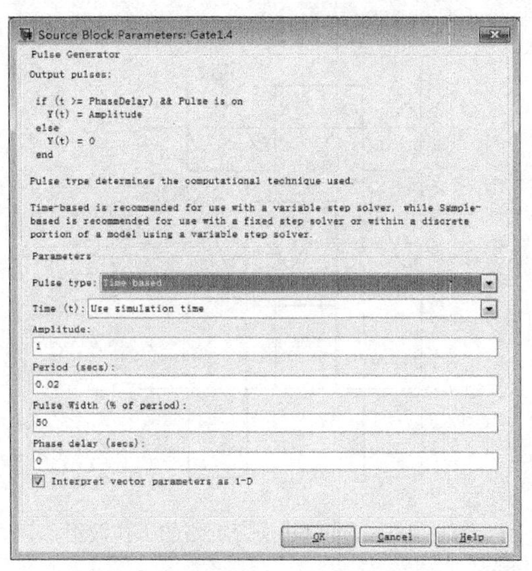

图3-90　脉冲触发器1-4的参数设置

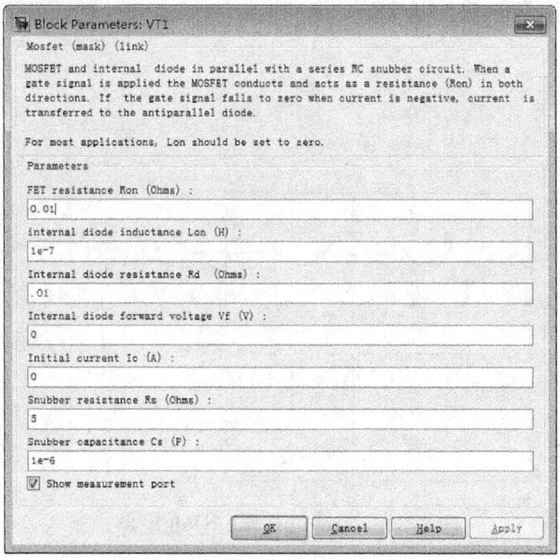

图3-91　P-MOSFET开关管参数设置

4）变压器Tr_1、Tr_2参数设置如图3-92所示。

5）负载电阻$R=50\Omega$，电感$L=0.01H$。

（3）模型仿真、仿真结果的输出及结果分析

1）系统仿真。打开仿真参数设置窗口，选择ode23tb算法，相对误差设为1e-3，仿真开始时间为0，停止时间为0.15s。

2）输出仿真结果。采用“示波器”模块输出方式，即可得图3-93所示的仿真曲线。其中u_1为第一重单相电压型逆变电路输出电压，u_2为第二重逆变电路输出电压，u_o为合成后逆变电路负载上的输出电压。

3）输出结果分析。将图3-93所示的仿真波形图与图3-88所示的二重逆变电路的工作波形对比，可知两者是一致的。

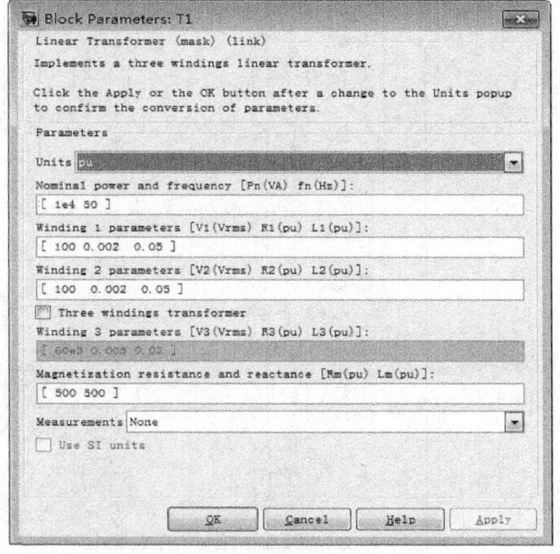

图3-92　变压器的参数设置

由于两个单相逆变电路的输出电压u_1

和 u_2 都是导通 180°的矩形波，其中包含所有的奇次谐波。当把两个单相逆变电路导通的相位错开 $\varphi=60°$，则对于 u_1 和 u_2 中的 3 次谐波来说，它们就错开了 $3\times60°=180°$。通过变压器串联合成后，两者中所含 3 次谐波互相抵消，所得到的总输出电压中就不含 3 次谐波。其 u_o 的波形是导通 120°的矩形波，其中只含 $6k\pm1$（$k=1, 2, 3, \cdots$）次谐波，$3k$（$k=1, 2, 3, \cdots$）次谐波都被抵消了。图 3-94 是负载电压 u_o 波形的谐波分析，从图中可以看出，频谱中不包含 $3k$（$k=1, 2, 3, \cdots$）次谐波。

像上面这样，把若干个逆变电路的输出按一定的相位差组合起来，使它们所含的某些主要谐波分量相互抵消，就可以得到较为接近正弦波的波形。

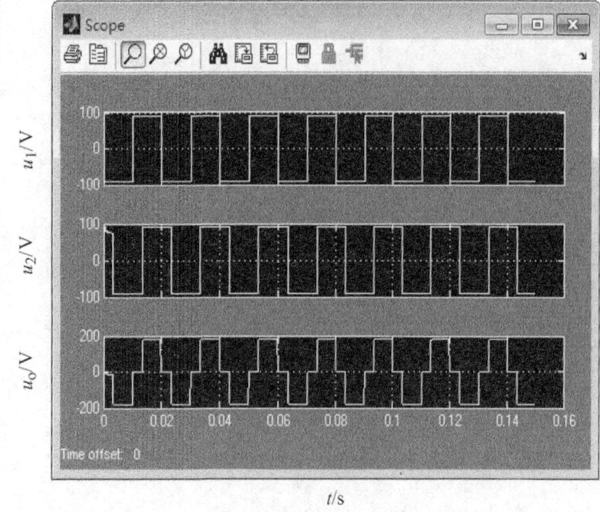

图 3-93　串联二重单相电压型逆变电路输出电压波形

2. 串联二重三相电压型逆变电路的仿真

（1）电气原理结构图

图 3-95 是串联二重三相电压型逆变电路的电气原理结构图和工作波形，图 3-95a 是电路基本构成。

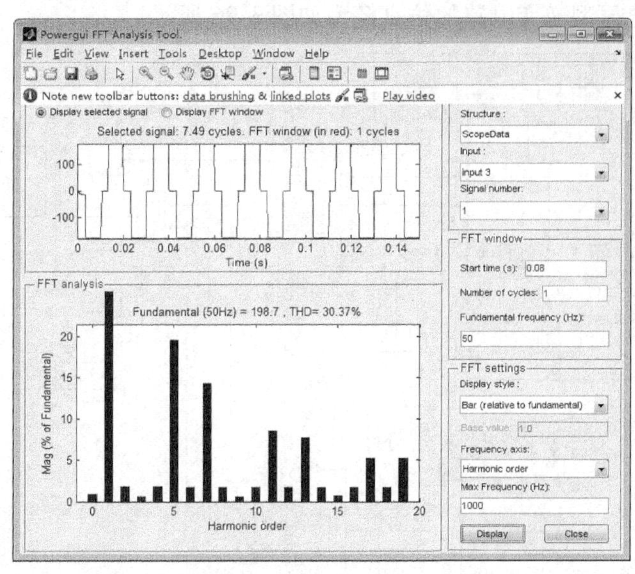

图 3-94　负载电压 u_o 波形的谐波分析

该电路由两个三相桥式逆变电路构成，输出电压通过变压器 Tr_1 和 Tr_2 串联合成。逆变桥Ⅱ的相位比逆变桥Ⅰ滞后 30°。Tr_1 为 D/Y 联结，变压器 Tr_2 一次侧也是三角形联结，但二次侧有两个绕组，采用曲折星形接法，即一相的绕组和另一相的绕组串联而构成星形，同

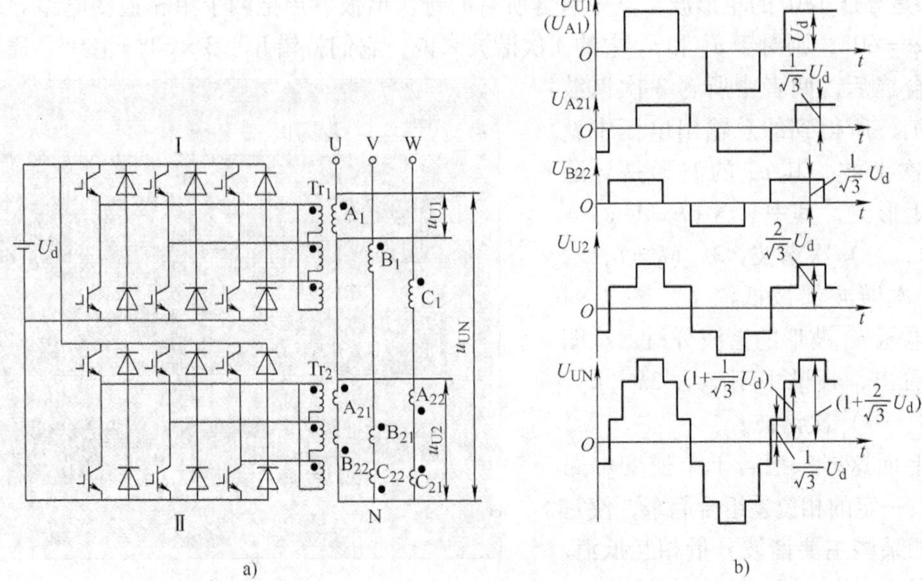

图 3-95　串联二重三相电压型逆变电路的电气原理结构图和工作波形
a）电气原理结构图　b）工作波形

时使其二次电压相对于一次电压而言，比 Tr_1 的接法超前 30°，以抵消逆变桥Ⅱ比Ⅰ滞后的 30°。这样，u_{U2} 和 u_{U1} 的基波相位就相同了。

（2）电路的建模

串联二重三相电压型逆变电路的仿真模型如图 3-96 所示。

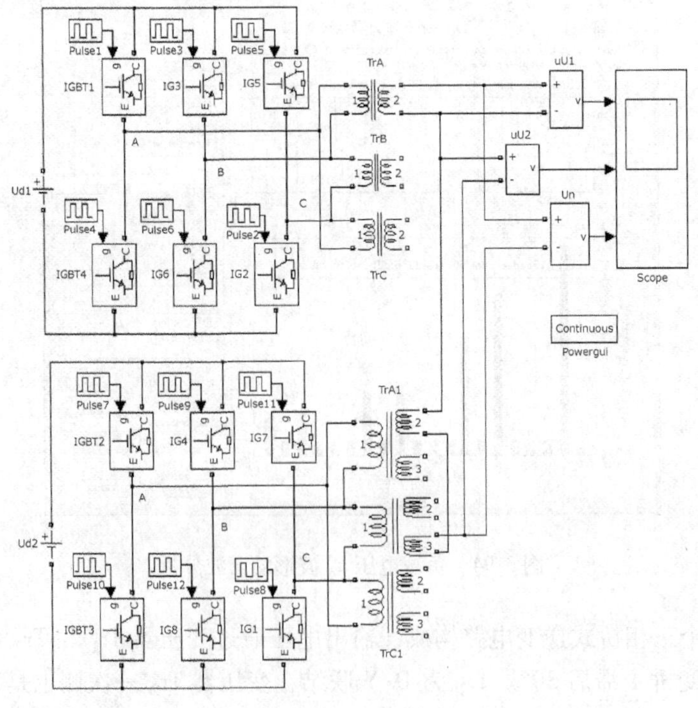

图 3-96　串联二重三相电压型逆变电路的仿真模型

仿真模型中主要模块的参数设置如下：

1）直流电压源幅值为10V。

2）脉冲触发器1的参数设置如图3-97所示；脉冲触发器2～6的相位与脉冲触发器1相比依次延迟60°，即0.003333s，其他参数设置与其相同；同样，脉冲触发器7又与脉冲触发器1相差30°，即0.001666s，脉冲触发器8～12的相位依次滞后7号触发器60°，其他参数设置则相同。

3）IGBT元件管的参数设置如图3-98所示。

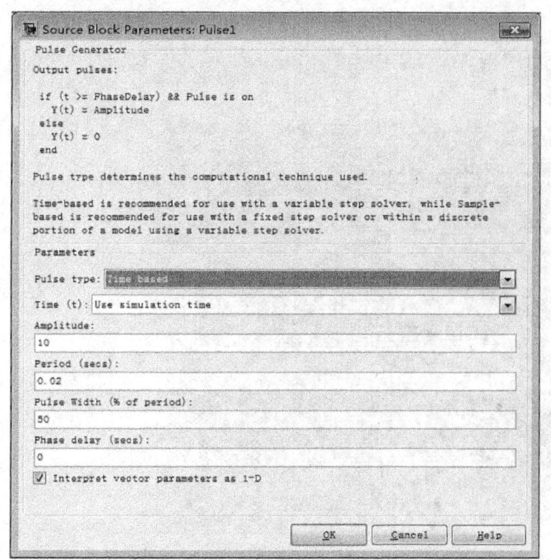

图3-97　脉冲触发器1的参数设置

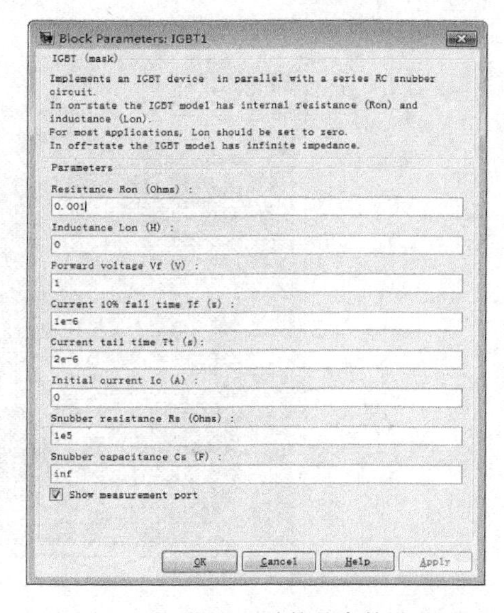

图3-98　IGBT开关管的参数设置

4）二绕组变压器和三绕组变压器的参数设置如图3-99a、b所示。

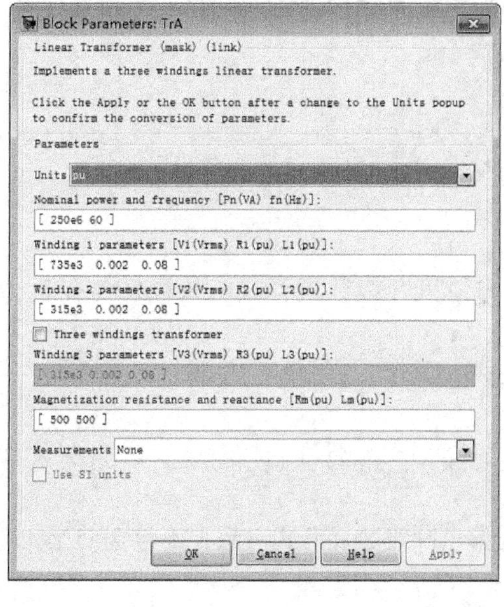

a)

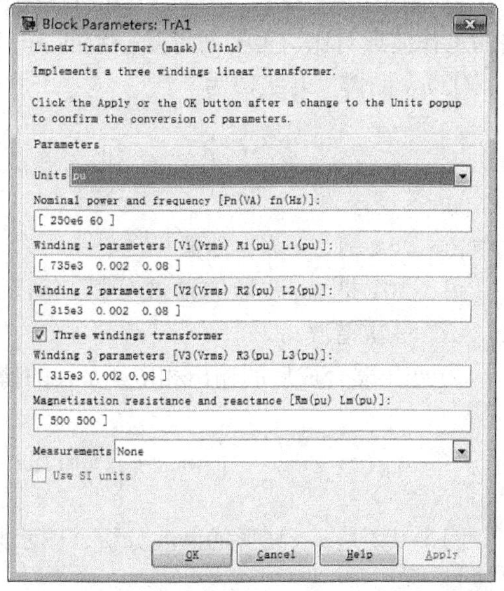

b)

图3-99　变压器的参数设置

a）二绕组变压器的参数设置　b）三绕组变压器的参数设置

（3）模型仿真、仿真结果的输出及结果分析

1）系统仿真。打开仿真参数设置窗口，选择 ode23tb 算法，相对误差设为 1e－6，仿真开始时间为 0. 02s，停止时间为 0. 12s。

2）输出仿真结果。采用“示波器”模块输出方式，即可得图 3-100 所示的仿真曲线。其中 u_{U1} 为第一组逆变电路变压器 Tr_1 输出的二次电压，u_{U2} 为第二组逆变电路变压器 Tr_2 采用曲折星形接法输出的二次电压，u_{UN} 为合成后逆变电路的输出电压。

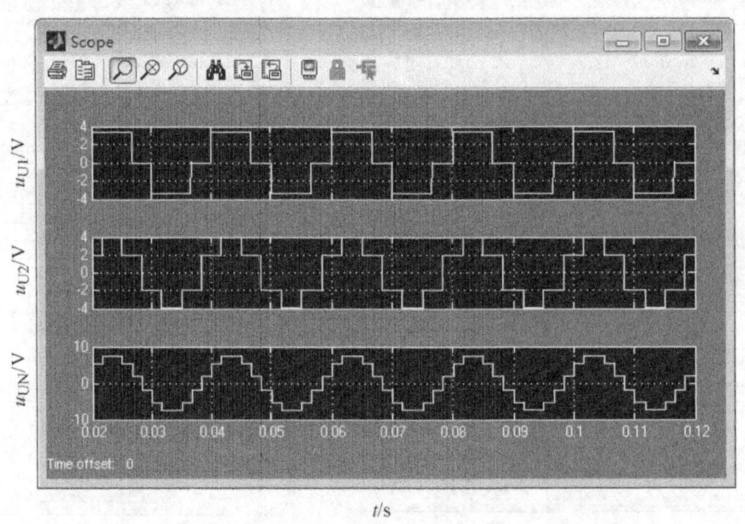

图 3-100　串联二重三相电压型逆变电路输出电压波形

3）输出结果分析。将图 3-100 所示的仿真波形图与图 3-95 所示的串联二重三相逆变电路的工作波形对比，可知两者是一致的。

① u_{U1} 的傅里叶级数为

$$u_{U1}(t)=\frac{2\sqrt{3}U_d}{\pi}\left(\sin\omega t-\frac{1}{5}\sin 5\omega t-\frac{1}{7}\sin 7\omega t+\frac{1}{11}\sin 11\omega t+\frac{1}{13}\sin 13\omega t-\cdots\right)$$

式中，$n=6k\pm1$，k 为自然数。

图 3-101 是 u_{U1} 波形的谐波分析，图示频谱与傅里叶级数展开式一致，只含有 5、7、11、13、…次谐波。

② 变压器合成后的输出相电压 u_{UN} 的傅里叶级数为

$$u_{UN}(t)=\frac{4\sqrt{3}U_d}{\pi}\left(\sin\omega t+\frac{1}{11}\sin 11\omega t+\frac{1}{13}\sin 13\omega t+\frac{1}{23}\sin 23\omega t+\frac{1}{25}\sin 25\omega t+\cdots\right)$$

图 3-102 是 u_{UN} 波形的谐波分析，图示频谱与傅里叶级数展开式一致，不包含 11 次以下谐波。

可以看出，u_{UN} 比 u_{U1} 更接近正弦波。

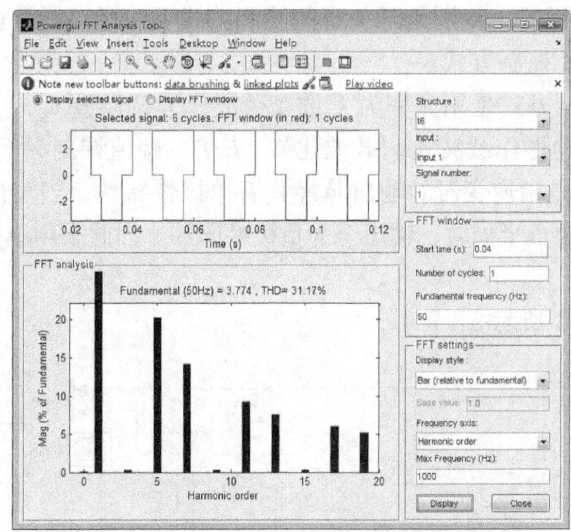

图 3-101　u_{U1}波形的谐波分析

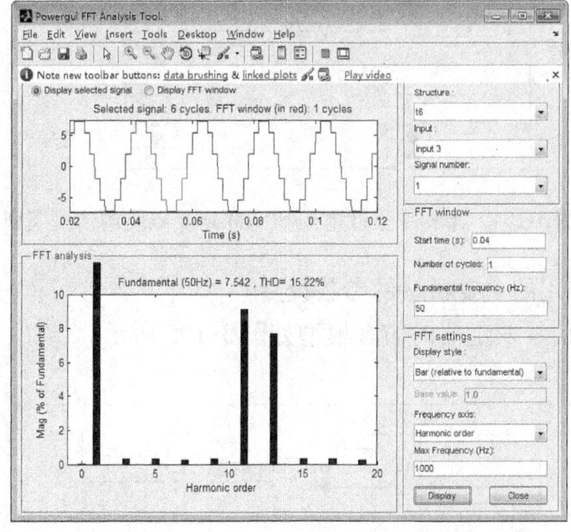

图 3-102　u_{UN}波形的谐波分析

3.8.5　电压 SPWM 逆变电路的仿真

1. 单相单极性电压 SPWM 逆变电路的仿真

（1）电气原理结构图

电压 SPWM 技术就是通过调节脉冲宽度来调节输出电压的大小，使逆变器的输出电压为等效正弦波形，按相数分为单相和三相。单相电压型正弦逆变器主电路结构如图 3-103 所示。单相电压型 SPWM 又分为单极性 SPWM 控制和双极性 SPWM 控制。

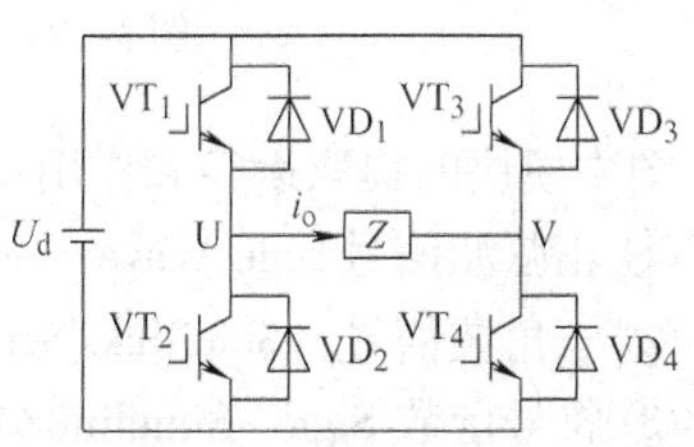

图 3-103　单相电压 SPWM 逆变器主电路结构图

从图 3-103 可知，它与单相电压型方波无源逆变器主电路拓扑结构是一样的，差别是开关管的控制方式不一样。无源逆变采用方波控制，而此处采用脉宽调制 PWM 控制方式。

脉宽调制 PWM 控制方式是用频率为 f_r 的正弦波作为调制波 u_r，$u_r = U_{rm}\sin\omega_s t$；用幅值为 U_{tm}、频率为 f_t 的三角形作载波 u_t。载波比 $N = f_t/f_r$，幅值调制深度 $m = U_{rm}/U_{tm}$。

单极性 SPWM 控制是指逆变器的输出脉冲具有单极性特性。当输出正半周时，输出脉冲全为正极性脉冲；当输出负半周时，输出全为负极性脉冲，因此采用单极性的三角载波调制。

（2）电路的建模

仿真模型如图 3-104 所示。

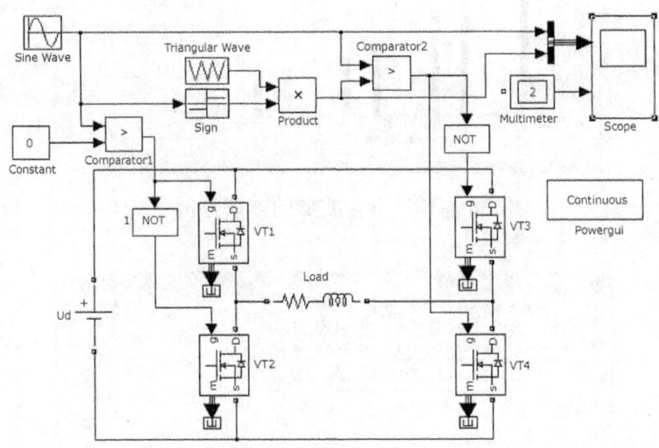

图 3-104　单相单极性电压 SPWM 逆变电路的仿真模型

（3）仿真模型中使用的主要模块的参数设置

1）单极性 SPWM 信号发生器的仿真模型如图 3-105 所示。

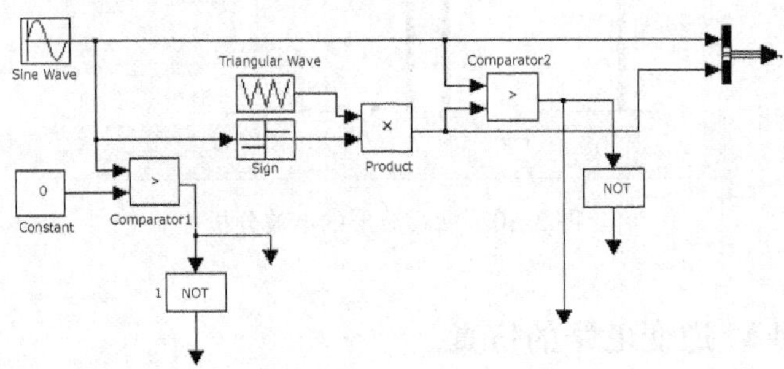

图 3-105　单极性 SPWM 信号发生器的仿真模型

图中模块的提取途径和作用：

① 正弦波信号 Sine Wave：Simulink/Source/Sine Wave，产生正弦波信号。

② 三角波信号：Simulink/Source/Repeating Sequence，用于产生载波信号。

③ 符号函数 Sign：Simulink/Math Operations/Sign，用于极性控制。

④ 乘法器 Product：Simulink/Math Operations/Product，乘法运算。

⑤ 比较器：Simulink/Logic and Bit Operations/Relational Operator，信号比较。

⑥ 非门 NOT：Simulink/Logic and Bit Operations/Logical Operator，逻辑非信号。

2）部分模块的参数设置。

① U_d 取 100V。

② 负载 $R=1\Omega$，$L=0.01\text{H}$。

③ 开关管 P-MOSFET 的参数设置如图 3-106 所示。

万用表用于测量负载电压和电流。

（4）模型仿真、仿真结果的输出及结果分析

1）系统仿真。打开仿真参数设置窗口，选择 ode23tb 算法，相对误差设为 1e－3，仿真开始时间为 0，停止时间为 0.08s，示波器显示范围为 0.04s。

2）输出仿真结果。采用“示波器”模块输出方式，图 3-107 是单相单极性电压 SPWM 逆变电路的仿真结果，其中 u_r-u_t 为调制波和载波的波形，u_o-i_o 为输出电压和电流的波形。其中，示波器的几个重要参数 Time range 为 0.04s，Sampling：Decimations 1，保存的数据为 10000 个。

3）输出结果分析。由图 3-107 可知，负载电压的中心部分脉冲明显加宽，负载电流更接近正弦波。

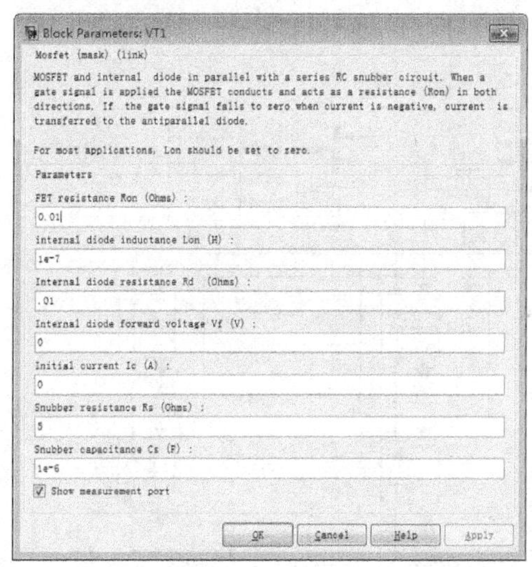

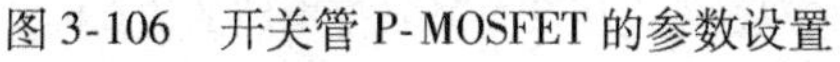
图 3-106 开关管 P-MOSFET 的参数设置

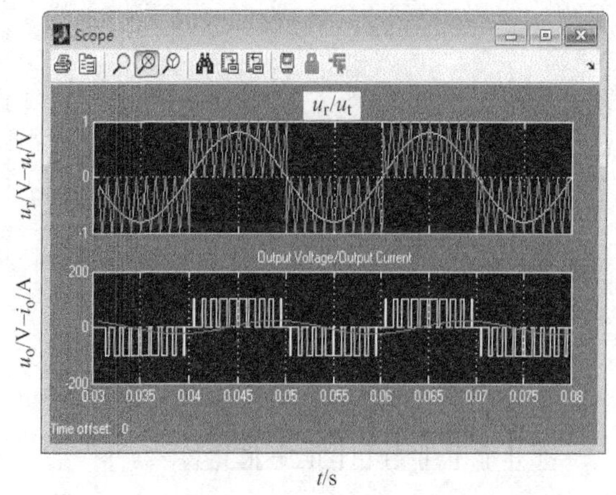

图 3-107 单相单极性电压 SPWM 逆变电路仿真波形

（5）谐波分析

分析方法在方波无源逆变电路中已介绍，单相单极性电压 SPWM 逆变电路的谐波分析图如图 3-108 所示。从图中可知，输出电压以 1 次谐波为主，占了 80%。

2. 单相双极性电压 SPWM 逆变电路的仿真

（1）电气原理结构图

单相双极性电压 SPWM 逆变器主电路与单相单极性电压 SPWM 逆变器主电路一样，差别主要是 PWM 控制信号不同。

双极性调制波和载波、输出调制波波形如图 3-109 所示，每个周期内输出的电压正、负跳变，因此为双极性。

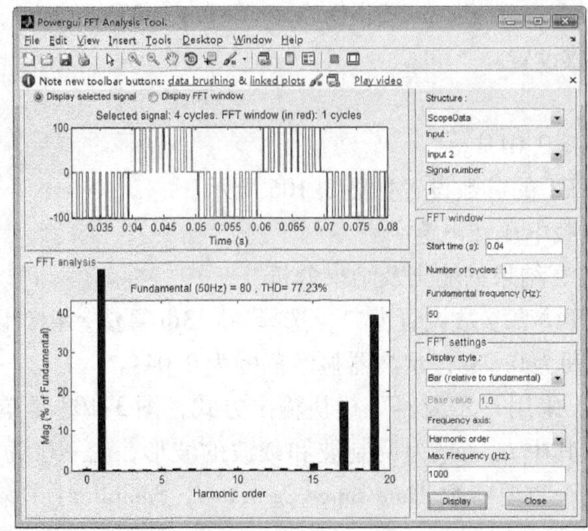

图 3-108　单相单极性电压 SPWM 逆变电路输出电压的谐波分析图

（2）电路的建模

仿真模型如图 3-110 所示。

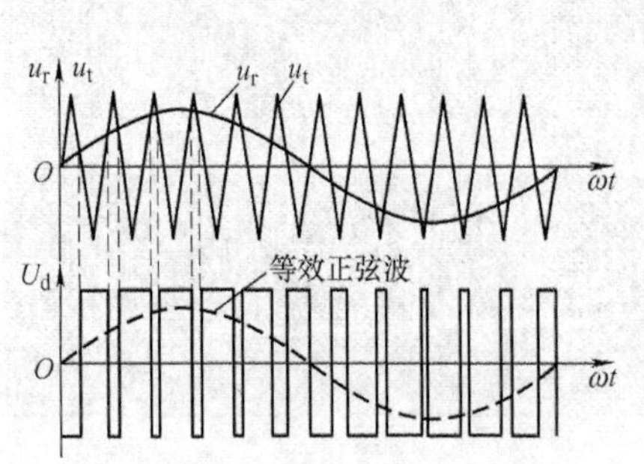

图 3-109　双极性脉宽调制波的形成

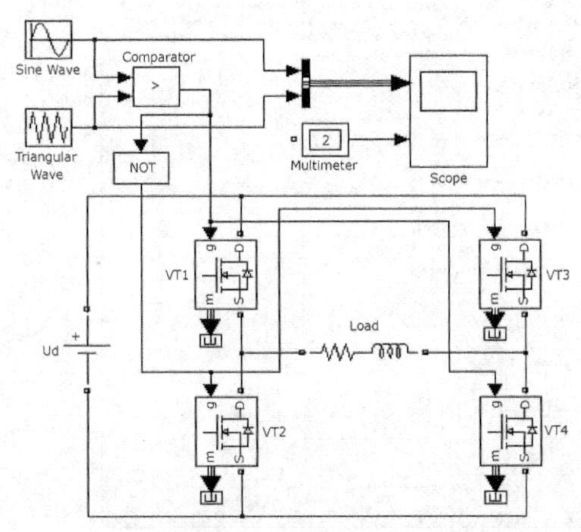

图 3-110　单相双极性电压 SPWM 逆变电路的仿真模型

（3）仿真模型中使用的主要模块的参数设置

1）双极性 SPWM 信号发生器的仿真模型如图 3-111 所示。

图中模块全部在单极性 SPWM 信号发生器仿真模型中出现过。

2）部分模块的参数设置。电压源 U_d、负载电阻和电感、电力电子开关器件的参数设置与单极性相同。万用表用于测量负载电压和电流。

（4）模型仿真、仿真结果的输出及结果分析

1）系统仿真。打开仿真参数设置窗口，选择 ode23tb 算法，相对误差设为 1e－3，仿真开始时间为 0，停止时间为 0.06s。

2）输出仿真结果。采用“示波器”模块输出方式，图 3-112 是单相双极性电压 SPWM

逆变电路的仿真结果，其中 $u_r - u_t$ 为调制波和载波的波形，$u_o - i_o$ 为输出电压和电流的波形。示波器的参数设置与单极性中设置相同。

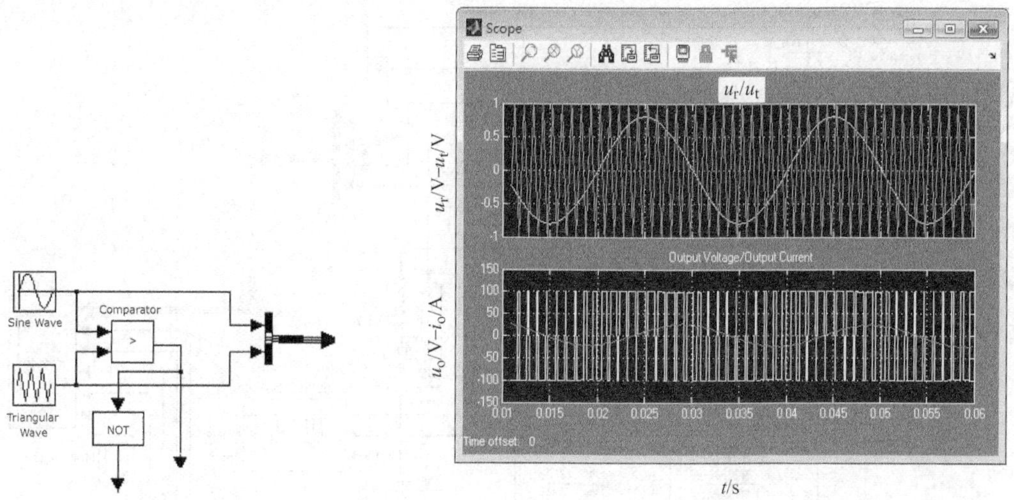

图 3-111　双极性 SPWM 信号发生器的仿真模型　　图 3-112　单相双极性电压 SPWM 逆变电路仿真波形

（5）谐波分析。

单相双极性电压 SPWM 逆变电路的谐波分析图如图 3-113 所示。从图中可知，输出电压以 1 次谐波为主，占了 79.8%。

3. 三相双极性电压 SPWM 逆变电路的仿真

（1）电气原理结构图

三相双极性 SPWM 控制是三相桥臂共用一个三角波载波信号，调制波用三相对称的正弦波信号。电路结构如图 3-114 所示，图中 $VT_1 \sim VT_6$ 是 6 个开关器件，各有一个续流二极管反并联连接。

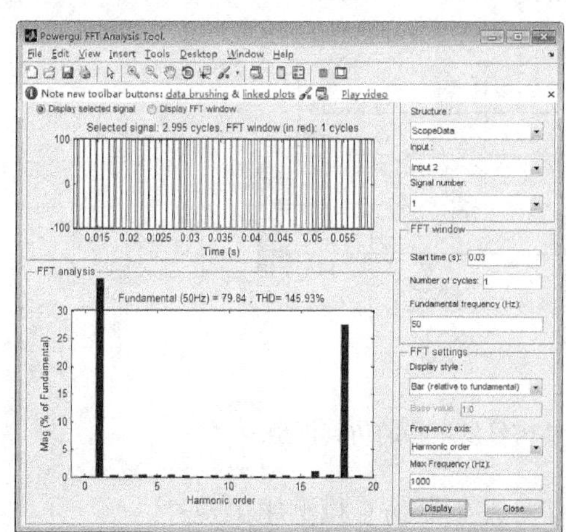

图 3-113　单相双极性电压 SPWM 逆变电路输出电压的谐波分析图

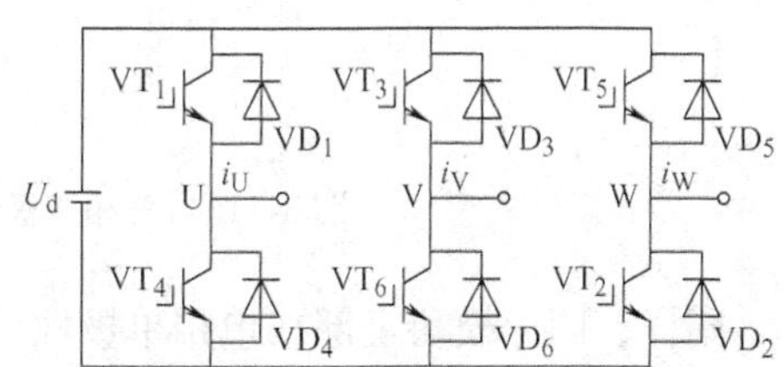

图 3-114　三相电压 SPWM 逆变器电路结构图

（2）电路的建模

三相双极性电压 SPWM 逆变器的仿真模型如图 3-115 所示。

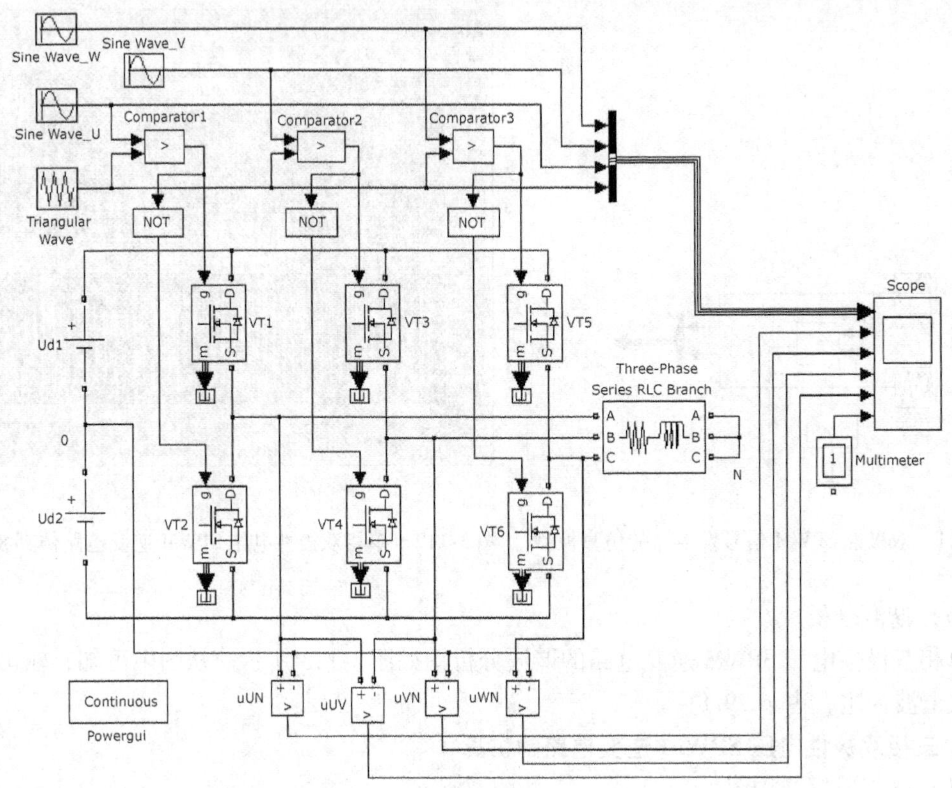

图 3-115　三相双极性电压 SPWM 逆变器的仿真模型

（3）仿真模型中使用的主要模块的参数设置

1）三相双极性 SPWM 信号发生器的仿真模型如图 3-116 所示。

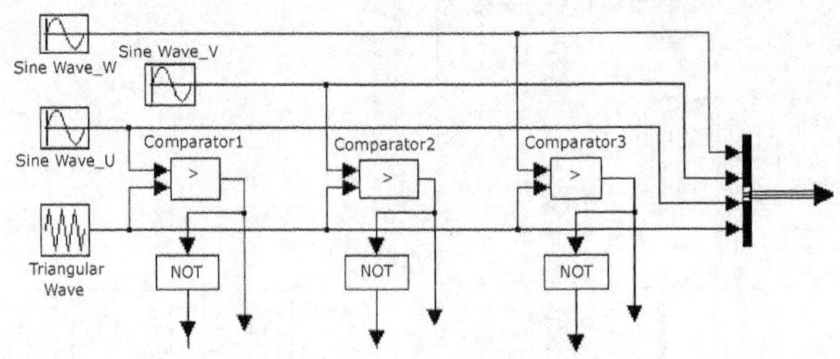

图 3-116　三相双极性 SPWM 信号发生器的仿真模型

同样，图中模块全部在单相单极性 SPWM 信号发生器仿真模型中出现过。

2）部分模块的参数设置。电压源 U_d、电力电子开关元件的参数设置与单极性相同，万用表用于测量三相负载电压。负载电阻 $R=1\Omega$，电感 $L=0.005\text{H}$。

（4）模型仿真、仿真结果的输出及结果分析

1）系统仿真。打开仿真参数设置窗口，选择ode23tb算法，相对误差设为1e－3，仿真开始时间为0，停止时间为0.03s。

2）输出仿真结果。采用“示波器”模块输出方式，图3-117是三相双极性电压SPWM逆变电路的仿真结果。其中$u_{r(U-V-W)}-u_t$为调制波和载波的波形，u_{U0}、u_{V0}、u_{W0}为三相负载相对于直流电源中心点的相电压波形，u_{UV}负载线电压波形，u_{UN}为负载相对于负载中心点的相电压波形。示波器的几个重要参数Time range为0.04s，Sampling：Sample time4e－5，保存的数据为20000个。

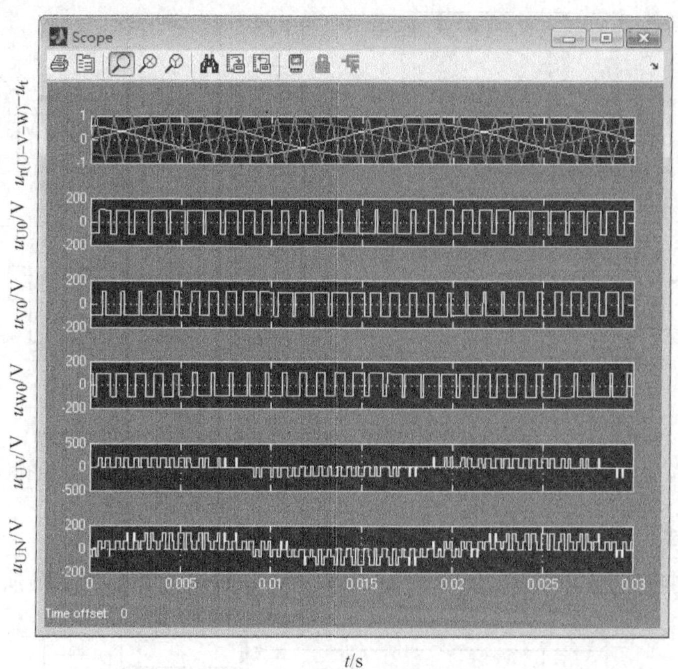

图3-117　三相双极性电压SPWM逆变器仿真波形

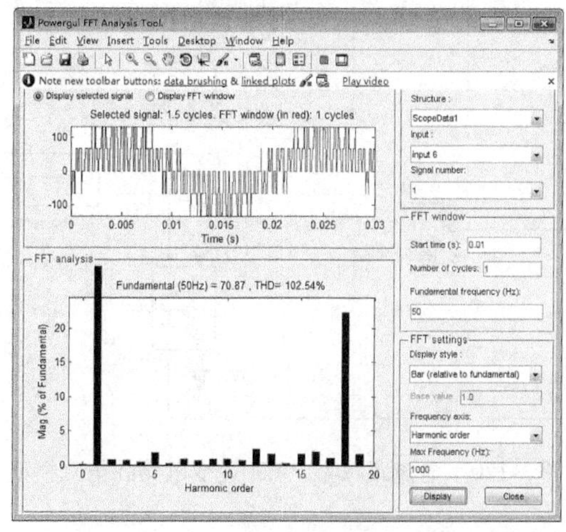

图3-118　三相双极性电压SPWM逆变电路负载相电压的谐波分析

（5）谐波分析。三相双极性电压 SPWM 逆变电路负载相电压的谐波分析图如图 3-118 所示。从图中可知，该电压以 1 次谐波为主，占了 70.8%。

3.8.6 电流跟踪型 PWM 逆变电路的仿真

1. 电气原理结构图

电流跟踪型 PWM 逆变器由 PWM 逆变器和电流控制环组成。电流跟踪型 PWM 逆变器一相（U 相）的结构图如图 3-119a 所示。图 3-119b 所示是其输出电流、电压的波形。

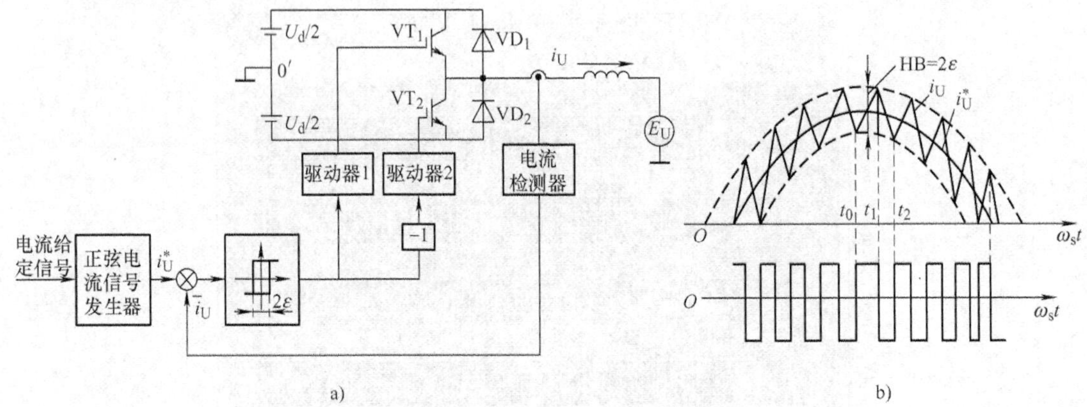

图 3-119 电流跟踪型 PWM 逆变器一相结构示意图及波形图

a）滞环电流跟踪型 PWM 逆变器一相结构示意图 b）滞环电流跟踪型 PWM 逆变器输出电流、电压波形图

2. 电路的建模

与图 3-119 对应的电流跟踪型 PWM 逆变电路的仿真模型如图 3-120 所示。

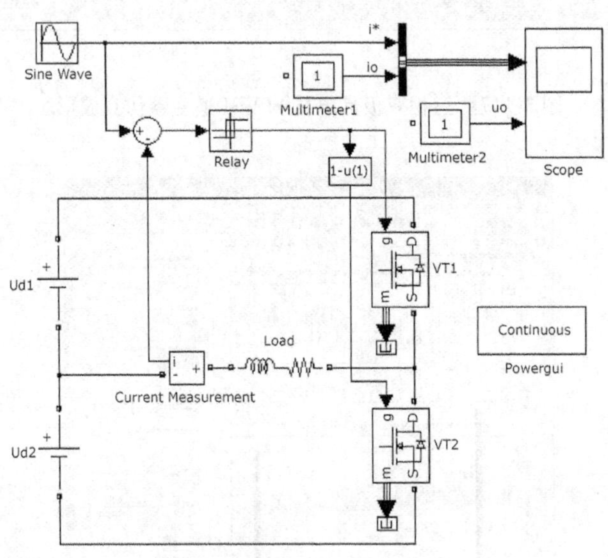

图 3-120 电流跟踪型 PWM 逆变电路的仿真模型

3. 仿真模型中使用的主要模块的参数设置

1）电流跟踪型 PWM 逆变电路控制信号的仿真模型如图 3-121 所示。

图中新增模块提取途径和作用：

滞环继电器特性模块 Relay：Simulink/Discontinuities/Relay，用于滞环控制。

2）部分模块的参数设置。电压源 U_d、电力电子开关器件参数设置与单极性相同，负载电阻 $R=1\Omega$、电感 $L=0.01\text{H}$，滞环宽度为 $-5\sim+5$。万用表 1 用于测量负载电流，万用表 2 用于测量负载电压。

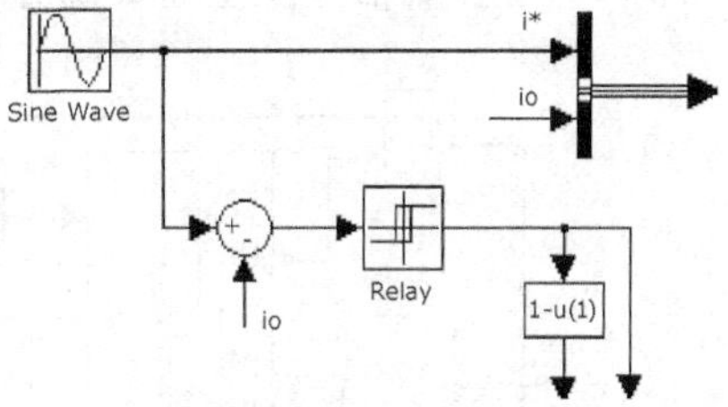

图 3-121　电流跟踪型 PWM 逆变电路控制信号的仿真模型

4. 模型仿真、仿真结果的输出及结果分析

（1）系统仿真

打开仿真参数设置窗口，选择 ode23tb 算法，相对误差设为 1e－3，仿真开始时间为 0，停止时间为 0.04s。

（2）输出仿真结果

采用“示波器”模块输出方式，图 3-122 是电流跟踪型 PWM 逆变电路的仿真结果，其中 i^* 为电流给定信号波形，i_o 为负载输出的实际电流波形，u_o 为负载输出的电压波形。示波器的几个重要参数 Time range 0.04s，Sampling：Decimations 1，保存的数据为 5000 个。

5. 谐波分析

电流跟踪型 PWM 逆变电路输出电压的谐波分析图如图 3-123 所示。从图中可知，该电压 1 次谐波占了 68.7%。读者还可分析一下 i_o 的谐波，看看结果如何。

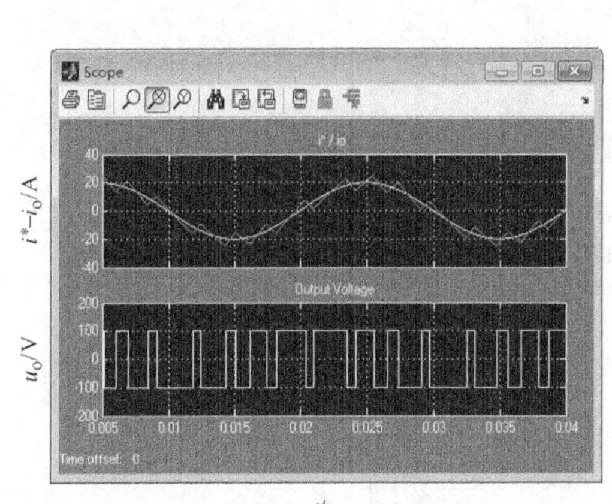

图 3-122　电流跟踪型 PWM 逆变电路仿真波形

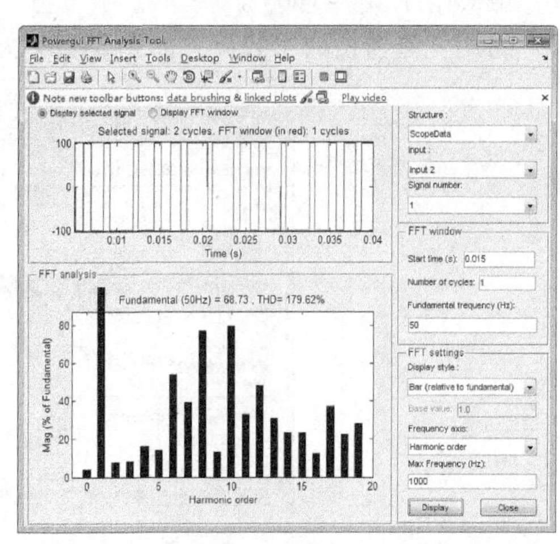

图 3-123　电流跟踪型 PWM 逆变电路输出电压谐波分析

3.8.7　空间矢量 SVPWM 逆变电路的仿真

1. 电气原理结构图

SVPWM 逆变电路的拓扑结构与三相双极性电压 SPWM 逆变电路相同，差别是变流器的控制方式不一样。前者采用 SVPWM 信号发生器控制，而后者采用双极性 PWM 信号发生器控制。

2. 电路的建模

SVPWM 逆变电路的仿真模型如图 3-124 所示。电路由直流电源、通用变流器桥、三相负载和 SVPWM 控制信号发生器等部分组成。各部分建模与参数设置如下：

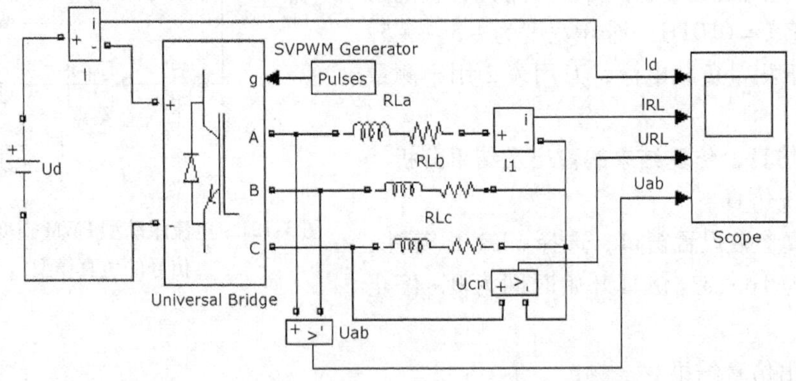

图 3-124　电压空间矢量 SVPWM 逆变电路的仿真模型

（1）模型中使用的主要模块与提取途径

SVPWM 信号发生器提取途径：SimPower Systems/Extra Library/Discrete Control Blocks/Discrete SVPWM Generator，产生 SVPWM 逆变器控制信号。

（2）仿真模型中使用的主要模块的参数设置

1）电源电压 $U_d=180V$。

2）通用变流器桥的参数设置如图 3-125 所示。

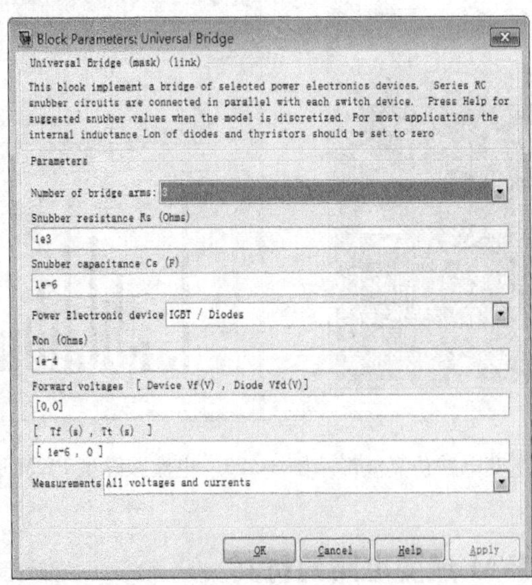

图 3-125　通用变流器桥的参数设置

3）SVPWM 控制信号的参数设置如图 3-126 所示。

4）负载电阻 $R=2\Omega$，电感 $L=0.01H$。

3. 模型仿真、仿真结果的输出及结果分析

（1）系统仿真

打开仿真参数设置窗口，选择 ode23tb 算法，相对误差设为 1e－3，仿真开始时间为 0，停止时间为 0.06s。

（2）输出仿真结果

采用“示波器”输出方式，对图 3-124 所示的 SVPWM 逆变电路模型进行仿真，图 3-127 为其仿真结果。

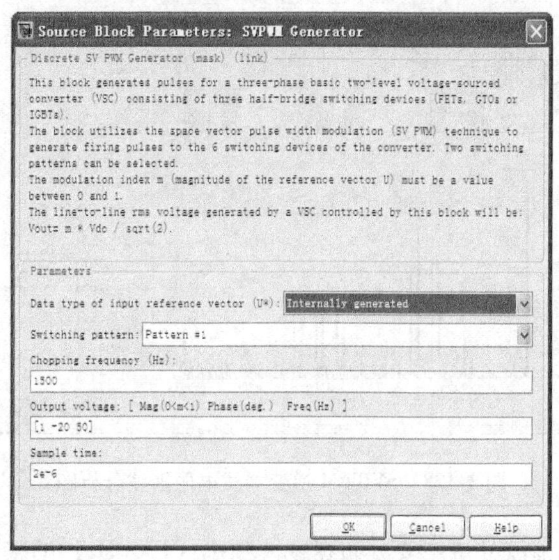

图 3-126　SVPWM 控制信号的参数设置

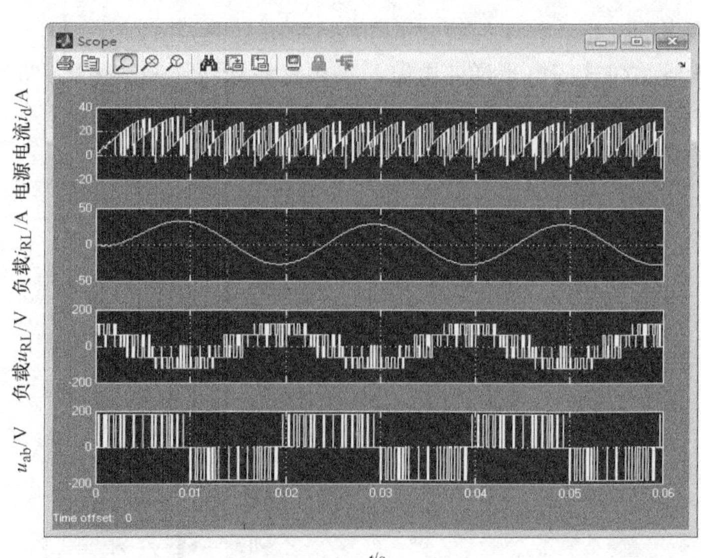

图 3-127　SVPWM 逆变电路的仿真波形

（3）结果分析

由图3-127可知，仿真波形与三相双极性电压型SPWM的仿真波形相似，区别在于负载电流 I_{RL} 更接近正弦波。

4. 谐波分析

图3-128所示为SVPWM逆变电路的线电压谐波分析图。

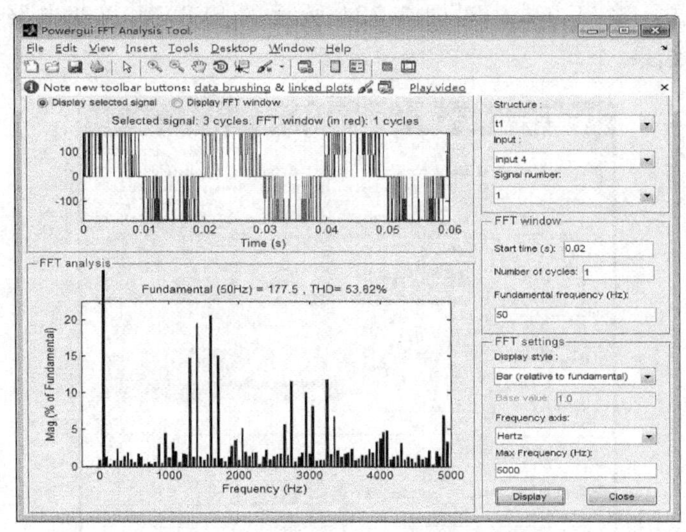

图3-128　SVPWM逆变器线电压谐波分析图

由图3-128可知，谐波分量主要分布在载波频率（1500Hz）的整数倍附近。

3.8.8　三电平SPWM逆变器的仿真

1. 电气原理结构图

主电路为二极管钳位式三电平逆变电路，采用三角载波层叠法输出PWM信号。

2. 电路的建模

电路的仿真模型如图3-129所示。

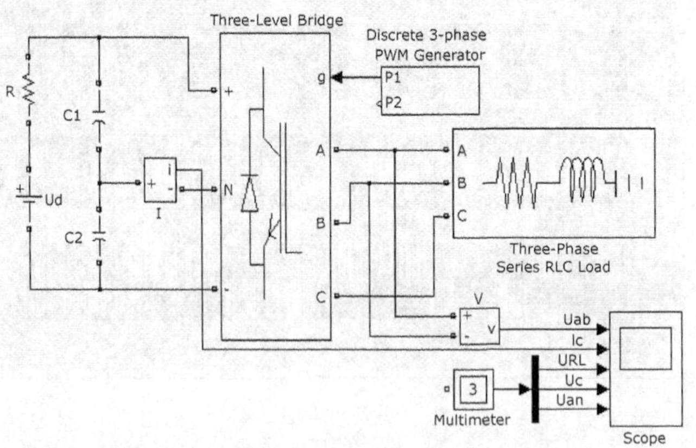

图3-129　三相SPWM逆变电路的仿真模型

（1）模型中使用的主要模块与提取途径

1）三电平变流器桥 Three-Level Bridge：SimPower Systems/Power Electronics/Three Level Bridge，二极管钳位式逆变器主电路模块。

2）PWM 信号发生器 Discrete 3-phase PWM Generator：SimPower Systems/Extra Library/Discrete Control Blocks/Discrete，产生三电平 PWM 逆变器控制信号。

（2）仿真模型中使用的主要模块的参数设置

1）直流电源 U_d 取 180V。

2）三电平通用变流器桥的参数设置如图 3-130 所示。在对话框中设置为三相，器件采用 IGBT。

3）三电平 SPWM 控制信号的参数设置。该模块可根据三角载波层叠法输出 PWM 信号，对话框中设置成三电平模式。该模块提供了两个输出，此处需采用第一个输出。在“Discrete 3-phase PWM Generator”模块中，选择内部发生模式，并将调制深度 m 设为 1，输出基波频率设为 50Hz，初始相位为 0，载波频率为基波频率的 30 倍，即 1500Hz。详见图 3-131 所示。

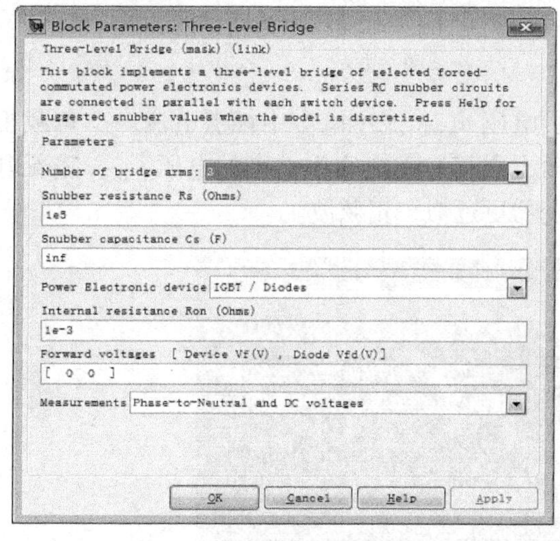

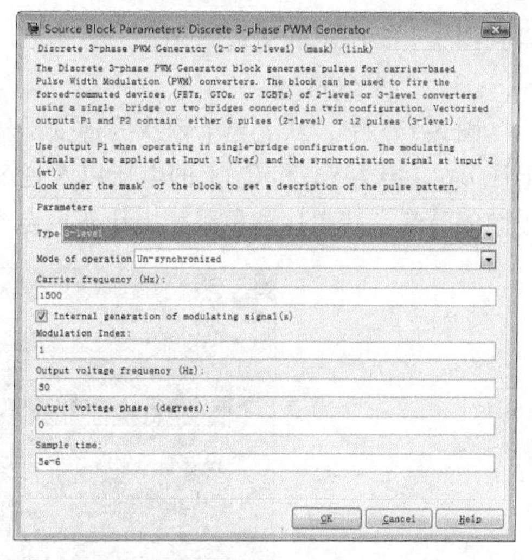

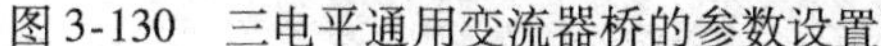

图 3-130　三电平通用变流器桥的参数设置　　图 3-131　三电平 SPWM 控制信号的参数设置

4）电容 C_1 和 C_2 均为 560μF，初始值为 $U_d/2$。

5）由于 MATLAB 仿真时不允许电压源与电容直接相连，故在直流电压源出口串联了一个 0.01Ω 的小电阻。

6）三相负载的提取途径与前面有关内容相同，参数设置如图 3-132 所示。

图 3-132 所示对话框中三相负载的有功功率为 1kW，感性无功功率为 100var。

3. 模型仿真、仿真结果的输出及结果分析

（1）系统仿真

在 Powergui 中设置为离散仿真模式，采样时间为 5e－7；打开仿真参数设置窗口，选择 ode23tb 算法，相对误差设为 1e－3，仿真开始时间为 0，停止时间为 0.06s。

（2）输出仿真结果

采用“示波器”输出方式，对图 3-129 所示的三电平 SPWM 逆变电路模型进行仿真，

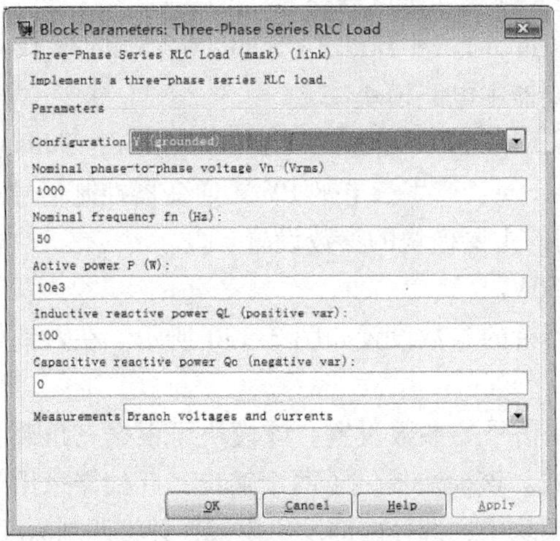

Block Parameters: Three-Phase Series RLC Load

Three-Phase Series RLC Load (mask) (link)

Implements a three-phase series RLC load.

Parameters

Configuration Y (grounded)

Nominal phase-to-phase voltage Vn (Vrms): 1000

Nominal frequency fn (Hz): 50

Active power P (W): 10e3

Inductive reactive power QL (positive var): 100

Capacitive reactive power Qc (negative var): 0

Measurements Branch voltages and currents

OK Cancel Help Apply

图 3-132　三相负载的参数设置

得到图 3-133 所示的仿真结果。

（3）结果分析

图 3-133 中，从上至下依次为逆变器输出线电压 u_{ab}、流出电容中性点电流 i_C、负载相电压 u_{RL}、电容 C_1 和 C_2 上的电压以及逆变器输出点相对于电容中性点的电压 u_{an}。随着电平数的升高，线电压和负载相电压较两电平逆变器更近似于正弦波。

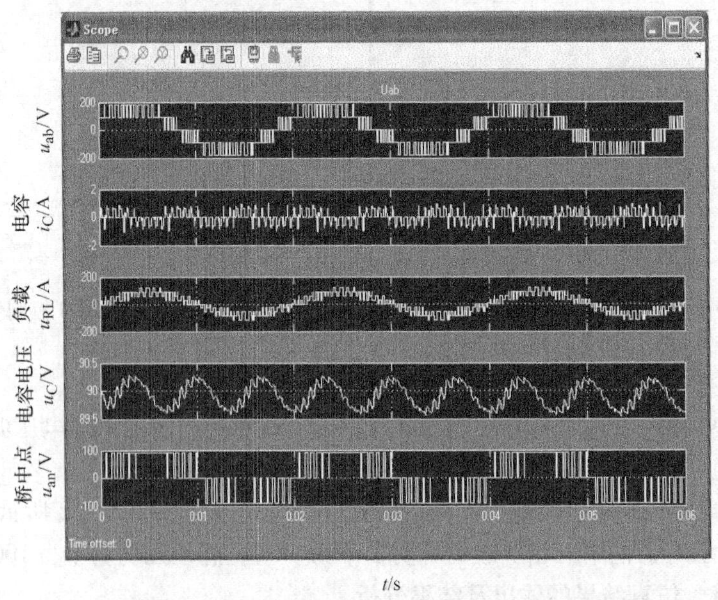

图 3-133　三电平 SPWM 逆变电路仿真波形

4. 谐波分析

图 3-134 所示为三电平 SPWM 逆变电路的线电压谐波分析图。

由图 3-134 可知，谐波分量主要分布在载波频率（1500Hz）的整数倍附近。

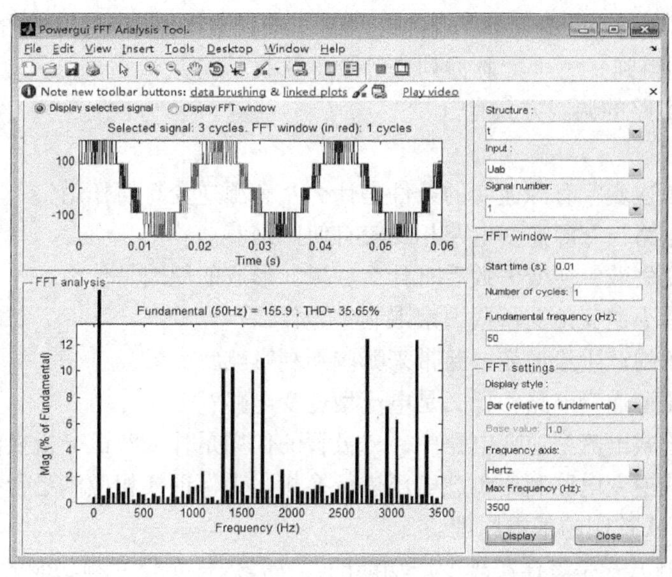

图 3-134　三电平 SPWM 逆变器线电压谐波分析图

习　　题

一、简答题

1. 逆变器的输出交流侧接电源时，称为何逆变？交流侧直接和负载连接时，又称何逆变？

2. 逆变器的换流方式有哪些？

3. 要实现负载换流，负载电流的相位和负载电压的相位必须符合什么关系？

4. 哪一类可控整流电路不能用于有源逆变？

5. 在一般的可逆电路中，最小逆变角 β_{min} 应限制在什么范围内？

6. 电压型三相桥式逆变电路的基本工作方式是什么导电方式？

7. 在 SPWM 调制法中，通常采用什么波形作为载波？什么波形作为调制波？

8. 造成有源逆变失败的主要原因有哪些？

二、填空题

1. 按逆变后能量去向不同，电力电子逆变器可分为（　　）逆变器与（　　）逆变器两大类。

2. 有源逆变指的是把（　　）能量转变成（　　）能量后送给（　　）装置。

3. 逆变器按直流侧提供的电源性质来分，可分为（　　）逆变器和（　　）逆变器，电压型逆变器直流侧是电压源，通常由可控整流输出，在最靠近逆变桥侧用（　　）器进行滤波，电压型三相桥式逆变电路的换流是在桥路的（　　）器件之间换流，每个晶闸管导电的角度是（　　）度；而电流型逆变器直流侧是电流源，通常由可控整流输出，在最靠近逆变桥侧用（　　）滤波，电流型三相桥式逆变电路换流是在（　　）器件之间换流，每个晶闸管导电的角度是（　　）度。

4. SPWM 脉宽调制型变频电路的基本原理是：对逆变电路中开关器件的通断进行有规律的调制，使输出端得到（　　）脉冲列来等效正弦波。

5. PWM 逆变电路的调制方式有（　　）、（　　）、（　　）。

三、问答题

1. 什么是有源逆变？有源逆变的条件是什么？有源逆变有何作用？

2. 无源逆变电路与有源逆变电路相比较有何区别？

3. 什么是逆变失败？逆变失败后有什么后果？形成的原因是什么？

4. 有源逆变最小逆变角受哪些因素限制？为什么？

5. 换流重叠角的产生给逆变电路带来哪些不利影响？

6. 什么是电压型逆变电路？什么是电流型逆变电路？

7. 串联二极管式电流型逆变电路中，二极管的作用是什么？试分析换流过程。

8. 并联谐振式逆变电路利用负载电压进行换相，为保证换相应满足什么条件？

9. 试说明 PWM 控制的基本原理。

10. SPWM 调制方式是怎样实现变压功能的？又是怎样实现变频功能的？

11. 什么是电流跟踪型 PWM 逆变电路？采用滞环比较方式的电流跟踪型变流器有何特点？

四、计算题

1. 三相桥式全控变流器带反电动势阻－感性负载，$R=1\Omega$，$L=\infty$，$U_2=220\text{V}$，$L_B=1\text{mH}$，当 $E=-400\text{V}$，$\beta=60°$时，求 U_d、I_d 和 γ 的值。此时送回电网的有功功率是多少？

2. 单相桥式全控变流器带反电动势阻－感性负载，$R=1\Omega$，$L=\infty$，$U_2=-100\text{V}$，$L=0.5\text{mH}$，当 $E=-99\text{V}$，$\beta=60°$时，求 U_d、I_d 和 γ 的值。

3. 单相桥式全控带反电动势电感性负载的有源逆变电路，为了加快电动机的制动过程，增大电枢电源，应如何调节 β 角？为什么？电枢电流增大后，换相重叠角是否会加大？这是否会造成逆变失败？

4. 单相桥式全控变流电路带反电动势阻－感性负载，$R=1\Omega$，$L=\infty$，$U_2=100\text{V}$，当 $E=-99\text{V}$，$\beta=60°$时，求 U_d、I_d 的数值。

5. 三相半波变流电路带反电动势阻－感性负载，$R=1\Omega$，$L=\infty$，$U_2=100\text{V}$，当 $E=-150\text{V}$，$\beta=30°$时，求 U_d、I_d 的数值。

6. 三相桥式全控变流电路带反电动势阻－感性负载，$R=1\Omega$，$L=\infty$，$U_2=220\text{V}$，当 $E=-400\text{V}$，$\beta=60°$时，求 U_d，I_d 的数值，此时送回电网的平均功率为多少？

7. 三相桥式变流电路，已知 $U_{2L}=230\text{V}$，反电动势阻－感性负载，主回路 $R=0.8\Omega$，$L=\infty$，假定电流连续且平滑，当 $E=-290\text{V}$，$\beta=30°$时，计算输出电流平均值、输出电流有效值（忽略谐波）、晶闸管的电流平均值和有效值。

8. 在单相桥式全控带反电动势电感性负载整流电路中，若 $U_2=220\text{V}$，$E=120\text{V}$，$R=2\Omega$，当 $\beta=30°$时，能否实现有源逆变？为什么？

9. 在单相桥式全控带反电动势电感性负载整流电路中，若 $U_2=220\text{V}$，$E=120\text{V}$，$R=1\Omega$，当 $\beta=60°$时，能否实现有源逆变？求这时电动机的制动电流多大？

10. 三相半波带反电动势电感性负载变流电路，$U_2=100\text{V}$，$E=30\text{V}$，$R=1\Omega$，L_d 足够大，能使电流连续，试问 $\alpha=90°$时，I_d 为何值？若 $\beta=60°$，问这时电流 I_d 多大？为什么？

第4章　交流-交流变换电路及其仿真

4.1　概述

AC-AC 变换器（AC-AC Converter）是指把一种形式的交流电变换成另一种形式的交流电的电力电子变换装置。正弦交流电有幅值、频率和相位等参数，根据变换参数的不同，AC-AC 变换主要包括交流调压技术、交流调功或无触点开关技术、直接交流变频技术等。

交流调压电路只改变交流电压的大小，常用的交流调压技术分为相控调压和斩控调压两类。相控交流调压电路采用两个反并联晶闸管（或双向晶闸管）构成双向可控开关，通过调节晶闸管的触发控制角来改变输出电压的幅值。而 PWM 斩控调压则利用全控型器件构成交流开关斩波电路，以改变 PWM 占空比来调节输出交流电压的大小。

交流调功电路或无触点开关电路对交流电源实现通断控制，其电路结构与相控交流调压类似，采用两个反并联晶闸管（或双向晶闸管）构成双向可控开关，区别在于调功电路仅在交流电过零时刻开关，使输出交流电间隔若干整数倍周期时间，实现输出平均功率的调节。在接通期间，负载上承受的电压与流过的电流均是正弦波，与相位控制相比，对电网不会造成谐波污染，仅仅表现为负载通断。

交流调压和交流调功技术统称为交流开关控制技术或交流电力控制技术，广泛应用于交流电动机的调压调速、减压起动、电加热控制、调光以及电气设备的交流无触点开关等场合。

交-交变频电路也称直接变频电路（或周波变流器），是不通过中间直流环节把电网频率的交流电直接变换成不同频率的交流电的变换电路，包括相控式交-交变频和矩阵式交-交变频，主要用于大功率交流电动机调速系统。在交流-交流变换中还有一种广泛应用的技术是组合式变换，通常又称为交-直-交变换技术，其原理是首先把交流电采用整流技术变换为直流电，再用逆变技术把直流电转换成需要的交流电形式，这种方法虽然电路结构较为复杂，但控制方便、适应性强，在实际中应用非常普遍。

4.2　交流调压电路

本节分别介绍相控交流调压电路和 PWM 斩控交流调压电路，两者的电路结构和控制方法完全不同，实际应用可以根据需要灵活选择。

交流调压就是把固定幅值、频率的交流电变成幅值可调的交流电。利用自耦变压器实现调压的输入、输出电压波形如图 4-1a 所示，但自耦变压器需要通过手动或电动机拖动调节电刷位置来达到调节输出电压的目的，这种调压方案电刷易损坏且有误差。实际上，为了调节电压还可以利用电力电子器件的通断把正弦输入电压的正负半波都对称地切去一块，如图 4-1b、c 所示。

为了实现图 4-1b、c 所示的交流调压模式，只要在交流回路中串联一只双向可控开关，

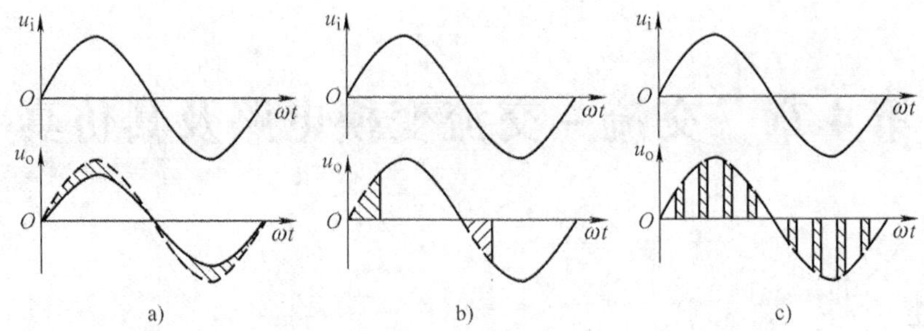

图 4-1 交流调压的几种方案比较

a）自耦变压器交流调压方案 b）相控式交流调压方案 c）斩控式交流调压方案

并在相应时刻控制其开通或关断即可。在图 4-1b 中，用两个反并联的晶闸管或双向晶闸管实现可控双向开关，利用改变晶闸管触发脉冲的相位来调节输出电压，这种调压电路称为相控式交流调压电路。而在图 4-1c 中，则用全控型器件实现可控双向开关，在图中阴影部分的时间内关断开关，在其他时间内接通开关，这种调压电路与直流斩波电路工作原理类似，故称为斩控式交流调压电路。以下就相控式交流调压电路与斩控式交流调压电路进行分析。

4.2.1 相控式交流调压电路

晶闸管交流调压器中晶闸管的控制通常采用相位控制。它是使晶闸管在电源电压每一周期内选定的时刻将负载与电源接通，改变选定的导通时刻就可达到调压的目的。

下面主要分析相位控制的交流调压电路，先阐述作为基础的单相交流调压器。单相交流调压器的工作情况与它所带的负载性质有关，现分别予以讨论。

1. 单相交流调压电路

（1）单相电阻性负载交流调压电路

1）电路结构。如图 4-2a 所示，它用两个反并联的晶闸管或一个双向晶闸管与负载电阻 R 串联组成主电路。

2）工作原理。以反并联电路为例进行分析，正半周 α 时刻触发 VT_1 管，负半周 α 时刻触发 VT_2 管，输出电压波形为正负半周缺角相同的正弦波，如图 4-2b 所示。

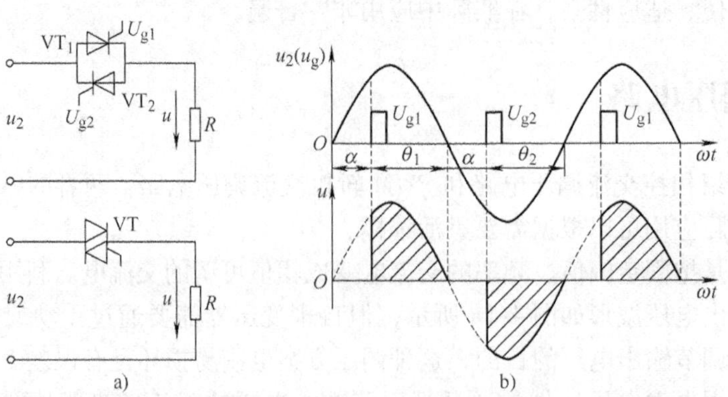

图 4-2 电阻性负载时单相交流调压电路的主电路和输出电压波形

a）相控式交流调压电路图 b）电压波形图

不同控制角 α 电阻性负载时的仿真和实验波形如图 4-41 所示。

3）基本数量关系。

① 负载上交流电压有效值 U 与控制角 α 的关系为

$$U = \sqrt{\frac{1}{\pi}\int_{\alpha}^{\pi}(\sqrt{2}U_2\sin\omega t)^2\mathrm{d}(\omega t)} = U_2\sqrt{\frac{1}{2\pi}\sin2\alpha + \frac{\pi-\alpha}{\pi}} \tag{4-1}$$

② 流过负载中的电流有效值 I 为

$$I = \frac{U}{R} \tag{4-2}$$

③ 流过晶闸管中的电流有效值为

$$I_{\mathrm{VT}} = \sqrt{\frac{1}{2\pi}\int_{\alpha}^{\pi}\left(\frac{\sqrt{2}U_2\sin\omega t}{R}\right)^2\mathrm{d}(\omega t)} = \frac{U_2}{R}\sqrt{\frac{1}{4\pi}\sin2\alpha + \frac{\pi-\alpha}{2\pi}} \tag{4-3}$$

④ 输入电路的功率因数为

$$\cos\varphi = \frac{P}{S} = \frac{UI}{U_2 I} = \sqrt{\frac{1}{2\pi}\sin2\alpha + \frac{\pi-\alpha}{\pi}} \tag{4-4}$$

⑤ 电路的移相范围为 $0\sim\pi$。

（2）单相阻－感性负载交流调压电路

1）电路结构。当负载为电感线圈、电动机或变压器绕组时，这种负载称为阻－感性负载，电路如图 4-3 所示。

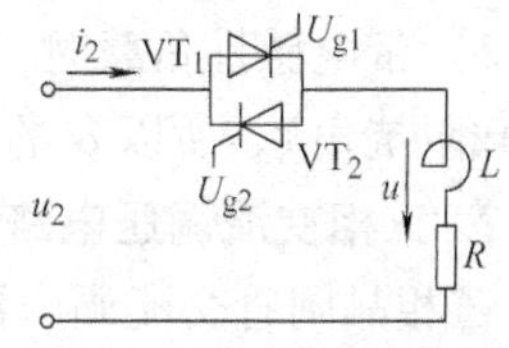

图 4-3　单相交流调压电路带阻－感性负载的主电路

2）工作原理。由于负载中含有电感，当电源电压反向过零时，负载电感产生的感应电动势会阻止电流变化，故电流不能立即为零，此时晶闸管导通角 θ 的大小，不但与控制角 α 有关，还与负载阻抗角 ϕ（$\arctan\frac{\omega L}{R}$）有关。原因是如果用导线把晶闸管完全短接，稳态时负载电流应是正弦波，其相位滞后于输入电压一个 ϕ 角。在用晶闸管调压时，很显然只能进行滞后控制，使负载电流更加滞后。为了方便，把两个晶闸管门极的起始控制点分别定在电源电压每个半周的起始点，则 α 的最大变化范围是 $\phi\leqslant\alpha<\pi$，正负半周有相同的 α 角。

（3）单相交流调压电路的谐波分析

单相交流调压电路的负载电压和负载电流均不是正弦波，含有大量谐波。下面以电阻性负载为例，对负载电压 u 进行谐波分析。由于波形正负半波对称，所以不含直流分量和偶次谐波，可用傅里叶级数表示如下：

$$u(t) = \sum_{n=1,3,5\cdots}^{\infty}(a_n\cos n\omega t + b_n\sin n\omega t) \tag{4-5}$$

式中

$$a_1 = \frac{\sqrt{2}U_2}{2\pi}(\cos2\alpha-1)\text{，}b_1 = \frac{\sqrt{2}U_2}{2\pi}[\sin2\alpha+2(\pi-\alpha)]$$

$$a_n = \frac{\sqrt{2}U_2}{\pi}\left\{\frac{1}{n+1}[\cos(n+1)\alpha-1] - \frac{1}{n-1}[\cos(n-1)\alpha-1]\right\},\quad n=3,5,7,\cdots$$

$$b_n = \frac{\sqrt{2}U_2}{\pi}\left[\frac{1}{n+1}\sin(n+1)\alpha - \frac{1}{n-1}\sin(n-1)\alpha\right],\quad n=3,5,7,\cdots$$

基波和各次谐波的有效值可按下式求出：

$$U_n = \frac{\sqrt{a_n^2+b_n^2}}{\sqrt{2}},\quad n=1,3,5,7,\cdots \tag{4-6}$$

负载电流基波和各次谐波的有效值为

$$I_n = \frac{U_n}{R} \tag{4-7}$$

在电感性负载的情况下，可以用和上面相同的方法进行分析，只是公式要复杂得多。其中，电源电流中的谐波次数和电阻性负载相同，也只含有3，5，7，…次谐波，同样随着谐波次数的增加，谐波含量减少。和电阻性负载相比，电感性负载的谐波含量要少一些，而且α角相同时，随着阻抗角ϕ的增大，谐波含量有所减少。

综上所述，单相交流调压电路的特点是：

1）带电阻性负载时，负载电流波形与单相桥式可控整流交流侧电流波形一致，改变控制角α可以改变负载电压有效值，达到交流调压的目的。单相交流调压的触发电路完全可以套用整流触发电路。

2）带电感性负载时，不能用窄脉冲触发，应当采用宽脉冲列。最小控制角为$\alpha_{\min}=\phi$（负载阻抗角），所以α的移相范围为$\phi\sim180°$，而带电阻性负载时移相范围为$0\sim180°$。

2. 三相交流调压电路

三相晶闸管交流调压器主电路有几种不同的接线形式，其工作性能也不相同。三相晶闸管交流调压电路的联结形式如图4-4所示。在三相交流调压电路的6种接线方式中，比较常用的为图4-4b和c两种方式。表4-1中对各种电路的工作性能特点进行了比较。表中，U为电源线电压，I为电源线电流。

图4-4c是用三对反并联晶闸管组成的三相三线交流调压电路，这种联结方式是典型的三相调压电路联结方式。为了重点分析，将其重新画出，如图4-5所示。下面以星形负载为例，结合图4-5所示的电路，具体分析触发脉冲相位与调压电路输出电压的关系。图中，通过改变触发脉冲的相位控制角α，便可以控制加在负载上的电压的大小。负载可联结成星形也可联结成三角形，对于这种不带零线的调压电路，为使三相电流构成通路，任意时刻至少要有两个晶闸管同时导通。对触发脉冲电路的要求是：①三相正（或负）触发脉冲依次间隔120°，而每一相正、负触发脉冲间隔180°；②为了保证电路起始工作时能两相同时导通，以及在感性负载和控制角较大时，仍能保持两相同时导通，要求采用双脉冲或宽脉冲触发（脉宽大于60°）。为了保证输出电压对称可调，应保持触发脉冲与电源电压同步。

（1）三相电阻性负载交流调压电路

1）控制角$\alpha=0°$。$\alpha=0°$指的是在相应每相电压过零变正时触发正向晶闸管，过零变负时触发反向晶闸管（注意与三相整流电路控制角起始点定义的区别），此时晶闸管相当于二极管。

图4-6b为触发脉冲分配图，脉冲间隔为60°。对应于触发脉冲分配图可以确定各管子的导通区间。例如VT_1在U相电压过零变正时导通，变负时承受反向电压而自然关断；而

VT_4 在 U 相电压过零变负时导通，变正时承受反向电压而自然关断。V、W 两相导通情况与此相同。管子导通顺序为 VT_1、VT_2、VT_3、VT_4、VT_5、VT_6，每管导通角 $\theta = 180°$，除换流点外，任何时刻都有 3 个晶闸管导通。晶闸管 $VT_1 \sim VT_6$ 的导通区间如图 4-6c 所示。负载上获得的调压电压仍为完整的正弦波，如果忽略晶闸管的管降压，此时调压电路相当于一般的三相交流电路，加到其负载上的电压是额定电源电压。图 4-6d 为 U 相负载电压波形。

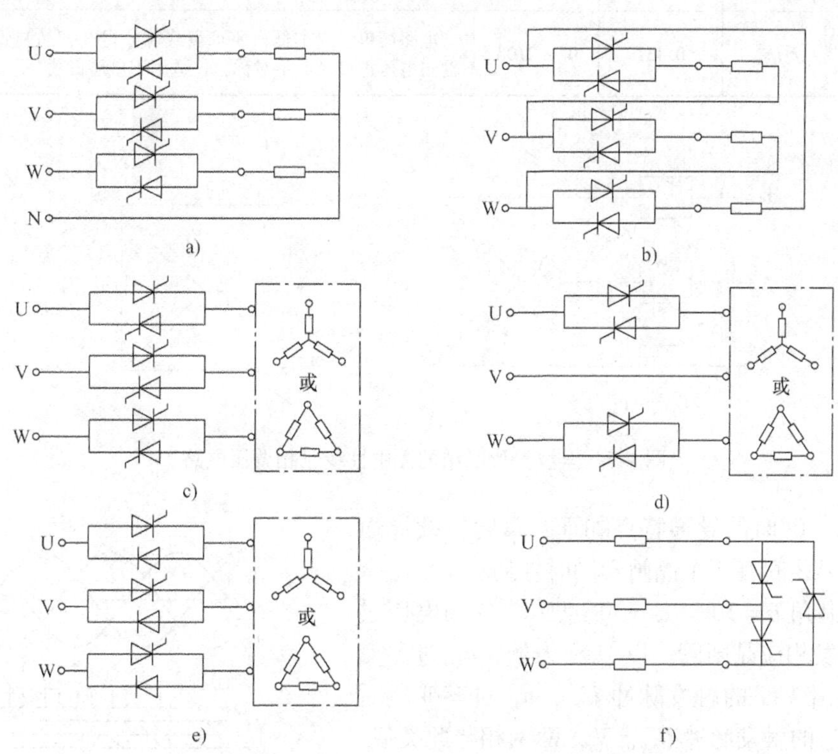

图 4-4　三相晶闸管交流调压电路的联结形式

a）带中性线星形联结　b）开三角联结　c）无中性线星形联结

d）三相两线控制联结　e）三线单方向控制联结　f）星形中心控制联结

表 4-1　各种三相交流调压电路的比较

图 4-4 中电路	晶闸管工 作峰值电压	晶闸管工 作平均电流	控制角 移相范围	线路性能特点
a）	$\sqrt{2/3}U$	$0.45I$	0°～180°	三个单相交流调压电路的组合，零线中电流很大，零线截面积应与相线一致，不宜用于大容量设备
b）	$\sqrt{2}U$	$0.45I$	0°～180°	三个单相调压电路跨接于电源线电压上的组合，三相负载必须能分得开，适用于大电流场合
c）	$\sqrt{2}U$	$0.45I$	0°～150°	可接星形负载或三角形负载，至少不在同一相上的两个晶闸管同时导通才构成回路，故要用宽脉冲或双脉冲，输出电流谐波分量少
d）	$\sqrt{2}U$	$0.45I$	0°～180°	省去一对晶闸管，但三相波形各不相同，三相平衡度不理想，只能用于小容量系统或作为临时措施使用

（续）

图 4-4 中电路	晶闸管工作峰值电压	晶闸管工作平均电流	控制角移相范围	线路性能特点
e)	$\sqrt{2}U$	$0.45I$	0°~210°	由晶闸管与二极管反并联或逆导晶闸管构成，三相波形一致但正负半波不对称，会出现偶次谐波
f)	$\sqrt{2}U$	$0.45I$	0°~210°	电路简单，成本低，要求负载能分得开，晶闸管电流较大，输出电压正负半波不对称，仅适用于星形负载

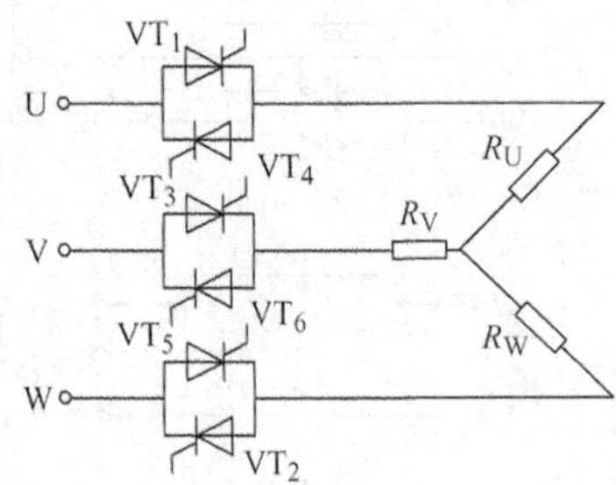

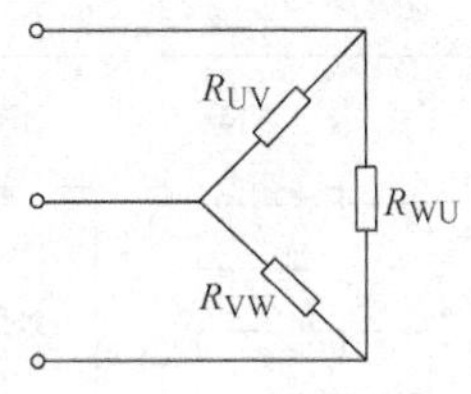

图 4-5　全波星形联结的无中性线三相调压电路

归纳 $\alpha=0°$时的导通特点如下：每管持续导通 180°；每 60°区间有三个晶闸管同时导通。

2）控制角 $\alpha=30°$。$\alpha=30°$意味着各相电压过零后 30°触发相应晶闸管。以 U 相为例，u_U 过零变正后 30°发出 VT_1 的触发脉冲 U_{g1}，u_U 过零变负后 30°发出 VT_4 的触发脉冲 U_{g4}。V、W 两相与此类似。图 4-7b 为触发脉冲分配图。

对应于触发脉冲也可确定各管导通区间。VT_1 从 U_{g1} 发出触发脉冲开始导通，u_U 过零变负时关断；VT_4 从 U_{g4} 发出触发脉冲时导通，则 u_U 过零变正时关断。V、W 两相与此类似。图 4-7c 为晶闸管的导通区间图。

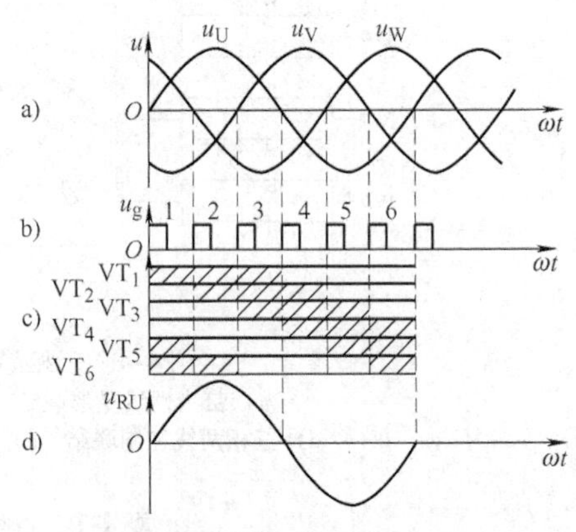

图 4-6　三相全波星形无中性线调压电路 $\alpha=0°$时的波形

同样，由导通区间可计算各相负载所获得的调压电压。以 U 相正半周为例，各区间晶闸管的导通情况、负载电压情况见表 4-2。

表 4-2　各区间晶闸管的导通、负载电压情况

ωt	0°~30°	30°~60°	60°~90°	90°~120°	120°~150°	150°~180°
晶闸管导通情况	VT_5、VT_6 导通	VT_1、VT_5、VT_6 导通	VT_1、VT_6 导通	VT_1、VT_2、VT_6 导通	VT_1、VT_2 导通	VT_1、VT_2、VT_3 导通
u_{RU}	0	u_U	(1/2) u_{UV}	u_U	(1/2) u_{UW}	u_U

各相负半周时的输出电压与正半周反向对称。V、W 两相电压的分析方法同上。图 4-7d 为 U 相输出电压波形。

$\alpha=30°$时的导通特点：每管持续导通 150°；有的区间由两个晶闸管同时导通构成两相流通回路，有的区间由 3 个晶闸管同时导通构成三相流通回路。

3）控制角 $\alpha=60°$。$\alpha=60°$情况下的具体分析与 $\alpha=30°$时相似。这里仅给出 $\alpha=60°$时的脉冲分配图、导通区间和 U 相负载电压波形，如图 4-8 所示，可自行分析。

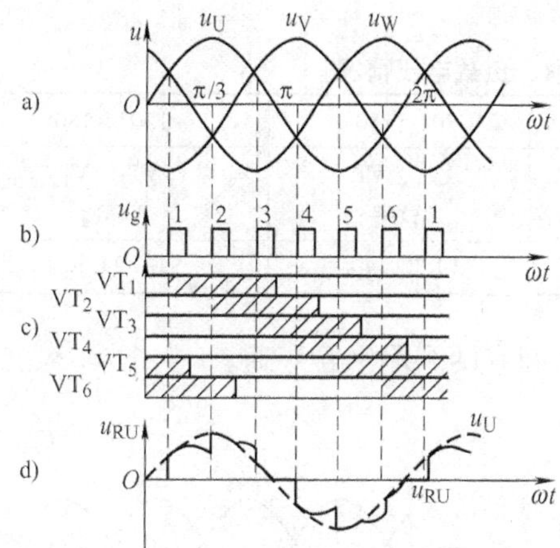

图 4-7 三相全波星形无中性线调压电路 $\alpha=30°$时的波形

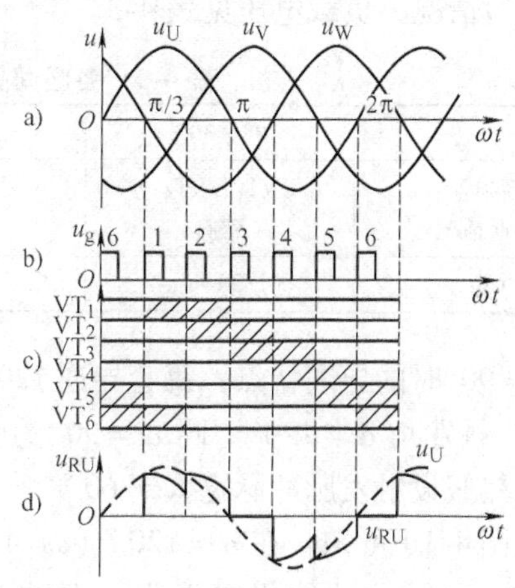

图 4-8 三相全波星形无中性线调压电路 $\alpha=60°$时的波形

$\alpha=60°$时的导通特点：每个晶闸管导通 120°；每个区间由两个晶闸管同时导通构成回路。

4）触发角 $\alpha=90°$。图 4-9b 为 $\alpha=90°$时各晶闸管的脉冲分配图，利用这个脉冲分配图，如果仍用 $\alpha=30°$、$\alpha=60°$时的导通区间分析，认为正半周或负半周结束就意味着相应晶闸管的关断，那么就会得到如图 4-9c 所示的导通区间图。

事实上图 4-9c 所示的导通区间是错误的。因为它出现了这样一种情况：有的区间只有一个管子导通，如 $\omega t=0°\sim30°$ 只有 VT_5 导通，$\omega t=60°\sim90°$只有 VT_6 导通，……显然这是不可能的，因为一个晶闸管不能构成回路。

下面分析 $\alpha=90°$时的正确导通区间，以 VT_1 的通断为例。首先假设触发脉冲 U_{g1} 有足够的宽度（大于 60°），在触发 VT_1 时，VT_6 还有触发脉冲，由于此时（ωt_1 时刻）$u_U>u_V$，VT_6 可以和 VT_1 一起导通，由 U、V 两相构成回路，电流流过路径：VT_1→U 相负载→V 相负载→VT_6，这种状态维持到什么时候呢？只要 $u_U>u_V$，VT_1、VT_6 就能随正压导通下去。一直到开始 $u_U<u_V$（ωt_2 时刻），VT_1、VT_6 才能同时关断。同样，当 U_{g2} 到来时，VT_1 的触发脉冲 U_{g1} 还存

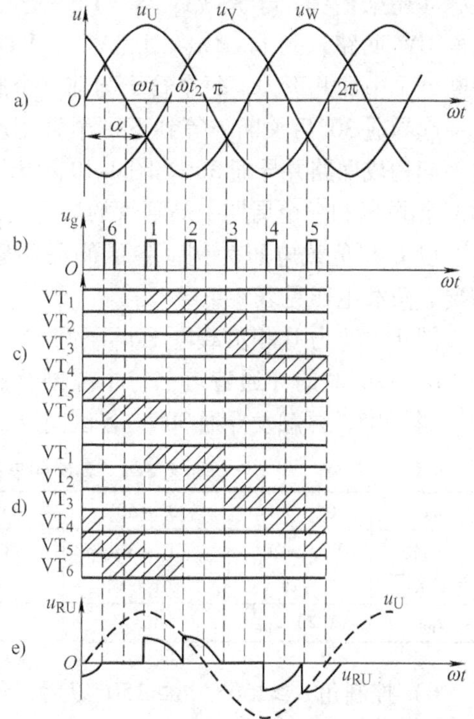

图 4-9 三相全波星形无中性线调压电路 $\alpha=90°$时的波形

在，又由于 $u_U > u_W$，使得 VT_2 和 VT_1 能随正压一起触发导通，构成 UW 相回路，……如此下去，可以知道每个管子导通后，与前一个触发的管子一起构成回路导通 60°后关断，然后又与新触发的下一个管子一起构成回路再导通 60°后关断。图 4-9d 即为其正确的导通区间图。

由负载电压 u_{RU} 可以看出，正负半周波形是反向对称的，如图 4-9e 所示。各区间晶闸管的导通情况、负载电压见表 4-3。

表 4-3　各区间晶闸管的导通、负载电压情况

ωt	0°~30°	30°~90°	90°~150°	150°~180°
晶闸管导通情况	VT_4、VT_5 导通	VT_5、VT_6 导通	VT_1、VT_6 导通	VT_1、VT_2 导通
u_{RU}	(1/2) u_{UW}	0	(1/2) u_{UV}	(1/2) u_{UW}

$\alpha = 90°$时的导通特点：每管导通 120°，每个区间有两个晶闸管导通。

5）触发角 $\alpha = 120°$。同 $\alpha = 90°$ 的情况一样，这里仍然假设触发脉冲脉宽大于 60°。

从图 4-10 可知，在 $\alpha = 120°$（ωt_1）触发 VT_1 时，VT_6 的触发脉冲仍未消失，而这时（ωt_1 时刻）又有 $u_U > u_V$，于是 VT_1 与 VT_6 一起随正压导通，构成 U、V 相回路，到 ωt_2 时刻有 $u_U < u_V$，两个管子同时关断。而触发 VT_2 时，由于 VT_1 的触发脉冲还未消失，于是 VT_2 与 VT_1 一起导通，又构成 UW 回路，到 $u_U < u_W$ 时，VT_1、VT_2 又同时关断，……如此下去，每个管子与前一个触发的管子一起导通 30°后关断，等到下一个管子触发再与之一起构成回路并导通 30°。图 4-10 示出了负载上的 U 相电压和一个周期中晶闸管的导通情况。

以 U 相负载电压为例，各区间晶闸管的导通情况、负载电压见表 4-4。

图 4-10d 为 U 相负载电压 u_{RU} 的波形。

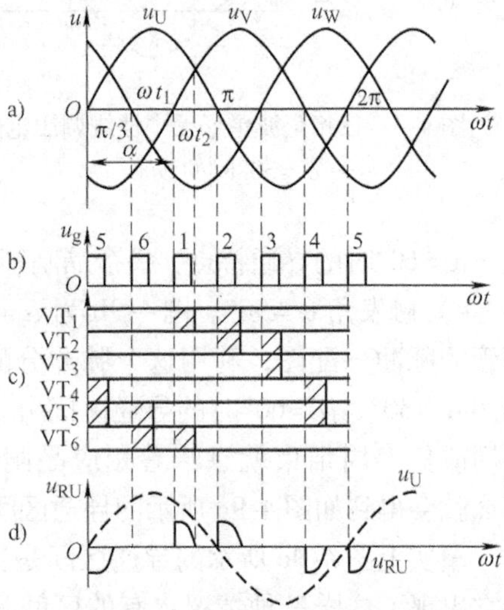

图 4-10　三相全波星形无中性线调压电路 $\alpha = 120°$时的波形

$\alpha = 120°$时的导通特点：每个晶闸管触发后通 30°，断 30°，再触发导通 30°；各区间要么由两个管子导通构成回路，要么没有管子导通。

表 4-4　各区间晶闸管的导通、负载电压情况

ωt	0°~30°	30°~60°	60°~90°	90°~120°	120°~150°	150°~180°
晶闸管导通情况	VT_4、VT_5 导通	VT_1~VT_6 均不导通	VT_5、VT_6 导通	VT_1~VT_6 均不导通	VT_1、VT_6 导通	VT_1~VT_6 均不导通
u_{RU}	(1/2) u_{UW}	0	0	0	(1/2) u_{UV}	0

6）控制角 $\alpha \geqslant 150°$。$\alpha \geqslant 150°$以后，负载上没有交流电压输出。以 VT_1 的触发为例，当 U_{g1} 发出时，尽管 VT_6 的触发脉冲仍存在，但电压已过了 $u_U > u_V$ 区间，这样，VT_1、VT_6 即使有脉冲也没有正向电压，其他管子没有触发脉冲，更不可能导通，因此从电源到负载构不成通路，输出电压为零。

图 4-11 是 $\alpha=30°$、$60°$、$90°$、$120°$电阻性负载时三相交流调压器的实验波形，读者可将理论分析波形和实验波形进行分析对比。

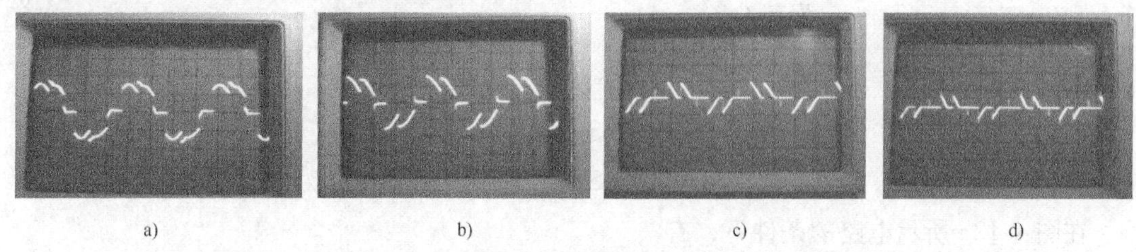

图 4-11 三相交流调压器带电阻性负载不同控制角时的实验波形
a）$\alpha=30°$ b）$\alpha=60°$ c）$\alpha=90°$ d）$\alpha=120°$

由图 4-6～图 4-11 可以看出，$\alpha=0°$时调压电路输出全电压，α 增大则输出电压减小，$\alpha=150°$时输出电压为零。控制角 α 在 $0°$～$150°$变化则输出电压从最大到零连续变化。此外，随着 α 角的增大，电流的不连续程度增加，每相负载上的电压已不是正弦波，但正、负半周对称。因此，调压电路输出电压中只有奇次谐波，以 3 次谐波所占比重最大。但由于这种电路没有零线，故无 3 次谐波通路，减少了 3 次谐波对电源的影响。

（2）三相阻－感性负载交流调压电路

三相交流调压电路在阻－感性负载下的情况要比电阻性负载复杂得多。从实验可知，当三相交流调压电路带阻－感性负载时，同样要求触发脉冲为宽脉冲，而脉冲移相范围为$\phi\leqslant\alpha\leqslant150°$。

4.2.2 斩波式交流调压电路

1. 交流斩波调压原理

单相斩控式交流调压电路的基本工作原理和直流斩波电路类似，它将交流开关同负载串联或并联构成，如图 4-12a 所示。假定电路中各部分都处在理想状态。开关 S_1 为斩波开关，S_2 为负载电感的续流开关。S_1 和 S_2 不允许同时导通，通常二者在导通时序上互补。

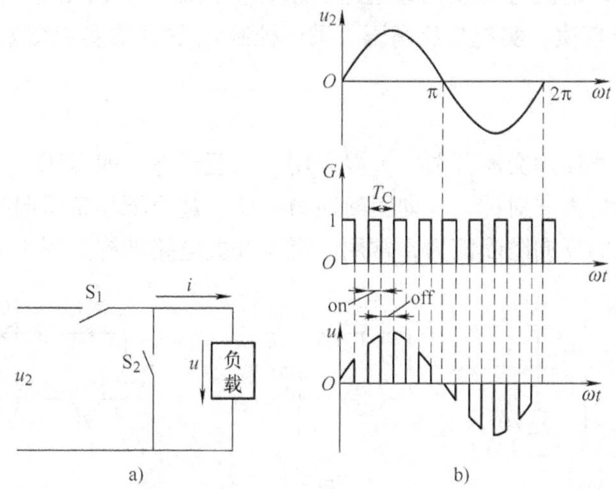

图 4-12 交流斩波调压电路原理图及其波形
a）电路原理图 b）工作波形

图 4-12b 所示为交流斩波调压电路输出波形，由图可知，输出电压 u 为

$$u = \begin{cases} u_2 = \sqrt{2}U_2\sin\omega t & S_1\text{ 通},S_2\text{ 断} \\ 0 & S_1\text{ 断},S_2\text{ 通} \end{cases} \tag{4-8}$$

定义开关函数为

$$G = \begin{cases} 1 & S_1\text{ 通},S_2\text{ 断} \\ 0 & S_1\text{ 断},S_2\text{ 通} \end{cases} \tag{4-9}$$

在图 4-12a 所示电路的条件下，有

$$u = Gu_2 = \sqrt{2}GU_2\sin\omega t \tag{4-10}$$

设交流开关 S_1 闭合时间为 t_{on}，关断时间为 t_{off}，则交流斩波器的导通比为 $D = \dfrac{t_{on}}{t_{on} + t_{off}} = \dfrac{t_{on}}{T_c}$。

将 G 的波形用傅里叶级数展开，得

$$G = D + \frac{2}{\pi}\sum_{n=1}^{\infty}\frac{\sin\varphi_n}{n}\cos(n\omega_c t - \varphi_n)。$$

式中，$\varphi_n = n\pi D$；$\omega_c = \dfrac{2\pi}{T_c}$，$T_c$ 为开关周期。

将开关函数 G 的傅里叶级数表达式代入式(4-10)，得

$$\begin{aligned} u &= \sqrt{2}U_2\sin\omega t\left[D + \frac{2}{\pi}\sum_{n=1}^{\infty}\frac{\sin\varphi_n}{n}\cos(n\omega_c t - \varphi_n)\right] \\ &= D\sqrt{2}U_2\sin\omega t + \frac{\sqrt{2}U_2}{\pi}\sum_{n=1}^{\infty}\frac{\sin\varphi_n}{n}\{\sin[(n\omega_c + \omega)t - \varphi_n] - \sin[(n\omega_c - \omega)t - \varphi_n]\} \end{aligned} \tag{4-11}$$

式（4-11）表明，u 含有基波及各次谐波。谐波频率在开关频率及其整数倍两侧 $\pm\omega$ 处分布，开关频率越高，谐波与基波距离越远，越容易被滤掉。改变导通比 D，即改变 t_{on} 或 T_c 就可改变基波电压幅值，实现交流调压。采用控制 t_{on} 的方法实现交流调压比控制 T_c 更为容易。

2. 交流斩波控制

交流斩波调压电路使用交流开关，一般采用全控型器件，如 GTO、GTR、IGBT 等。

这类器件静特性均为非对称，反向阻断能力很低，甚至不具备反向阻断能力，为此常利用二极管来提供开关的反向阻断能力，常用的交流开关电路结构如图 4-13 所示。

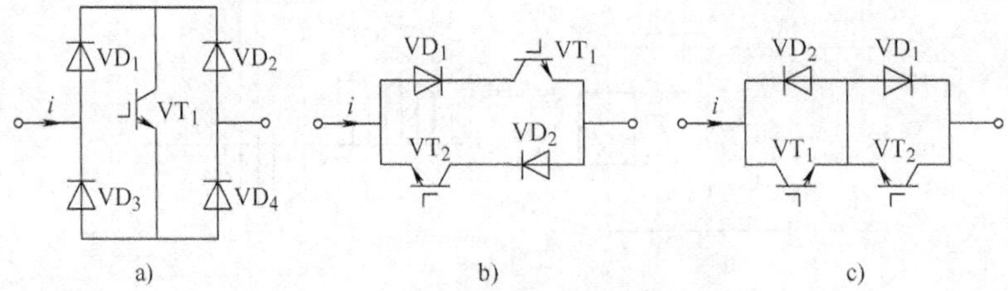

图 4-13　常用交流开关电路结构

a）交流开关电路结构一　b）交流开关电路结构二　c）交流开关电路结构三

在图 4-13a 所示的电路中，只使用一个全控开关器件。当负载电流方向改变时，二极管桥中导通的桥臂自然换相（从 VD_1、VD_4 切换到 VD_2、VD_3），而流过开关器件中的电流方向不会改变。采用这种结构的双向开关，控制电路简单，无同步要求，斩波开关与续流开关可采用互补控制。

在图 4-13b、c 所示的电路中，每一个双向开关中含有两个全控开关。它们在负载电流的不同方向上分别进行控制。控制电路必须有严格的同步要求，两个开关可独立控制，因此控制方式比较灵活。图 4-13b 与图 4-13c 所示电路的不同之处在于：一方面，图 4-13c 所示电路的两个全控开关的公共极接在一起，因此栅极控制信号可以共地；另一方面，这种接法还可使用带有反并联二极管的功率开关模块，使主电路结构简单。

一般来说，交流斩波调压电路的控制方式与交流主电路开关结构、主电路结构及相数有关。但按照对交流斩波开关和续流开关的控制时序而言，则可分为互补控制和非互补控制两大类。

（1）互补控制

互补控制就是在一个开关周期内，斩波开关和续流开关只能有一个导通。如采用图 4-13b所示的交流开关结构，构成的交流斩波调压电路图及其理想控制时序如图 4-14 所示。这种控制方法与电流可逆直流斩波电路的控制类似，按电源正、负半周分别考虑。

在图 4-14b 中，u_{2p}和 u_{2n}分别为交流正、负半周对应的同步信号，作用是在交流开关导通的参考方向，即当 u_{2p}有效时，VT_1 和 VT_3 交替施加驱动信号，当 u_{2n}有效时，VT_2 和 VT_4 交替施加驱动信号。从图中可看出，斩波信号发生器同时提供 VT_1 和 VT_3 的触发信号，是否施加触发信号由 u_{2p}是否有效决定。VT_2 和 VT_4 的情况也一样。

由于实际开关为非理想开关，很可能会因开关导通、关断延时造成斩波开关和续流开关直通而短路，为防止短路，需增设死区时间，这样又会造成两者均不导通，对于电感性负载，电流断续会产生过电压。同时，电感性负载电流滞后，电压过零点附近，电感电流方向与电压方向相反，此时开关组的切换也造成电流的断续。因此，为防止过电压还需要采取其他措施，如使用缓冲电路、电压电流过零检测等，这是互补控制方式的不足之处。

（2）非互补控制

非互补控制方式的控制时序及电阻负载工作波形如图 4-15 所示，电路结构参照图 4-14a。

在 u_2 正半周时，用 VT_1 进行斩波控制，VT_2 和 VT_3 一直施加控制信号导通，提供续流通道，VT_4 始终处于断态。

在 u_2 负半周时，用 VT_2 进行斩波控制，VT_1 和 VT_4 一直施加控制信号导通，提供续流通道，VT_3 总处于断态。

在非互补控制方式中，不会出现电源短路和负载断流情况。以 u_2 正半周为例，VT_1 进行斩波控制，VT_4 总处于断态，不会产生直通；VT_2 和 VT_3 一直施加控制信号导通，无论负载电流是否改变方向，当斩波开关关断时，负载电流都能维持导通，防止了因斩波开关和续流开关同时关断造成的负载电流断续。

当负载为电感性时，由于电压、电流相位不同，若按图 4-15 给出的控制时序，则由于电压正半周时，对 VT_2 和 VT_3 一直施加控制信号导通；当电流为负半周时，VT_2 导通，会造成 VT_1 反偏，斩波控制失败，即输出电压不受斩波开关控制，出现输出电压失真的情况。

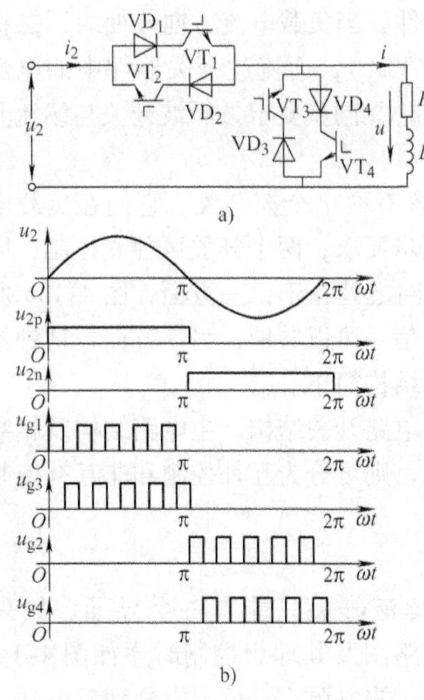

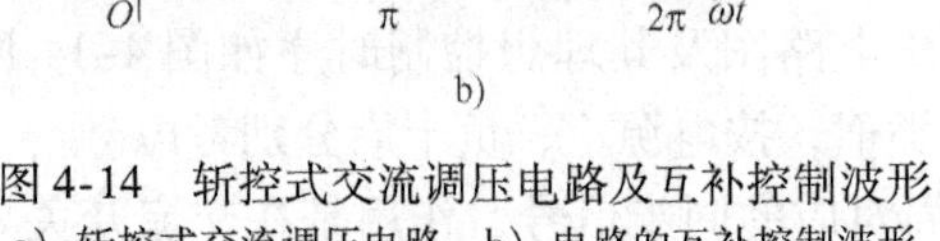

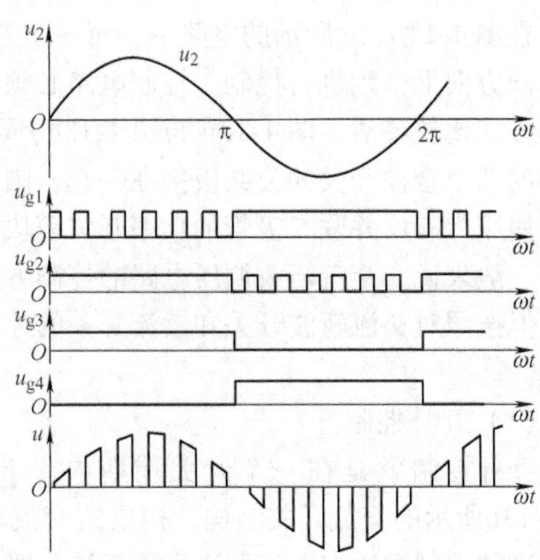

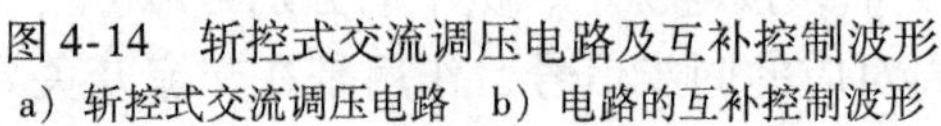

图 4-14　斩控式交流调压电路及互补控制波形
a）斩控式交流调压电路　b）电路的互补控制波形

图 4-15　斩控式交流调压电阻性负载非互补控制波形

为了避免出现这种失控现象，在电感性负载下，电路时序控制中应加入电流信号，由电压、电流的方向共同决定控制时序。

3. 单相交流斩波调压电路的输出

若负载为纯电阻，负载电流 i 的基波波形与负载电压波形同相，如图 4-16a 所示；若为电感性负载，负载电流 i 滞后电源电压，波形如图 4-16b 所示。

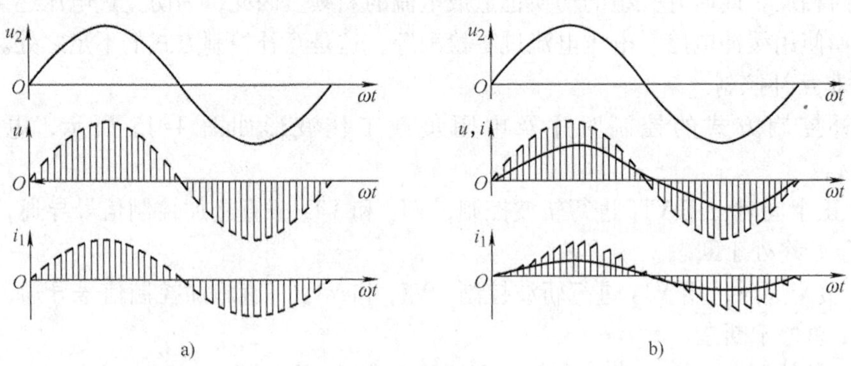

图 4-16　交流斩波时的输出电压、电流波形
a）电阻性负载　b）电感性负载

4. 三相交流斩控调压电路

三相斩控式交流调压电路如图 4-17 所示，它由三个串联开关 VT_1、VT_2、VT_3 以及一个续流开关 VT_N 组成，串联开关共用一个控制信号 u_g，它与续流开关的控制信号 u_{gN} 在相位上互补。这样当 VT_1、VT_2、VT_3 导通时，VT_N 即关断，负载电压等于电源电压；反之，当

VT_N 导通时，VT_1、VT_2、VT_3 均关断，负载电流沿 VT_N 续流，负载电压为零。

交流斩波调压与相控调压相比有明显的优点：电源电流的基波分量相位和电源电压的相位基本相同，功率因数接近 1；电源电流不含低次谐波，只含有和开关周期有关的高次谐波；功率因数高，是一种有发展前途的交流调压器。

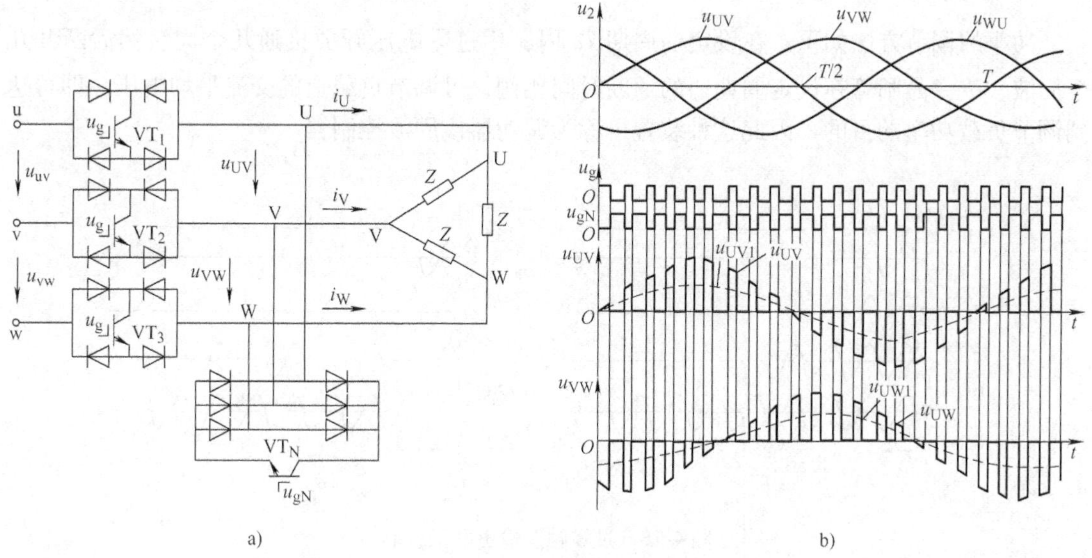

图 4-17　三相斩控式交流调压电路及其工作波形
a）三相斩控式交流调压电路　b）电路工作波形

【例 4-1】　一调光台灯由单相交流调压电路供电，台灯为电阻性负载，在移相控制角 $\alpha=0°$ 时输出功率为最大，试求功率为最大输出功率的 80%、50% 时的开通角。

解：（1）$\alpha=0°$ 时输出电压最大，为 $U_{om}=\sqrt{\dfrac{1}{\pi}\int_0^{\pi}(\sqrt{2}U_2\sin\omega t)^2\mathrm{d}\omega t}=U_2$。此时负载电流最大，为 $I_{om}=\dfrac{U_{om}}{R}=\dfrac{U_2}{R}$；则最大输出功率为 $P_{max}=U_{om}I_{om}=\dfrac{U_2^2}{R}$。

（2）输出功率为最大输出功率的 80% 时，即 $P=0.8P_{max}=0.8U_{om}I_{om}=\dfrac{(\sqrt{0.8}U_2)^2}{R}$，此时 $U_o=\sqrt{0.8}U_2$。又由 $U_o=U_2\sqrt{\dfrac{\sin2\alpha}{2\pi}+\dfrac{\pi-\alpha}{\pi}}$，解得 $\alpha=60.5°$

（3）同理，输出功率为最大输出功率的 50% 时，有 $U_o=\sqrt{0.5}U_2$。又由 $U_o=U_2\times\sqrt{\dfrac{\sin2\alpha}{2\pi}+\dfrac{\pi-\alpha}{\pi}}$ 解得 $\alpha=90°$。

4.3　晶闸管交流调功器和交流开关

交流调功电路或无触点交流开关电路对交流电源实现通断控制，其电路结构与相控交流调压类似，也是采用两只反并联晶闸管（或双向晶闸管）构成双向可控开关，区别在于调功电路仅在交流电过零时刻开通或关断，使输出交流电间隔若干整数倍周期时间，实现输出平均功率的调节。在接通期间，负载上承受的电压与流过的电流均是正弦波，与相位控制相比，对电网不会造成谐波污染，仅仅表现为负载通断。

4.3.1 晶闸管交流调功器

功率的调节方法如下：在设定的周期 T_c 内，用过零电压开关接通几个周波然后断开几个周波，改变晶闸管在设定周期内的通断时间比例，可调节负载上的交流平均电压，即可达到调节负载功率的目的。因此这种装置也称为调功器或周波控制器。

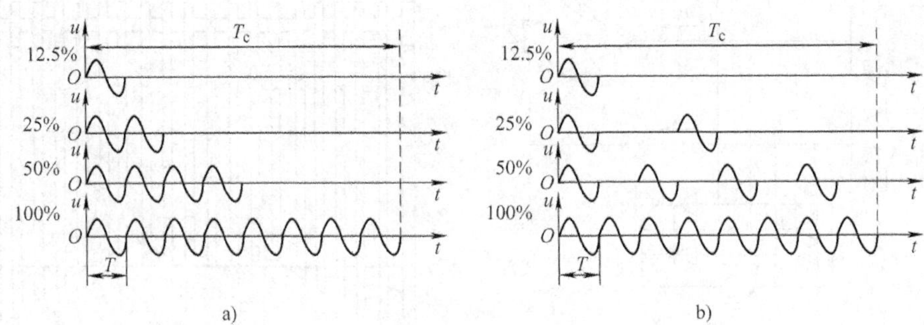

图 4-18 过零触发输出电压波形

图 4-18 为设定周期 T_c 内零触发输出电压波形的两种工作方式，如在设定周期 T_c 内导通的周波数为 n，每个周波的周期为 T（$f=50\text{Hz}$，$T=20\text{ms}$），则调功器的输出功率和输出电压有效值分别为

$$P=\frac{nT}{T_c}P_n \text{ 和 } U=\sqrt{\frac{nT}{T_c}}U_n$$

式中，P_n、U_n 分别为设定周期 T_c 内全部周波导通时装置输出的功率与电压有效值。改变导通周波数 n 即可改变电压和功率。

【例 4-2】 某单相反并联调功电路，采用过零触发控制，负载为大惯性环节。若设定周期为 T_c，导通时间为 t_{on}，关断时间为 t_{off}，试求负载电压有效值 U_L 及负载功率 P_L。若全导通时电压 $U_2=220\text{V}$，负载电阻 $R=1\Omega$，在设定周期 T_c 内，使晶闸管导通 0.3s，断开 0.2s，试计算送到电阻负载上的功率与晶闸管一直导通时所送出的功率。

解：（1）调功电路导通时，负载上的电压有效值 U_L

$$U_L = U_2\sqrt{\frac{t_{on}}{T_c}}$$

负载功率 P_L 为 $P_L=\dfrac{U_L^2}{R}$

（2）负载全导通时送出的功率 $P_L=\dfrac{U_2^2}{R}=\dfrac{220^2}{1}\text{W}=48.4\text{kW}$。负载在导通 0.3s，断开 0.2s，过零触发控制下，负载上的电压有效值 $U_L=U_2\sqrt{\dfrac{t_{on}}{T_c}}=220\sqrt{\dfrac{0.3}{0.3+0.2}}\text{V}=170\text{V}$

负载上的功率 $P_L = \frac{t_{on} U_2^2}{T_c R} = 48.4 \times \frac{0.3}{0.3 + 0.2} kW = 29kW$

4.3.2 晶闸管交流开关

晶闸管交流开关是一种快速、理想的交流开关。晶闸管交流开关总是在电流过零时关断，在关断时不会因负载或电路电感储存能量而造成暂态过电压和电磁干扰，因此适用于操作频繁、有易燃气体、多粉尘的场合。

4.3.3 交流电力控制技术的应用

交流电力控制技术又称为交流开关控制技术，包括交流调压和交流调功技术。

1. 晶闸管交流调压电路的应用

交流调压广泛用于工业加热、灯光控制、感应电动机调压调速以及电焊、电解、电镀的交流侧调压等场合。单相交流调压用于小功率调节，广泛用于民用电气控制。

（1）双向触发二极管触发的交流调压电路

图 4-19 是常用的双向晶闸管调光电路。其触发电路由双向触发二极管 VD、电阻 R_1 和 R_2、电位器 RP 及电容 C_1 和 C_2 等构成。双向触发二极管是一种 NPN 三层结构、具有双向对称的击穿特性和负阻特性的半导体器件，伏安特性如图 4-20 所示。

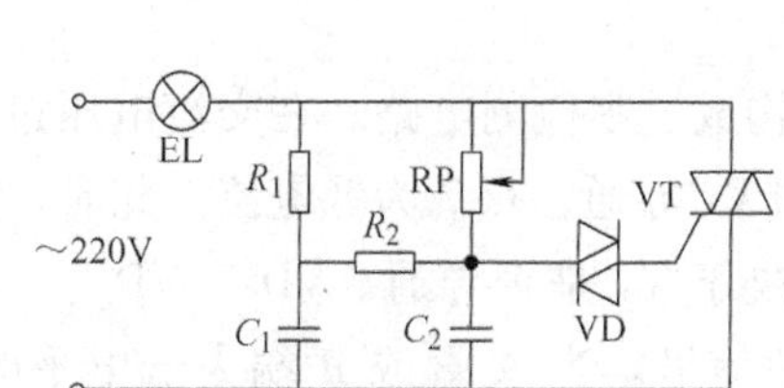

图 4-19　双向晶闸管简易调光电路

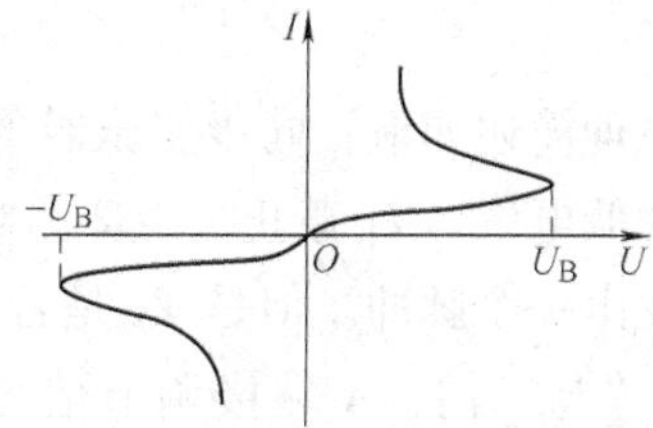

图 4-20　双向触发二极管的伏安特性

图 4-19 中的双向晶闸管由 *RC* 充放电电路和双向触发二极管 VD 控制。当电容 C_2 电压升高到超过双向触发二极管 VD 的击穿电压 U_B 时，VD 导通，C_2 迅速放电，其放电电流使双向晶闸管导通。改变 RP 的阻值，即改变了 C_2 充电到 VD 击穿电压 U_B 的时间，达到改变控制角的目的。当 RP 阻值大于某一值时，可能 C_2 充电电压在电源半个周期内达不到 VD 的击穿电压，使控制角的移相范围受到一定限制。但增加 R_1 和 C_1 之后，C_1 的充电电压通过 R_2 给 C_2 充电，提高了 C_2 的端电压，从而扩大了移相范围，即扩大了白炽灯的最低亮度范围。

（2）单结晶体管触发的交流调压电路

单结晶体管触发的单相交流调压电路如图 4-21 所示。

电源接通后，经桥式整流电路输出双半波脉动直流电压，再经稳压管 VS 削成梯形波电压。RP 和 *C* 为充放电定时元件，当 *C* 两端电压充电到单结晶体管 V 的峰点电压

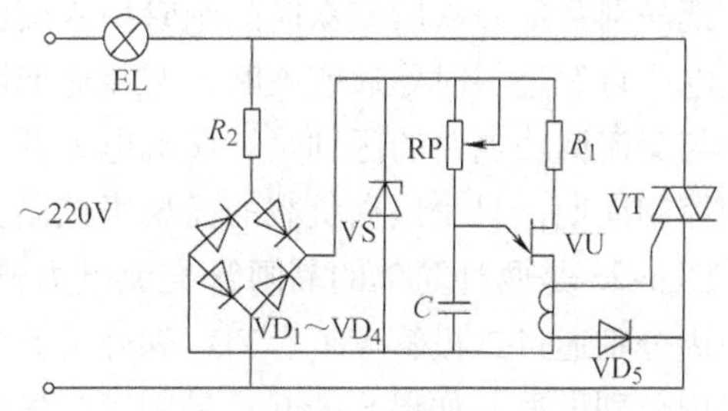

图 4-21　单结晶体管触发的单相交流调压电路

时，单结晶体管导通，输出尖脉冲，通过脉冲变压器使双向晶闸管触发导通。当改变 RP 时可以改变脉冲产生的时刻，从而改变晶闸管的导通角，达到调节交流输出电压的目的。

2. 交流调功器过零触发电路

交流调功器的主电路通常可用两个普通晶闸管反并联或双向晶闸管组成，与图 4-22 共用变压器 T_1，此处没有画出。图 4-22 为与交流调功器配套的同步过零触发电路。它包括过零检测、逻辑“与”门和脉冲放大 3 部分。

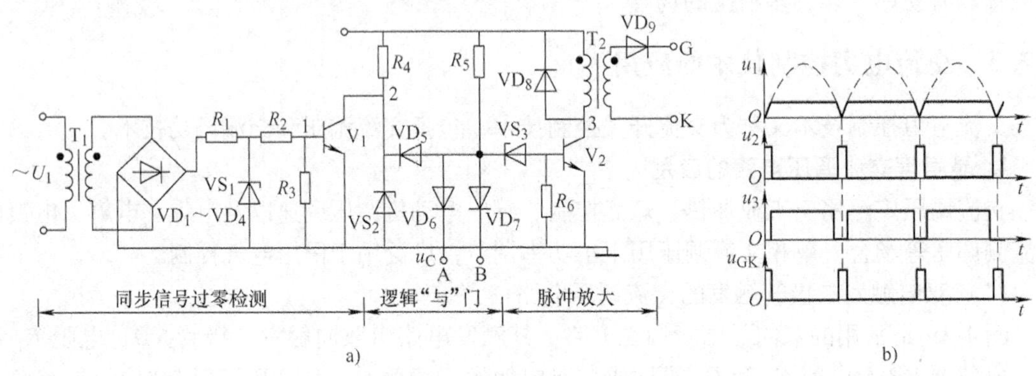

图 4-22　过零触发电路和波形
a）同步过零触发电路　b）过零电路波形

工作原理简述如下：同步变压器 T_1、晶体管 V_1 等构成过零检测电路。在交流电压过零时，点 1 为低电位，V_1 截止，点 2 为高电位；其余时间 V_1 导通，点 2 为低电位。此时，V_1 的集电极发出一个脉冲。但是 T_2 是否有脉冲输出还取决于 V_2 是否导通。VD_5、VD_6、VD_7 和 R_5 构成“与”门，A 端接调节信号 u_c，B 端接保护信号。当 A 端或 B 端为低电平时，“与”门封锁，V_2 截止，没有脉冲输出；只有当 A 端或 B 端均为高电平时，V_2 导通，由 V_1 产生的过零脉冲才得以通过，并经 V_2 放大和脉冲变压器 T_2 输出。各级工作波形如图 4-22b 所示。

过零触发虽然没有移相触发时的高次谐波干扰，但其通断频率比电源频率低，特别当通断比太小时，会出现低频干扰，使照明出现人眼能察觉到的闪烁、电表指针出现摇摆等。所以调功器通常用于热惯性较大的电热负载。

3. 晶闸管交流开关的应用

（1）晶闸管交流电力开关

把晶闸管反并联后或双向晶闸管串入交流电路中，代替电路中的机械开关，令晶闸管在交流电压自然过零时导通或关断，起接通或断开电路的作用，则称为晶闸管交流电力开关。

与交流调功电路的区别是，交流电力开关并不控制电路的平均输出功率，通常也没有明确的控制周期，只是根据负载的需要来控制交流电路的接通和断开。

图 4-23 是两种简单的晶闸管交流电力开关。图 4-23a 中控制开关 S 闭合时，电源的正负半周分别通过二极管 VD_1、VD_2 和开关 S 接通 VT_1、VT_2 的门极电路，使相应晶闸管在正负半周分别导通。如果 S 断开，晶闸管门极开路，不能导通，相当于电力开关断开。所以通过对小电流开关 S 的操作，可实现对主电路的通断控制。

图 4-23b 中采用双向晶闸管构成电力电子开关。控制开关 S 闭合时，正半周 VT 以Ⅰ$_+$方式触发导通，负半周 VT 以Ⅲ$_-$方式触发导通，相当于电力电子开关闭合；如果 S 断开，门极开路，VT 不能导通，相当于电力电子开关断开。

（2）电动机的正反转控制

利用晶闸管交流开关代替交流接触器，通过改变供电电压相序可以实现电动机的正反转控制。图 4-24 采用了五组反并联的晶闸管来实现无触点的切换。图中晶闸管 1 ~6 供给电动机定子正相序电源；而晶闸管 7 ~10 及 1、4 则供给电动机定子反相序电源，从而可使电动机正、反向旋转。

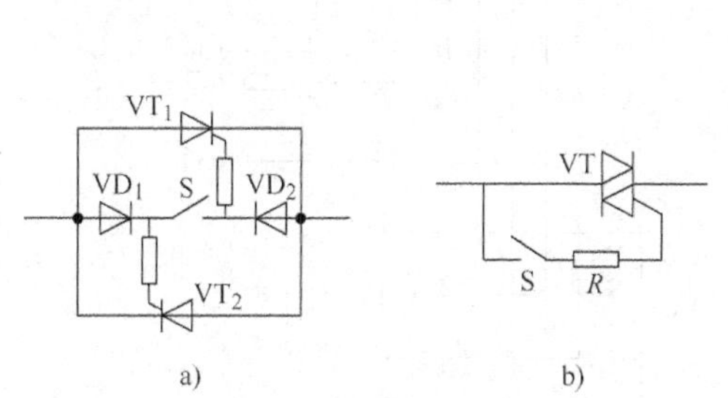

图 4-23　简单的晶闸管交流电力开关
a）晶闸管交流电力开关　b）双向晶闸管交流电力开关

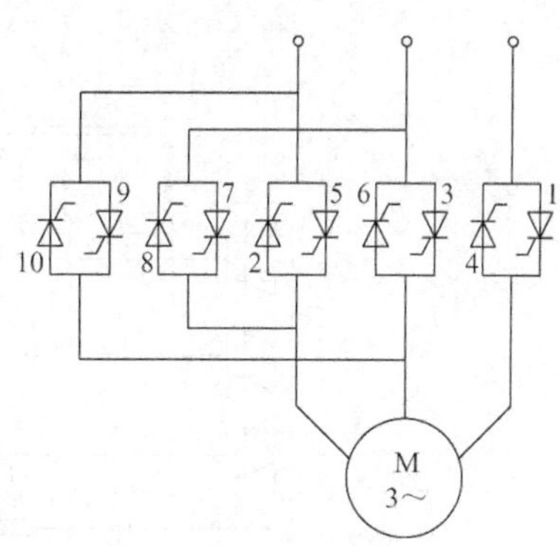

图 4-24　晶闸管交流调压调速系统可逆运行和制动原理图

4. 晶闸管交流调压在大功率电镀电源中的应用

图 4-25 为实用电镀电源的电原理图，该装置输出最大直流电流为 1000A，电压为 3 ~ 12V 连续可调。整流变压器一次侧可以进行 Y/D 换接，通过调节一次侧电路的晶闸管三相交流调压器输出交流电压值，达到改变二次侧交流电压的目的，进而改变二极管桥式整流器的直流输出电压。

触发电路采用简单的阻容移相触发，同步变压器 TS 一次侧接到对应的线电压上。u_{UV} 线电压超前 u_U 相电压 30°，使得控制角 α 调节有一定裕量。移相变压器二次侧电压抽头不对称（12V、24V），使得小控制角 α 运行时，脉冲变压器一次电压幅值较大，因而脉冲幅值增大。由于整流变压器 TR 一次侧可以 Y/D 换接，本装置运行在最小直流输出电压（3V）时，控制角 α 不会太大，功率因数不会太低。

图 4-25 中右下方的移相桥阻抗调节电路采用三相全波整流形式，若改变直流侧的可调电位器 RP，则反映到移相桥的阻抗值也随之变化，使移相桥输出端的电压产生移相。另外，在脉冲变压器 TP 二次侧，两绕组同名端相反，如 U 相，正半周触发 VS_1 管，负半周触发 VS_4 管，相位差 180°。考虑到控制角 α 有一定的调节裕量，为保证装置运行可靠稳定，脉冲变压器二次侧接了容量较大的 RC 元件，用于吸收干扰脉冲信号。

图 4-25 中左上方的上端为电源连线 RC 保护，下端为元件侧 RC 保护，能有效抑制浪涌过电压和 du/dt，主变压器 TR 二次侧的整流二极管 VD 并联是为了扩大整流二极管的电流容量。

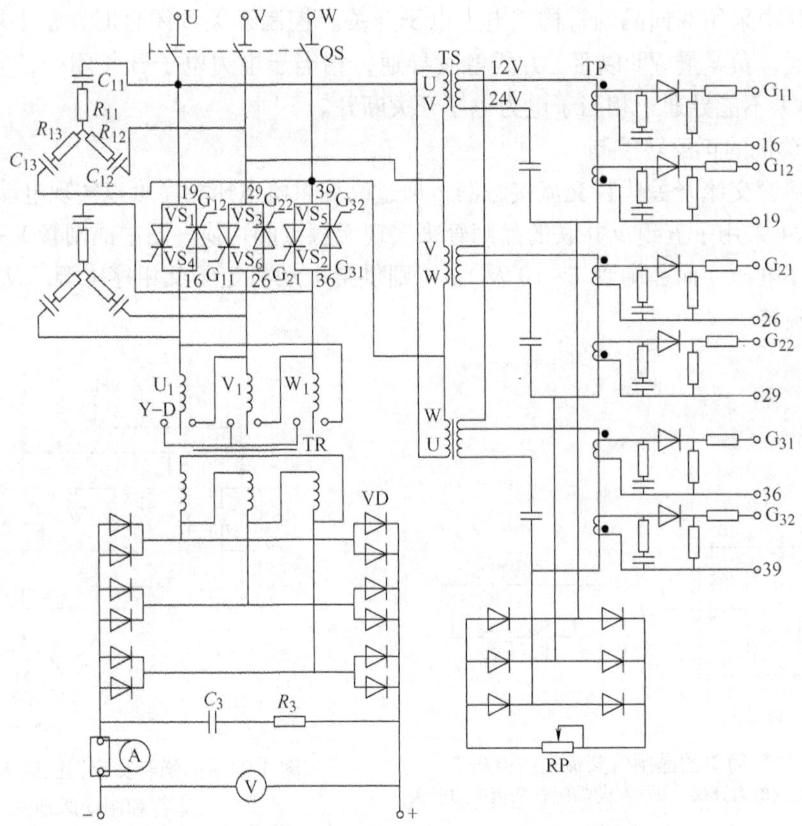

图 4-25　KGDS-1000/3-12 型电镀整流装置原理图

4.4　交－交变频器

交－交变频电路是不通过中间环节而把工频交流电直接变换成不同频率交流电的变频电路，故又称为直接变频器或周波变换器（Cycloconverter）。因为没有中间直流环节，仅用一次变换就实现了变频，所以效率较高。目前，自关断型变频器受自关断器件容量的限制，功率还不能做得很大。强制关断型功率受到换相电容的换相能力限制，同样功率不能做得很大。而普通晶闸管容量大，价格便宜，电源换相可靠，所以对于大功率变频器来说，一般采用由普通晶闸管组成的、利用电源换相方式的变频器。所以，交－交变频器大多数由普通晶闸管器件构成。交－交变频器的主要构成环节如图 4-26 所示。

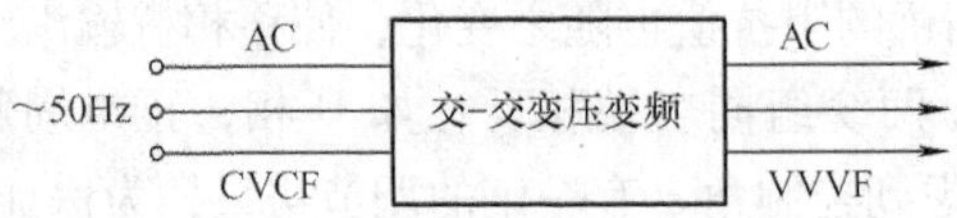

图 4-26　交－交变频器的主要构成环节

生产中所用的交－交变频器大多是三相交－交变频电路，但单相输出的交－交变频电路是其基础。下面首先讨论单相交－交变频电路。

4.4.1 晶闸管单相交－交变频电路

1. 基本结构和工作原理

图4-27a是单相交－交变频电路的原理图。电路由两组反并联的晶闸管整流器构成，和直流可逆调速系统用的四象限变流器完全一样，两者的工作原理也非常相似。

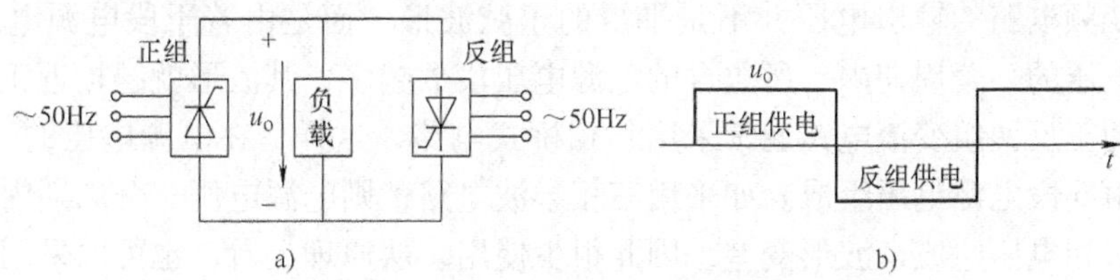

图4-27 单相交－交变频器的主电路及输出电压波形
a）电路原理图 b）方波型平均输出电压波形

根据控制角 α 的变化方式的不同，有方波型交－交变频器、正弦波型交－交变频器之分。

（1）方波型交－交变频器

单相方波型交－交变频器的主电路如图4-27a所示，图中负载由正组与反组晶闸管整流电路轮流供电。当正组供电时，负载上获得正向电压；当反组供电时，负载上获得负向电压。

如果在各组整流器工作期间 α 角不变，则输出电压 u_o 为矩形波交流电压，改变 α 的大小可调节矩形波的幅值，从而调节输出交流电压 u_o 的大小；而改变正反组切换频率可以调节输出交流电的频率，如图4-27b所示。

（2）正弦波型交－交变频器

正弦波型交－交变频器的主电路与方波型的主电路相同，但正弦波型交－交变频器可以输出平均值按正弦规律变化的电压，克服了方波型交－交变频器输出波形高次谐波成分大的缺点，故作为变频器它比前一种更为实用。

2. 输出正弦波形的获得方法

在正组桥整流工作时，设法使控制角 α 由大到小再变大，如从 $\pi/2 \to 0 \to \pi/2$，必然引起输出的平均电压由低到高再到低的变化，如图4-28a区所示。而在正组桥逆变工作时，使控制角由小变大再变小，如从 $\pi/2 \to \pi \to \pi/2$，就可以获得图4-28b区所示的平均值可变的负向逆变电压。但 α 按什么规律去控制，才能使输出电压平均值的变化规律成为正弦型呢？

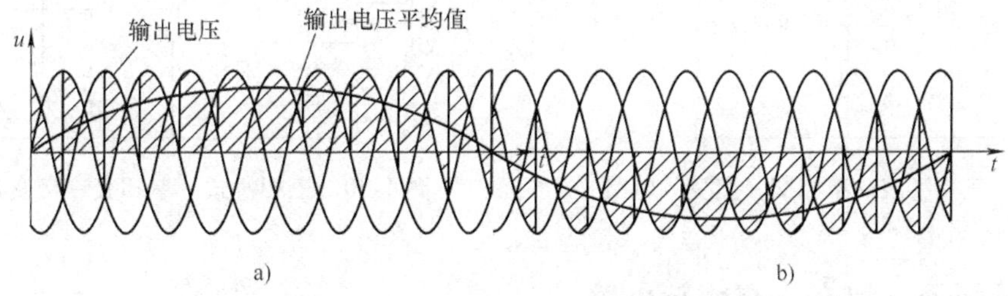

图4-28 正弦型交－交变频器的输出电压波形
a）整流状态波形 b）逆变状态波形

通常采用的方法是余弦交点法，其移相控制角 α 的变化规律应使得整流输出电压的瞬时值最接近于理想正弦电压的瞬时值，即整流输出电压瞬时值与理想正弦电压瞬时值相等。

3. 输出电压有效值和频率的调节

改变给定正弦波的幅值和频率，它与余弦同步信号的交点也改变，从而改变了正、反组电源周期各相中的 α，达到调压和变频的目的。

交－交变频电路的输出电压并不是平滑的正弦波形，而是由若干段电源电压拼接而成的。在输出电压的一个周期内，所包含的电源电压段数越多，其波形就越接近正弦波。交－交变频电路的正反两组变流电路通常采用三相桥式电路，这样，在电源电压的一个周期内，输出电压将由 6 段电源电压组成。如采用三相半波电路，则电源电压一个周期内输出的电压只由 3 段电源相电压组成，波形变差，因此很少使用。从原理上看，也可以采用单相整流电路，但这时波形更差，故一般不用。

4. 无环流控制及有环流控制

前面的分析都是基于无环流工作方式进行的。为保证负载电流反向时无环流，系统必须留有一定的死区时间，这就使得输出电压的波形畸变增大。为了减小死区的影响，应在确保无环流的前提下尽量缩短死区时间。

交－交变频电路也可以采用有环流控制方式。这种方式和直流可逆调速系统中的有环流方式类似，在正反两组变流器之间设置环流电抗器。运行时，两组变流器都施加触发脉冲，并且使正组触发角 α_{I} 和反组触发角 α_{II} 保持 $\alpha_{\mathrm{I}} + \alpha_{\mathrm{II}} = 180°$ 的关系。由于两组变流器之间流过环流，可以避免出现电流断续现象并可消除电流死区，从而使变频电路的输出特性得以改善，还可提高输出上限频率。

总之，交－交变频器由于其直接变换的特点，效率较高，可方便地进行可逆运行。但主要缺点是：①功率因数低；②主电路使用晶闸管器件数目多，控制电路复杂；③变频器输出频率受到电网频率的限制，最大变频范围在电网频率的 1/2 以下。因此，交－交变频器一般只适用于球磨机、矿井提升机、电动车辆、大型轧钢设备等低速大容量拖动场合。

5. 三相－单相交－交变频电路

将两组三相可逆整流器反并联即可构成三相－单相变频电路。图 4-29 为采用两组三相半波整流的电路，图 4-30 则为采用两组三相可逆桥式整流的电路。

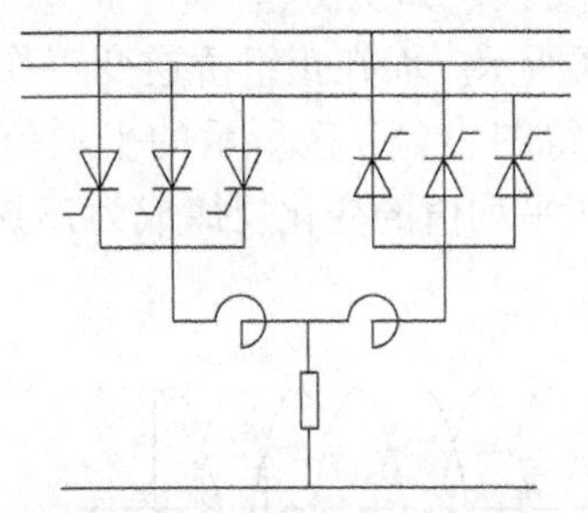

图 4-29　三相半波－单相交－交变频电路

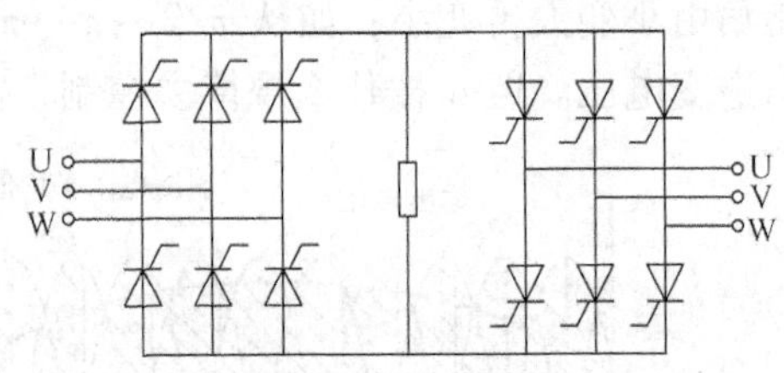

图 4-30　三相桥式－单相交－交变频电路

4.4.2　晶闸管三相交－交变频电路

交－交变频器主要用于交流调速系统中，因此实际使用的主要是三相交－交变频器。三相交－交变频电路是由三组输出电压相位互差120°的单相交－交变频电路组成的，上面的许多分析和结论对三相交－交变频电路也是适用的。

1. 电路的接线方式

三相交－交变频电路主要有两种接线方式，即公共交流母线进线方式和输出星形联结方式。

（1）公共交流母线进线方式

图4-31是采用公共交流母线进线方式的三相交－交变频电路原理图，它由3组彼此独立的、输出电压相位互差120°的单相交－交变频电路组成，它们的电源进线通过电抗器接在公共的交流母线上。因为电源进线端公用，所以3组单相变频电路的输出端必须隔离。为此，交流电动机的3个绕组必须拆开，共引出6根线。公共交流母线进线方式的三相交－交变频电路主要用于中等容量的交流调速系统中。

（2）输出星形联结方式

图4-32是输出星形联结方式的三相交－交变频电路原理。3组单相交－交变频电路的输出端星形联结，电动机的3个绕组也是星形联结，电动机的中性点不和变频器的中性点接在一起，电动机只引出3根线即可。图4-32为3组单相变频器连接在一起，其电源进线就必须隔离，所以3组单相变频器分别用3个变压器供电。

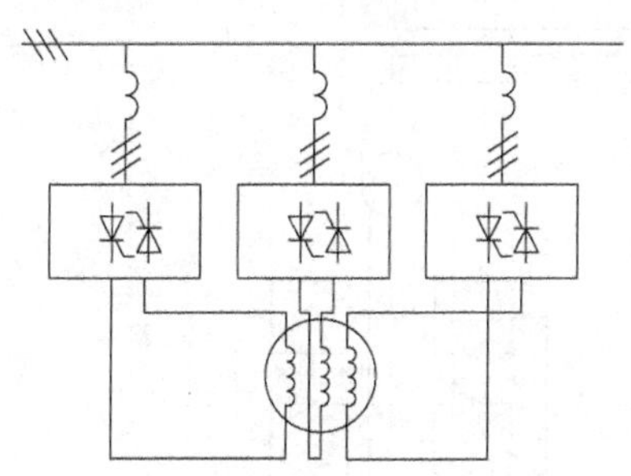

图4-31　公共母线进线方式的三相交－交变频电路

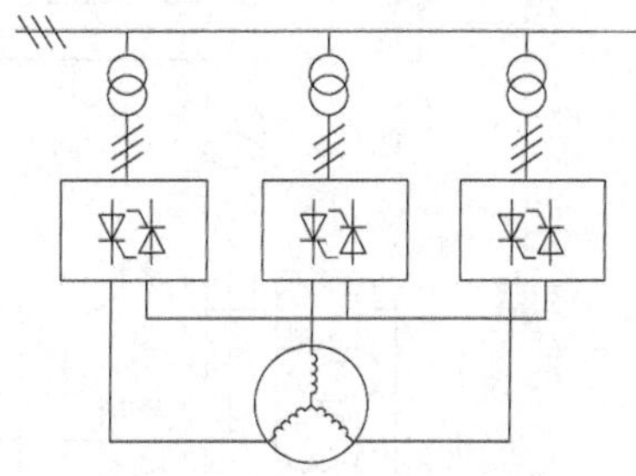

图4-32　输出星形联结方式的三相交－交变频电路

由于变频器输出端中性点不和负载中性点相连接，所以在构成三相变频器的6组桥式电路中，至少要有不同相的两组桥中的4个晶闸管同时导通才能构成回路，形成电流。同一组桥内的两个晶闸管靠双脉冲保证同时导通。两组桥之间靠足够的脉冲宽度来保证同时有触发脉冲。每组桥内各晶闸管触发脉冲的间隔约为60°，如果每个脉冲的宽度大于30°，那么无脉冲的间隔时间一定小于30°，这样，如图4-32所示，尽管两组桥脉冲之间的相对位置是任意变化的，但在每个脉冲持续的时间里，总会在其前部或后部与另一组桥的脉冲重合，使4个晶闸管同时有脉冲，形成导通回路。

2. 具体电路结构

下面列出了两种三相交－交变频电路的电路结构。图4-33为三相桥式整流器组成的三相－三相交－交变频电路，采用公共交流母线进线方式；图4-34为三相桥式整流器组成的三相－三相交－交变频电路，给电动机负载供电，采用输出星形联结方式（负载未画出）。

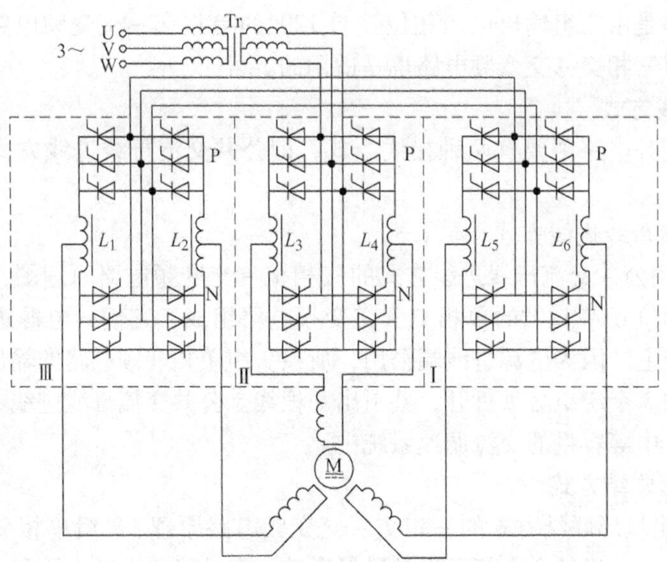

图 4-33　三相－三相交－交变频电路（公共母线进线方式）

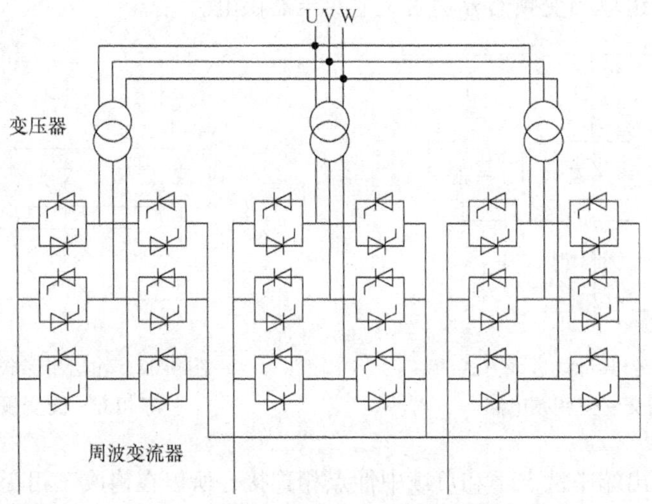

图 4-34　三相－三相交－交变频电路（星形联结方式）

4.5　交流－交流变换电路的仿真

4.5.1　晶闸管单相交流调压电路的仿真

1. 晶闸管单相交流调压电路的仿真（电阻性负载）

（1）电气原理结构图

晶闸管单相调压器带电阻性负载的电气原理结构图如图 4-35 所示。

（2）电路的建模

从电气原理结构图可知，该系统由交流电源、晶闸管和脉冲发生器等部分组成。

图 4-36是按照电气原理结构图方法连接成的晶闸管单相交流调压电路仿真模型。下面介绍各部分的建模和参数设置。

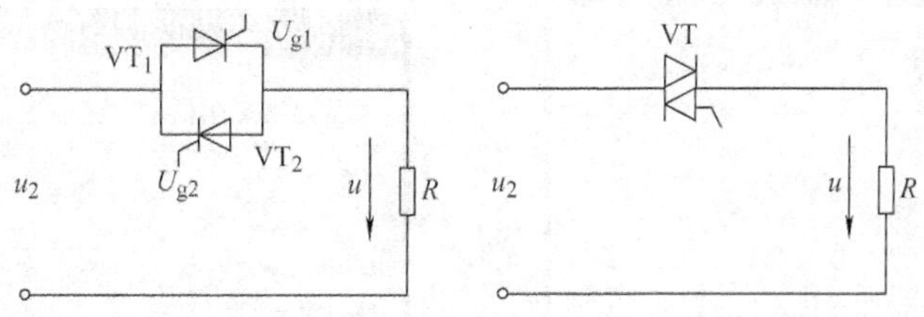

图 4-35　单相交流调压电路带电阻性负载的电气原理结构图

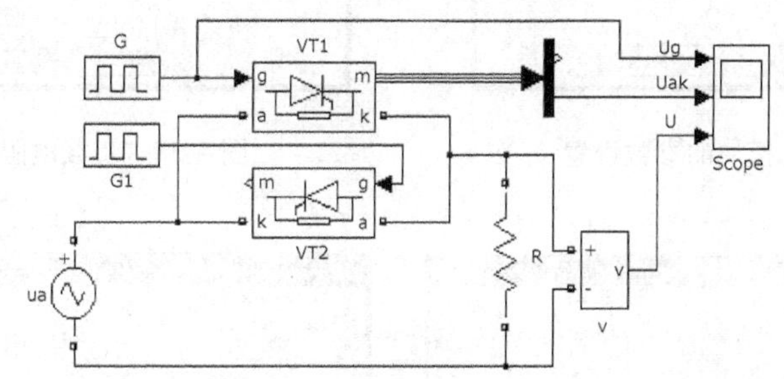

图 4-36　晶闸管单相交流调压电路带电阻性负载的仿真模型

1）模型中使用的主要模块、提取途径和作用。

① 交流电压源模块：SimPower Systems/Electrical Sources/AC Voltage Source，作为变换电源。

② 晶闸管模块：SimPower Systems/Power Electronics/Detailed Thyristor，作为开关器件。

③ 触发模块：Simulink/Sources/Pulse Generator，提供触发脉冲使晶闸管导通。

④ 电阻模块：SimPower Systems/Elements/Series RLC Branch，负载。

⑤ 测量模块：SimPower Systems/Measurements/Voltage Measurement，测量电压。

⑥ 示波器模块：Simulink/Sinks/Scope，用来观察信号。

2）典型模块的参数设置。

① 交流电源和负载电阻模块的参数设置：参数设置对话框和参数设置分别如图 4-37 和图 4-38 所示。

② 触发脉冲模块的参数设置：触发脉冲模块的参数设置对话框和参数设置（$\alpha=60°$）如图 4-39 所示。

③ 晶闸管模块的参数设置：双击晶闸管图标，打开晶闸管的参数设置对话框，晶闸管模块的参数设置如图 4-40 所示。

按照图 4-35 所示的电气原理结构图，将上述各个模块按照图示关系连接起来，就可得到图 4-36 所示的仿真模型。

（3）系统的仿真参数设置

算法选择 ode23tb。模型的开始时间设为 0；模型的停止时间设为 0. 08s，误差为 1e－3。

（4）系统的仿真、仿真结果的输出及结果分析

1）系统仿真。单击“Simulation”→“Start”命令后，系统开始仿真，在仿真时间结束

后，双击示波器就可以查看到仿真结果。

Block Parameters: ua
AC Voltage Source (mask) (link)
Ideal sinusoidal AC Voltage source.
Parameters
Peak amplitude (V):
100
Phase (deg):
0
Frequency (Hz):
50
Sample time:
0
Measurements None
OK Cancel Help Apply

图 4-37 交流电源模块的参数设置

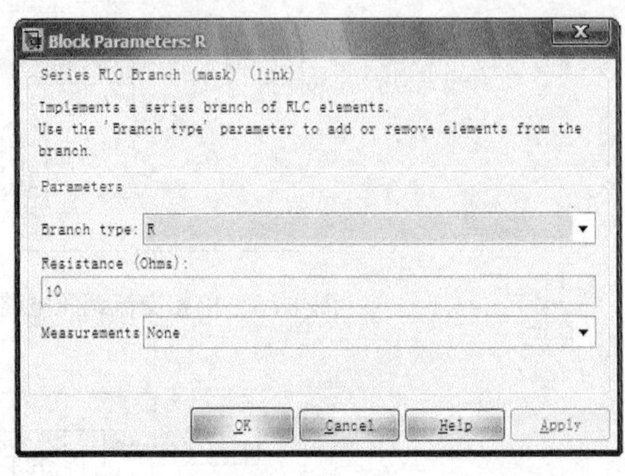

图 4-38 负载电阻模块的参数设置

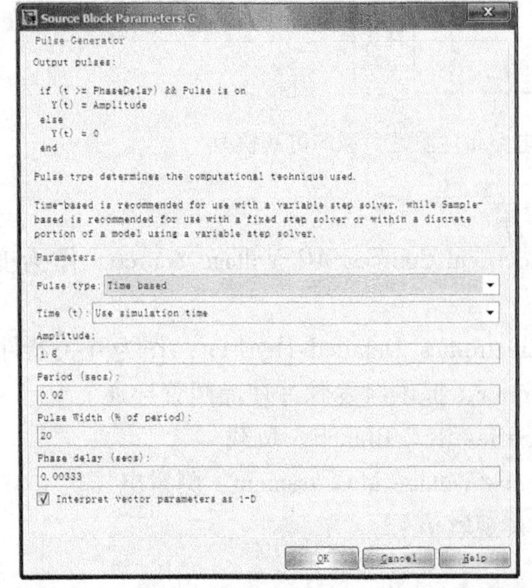

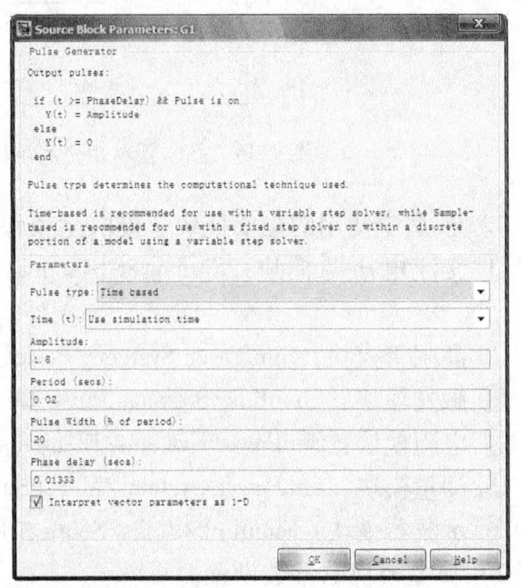

图 4-39 触发脉冲模块的参数设置

2）输出仿真结果。双击“示波器”图标得到仿真输出波形。仿真结果如图 4-41a ~ d 所示，它们分别是控制角为 30°、60°、90°和 120°时触发信号 u_g、晶闸管端电压 u_{ak} 和交流输出电压 u 的仿真和实验波形。

3）仿真结果分析。当负载为电阻性负载时，负载电流和负载电压波形一致，随着触发角的增大，电压的有效值减小，从而达到调压的目的。当触发角为 0°时，输出波形是完整的正弦波；当触发角设为 180°时，波形为一条直线，因此可以得出晶闸管单相交流调压的触发角范围为 0° ~ 180°。

2. 晶闸管单相交流调压电路的仿真（阻 – 感性负载）

（1）电气原理结构图

晶闸管单相调压电路带阻 – 感性负载的电气原理图如图 4-42 所示。

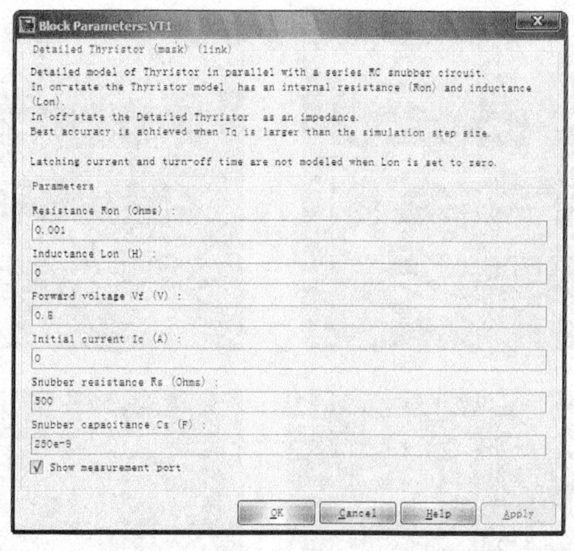

图 4-40　晶闸管模块的参数设置

（2）电路的建模

该系统由交流电源、晶闸管、脉冲发生器和电压表等部分组成。图 4-43 是采用电气原理结构图方法连接成的晶闸管单相交流调压电路带阻 - 感性负载的仿真模型。

典型模块的参数设置如下：

1）交流电源的参数设置：交流电源 100V。

2）阻 - 感性负载的参数设置：电阻 $R = 10\Omega$、电感 $L = 1\text{mH}$。

3）触发脉冲模块的参数设置：触发脉冲模块的参数设置对话框和参数设置与图 4-39 相同。

4）晶闸管模块的参数设置：晶闸管模块的参数设置与图 4-40 相同。

按照图 4-42 所示的电气原理结构图，将上述各个模块按照图示关系连接起来，就可得到图 4-43 所示的仿真模型。

（3）系统的仿真参数设置

算法选择 ode23tb。模型的开始时间设为 0；模型的停止时间设为 0.08s，误差为 1e－3。

（4）系统的仿真、仿真结果的输出

1）系统仿真。单击 “Simulation” → “Start” 命令后，系统开始仿真，在仿真时间结束后，双击示波器就可以查看到仿真结果。

2）输出仿真结果。仿真结果如图 4-44a ~ d 所示，它们分别是控制角为 30°、60°、90°和 120°时触发信号 u_g、晶闸管端电压 u_{ak} 和交流输出电压 u 的仿真和实验波形。

3. 斩控式单相交流调压电路的仿真（电阻性负载）

（1）工作原理

斩控式单相交流调压电路带电阻性负载的电压波形图如图 4-45 所示。

（2）电路的建模

根据电气原理的分析构建了图 4-46 所示的斩控式单相交流调压电路带电阻性负载的仿真模型。该模型由交流电源、IGBT、脉冲发生器和测量电路等部分组成。

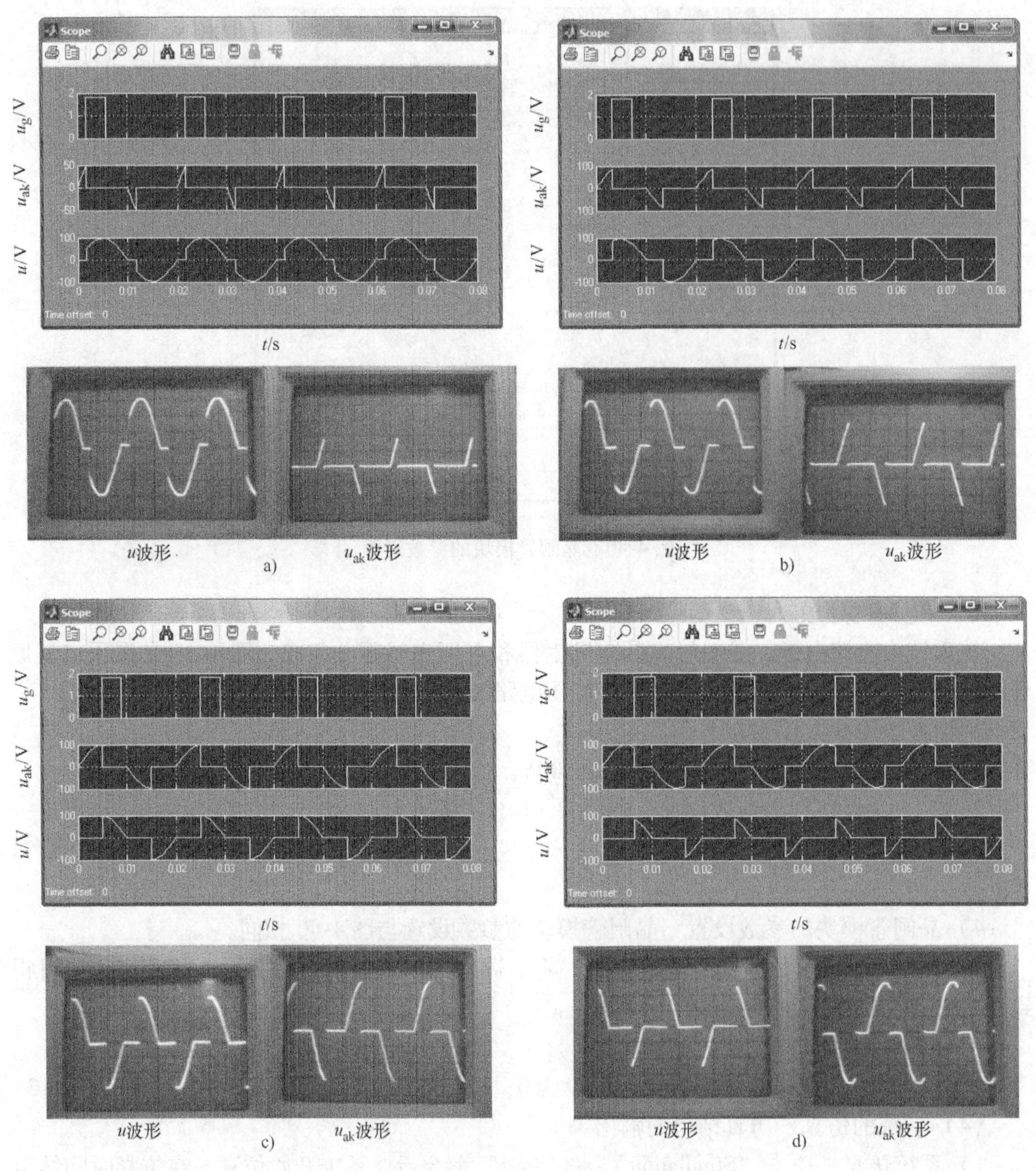

图 4-41 单相交流调压电路带电阻性负载不同控制角时的仿真和实验波形

a）$\alpha=30°$ b）$\alpha=60°$ c）$\alpha=90°$ d）$\alpha=120°$

1）模型中使用的主要模块、提取途径和作用。

① 开关模块 IGBT：SimPower Systems/PowerElectronics/IGBT，作为开关器件。

② 测量模块 RMS：SimPower Systems/Extra Library/Measurement/RMS，测量电压有效值。

2）典型模块的参数设置。

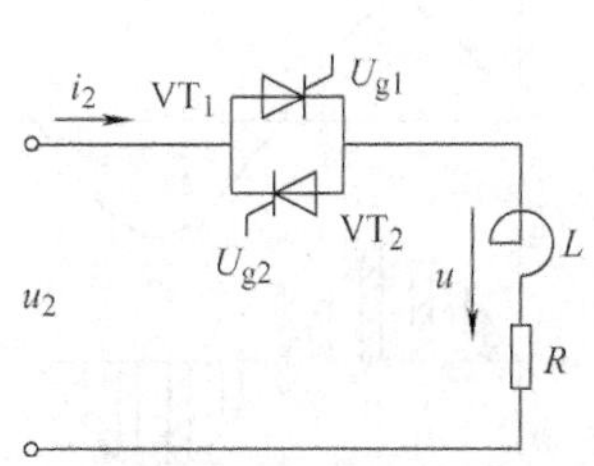

图 4-42　单相交流调压电路带阻－感性负载的电气原理结构图

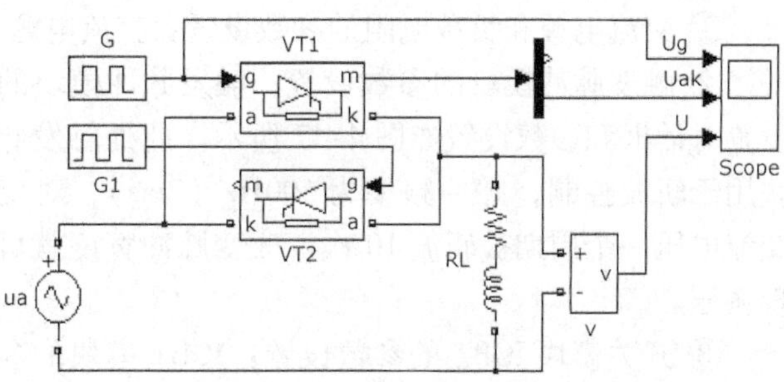

图 4-43　晶闸管单相交流调压电路带阻－感性负载的仿真模型

u波形　a)　u_{ak}波形

u波形　b)　u_{ak}波形

u波形　c)　u_{ak}波形

u波形　d)　u_{ak}波形

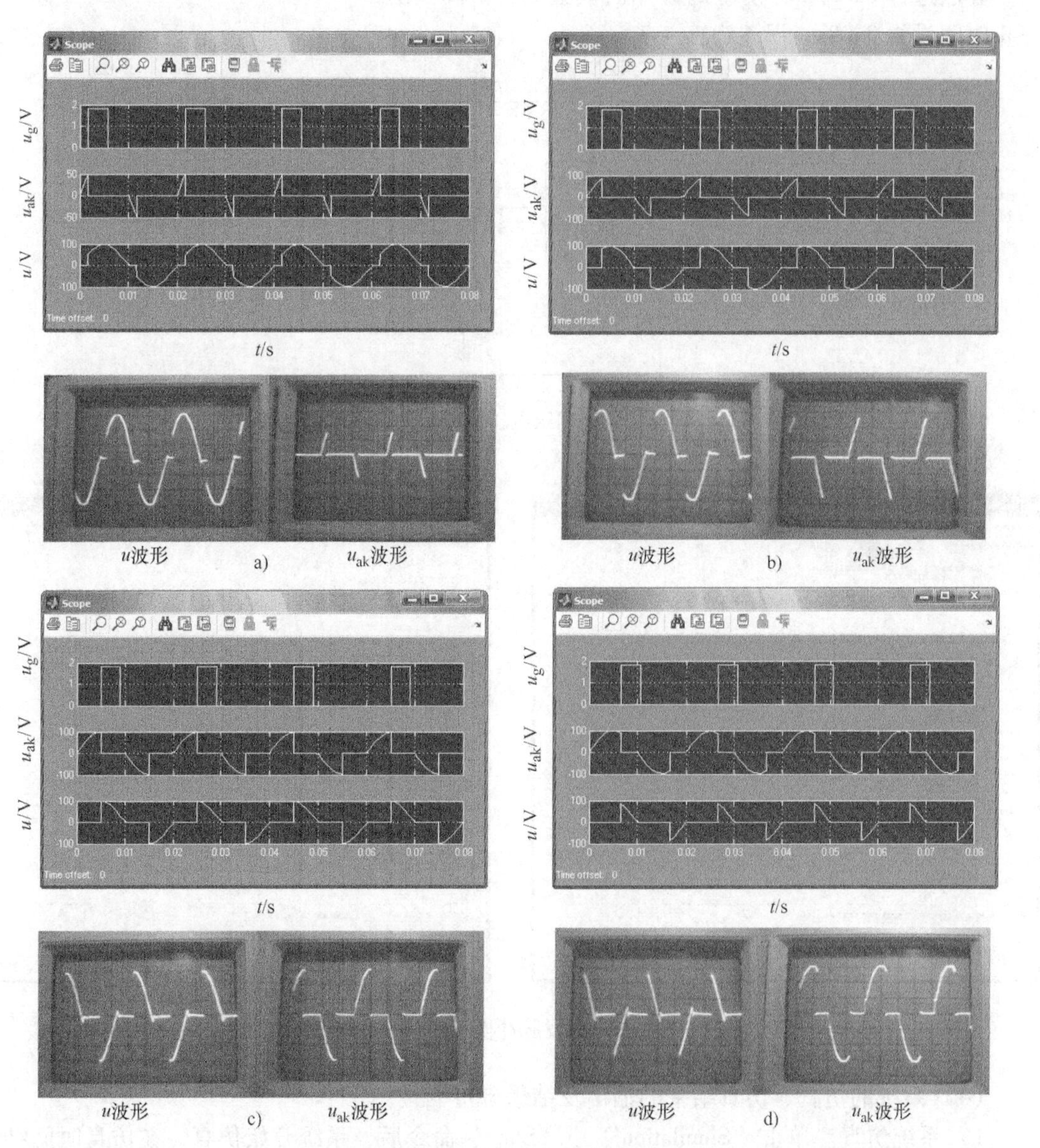

图 4-44　单相交流调压电路带阻－感性负载不同控制角时的仿真和实验波形

a）$\alpha=30°$　b）$\alpha=60°$　c）$\alpha=90°$　d）$\alpha=120°$

① 交流电源和负载电阻的参数设置：交流电源 $U_a = 80\text{V}$，负载电阻 $R = 10\Omega$。

② 触发脉冲模块的参数设置：触发脉冲模块的参数设置对话框和参数设置如图 4-47 所示。此处触发脉冲模块用于斩波控制，脉冲频率为 500Hz（2ms），对应输入交流电压一个周期被斩波 10 次，改变脉冲宽度就可以实现调压。

③ 开关模块 IGBT 的参数设置：IGBT 模块的参数设置如图 4-48 所示。

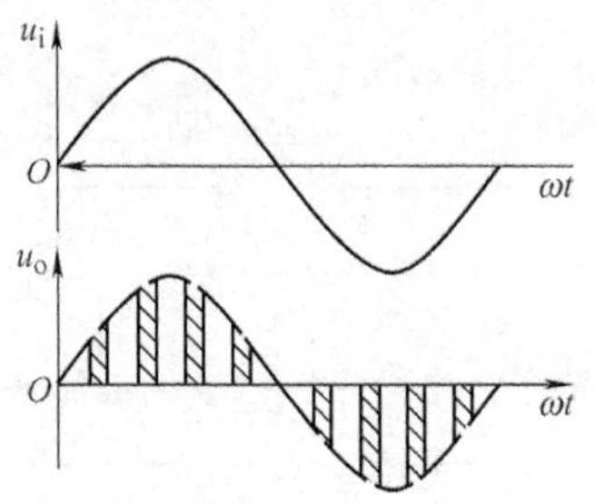

图 4-45　斩控式单相调压电路带电阻性负载的电压波形图

（3）系统的仿真参数设置

算法选择 ode23tb。模型的开始时间设为 0；模型的停止时间设为 0. 08s，误差为 1e - 3。

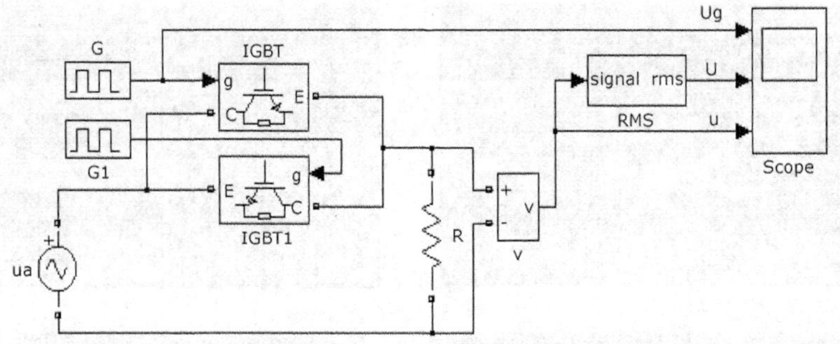

图 4-46　斩控式单相调压电压带电阻性负载的仿真模型

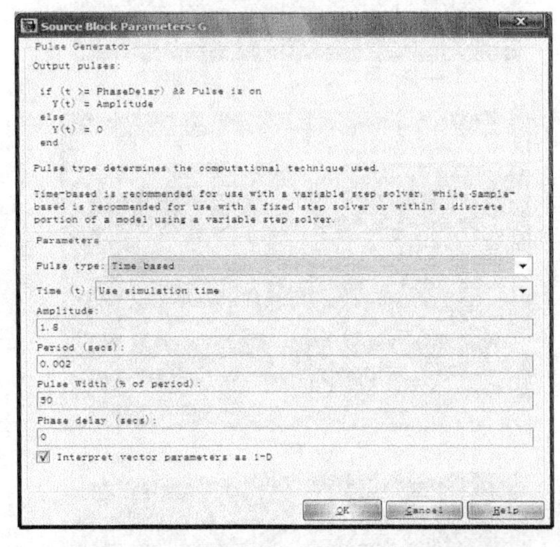

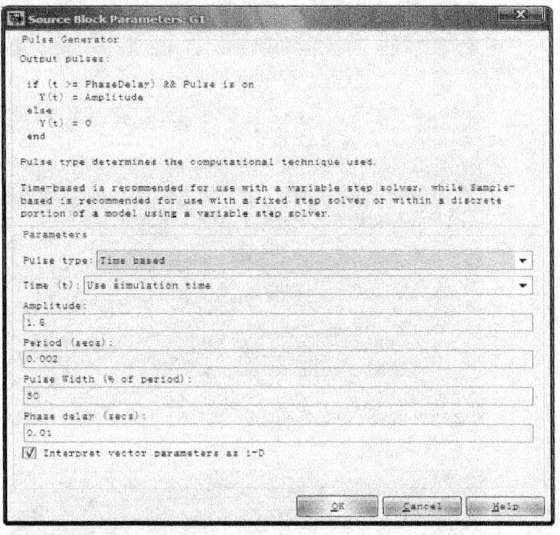

图 4-47　触发脉冲模块的参数设置

（4）系统的仿真、仿真结果的输出及结果分析

1）系统仿真。单击“Simulation”→“Start”命令后，系统开始仿真，在仿真时间结束后，双击示波器就可以查看到仿真结果。

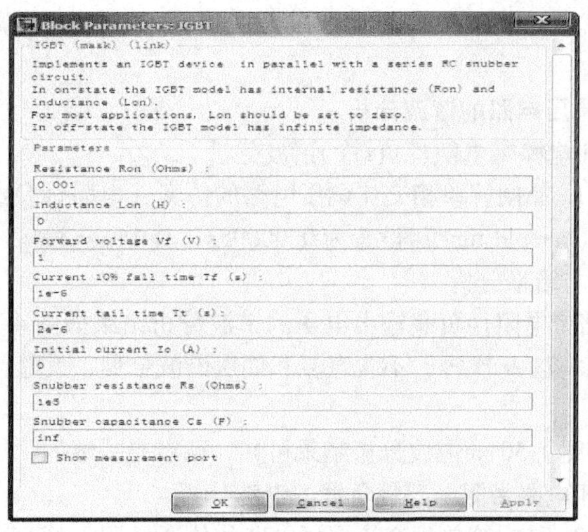

图 4-48　IGBT 模块的参数设置

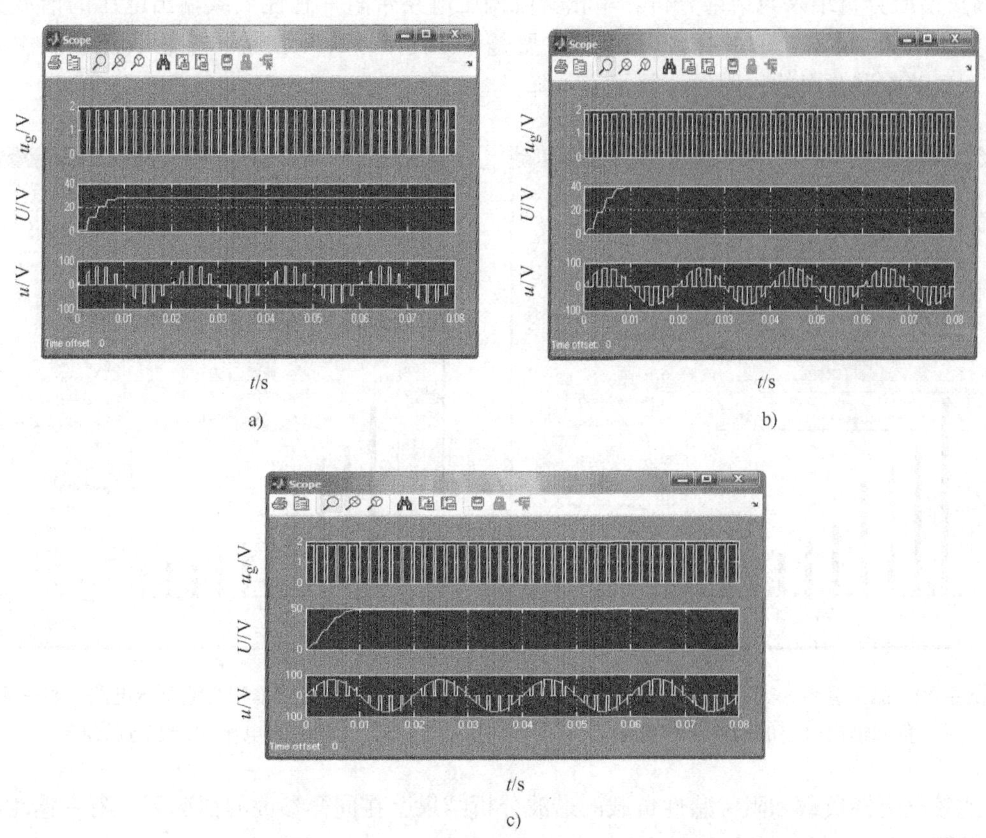

图 4-49　斩控式单相交流调压电路带电阻性负载不同脉宽时的仿真波形

a）脉宽为 25%　b）脉宽为 50%　c）脉宽为 75%

2）输出仿真结果。仿真结果如图 4-49a ~ c 所示，它们分别是脉冲宽度为 25%、50% 和 75% 时触发信号 u_g、输出交流电压有效值 U 和交流输出电压 u 的仿真波形。

3）仿真结果分析。从图 4-49 可见，采用斩波控制方式进行交流调压时，改变脉冲宽度就可以实现交流调压。

4. 几种单相交流调压电路的谐波分析

（1）单相交流调压电路带电阻性负载的谐波分析

1）参数设置与“1. 晶闸管单相交流调压电路的仿真（电阻性负载）”相同，谐波分析时的示波器采样时间（Sample time）设置为 0. 00005s，其中 $\alpha=30°$。

2）谐波分析结果与结果分析

单相交流调压电路带电阻性负载输出电压的谐波分析结果如图 4-50 所示。图中输出电压成分主要是 1、3、5、7、9 次等，不含直流和偶次谐波分量，且随着谐波次数的增加，其幅值下降。

比较式（4-5）和图 4-50 的谐波分析结果可知，两者是一致的。

（2）单相交流调压电路带阻－感性负载的谐波分析

1）参数设置与“2. 晶闸管单相交流调压电路的仿真（阻－感性负载）”相同，谐波分析时的示波器采样时间（Sample time）设置为 0. 00005s，其中 $\alpha=30°$。

2）谐波分析结果与结果分析。单相交流调压电路带阻－感性负载输出电压的谐波分析结果如图 4-51 所示。图中输出电压成分主要是 1、3、5、7、9 次等，不含直流和偶次谐波分量，且随着谐波次数的增加，其幅值下降。

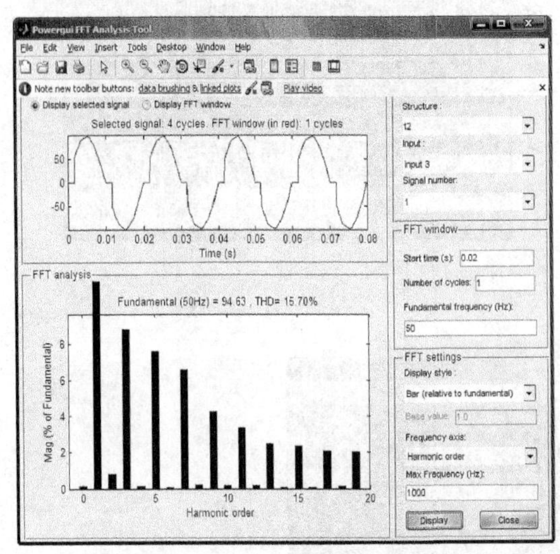

图 4-50　晶闸管单相交流调压电路带电阻性负载输出电压的谐波分析结果

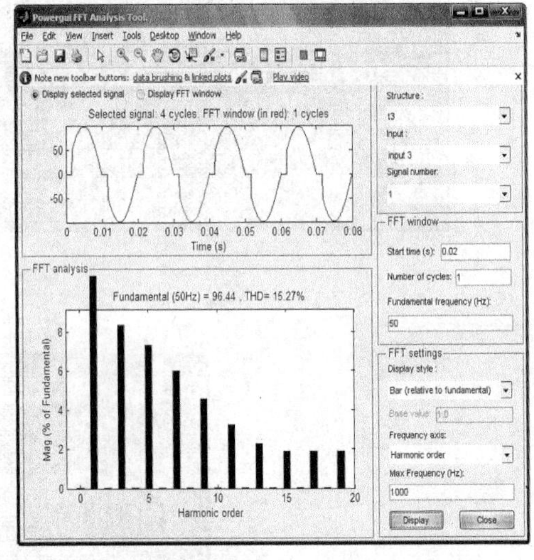

图 4-51　晶闸管单相交流调压电路带阻－感性负载输出电压的谐波分析结果

比较电阻性负载和阻－感性负载的谐波分析结果，在同样参数的情况下，阻－感性负载的谐波更小些。

（3）斩控式单相交流调压电路带电阻性负载的谐波分析

1）参数设置与“3. 斩控式单相交流调压电路的仿真（电阻性负载）”相同，谐波分析时的示波器采样时间（Sample time）设置为 0. 00005s，其中脉冲宽度为 30°。

2）谐波分析结果与结果分析。

斩控式单相交流调压电路带电阻性负载输出电压的谐波分析结果如图 4-52 所示。图中输出电压成分主要是 1、9、11、19 次等，不含直流分量，且随着谐波次数的增加，其幅值下降。

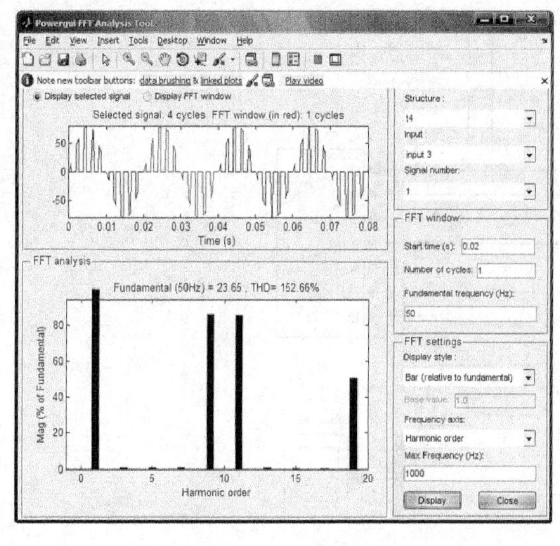

a)

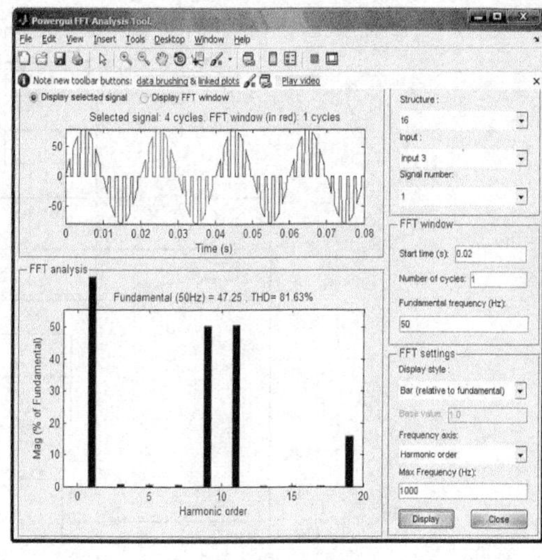

b)

图 4-52　斩控式单相交流调压电路带电阻性负载输出电压的谐波分析结果
a）脉宽为 30%　b）脉宽为 60%

比较图 4-52a 和 b 的谐波分析结果可以看到，随着脉冲宽度增大，基波分量增大，谐波成分降低；比较图 4-50、图 4-51 和图 4-52 可以看到，斩控式交流调压的谐波成分要比相控式交流调压小。

4.5.2　晶闸管三相交流调压电路的仿真

1. 三相三线交流调压电路（电阻性负载）结构图

电路如图 4-53 所示，用 3 组反并联的晶闸管构成三相星形联结无中性线调压电路。

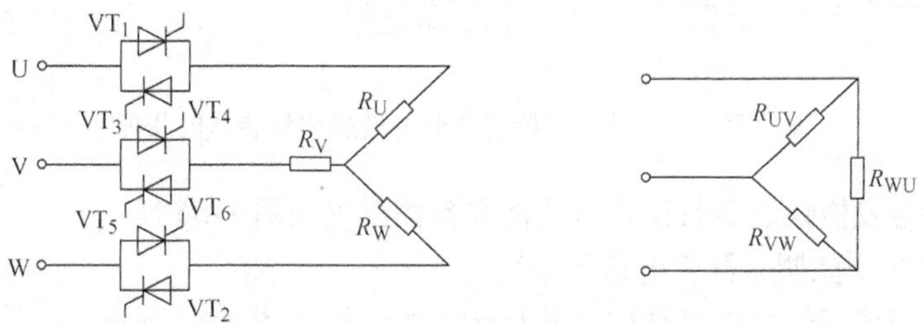

图 4-53　无中性线的三相调压电路

由单相调压电路分析可知，三相调压电路通过改变触发脉冲的相位控制角 α 即可改变输出电压的大小，为了使这种中性线的电路构成导通的回路，在任何时刻都必须有两个晶闸管导通。即对该电路有一定的要求：①触发脉冲相与相之间依次间隔 120°，而且每一相的正负触发脉冲之间要间隔 180°；②为了保证电路有效地工作，触发脉冲采用宽脉冲或双窄脉冲触发，而且脉冲与电源同步。

2. 电路的建模

三相三线交流调压电路带电阻性负载的仿真模型如图 4-54 所示。

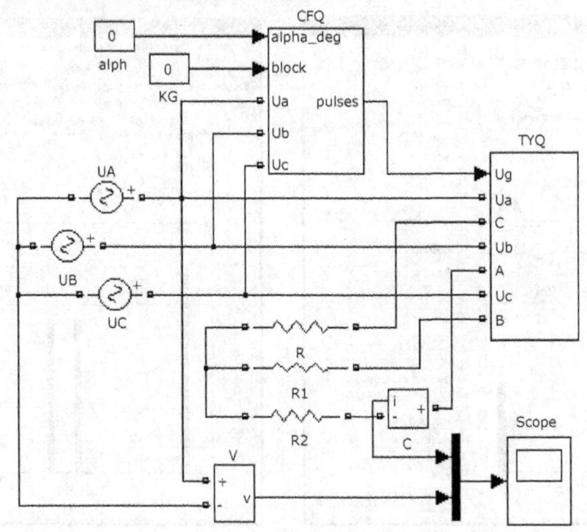

图 4-54　晶闸管三相交流调压电路带电阻性负载的仿真模型

模型中大多数模块已经在前面使用过，现对几个子系统作以下介绍。

（1）6 触发脉冲电路子系统

6 脉冲触发器封装前的模型和封装后的图标如图 4-55 所示，在三相桥式全控整流电路中已介绍过。

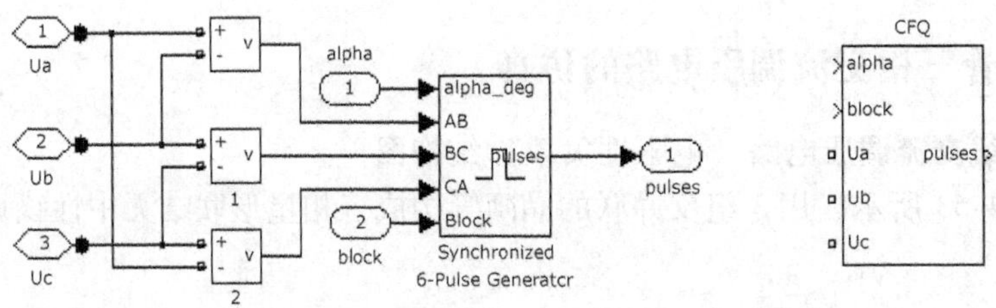

图 4-55　6 脉冲触发器封装前的模型和封装后的图标

同步 6 脉冲触发模块的参数设置对话框和参数设置如图 4-56 所示。

（2）三相三线交流调压器主电路子系统

三相三线交流调压器主电路结构及其封装后的图标如图 4-57 所示。

晶闸管 1 和 4、3 和 6、5 和 2 反并联接成三相桥，脉冲分配序号与晶闸管序号相同。晶闸管模块的参数设置如图 4-58 所示。

（3）典型模块的参数设置

1）交流电源为幅值为 30V、频率为 50Hz 的三相对称交流电源。

2）三相对称负载电阻 $R=1\Omega$。

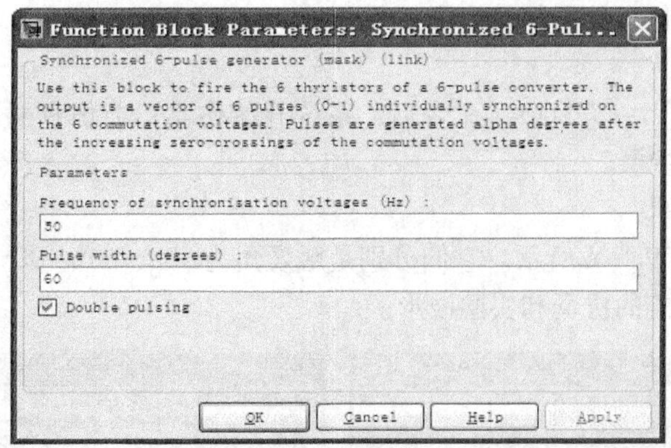

图 4-56　同步 6 脉冲触发模块的参数设置

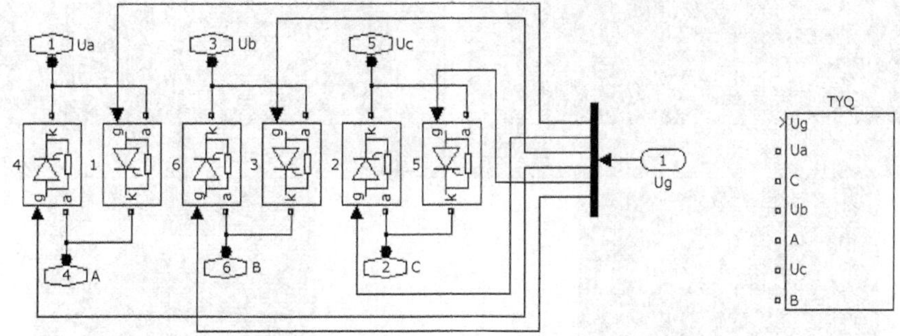

图 4-57　三相三线交流调压器主电路结构及其封装后的图标

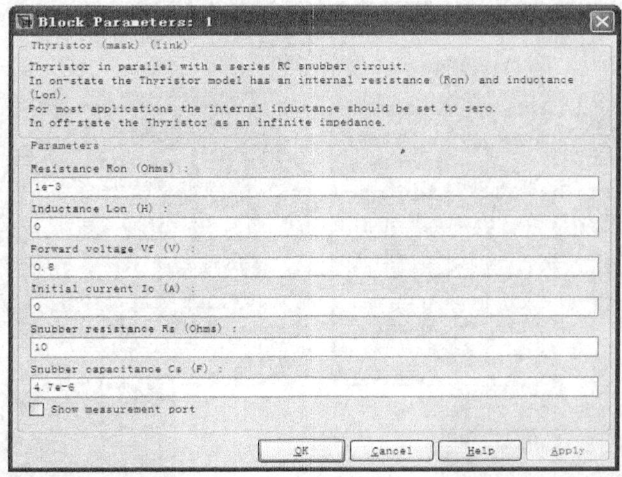

图 4-58　晶闸管模块的参数设置

3. 系统的仿真参数设置

算法选择 ode23tb。模型的开始时间设为 0；模型的停止时间设为 0.08s，误差为 1e－3。

4. 系统的仿真、仿真结果的输出及结果分析

（1）系统仿真

单击“Simulation”→“Start”命令后，系统开始仿真，在仿真时间结束后，双击示波器就可以查看到仿真结果。

（2）输出仿真结果

仿真结果如图 4-59a ~ e 所示。它们分别是触发角为 30°、60°、90°、120°和 150°时的输入 U 相电压和负载电流的仿真和实验波形。

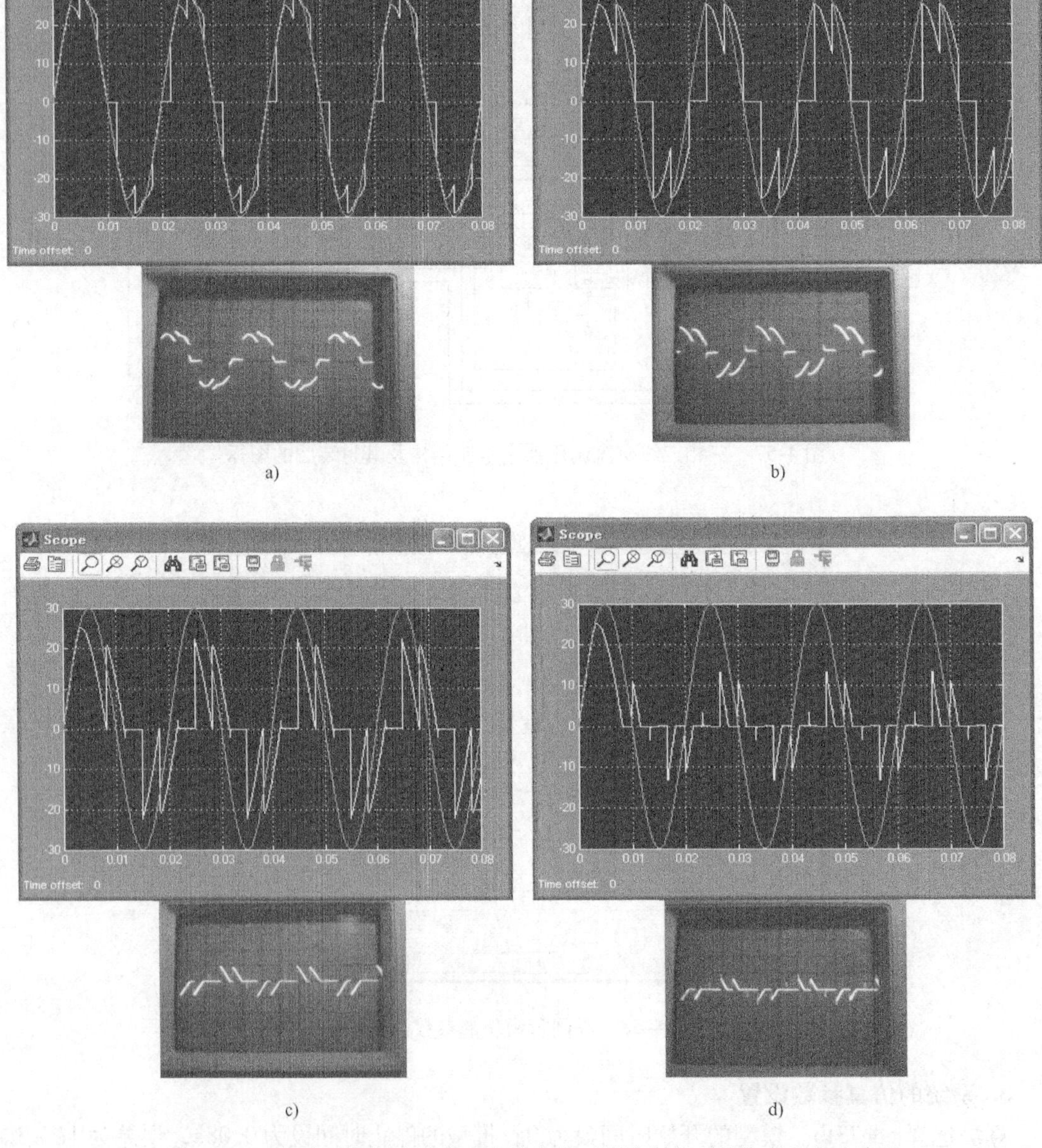

a)　b)　c)　d)

图 4-59　三相交流调压电路带电阻性负载不同控制角时的仿真和实验波形

a）$\alpha=30°$　b）$\alpha=60°$　c）$\alpha=90°$　d）$\alpha=120°$

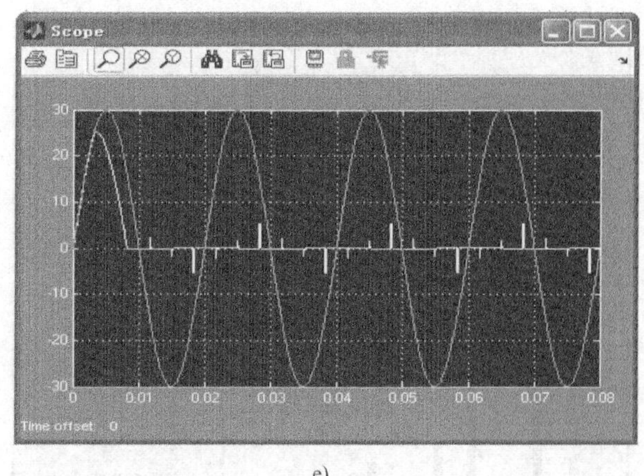

e)

图 4-59　三相交流调压电路带电阻性负载不同控制角时的仿真和实验波形（续）
e）$\alpha=150°$

（3）仿真结果分析

将理论分析波形、仿真波形和实验波形相比较，可以看到这三者波形非常一致。

此处要注意触发控制角的起始点定义。同步 6 脉冲触发器仿真模型中触发控制角的起始点定义在相邻两相相电压的交点（与整流电路相同），而三相交流调压器理论分析时触发控制角的起始点定义在相电压的起始点。因此模型中触发控制角 $\alpha=0°$ 相当于理论分析时触发控制角的 30°，以此类推。

5. 三相交流调压带电阻性负载电路的谐波分析

1）谐波分析时的示波器采样时间（Sample time）设置为 0.00005s，其他参数设置与“三相交流调压电路的仿真（电阻性负载）”中相同。

2）谐波分析结果与结果分析。三相交流调压电路带电阻性负载输出电压的谐波分析结果如图 4-60 所示。图中输出电压成分主要是 1、5、7、11 次等，不含直流和偶次谐波分量，且随着谐波次数的增加，其幅值下降。

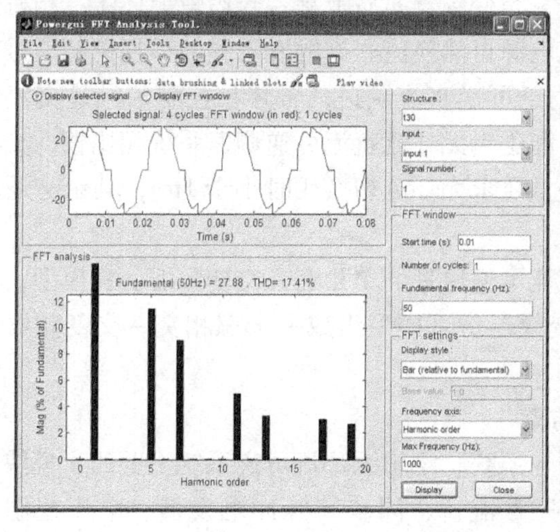

a)

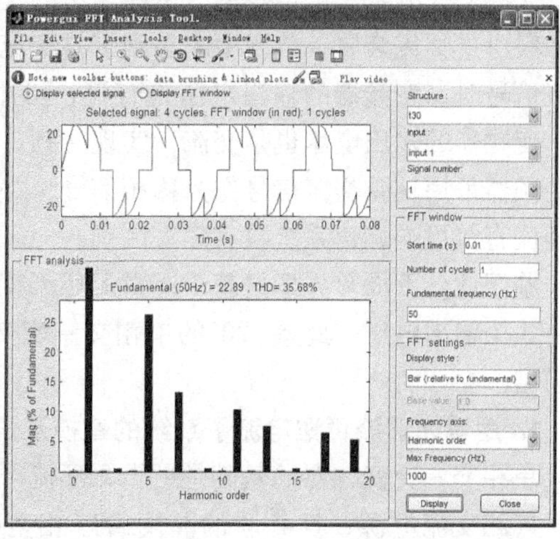

b)

图 4-60　三相交流调压电路带电阻性负载不同控制角时的谐波分析结果
a）$\alpha=30°$　b）$\alpha=60°$

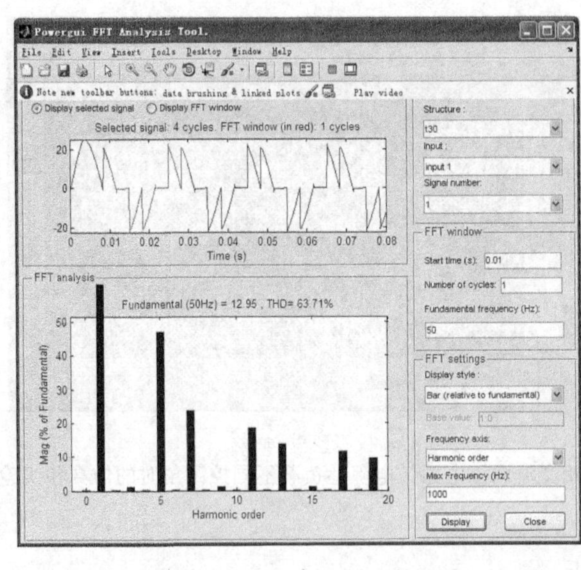

c)

图 4-60　三相交流调压电路带电阻性负载不同控制角时的谐波分析结果（续）
c）$\alpha = 90°$

从图 4-60 的谐波分析结果看到，随着控制角的增加，输出电流的基波分量减少；总谐波畸变率 THD 增大。由于没有中性线，3 次谐波没有通路，所以负载中也没有 3 次谐波电流。

4.5.3　晶闸管交－交变频电路的仿真

方波型交－交变频器的晶闸管整流时，其控制角 α 是一个恒值，该整流组的输出电压平均值也保持恒定。若使控制角 α 在某一组整流工作时，由大到小再变大，如从 $\pi/2 \to 0 \to \pi/2$，这样必然引起整流输出平均电压由低到高再到低的变化，输出按正弦规律变化的电压。

交－交变频基于可逆整流，单相输出的交－交变频器实质上是一套逻辑无环流三相桥式反并联可逆整流装置，装置中的晶闸管靠交流电源自然换流。当触发装置的移相控制信号是直流信号时，变频器的输出电压是直流，可用于可逆直流调速；若移相控制信号是交流信号，变频器的输出电压也是交流，实现变频。和逻辑无环流直流可逆调速系统相比较，交－交变频器采用正弦交流信号作为移相信号，并且要求无环流切换死时小于 1ms，其余与逻辑无环流直流可逆调速系统没有多大区别。

鉴于此，下面首先建立基于逻辑无环流直流可逆原理的单相交－交变频器仿真模型，然后将 3 个输出电压彼此差 120°的单相交－交变频器仿真模型组成一个三相交－交变频器仿真模型。

1. 逻辑无环流可逆电流子系统的建模及仿真

单相交－交变频器的基础是逻辑无环流可逆系统，逻辑无环流可逆系统主要的子模块包括：三相交流电源、反并联的晶闸管三相全控整流桥、同步 6 脉冲触发器、电流控制器 ACR 和逻辑切换装置 DLC。除了同步 6 脉冲触发器、逻辑切换装置 DLC 两个模块需要自己封装外，其余均可从有关模块库中直接复制。

同步6脉冲触发器已经讨论过，此处不再重复，下面讨论逻辑切换装置DLC子系统的建模。用于交-交变频器的逻辑无环流可逆系统除了要求无环流切换死时小于1ms，以及采用正弦交流信号作为移相信号外，其他都与逻辑无环流直流可逆系统一样。

（1）逻辑切换装置DLC子系统的建模

在逻辑无环流可逆系统中，DLC是一个核心装置，其任务是：在正组晶闸管桥Bridge工作时开放正组脉冲，封锁反组脉冲；在反组晶闸管桥Bridge1工作时开放反组脉冲，封锁正组脉冲。

根据DLC的工作要求，它应由电平检测、逻辑判断、延时电路和联锁保护4部分组成。

1）电平检测器的建模。电平检测的功能是将模拟量转换成数字量供后续电路使用，它包括转矩极性鉴别器和零电流鉴别器，它将转矩极性信号 U_i^* 和零电流检测信号 U_{i0} 转换成数字量供逻辑电路使用，在实际系统中是用工作在继电状态的运算放大器构成的，而用MATLAB建模时，可按路径Simulink/Discontinuities/Relay选择“Relay”模块来实现。

2）逻辑判断电路的建模。逻辑判断电路根据可逆系统正反向运行要求，经逻辑运算后发出逻辑切换指令，封锁原工作组，开放另一组。其逻辑控制要求如下：

$$U_F = \overline{U}_R + U_T \cdot U_Z$$

$$U_R = \overline{U}_F + \overline{U}_T \cdot U_Z$$

有关符号含义如图4-61所示，利用路径Simulink/Logic and Bit Operations/Logical Operator选择“Logical Operator”模块可实现上述功能。

3）延时电路的建模。在逻辑判断电路发出切换指令后，必须经过封锁延时 $t_{d1}=3\text{ms}$ 才能封锁原导通组脉冲，再经开放延时 $t_{d2}=7\text{ms}$ 后才能开放另一组脉冲。在数字逻辑电路的DLC装置中是在与非门前加二极管及电容来实现延时，它利用了集成芯片内部电路的特性。计算机仿真是基于数值计算，不可能通过加二极管和电容来实现延时。通过对数字逻辑电路的DLC装置功能分析发现，当逻辑电路的输出 U_f（U_r）由“0”变“1”时，延时电路应产生延时；当由“1”变“0”或状态不变时，不产生延时。根据这一特点，利用Simulink工具箱中Discrete模块组中的单位延迟（Unit Delay）模块，按功能要求连接即可得到满足系统延时要求的仿真模型（见图4-61中有关部分）。

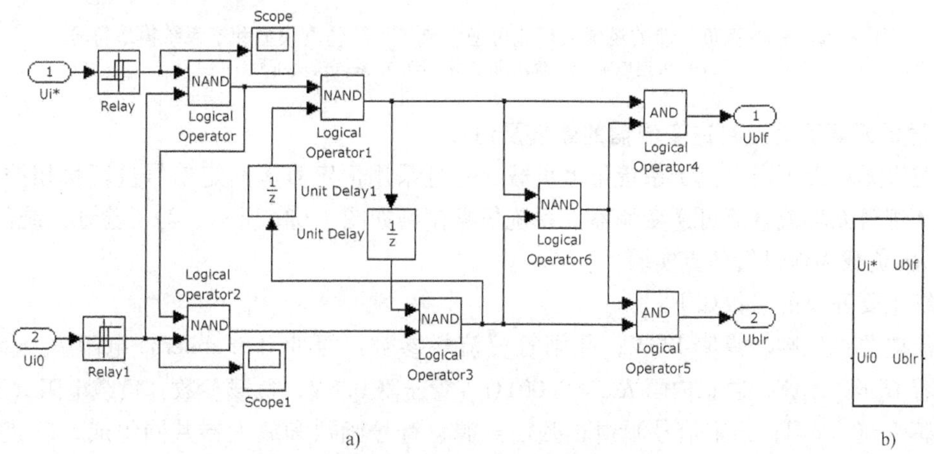

a)　　b)

图4-61　DLC仿真模型及模块符号
a）DLC仿真模型　b）DLC模块符号

4）联锁保护电路建模。DLC 装置的最后部分为逻辑联锁保护环节。正常时，逻辑电路输出状态 U_{blf} 和 U_{blr} 总是相反的。一旦 DLC 发生故障，使 U_{blf} 和 U_{blr} 同时为 “1”，将造成两个晶闸管桥同时开放，必须避免此情况。利用 Simulink 工具箱的 Logic and Bit Operations 模块组中的逻辑运算（Logical Operator）模块可实现多 “1” 保护功能。

（2）逻辑无环流可逆电流子系统的建模

从 DLC 的工作原理可知，在逻辑无环流直流可逆系统中，任何时候只有一套触发电路在工作。所以，实际系统通常采用选触工作方式。按选触方式工作的、带电流负反馈的逻辑无环流可逆电流子系统的仿真模型如图 4-62a 所示，封装后的子系统模块符号如图 4-62b 所示。

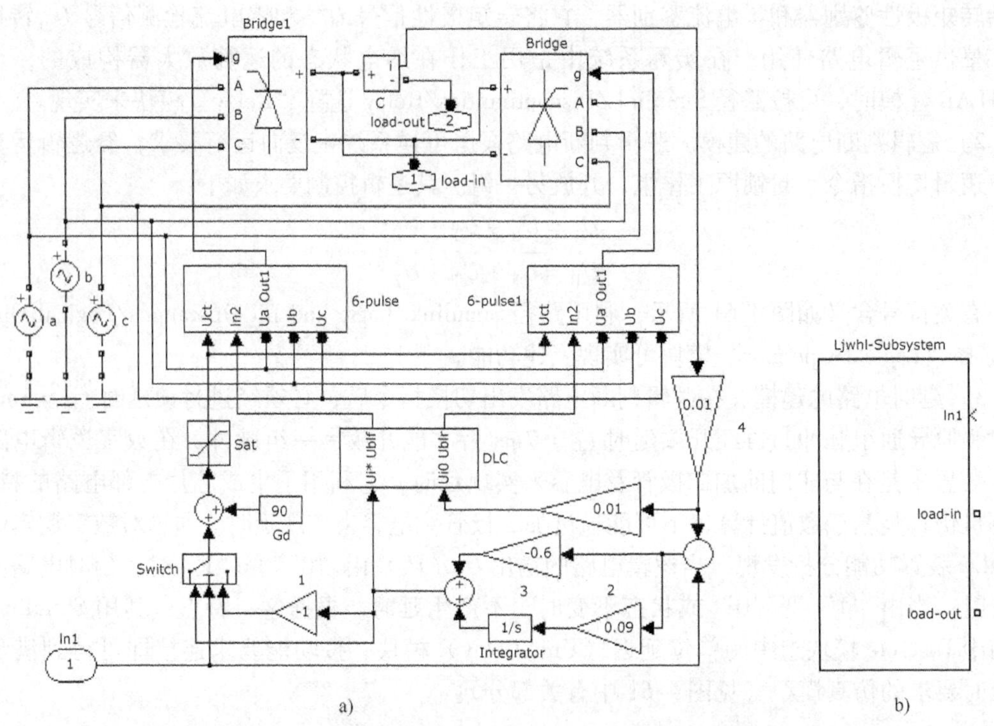

图 4-62　带电流负反馈的逻辑无环流可逆电流子系统仿真模型和子系统模块符号

a）可逆电流子系统仿真模型　b）子系统模块符号

2. 逻辑无环流直流可逆变流器的建模及仿真

当逻辑无环流可逆电流子系统带上负载，并且采用恒定直流给定信号进行移相控制时，就构成了逻辑无环流直流可逆变流器。系统仿真模型如图 4-63a 所示，为了验证系统的正确性，以 *RL* 负载为例进行仿真实验。

系统主要环节的参数如下：

交流电源：工频、幅值 133V；晶闸管整流桥参数：缓冲（Snubber）电阻 $R_s = 500\Omega$、缓冲电容 $C_s = 0.1\mu F$、通态内阻 $R_{on} = 0.001\Omega$、管压降 0.8V；负载参数：负载电阻 $R = 7\Omega$、负载电感 $L = 0.5mH$；给定信号源由正弦信号源、符号函数和放大器共同组成，以获得正、负给定信号。系统仿真结果如图 4-63b 所示，从负载电流波形可见，当给定信号（图中方波）变极性时，输出电流（图中非光滑的那条曲线）也变极性，实现可逆变流。

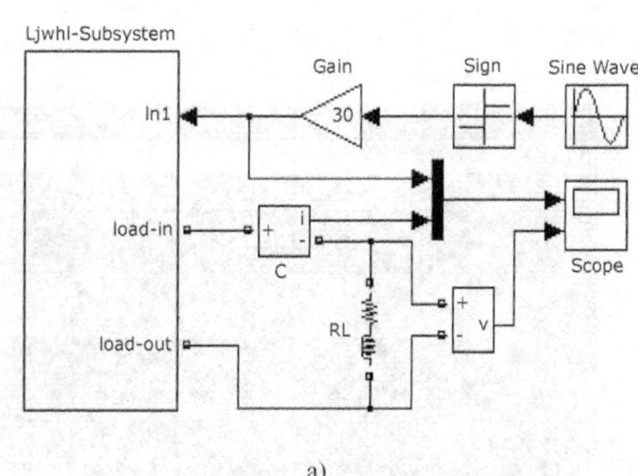

a)

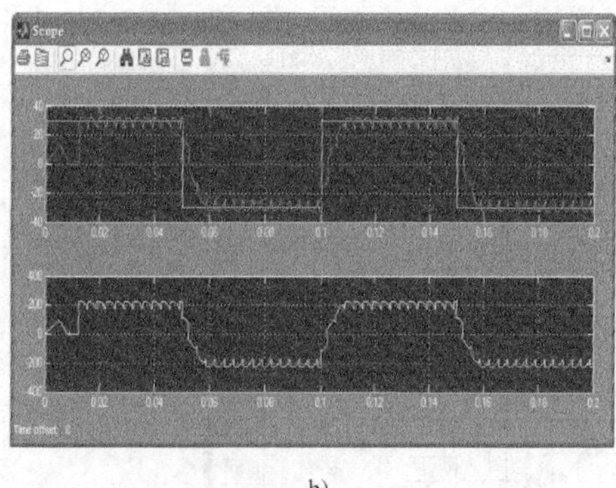

b)

图 4-63 逻辑无环流直流可逆变流器仿真模型和电流波形
a）可逆变流器仿真模型 b）可逆变流器电流波形

3. 单相交－交变频器的建模与仿真

当逻辑无环流可逆变流器采用正弦信号作为移相控制信号时，则逻辑无环流可逆变流器成为单相交－交变频器。具体建模时，只要将图 4-63a 中变流器的直流给定信号换成正弦给定信号，并使逻辑切换装置 DLC 的总延时不超过 1ms，其他参数不变。图 4-64 上层图中光滑的是正弦参考信号曲线，带锯齿的曲线即为单相交－交变频器的电流输出实际波形，它非常接近于参考信号曲线。下层图形为负载电压波形。

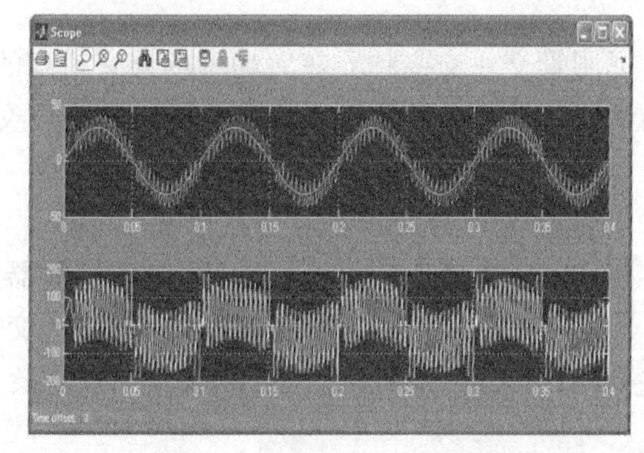

图 4-64 单相交－交变频器输出电流和负载电压波形

系统中的交流电源、晶闸管整流桥参数与逻辑无环流直流可逆变流器系统中设定的相同，负载参数：负载电阻 $R=2\Omega$、负载电感 $L=4\text{mH}$；给定信号源是正弦信号源。

4. 三相交－交变频器的建模与仿真

（1）三相交－交变频器的建模

大容量三相交－交变频器输出通常采用 Y 联结方式，即将 3 个单相输出交－交变频器的一个输出端连在一起，另一输出端 Y 输出。三相交－交变频器仿真模型结构图如图 4-65a 所示。本例负载为串联 *RL* 负载，负载采用 Y 联结，3 根引出线与变频器的 3 根输出线对应相连，移相控制信号 sinA、sinB、sinC 为 3 个相位互差 120° 的正弦调制信号，Dxjjbpq、Dxjjbpq1、Dxjjbpq2 为 3 个经过封装的单相交－交变频器。

（2）三相交－交变频器的仿真

三相交－交变频器的仿真参数：负载电阻 1Ω、负载电感 5mH；工频三相对称交流电源：A、B、C 相幅值为 133V；正弦调制波：sinA、sinB、sinC 幅值为 30、频率为 10Hz。

图 4-65b 中光滑的波形为正弦调制波波形，非光滑的波形为三相交－交变频器输出波形。仿真结果表明，三相交－交变频器的输出波形接近于正弦调制波波形，改变正弦调制波频率时，三相交－交变频器的输出波形频率也随之改变，实现变频。

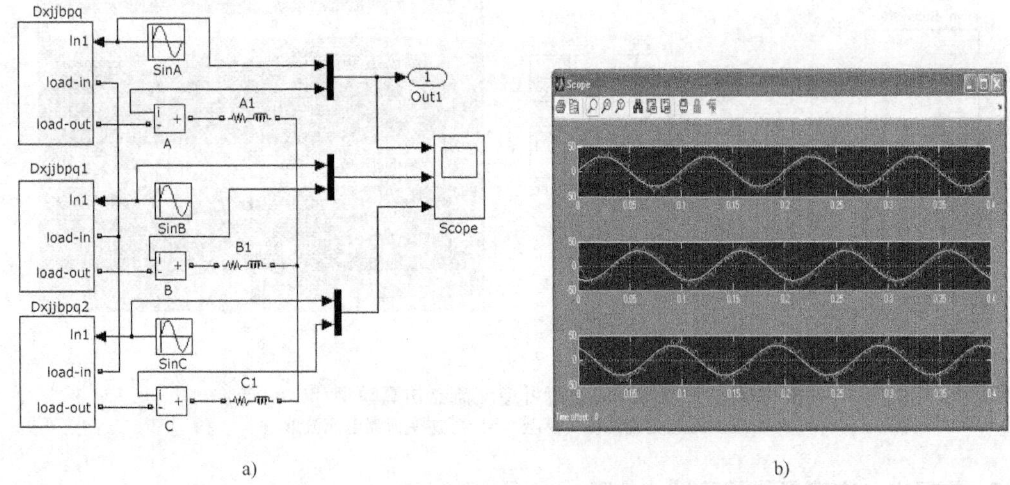

图 4-65　三相交－交变频器仿真模型结构图及电流输出波形

晶闸管交－交变频器在大功率场合有很高的实用价值，上述提出的三相交－交变频器建模方法不依赖于数学模型，所建立的三相交－交变频器模型为研究高性能的交－交变频器调速系统奠定了坚实的基础。

5. 单相交－交变频器的谐波分析

1）单相交－交变频器谐波分析时的示波器采样时间（Sample time）设置为 0. 00005s。

2）谐波分析结果与结果分析。单相交－交变频电路负载电压和电流的谐波分析结果如图 4-66 所示。图中输出电压谐波成分比较复杂，但是不含直流分量。

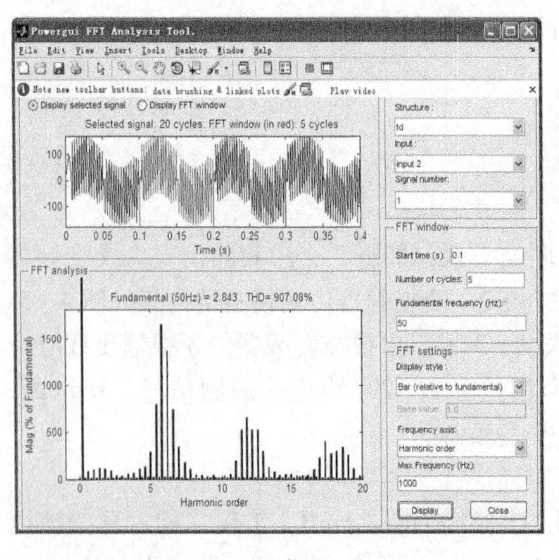

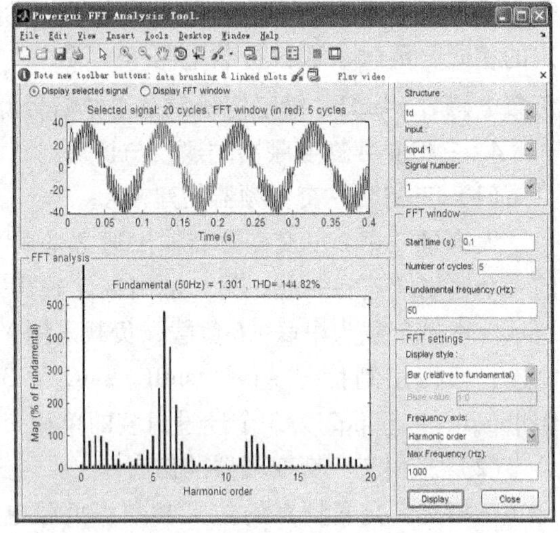

图 4-66　单相交－交变频电路负载电压和电流的谐波分析结果

a）负载电压波形谐波分析结果　b）负载电流波形谐波分析结果

习　题

一、简答题

1. 在单相交－交变频电路中，要改变输出电压的频率和幅值，应该分别改变变流电路的什么参数?

2. 交－交变频电路是把电网频率的交流电直接变换成另一频率的交流电的变流电路。试问它属于什么类型的变频电路?

3. 变频电路有哪些形式?

4. 交－交变频电路的主要特点和不足是什么? 其主要用途是什么?

5. 交流调功电路和交流调压电路的电路形式是否相同? 控制方式是否相同?

二、问答题

1. 试从电压波形、功率因数、电源容量、设备重量及控制方式等几方面，分析比较采用晶闸管交流调压与采用自耦调压器的交流调压有何不同?

2. 交流调压电路和交流调功电路有什么区别? 二者各运用于什么样的负载? 为什么?

3. 晶闸管相控整流电路和晶闸管交流调压电路在控制上有何区别?

4. 图4-67为一单相交流调压电路，试分析当开关S置于位置1、2、3时，电路的工作情况。

5. 三相交－交变频电路有哪两种接线方式? 它们有什么区别?

6. 单相交－交变频电路和直流电动机传动用的反并联可控整流电路有什么不同?

三、计算题

1. 在图4-68所示的交流调压电路中，已知 $U_2=220\text{V}$，负载电阻 $R_L=10\Omega$，当触发角 $\alpha=90°$时，R_L 吸收的电功率是多少? 并画出 R_L 上的电压波形图，导通区用阴影线表示。

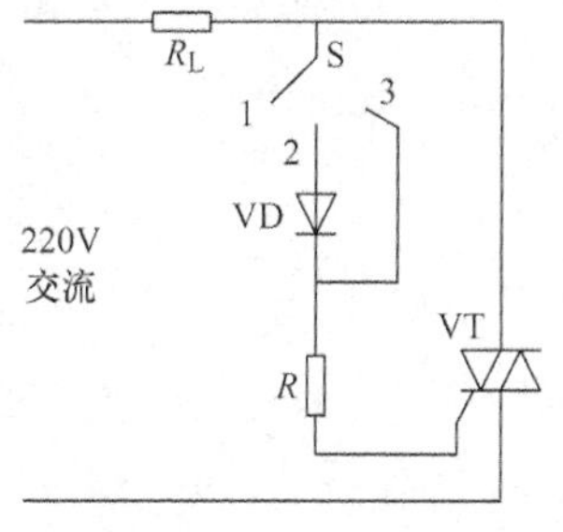

图4-67　问答题4图

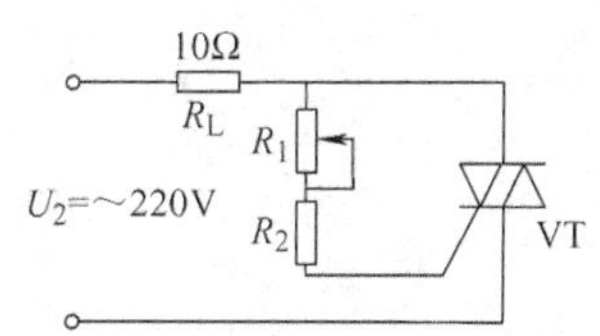

图4-68　计算题1图

2. 一电阻炉由单相交流调压电路供电，如 $\alpha=0°$时为输出功率最大值，试求功率为80%、50%时的控制角 α。

3. 单相交流调压电路，带阻－感性负载，$U_1=220\text{V}$，$L=5.5\text{mH}$，$R=1\Omega$。求：(1) 移相角 $\alpha=$? (2) 最大负载电流有效值 $I=$? (3) 最大输出功率 $P_{max}=$? (4) 功率因数 $\cos\varphi=$?

4. 单相交流调压电路带电阻性负载，输入电压 $u_2=\sqrt{2}U_2\sin\omega t$，延迟角为 α。试求：

（1）负载电压有效值 U_L；（2）负载功率 P_L；（3）电源功率因数。

5. 对于热惯性大的负载，可以采用过零触发控制，若设定周期为 T，导通时间为 T_{on}，关断时间为 T_{off}，试求负载电压有效值 U_L 与负载功率 P_L。

6. 一台 220V、10kW 的电炉，现在采用晶闸管单相交流调压使其工作于 5kW，试求延迟角、工作电流以及电源侧功率因数。

第5章　直流－直流变换电路及其仿真

5.1　直流斩波器

1. 概述

将一种幅值的直流电压变换成另一幅值固定或大小可调的直流电压的过程称为直流－直流电压变换。它的基本原理是通过对电力电子器件的通断控制，将直流电压断续地加到负载上，通过改变占空比 D 来改变输出电压的平均值。它是一种开关型 DC-DC 变换电路，俗称直流斩波器（Chopper）。直流变换技术被广泛应用于可控直流开关稳压电源、焊接电源和直流电动机的调速控制，它以体积小、重量轻、效率高等优点在机械、通信等领域得到广泛的应用。

在直流斩波器中，由于输入电源为直流电，电流无自然过零点，半控器件（如晶闸管）的切换只能通过强迫换流措施来实现。由于强迫换流电路需要较大的换流电容、辅助晶闸管等，造成了电路的复杂化和成本的提高。因此，直流斩波器多以全控型电力电子器件（如 GTO、GTR、P-MOSFET 和 IGBT 等）等具有自关断能力的器件作为开关器件。

2. 直流斩波器的基本结构和工作原理

图5-1a 是直流斩波器的电气原理结构图。图中开关 S 可以是各种全控型电力电子开关器件，输入电源电压 U_s 为固定的直流电压。当开关 S 闭合时，直流电源经过 S 给负载 RL 供电；开关 S 断开时，直流电源供给负载 RL 的电流被切断，L 的储能经二极管 VD 续流，负载 RL 两端的电压接近于零。

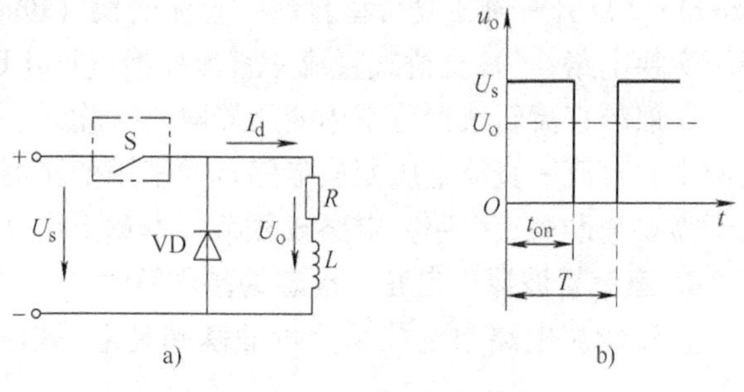

图5-1　直流斩波器

a）电气原理结构图　b）电压波形

如果开关 S 的通断周期 T 不变而只改变开关的接通时间 t_{on}，则输出脉冲电压宽度相应改变，从而改变了输出平均电压。脉冲波形如图5-1b 所示，其平均电压为

$$U_o = \frac{1}{T}\int_0^{t_{on}} U_s \mathrm{d}t = \frac{t_{on}}{T}U_s = DU_s \tag{5-1}$$

式中，T 为输出脉冲电压周期；t_{on} 为开关导通时间；$D=\dfrac{t_{on}}{T}$ 为占空比，$0 \leqslant D \leqslant 1$。

根据控制开关 S 对输入直流电压调制方式的不同，直流斩波电路有 3 种不同的斩波形式，即：

1）脉冲宽度调制方式（Pulse Width Modulation，PWM）。它又称为定频调宽控制方式，是指保持斩波开关器件的开关周期 T 不变，调节开关导通时间 t_{on}，从而调节占空比 D 的控制方式。

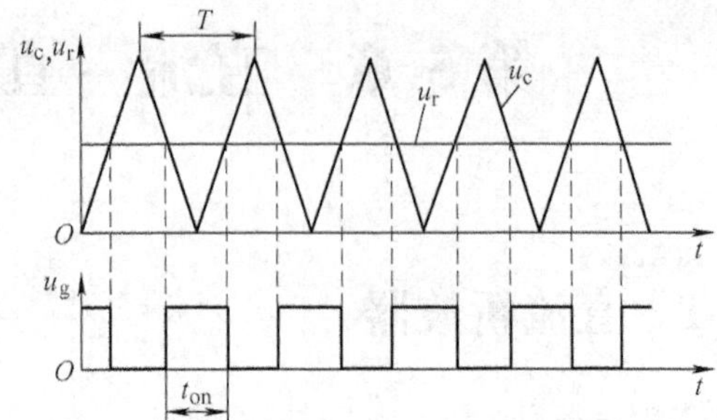

图 5-2　脉冲宽度调制（PWM）方式示意图

这种方式中，PWM 脉冲一般采用直流信号与频率和幅值都固定的三角调制波相比较的方法产生，其原理如图 5-2 所示。可见，改变控制电压 u_r 的幅值就可以改变 u_g 的脉冲宽度，即改变占空比 D。

采用这种控制方式的斩波器，由于其工作频率是固定的，所以滤去高次谐波的滤波器较易设计。

2）脉冲频率调制形式。斩波开关导通时间 t_{on} 不变，改变斩波开关的工作周期 T。这种控制方式，由于开关频率是变化的，输出电压的频率也是变化的，所以滤波器的设计比较困难。

3）混合调制形式。同时改变斩波开关导通时间 t_{on} 和斩波开关的工作周期 T。采取这种调制方法，输出直流平均电压的可调范围较宽，但控制电路较复杂。

在这 3 种方法中，除在输出电压调节范围要求较宽时采用混合调制外，一般都采用频率调制或脉宽调制，原因是它们的控制电路比较简单。在直流斩波器中，比较常用的是脉冲宽度调制 PWM。

3. 直流斩波器的分类

按变换电路的功能分类有以下几种：

1）降压式直流 - 直流变换（Buck Converter）；2）升压式直流 - 直流变换（Boost Converter）；3）升 - 降压复合型直流 - 直流变换（Boost-Buck Converter），包括几种特殊的升 - 降压变换电路；4）全桥式直流 - 直流变换（Full Bridge Converter）。

一般的直流斩波器可不用变压器隔离，输入、输出之间存在直接的电连接；在直流开关电源中，直流 - 直流电压变换电路常常采用变压器实现电隔离；此外，晶闸管直流斩波电路由于需要辅助换流电路，电路较复杂，本章不作介绍。

4. 直流斩波器中电容、电感的基本特性

直流斩波电路数量关系分析的基础是电感电压的伏秒平衡特性和电容电流的安秒平衡特性。

根据 DC-DC 变换器的理想条件，即每个开关周期 T（$T = t_{on} + t_{off}$）中，变换器中的电感电流、电容电压保持恒定，且无任何损耗。因而不难得出下面直流变换器中电感、电容的基本特性。

（1）电感电压的伏秒平衡特性

稳态条件下，理想开关变换器中的电感电压必然周期性重复，由于每个开关周期中电感的储能为零，并且电感电流保持恒定，因此，每个开关周期中电感电压 u_L 的积分恒为零，即

$$\int_0^T u_L \mathrm{d}t = \int_0^{t_{on}} u_L \mathrm{d}t + \int_{t_{on}}^T u_L \mathrm{d}t = 0 \tag{5-2}$$

（2）电容电流的安秒平衡特性

稳态条件下，理想开关变换器中的电容电流必然周期性重复，而每个开关周期中电容的储能为零，并且电容电压保持恒定，因此，每个开关周期中电容电流 i_C 的积分恒为零，即

$$\int_0^T i_C \mathrm{d}t = \int_0^{t_{on}} i_C \mathrm{d}t + \int_{t_{on}}^T i_C \mathrm{d}t = 0 \tag{5-3}$$

5.2 单管非隔离直流斩波器

电能只能从电源传送给负载的直流电压变换电路称为单象限直流斩波器。降压式变换、升压式变换、升－降压复合式变换都属于单象限直流变换。下面逐一进行分析。

5.2.1 降压式直流斩波电路（Buck 变换器）

1. 电路结构

降压式直流斩波器又称 Buck 变换器，是一种输出电压等于或小于输入电压的单管非隔离直流变换器，它的输出电压 u_o 的平均值 U_o 恒小于输入电压 U_s。主要用于开关电源以及需要直流降压的环节，图 5-3 给出了它的电路图。电路中的控制开关 VT 采用全控器件 IGBT，也可使用 GTR、P-MOSFET 等其他全控器件；电路中的二极管 VD 起续流作用，在 VT 关断时为电感 L 储存的能量提供续流通路；为获得平直的输出直流电压，输出端采用了 LC 低通滤波电路，R 为负载；U_s 为输入直流电源，U_o 为输出直流平均电压。电路输出端的滤波电容足够大，以保证输出电压恒定。

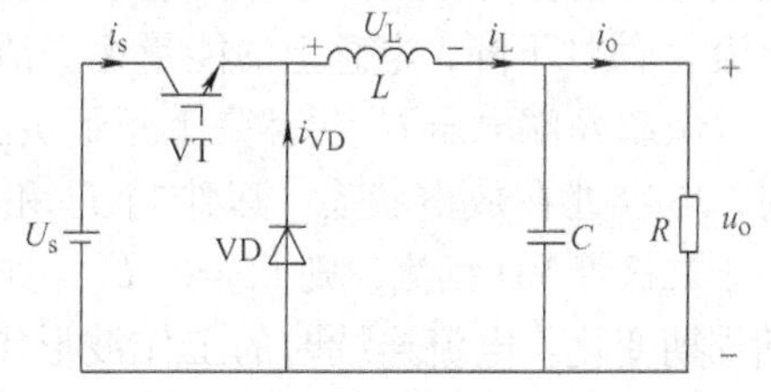

图 5-3　降压式直流斩波电路（Buck 变换器）

为了分析稳态特性，简化推导公式的过程，特作如下假定：

1）开关管、二极管是理想器件，可在瞬间导通或截止，没有导通压降，截止时没有漏电流。

2）电感、电容是理想元件。

3）输出电压中的纹波电压与输出电压的比值很小，可忽略不计。

根据电感电流是否连续，Buck 变换器有 3 种工作模式：连续导电模式、不连续导电模式和临界状态。电感电流连续是指输出滤波电感 L 的电流总大于零，电感电流断续是指在开关管关断期间有一段时间流过电感的电流为零。在这两种工作方式之间有一个工作边界，称为电感电流临界连续状态，即在开关管关断期末，电感的电流刚好降为零。

2. 工作原理

Buck 变换器的两个工况如图 5-4 所示。当电感 L 足够大时，电流连续。下面分析其工作情况。

1）在开关 VT 导通 t_{on} 期间，等效电路如图 5-4a 所示。二极管 VD 反偏截止，电源 U_s 通过电感 L 向负载 R 供电，电容也开始充电。此间 $i_L = i_s$ 线性增加，电感 L 的储能也增加，导致在电感两端有一个正向电压 $u_L = U_s - U_o$，左正右负，如图 5-4a 所示。所以在 VT 导通期间电感电压 $u_L = U_s - U_o$。

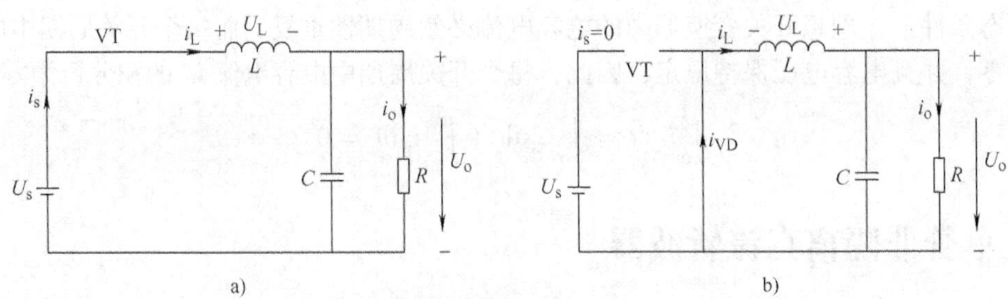

图 5-4　Buck 变换器电感电流连续时的两种工作状态
a）主开关管导通　b）二极管续流

2）在开关 VT 关断 t_{off} 期间，如图 5-4b 所示。电感产生感应电动势，左负右正，使续流二极管 VD 导通，故 i_L 通过二极管 VD 续流。由于输出端大电容的作用，电感两端电压恒定，电感电流 i_L 线性下降，电感上的能量逐步消耗在负载上。负载 R 端电压 U_o 仍然是上正下负。当$i_L < I_o$ 时，电容处在放电状态，以维持 I_o 和 U_o 不变。由于二极管 VD 续流，则 $u_L = -U_o$，如此周而复始周期变化。电流连续时的工作波形图如图 5-5 所示。在 VT 关断期间电感电压 $u_L = -U_o$。

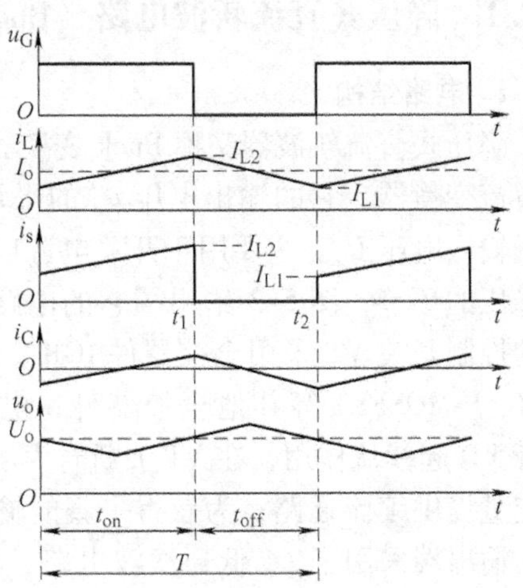

图 5-5　Buck 变换器电流连续工作模式波形图

为了作图简化起见，图 5-5 中 U_o 的波形画成波，实际是电容 C 的充放电波形，图 5-8 中 U_o 的波形也是如此。在稳态分析中，假定输出端滤波电容很大，输出电压可以认为是平直的。同样，由于稳态时电容的平均电流为 0，因此 Buck 变换器中电感平均电流等于平均输出电流 I_o。在连续导电模式下，电感电流不会减小到 0，前一个周期结束时刻和下一个周期开始时刻电流是连续的。下面分析稳态工作的情况，得出输入、输出之间的关系。

3. 基本数量关系

仅分析电流连续工作模式的数量关系。

在稳态情况下，电感电压波形是周期性变化的。根据电感电压的伏秒平衡特性，电感电压在一个周期内的积分为 0，即

$$\int_0^T u_L \mathrm{d}t = \int_0^{t_{on}} u_L \mathrm{d}t + \int_{t_{on}}^T u_L \mathrm{d}t = 0 \tag{5-4}$$

设输出电压 u_o 的平均值为 U_o，则在稳态时，式（5-4）可以表达为

$$(U_s - U_o)t_{on} = U_o(T - t_{on})$$

即

$$U_o = \frac{t_{on}}{T}U_s = DU_s \tag{5-5}$$

式中，$T = t_{on} + t_{off}$，t_{off}为关断时间。

通常 $t_{on} \leqslant T$，所以该电路是一种降压直流斩波器。当输入电压 U_s 不变时，输出电压 U_o 随占空比 D 的线性变化而线性改变，而与电路其他参数无关。

若忽略电路的变换损耗，则输入、输出功率相等，$P_s = P_o$，有 $U_s I_s = U_o I_o$，式中，I_s 为输入电流 i_s 的平均值，I_o 为输出电流 i_o 的平均值。由此可得变换器的输入、输出电流关系为

$$\frac{I_o}{I_s} = \frac{U_s}{U_o} = \frac{1}{D} \tag{5-6}$$

它与交流变压器的电压电流关系相同。因此电流连续时，Buck 变换器相当于一个“直流”变压器。

5.2.2 升压式直流斩波电路（Boost 变换器）

1. 电路结构

Boost 变换器是 Buck 变换器的对偶拓扑结构，电气原理结构图如图 5-6 所示。

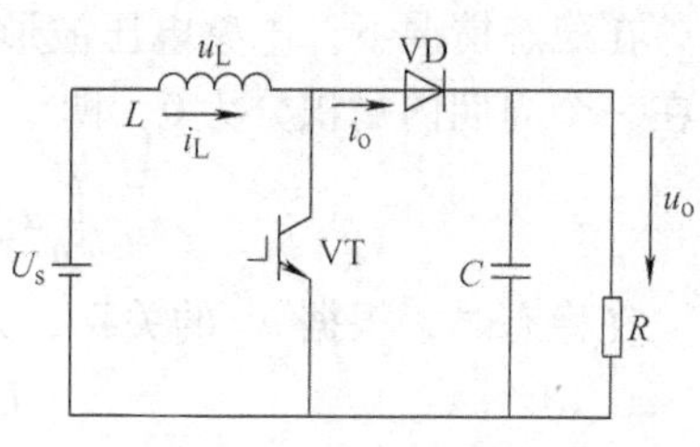

图 5-6　升压式直流斩波电路

升压式（Boost）变换器是一种输出电压等于或高于输入电压的单管非隔离直流变换器。通过控制开关管 VT 的占空比，可控制升压变换器的输出电压。Boost 变换器的两个工况如图 5-7 所示。

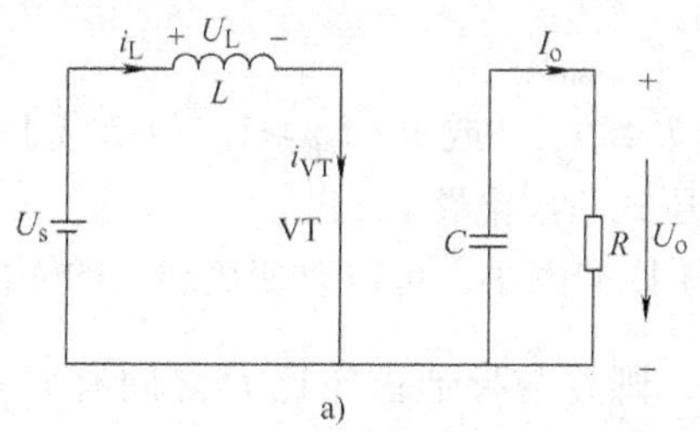

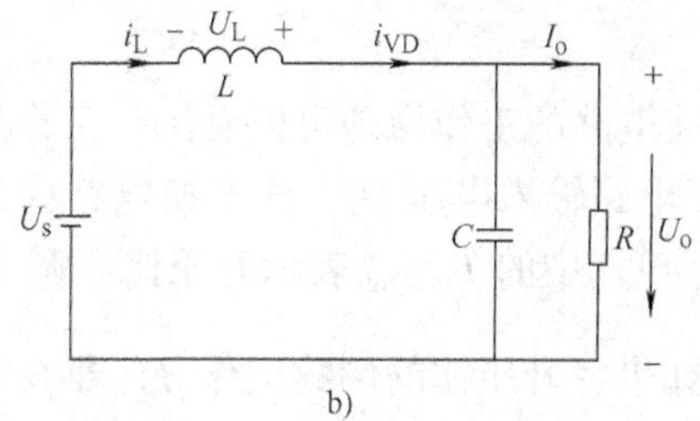

图 5-7　Boost 变换器电感电流连续时的两种工作状态

a）开关管导通状态　b）开关管截止状态

所需假设条件与 Buck 变换器的假定相同。与降压变换器相似，根据电感电流是否连续，升压变换器可以分为连续导电状态、不连续导电状态及临界状态 3 种工作模式。图 5-8 是电流连续工作模式的工作波形图。

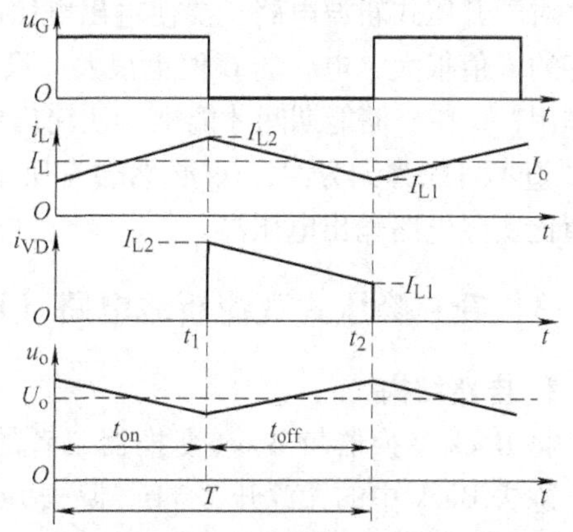

图 5-8　Boost 变换器电流连续工作模式波形图

2. 工作原理

假设电路输出端滤波电容足够大，可保证输出电压恒定，电感 L 也很大，保证电感电流连续。

1）当控制开关 VT 导通时，如图 5-7a 所示，电源 U_s 向串接在回路中的电感 L 充电储能，电感电压 u_L 左正右负；而负载电压 U_o 上正下负，此时在 R 与 L 之间的续流二极管 VD 被反偏，VD 截止。另外，VD 截止时 C 向负载 R 放电，极性上正下负。由于正常工作时 C 已经被充电，且 C 容量很大，所以负载电压基

本保持为一恒定值，记为 U_o。在一个开关周期 T 内，开关管 VT 导通的时间为 t_{on}，此阶段电源电压 U_s 全部加到电感两端，所以电感 L 上的电压 $u_L = U_s$。

2）在控制开关 VT 关断时，如图 5-7b 所示，i_L 经二极管 VD 流向输出侧，储能电感 L 两端电动势极性变成左负右正，续流二极管 VD 转为正偏，储能电感 L 与电源 U_s 叠加共同向电容 C 充电、向负载 R 提供能量，负载 R 端电压 U_o 仍然是上正下负。如果 VT 的关断时间为 t_{off}，则此段时间内电感 L 上的电压可以表示为 $-(U_o - U_s)$。

3. 基本数量关系

仅分析电流连续工作模式的数量关系。

在稳态情况下，电感电压波形是周期性变化的。根据电感电压的伏秒平衡特性，电感电压在一个周期内的积分为 0，即

$$\int_0^T u_L \mathrm{d}t = \int_0^{t_{on}} u_L \mathrm{d}t + \int_{t_{on}}^T u_L \mathrm{d}t = 0 \tag{5-7}$$

在稳态时，根据 u_L 的关系，式（5-7）可以表达为

$$U_s t_{on} - (U_o - U_s) t_{off} = 0 \tag{5-8}$$

由式（5-8）可以求出负载电压 U_o 的表达式，即

$$U_o = \frac{t_{on} + t_{off}}{t_{off}} U_s = \frac{T}{t_{off}} U_s \tag{5-9}$$

由斩波电路的工作原理可以看出，工作周期 $T \geqslant t_{off}$，或 $T/t_{off} \geqslant 1$，故负载上的输出电压 U_o 高于电路输入电压 U_s，该变换电路称为升压式斩波电路。

式（5-9）中的 T/t_{off} 表示升压比。调节升压比的大小，可以改变负载上的输出电压 U_o 的大小。如果将升压比的倒数记作 β，即 $\beta = \frac{t_{off}}{T}$，则 β 与导通占空比 D 之间有 $D + \beta = 1$ 的关系。

因此，式（5-9）也可以表示成如下形式：

$$U_o = \frac{1}{\beta} U_s \tag{5-10}$$

对于升压式斩波电路，要使输出电压高于输入电源电压应满足两个假设条件，即电路中电感的 L 值很大，电容的 C 值也很大。只有在上述条件下，L 在储能之后才具有使电压泵升的作用，C 在 L 储能期间才能维持住输出电压不变。但实际上假设的理想条件不可能满足，即 C 值不可能为无穷大，U_o 必然会有所下降。因此，由式（5-9）或式（5-10）求出的电压值比实际电路输出电压高。

5.2.3 升–降压式直流斩波电路（Buck-Boost 变换器）

1. 电路结构

将 Buck 变换器与 Boost 变换器二者的拓扑组合在一起，除去 Buck 中的无源开关 VD，除去 Boost 中的有源开关 VT，便构成了一种新的变换器拓扑，如图 5-9 所示，称为升–降压式直流斩波电路（Buck-Boost 变换器）。

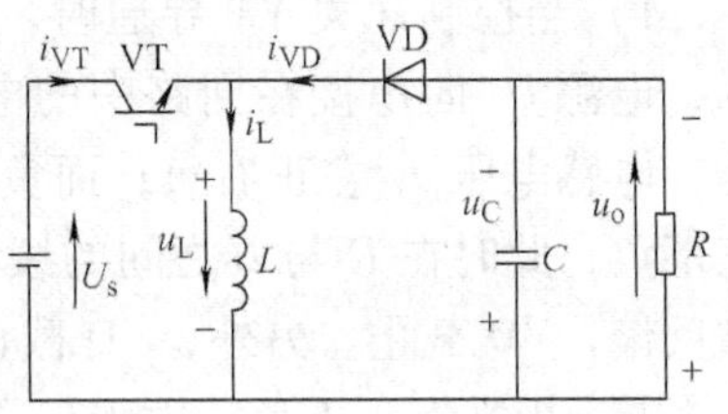

图 5-9 升–降压式斩波电路

它是由电压源、电流转换器和电压负载组成的一种

拓扑，中间部分含有一级电感储能电流转换器。它是一种输出电压既可以高于也可以低于输入电压的单管非隔离直流变换器。Buck-Boost 变换器和前二者最大的不同就是输出电压 U_o 的极性和输入电压 U_s 的极性相反，输入电流和输出电流都是脉动的，但是由于滤波电容的作用，负载电流应该是连续的。电路分析前可先假设电感 L 很大，电容 C 也很大，使电感电流 i_L 和电容电压 u_C 即负载电压（$u_o=u_C$）基本恒定。

Buck-Boost 变换器同样存在电感电流连续、电感电流断续和电感电流临界连续 3 种工作模式。图 5-10 是电感电流连续时 Buck-Boost 变换器在开关管 VT 导通和关断时的工况。

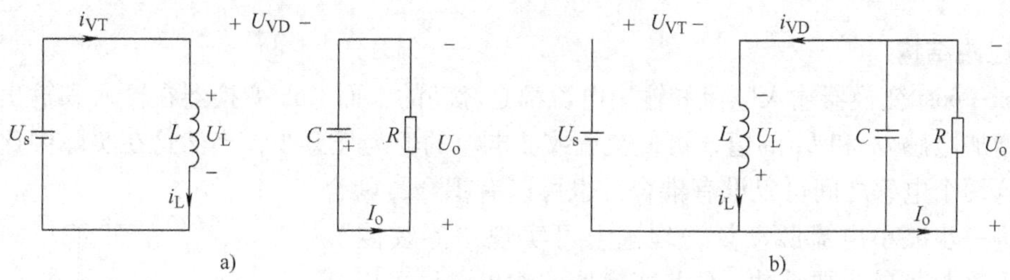

图 5-10　Buck-Boost 变换器电感电流连续时的两种工作状态

a）开关管导通状态　b）开关管截止状态

2. 工作原理

假设条件与 Buck 变换器的假定相同。

1）当控制开关 VT 导通时，直流电源 U_s 经 VT 给电感 L 充电储存能量，电感电压上正下负，此时二极管 VD 被负载电压（下正上负）和电感电压反偏，流过 VT 的电流为 $i_{VT}(=i_L)$，方向如图 5-10a 所示。由于此时 VD 反偏截止，电容 C 向负载 R 提供能量并维持输出电压基本恒定，负载 R 及电容 C 上的电压极性为上负下正，与电源极性相反；输入电压 U_s 直接加在电感 L 上，极性为上正下负，此阶段 $u_L=U_s$。

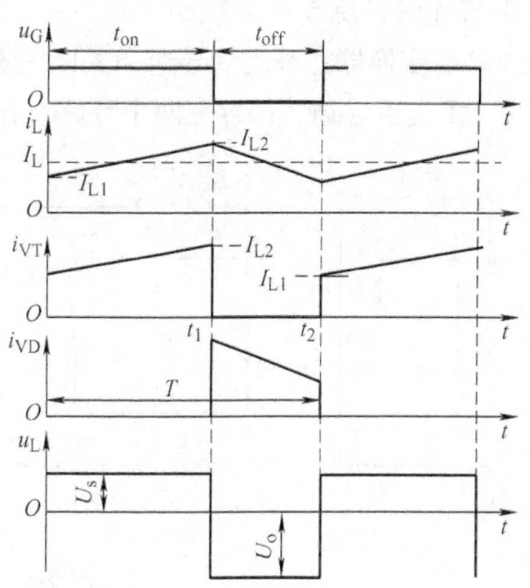

图 5-11　Buck-Boost 变换器电感电流连续工作模式波形图

2）当控制开关 VT 关断时，电感 L 极性变反（上负下正），VD 正偏导通，电感 L 中储存的能量通过 VD 向负载 R 和电容 C 释放，放电电流为 i_L，电容 C 被充电储能，负载 R 也得到电感 L 提供的能量，此阶段 $-u_L=U_o$。

图 5-11 是 Buck-Boost 变换器在电感电流连续时的工作波形。

3. 基本数量关系

根据电感两端电压 u_L 符合伏秒平衡特性，参考图 5-11 的 u_L 波形和工作原理分析。在控制开关 VT 导通期间，有 $u_L=U_s$；而在 VT 截止期间，$-u_L=U_o$。于是有

$$U_s t_{on} = U_o t_{off} \tag{5-11}$$

输出电压表达式可以写成

$$U_o = \frac{t_{on}}{t_{off}}U_s = \frac{t_{on}}{T - t_{on}}U_s = \frac{D}{1-D}U_s \tag{5-12}$$

在式（5-12）中，改变导通比 D 时，输出电压既可高于输入电源电压，也可低于输入电源电压。例如，当 $0<D<1/2$ 时，斩波器输出电压低于输入直流电压，此时为降压变换；当 $1/2<D<1$ 时，斩波器输出电压高于输入直流电压，此时为升压变换。

5.2.4 Cuk 直流斩波电路

1. 电路结构

Buck-Boost 变换器输入电流和输出电流都是脉动的，而 Cuk 变换器在输入和输出端均有电感，增加电感 L_1 和 L_2 的值，可使交流纹波电流的值为任意小，当然这在实际中比较难以实现。这两个电感之间可以没有耦合，也可以有耦合，耦合电感可进一步减小电流脉动量，理论上可实现“零纹波”。这是 Cuk 变换器的主要特性。Cuk 变换器的输出电压可以高于、等于或低于输入电压，其大小主要取决于开关管 VT 的占空比，这和 Buck-Boost 变换器是一样的。Cuk 斩波电路可以作为升－降压式斩波电路的改进电路，其电路原理图如图 5-12所示。Cuk 斩波电路的优点是直流输入电流和负载输出电流连续，脉动成分较小。

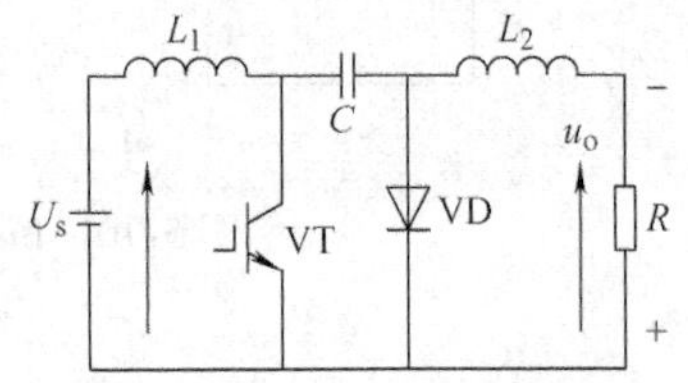

图 5-12　Cuk 斩波电路

Cuk 变换器在开关管导通和关断时都进行着能量的存储和传递。如图 5-13 所示，无论开关管 VT 是否导通，都存在两个环路。在下面的分析中将两个环路分别称作环路 1 和环路 2。

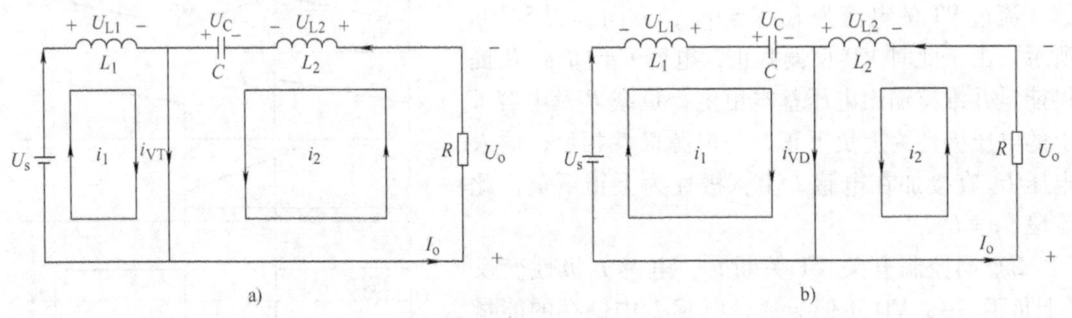

图 5-13　Cuk 变换器的工作状态
a）开关管 VT 导通　b）开关管 VT 截止

2. 工作原理

1）当控制开关 VT 导通时，输入、输出闭合环路如图 5-13a 所示，二极管 VD 反偏而截止，电源 U_s 经 L_1→VT 回路给 L_1 充电储能，输入环路电流为 i_1；C 通过 C→VT→R→L_2 回路放电，放电电流 i_2 使 L_2 储能，并供电给负载。开关管 VT 中流过输入、输出电流之和，即 $i_{VT}=i_1+i_2$。负载电压极性为下正上负。

2）当控制开关 VT 截止时，VD 正偏而导通，输入、输出环路如图 5-13b 所示，电源 U_s 和 L_1 的释能电流 i_1 通过 L_1→C→VD 回路向电容 C 充电，极性为左正右负；同时 L_2 的释能

电流 i_2 通过 $L_2 \to VD \to R \to L_2$ 回路向负载 R 供电，电压的极性为下正上负，与电源电压极性相反。此时流过 VD 的电流为输入、输出电流之和，即 $i_{VD} = i_1 + i_2$。

由此可见，无论开关管 VT 导通还是关断，Cuk 变换器都从输入向输出传递功率。在 VT 关断期间，电容 C 被充电，在 VT 导通期间，C 向负载放电，可见 C 起传递能量的作用。

Cuk 变换器的工作状态同样可以划分为 3 种：连续导电状态、不连续导电状态及临界状态。不连续导电状态可以理解为流过二极管的电流断续。在一个开关周期中开关管 VT 的截止时间内，若二极管电流总是大于零，则为电流连续；若二极管电流在一段时间内为零，则为电流断续工作；若二极管电流在 T 结束时刚降为零，则为临界连续工作方式。图 5-14 是 Cuk 变换器稳态工作波形。

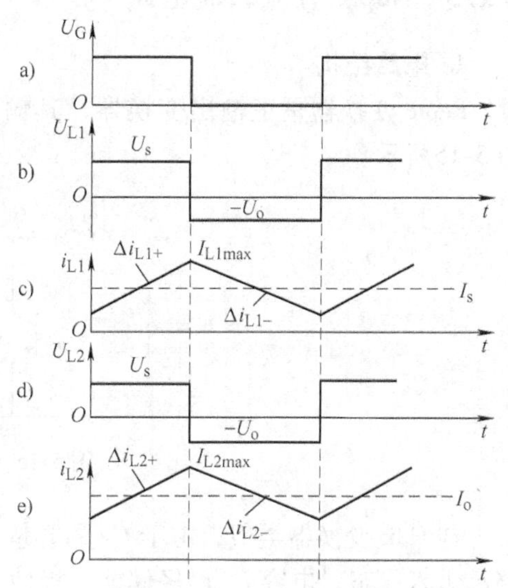

图 5-14　Cuk 变换器电流连续工作模式波形图

分析连续导电状态下 Cuk 变换器的工作过程，所需假设条件与 Buck 变换器的假定相同，同时假设电容 C 容量很大，变换器稳定工作时，忽略电容 C 上的电压纹波，认为其电压基本恒定为 U_C。在稳态时，电感 L_1 和 L_2 上的电压平均值为 0，则在 U_s、L_1、C、L_2、U_o 的环路中，有如下关系式：

$$U_C = U_s + U_o \tag{5-13}$$

3. 基本数量关系

1）开关管 VT 导通时，工作状态如图 5-13a 所示。电源电压 U_s 直接加在电感 L_1 上，则 $u_{L1} = U_s$；此时 L_2 上的电压是电容电压 U_C 与输出电压 U_o 之差，即 $u_{L2} = U_C - U_o$，根据式（5-13）可知，L_2 上的电压也为 $u_{L2} = U_s$。

2）开关管 VT 截止，工作状态如图 5-13b 所示。二极管导通，电感 L_1 上电压 $u_{L1} = U_C - U_s$，极性反向，根据式（5-13），有 $u_{L1} = -U_o$。L_2、VD 和 U_o 构成环路 2，$u_{L2} = -U_o$。

根据电感两端电压 u_L 符合伏秒平衡特性，参考图 5-14 的 u_{L1} 或 u_{L2} 波形以及上面的分析。在控制开关 VT 导通期间，有 $u_L = U_s$（$L = L_1$ 或 L_2）；而在 VT 截止期间，$-u_L = U_o$。于是有

$$U_s t_{on} = U_o t_{off} \tag{5-14}$$

输出电压表达式可以写成

$$U_o = \frac{t_{on}}{t_{off}} U_s = \frac{t_{on}}{T - t_{on}} U_s = \frac{D}{1 - D} U_s \tag{5-15}$$

可见分析结果与 Buck-Boost 变换器相同。当 $D = 0.5$ 时，则 $U_o = U_s$；当 $D < 0.5$ 时，则 $U_o < U_s$，为降压式变换器；当 $D > 0.5$ 时，$U_o > U_s$，为升压式变换器。

Cuk 变换器与 Buck-Boost 变换器相比的优点是输入电流和输出电流都是无纹波的，从而降低了对外部滤波器的要求；缺点是要有足够大的储能电容 C。

5.2.5 Sepic 直流斩波电路

1. 电路结构

Sepic 变换器是正输出变换器，其输出电压极性和输入电压极性相同。其电路原理如图 5-15所示。

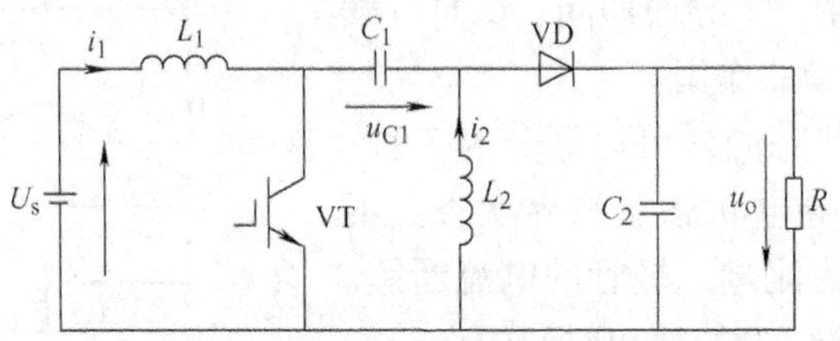

图 5-15　Sepic 直流斩波电路

与 Cuk 变换器类似，由于 C_1 的容量很大，稳态时 C_1 的电压 U_{C1}基本保持恒定。假设电路已进入稳态，电容 C_1 已经储能，极性左正右负。这时，电路有两种工作模式，如图 5-16 所示。

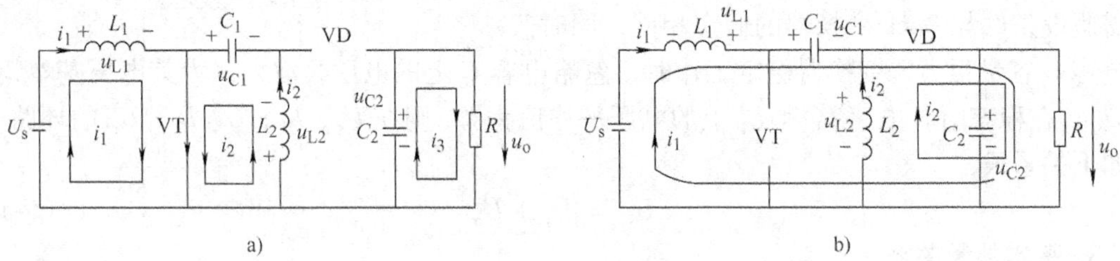

图 5-16　Sepic 变换器的工作状态
a）开关管 VT 导通　b）开关管 VT 截止

2. 工作原理

1）当控制开关 VT 导通时，二极管 VD 截止。此时，变换器有三个电流回路：第一个是电源 U_s 经 L_1→VT 回路给 L_1 充电储能，u_{L1}的极性是左正右负，输入环路电流为 i_1；第二个是 C_1→VT→L_2 回路，C_1 放电，L_2 储能，u_{L2}的极性是下正上负，C_1 将能量转移到 L_2 上；第三个是 C_2 向负载 R 供电的回路。开关管 VT 中流过的电流为 $i_{VT}=i_1+i_2$。负载电压极性为上正下负。输入、输出闭合环路如图 5-16a 所示。

2）当控制开关 VT 截止时，VD 导通。此时形成两个电流回路：第一个是电源 U_s→L_1→C_1→VD→负载的回路，U_s 和 L_1 储能同时向 C_1 和负载馈送，u_{L1}的极性是左负右正，C_1 储能增加，极性左正右负，C_2 充电，L_1 储能减少；第二个是 L_2→VD→负载的续流回路，L_2 释放储能到 C_2 和负载。输入、输出环路如图 5-16b 所示，C_2 极性为上正下负；负载 R 电压的极性为上正下负，与电源电压极性相同。此时流过 VD 的电流为 $i_{VD}=i_1+i_2$。

3. 基本数量关系

1）开关管 VT 导通时，工作状态如图 5-16a 所示。

在电流的第一回路中，电源电压 U_s 直接加在电感 L_1 上，则 $u_{L1}=U_s$；在电流的第二回路中，电容电压 U_{C1}直接加在电感 L_2 上，则 $u_{C1}=u_{L2}$；在电流的第三回路中，$U_{C2}=U_o$。

由于 C_2 容量很大，u_{C2}电压变化不大，则 $U_{C2}=U_o$。

2）开关管 VT 截止，工作状态如图 5-16b 所示。

在电流的第一回路中，电感 L_1 上的电压 $-u_{L1}=U_{C1}+U_{C2}-U_s$；在电流的第二回路中，$-u_{L2}=U_{C2}=U_o$。

根据电感两端电压 u_L 符合伏秒平衡特性，参考上面的分析得：

在电感 L_1 上有

$$U_s t_{on} = (U_{C1}+U_{C2}-U_s)t_{off} \tag{5-16}$$

而在电感 L_2 上有

$$U_{C1} t_{on} = U_{C2} t_{off} \tag{5-17}$$

解得 $U_{C1}=U_s$，代入式（5-16）得输出电压表达式为

$$U_o = \frac{t_{on}}{t_{off}}U_s = \frac{t_{on}}{T-t_{on}}U_s = \frac{D}{1-D}U_s \tag{5-18}$$

可见分析结果与 Buck-Boost 变换器相同。

5.2.6 Zeta 直流斩波电路

1. 电路结构

Zeta 斩波器也是正输出变换器，其输出电压极性和输入电压极性相同。其电路原理如图 5-17 所示。与 Cuk 斩波器相比，Zeta 斩波器是将 Cuk 斩波器的 L_1 与 VT 对调，并改变 VD 的方向后形成的。由于 C_1 的容量很大，稳态时 C_1 的电压 u_{C1} 基本保持恒定。设电路已进入稳态，电容 C_1 已经储能，极性右正左负。这时，电路有导通和关断两种工作模式，其工作原理如下。

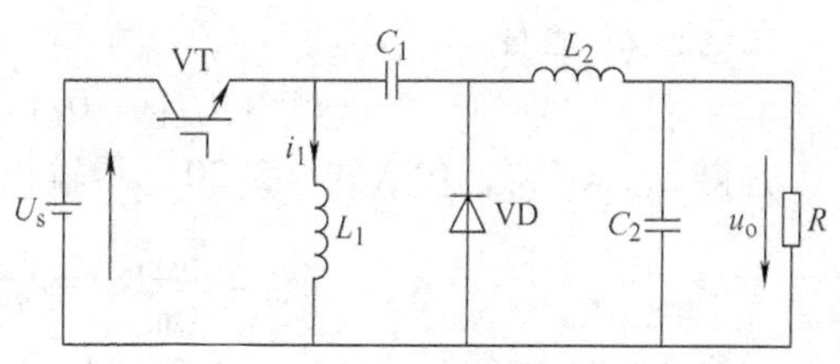

图 5-17　Zeta 直流斩波电路

2. 工作原理

1）当控制开关 VT 导通时，二极管 VD 关断。此时，变换器有两个电流回路：第一个是电源 U_s→VT→L_1 回路，在 U_s 作用下 L_1 储能，u_{L1}的极性是上正下负，环路电流为 i_1；第二个是 U_s→VT→ C_1→L_2→负载回路，U_s 与 C_1 放电，L_2 储能，u_{L2}的极性是左正右负，C_2 充电，负载电压极性为上正下负。开关管 VT 中流过的电流为 $i_s=i_1+i_2$。输入、输出闭合环路如图 5-18a 所示。

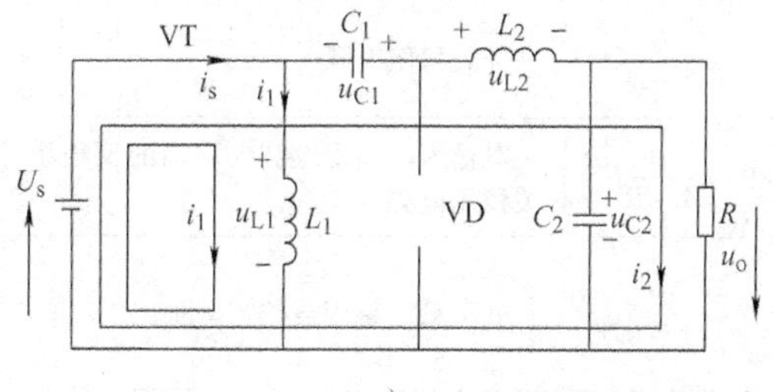

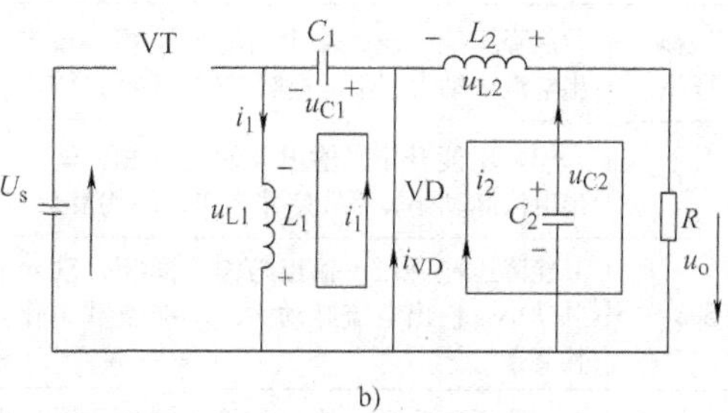

图 5-18　Zeta 变换器的工作状态

a）开关管 VT 导通　b）开关管 VT 截止

2）当控制开关 VT 截止时，VD 导通。L_1 和 L_2 通过 VD 续流，形成两个续流回路。第一个回路由 $L_1 \to VD \to C_1$ 构成，电感 L_1 储能向 C_1 转移；u_{L1} 的极性是下正上负，C_1 储能增加，极性右正左负。第二个是 $VD \to L_2 \to$ 负载的续流回路，L_2 和 C_2 的储能释放到负载。输入、输出环路如图 5-18b 所示，C_2 极性为上正下负；负载 R 电压的极性为上正下负。此时流过 VD 的电流为 $i_{VD} = i_1 + i_2$。

3. 基本数量关系

1）开关管 VT 导通时，工作状态如图 5-18a 所示。

在电流的第一回路中，电源电压 U_s 直接加在电感 L_1 上，则 $u_{L1} = U_s$；在电流的第二回路中，有 $U_s + U_{C1} = u_{L2} + U_{C2} = u_{L2} + U_o$，则 $u_{L2} = U_s + U_{C1} - U_{C2} = U_s + U_{C1} - U_o$。

2）开关管 VT 截止，工作状态如图 5-18b 所示。

在电流的第一回路中，电感 L_1 上的电压 $-u_{L1} = U_{C1}$；在电流的第二回路中，$-u_{L2} = U_{C2} = U_o$。

根据电感两端电压 u_L 符合伏秒平衡特性，参考上面的分析得：

在电感 L_1 上有

$$U_s t_{on} = U_{C1} t_{off} \tag{5-19}$$

在电感 L_2 上有

$$(U_s + U_{C1} - U_{C2}) t_{on} = U_{C2} t_{off} = U_o t_{off} \tag{5-20}$$

解得 $U_{C1} = U_{C2}$，代入式（5-20）得输出电压表达式为

$$U_o = \frac{t_{on}}{t_{off}} U_s = \frac{t_{on}}{T - t_{on}} U_s = \frac{D}{1 - D} U_s \tag{5-21}$$

可见分析结果与 Buck-Boost 变换器相同。输出相对于输入也是既可以升压又可以降压，且输出与输入电压极性相同。

各种不同的非隔离型斩波电路有各自不同的特点和应用场合，表 5-1 对它们进行了比较。表中 U_s 为斩波器的输入电压，U_o 为斩波器的输出电压，D 为占空比。

表 5-1　各种非隔离型直流斩波电路的比较

电路	特　点	输出电压公式	应 用 领 域
降压型	只能降压不能升压，输出与输入同相，输入电流脉动大，输出电流脉动小，结构简单	$U_o = DU_s$	直流电动机调速和开关稳压电源
升压型	只能升压不能降压，输出与输入同相，输入电流脉动小，输出电流脉动大，不能空载工作，结构简单	$U_o = \frac{1}{1-D}U_s$	开关稳压电源和功率因数校正电路
升－降压型	能降压能升压，输出与输入反相，输入、输出电流脉动大，不能空载工作，结构简单	$U_o = \frac{D}{1-D}U_s$	开关稳压电源
Cuk	能降压能升压，输出与输入反相，输入、输出电流脉动小，不能空载工作，结构复杂	$U_o = \frac{D}{1-D}U_s$	对输入、输出纹波要求高的反相型开关稳压电源
Sepic	能降压能升压，输出与输入同相，输入电流脉动小，输出电流脉动大，不能空载工作，结构复杂	$U_o = \frac{D}{1-D}U_s$	升压型功率因数校正电路
Zeta	能降压能升压，输出与输入同相，输入电流脉动大，输出电流脉动小，不能空载工作，结构复杂	$U_o = \frac{D}{1-D}U_s$	对输出纹波要求高的升降压型开关稳压电源

5.2.7 电流可逆二象限直流斩波电路

将降压斩波电路与升压斩波电路组合在一起，可以构成电流可逆的二象限直流斩波电路，电路结构如图 5-19a 所示。它适用于直流电动机的正转电动运行和正转回馈制动运行。

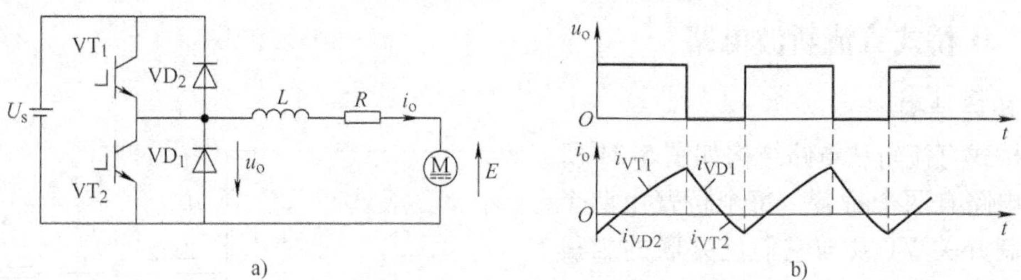

图 5-19　电流可逆直流斩波电路及其波形
a）电路原理图　b）工作波形

该电路有 3 种运行方式：

1）降压斩波运行：VT_1 和 VD_1 构成降压斩波电路，由电源向直流电动机供电，电动机为电动运行，工作于第Ⅰ象限，此时 VT_2 和 VD_2 总处于断态。

2）升压斩波运行：VT_2 和 VD_2 构成升压斩波电路，把直流电动机的动能转变为电能反馈到电源，电动机作回馈制动运行，工作于第Ⅱ象限，此时 VT_1 和 VD_1 总处于断态。

3）双组交替运行方式，即在一个周期内交替地作为降压斩波和升压斩波工作。在这种运行方式中，VT_1、VT_2 被交替驱动，电动机电流不会断续。

当 VT_1 导通时，电源为负载提供正向电流，并逐渐增大；VT_1 关断后，电感 L 经 VD_1 续流释放能量，电流下降直至为零。这时使 VT_2 导通，电动机的反电动势 E 会驱使电枢电流反向流过，并逐渐增大，L 存储能量；VT_2 关断后，L 中产生负的感应电动势，与 E 串联，经 VD_2 导通，向电源反馈能量。当 L 储能释放完毕，反向电流降为零时，再次使 VT_1 导通，又有正向电流流通，如此循环，两个斩波电路交替工作。这种工作方式下的输出电压、输出电流波形如图 5-19b 所示，图中还标出了流过各器件的电流。

5.2.8 电压可逆二象限直流斩波电路

将降压斩波电路与升压斩波电路组合在一起，还可以构成电压可逆的二象限斩波电路，电路结构如图 5-20 所示。它适用于直流电动机的正转电动运行和反转回馈制动运行，即提升机负载。

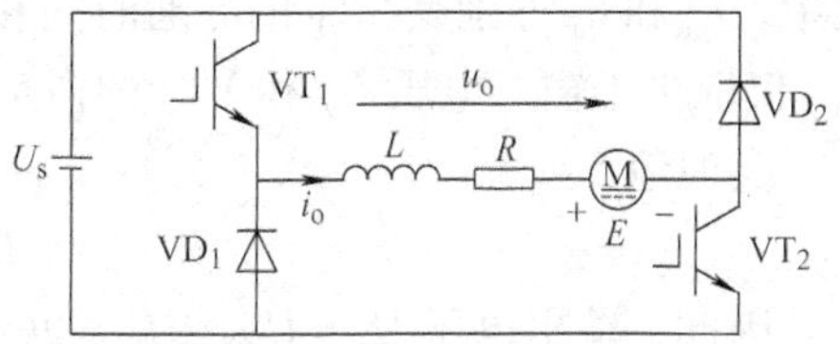

图 5-20　电压可逆二象限直流斩波电路

该电路也有 3 种运行方式：

1）降压斩波运行：即 VT_1、VD_1 构成降压斩波电路，由电源向电动机传输能量，电动机为电动运行，工作于第Ⅰ象限，此时 VT_2 持续导通，VD_2 截止。

2）升压斩波运行：当负载下降时，电动机反转，电枢电动势反向，右正左负，VT_2、VD_2 构成升压斩波电路，由电动机向电源回馈能量，电动机为反转制动运行，工作于第Ⅳ象限，此时 VT_1 截止，VD_2 导通。

3）双组同时运行：当 VT_1、VT_2 同时导通时，输出电流 i_o 上升；当 VT_1、VT_2 同时关断时，VD_1、VD_2 同时导通，输出电流 i_o 下降。调节 VT_1、VT_2 的导通占空比 D，可以使电动机工作于不同的工作状态。当电动机反转制动时，占空比必须小于 0.5，当电动机正转时，占空比应大于 0.5。

5.2.9 H 桥式直流斩波电路

1. 电路结构

H 桥式直流斩波电路结构如图 5-21 所示。该电路有两个桥臂，每个桥臂由两个斩波控制开关 VT 及与它们反并联的二极管组成。同一桥臂的两个开关管不能同时处于导通状态，否则就会造成直流电源短路。在 H 桥式直流 - 直流变换器中，其输出电压 U_o 是极性可变、幅值可调的直流电，输出电流 i_o 的幅值和方向也是可变的。因此，该变换器可以在 4 个象限运行。

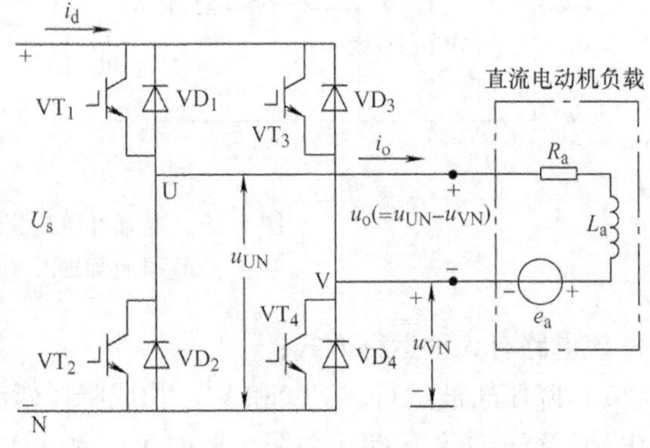

图 5-21　H 桥式直流斩波电路结构图

2. 工作原理

如果变换器同一桥臂的两个开关管 VT 在任一时刻都不同时处于断开状态，则输出电压 u_o 完全由开关管的状态决定。以负直流母线 N 为参考点，U 点的电压 u_{UN} 由如下的开关状态决定：当 VT_1 导通时，正的负载电流 i_o 将流过 VT_1；或当 VD_1 导通时，负的负载电流 i_o 将流过 VD_1，则 U 点的电压为

$$u_{UN} = U_s \tag{5-22}$$

类似地，当 VT_2 导通时，负的负载电流 i_o 将流入 VT_2；或当 VD_2 导通时，正的负载电流 i_o 将流过 VD_2，则 U 点的电压为

$$u_{UN} = 0 \tag{5-23}$$

综上所述，u_{UN} 仅取决于桥臂 U 是上半部分导通还是下半部分导通，而与负载电流 i_o 的方向无关，因此 U_{UN} 为

$$U_{UN} = \frac{U_s t_{on} + 0 \cdot t_{off}}{T} = U_s D_{VT1} \tag{5-24}$$

式中，t_{on} 和 t_{off} 分别是 VT_1 的导通时间和断开时间；D_{VT1} 是开关管 VT_1 的占空比。由此可知，U_{UN} 仅取决于输入电压 U_s 和 VT_1 的占空比 D_{VT1}。

类似地

$$U_{VN} = U_s D_{VT3} \tag{5-25}$$

因此，输出电压 $U_o = U_{UN} - U_{VN}$ 也与变换器的输入电压 U_s、开关占空比 D_{VT1} 和 D_{VT3} 有关，而与负载电流 i_o 的大小和方向无关。

如果变换器同一桥臂的两个开关管同时处于断开的状态，则输出电压 u_o 由输出电流 i_o 的方向决定。这将引起输出电压平均值和控制电压之间的非线性关系，所以应该避免两个开关管同时处于断开的情况发生。

H 桥式直流 PWM 变换器从控制方式上分为双极式调制、单极式调制和受限单极式调制

3 种。

1）双极式调制：4 个开关器件 VT_1 和 VT_4、VT_2 和 VT_3 两两成对同时导通和关断，且工作于互补状态，即 VT_1 和 VT_4 导通时 VT_2 和 VT_3 关断，反之亦然。控制开关器件的通断时间（占空比）可以调节输出电压的大小，若 VT_1 和 VT_4 的导通时间大于 VT_2 和 VT_3 的导通时间，则输出电压平均值为正；若 VT_2 和 VT_3 的导通时间大于 VT_1 和 VT_4 的导通时间，则输出电压平均值为负，可用于输出正、负电压。H 桥式 PWM 直流变换电路开关器件的驱动一般都采用 PWM 方式，由载波（三角波或锯齿波）与直流调制波信号比较产生驱动脉冲，由于载波频率较高（通常在数千赫兹以上），所以变换器输出电流一般连续，但 4 个开关器件都工作于 PWM 方式，开关损耗较大。

2）单极式调制：4 个开关器件中 VT_1 和 VT_2 工作于互补的 PWM 方式，而 VT_3 和 VT_4 则根据电动机的转向采取不同的驱动信号。电动机正转时，VT_3 恒关断，VT_4 恒导通；电动机反转时，VT_3 恒导通，VT_4 恒关断。由于减少了 VT_3 和 VT_4 的开关次数，开关损耗减少，这是单极式调制的优点。

3）受限单极式调制：在单极式调制基础上，为进一步减小开关损耗和减少桥臂直通的可能性，在电动机要求正转时，只有 VT_1 工作于 PWM 方式，VT_4 始终处于导通状态，而 VT_2 和 VT_3 都关断；电动机反转时，只有 VT_2 工作于 PWM 方式，VT_3 始终处于导通状态，而 VT_1 和 VT_4 都关断，这就是受限单极式调制。

H 桥式直流－直流变换器的输出电流即使在负载较小时，也没有电流断续现象。

5.3 变压器隔离的直流－直流变换器

5.2 节介绍了不带变压器隔离的基本 DC-DC 变换电路。然而在许多应用场合要求输入、输出之间实现电隔离，在基本的非隔离 DC-DC 变换器（如 Buck 变换器、Boost 变换器、Buck-Boost 变换器、Cuk 变换器）中加入变压器，就可以派生出带隔离变压器的 DC-DC 变换器，比如 Buck 变换器可以派生出单端正激变换器、桥式变换器、电压型推挽变换器等，Boost 变换器可以派生出电流型推挽变换器等，Buck-Boost 变换器可以派生出单端反激变换器等。在 DC-DC 变换器中，变压器的主要作用是隔离，一定情况下也能起到变压的作用。应用在隔离 DC-DC 变换器中的变压器是高频变压器，工作原理与其他类型的隔离变换器不同，变压器铁心必须加气隙。本节主要介绍单端正激变换器和单端反激变换器。所谓单端变换器，是指变压器磁通仅在单方向变化的变换器。

由于变压器可插在基本变换电路中的不同位置，从而可得到多种形式的变压器隔离的变换器主电路。这里主要介绍常见的单端正激变换器、反激变换器、半桥及全桥式降压变换器。

5.3.1 单端正激变换器

1. 电路结构

单端正激变换器由 Buck 变换器派生而来。图 5-22a 为 Buck 变换器的电路原理图，在虚线的位置插入一个隔离变压器，即可得到图 5-22b 所示的单端正激变换器。

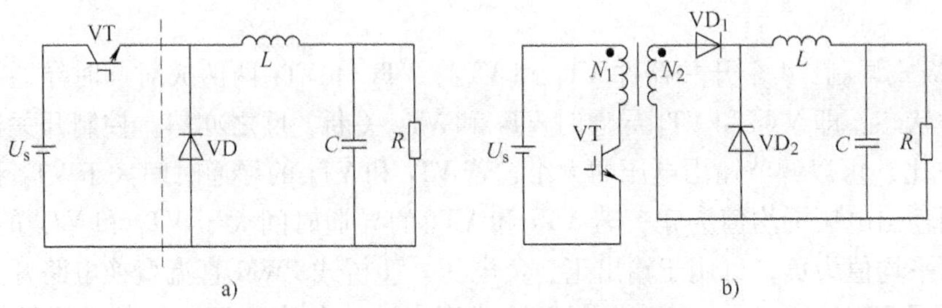

图 5-22　单端正激变换器的结构

a）Buck 变换器电路原理图　b）理想的单端正激变换器

2. 工作原理

1）开关管 VT 导通时，工作状态如图 5-23a 所示，根据图中的同名端表示，可以知道变压器二次侧也流过电流，VD_1 导通，VD_2 截止，电感电压为左正右负，变压器二次电流线性上升，电源能量经变压器传递到负载侧。在开关管 VT 导通期间，电感电压

$$u_L = \frac{N_2}{N_1}U_s - U_o \tag{5-26}$$

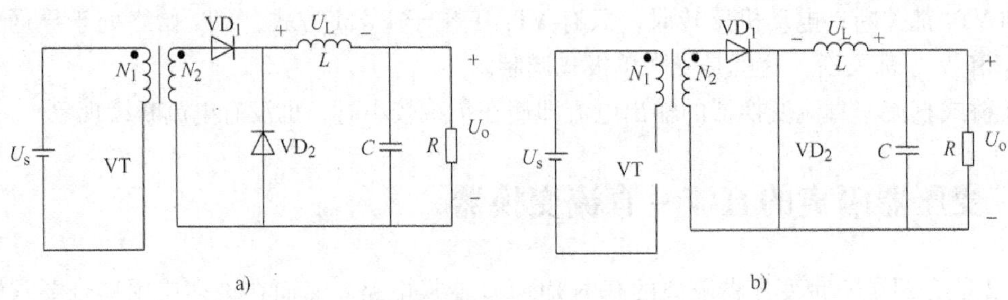

图 5-23　单端正激变换器工况

a）单端正激变换器开关管导通　b）单端正激变换器开关管截止

2）开关管 VT 截止时，工作状态如图 5-23b 所示，变压器二次侧没有电流流过，负载电流经反并联二极管 VD_2 续流。在开关管 VT 断开期间，电感电压为负，电流线性下降。

电感电压

$$u_L = -U_o \tag{5-27}$$

在稳态时，电感电压符合伏秒平衡特性，在一个周期内积分为零，因此

$$\left(\frac{N_2}{N_1}U_s - U_o\right)t_{on} + (-U_o)t_{off} = 0 \tag{5-28}$$

得

$$U_o = \left(\frac{N_2}{N_1}\right)\frac{t_{on}}{T} \cdot U_s = \frac{N_2}{N_1} \cdot D \cdot U_s \tag{5-29}$$

由式（5-29）可见，单端正激变换器电压增益与开关导通占空比成正比，这与 Buck 变换器类似，不同的是比后者多了一个变压器的电压比。正激变换器是具有隔离变压器的降压变换器，因而具有降压变换器的一些特性。

5.3.2 单端反激变换器

1. 电路结构

单端反激变换器电路如图5-24所示。与升-降压变换器相比较，反激变换器用变压器代替了升-降压变换器中的储能电感。这里的变压器除了起输入、输出电隔离作用外，还起储能电感的作用。

2. 工作原理

1）当开关管VT导通时，由于VD_1承受反向电压，变压器二次侧相当于开路，此时变压器一次侧相当于一个电感。电源U_s向变压器一次侧输送能量，并以磁场形式存储起来。

2）当开关管VT截止时，线圈中磁场储能不能突变，将会在变压器二次侧产生上正下负的感应电动势，该感应电动势使VD_1承受正向电压而导通，从而磁场储能转移到负载上。考虑滤波电感L及续流二极管VD_2的实用反激变换器电路如图5-25所示。

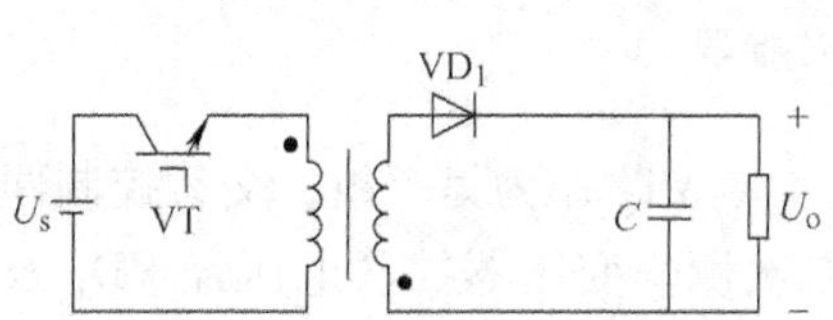

图5-24 单端反激变换器电路原理图

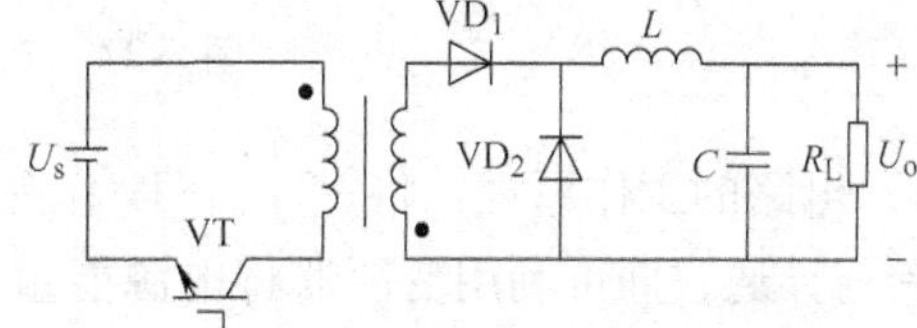

图5-25 带LC滤波的单端反激变换器实用电路

反激变换器电路简单，在小功率场合应用广泛。缺点是磁心磁场直流成分大，为防止磁心饱和，磁心磁路气隙较大，磁心体积较大。

5.3.3 半桥式隔离的降压变换器

在正激、反激变换器中，变压器一次侧通过的是单向脉动电流，为防止变压器磁场饱和，需要加上必要的磁场复位电路或要求磁路上留有一定的气隙，磁性材料得不到充分利用；另外，主开关器件承受的电压高于电源电压，故对器件耐压要求较高。半桥式和全桥式隔离的变换器则可以克服这些缺点。这里仅讨论在降压变换器中插入桥式隔离变压器的变换器。

1. 电路结构

半桥式隔离的降压变换器如图5-26所示，C_1、C_2为滤波电容，VD_1、VD_2为VT_1、VT_2的续流二极管，VD_3、VD_4为整流二极管，LC为输出滤波电路。

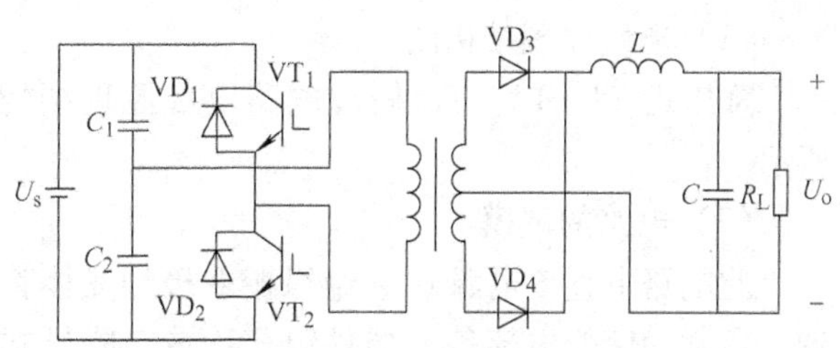

图5-26 半桥式降压变换器

2. 工作原理

滤波电容C_1、C_2上的电压近似直流，且均为$U_s/2$。

1）当VT_1关断、VT_2导通时，电源及电容C_2上的储能经变压器传递到二次侧。同时，电源经变压器→VT_2向C_1充电，C_1储能增加。

2）当VT_1导通、VT_2关断时，电源及电容C_1上的储能经变压器传递到二次侧，此时，

电源经 VT_1→变压器向 C_2 充电，C_2 储能增加。

变压器二次电压经 VD_3 及 VD_4 整流、LC 滤波后即得到直流输出电压。通过交替控制 VT_1、VT_2 的开通与关断，并控制其占空比，即可控制输出电压大小。

5.3.4 全桥式隔离的降压变换器

常见的全桥式隔离的降压变换器电路如图 5-27 所示。

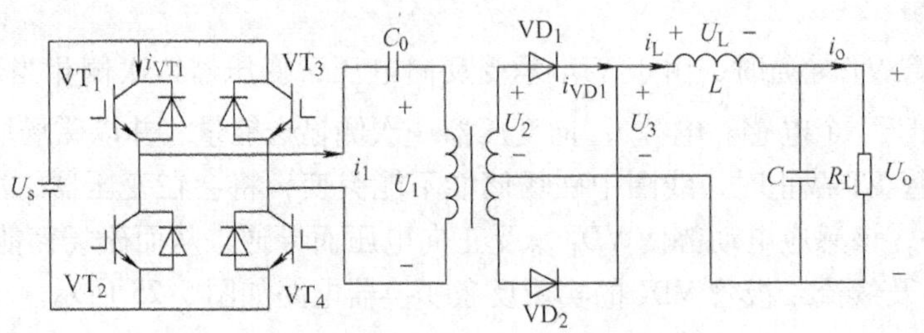

图 5-27　全桥式降压变换器

1）电路的工作原理：将 VT_1、VT_4 作为一组，VT_2、VT_3 作为另一组，交替控制两组开关关断与导通，即可利用变压器将电源能量传递到二次侧。变压器二次电压经 VD_1 及 VD_2 整流、LC 滤波后即得直流输出电压。改变占空比即可控制输出电压大小。

2）电容 C_0 是防止变压器出现偏磁而设置的，也称为去偏电容。由于正负半波控制脉冲宽度难以做到绝对相同，同时开关器件特性也难以完全一致，从而电路工作时流过变压器一次侧的电流正负半波难以完全对称，因此，加上 C_0 以防止铁心磁场直流磁化而饱和。

5.4 直流 - 直流变换电路的仿真

5.4.1 单管非隔离变换电路的仿真

1. 降压式（Buck）直流斩波电路的仿真

（1）电气原理结构图

降压式（Buck）直流斩波电路电气原理结构图如图 5-28a 所示，工作波形如图 5-28b 所示。

（2）电路的建模

此电路由直流电源 U_s、绝缘栅双极型晶体管（IGBT）VT、二极管 VD、脉冲信号发生器、负载和储能电感等元器件组合而成，降压式（Buck）变换器的仿真模型如图 5-29 所示。下面介绍此系统各个部分的建模和参数设置。

1）仿真模型中用到的主要模块以及提取的路径和作用。

① 直流电源 U_s：SimPower System/Electrical Sources/DC Voltage Source，输入直流电源。

② 绝缘栅双极型晶体管 VT：SimPower System/Power Electronics/IGBT，开关管。

③ 二极管 VD：SimPower System/Power Electronics/Diode。

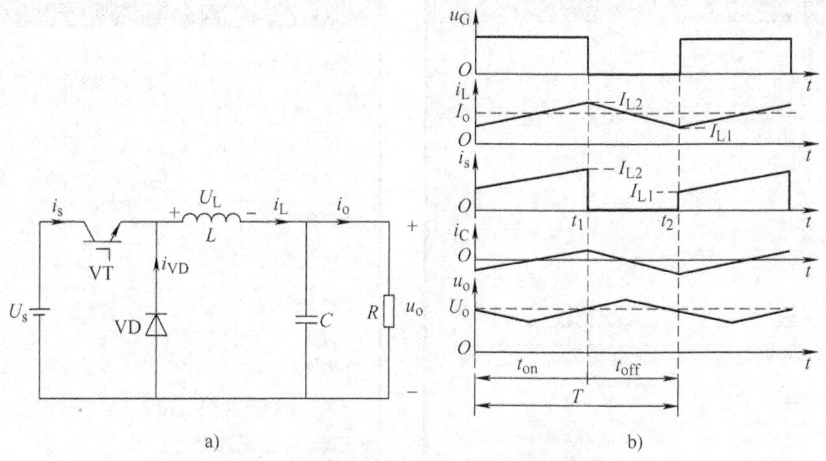

图 5-28　Buck 直流斩波电路电气原理结构图和工作波形

a）电气原理结构图　b）工作波形

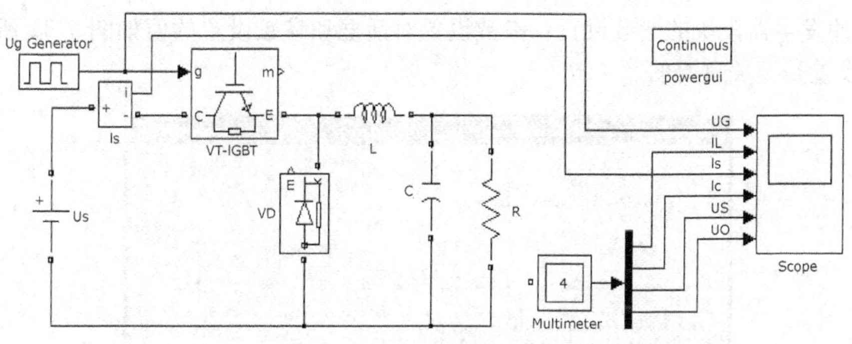

图 5-29　降压式（Buck）变换器的仿真模型

④ 脉冲信号发生器：Simulink/Sources/Pulse Generator。

⑤ 负载电阻：SimPower System/Elements/Series RLC Branch。

⑥ 储能电感：SimPower System/Elements/Series RLC Branch。

⑦ 电压测量：SimPower System/Measurements/Voltage Measurement。

⑧ 电流测量：SimPower System/Measurements/Current Measurement。

⑨ 示波器：Simulink/Sinks/Scope。

2）仿真模型中模块的参数值（一些简单的且在前面章节中使用过的模块的参数设置只给出相关数据，不再给出参数设置对话框）。

① 电压源 U_s 设置为 100V。

② 开关管 IGBT 模块的参数设置如图 5-30 所示，为默认值。

③ 续流二极管 Diode 模块的参数设置如图 5-31 所示，为默认值。

电流测量模块、电压测量模块、续流二极管模块和开关管 IGBT 模块的参数设置已经介绍过，并且都设置为默认值，这些模块后续模型还要用到。

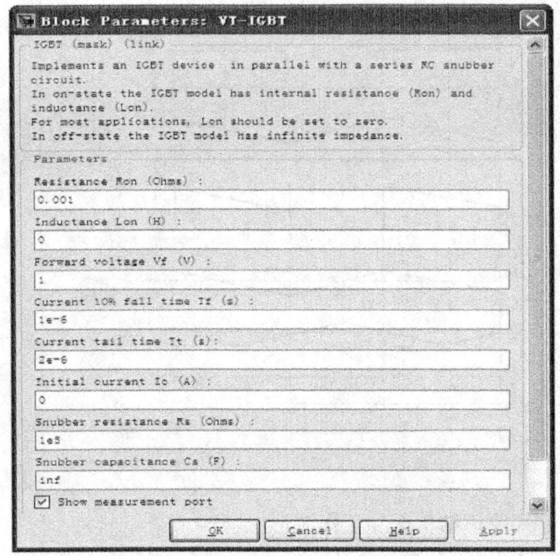

图 5-30　开关管 IGBT 模块的参数设置

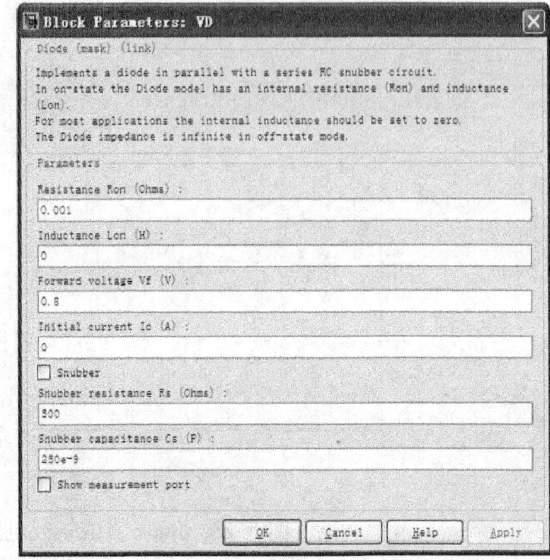

图 5-31　续流二极管模块的参数设置

④ 脉冲发生器模块的参数设置：参数设置对话框和参数设置的值如图 5-32 所示，此模块的参数设置是至关重要的。

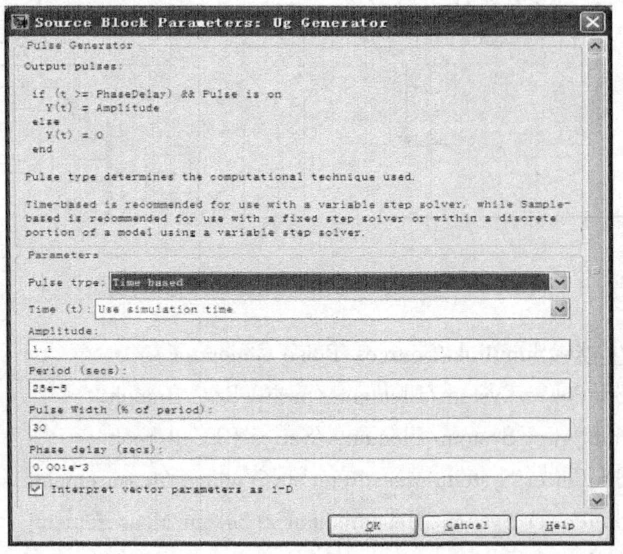

图 5-32　脉冲发生器模块的参数设置

⑤ 负载电阻 $R=10\Omega$，电容 $C=20\mu\text{F}$，电感 $L=2\text{mH}$。

（3）系统的仿真参数设置

在 MATLAB 模型窗口中单击“Simulink”→“Configuration Parameters…”命令后，出现图 5-33 所示的对话框，进行仿真参数的设置。算法选择 ode23tb。模型仿真的开始时间设为 0，停止时间设为 0.001s，误差为 1e-5。

（4）系统的仿真、仿真结果的输出及结果分析

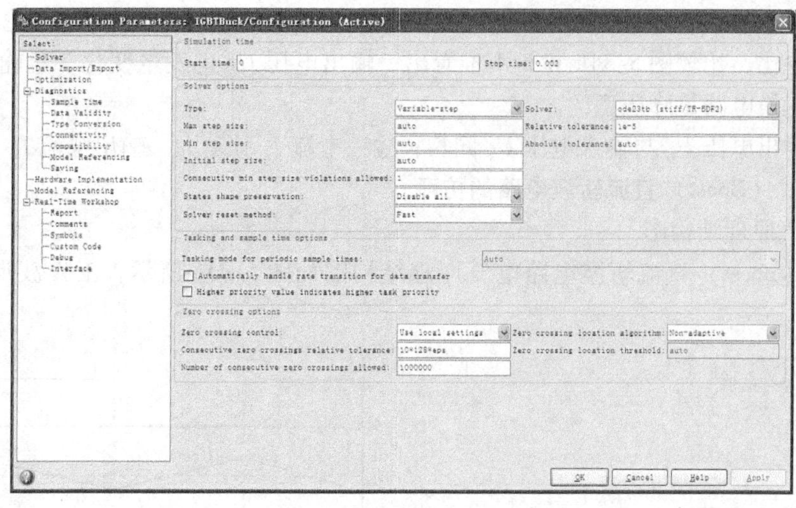

图 5-33　仿真参数设置对话框

1）系统仿真。在 MATLAB 窗口中单击“Simulation”→“Start”命令后，系统开始仿真，在仿真时间结束后，双击示波器就可以查看到仿真结果。

2）输出仿真结果。采用“示波器”模块来观察仿真结果，双击“示波器”的图标就可观察仿真输出波形。仿真结果如图 5-34a 和 b 所示。图 5-34a 和 b 从上至下依次为驱动信号 U_G、电感电流 I_L、流过直流电源 U_s 和开关管 VT 的电流 I_s、电容电流 I_C、输入直流电源 U_s 和直流输出电压 U_o。其中图 5-34a 为占空比 $D=30\%$ 时的电流和电压波形，图 5-34b 为占空比 $D=50\%$ 时的电流和电压波形。

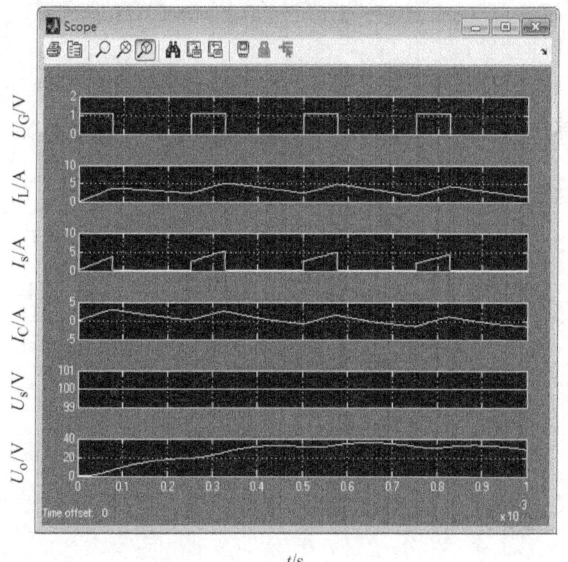

a)

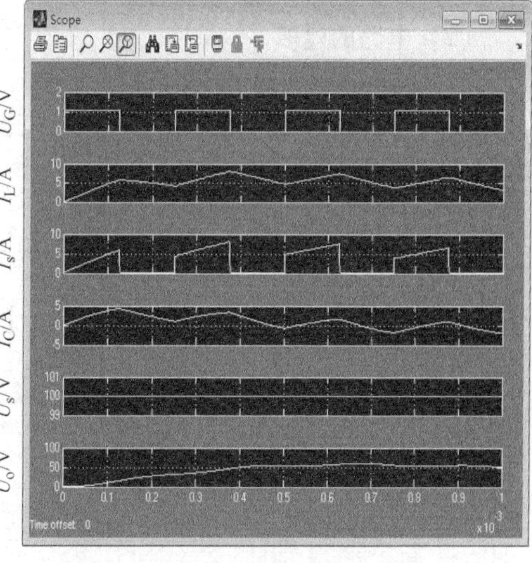

b)

图 5-34　Buck 变换器仿真波形

a）$D=30\%$　b）$D=50\%$

3）仿真结果分析。由图 5-34a 和 b 可知，仿真实验波形与图 5-28 的理论分析波形一致；改变占空比，比较图 5-34a 和 b 不难看出，输出电压 U_o 也发生变化，且输出电压小于输入电压，变换电路是降压型的。

另外，输出电压 U_o 与输入电压 U_s 同相；输入电流 I_s 脉动大，输出电流 I_L 脉动小。

2. 升压式（Boost）直流斩波电路的仿真

（1）电气原理结构图

升压式（Boost）直流斩波电路电气原理结构图如图 5-35a 所示，工作波形如图 5-35b 所示。

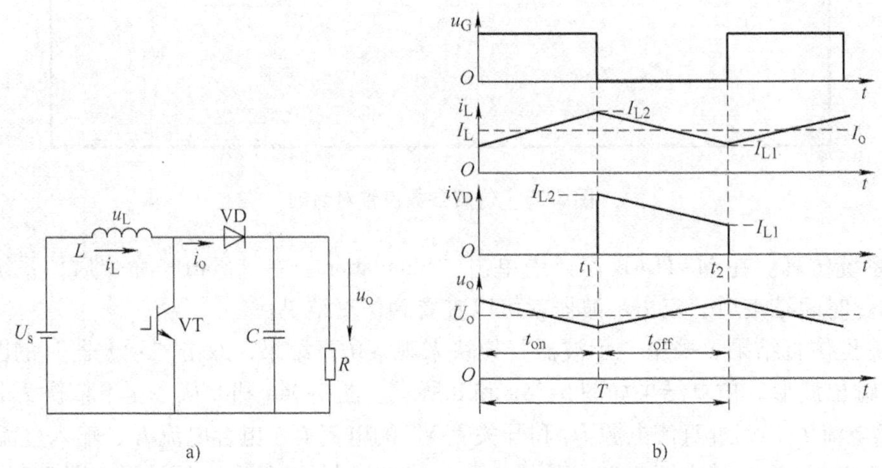

图 5-35　Boost 直流斩波电路电气原理结构图和工作波形
a）电气原理结构图　b）工作波形

（2）电路的建模

此系统由直流电源 U_s、开关管 IGBT、二极管 Diode、驱动信号发生器、负载和储能电感等元器件组合而成。升压式（Boost）变换器的仿真模型如图 5-36 所示。下面介绍此系统各个部分的建模和参数设置。

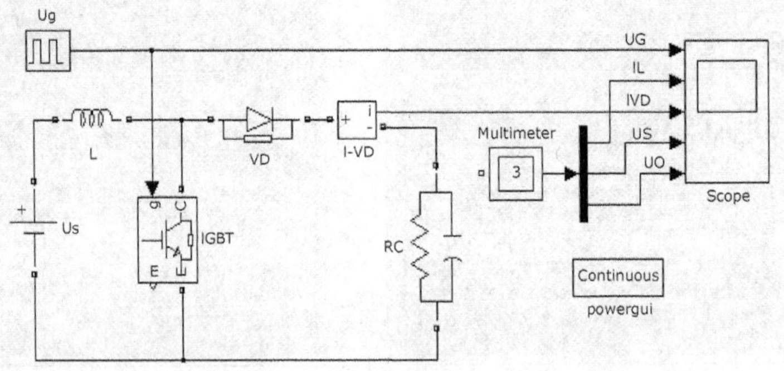

图 5-36　升压式（Boost）变换器的仿真模型

仿真模型中模块的参数设置如下：

1）电压源 U_s 设置为 100V。

2）开关管 IGBT、续流二极管 Diode 模块的参数设置与 Buck 模型相同，为默认值。

3）脉冲发生器模块的参数设置：参数设置对话框和参数设置的值如图 5-37 所示，占空比 $D=50\%$。

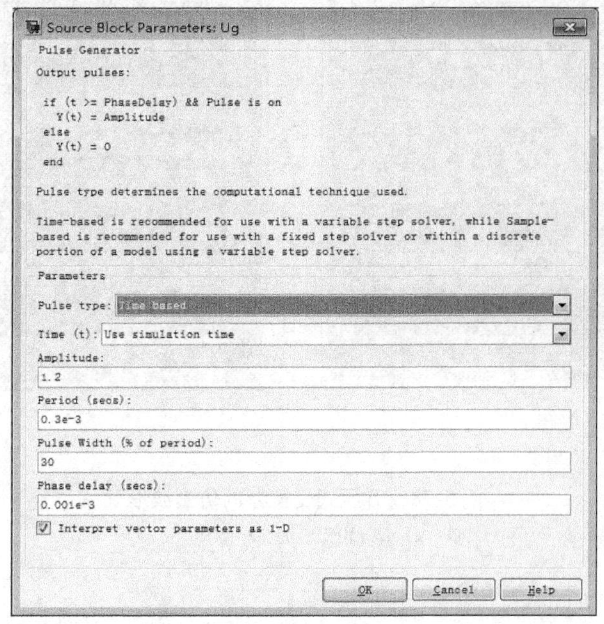

图 5-37　脉冲发生器模块的参数设置

4）负载电阻 $R=10\Omega$，电容 $C=100\mu F$，电感 $L=50mH$。

将上述模块按照 Boost 变换器的结构连接关系进行连接，即可得到图 5-36 所示的仿真模型。

（3）系统的仿真参数设置

算法选择 ode23tb。模型仿真的开始时间设为 0，停止时间设为 0.005s，误差为 1e－5。

（4）系统的仿真、仿真结果的输出及结果分析

1）系统仿真。单击“Simulation”→“Start”命令后，系统开始仿真，在仿真时间结束后，双击示波器就可以查看到仿真结果。

2）输出仿真结果。仿真结果如图 5-38a 和 b 所示。图 5-38a 从上至下依次为驱动信号 U_G、电感电流 I_L、流过二极管 VD 的电流 I_{VD}、直流输入电源 U_s 和直流输出电压 U_o。

3）仿真结果分析。由图 5-38 可知，$D=50\%$ 时，电路稳态输出的是 200V 并有少许纹波的直流电压，输出电压大于输入电压（100V），仿真结果与升压变换器的理论波形吻合；改变占空比，比较图 5-38a 和 b 不难看出，输出电压 U_o 也发生变化，且变换电路是升压型的。

另外，输出电压 U_o 与输入电压 U_s 同相；输入电流 I_L 脉动小，输出电流 I_{VD} 脉动大。

3. 升－降压式（Boost-Buck）直流斩波电路的仿真

（1）电气原理结构图

升－降压式（Boost-Buck）直流斩波电路电气原理结构图如图 5-39 所示。

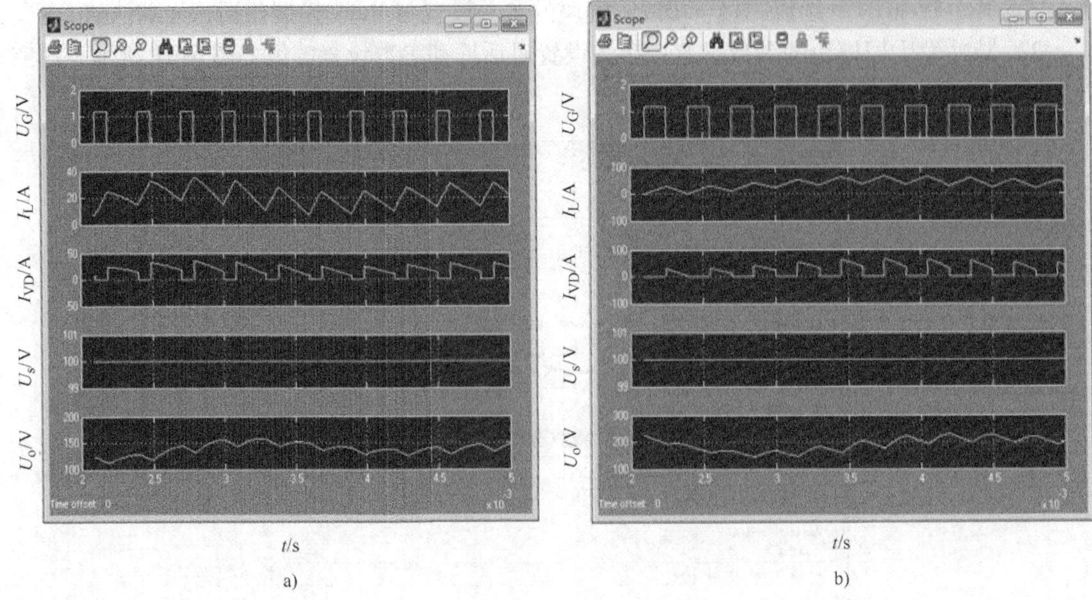

图 5-38　升压式变换器的仿真波形

a）$D=30\%$　b）$D=50\%$

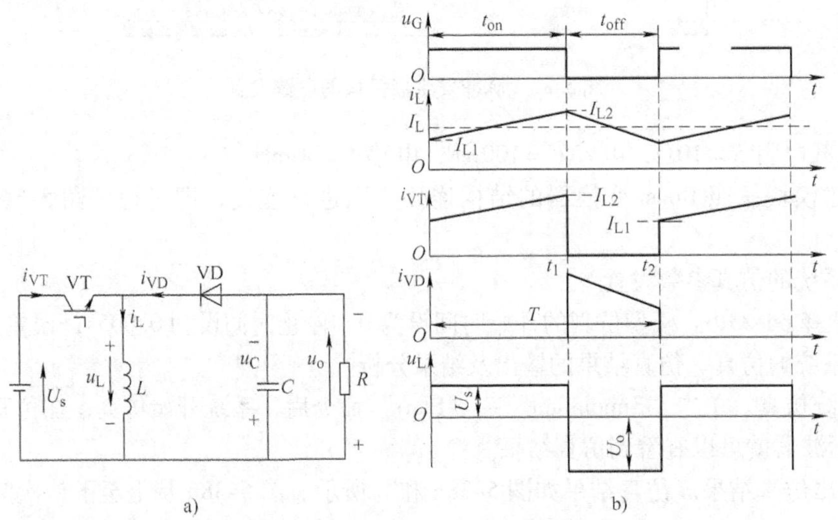

图 5-39　Boost-Buck 直流斩波电路电气原理结构图和工作波形

a）电气原理结构图　b）工作波形

（2）电路的建模

此系统由直流电源 U_s、开关管 IGBT、二极管 Diode、驱动信号发生器、负载和储能电感等元器件组合而成。升 - 降压式（Boost-Buck）变换器的仿真模型如图 5-40 所示。下面介绍此系统各个部分的建模和参数设置。

仿真模型中模块的参数设置如下：

1）电压源 U_s 设置为 100V。

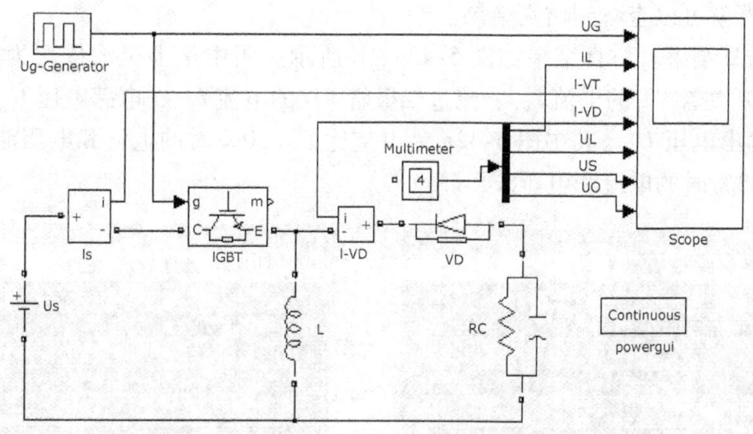

图 5-40　升－降压式（Boost-Buck）变换器的仿真模型

2）开关管 IGBT、续流二极管 Diode 模块的参数设置与 Buck 模型相同，为默认值。

3）脉冲发生器模块的参数设置：参数设置对话框和参数设置的值如图 5-41a、b 所示。图 5-41a 占空比 $D=30\%$，对应于降压；图 5-41b 占空比 $D=53\%$，对应于升压。

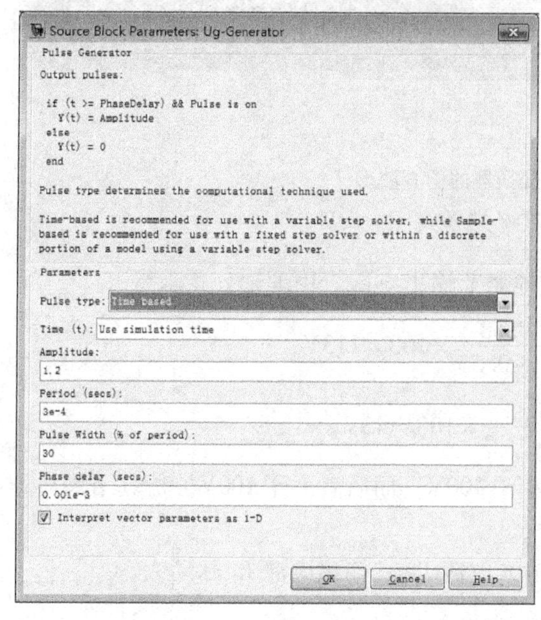

a)

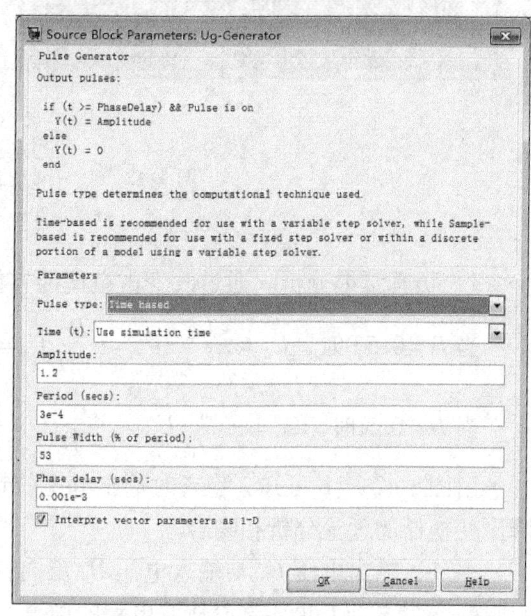

b)

图 5-41　脉冲发生器模块的参数设置

a）$D=30\%$　b）$D=53\%$

4）负载电阻 $R=10\Omega$，电容 $C=200\mu F$，电感 $L=0.35mH$。

（3）系统的仿真参数设置

算法选择 ode45。模型仿真的开始时间设为 0，停止时间设为 0.004s，误差为 1e－3。

（4）系统的仿真、仿真结果的输出及结果分析

1）系统仿真。单击“Simulation”→“Start”命令后，系统开始仿真，在仿真时间结束

后，双击示波器就可以查看到仿真结果。

2）输出仿真结果。仿真结果如图 5-42a、b 所示。图中从上至下依次为驱动信号 U_G、电感电流 I_L、开关管 VT 的电流 I_{VT}、流过二极管 VD 的电流 I_{VD}、电感电压 U_L、直流电源电压 U_s 和直流输出电压 U_o。其中图 5-42a 为占空比 $D=30\%$ 时的电流和电压波形，图 5-42b 为占空比 $D=53\%$ 时的电流和电压波形。

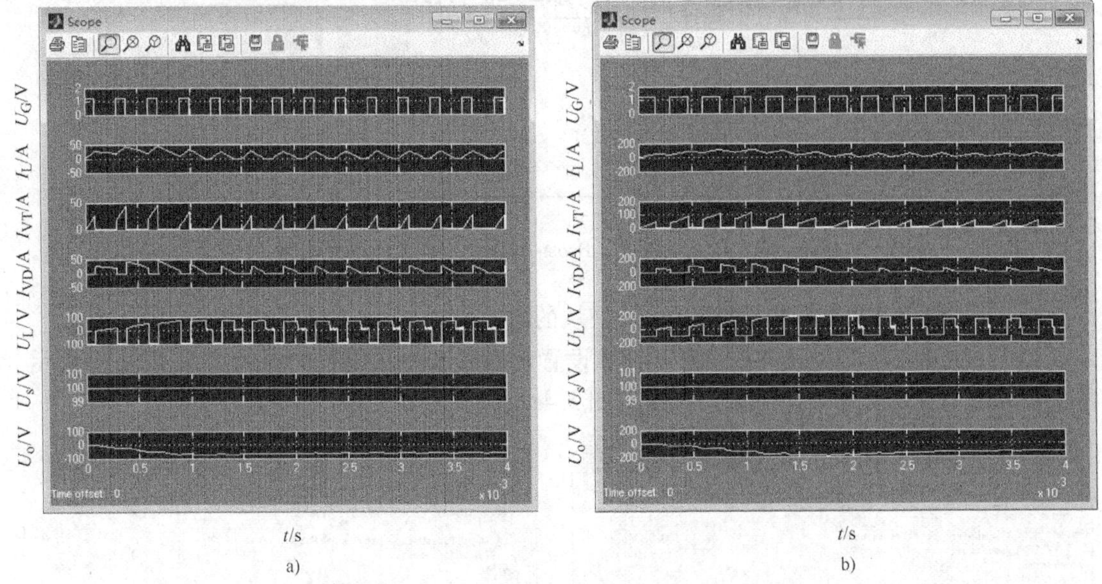

图 5-42　升－降压式变换器的仿真波形

a）$D=30\%$　b）$D=53\%$

3）仿真结果分析。通过改变占空比能方便地调节输出电压。用理论公式求得

当 $D=0.53$ 时，$U_o=\dfrac{t_{on}}{T-t_{on}}U_s=\dfrac{D}{1-D}U_s=\dfrac{0.53}{1-0.53}\times100=113\text{V}$；

当 $D=0.3$ 时，$U_o=\dfrac{t_{on}}{T-t_{on}}U_s=\dfrac{D}{1-D}U_s=\dfrac{0.3}{1-0.3}\times100\approx43\text{V}$。

由图 5-42a、b 可知，稳态时输出电压前者小于 100V，而后者大于 100V，仿真结果与升降压变换器的理论分析相吻合。

另外，输出电压 U_o 与输入电压 U_s 反向；输入电流 I_{VT}、输出电流 I_D 脉动大。

4. 库克式（Cuk）直流斩波电路的仿真

（1）电气原理结构图

库克式（Cuk）直流斩波电路电气原理结构图如图 5-43a 所示，工作波形如图 5-43b 所示。

（2）电路的建模

此系统由直流电源 U_s、开关管 IGBT、二极管 VD、驱动信号发生器、负载和储能电感等元器件组合而成。升－降压式（Cuk）变换器的仿真模型如图 5-44 所示。下面介绍此系统各个部分的建模和参数设置。

仿真模型中模块的参数设置如下：

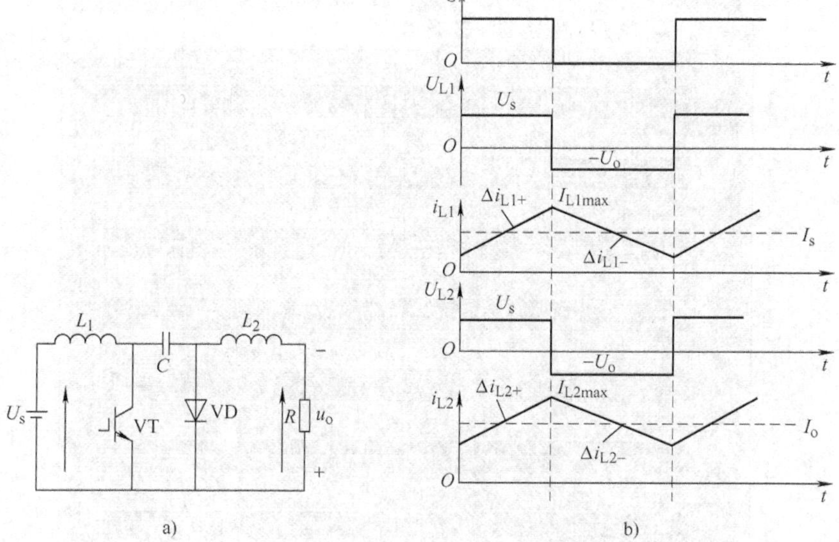

图 5-43　Cuk 直流斩波电路电气原理结构图和工作波形

a）电气原理结构图　b）工作波形

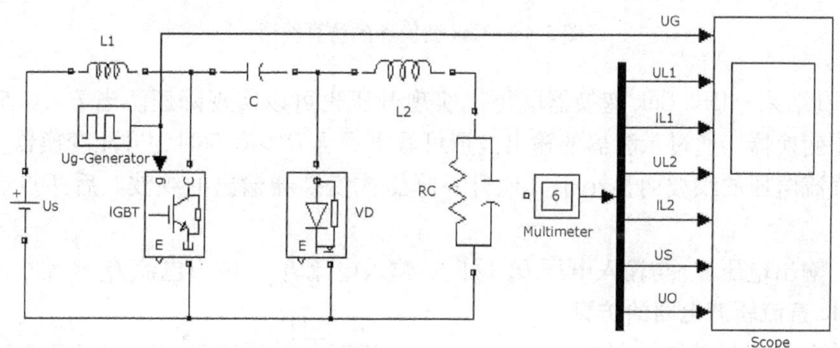

图 5-44　升－降压式（Cuk）变换器的仿真模型

1）电压源 U_s 设置为 100V。

2）开关管 IGBT、续流二极管 VD 模块的参数设置与 Buck 模型相同，为默认值。

3）脉冲发生器模块的参数设置：占空比 $D=30\%$。

4）负载电阻 $R=10\Omega$，电容 $C=5\mu F$，电感 $L_1=L_2=2mH$。

（3）系统的仿真参数设置

算法选择 ode23tb。模型仿真的开始时间设为 0，停止时间设为 0.001s，误差为 1e－5。

（4）系统的仿真、仿真结果的输出及结果分析

1）系统仿真。单击“Simulation”→“Start”命令后，系统开始仿真，在仿真时间结束后，双击示波器就可以查看到仿真结果。

2）输出仿真结果。仿真结果如图 5-45 所示。图中从上至下依次为驱动信号 U_G、电感 L_1 的电压 U_{L1} 和电流 I_{L1}、电感 L_2 的电压 U_{L2} 和电流 I_{L2}、直流电源电压 U_s 和直流输出电压 U_o 的波形。

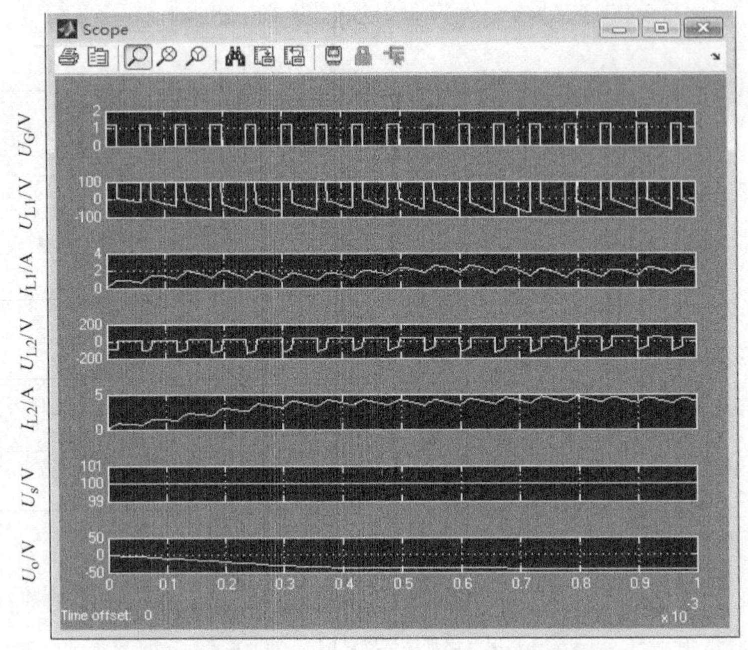

图 5-45　Cuk 变换器的仿真波形

3）仿真结果分析。Cuk 变换器既可以实现升压也可以实现降压。当 $D<0.5$ 时 Cuk 变换器为降压变换器，通过示波器的输出波形可看出；当 $D>0.5$ 时为升压变换器。电路的优点是输出直流电压的纹波明显小于其他升－降压式变换器输出的纹波。后两点请读者自行验证。

另外，输出电压 U_o 与输入电压 U_s 反向；输入电流 I_{L1}、输出电流 I_{L2} 脉动小。

5. Sepic 直流斩波电路的仿真

（1）电气原理结构图

Sepic 变换器是正输出变换器，其输出电压极性和输入电压极性相同，其电气原理结构图如图 5-46 所示。与 Cuk 变换器类似，由于 C_1 的容量很大，稳态时 C_1 的电压 U_{C1} 基本保持恒定。

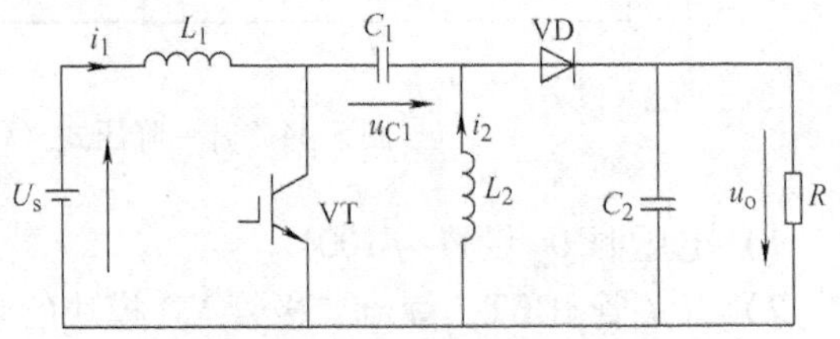

图 5-46　Sepic 直流斩波电路

（2）电路的建模

此系统由直流电源 U_s、开关管 IGBT、二极管 VD、驱动信号发生器、负载和储能电感等元器件组合而成。升－降压式（Sepic）变换器的仿真模型如图 5-47 所示。下面介绍此系统各个部分的建模和参数设置。

仿真模型中模块的参数设置如下：

1）电压源 U_s 设置为 100V。

2）开关管 IGBT、续流二极管 VD 模块的参数设置与 Buck 模型相同，为默认值。

3）脉冲发生器模块的参数设置：占空比 $D=60\%$。

4）负载电阻 $R=10\Omega$，电容 $C=5\mu F$；电感 $L_1=L_2=2mH$，电容 $C_1=1.5\mu F$。

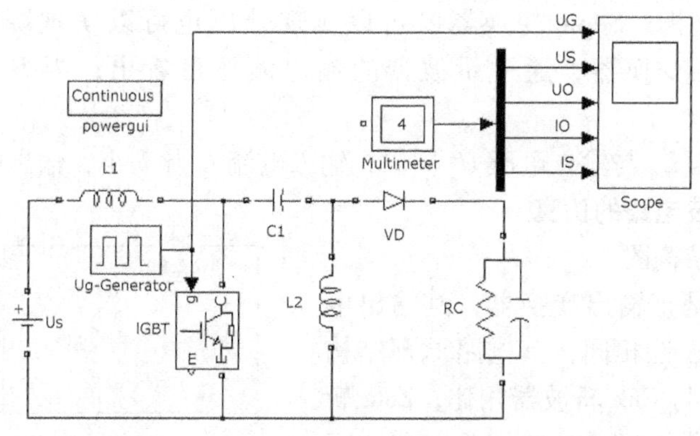

图 5-47 升 – 降压式（Sepic）变换器的仿真模型

（3）系统的仿真参数设置

算法选择 ode23tb。模型仿真的开始时间设为 0，停止时间设为 0. 004s，误差为 1e – 5。

（4）系统的仿真、仿真结果的输出及结果分析

1）系统仿真。单击“Simulation”→“Start”命令后，系统开始仿真，在仿真时间结束后，双击示波器就可以查看到仿真结果。

2）输出仿真结果。仿真结果如图 5-48 所示。图中从上至下依次为驱动信号 U_G、直流输入电压 U_s、直流输出电压 U_o、输出电流 I_o 和输入电流 I_s 的波形。

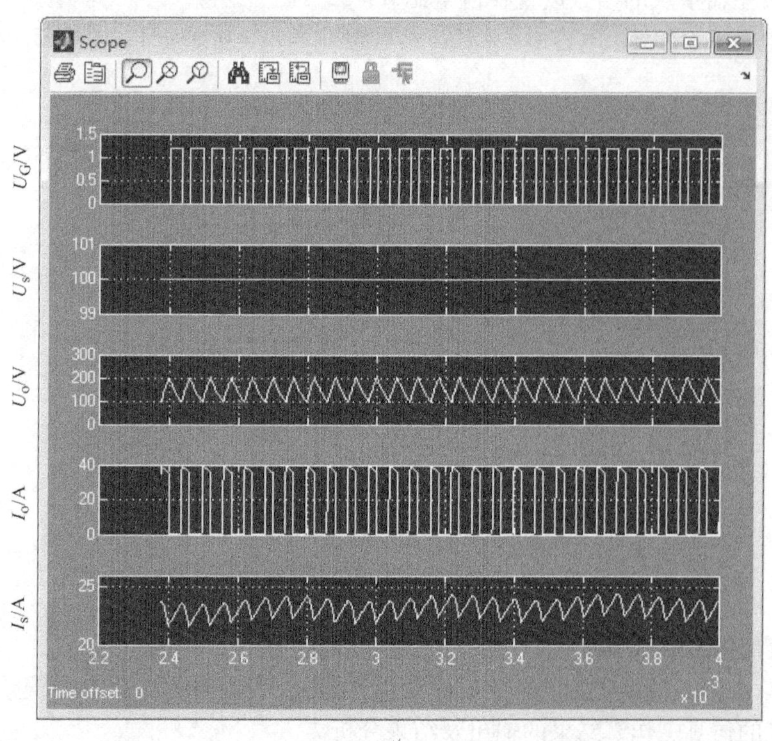

图 5-48 Sepic 变换器的仿真波形

3）仿真结果分析。Sepic 变换器既可以实现升压也可以实现降压。当 $D<0.5$ 时 Sepic 变换器为降压变换器，通过示波器的输出波形可看出；当 $D>0.5$ 时为升压变换器。

另外，输出电压 U_o 与输入电压 U_s 同向；输入电流 I_s 脉动小，输出电流 I_o 脉动大。

6. Zeta 直流斩波电路的仿真

（1）电气原理结构图

Zeta 斩波器也是正输出变换器，其输出电压极性和输入电压极性相同，其电路原理结构图如图 5-49 所示。与 Cuk 斩波器相比，Zeta 斩波器是将 Cuk 斩波器的 L_1 与 VT 对调，并改变 VD 的方向后形成的。

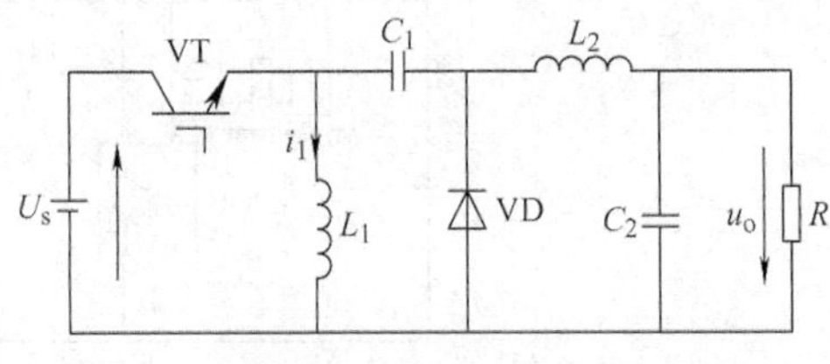

图 5-49　Zeta 直流斩波电路

（2）电路的建模

此系统由直流电源 U_s、开关管 IGBT、二极管 VD、驱动信号发生器、负载和储能电感等元器件组合而成。升－降压式（Zeta）变换器的仿真模型如图 5-50 所示。下面介绍此系统各个部分的建模和参数设置。

仿真模型中模块的参数设置如下：

1）电压源 U_s 设置为 100V。

2）开关管 IGBT、续流二极管 VD 模块的参数设置与 Buck 模型相同，为默认值。

3）脉冲发生器模块的参数设置：占空比 $D=52\%$。

4）负载电阻 $R=10\Omega$，电容 $C=200\mu F$；电感 $L_1=L_2=0.35mH$，电容 $C_1=200\mu F$。

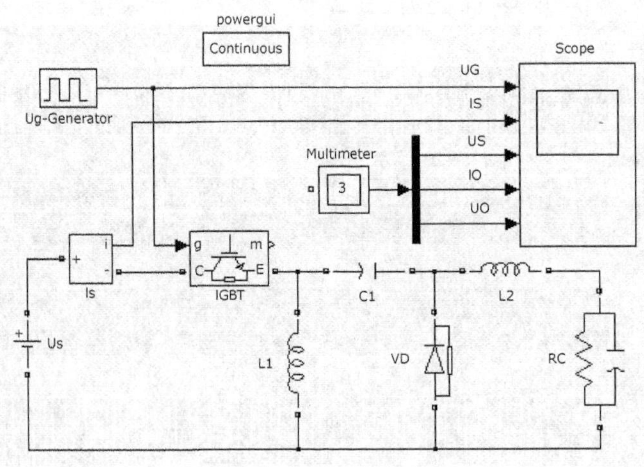

图 5-50　升－降压式（Zeta）变换器的仿真模型

（3）系统的仿真参数设置

算法选择 ode45。模型仿真的开始时间设为 0，停止时间设为 0.005s，误差为 1e－3。

（4）系统的仿真、仿真结果的输出及结果分析

1）系统仿真。单击“Simulation”→“Start”命令后，系统开始仿真，在仿真时间结束后，双击示波器就可以查看到仿真结果。

2）输出仿真结果。仿真结果如图 5-51 所示。图中从上至下依次为驱动信号 U_G、输入电流 I_s、直流输入电压 U_s、输出电流 I_o 和直流输出电压 U_o 的波形。

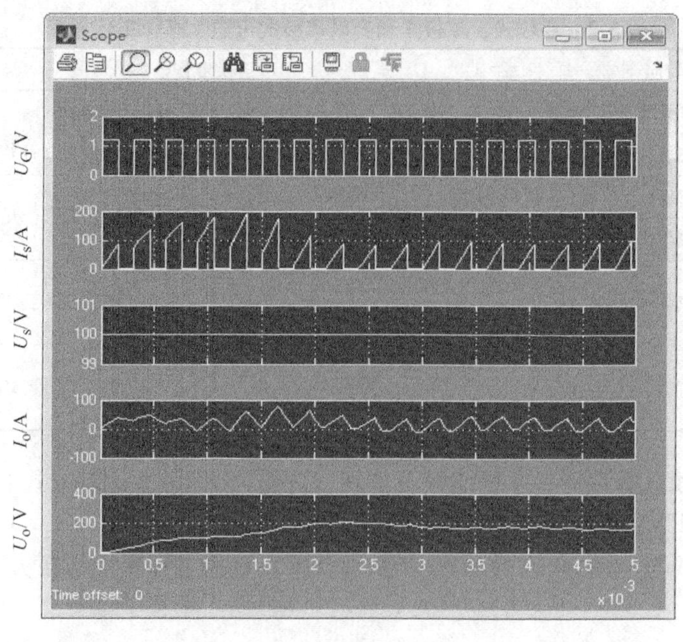

图 5-51　Zeta 变换器的仿真波形

3）仿真结果分析。Zeta 变换器既可以实现升压也可以实现降压。通过示波器的输出波形可看出，当 $D>0.5$ 时为升压变换器。另外，输出电压 U_o 与输入电压 U_s 同向；输入电流 I_s 脉动大，输出电流 I_o 脉动小。

5.4.2　H 桥式直流变换器的仿真

1. H 桥式 PWM 直流变换器的工作原理

H 桥式 PWM 直流变换器工作原理电路如图 5-52 所示（以直流电动机负载为例）。

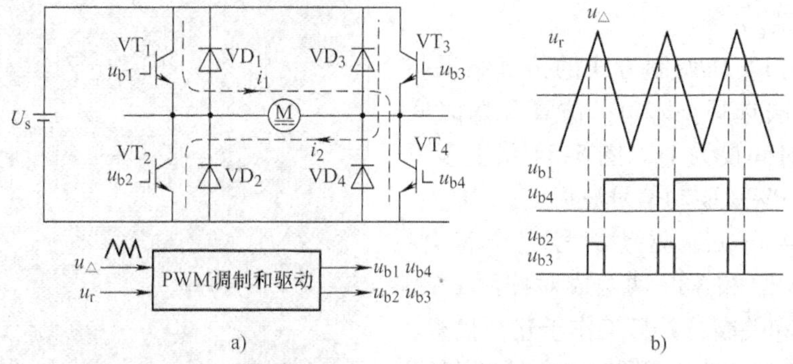

图 5-52　H 桥式 PWM 直流变换器工作原理电路图

2. H 桥式 PWM 直流变换器的双极式、单极式、受限单极式控制模式的建模与仿真

H 桥式 PWM 可逆直流变换的重要内容是 H 型 PWM 电路的调制方式，其中各种调制方

式所需要的 PWM 驱动信号的产生是核心内容。表 5-2 是 H 桥式 PWM 电路各种调制所对应的 VT_1 ~ VT_4 通断情况和要求的驱动信号。

表 5-2　双极式、单极式和受限单极式可逆 PWM 工作方式

<table>
<tr><th>控制方式</th><th>电动机转向</th><th colspan="2">开关状况</th></tr>
<tr><td rowspan="2">双极式</td><td>正　转</td><td colspan="2" rowspan="2">VT_1 和 VT_4、VT_2 和 VT_3 两两成对
按照 PWM 方式同时导通和关断，工作于互补状态</td></tr>
<tr><td>反　转</td></tr>
<tr><td rowspan="2">单极式</td><td>正　转</td><td>VT_3 恒关断，VT_4 恒导通</td><td rowspan="2">VT_1 和 VT_2 工作于互补的 PWM 方式</td></tr>
<tr><td>反　转</td><td>VT_3 恒导通，VT_4 恒关断</td></tr>
<tr><td rowspan="2">受限
单极式</td><td>正　转</td><td>VT_4 始终处于导通状态
而 VT_2 和 VT_3 都关断</td><td>VT_1 工作于 PWM 方式</td></tr>
<tr><td>反　转</td><td>VT_3 始终处于导通状态
而 VT_1 和 VT_4 都关断</td><td>VT_2 工作于 PWM 方式</td></tr>
</table>

为了熟悉 H 桥式直流变换器的建模与仿真，首先讨论 PWM 调制方式的建模与仿真。

（1）双极式 PWM 调制方式的建模与仿真

1）双极式 PWM 调制方式的建模与参数设置。双极式 PWM 调制方式的仿真模型如图 5-53所示。

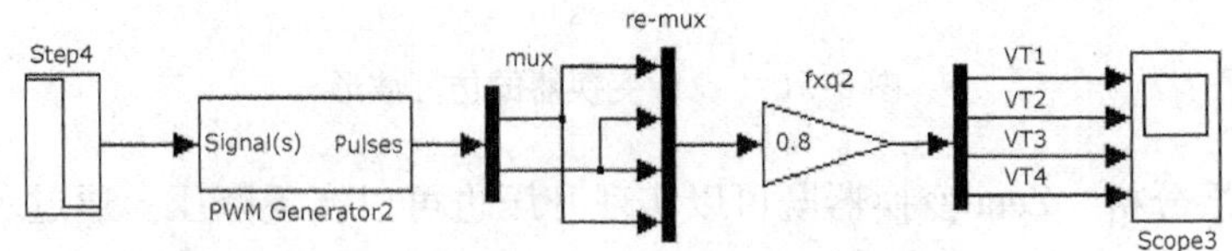

图 5-53　双极式 PWM 调制方式的仿真模型

参数设置如下：

输入阶跃信号的阶跃时间为 0.5s；初始值为 0.5，终了值为 −0.5。

PWM Generator 的调制频率设置为 15Hz，频率设置得比较低是为了能够看出 4 个驱动信号的相位关系。

2）双极式 PWM 调制方式的仿真结果与分析。仿真算法选择 ode23t；仿真开始时间设为 0，停止时间设为 1s。图 5-54 从上至下依次是双极式 PWM 驱动信号波形 U_{g1} ~ U_{g4}。

由图 5-54 可见，驱动信号完全符合：VT_1 和 VT_4、VT_2 和 VT_3 两两成对按照 PWM 方式同时导通和关断，并且工作于互补状态。

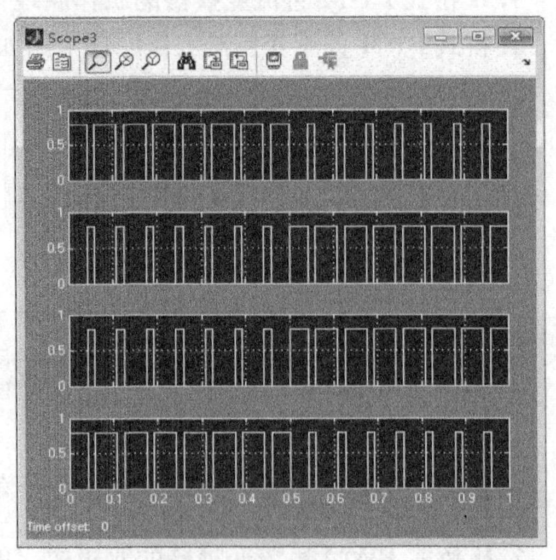

图 5-54　双极式 PWM 驱动信号波形

（2）单极式 PWM 调制方式的建模与仿真

1）单极式 PWM 调制方式的建模与参数设置。单极式 PWM 调制方式的仿真模型如

图 5-55所示。

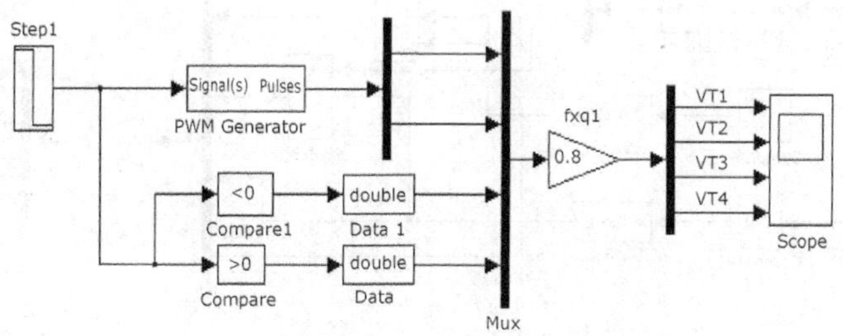

图 5-55　单极式 PWM 调制方式的仿真模型

参数设置同双极式方式。

2）单极式 PWM 调制方式的仿真结果与分析。仿真算法选择 ode23t；仿真开始时间设为 0，停止时间设为 1s。图 5-56 从上至下依次是单极式 PWM 驱动信号波形 U_{g1} ~ U_{g4}。

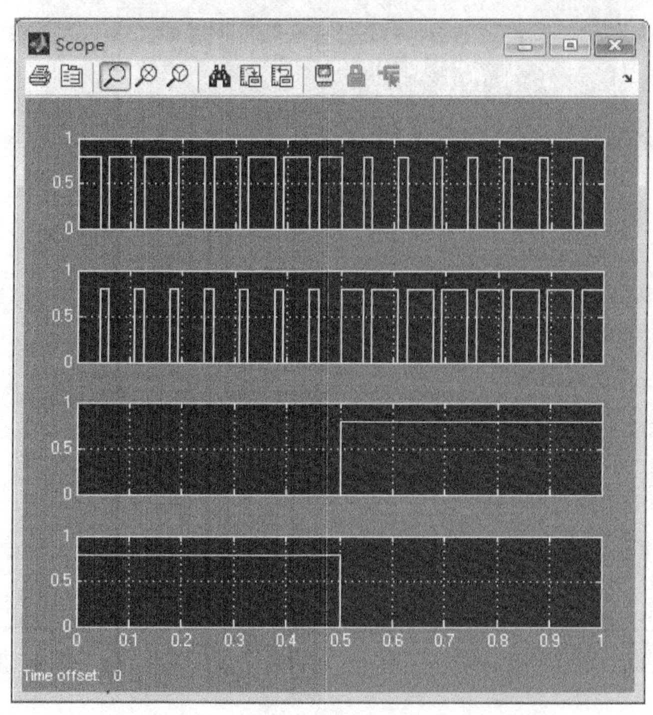

图 5-56　单极式 PWM 驱动信号波形

由图 5-56 可见，驱动信号完全符合：正转时，VT_3 恒关断、VT_4 恒导通；反转时，VT_3 恒导通、VT_4 恒关断；而无论是正转还是反转，VT_1 和 VT_2 总是工作于互补的 PWM 方式。

（3）受限单极式 PWM 调制方式的建模与仿真

1）受限单极式 PWM 调制方式的建模与参数设置。受限单极式 PWM 调制方式的仿真模型如图 5-57 所示。

选择开关的第二输入端的值设置为 1，其他参数设置同单极式方式。

2）受限单极式 PWM 调制方式的仿真结果与分析。仿真算法选择 ode23t；仿真开始时

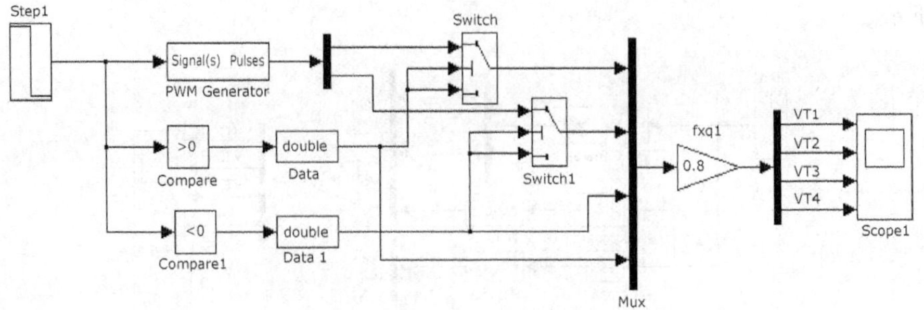

图 5-57 受限单极式 PWM 调制方式的仿真模型

间设为 0，停止时间设为 1s。图 5-58 是受限单极式 PWM 驱动信号波形 $U_{g1} \sim U_{g4}$。

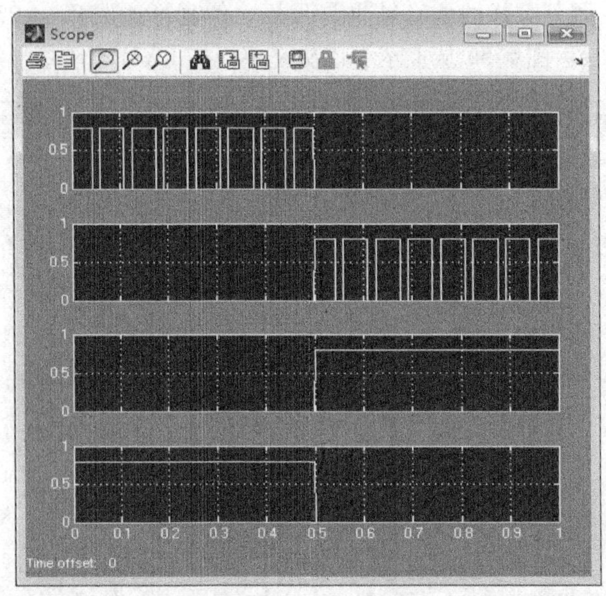

图 5-58 受限单极式 PWM 驱动信号波形

由图 5-58 可见，驱动信号完全符合：正转时，VT_1 工作于 PWM 方式，VT_4 处于恒导通而 VT_2 和 VT_3 恒关断；反转时，VT_2 工作于 PWM 方式，VT_3 处于恒导通而 VT_1 和 VT_4 恒关断。

3. H 桥直流 PWM 斩波电路（双极式）的建模与仿真

（1）电气原理结构图

H 桥直流 PWM 斩波电路电气原理结构图如图 5-59 所示。

（2）电路的建模

此系统由直流电源 U_s、开关管 IGBT、续流二极管 VD、驱动信号发生器和负载等元器件组合而成。双极式 H 桥直流 PWM 斩波电路的仿真模型如图 5-60 所示。下面介绍此系统各个部分的建模和参数设置。

1）仿真模型中主要模块的提取路径。

① 变流器桥 Universal Bridge：SimPower System/Power Electronics/Universal Bridge。

② 阶跃信号 Step：Simulink/Sources/Step。

③ PWM 信号发生器：SimPower System/Control Blocks/PWM Generator。

④ 平均值输出：SimPower Systems/Extra Library/Measurements/Mean Value。

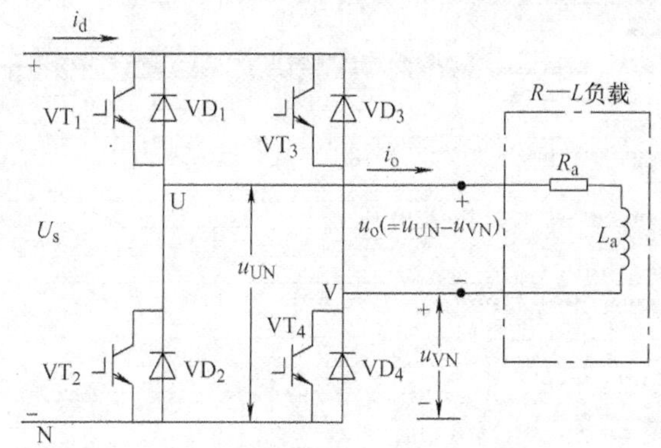

图 5-59　双极式 H 桥直流斩波电路结构图

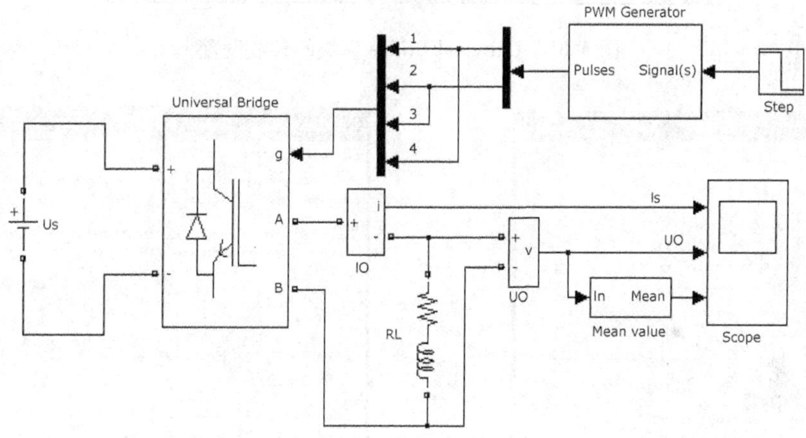

图 5-60　双极式 H 桥直流斩波电路的仿真模型

2）仿真模型中主要模块的参数设置。

① 电源 U_s 设置为 80V。

② 变流器桥 Universal Bridge 的参数设置对话框如图 5-61 所示。

③ Step 模块的参数设置对话框和参数设置如图 5-62 所示。

阶跃时间（Step time）确定了双极性控制的变极性时间；阶跃输入为调制信号，它的大小决定了输出脉冲波的宽度。

④ PWM 发生器模块的参数设置对话框和参数设置如图 5-63 所示。

⑤ 负载电阻 $R=2\Omega$，电感 $L=1\text{mH}$。

（3）系统的仿真参数设置

算法选择 ode23tb。模型仿真的开始时间设为 0，停止时间设为 0.006s，误差为 1e－6。

（4）系统的仿真、仿真结果的输出及结果分析

1）系统仿真。单击“Simulation”→“Start”命令后，系统开始仿真，在仿真时间结束后，双击示波器就可以查看到仿真结果。

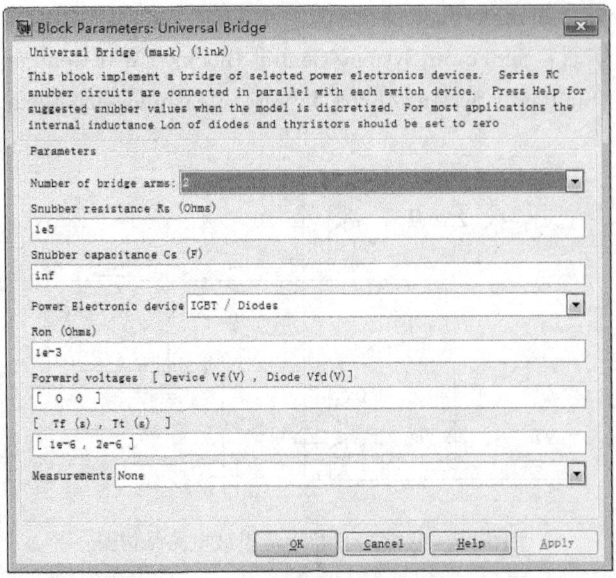

图 5-61　Universal Bridge 模块的参数设置

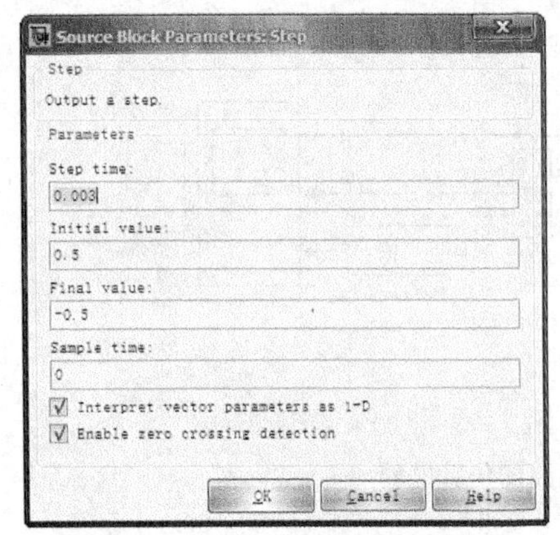

图 5-62　Step 模块的参数设置

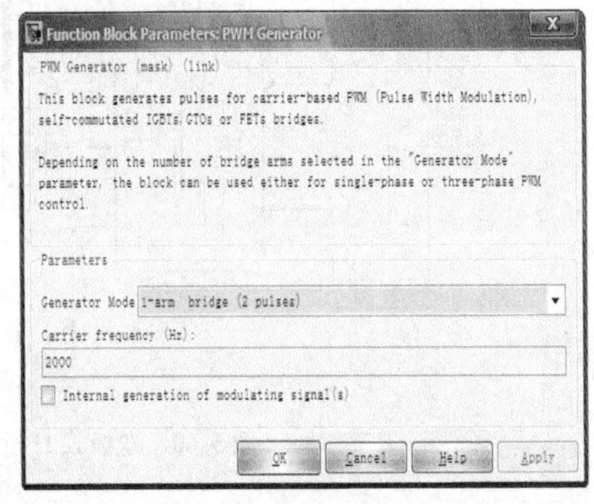

图 5-63　PWM 发生器模块的参数设置

2）输出仿真结果。仿真结果如图 5-64a、b 所示。图中从上至下依次为输出负载电流 I_o、负载电压 U_o 和输出电压平均值 U_d。图 5-64a 和 b 为不同调制波幅度时的电流和电压波形。

3）仿真结果分析。由图 5-64 可知，在 $t=0.003$s 时改变调制波 Step 的极性，则输出电压平均值也变极性；改变 Step 的幅值，输出脉冲波宽度改变，输出电压平均值也改变。

4. H 桥直流 PWM 斩波电路（单极式）的建模与仿真

（1）电气原理结构图

单极式 H 桥直流 PWM 斩波电路电气原理结构图与双极式一样，只是开关管控制方式不同。

（2）电路的建模

此系统由直流电源 U_s、开关管 IGBT、续流二极管 VD、驱动信号发生器和负载等元器件组合而成。单极式 H 桥直流 PWM 斩波电路的仿真模型如图 5-65 所示。下面介绍此系统各个部分的建模和参数设置。

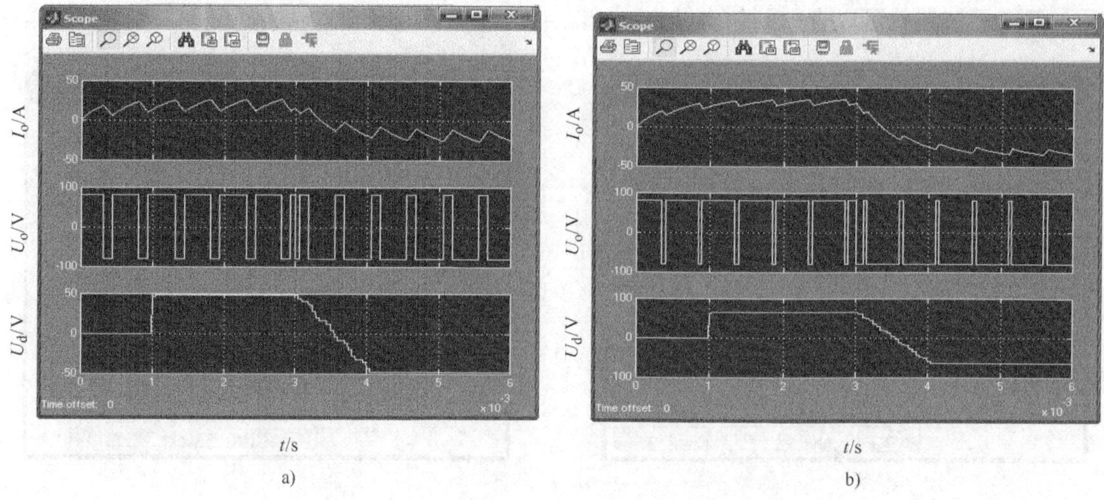

图 5-64　双极式 H 桥直流斩波电路的仿真波形

a）Step 幅度值为 0.5　b）Step 幅度值为 0.8

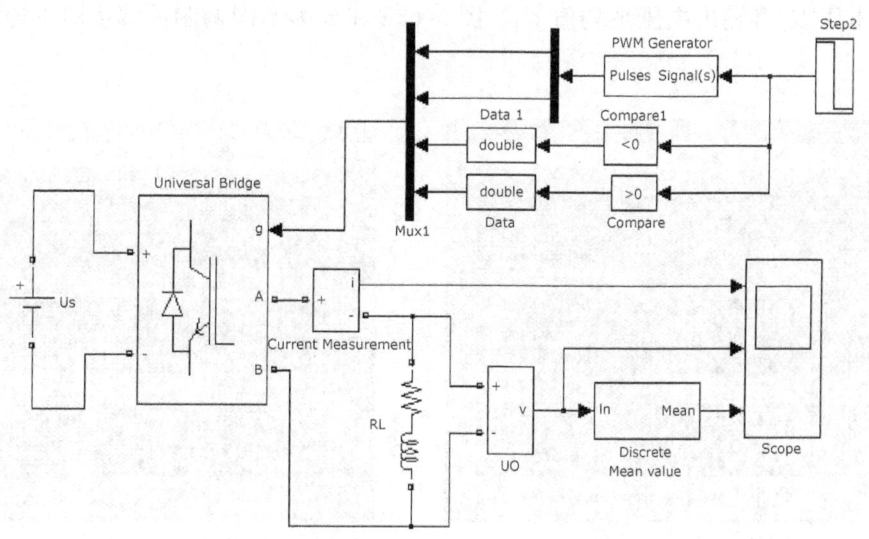

图 5-65　单极式 H 桥直流斩波电路的仿真模型

仿真模型中主要模块的参数设置如下：

1）电源 U_s 设置为 80V。

2）变流器桥 Universal Bridge 的参数设置对话框如图 5-61 所示。

3）Step 模块的参数设置对话框和参数设置如图 5-66 所示。

4）PWM 发生器模块的参数设置对话框和参数设置如图 5-67 所示。

5）负载电阻 $R = 0.5\Omega$，电感 $L = 0.5\text{mH}$。

（3）系统的仿真参数设置

算法选择 ode23tb。模型仿真的开始时间设为 0，停止时间设为 0.01s，误差为 1e－6。

（4）系统的仿真、仿真结果的输出及结果分析

1）系统仿真。单击“Simulation”→“Start”命令后，系统开始仿真，在仿真时间结束

后，双击示波器就可以查看到仿真结果。

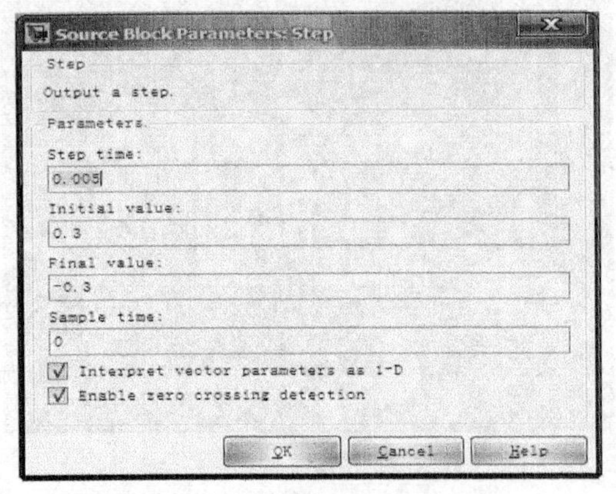

图 5-66　Step 模块的参数设置

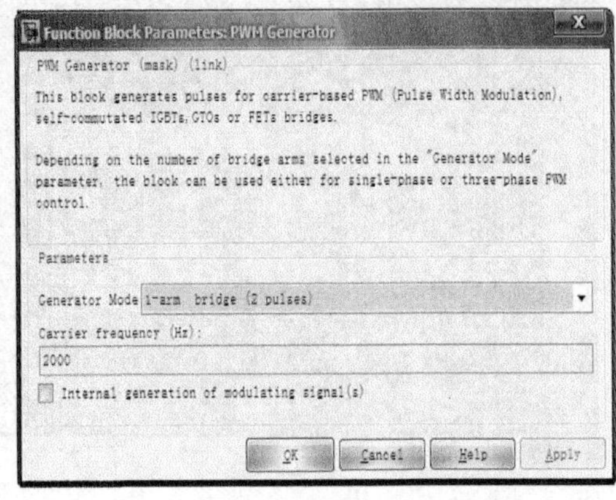

图 5-67　PWM 发生器模块的参数设置

2）输出仿真结果。仿真结果如图 5-68a、b 所示。图中从上至下依次为输出负载电流 I_o、负载电压 U_o 和输出电压平均值 U_d。图 5-68a 和 b 为不同调制波幅度时的电流和电压波形。

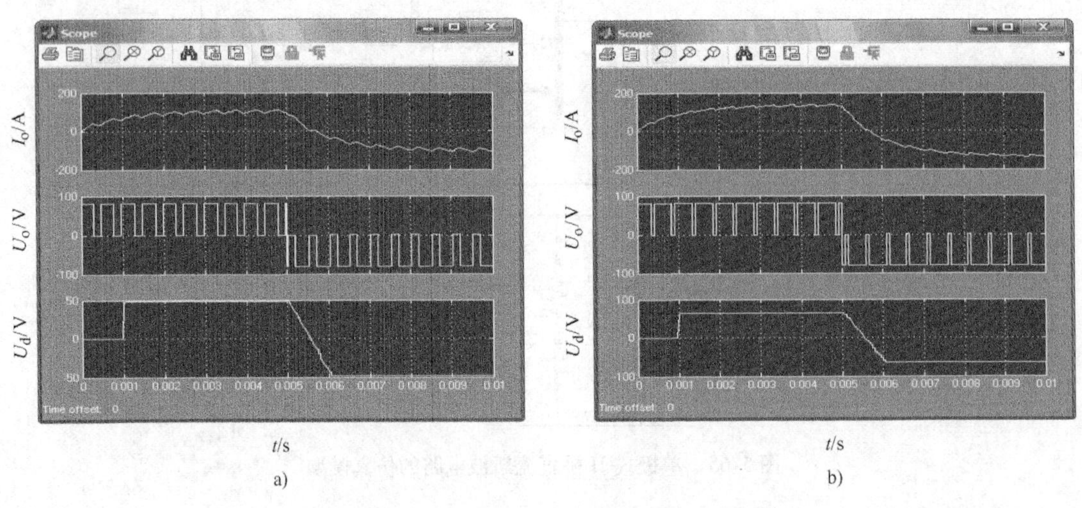

图 5-68　单极式 H 桥直流斩波电路的仿真波形

a）Step 幅度值为 0.3　b）Step 幅度值为 0.7

3）仿真结果分析。由图 5-68 可知，在 $t=0.005$s 时改变调制波 Step 的极性，则输出电压平均值也变极性，输出为单极性脉冲；改变 Step 的幅值，输出脉冲宽度改变，输出电压平均值也改变。

5. H 桥直流 PWM 斩波电路（受限单极式）**的建模与仿真**

（1）电气原理结构图

受限单极式 H 桥直流 PWM 斩波电路电气原理结构图与双极式一样，只是开关管控制方式不同。

（2）电路的建模

此系统由直流电源 U_s、开关管 IGBT、续流二极管 VD、驱动信号发生器和负载等元器件组合而成。受限单极式 H 桥直流 PWM 斩波电路的仿真模型如图 5-69 所示。

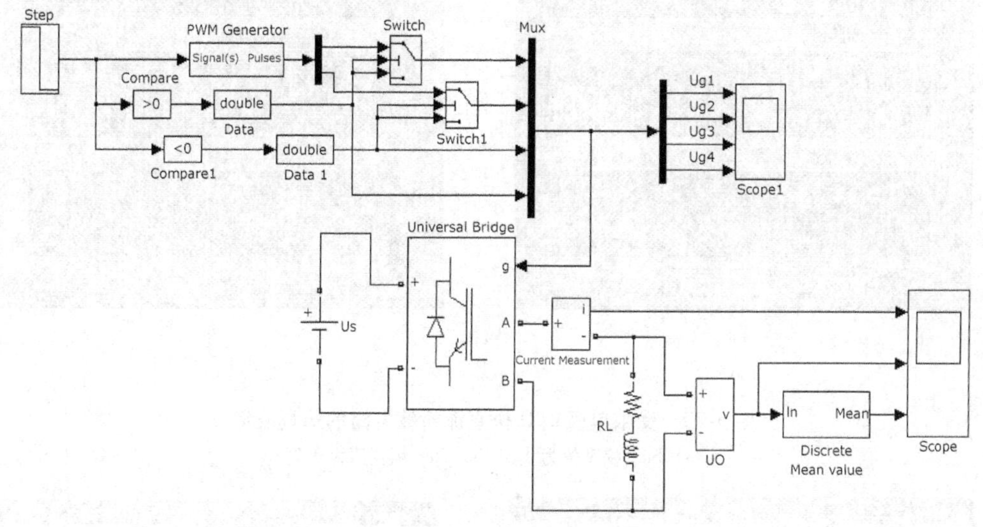

图 5-69　受限单极式 H 桥直流斩波电路的仿真模型

仿真模型中主要模块的参数设置如下：

1）电源 U_s 设置为 80V。

2）变流器桥 Universal Bridge 的参数设置对话框如图 5-61 所示。

3）Step 模块的参数设置对话框和参数设置如图 5-66 所示。

4）PWM 发生器模块的参数设置对话框和参数设置如图 5-67 所示。

5）负载电阻 $R=0.5\Omega$，电感 $L=0.5\text{mH}$。

（3）系统的仿真参数设置

算法选择 ode23tb。模型仿真的开始时间设为 0，停止时间设为 0.01s，误差为 1e－6。

（4）系统的仿真、仿真结果的输出及结果分析

1）系统仿真。单击“Simulation”→“Start”命令后，系统开始仿真，在仿真时间结束后，双击示波器就可以查看到仿真结果。

2）输出仿真结果。仿真结果如图 5-70a、b 所示。图中从上至下依次为输出负载电流 I_o、负载电压 U_o 和输出电压平均值 U_d。图 5-70a 和 b 为不同调制波幅度时的电流和电压波形。

受限单极式 H 桥直流斩波电路的驱动信号仿真波形如图 5-71 所示。

3）仿真结果分析。由图 5-70 可知，在 $t=0.005\text{s}$ 时改变调制波 Step 的极性，则输出电压平均值也变极性，输出为单极性脉冲；改变 Step 的幅值，输出脉冲宽度改变，输出电压平均值也改变。

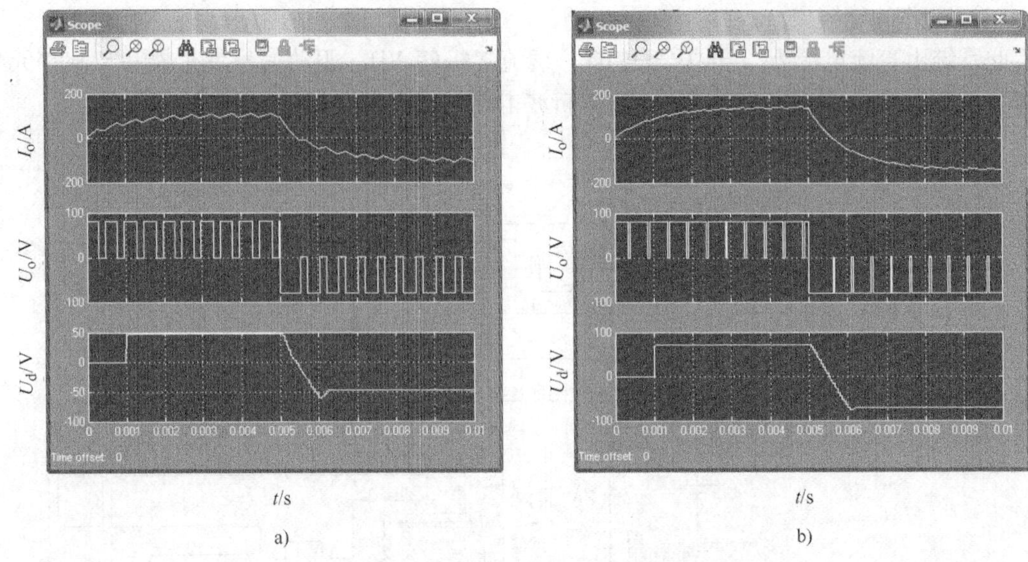

图 5-70　受限单极式 H 桥直流斩波电路的仿真波形

a）Step 幅度值为 0.3　b）Step 幅度值为 0.7

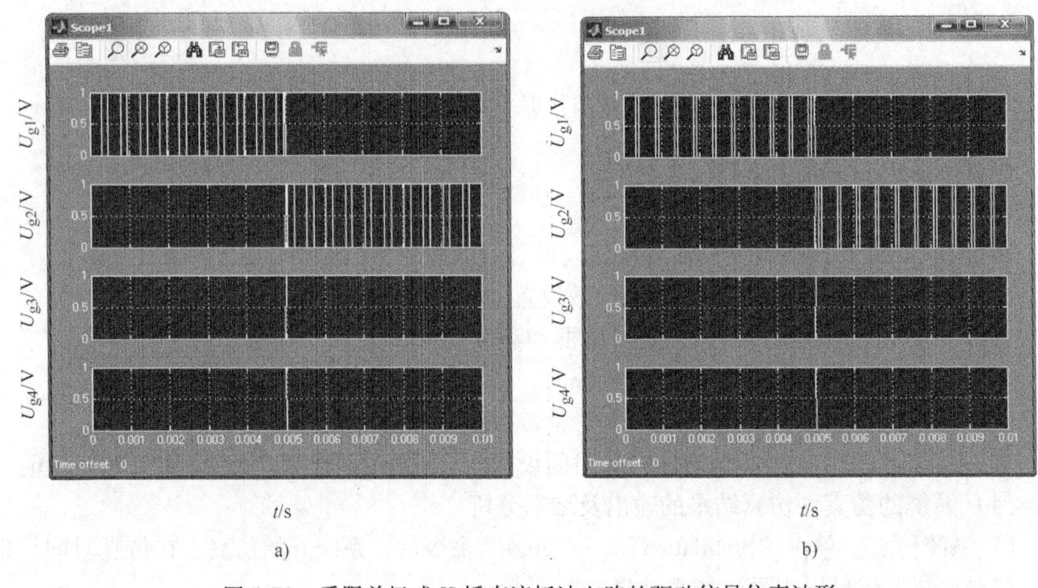

图 5-71　受限单极式 H 桥直流斩波电路的驱动信号仿真波形

a）Step 幅度值为 0.3　b）Step 幅度值为 0.7

5.4.3　带变压器隔离的直流 - 直流变换器的仿真

1. 单端正激变换器的仿真

(1) 电气原理结构图

单端正激变换器由 Buck 变换器派生而来，图 5-72 为单端正激变换器的电气原理结构图。根据电气原理结构图构建的单端正激变换器的仿真模型如图 5-73 所示，除去测量模块外，仿真模型与其电气原理结构图一一对应。

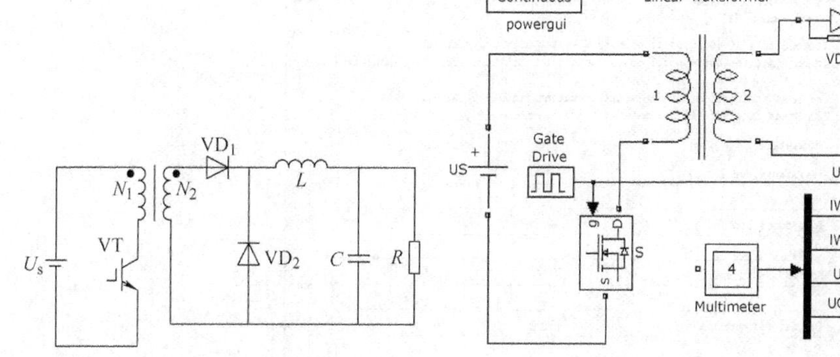

图 5-72　单端正激变换器电气原理结构图

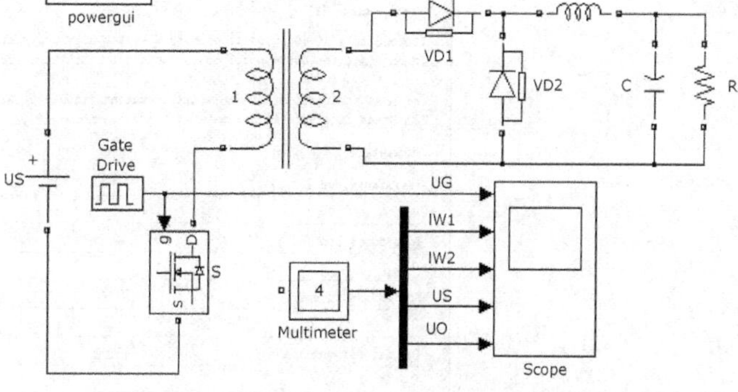

图 5-73　单端正激变换器的仿真模型

（2）电路的建模

此电路由直流电源 U_s、电力电子开关管 S（P-MOSFET）、二极管 VD（Diode）、脉冲信号发生器、负载和储能电感等元器件组合而成。下面介绍此系统各个部分的建模和参数设置。

1）新增模块的提取途径和作用。

变压器模块 T：SimPower System/Elements/Liner Transformer，隔离变压器。

2）仿真模型中模块的参数值。

① 电压源 U_s 设置为 100V。

② 开关管 P-MOSFET 模块的参数设置如图 5-74 所示。

③ 二极管 VD 模块的参数设置如图 5-75所示，VD_1、VD_2 参数相同。

④ 脉冲发生器模块的参数设置：参数设置对话框和参数设置的值如图 5-76 所示，此模块的参数设置是至关重要的。

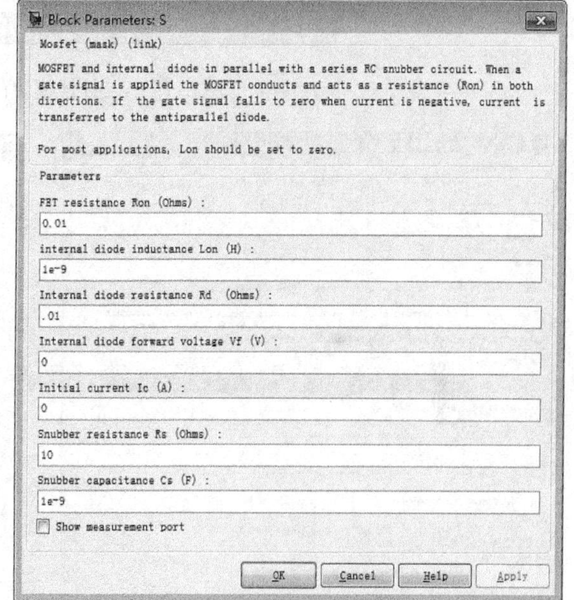

图 5-74　开关管 P-MOSFET 模块的参数设置

⑤ 变压器模块 T 的参数设置如图 5-77 所示。

⑥ 负载电阻 $R=4\Omega$，电容 $C=40\mu F$，电感 $L=10mH$。

（3）系统的仿真参数设置

在 MATLAB 模型窗口中单击“Simulink”→“Configuration Parameters…”命令，进行仿真参数的设置。算法选为 ode23t。模型仿真的开始时间设为 0，停止时间设为 0.02s，误差为 1e－3。

（4）系统的仿真、仿真结果的输出及结果分析

1）系统仿真。在 MATLAB 窗口中单击“Simulation”→“Start”命令后，系统开始仿真，在仿真时间结束后，双击示波器就可以查看到仿真结果。

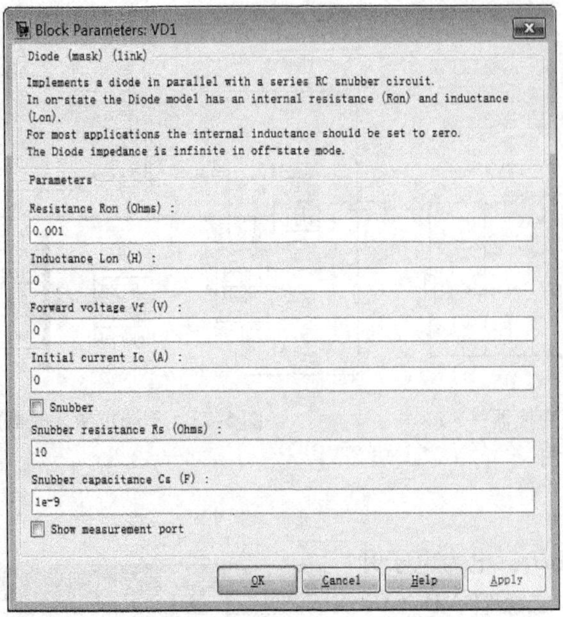

Block Parameters: VD1
Diode (mask) (link)
Implements a diode in parallel with a series RC snubber circuit.
In on-state the Diode model has an internal resistance (Ron) and inductance (Lon).
For most applications the internal inductance should be set to zero.
The Diode impedance is infinite in off-state mode.
Parameters
Resistance Ron (Ohms) :
0.001
Inductance Lon (H) :
0
Forward voltage Vf (V) :
0
Initial current Ic (A) :
0
Snubber
Snubber resistance Rs (Ohms) :
10
Snubber capacitance Cs (F) :
1e-9
Show measurement port
OK
Cancel
Help
Apply

图 5-75　二极管模块的参数设置

Source Block Parameters: Gate Drive
Pulse Generator
Output pulses:
if (t >= PhaseDelay) && Pulse is on
Y(t) = Amplitude
else
Y(t) = 0
end
Pulse type determines the computational technique used.
Time-based is recommended for use with a variable step solver, while Sample-based is recommended for use with a fixed step solver or within a discrete portion of a model using a variable step solver.
Parameters
Pulse type: Time based
Time (t): Use simulation time
Amplitude:
1.2
Period (secs):
0.00005
Pulse Width (% of period):
60
Phase delay (secs):
0
Interpret vector parameters as 1-D
OK
Cancel
Help

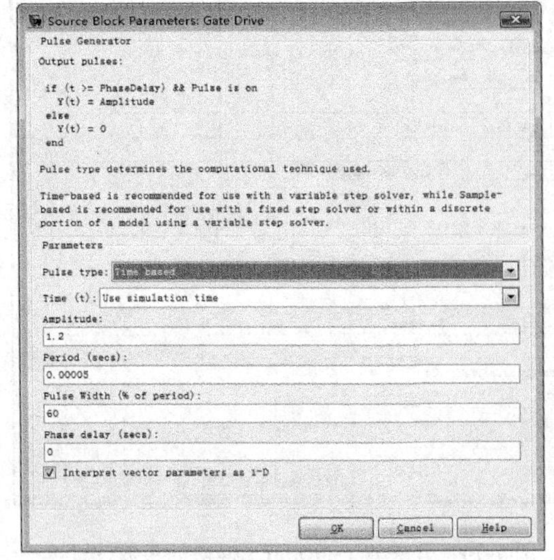

图 5-76　脉冲发生器模块的参数设置

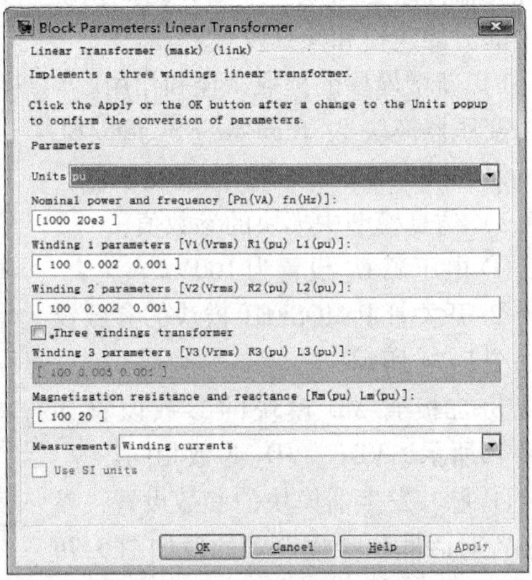

Block Parameters: Linear Transformer
Linear Transformer (mask) (link)
Implements a three windings linear transformer.
Click the Apply or the OK button after a change to the Units popup to confirm the conversion of parameters.
Parameters
Units pu
Nominal power and frequency [Pn(VA) fn(Hz)]:
[1000 20e3]
Winding 1 parameters [V1(Vrms) R1(pu) L1(pu)]:
[100 0.002 0.001]
Winding 2 parameters [V2(Vrms) R2(pu) L2(pu)]:
[100 0.002 0.001]
Three windings transformer
Winding 3 parameters [V3(Vrms) R3(pu) L3(pu)]:
[100 0.002 0.001]
Magnetization resistance and reactance [Rm(pu) Lm(pu)]:
[100 20]
Measurements Winding currents
Use SI units
OK
Cancel
Help
Apply

图 5-77　变压器模块的参数设置

2）输出仿真结果。采用“示波器”模块来观察仿真结果，双击“示波器”的图标就可观察仿真输出波形。仿真结果如图 5-78 所示。图中从上至下依次为驱动信号 U_G、隔离变压器一次电流 I_{W1} 和二次电流 I_{W2}、直流输入电源 U_s 和直流输出电压 U_o 的波形。图中占空比为 60%。其中，示波器的几个重要参数为 Time range 为 0.02s，Sampling：Decimations 1，保存数据为 3000 个。

3）仿真结果分析。由图 5-78 可知，变压器一次和二次电流为脉冲形式，由于单端正激变换器的本质是降压直流变换器，从图中不难看出，输出电压 U_o 小于输入电压 U_s。图中 U_o 波形虽然是脉动的，但从坐标数值看脉动很小。

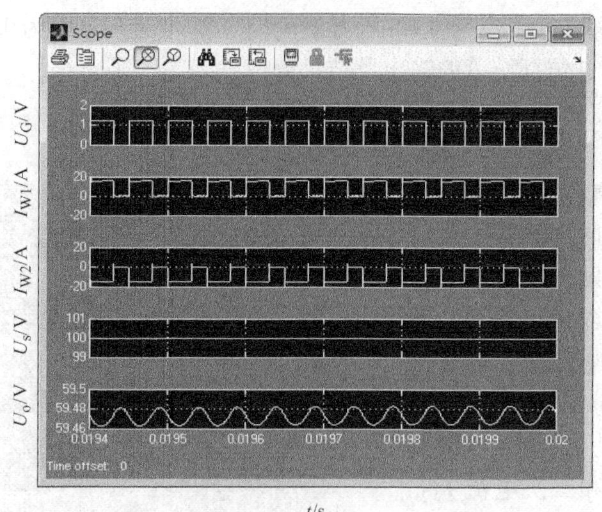

图 5-78　单端正激变换器仿真波形

2. 单端反激变换器的仿真

（1）电气原理结构图

单端反激变换器电路如图 5-79 所示。与升 - 降压式变换器相比较，反激变换器用变压器代替了升 - 降压变换器中的储能电感。这里的变压器除了起输入、输出电隔离作用外，还起储能电感的作用。

根据电气原理结构图构建的单端反激变换器仿真模型如图 5-80 所示，除去测量模块外，仿真模型与其电气原理结构图一一对应。

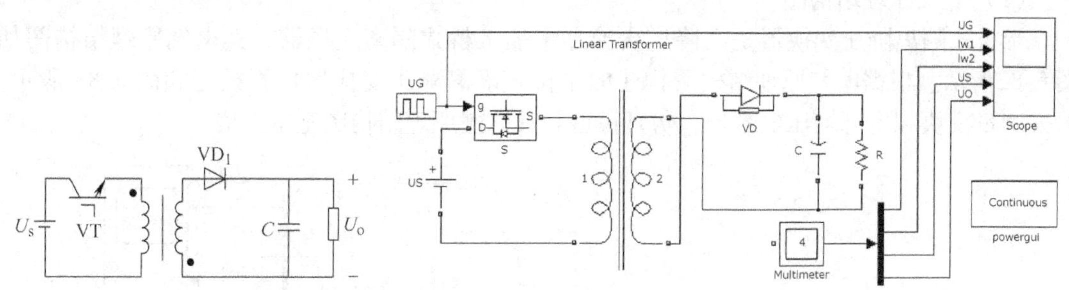

图 5-79　单端反激变换器电气原理结构图

图 5-80　单端反激变换器的仿真模型

（2）电路的建模

此电路由直流电源 U_s、电力电子开关管 S（P-MOSFET）、二极管 VD（Diode）、脉冲信号发生器和负载等元器件组合而成。

在仿真模型中，电压源 U_s、开关管 P-MOSFET 模块、二极管 VD 模块、脉冲发生器模块、变压器模块 T 的参数都与正激变换器一样。

负载电阻 $R=4\Omega$，电容 $C=40\mu F$。

（3）系统的仿真参数设置

在 MATLAB 模型窗口中单击“Simulink”→“Configuration Parameters…”命令，进行仿真参

数的设置。算法选为 ode23tb。模型仿真的开始时间设为 0，停止时间设为 0.02s，误差为 1e－3。

（4）系统的仿真、仿真结果的输出及结果分析

1）系统仿真。在 MATLAB 窗口中单击“Simulation”→“Start”命令后，系统开始仿真，在仿真时间结束后，双击示波器就可以查看到仿真结果。

2）输出仿真结果。采用“示波器”模块来观察仿真结果，双击“示波器”的图标就可观察仿真输出波形。仿真结果如图 5-81 所示。图中从上至下依次为驱动信号 U_G、隔离变压器一次电流 I_{W1} 和二次电流 I_{W2}、直流输入电源 U_s 和直流输出电压 U_o 的波形。图中占空比为 60%。其中，示波器的几个重要参数 Time range 为 0.02s，Sampling：Decimations 1，保存的数据为 3000 个。

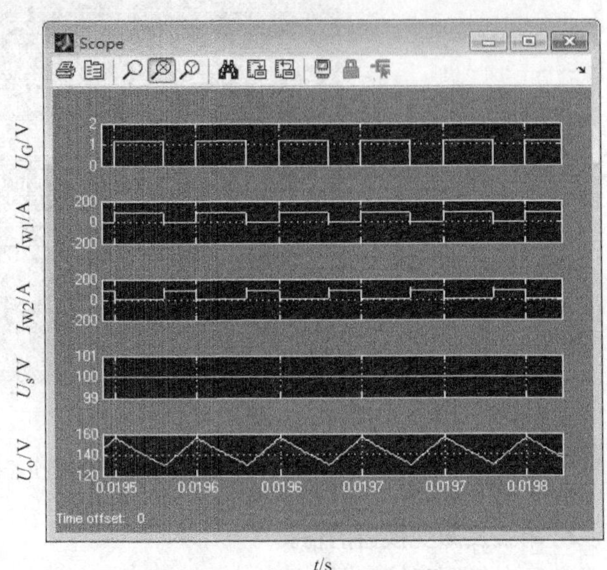

图 5-81　单端反激变换器仿真波形

3）仿真结果分析。由图 5-81 可知，变压器一次和二次电流为脉冲形式，由于单端反激变换器的本质是升－降压直流变换器，从图中可看出，由于占空比为 60%，变换器是升压型的，所以输出电压 U_o 大于输入电压 U_s。

3. 半桥式隔离降压变换器的仿真

（1）电气原理结构图

半桥式隔离降压变换器是在降压变换器中插入桥式隔离变压器，其电气原理结构图如图 5-82所示。根据电气原理结构图构建的半桥式隔离降压变换器仿真模型如图 5-83 所示，除去测量模块和电源均压电容外，仿真模型与其电气原理结构图基本对应。

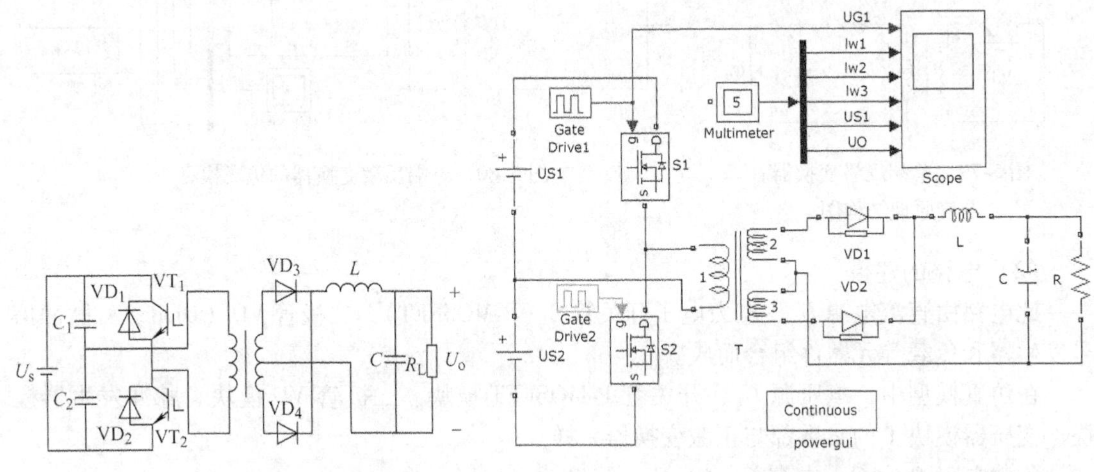

图 5-82　半桥式隔离降压变换器电气原理结构图

图 5-83　半桥式隔离降压变换器的仿真模型

（2）电路的建模

此电路由直流电源 U_s、电力电子开关管 S（P-MOSFET）、二极管 VD（Diode）、脉冲信号发生器、负载和储能电感等元器件组合而成。

在仿真模型中，电压源 U_s、开关管 P-MOSFET 模块、二极管 VD 模块的参数都与正激变换器一样。负载电阻 $R=4\Omega$，电容 $C=40\mu F$，储能电感 $L=5mH$。

脉冲发生器模块 2 与 1 相比延迟了半个周期，其他参数相同；变压器模块 T 采用了三绕组变压器，其参数设置对话框如图 5-84 所示。

（3）系统的仿真参数设置

在 MATLAB 模型窗口中单击“Simulink”→“Configuration Parameters…”命令，进行仿真参数的设置。算法选为 ode23tb。模型仿真的开始时间设为 0，停止时间设为 0.02s，误差为 1e－3。

（4）系统的仿真、仿真结果的输出及结果分析

1）系统仿真。在 MATLAB 的窗口中单击“Simulation”→“Start”命令后，系统开始仿真，在仿真时间结束后，双击示波器就可以查看到仿真结果。

2）输出仿真结果。采用“示波器”模块来观察仿真结果，双击“示波器”的图标就可观察仿真输出波形。仿真结果如图 5-85 所示。图中从上至下依次为驱动信号 U_G、隔离变压器一次电流 I_{W1}、二次侧第一绕组电流 I_{W2} 和第二绕组电流 I_{W3}、直流输入电源 U_s 和直流输出电压 U_o 的波形。图中占空比为 50%。其中，示波器的几个重要参数 Time range 为 0.02s，Sampling：Decimations 1，保存的数据为 12000 个。

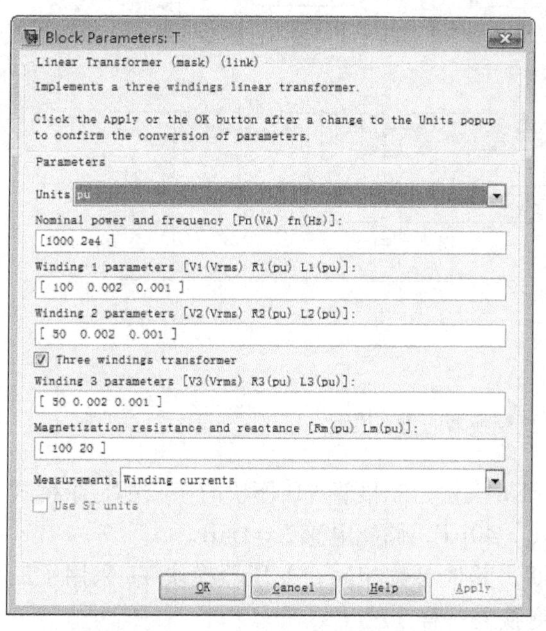

图 5-84　三绕组变压器的参数设置

t/s

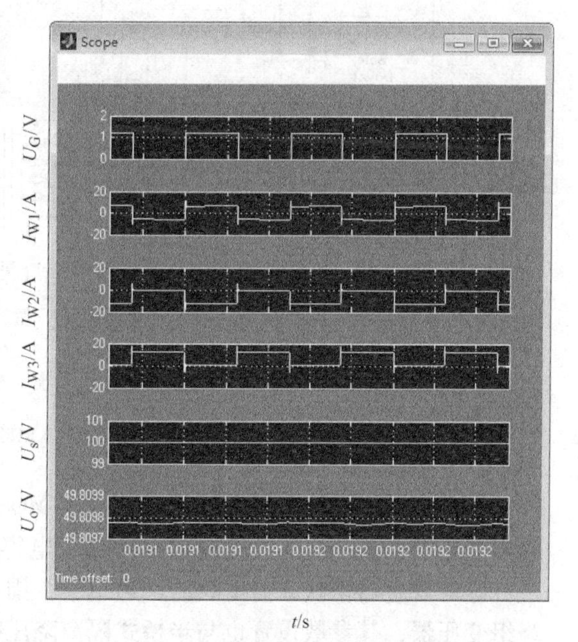

图 5-85　半桥式隔离降压变换器仿真波形

3）仿真结果分析。由图 5-85 可知，变压器一次侧和二次侧的 3 个电流均为脉冲形式，由于半桥式隔离降压变换器是降压直流变换器，从图中不难看出，占空比为 50%，变换器的输出电压 U_o 大约为 49.8V，小于输入电压。

4. 全桥式隔离降压变换器的仿真

(1) 电气原理结构图

常见的全桥式隔离降压变换器电气原理结构图如图 5-86 所示。

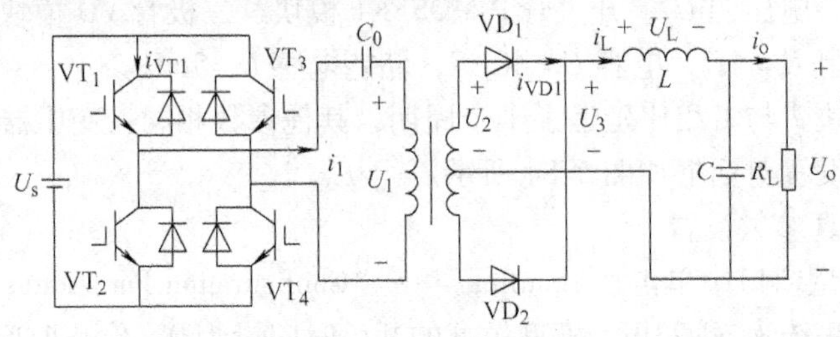

图 5-86　全桥式隔离降压变换器电气原理结构图

(2) 电路的建模

根据电气原理结构图构建的全桥式隔离降压变换器仿真模型如图 5-87 所示，除去测量模块和去偏电容 C_o 外，仿真模型与其电气原理结构图一一对应。

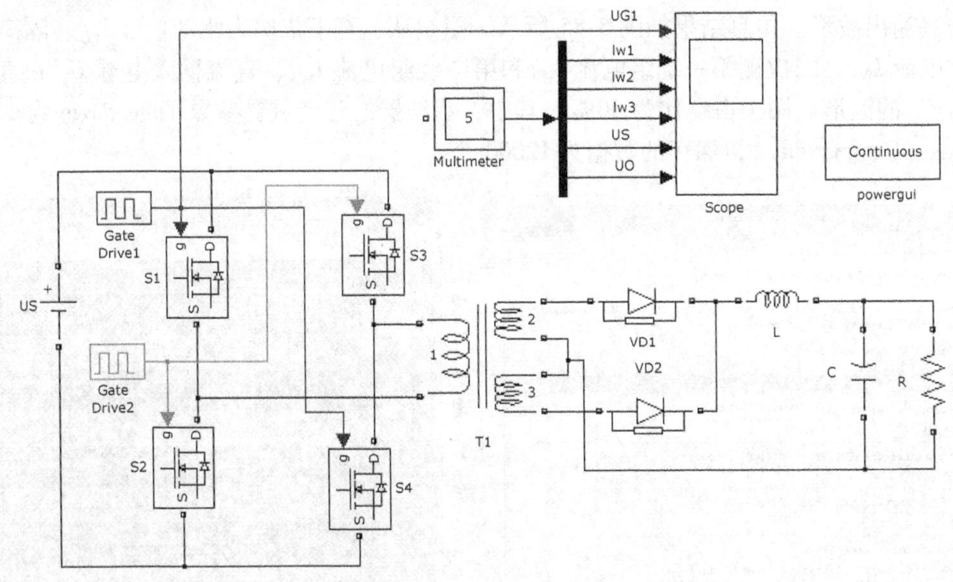

图 5-87　全桥式隔离降压变换器的仿真模型

在仿真模型中，电压源 U_s、开关管 P-MOSFET 模块、二极管 VD 模块的参数都与半桥式隔离降压变换器一样。负载电阻 $R=4\Omega$，电容 $C=40\mu F$，储能电感 $L=1mH$。

脉冲发生器模块 2 与 1 相比延迟了半个周期，其他参数相同；变压器模块 T1 采用了三绕组变压器，其参数设置也与半桥式隔离降压变换器一样。

(3) 系统的仿真参数设置

在 MATLAB 模型窗口中单击“Simulink”→“Configuration Parameters…”命令，进行仿真参数的设置。算法选为 ode23tb。模型仿真的开始时间设为 0，停止时间设为 0.02s，误差为 1e−3。

（4）系统的仿真、仿真结果的输出及结果分析

1）系统仿真。在 MATLAB 窗口中单击“Simulation”→“Start”命令后，系统开始仿真，在仿真时间结束后，双击示波器就可以查看到仿真结果。

2）输出仿真结果。采用“示波器”模块来观察仿真结果，双击“示波器”的图标就可观察仿真输出波形。仿真结果如图 5-88 所示。图中从上至下依次为驱动信号 U_G、隔离变压器一次电流 I_{W1}、二次侧第一绕组电流 I_{W2} 和第二绕组电流 I_{W3}、直流输入电源 U_s 和直流输出电压 U_o 的波形。图中占空比为 50%。其中，示波器的几个重要参数 Time range 为 0.02s，Sampling：Decimations 1，保存的数据为 10000 个。

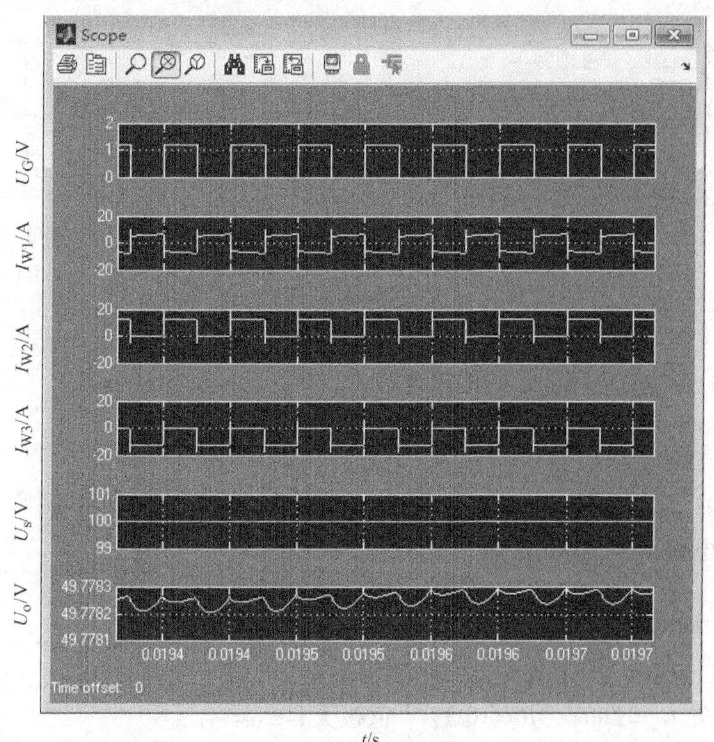

图 5-88　全桥式隔离降压变换器仿真波形

3）仿真结果分析。由图 5-88 可知，变压器一次侧和二次侧的 3 个电流均为脉冲形式，由于全桥式隔离降压变换器是降压直流变换器，从图中不难看出，占空比为 50%，变换器的输出电压 U_o 大约为 49.8V，小于输入电压。

习　　题

一、填空题

1. 升压斩波电路之所以能使输出电压高于电源电压，关键有两个原因：一是 L 储能之后具有使（　　）的作用；二是电容 C 可将输出电压（　　）。

2. 升压斩波电路和降压斩波电路一样，也有电流（　　）和（　　）两种工作状态。

3. 直流斩波电路在改变负载的直流电压时，常用的控制方式有（　　）、（　　）和

（　　）3 种。

4. 直流斩波电路按照输入电压与输出电压的高低变化来分类，有（　　）斩波电路、（　　）斩波电路和（　　）斩波电路。

二、问答题

1. 试说明直流斩波器主要有哪几种电路结构？试分析它们各有什么特点？

2. 简述图 5-89 所示的基本降压斩波电路的工作原理。

3. 简述图 5-90 所示的基本升压斩波电路的基本工作原理。（图中设电感 L 与电容 C 足够大）

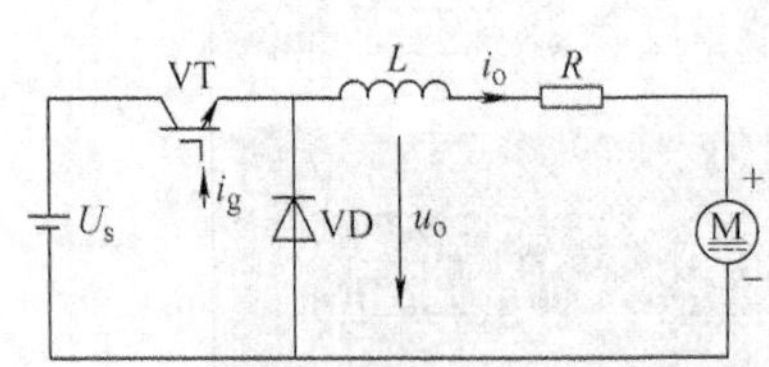

图 5-89　基本降压斩波电路

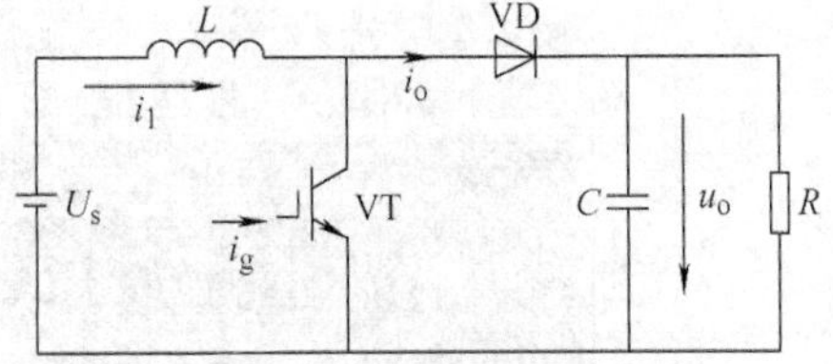

图 5-90　基本升压斩波电路

4. 简述图 5-91 所示的基本升降压斩波电路的基本工作原理。

5. 试比较 Buck 电路与 Boost 电路的异同。

6. 试简述 Buck-Boost 电路与 Cuk 电路的异同。

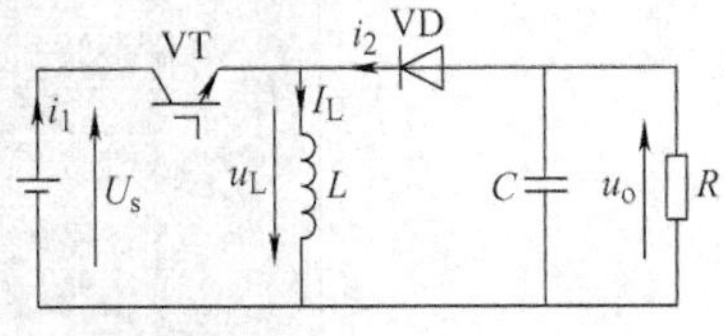

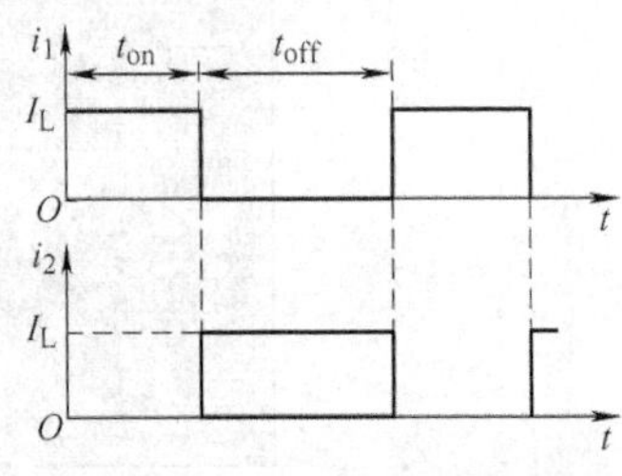

图 5-91　基本升降压斩波电路

三、计算题

1. 在图 5-92 所示的 Boost 升压斩波电路中，已知 $U_s=50\text{V}$，负载电阻 $R=20\Omega$，L 值和 C 值极大，采用脉宽调制控制方式，当 $T=40\mu\text{s}$，$t_{on}=25\mu\text{s}$ 时，计算输出电压平均值 U_o、输出电流平均值 I_o。

2. 在图 5-93 所示的 Buck 降压斩波电路带电动机反电动势负载中，已知 $U_s=200\text{V}$，$R=10\Omega$，L 值极大，$E_M=30\text{V}$。采用脉宽调制控制方式，当 $T=50\mu\text{s}$，$t_{on}=20\mu\text{s}$ 时，计算输出电压平均值 U_o，输出电流平均值 I_o。

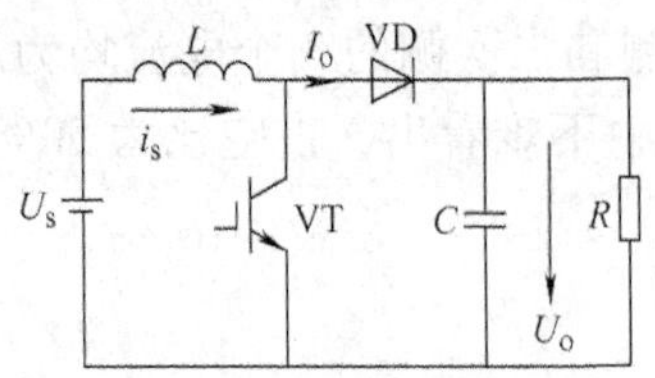

图 5-92　Boost 升压斩波电路

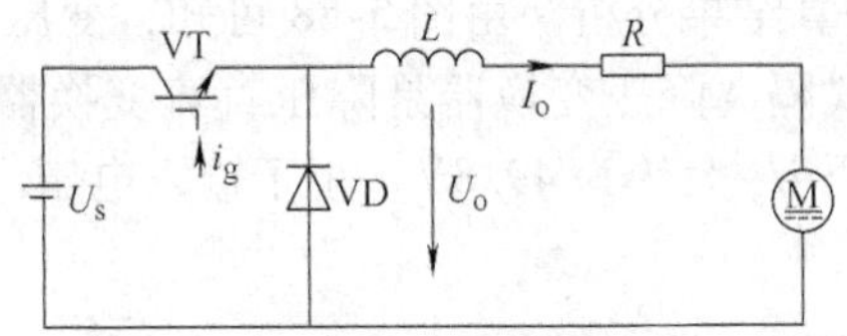

图 5-93　Buck 降压斩波电路

第6章　软开关电路及其仿真

现代电力电子装置的发展趋势是小型化、轻量化，最有效的途径是电路的高频化。但在提高开关频率的同时，开关损耗也会随之增加，电路效率严重下降，电磁干扰也会增大，所以简单地提高开关频率是不行的。针对这些问题出现了软开关技术，它利用以谐振为主的辅助换流手段，解决了电路中的开关损耗和开关噪声问题，使开关频率可以大幅提高。

本章首先介绍软开关的基本概念及其分类，然后详细分析几种典型的软开关电路及其仿真技术。

6.1　软开关的基本概念

1. 硬开关及其缺点

在很多变流电路中，电力电子开关器件是在高电压或大电流条件下开通或关断的。由于开关器件不是理想器件，在开通时，开关管的电压不是立即下降到零，而是有一个下降过程，同时它的电流也不是立即上升到负载电流，也有一个上升时间。在这段时间里，开关器件承受的电压和流过的电流有一个交叠区，会产生开关损耗，称为开通损耗，其波形如图6-1a所示。同样，在开关器件关断时，开关管的电流也有一个下降时间，承受的电压也有一个上升时间，电压和电流的交叠产生的开关损耗称为关断损耗，其波形如图6-1b所示。开关器件在开关过程中产生的开通损耗和关断损耗，统称为开关损耗。具有这种开关过程的开关称为硬开关。

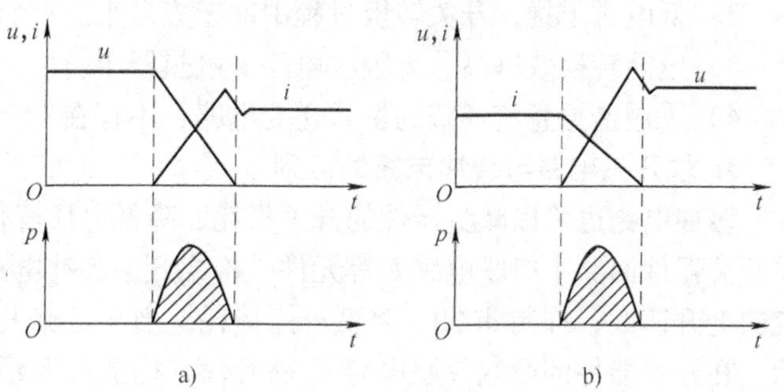

图6-1　硬开关电压和电流理想化波形及其开关损耗

a）开通波形　b）关断波形

硬开关是在全功率情况下进行开关转换的，因而存在如下缺点：

1）开关损耗大，限制了开关器件的工作频率。因为在一定条件下，开关管在每个周期中的开关损耗是恒定的，故变换器的开关损耗与开关频率成正比，开关频率越高，开关损耗越大，变换器的效率就越低。因此，开关损耗的存在限制了变换器开关频率的提高，从而限制了变换器的小型化和轻量化。

2）方波工作方式，产生较大的电磁干扰，电路存在着较大的 $\mathrm{d}u/\mathrm{d}t$ 和 $\mathrm{d}i/\mathrm{d}t$。

3）在桥式电路拓扑中应用，存在着上、下桥臂直通短路的问题。

2. 软开关及其优点

在原来的开关变换电路中，通过增加小电感、小电容及辅助开关等谐振元件，构成开关器件的辅助换流网络，在开关过程前后引入谐振过程，开关器件开通前使其承受的电压先降为零，或关断前使其流过的电流先降为零，就可以消除开关过程中电压、电流的重叠，降低电压变化率 $\mathrm{d}u/\mathrm{d}t$ 或电流变化率 $\mathrm{d}i/\mathrm{d}t$，从而大大减少甚至消除开关损耗和开关噪声，这样的电路称为软开关电路，其典型的开关过程如图 6-2 所示。

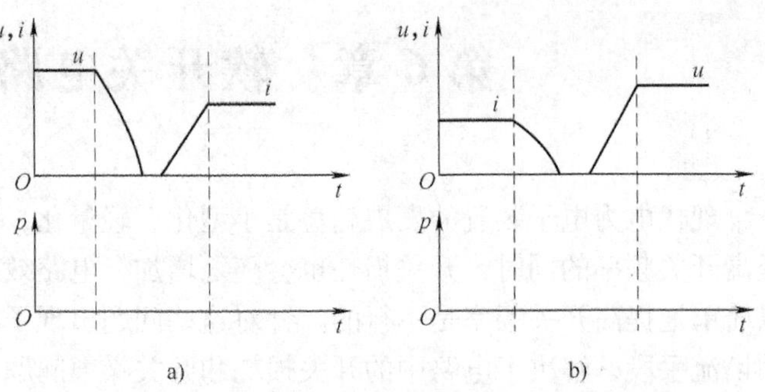

图 6-2　软开关电压和电流理想化波形及其开关损耗
a）零电压开关开通波形　b）零电流开关关断波形

（1）零电压开关

开关器件开通前使其两端电压为零，则开关开通时就不会产生损耗和噪声，这种开通方式称为零电压开通，简称零电压开关，如图 6-2a 所示。

（2）零电流开关

开关器件关断前使其电流为零，则开关关断时也不会产生损耗和噪声，这种关断方式称为零电流关断，简称零电流开关，如图 6-2b 所示。

软开关有时也被称为谐振开关或谐振软开关。与硬开关相比较，软开关有如下优点：

1）谐振软开关转换无开关损耗，开关频率可以显著提高。

2）低电磁干扰，开关转换过程中动态应力小。

3）电能转换效率高，无吸收电路，散热器小。

4）采用谐振直流环节的桥式逆变电路，不存在上、下桥臂直通短路问题。

3. 软开关电路与缓冲电路的区别

缓冲电路也可以减少器件的开关损耗、降低电压峰值和电流峰值、改善 $\mathrm{d}u/\mathrm{d}t$ 或 $\mathrm{d}i/\mathrm{d}t$。在开关器件回路中串联电感 L 等元件，构成开通缓冲电路，开关器件导通时，它可以减缓电流的上升速度，抑制 $\mathrm{d}i/\mathrm{d}t$，降低开通损耗，当 L 足够大时近似为零电流开通，如图 6-3a 所示。在开关器件的两端并联电容 C 等元件，构成关断缓冲电路，开关器件关断时，它可以减缓器件电压的上升速度，抑制 $\mathrm{d}u/\mathrm{d}t$，降低关断损耗，当 C 足够大时近似为零电压关断，如图 6-3b 所示。

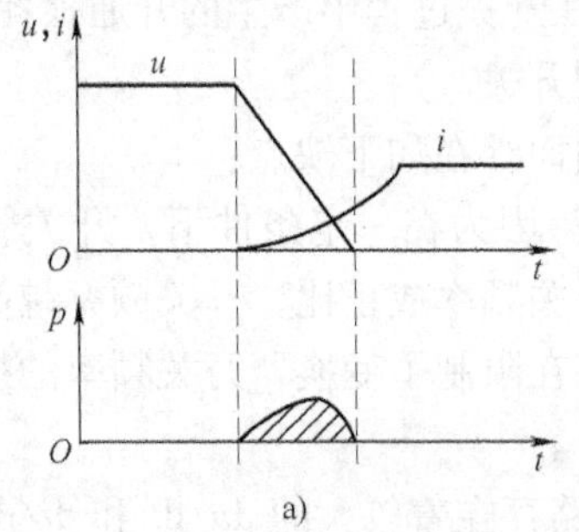

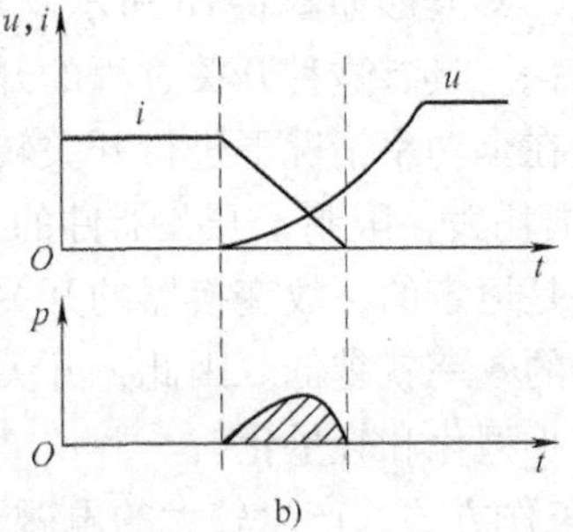

图 6-3　硬开关加缓冲电路时电压和电流理想化波形及其开关损耗
a）开通波形　b）关断波形

缓冲电路虽然减少了器件的开关损耗，但把缓冲电路自身的损耗也考虑进去，变换装置整体的功率损耗还是增加了，并且这种损耗随着开关频率的增加也在增加。因此，缓冲电路只是部分地改善了开关器件的工作条件，不能提高装置的效率，故一般缓冲电路不列为软开关技术。

软开关技术是通过谐振方式实现的，谐振元件全程参与或者在某一阶段部分参与了能量暂存和转移这种变换过程，它能够消除器件的开关损耗和开关噪声、降低电压峰值和电流峰值、改善 du/dt 或 di/dt，而自身产生的功率损耗却很小。

6.2 软开关电路的分类

根据软开关技术发展的历程，可以将软开关技术分为4大类：

1）全谐振型变换电路。这种电路一般称为谐振型变换电路。按谐振类型，谐振变换电路可以分为串联谐振变换电路和并联谐振变换电路两类。按负载与谐振电路的连接关系，谐振变换电路又可分为串联负载（串联输出）谐振变换电路和并联负载（并联输出）谐振变换电路两类。

2）准谐振变换电路。它为早期的软开关电路，有些现在还大量应用。可以分为零电压开关准谐振电路、零电流开关准谐振电路、零电压开关多谐振电路和用于逆变器的谐振直流环节电路4类。

3）零开关 PWM 电路。它可分为零电压开关 PWM 变换电路和零电流开关 PWM 变换电路两类。

4）零转换 PWM 变换电路。它可以分为零电压转换 PWM 变换电路和零电流转换 PWM 变换电路两类。

由于每一种软开关电路都可以用于降压型、升压型等不同电路，因此可以用图6-4中的基本开关单元来表示，不必画出各种具体电路。实际使用时，可以从基本开关单元导出具体电路，开关和二极管的方向应根据电流的方向做相应调整。

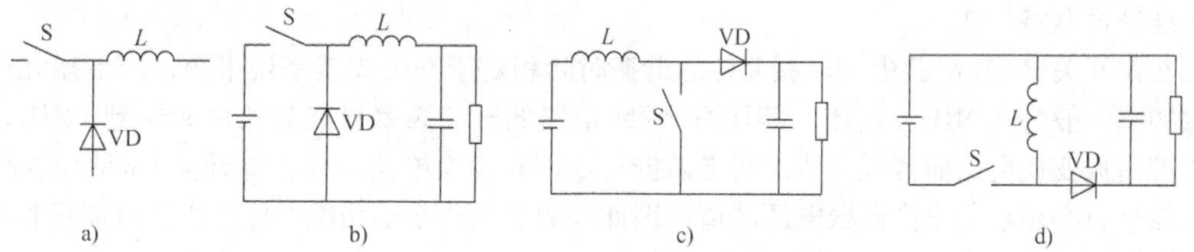

图6-4　基本开关单元的概念
a）基本开关单元　b）降压斩波器中的基本开关单元
c）升压斩波器中的基本开关单元　d）升－降压斩波器中的基本开关单元

下面分别介绍准谐振电路、零开关 PWM 电路和零转换 PWM 电路3类软开关变换电路。

1. 准谐振（QRC）电路

准谐振变换电路是在主开关电路中串、并联小电感和小电容，这类变换电路的特点是谐振元件只参与能量变换的某个阶段，而不是全程参与，谐振电路中的电压或电流波形为正弦半波，因此称为准谐振。

准谐振电路实现了开关管的软开关，但是由于谐振电路的谐振周期随输入电压和负载的变化而变化，因此电路只能采用脉冲频率（PFM）调制方式来控制，开关频率的变化给电路的设计带来困难，特别是难以对高频变压器及输入、输出滤波电路进行优化设计。同时，由于谐振电压峰值很高，对器件的耐压要求必须相应提高。一般用于小功率、低电压且对体积和重量要求比较严格的场合。准谐振电路可以分为以下几种：

1）零电压开关准谐振电路（Zero-Voltage-Switching Quasi-Resonant Converter，ZVSQRC）。

2）零电流开关准谐振电路（Zero-Current-Switching Quasi-Resonant Converter，ZCSQRC）。

3）零电压开关多谐振电路（Zero-Voltage-Switching Multi-Resonant Converter，ZVSMRC）。

4）用于逆变器的谐振直流环节电路（Resonant DC Link）。

图6-5 给出了前3 种软开关电路的基本开关单元，谐振直流环节的电路在6.3.1 节中介绍。

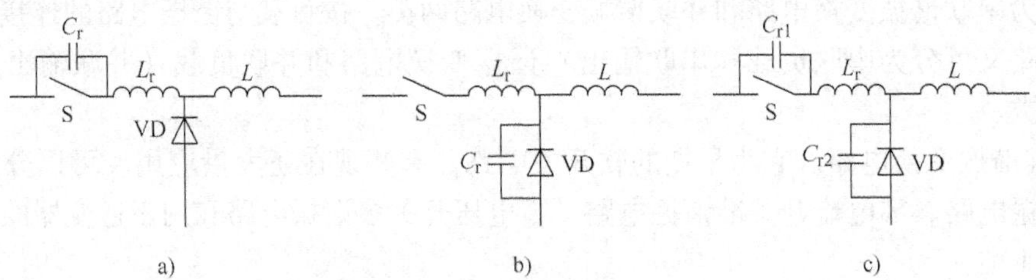

图6-5　准谐振电路的基本开关单元

a）零电压开关准谐振电路的基本开关单元　b）零电流开关准谐振电路的基本开关单元
c）零电压开关多谐振电路的基本开关单元

2. 零开关 PWM 电路

零开关PWM 变换电路是在准谐振（QRC）变换电路的基础上，增加了辅助开关而形成的。辅助开关的引入，用于控制谐振的开始时刻，使谐振仅发生于开关过程前后，这样，电路就可以采用恒频控制方式即PWM 控制方式。开关频率恒定给电路的设计带来了方便，克服了准谐振电路的缺点。

在零开关PWM 电路中，谐振元件的谐振时间相对于开关周期来说很短，而谐振元件的谐振频率一般为几MHz，这样，零开关PWM 电路的开关频率只能为几百kHz 到1MHz，相对于准谐振变换电路而言低一些。与准谐振（QRC）变换电路一样，零开关PWM 电路中的开关器件也必须承受很高谐振电压峰值，因此一般也应用于小功率、低电压且对体积和重量要求比较严格的场合。

与准谐振电路相比，这类电路有很多明显的优势：电压和电流基本上是方波，只是上升沿和下降沿较缓，开关承受的电压明显降低，电路可以采用开关频率固定的PWM 控制方式。

零开关PWM 电路可以分为以下两种：

1）零电压开关PWM 电路（Zero-Voltage-Switching PWM Converter，ZVSPWM）。

2）零电流开关PWM 电路（Zero-Current-Switching PWM Converter，ZCSPWM）。

要实现软开关变换器的PWM 控制，只需控制 L_r 与 C_r 的谐振时刻。控制谐振时刻的方法就是，要么在适当时刻先短接谐振电感，在需要谐振的时刻再断开；要么在适当时刻先断开谐振电容，在需要谐振的时刻再接通。由此得到不同形式的零开关PWM 电路的基本开关单元，如图 6-6 所示，其中 S_1 为辅助开关。

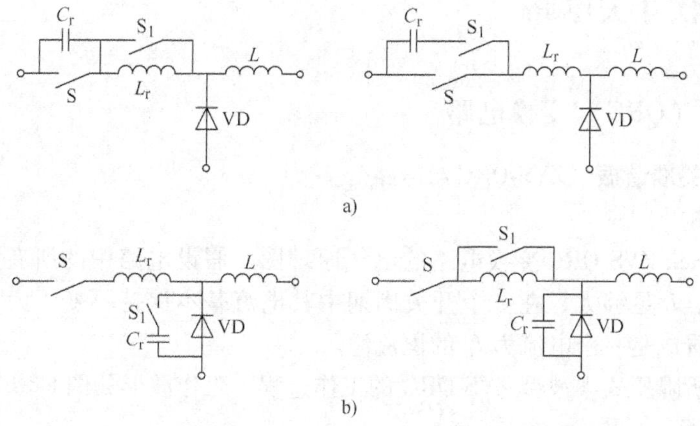

图 6-6　零开关 PWM 电路的基本开关单元

a）零电压开关 PWM 电路的基本开关单元　b）零电流开关 PWM 电路的基本开关单元

3. 零转换 PWM 电路

前面讨论的准谐振变换电路，其谐振电感和谐振电容一直参与能量传递。在零开关 PWM 变换电路中，谐振元件虽然不是一直谐振工作，但谐振电感却串联在主功率回路中，损耗较大。为了克服这些缺陷，提出了零转换 PWM 变换电路，这类变换电路是软开关技术的又一个飞跃。

虽然这类变换电路也是采用对谐振时刻进行控制来实现 PWM 控制，但与零开关变换电路相比具有更突出的优点：

1）辅助电路只是在开关管开关时工作，其他时候不工作，同时，辅助电路不是串联在主功率回路中，而是与主功率回路相并联，从而减小了辅助电路的损耗。

2）由于辅助谐振电路与主开关并联，因此输入电压和负载电流对电路的谐振过程的影响很小，电路在很宽的输入电压范围内并从零负载到满载都能工作在软开关状态。这是它与零开关 PWM 变换电路的根本区别，这使得零转换 PWM 电路广泛地应用于中大功率场合。

零转换 PWM 电路可以分为以下两种：

1）零电压转换 PWM 电路（Zero-Voltage-Transition PWM Converter，ZVT PWM）。

2）零电流转换 PWM 电路（Zero-Current-Transition PWM Converter，ZCT PWM）。

这两种电路的基本开关单元如图 6-7 所示。

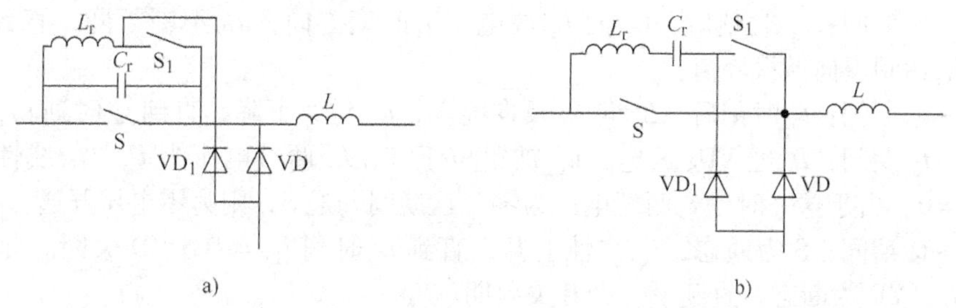

图 6-7　零转换 PWM 电路的基本开关单元

a）零电压转换 PWM 电路的基本开关单元　b）零电流转换 PWM 电路的基本开关单元

6.3 典型的软开关电路

6.3.1 准谐振（QRC）变换电路

1. 零电压开关准谐振（ZVS-QRC）电路

（1）电路结构

图 6-8a 为 Buck ZVS-QRC 变换电路的电气原理图。假设电路中的所有元件均为理想元件，并且 $L>>L_r$，L 足够大，在一个开关周期中其电流基本保持不变，为 I_o。这样，L、C 以及负载电阻可看成是一个电流为 I_o 的恒流源。

下面逐段分析降压式半波型 ZVS-QRC 的工作过程，工作波形如图 6-8b 所示。

（2）工作过程

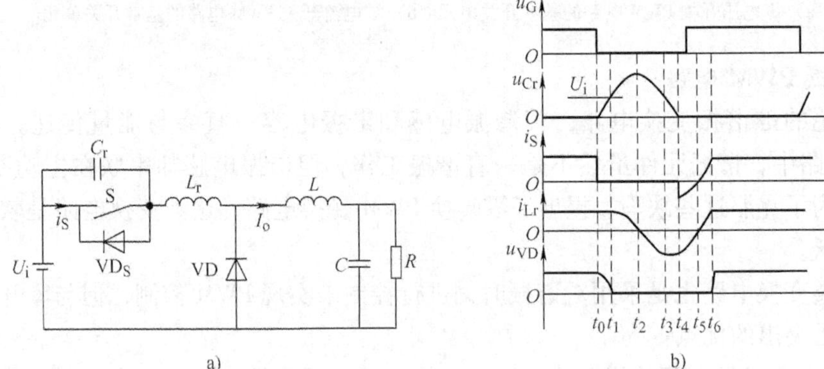

图 6-8 Buck ZVS-QRC 的电路图和主要工作波形
a）电路拓扑 b）主要工作波形

在 t_0 时刻之前，开关 S 为通态，为负载提供电流 I_o。

1）t_0 时刻，关断 S，C_r 充电，由于 C_r 的电压是从零开始上升的，故 S 为零电压关断。

2）t_0 ~ t_1 期间：C_r 以恒流 I_o 充电，u_{Cr}线性上升，VD 两端电压逐渐下降；直到 t_1 时，$u_{VD}=0$，VD 导通，i_{Lr}开始下降。

3）t_1 ~ t_2 期间：L_r 与 C_r 谐振，L_r 对 C_r 充电，u_{Cr}不断上升，在 t_2 时刻 C_r 充电到谐振峰值 $u_{Cr}=U_i+I_oZ_r$，其中 $Z_r=\sqrt{L_r/C_r}$；而 i_{Lr}则下降到零。

4）t_2 ~ t_3 期间：t_2 时刻后，C_r 向 L_r 放电，i_{Lr}改变方向，u_{Cr}不断下降，直到 t_3 时刻，$u_{Cr}=U_i$，i_{Lr}达到反向谐振峰值。

5）t_3 ~ t_4 期间：t_3 时刻后，L_r 向 C_r 反向充电，u_{Cr}继续下降，直到 t_4 时刻 $u_{Cr}=0$。

6）t_4 ~ t_5 期间：L_r 经 VD_S 放电，u_{Cr}被钳位于零，L_r 两端电压为 U_i。i_{Lr}线性衰减，到 t_5 时刻 $i_{Lr}=0$。由于这一时段 S 两端电压为零，这期间开通 S，则为零电压开通。

7）t_5 ~ t_6 期间：S 为通态，i_{Lr}线性上升，直到 t_6 时刻 $i_{Lr}=I_o$，VD 关断。此后 S 为通态，提供 I_o，VD 为断态，直到下一个开关周期。

2. 零电流开关准谐振（ZCS-QRC）电路

（1）电路结构

图 6-9a 给出了降压斩波器（Buck）中常用的全波型 ZCS-QRC 零电流开关准谐振电路图。同样假设电路中的所有元件均为理想元件，并且 $L >> L_r$，L 足够大，在一个开关周期中其电流基本保持不变，为 I_o。这样，L、C 以及负载电阻可看成一个电流为 I_o 的恒流源。

（2）工作过程

降压式全波型 ZCS-QRC 的工作波形如图 6-9b 所示，工作过程如下：

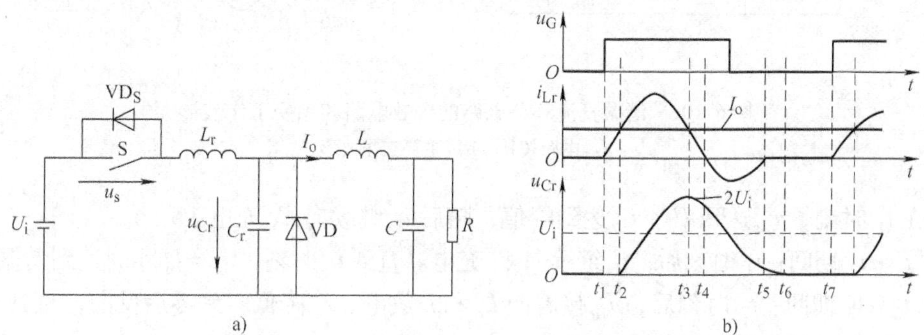

图 6-9　Buck ZCS-QRC 的电路图和主要工作波形

a）电路拓扑　b）主要工作波形

1）在 t_1 时刻，开关管 S 加驱动信号，开始导通，由于 L_r 的限流作用，S 为零电流开通。

2）$t_1 \sim t_2$ 期间：VD 为 I_o 续流，$u_{Cr}=0$，i_{Lr}线性上升，$di_{Lr}/dt = U_i/L_r$。t_2 时刻，i_{Lr}上升到 I_o。随后的 i_{Lr}分成两部分：一部分维持负载电流，另一部分给 C_r 充电，二极管 VD 截止。

3）$t_2 \sim t_3$ 期间：L_r 与 C_r 谐振，i_{Lr}自 I_o 上升到峰值又回到 I_o，为正弦半波；在 t_3 时刻，C_r 充电到峰值 $u_{Cr}=2U_i$。

4）$t_3 \sim t_4$ 期间：i_{Lr}电流继续下降，C_r 放电，共同为负载提供 I_o，在 t_4 时刻 i_{Lr} 下降到零。

5）$t_4 \sim t_5$ 期间：C_r 放电为负载提供 I_o，同时与 L_r 反向谐振，形成反向 i_{Lr}，i_{Lr}流过二极管 VD_S，到 t_5 时 i_{Lr}回到零。

可见，在 $t_4 \sim t_5$ 期间，VD_S 导通，开关管 S 中的电流为零，这时关断 S，则 S 是零电流关断。

3. 谐振直流环节电路

（1）电路结构

谐振直流环节电路是应用于交－直－交变换电路的中间直流环节（DC-Link），其电路结构如图 6-10a 所示。它的特点是在直流环节中引入辅助谐振回路 L_r 和 C_r，使电路中逆变环节输入的直流电压不是恒定的直流，而是脉冲电压与零电压交替出现的高频谐振电压，这样逆变器的桥臂开关可以实现零电压转换。逆变器的负载常为电感性，且与谐振过程相比，感性负载的电流变化非常缓慢，负载电流可视为常量 I_o。

逆变器的谐振直流环节也属于零电压开关准谐振电路，其主要工作波形如图 6-10b 所示。

（2）工作过程

一个开关周期共有 2 个工作阶段，各阶段工作过程分析如下：

在 t_0 时刻之前，S 导通，i_{Lr}经 S 续流，$i_{Lr} > I_o$。

1）$t_0 \sim t_1$ 期间：t_0 时刻，开关管 S 关断，L_r 和 C_r 发生谐振，i_{Lr}对 C_r 充电，C_r 的电压

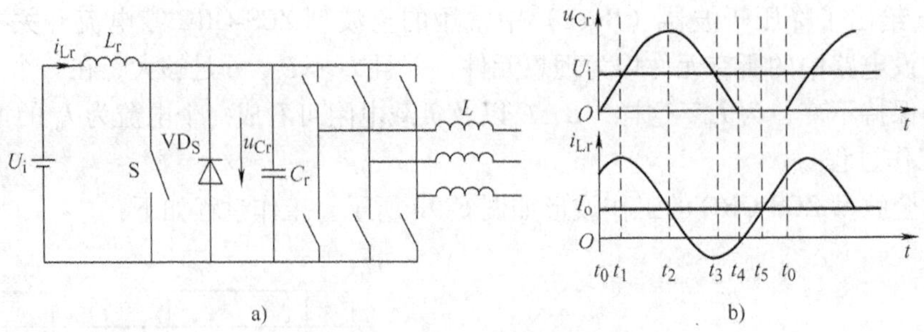

图 6-10　谐振直流环节电路的等效电路和主要工作波形

a）电路拓扑　b）主要工作波形

上升，在 t_1 时刻，u_{Cr}达到 U_i，i_{Lr}达到峰值，随后 i_{Lr}继续向 C_r 充电。

2）$t_1 \sim t_2$ 期间：t_1 时刻后，i_{Lr}继续向 C_r 充电。直到 t_2 时刻，$i_{Lr}=I_o$，u_{Cr}达到谐振峰值。

3）$t_2 \sim t_3$ 期间：t_2 时刻后，u_{Cr}接着向 L_r 和 L 放电，i_{Lr}降低，到零后反向，直到 t_3 时刻 $u_{Cr}=U_i$，i_{Lr}达到反向谐振峰值。

4）$t_3 \sim t_4$ 期间：自 t_3 时刻开始，i_{Lr}从反向谐振峰值衰减，u_{Cr}继续下降，t_4 时刻，$u_{Cr}=0$，S 的反并联二极管 VD_S 导通，u_{Cr}被钳位于零。

5）$t_4 \sim t_0$ 期间：负载电流一部分经 VD_S 续流，i_{Lr}线性上升，S 两端电压被钳位在零，在这段时间内开通 S，开关 S 零电压开通，电流 i_{Lr}继续线性上升，t_5 时刻，$i_{Lr}=I_o$，直到 t_0 时刻，S 再次关断。$t_4 \sim t_0$ 阶段，直流母线电压被钳位成零，若这时逆变桥内开关管换相，则也是零电压开通或关断。

缺点：电压谐振峰值很高，增加了对开关器件耐压的要求。

6.3.2　零开关 PWM（ZS-PWM）变换电路

1. 零电压开关 PWM（ZVS-PWM）变换电路

（1）电路结构

以 Buck 型变换器为例，若在准谐振变换器的谐振电容上串接一个可控开关，则构成图 6-11a所示的零电压开关 PWM 变换器。下面具体分析零电压开关 PWM 变换器的工作原理。

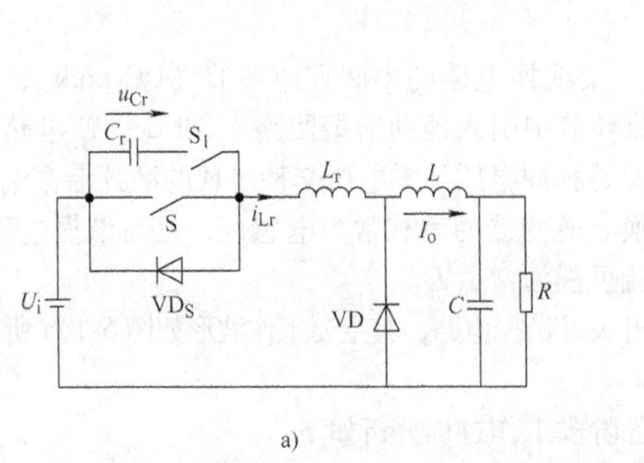

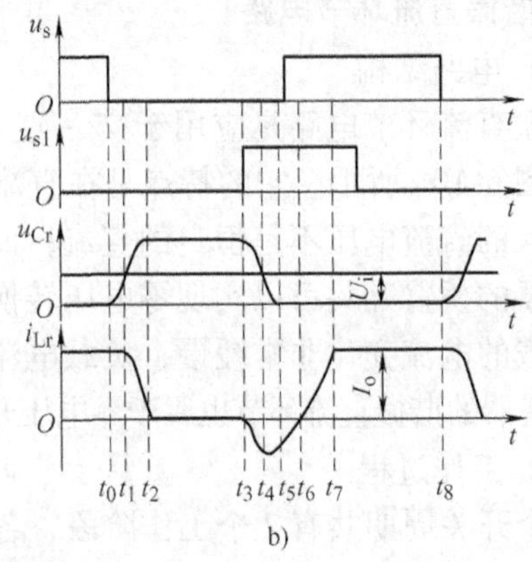

图 6-11　ZVS-PWM Buck 变换器的电路拓扑及主要工作波形

a）电路拓扑　b）主要工作波形

（2）工作原理

ZVS-PWM Buck 变换器的一个工作周期分为 7 个阶段，设电路初始状态为主开关管 S 导通，辅助开关管 S_1 关断，续流二极管 VD 关断，输出电流 I_o 全部流过主开关管 S 和谐振电感 L_r，各阶段的工作过程分析如下：

1）$t_0 \sim t_1$ 期间：谐振电容充电阶段。t_0 时刻，开关管 S 关断，负载电流 I_o 通过 S_1 的本体二极管给电容 C_r 充电，C_r 的电压线性上升，在 t_1 时刻，u_{Cr} 达到 U_i，i_{Lr} 开始减小，二极管 VD 导通。

2）$t_1 \sim t_2$ 期间：谐振电感放电阶段。t_1 时刻，二极管 VD 导通，负载电流一部分经 VD 续流，一部分经谐振电感给电容充电，电感电流 i_{Lr} 下降，t_2 时刻，i_{Lr} 下降到零，这时电容电压达到峰值。

3）$t_2 \sim t_3$ 期间：负载电流续流阶段。t_2 时刻，i_{Lr} 下降到零，u_{Cr} 达到峰值，随后 i_{Lr} 维持零电流，u_{Cr} 维持峰值电压，直到 t_3 时刻 S_1 导通。

4）$t_3 \sim t_5$ 期间：谐振阶段。t_3 时刻，S_1 导通，L_r 和 C_r 开始谐振，u_{Cr} 开始下降，i_{Lr} 反向增大，t_4 时刻，u_{Cr} 下降至 U_i，i_{Lr} 达到反向峰值；随后 i_{Lr} 反向减小，u_{Cr} 继续下降，直至 t_5 时刻，u_{Cr} 下降到零。

5）$t_5 \sim t_6$ 期间：i_{Lr} 续流阶段。t_5 时刻，u_{Cr} 下降到零，i_{Lr} 经 VD_S 续流，S 两端电压 u_{Cr} 被钳位在零电压，在这期间开通 S，S 零电压开通，t_6 时刻反向电流下降到零。

6）$t_6 \sim t_7$ 期间：谐振电感充电阶段。t_6 时刻，S 在零电压下开通，接着流过其中的电流将线性增大，直到 t_7 时刻，i_{Lr} 达到 I_o，VD 关断。

7）$t_7 \sim t_8$ 期间：能量传递阶段。该阶段完成能量从输入到输出的传递任务，直到 t_8 时刻 S 关断，进入下一个工作周期。

2. 零电流开关 PWM（ZCS-PWM）变换电路

（1）电路结构

利用相同的方法在 ZCS 准谐振变换器的谐振电容上串接或在谐振电感上并接一个可控开关，就构成了零电流开关 PWM 变换器。下面以 Buck 型变换器为例，若在谐振电容上串接一个可控开关，则构成图 6-12a 所示的零电流开关 PWM 变换器。

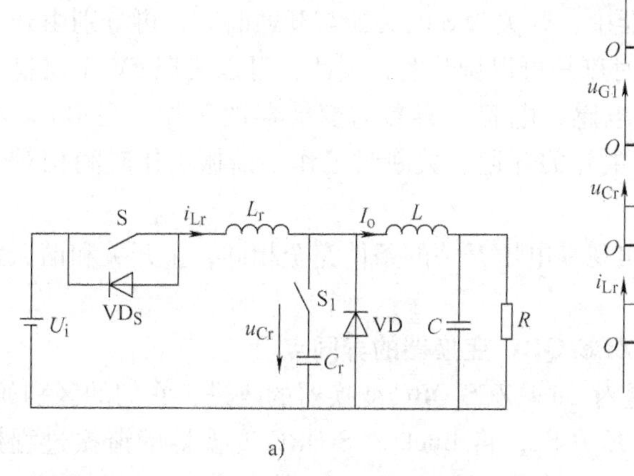

a)

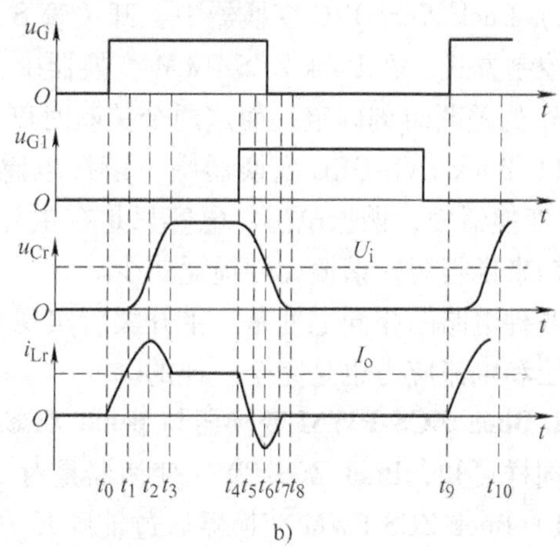

b)

图 6-12　零电流开关 PWM 变换器的电路拓扑及主要工作波形

a）电路拓扑　b）主要工作波形

（2）工作过程

ZCS-PWM Buck 变换器的一个工作周期分为 7 个阶段。设电路初始状态为主开关管 S 关断，辅助开关管 S_1 关断，续流二极管 VD 导通，输出电流 I_o 全部经过续流二极管 VD 续流，谐振电感电流 $i_{Lr}=0$，谐振电容电压 $u_{Cr}=0$，各阶段的工作过程分析如下：

1）$t_0 \sim t_1$ 期间：谐振电感充电阶段。t_0 时刻，开关管 S 导通，由于 VD 导通，输入电压 U_i 全部加在谐振电感 L_r 上，i_{Lr}线性上升，在 t_1 时刻，i_{Lr}达到 I_o，二极管 VD 关断，C_r 经 S_1 的本体二极管充电，u_{Cr}开始增大。

2）$t_1 \sim t_3$ 期间：谐振电容充电阶段。t_1 时刻，i_{Lr}达到 I_o，二极管 VD 关断，L_r 和 C_r 开始第一次谐振，i_{Lr}一部分维持负载电流，一部分给电容充电，t_2 时刻，u_{Cr}达到 U_i，i_{Lr}达到峰值，之后 i_{Lr}开始下降，u_{Cr}继续上升，t_3 时刻，i_{Lr}下降到等于 I_o，u_{Cr}达到峰值。

3）$t_3 \sim t_4$ 期间：电感恒流阶段。t_3 时刻，i_{Lr}下降到等于 I_o，u_{Cr}达到峰值，随后 i_{Lr}维持在 I_o，u_{Cr}维持峰值电压，直到 t_4 时刻 S_1 导通。

4）$t_4 \sim t_5$ 期间：电容谐振放电阶段①。t_4 时刻，S_1 导通，L_r 和 C_r 开始第二次谐振，u_{Cr}、i_{Lr}均开始下降，某个时刻 i_{Lr}下降到零并开始反向增大。图中 t_5 时刻 i_{Lr}下降到零。

5）$t_5 \sim t_7$ 期间：电容谐振放电阶段②。t_5 时刻，i_{Lr}下降到零，随后开始经 VD_S 反向增大，t_6 时刻，u_{Cr}等于 U_i，i_{Lr}到反向峰值，之后开始下降，t_7 时刻，i_{Lr}再次下降到零，第 5 阶段结束。在这一阶段关断 S，则 S 零电流关断。

6）$t_7 \sim t_8$ 期间：电容线性放电阶段。t_7 时刻，i_{Lr}反向下降到零，谐振电容在负载电流 I_o 的作用下线性放电，t_8 时刻，$u_{Cr}=0$，VD 导通。

7）$t_8 \sim t_{10}$期间：续流阶段。该阶段负载电流通过 VD 续流，t_9 时刻，S_1 零电流关断，t_{10}时刻，S 再次导通，进入下一个工作周期。

3. Buck ZVS-PWM 变换器与 Buck ZVS-QRC 变换器的异同点

由上述分析可知，Buck ZVS-PWM 变换器是对 Buck ZVS-QRC 变换器的改进，它们的区别如下：

1）Buck ZVS-PWM 变换器通过辅助开关管 S_1，在 Buck ZVS-QRC 的电容充电阶段和谐振过程之间插入了一个自然续流阶段，如图 6-11 的 $t_2 \sim t_3$ 期间所示。

2）Buck ZVS-QRC 变换器中，开关管 S 的断态区间由谐振周期所限定，所以只能采用调频控制方式。在 Buck ZVS-PWM 变换器中，开关管 S 的关断与开通时刻，可分别由开关管 S 和 S_1 的关断时刻确定，而这两个关断时刻是可以调节的，因此，可以实现 PWM 控制。

3）Buck ZVS-QRC 变换器中，谐振电感、电容一直参与变换器的工作。在 Buck ZVS-PWM 变换器中，谐振电感、电容只是在主开关开通、关断时工作，谐振工作时间相对于开关周期来说很短，谐振元件损耗较少。

两种电路的相同之处是：主开关管实现零电压开关的条件完全相同；主开关和谐振元件的电压和电流应力也是完全一样的。

4. Buck ZCS-PWM 变换器与 Buck ZCS-QRC 变换器的异同点

同样可知，Buck ZCS-PWM 变换器是对 Buck ZCS-QRC 变换器的改进，它们的区别如下：

1）Buck ZCS-PWM 变换器通过辅助开关 S_1，将 Buck ZCS-QRC 变换器的谐振过程拆成了两个部分，并且在两部分之间插入了一个恒流阶段，如图 6-12 的 $t_3 \sim t_4$ 期间所示。

2）Buck ZCS-QRC 变换器中，开关 S 的导通区间由谐振周期所限定，所以只能采用调频控制方式。在 Buck ZCS-PWM 变换器中，开关 S 的导通与关断区间，可分别由开关管 S 和 S_1 的开通时刻确定，而这两个开通时刻是可以调节的，因此，可以实现 PWM 控制。

3）Buck ZCS-QRC 变换器中，谐振电感、电容一直参与变换器的工作。在 Buck ZCS-PWM 变换器中，谐振电感、电容只是在主开关开通、关断时工作，谐振时间相对于开关周期来说很短，谐振元件损耗较少。

两种电路的相同点是：主开关管实现零电流开关的条件完全相同；主开关和谐振元件的电压和电流应力也是完全一样的。

6.3.3 零转换 PWM（ZT-PWM）变换电路

1. 零电压转换 PWM（ZVT-PWM）变换电路

（1）电路结构

零电压转换（ZVT）PWM 变换器，把谐振网络并联在开关上，使得电路中的有源开关（开关管 S）和无源开关（二极管）二者都实现零电压开关，且不增加器件的电压、电流容量。理论上说，只要在基本的 DC-DC 变换器的开关上并联可控的并联谐振环节就能得到相应的零电压转换 PWM 变换器。

以零电压转换 PWM Boost 变换器为例来分析零电压转换 PWM 变换器的工作原理。零电压转换 PWM Boost 变换器的电路拓扑如图 6-13a 所示，为了简化分析，假设输入滤波电感 L 足够大，输入电流看成是理想的直流电流源 I_i，同时，假定输出滤波电容足够大，输出电压看成是理想的直流电压源 U_o。一个开关周期内存在 8 个不同的工作阶段，其主要工作波形如图 6-13b 所示，各阶段工作过程分析如下：

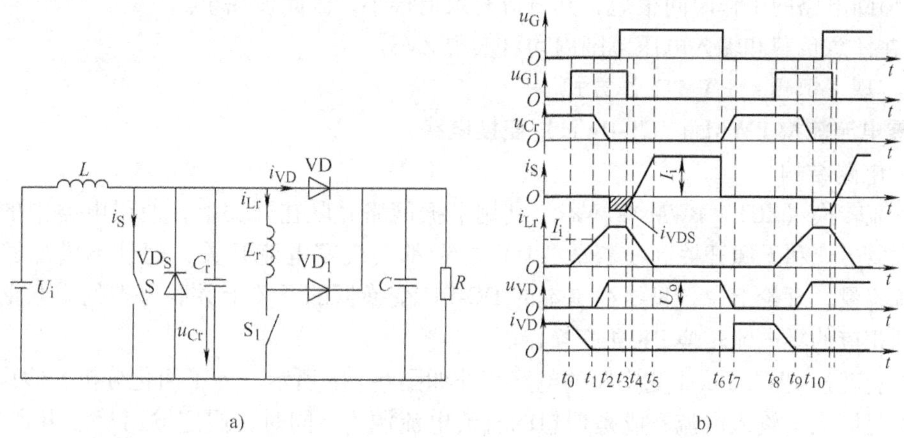

图 6-13 零电压转换 PWM Boost 变换器的电路拓扑及主要工作波形

a）电路拓扑 b）主要工作波形

（2）工作过程

1）$t_0 \sim t_1$ 期间：谐振电感充电阶段。t_0 以前，主开关 S 和辅助开关 S_1 断态，二极管 VD 导通。t_0 时刻，S_1 导通，电感 L_r 中电流线性上升，VD 中的电流线性减小，t_1 时刻 i_{Lr} 达到 I_i，VD 中的电流下降到零，VD 在软开关下关断。

2）$t_1 \sim t_2$ 期间：谐振阶段。t_1 时刻，i_{Lr} 达到 I_i，VD 中的电流下降到零，VD 关断，L_r

和 C_r 开始谐振，C_r 中的能量开始向 L_r 转移，i_{Lr}继续增大，u_{Cr}开始下降，t_2 时刻，i_{Lr}达到峰值，u_{Cr}下降到零。

3）$t_2 \sim t_3$ 期间：i_{Lr}续流阶段。t_2 时刻，i_{Lr}达到峰值，u_{Cr}下降到零。随后 VD_S 导通给 i_{Lr}续流并维持峰值，u_{Cr}维持零，直到 t_3 时刻 S_1 关断。

4）$t_3 \sim t_4$ 期间：谐振电感放电阶段①。t_3 时刻，S_1 关断，VD_1 导通，i_{Lr}和 VD_S 中的电流开始下降，t_4 时刻，VD_S 中的电流下降到零，第 4 阶段结束。$t_2 \sim t_4$ 时间段内，S 反并联二极管 VD_S 导通，这时开通 S，S 零电压导通。

5）$t_4 \sim t_5$ 期间：谐振电感放电阶段②。t_4 时刻，VD_S 中的电流下降到零，随后 S 开始导通，i_S 增大，i_{Lr}减小，t_5 时刻，i_S 等于 I_i，i_{Lr}下降到零。

6）$t_5 \sim t_6$ 期间：储能电感充电阶段。t_5 时刻，i_{Lr} 下降到零，i_S 上升到 I_i，随后 S 为输入电流提供续流回路。该状态维持到 t_6 时刻，S 关断。

7）$t_6 \sim t_7$ 期间：谐振电容充电阶段。t_6 时刻，S 在谐振电容的作用下软关断（广义），随后谐振电容两端电压 u_{Cr}即 S 两端电压线性上升，t_7 时刻，u_{Cr}上升至 U_o，随后 VD 导通。

8）$t_7 \sim t_8$ 期间：能量传输阶段。t_7 时刻，VD 导通，u_{Cr}电压被钳位在 U_o，直到 t_8 时刻，S_1 导通，进入下一个工作周期。

（3）电路特点

ZVT-PWM 变换器的特点如下：

1）该方案实现了主开关管 S 和升压二极管 VD 的软开关。

2）辅助开关是零电流开通，但是属于硬关断，需要改进其关断条件。

3）主开关管 S 和升压二极管 VD 中的电压、电流应力与不加辅助电路一样。

4）辅助电路的工作时间很短，其电流有效值很小，因此损耗小。

5）在任意负载和输入电压范围内均可实现 ZVS。

6）实现了恒频率 PWM 工作方式。

2. 零电流转换 PWM（ZCT-PWM）**变换电路**

（1）电路结构

零电流转换（ZCT）PWM 变换器，利用谐振网络并联在开关上，使得电路中的有源开关（开关管 S）和无源开关（二极管 VD）二者都实现零电流开关，而且不增加器件的电压、电流容量。理论上说，只要在基本的 DC-DC 变换器的开关上并联可控的串联谐振环节就能得到相应的零电流转换 PWM 变换器。

零电流转换 PWM Boost 变换器的电路拓扑如图 6-14a 所示。为了简化分析，假设输入滤波电感 L 足够大，输入电流看成是理想的直流电流源 I_i，同时，假定输出滤波电容足够大，输出电压看成是理想的直流电压源 U_o。一个开关周期内存在 7 个不同的工作阶段，其主要工作波形如图 6-14b 所示，各阶段工作过程分析如下：

1）$t_0 \sim t_1$ 期间：谐振阶段①。t_0 以前，主开关 S 通态、辅助开关 S_1 断态，二极管 VD 断态，$u_{Cr} = -U_o$。t_0 时刻，S_1 导通，L_r 和 C_r 谐振，i_{Lr}上升。u_{Cr}反向减小，同时 i_S 减小，t_1 时刻，i_S 减小到零。

2）$t_1 \sim t_3$ 期间：谐振阶段②。t_1 时刻，i_S 减小到零，随后 S 的反并联二极管导通，t_2 时刻 i_{Lr}达到最大值，u_{Cr}反向下降到零，接着 i_{Lr}减小，u_{Cr}正向增大，流过 S 的反并联二极管中的电流减小。t_3 时刻，VD_S 中的电流下降到零，i_{Lr}下降到 I_i，随后 VD 开始导通。若 S 在

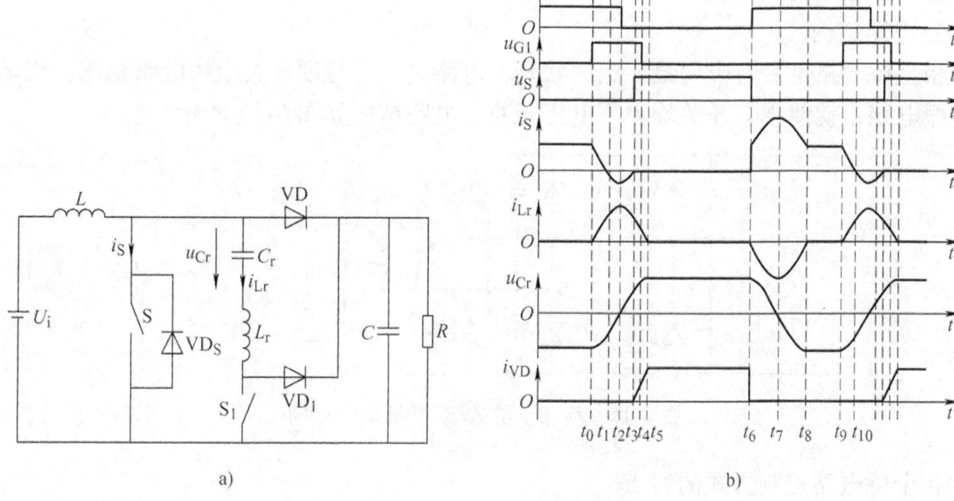

图6-14　零电流转换 PWM Boost 变换器的电路拓扑及主要工作波形

a）电路拓扑　b）主要工作波形

$t_1 \sim t_3$ 期间关断，S 为零电流关断。

3）$t_3 \sim t_4$ 期间：谐振阶段③。t_3 时刻，VD_S 中的电流下降到零，VD 开始导通，i_{VD} 开始增大，直到 t_4 时刻，S_1 关断。

4）$t_4 \sim t_5$ 期间：谐振阶段④。t_4 时刻，S_1 关断，VD_1 导通，L_r 和 C_r 通过 VD_1 构成回路继续谐振，i_{Lr}继续下降，u_{Cr}继续增大，t_5 时刻 i_{Lr}下降到零，i_{VD}上升到 I_i，u_{Cr}上升到最大值（U_o）。

5）$t_5 \sim t_6$ 期间：能量传输阶段。t_5 时刻，i_{Lr}下降到零，i_{VD}上升到 I_i，由于 i_{Lr}没有反向流动的通路，L_r 和 C_r 停止谐振。随后 C_r 两端电压保持不变，该状态维持到 t_6 时刻，S 导通。

6）$t_6 \sim t_8$ 期间：谐振电容反向充电阶段。t_6 时刻，S 导通，L_r 和 C_r 通过 S 构成回路谐振，i_{Lr}反向增大，i_S 正向增大，t_7 时刻 u_{Cr}谐振到零，i_{Lr}谐振到最大值，i_S 也达到最大值，t_8 时刻 i_{Lr}反方向降到零，u_{Cr}达到负的最大值（$-U_o$），i_S 回到 I_i。

7）$t_8 \sim t_9$ 期间：储能电感充电阶段。t_8 时刻，i_{Lr}反向降到零，u_{Cr}达到负的最大值（$-U_o$），i_S 回到 I_i，S 继续导通为输入电流 I_i 提供续流回路，直到 t_9 时刻 S_1 导通，进入下一个工作周期。

（2）电路特点

ZCT-PWM 变换器的特点如下：

1）在任意输入电压和负载范围内，均可实现主开关管的零电流关断，但主开关管不是零电流开通。

2）辅助电路的能量随着负载的变化而调整，并且其工作时间很短，因此损耗小。

3）该方案实现了主开关管 S 和升压二极管 VD 的软开关。

4）实现了恒频率 PWM 工作方式。

5）升压二极管存在反向恢复问题。

3. 移相全桥型零电压开关 ZVS-PWM 电路

（1）电路结构

移相全桥电路是目前应用最广泛的软开关电路之一，与硬开关全桥电路相比，仅增加了一个谐振电感，就使 4 个开关均为零电压开通，电路结构如图 6-15 所示。

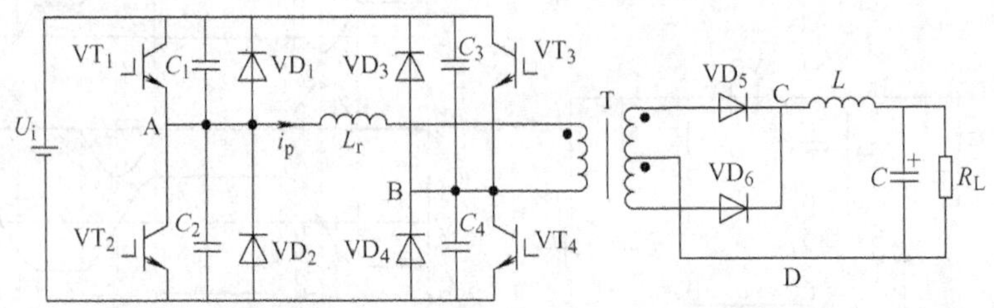

图 6-15 移相全桥 ZVS-PWM 电路结构

移相全桥电路控制方式的特点：

1）在开关周期 T 内，每个开关导通时间都略小于 $T/2$，而关断时间都略大于 $T/2$。

2）同一半桥中，上、下两个开关不同时处于通态，每个开关关断到另一个开关开通都要经过一定的死区时间。

3）互为对角的两对开关 VT_1-VT_4 和 VT_2-VT_3，VT_1 的波形比 VT_4 超前 φ 角对应的电角度（$0 \sim T/2$）时间，而 VT_2 的波形比 VT_3 超前 $0 \sim T/2$ 时间，因此称 VT_1 和 VT_2 为超前的桥臂，而称 VT_3 和 VT_4 为滞后的桥臂。

（2）工作过程

假设电路中各元件都是理想元件，并且忽略电路中的损耗。电路的工作波形如图 6-16 所示，其工作过程如下：

1）$t_0 \sim t_1$ 期间：VT_1 与 VT_4 导通，直到 t_1 时刻 VT_1 关断。

2）$t_1 \sim t_2$ 期间：t_1 时刻开关 VT_1 关断后，电容 C_1、C_2 与电感 L_r、L 构成谐振回路，u_A 不断下降，直到 $u_A=0$，VD_2 导通，电流 i_{Lr}通过 VD_2 续流。

3）$t_2 \sim t_3$ 期间：t_2 时刻开关 VT_2 开通，由于此时其反并联二极管 VD_2 正处于导通状态，因此 VT_2 为零电压开通。VT_2 开通后电路状态不变，直到 t_3 时刻 VT_4 关断。

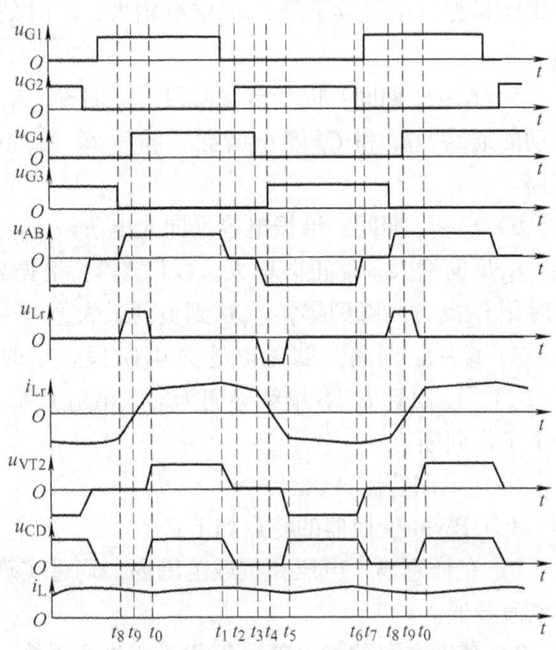

图 6-16 移相全桥 ZVS-PWM 电路的主要工作波形

4）$t_3 \sim t_4$ 期间：t_3 时刻开关 VT_4 关断后，C_4 从零电压开始充电，所以 VT_4 为零电压关断。此时，变压器二次侧 VD_5 和 VD_6 同时导通，变压器一次电压和二次电压均为零，相当于短路，因此 C_3、C_4 与 L_r 构成谐振回路。L_r 的电流不断减小，B 点电压不断上升，直到 VT_3 的反并联二极管 VD_3 导通。

这种状态维持到 t_4 时刻 VT_3 开通，因此 VT_3 为零电压开通。

5）$t_4 \sim t_5$ 期间：VT_3 开通后，L_r 的电流继续减小。i_{Lr}下降到零后反向增大，t_5 时刻 $i_{Lr} = I_L/k$（k 为变压器的电压比），变压器二次侧 VD_5 的电流下降到零而关断，电流 I_L 全部转移到 VD_6 中。

$t_0 \sim t_5$ 时段正好是开关周期的一半，而在另一半开关周期 $t_5 \sim t_0$ 中，电路的工作过程与 $t_0 \sim t_5$ 时段完全对称，不再叙述。

（3）电路特点

移相全桥 ZVS-PWM 电路有如下特点：

1）如果谐振电感足够大，负载电流也不太小，逆变桥的 4 个开关管都能实现零电压开关，开关损耗小，可实现高频化。

2）超前桥臂比滞后桥臂更容易实现零电压开关。这是因为，超前桥臂是利用二次侧滤波电感 L 和谐振电感 L_r 中的能量实现软开通的，而滞后桥臂则仅利用谐振电感 L_r 中的能量实现软开通，一般来说，L 比 L_r 大很多，所以超前桥臂更容易实现零电压开关。

3）二次电压存在占空比丢失的问题，这是该变换器存在的一个重要现象。所谓占空比丢失，是指二次电压的占空比小于一次电压（指电压 u_{AB}）的占空比。

产生二次电压占空比丢失的原因是：在一次电流从正向到负向变化（或从负向到正向变化）的时间内，即图 6-16 中的 $t_3 \sim t_5$ 时段和 $t_8 \sim t_0$ 时段，由于一次电流减小，耦合到二次侧的电流不足以提供负载电流，则二次侧整流桥原来不导通的二极管导通，提供续流，以维持负载电流不变。这样，二次侧两个整流二极管同时导通，将变压器二次电压钳位在零电位，二次侧就丢失了这部分电压。这时，变压器的一次电压也为零，A、B 两点之间的电压 u_{AB}降落在 L_r 上。显然，L_r 的存在产生了占空比丢失，L_r 越大，占空比丢失也越多。为了减少占空比丢失，可以采用饱和电感作为谐振电感的办法。

6.4 软开关电路的仿真

6.4.1 准谐振（QRC）变换电路的仿真

1. 零电压开关准谐振（ZVS-QRC）电路的仿真

（1）电气原理结构图

图 6-17a 为 Buck ZVS-QRC 变换电路的电气原理结构图，其工作波形如图 6-17b 所示。

（2）电路的建模

此电路由直流电源 U_i、功率场效应晶体管 S（P-MOSFET）、二极管 VD、谐振电感 L_r 与电容 C_r、脉冲信号发生器、储能电感和负载等元器件组合而成，ZVS-QRC 电路的仿真模型如图 6-18所示。除测量环节外，仿真模型与电气原理结构图一一对应。下面介绍此系统各个部分的建模和参数设置。

1）仿真模型中用到的主要模块以及提取的路径和作用。

① 直流电源 U_i：SimPower System/Electrical Sources/DC Voltage Source，输入直流电源。

② 功率场效应晶体管 S：SimPower System/Power Electronics/P-MOSFET，开关管。

③ 二极管 VD：SimPower System/Power Electronics/Diode。

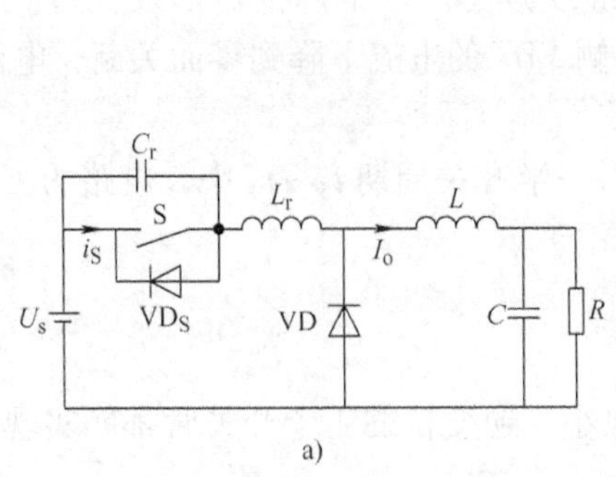

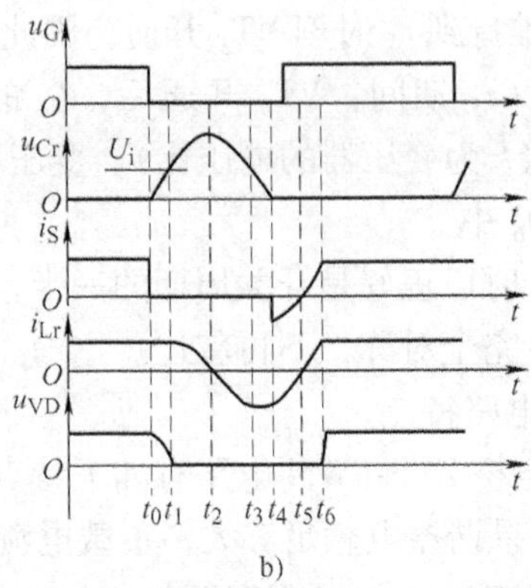

图 6-17　Buck ZVS-QRC 的电气原理结构图和主要工作波形

a）电气原理结构图　b）主要工作波形

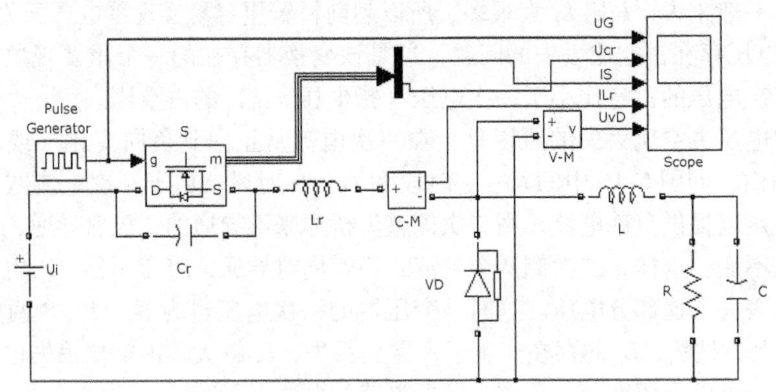

图 6-18　ZVS-QRC 电路的仿真模型

④ 脉冲信号发生器：Simulink/Sources/Pulse Generator。

⑤ 负载电阻、电容和谐振电容：SimPower System/Elements/Series RLC Branch。

⑥ 储能电感和谐振电感：SimPower System/Elements/Series RLC Branch。

⑦ 电压测量：SimPower System/Measurements/Voltage Measurement。

⑧ 电流测量：SimPower System/Measurements/Current Measurement。

⑨ 示波器：Simulink/Sinks/Scope。

2）仿真模型中模块的参数值。

① 电压源 U_i 设置为 50V。

② 开关管 P-MOSFET 模块的参数设置如图 6-19 所示。

③ 二极管 VD 模块的参数设置如图 6-20 所示。

④ 脉冲发生器模块的参数设置对话框和参数设置的值如图 6-21 所示，此模块的参数设置是至关重要的。

⑤ 谐振电感 $L_r = 2e-6H$，谐振电容 $C_r = 3e-7F$。

⑥ 负载电阻 $R = 1\Omega$，电容 $C = 70\mu F$，电感 $L = 0.1mH$。

将上述模块按照 ZVS-QRC 电路结构图关系连接，即可得到图 6-18 所示的仿真模型。

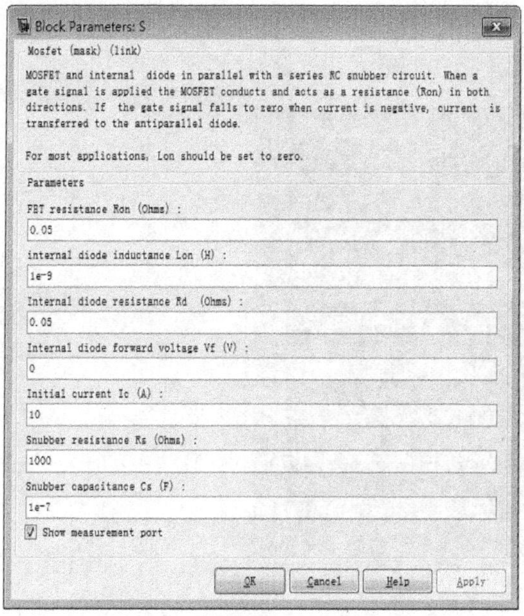

Block Parameters: S

Mosfet (mask) (link)

MOSFET and internal diode in parallel with a series RC snubber circuit. When a gate signal is applied the MOSFET conducts and acts as a resistance (Ron) in both directions. If the gate signal falls to zero when current is negative, current is transferred to the antiparallel diode.

For most applications, Lon should be set to zero.

Parameters

FET resistance Ron (Ohms) : 0.05

internal diode inductance Lon (H) : 1e-9

Internal diode resistance Rd (Ohms) : 0.05

Internal diode forward voltage Vf (V) : 0

Initial current Ic (A) : 10

Snubber resistance Rs (Ohms) : 1000

Snubber capacitance Cs (F) : 1e-7

☑ Show measurement port

OK Cancel Help Apply

图 6-19 开关管 P-MOSFET 模块的参数设置

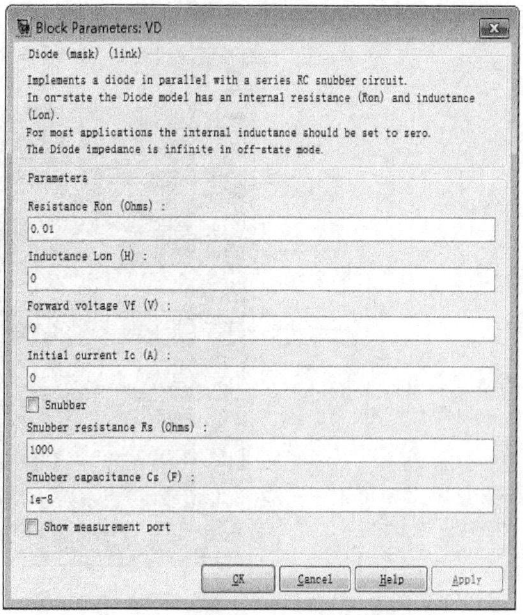

Block Parameters: VD

Diode (mask) (link)

Implements a diode in parallel with a series RC snubber circuit.
In on-state the Diode model has an internal resistance (Ron) and inductance (Lon).
For most applications the internal inductance should be set to zero.
The Diode impedance is infinite in off-state mode.

Parameters

Resistance Ron (Ohms) : 0.01

Inductance Lon (H) : 0

Forward voltage Vf (V) : 0

Initial current Ic (A) : 0

☐ Snubber

Snubber resistance Rs (Ohms) : 1000

Snubber capacitance Cs (F) : 1e-8

☐ Show measurement port

OK Cancel Help Apply

图 6-20 二极管 VD 模块的参数设置

（3）系统的仿真参数设置

在 MATLAB 模型窗口中单击“Simulation”→“Configuration Parameters”命令后，在弹出的对话框中，选择算法 ode23tb。模型仿真的开始时间设为 0，停止时间设为 0.0001s，误差为 1e－3。

（4）系统的仿真、仿真结果的输出及结果分析

1）系统仿真。在 MATLAB 模型窗口中单击“Simulation”→“Start”命令后，系统开始仿真，在仿真时间结束后，双击示波器就可以查看到仿真结果。

2）输出仿真结果。采用“示波器”输出，双击“示波器”图标就可观察仿真波形，仿真结果如图 6-22 所示。示波器参数 Time range 为 0.001s，Decimation 1，存储数据点数为 500。

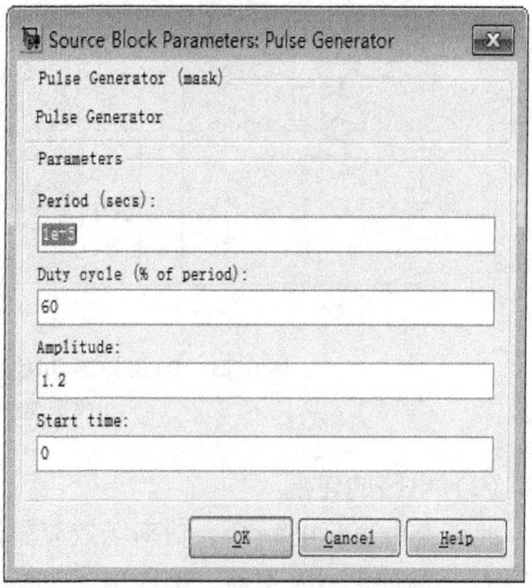

Source Block Parameters: Pulse Generator

Pulse Generator (mask)

Pulse Generator

Parameters

Period (secs): 1e-5

Duty cycle (% of period): 60

Amplitude: 1.2

Start time: 0

OK Cancel Help

图 6-21 脉冲发生器模块的参数设置

图 6-22 从上至下依次为驱动信号 U_G、谐振电容上的电压 u_{Cr}、开关管 S 的电流 i_s、谐振电感电流 i_{Lr}和二极管电压 u_{VD}。

3）仿真结果分析。由图 6-22 可知，仿真实验波形与图 6-17 的理论分析波形一致。表明了理论分析的有效性。

2. 零电流开关准谐振（ZCS-QRC）电路

（1）电气原理结构图

图 6-23a 给出了降压斩波器中常用的全波型 ZCS-QRC 零电流开关准谐振电路图，其工

作波形如图 6-23b 所示。

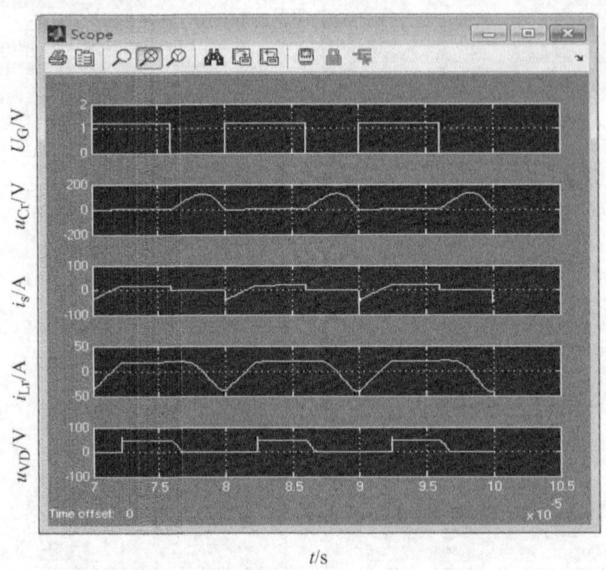

图 6-22 Buck ZVS-QRC 的仿真波形

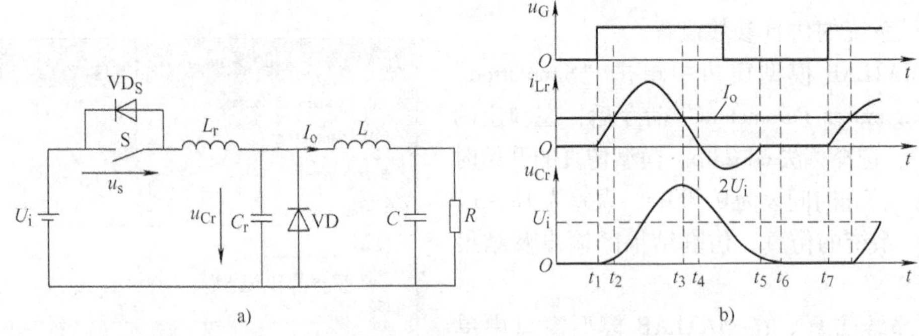

图 6-23 Buck ZCS-QRC 的电气原理结构图和主要工作波形

a）电气原理结构图 b）主要工作波形

（2）电路的建模

此电路由直流电源 U_i、功率场效应晶体管 S（P-MOSFET）、二极管 VD、谐振电感 L_r 与电容 C_r、脉冲信号发生器、储能电感和负载等元器件组合而成，ZCS-QRC 电路的仿真模型如图 6-24所示。除测量环节外，仿真模型与电气原理结构图一一对应。下面介绍此系统各个部分的建模和参数设置。

仿真模型中全部模块的参数值都与 ZVS-QRC 电路仿真模型中模块的参数相同。

（3）系统的仿真参数设置

选择算法 ode23tb。模型仿真的开始时间设为 0，停止时间设为 0.0001s，误差为 1e－3。

（4）系统仿真结果的输出及分析

1）输出仿真结果。采用“示波器”输出，仿真结果如图 6-25 所示。示波器参数 Time range 为 2e－5s，Decimation 1，存储数据点数为 400。

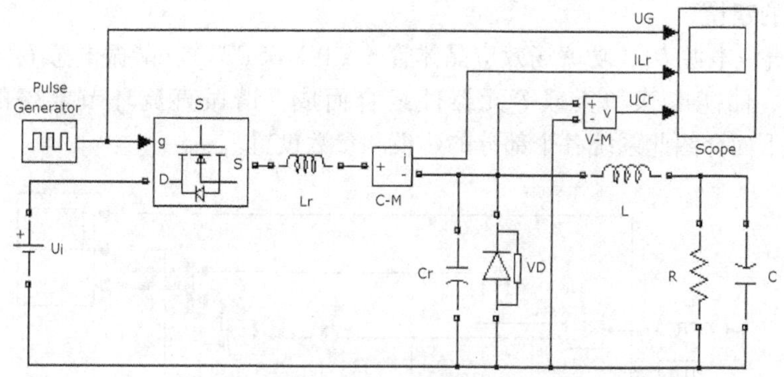

图 6-24　ZCS-QRC 电路的仿真模型

图 6-25 从上至下依次为驱动信号 U_G、谐振电感电流 i_{Lr}和谐振电容上的电压 u_{Cr}的波形。

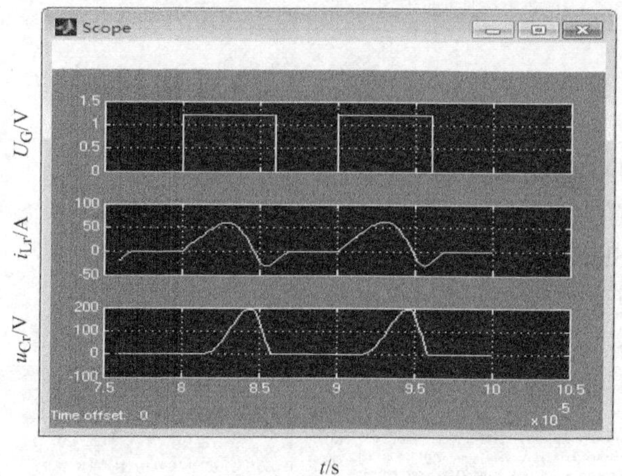

图 6-25　Buck ZCS-QRC 的仿真波形

2）仿真结果分析。由图 6-25 可知，仿真实验波形与图 6-23 的理论分析波形一致。

3. 谐振直流环节电路的仿真

（1）电气原理结构图

谐振直流环节电路应用于交－直－交变换电路的中间直流环节（DC-Link），其电气原理结构图如图 6-26a 所示，主要工作波形如图 6-26b 所示。

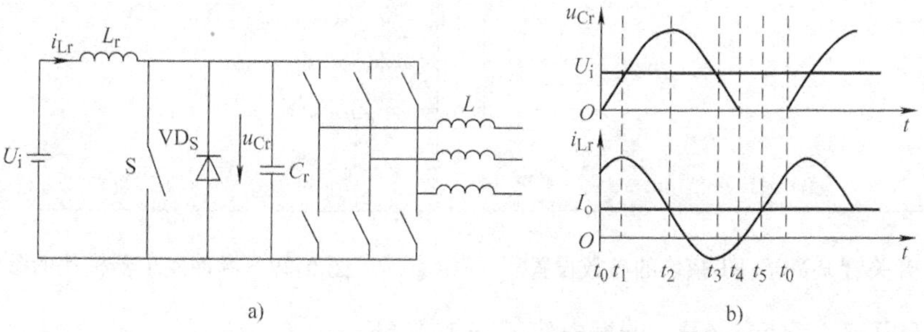

图 6-26　谐振直流环节电路的电气原理结构图及主要工作波形

a）电气原理结构图　b）主要工作波形

(2) 电路的建模

此电路由直流电源 U_s、功率场效应晶体管 S (P-MOSFET)、谐振电感 L_r 与电容 C_r、脉冲信号发生器、储能电感和负载等元器件组合而成，谐振直流环节电路的仿真模型如图 6-27所示。下面介绍此系统各个部分的建模和参数设置。

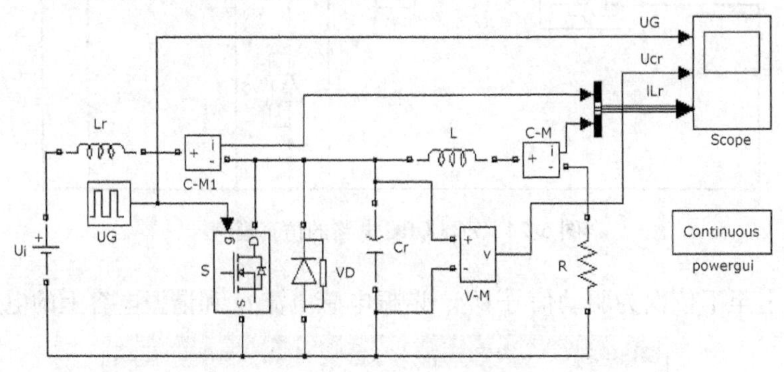

图 6-27 谐振直流环节电路的仿真模型

仿真模型中模块的参数值设置如下：

1) 电压源 U_i 设置为 50V。

2) 开关管 P-MOSFET 模块的参数设置如图 6-28 所示。

3) 脉冲发生器模块的参数设置如图 6-29 所示。

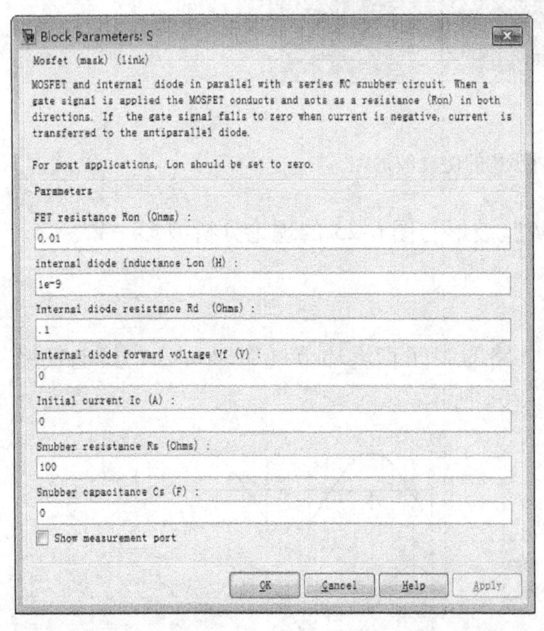

图 6-28 开关管 P-MOSFET 模块的参数设置

Source Block Parameters: UG

Pulse Generator

Output pulses:

```
if (t >= PhaseDelay) && Pulse is on
  Y(t) = Amplitude
else
  Y(t) = 0
end
```

Pulse type determines the computational technique used.

Time-based is recommended for use with a variable step solver, while Sample-based is recommended for use with a fixed step solver or within a discrete portion of a model using a variable step solver.

Parameters

Pulse type: Time based

Time (t): Use simulation time

Amplitude:

1.2

Period (secs):

2e-5

Pulse Width (% of period):

20

Phase delay (secs):

0

Interpret vector parameters as 1-D

OK Cancel Help

图 6-29 脉冲发生器模块的参数设置

4) 谐振电感 $L_r = 5e-6H$，谐振电容 $C_r = 1e-6F$。

5) 二极管参数与 ZVS-QRC 电路参数相同。

6）负载电阻 $R=1\Omega$，电感 $L=1\text{mH}$。

（3）系统的仿真参数设置

在参数设置对话框中，选择算法 ode23tb。模型仿真的开始时间设为 0，停止时间设为 0.0001s，误差为 1e-4。

（4）系统的仿真结果及结果分析

1）输出仿真结果。采用“示波器”输出，仿真结果如图 6-30 所示。示波器参数 Time range 为 0.0001s，Decimation 1，存储数据点数为 50000。图 6-30 从上至下依次为驱动信号 U_G、谐振电容上的电压 u_{Cr} 和谐振电感电流 i_{Lr} 的波形。

2）仿真结果分析。由图 6-30 可知，仿真实验波形与图 6-26 的理论分析波形一致。

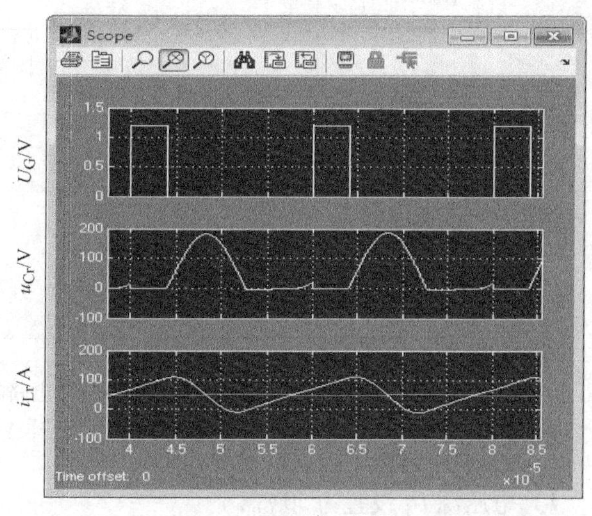

图 6-30　谐振直流环节电路的仿真波形

6.4.2　零开关 PWM（ZS-PWM）变换电路的仿真

1. 零电压开关 PWM（ZVS-PWM）变换电路的仿真

（1）电气原理结构图

零电压开关 PWM 变换器的构成如图 6-31a 所示，其工作波形如图 6-31b 所示。

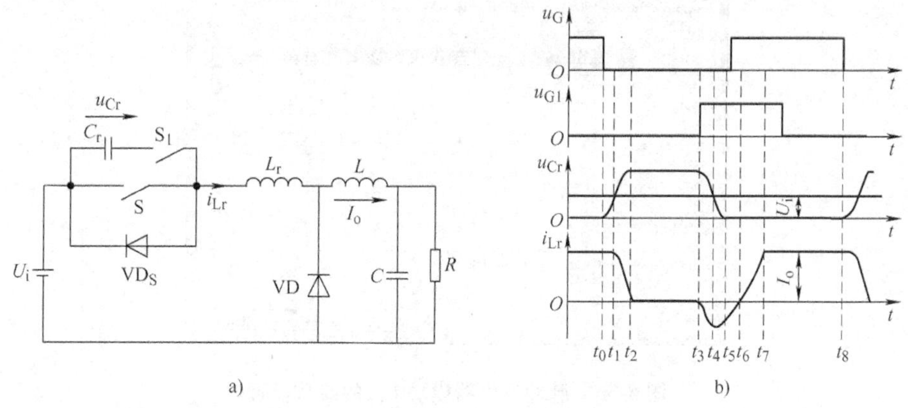

图 6-31　ZVS-PWM Buck 变换器的电气原理结构图及主要工作波形

a）电气原理结构图　b）主要工作波形

（2）电路的建模

此电路由直流电源 U_i、功率场效应晶体管 S 和 S_1（P-MOSFET）、二极管 VD、谐振电感 L_r 与电容 C_r、脉冲信号发生器、储能电感和负载等元器件组合而成，ZVS-PWM 电路的仿真模型如图 6-32 所示。除测量环节外，仿真模型与电气原理结构图一一对应。下面介绍此系统各个部分的建模和参数设置。

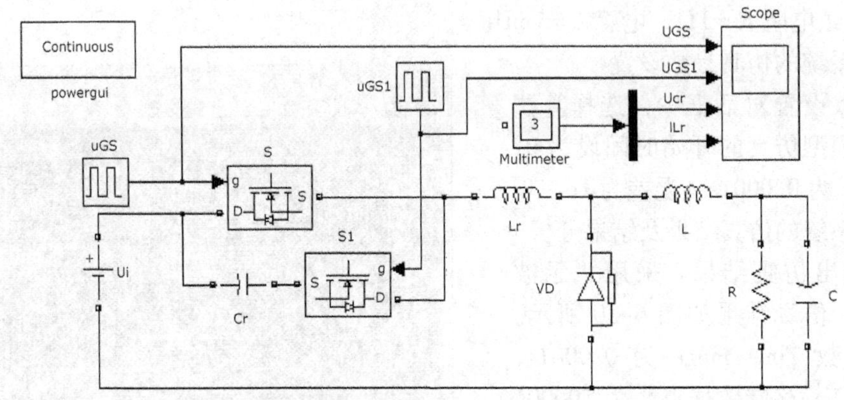

图 6-32　ZVS-PWM 电路的仿真模型

仿真模型中模块的参数值设置如下：

1）电压源 U_i 设置为 50V。

2）脉冲发生器模块 U_{GS} 的参数设置对话框和参数设置的值如图 6-33 所示。U_{GS1} 的参数除了脉冲宽度为 35%，相位延迟 18e－6 外，其他参数与 U_{GS} 的参数相同。

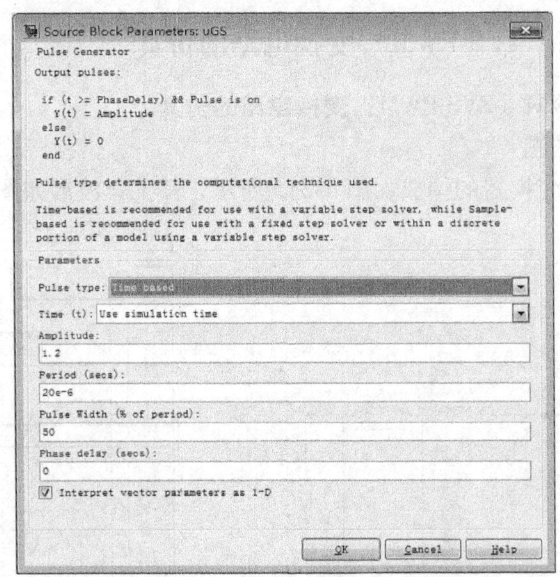

图 6-33　脉冲发生器模块 U_{GS} 的参数设置

3）开关管 S、S_1 模块的参数设置与 ZVS-QRC 中的 P-MOSFET 参数相同。

4）二极管 VD 模块的参数设置与 ZVS-QRC 中的二极管参数相同。

5）谐振电感 L_r = 2e－6H，谐振电容 C_r = 3e－7F。

6）负载电阻 $R = 1\Omega$，电容 $C = 70\mu F$，电感 $L = 0.1mH$。

（3）系统的仿真参数设置

在参数设置对话框中，选择算法 ode23tb。模型仿真的开始时间设为 0，停止时间设为 0.0001s，误差为 1e－3。

（4）系统的仿真结果及结果分析

1）仿真结果。采用“示波器”输出，仿真结果如图6-34所示。示波器参数Time range为0.00002s，Decimation 1，存储数据点数为600。

图6-34从上至下依次为主开关S驱动信号U_{GS}、辅助开关S_1驱动信号U_{GS1}、谐振电容上的电压u_{Cr}和谐振电感电流i_{Lr}。

2）仿真结果分析。由图6-34可知，仿真实验波形与图6-31的理论分析波形一致。

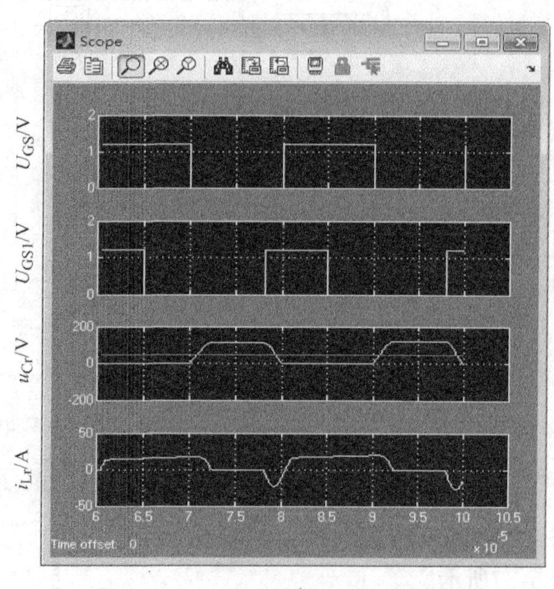

图6-34　ZVS-PWM电路的仿真波形

2. 零电流开关PWM（ZCS-PWM）**变换电路的仿真**

（1）电气原理结构图

零电流开关PWM变换器构成如图6-35a所示的，工作波形如图6-35b所示。

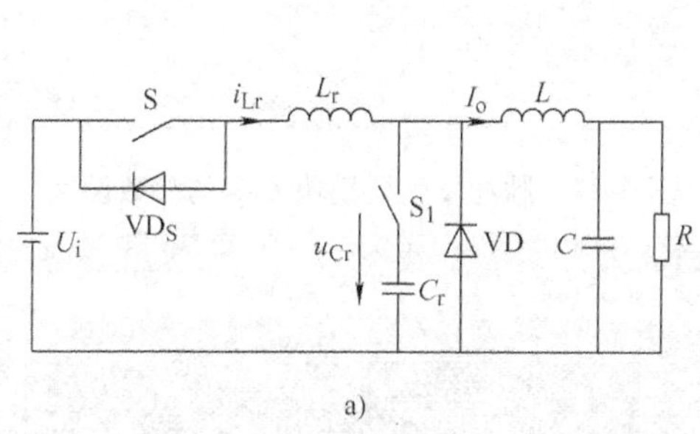

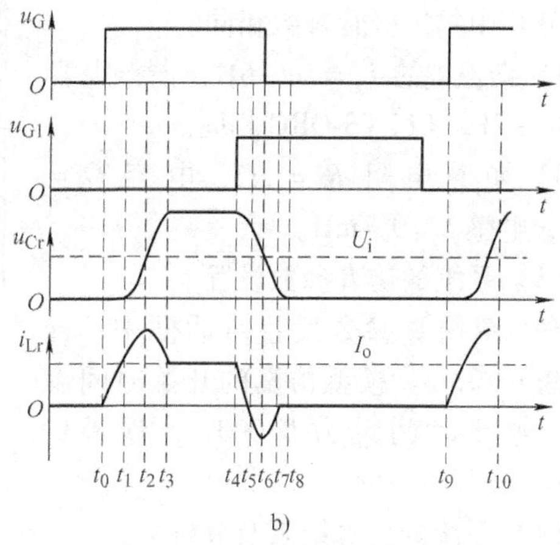

图6-35　零电流开关PWM变换器的电气原理结构图及主要工作波形

a）电气原理结构图　b）主要工作波形

（2）电路的建模

此电路由直流电源U_i、功率场效应晶体管S和S_1（P-MOSFET）、二极管VD、谐振电感L_r与电容C_r、脉冲信号发生器、储能电感和负载等元器件组合而成，ZVS-PWM电路的仿真模型如图6-36所示。除测量环节外，仿真模型与电气原理结构图一一对应。下面介绍此系统各个部分的建模和参数设置。

仿真模型中模块的参数值设置如下：

1）电压源U_i设置为50V。

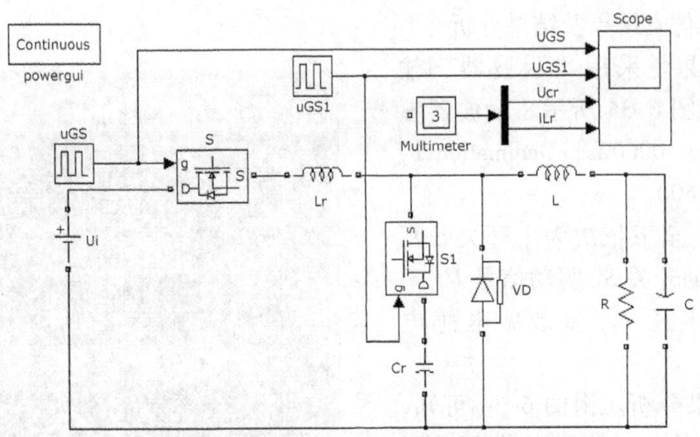

图 6-36　ZCS-PWM 电路的仿真模型

2）脉冲发生器模块 U_{GS} 的参数设置与 ZVS-PWM 相同；U_{GS1} 的参数设置如图 6-37所示。

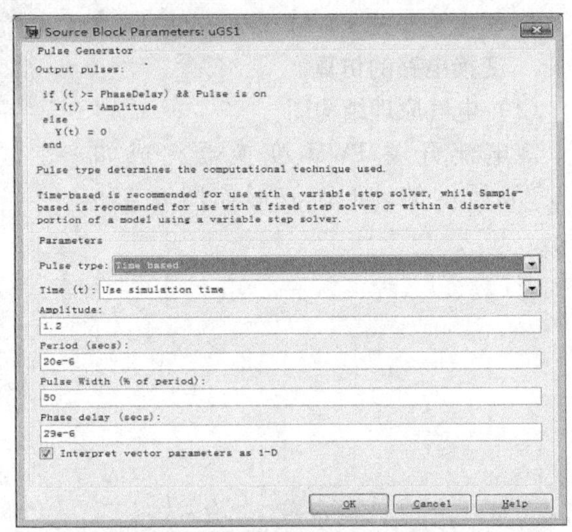

图 6-37　脉冲发生器模块 U_{GS1} 的参数设置

3）开关管 S、S_1 模块的参数设置与 ZVS-QRC 中的 P-MOSFET 参数相同。

4）二极管 VD 模块的参数设置与 ZVS-QRC 中的二极管参数相同。

5）谐振电感 $L_r=2e-6$H，谐振电容 $C_r=3e-7$F，与 ZVS-QRC 相同。

6）负载电阻 $R=1\Omega$，电容 $C=70\mu$F，电感 $L=0.1$mH。

（3）系统的仿真参数设置

在系统仿真参数设置对话框中，选择算法 ode23tb。模型仿真的开始时间设为 0，停止时间设为 0.0001s，误差为 1e－3。

（4）系统的仿真结果及分析

1）仿真结果。采用“示波器”输出，仿真结果如图 6-38 所示。示波器参数 Time range 为 0.00002s，Decimation 1，存储数据点数为 600。

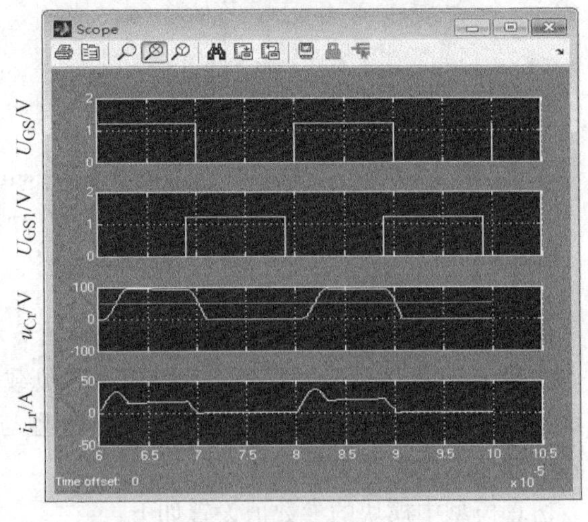

图 6-38　ZCS-PWM 电路的仿真波形

图 6-38 从上至下依次为主开关 S 驱动信号 U_{GS}、辅助开关 S_1 驱动信号 U_{GS1}、谐振电容上的电压 u_{Cr} 和谐振电感电流 i_{Lr}。

2）仿真结果分析。由图 6-38 可知，仿真实验波形与图 6-35 的理论分析波形一致。

6.4.3 零转换 PWM（ZT-PWM）变换电路的仿真

1. 零电压转换 PWM（ZVT-PWM）变换电路的仿真

（1）电气原理结构图

零电压转换 PWM 变换器的电气原理结构图如图 6-39a 所示，其主要工作波形如图 6-39b 所示。

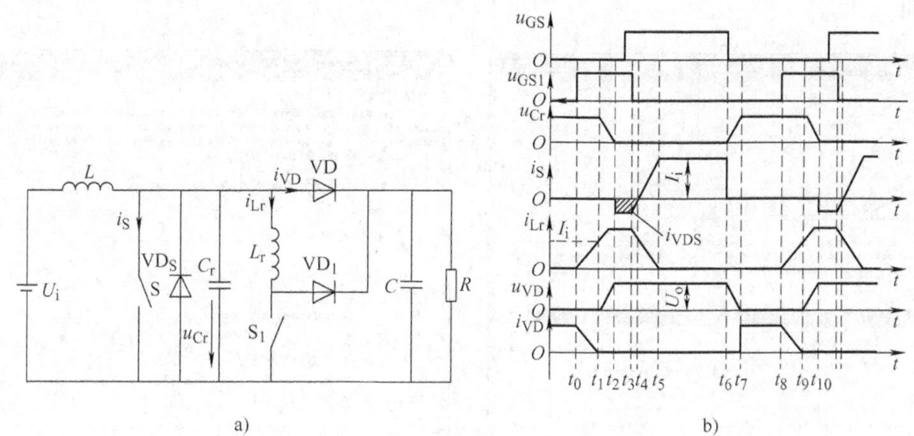

图 6-39 ZVT-PWM 变换器的电气原理结构图及主要工作波形

a）电气原理结构图 b）主要工作波形

（2）电路的建模

此电路由直流电源 U_i、功率场效应晶体管 S 和 S_1（P-MOSFET）、二极管 VD、谐振电感 L_r 与电容 C_r、脉冲信号发生器、储能电感和负载等元器件组合而成，ZVT-PWM Boost 电路的仿真模型如图 6-40 所示。除测量环节外，仿真模型与电气原理结构图一一对应。下面介绍此系统各个部分的建模和参数设置。

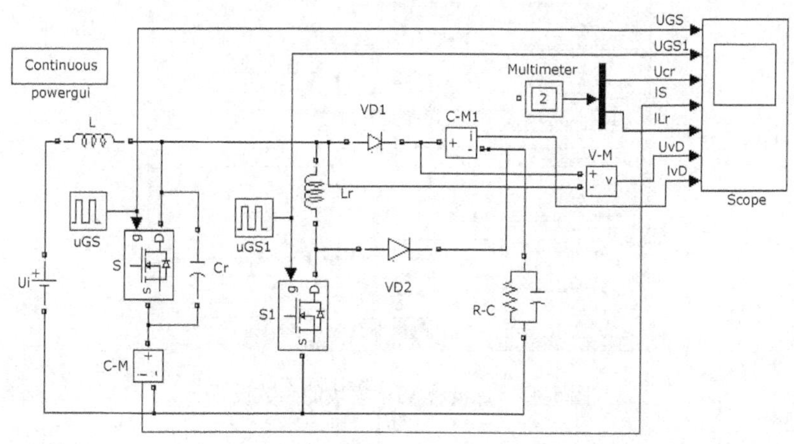

图 6-40 ZVT-PWM 电路的仿真模型

仿真模型中模块的参数值设置如下：

1）电压源 U_i 设置为50V。

2）脉冲发生器模块 U_{GS}的参数设置对话框和参数设置的值如图6-41所示。U_{GS1}的参数除了脉冲宽度为30%，相位延迟15e－6外，其他参数与U_{GS}的参数相同。

3）开关管S模块的参数设置如图6-42所示。开关管 S_1 模块的参数 Lon＝1e－8H，Cs＝1e－9F，其他与开关管S的参数相同。

4）二极管 VD_1 模块的参数设置如图6-43所示，VD_2 模块的参数设置与二极管 VD_1 的参数相同。

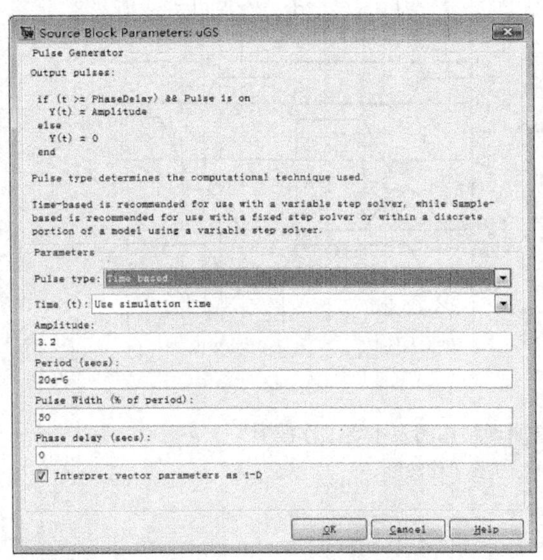

图6-41　脉冲发生器模块 U_{GS}的参数设置

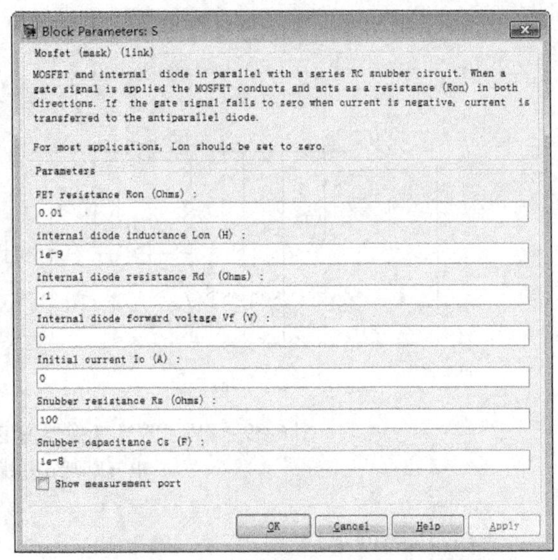

图6-42　开关管S模块的参数设置

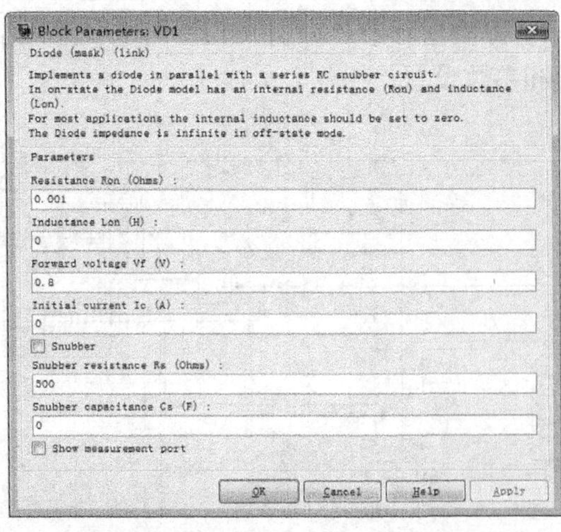

图6-43　二极管 VD_1 模块的参数设置

5）谐振电感 L_r＝2e－6H，谐振电容 C_r＝5e－8F。

6）负载电阻 $R=10\Omega$，电容 $C=10\mu F$，电感 $L=0.5mH$。

（3）系统的仿真参数设置

选择算法 ode23tb。模型仿真的开始时间设为 0，停止时间设为 0.0003s，误差为 1e－4。

（4）系统的仿真结果及结果分析

1）仿真结果。采用“示波器”输出，仿真结果如图 6-44 所示。示波器参数 Time range 为 6e－5s，Decimation 1，存储数据点数为 1500。

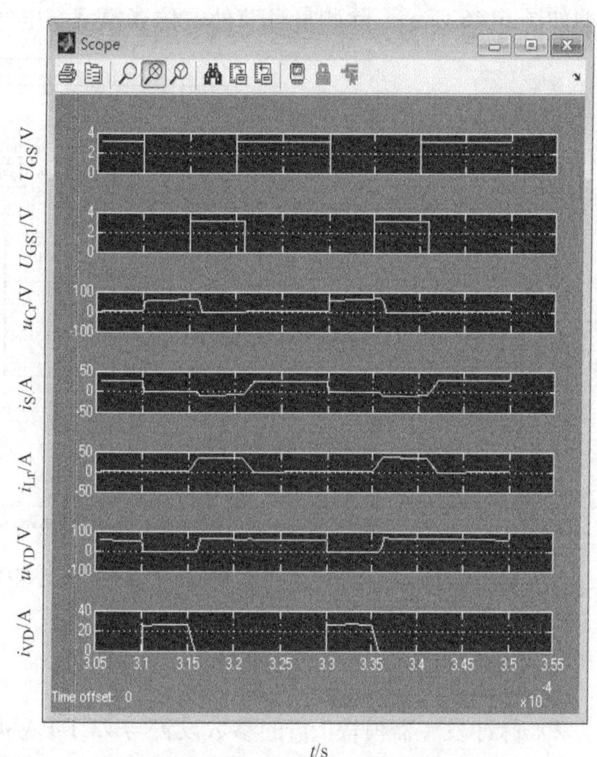

图 6-44　ZVT-PWM 电路的仿真波形

图 6-44 从上至下依次为主开关 S 驱动信号 U_{GS}、辅助开关 S_1 驱动信号 U_{GS1}、谐振电容上的电压 u_{Cr}、流过主开关 S 的电流 i_s、谐振电感电流 i_{Lr}、二极管 VD_1 的电压 u_{VD} 和电流 i_{VD}。

2）仿真结果分析。由图 6-44 可知，仿真实验波形与图 6-39 的理论分析波形一致。

2. 零电流转换 PWM（ZCT-PWM）**变换电路的仿真**

（1）电气原理结构图

零电流转换 PWM 变换器的电气原理结构图如图 6-45a 所示，主要工作波形如图 6-45b 所示。

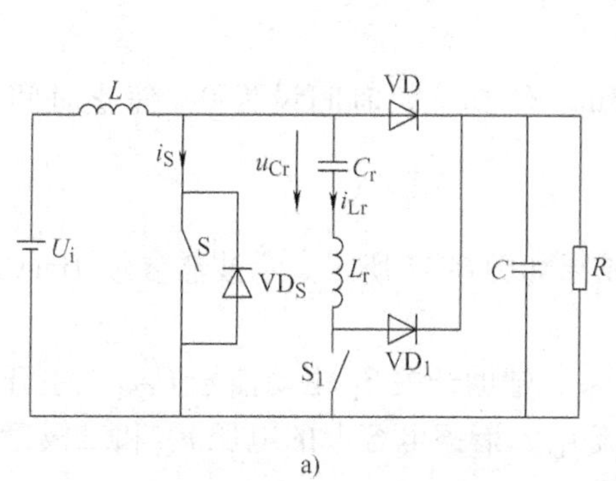

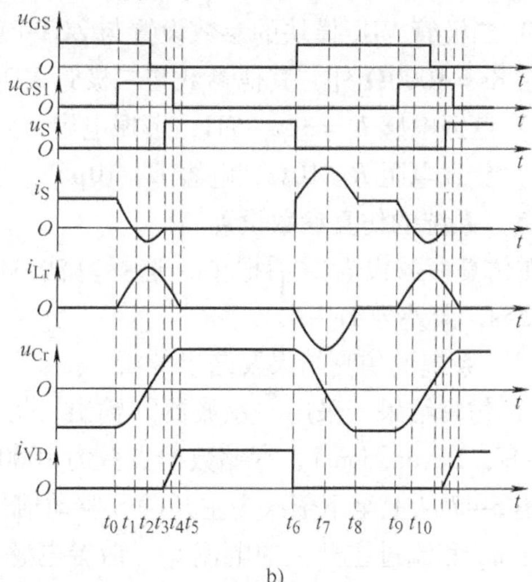

图 6-45　零电流转换 PWM 变换器的电气原理结构图及主要工作波形

a）电气原理结构图　b）主要工作波形

（2）电路的建模

此电路由直流电源 U_i、功率场效应晶体管 S 和 S_1（P-MOSFET）、二极管 VD、谐振电感

L_r 与电容 C_r、脉冲信号发生器、储能电感和负载等元器件组合而成，ZCT-PWM 电路的仿真模型如图 6-46 所示。除测量环节外，仿真模型与电气原理结构图一一对应。

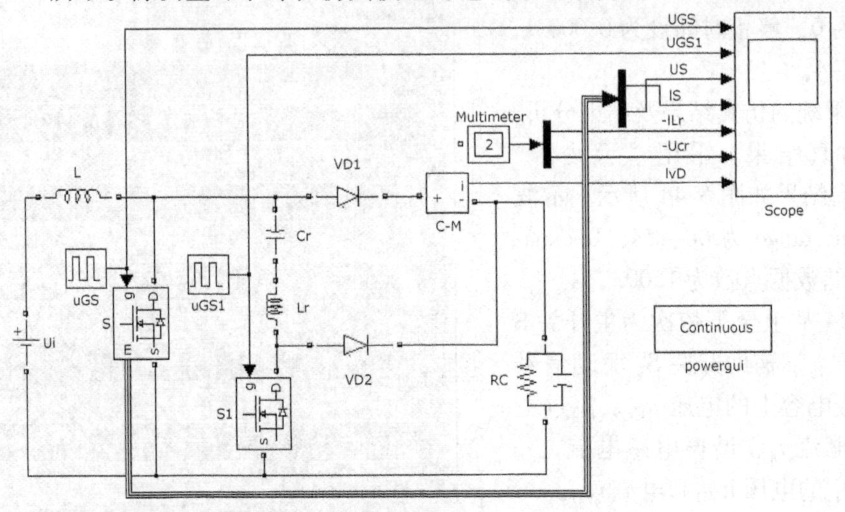

图 6-46　ZCT-PWM 电路的仿真模型

仿真模型中模块的参数值设置如下：

1）电压源 U_i 设置为 50V。

2）脉冲发生器模块 U_{GS} 的参数设置与 ZCT-PWM 电路中 U_{GS} 的参数相同，U_{GS1} 的参数除了脉冲宽度为 25%，相位延迟 27e－6 外，其他参数与 U_{GS} 的参数相同。

3）开关管 S 模块的参数设置与 ZCT-PWM 电路中 S 的参数相同，开关管 S_1 模块的参数除 $L_{on}=1e-8H$，$R_s=50\Omega$，$C_s=1e-9F$ 外，其他与开关管 S 的参数相同。

4）二极管 VD_1 模块的参数设置与 ZCT-PWM 电路中 VD_1 的参数相同，VD_2 模块的参数设置除 Rs＝1000Ω 外，其他参数与二极管 VD_1 的参数相同。

5）谐振电感 $L_r=34e-7H$，谐振电容 $C_r=95e-8F$。

6）负载电阻 $R=10\Omega$，电容 $C=10\mu F$，电感 $L=510mH$。

（3）系统的仿真参数设置

在仿真参数设置对话框中，选择算法 ode23tb。仿真开始时间设为 0，停止时间设为 0.00035s，误差为 1e－4。

（4）系统的仿真结果及结果分析

1）仿真结果。采用“示波器”输出，仿真结果如图 6-47 所示。示波器参数 Time range 为 4e-4s，Decimation 1，存储数据点数为 1000。

图 6-47 从上至下依次为主开关 S 驱动信号 U_{GS}、辅助开关 S_1 驱动信号 U_{GS1}、主开关上的电压 u_S 和流过主开关的电流 i_S、谐振电感电流 i_{Lr}、谐振电容上的电压 u_{Cr} 和二极管 VD_1 的电流 i_{VD}。

2）仿真结果分析。由图 6-47 可知，仿真实验波形与图 6-45 的理论分析波形一致。

3. 移相全桥型零电压开关 ZVS-PWM 电路的仿真

（1）电气原理结构图

移相全桥软开关电路与全桥硬开关电路相比，仅增加了一个谐振电感。它可使 4 个开关均为零电压开通，电路结构如图 6-48 所示，电路的工作波形如图 6-49 所示。

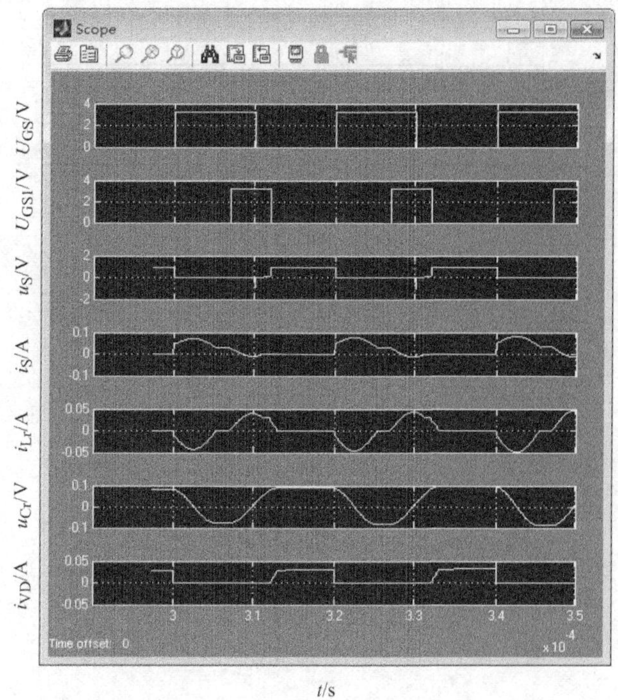

图 6-47　ZCT-PWM 电路的仿真波形

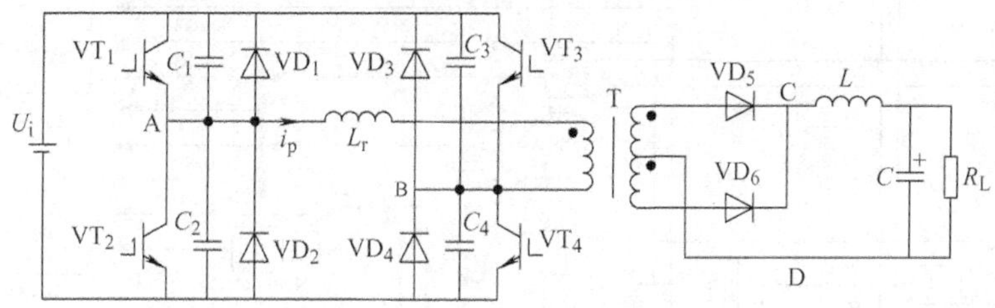

图 6-48　移相全桥 ZVS-PWM 电路结构

（2）电路的建模

此电路由直流电源 U_i、功率场效应晶体管 S_1 ~ S_4（P-MOSFET）、二极管 VD_1 ~ VD_2、谐振电感 L_r、脉冲信号发生器 1 ~ 4、三绕组变压器、储能电感和负载等元器件组合而成，移相全桥 ZVS-PWM 电路的仿真模型如图 6-50 所示。除测量环节外，仿真模型与电气原理结构图一一对应。此处 S_1 ~ S_4 采用 P-MOSFET 元件是为了利用元件中的本体二极管实现图 6-48 中的 VD_1 ~ VD_4。

仿真模型中模块的参数值设置如下：

1）电压源 U_i 设置为 50V。

2）脉冲发生器 U_{G1} 模块的参数设置如图 6-51 所示。而 U_{G2}、U_{G3}、U_{G3} 除了相位分别延迟 25e－6s、30e－6s 和 5e－6s 外，其他参数与 U_{G1} 的参数相同。

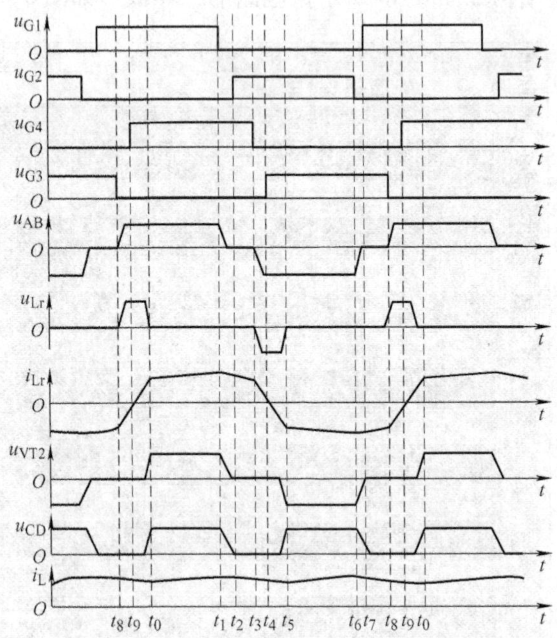

图 6-49　移相全桥 ZVS-PWM 电路的主要波形

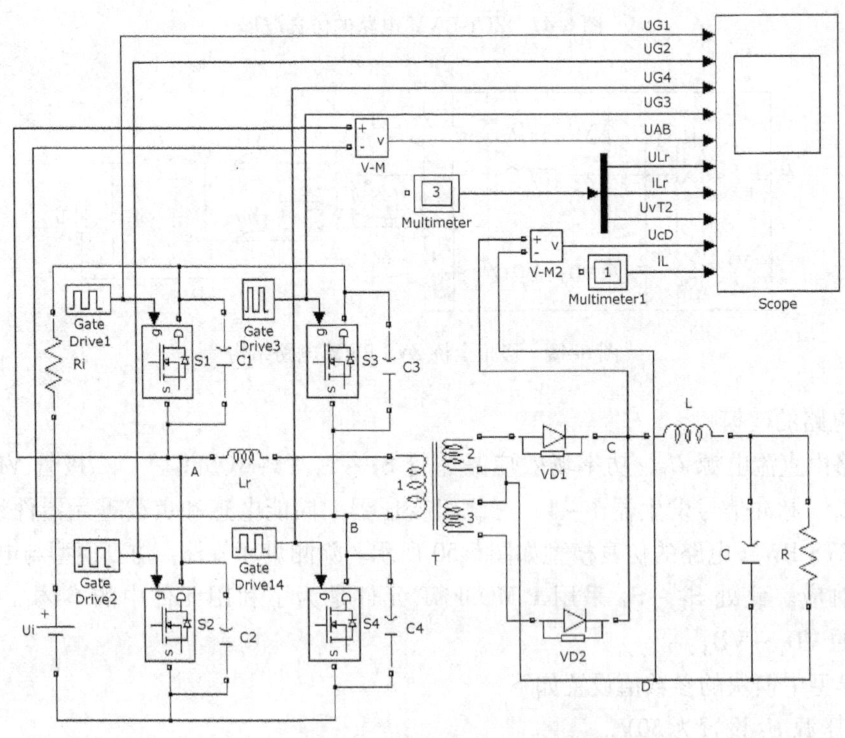

图 6-50　移相全桥 ZVS-PWM 电路的仿真模型

3）开关管 S_1 模块的参数设置如图 6-52 所示，$S_2 \sim S_4$ 的参数与 S_1 的参数相同。

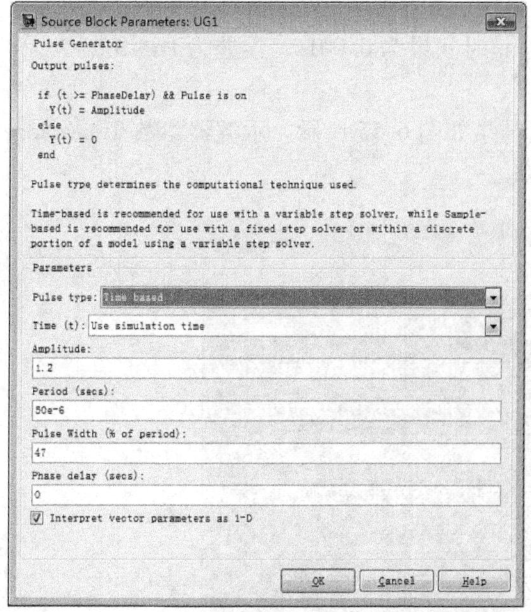

图 6-51　脉冲发生器 U_{G1} 模块的参数设置

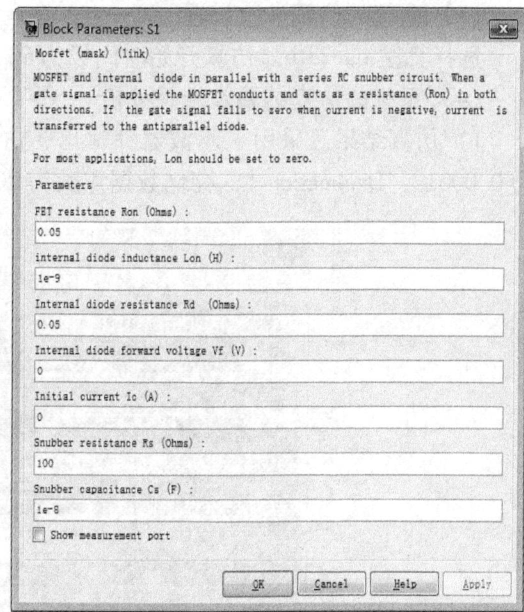

图 6-52　开关管 S_1 模块的参数设置

4）二极管 VD_1 模块的参数设置如图 6-53 所示，VD_2 的参数设置与 VD_1 的参数相同。

5）三绕组变压器模块的参数设置如图 6-54 所示。

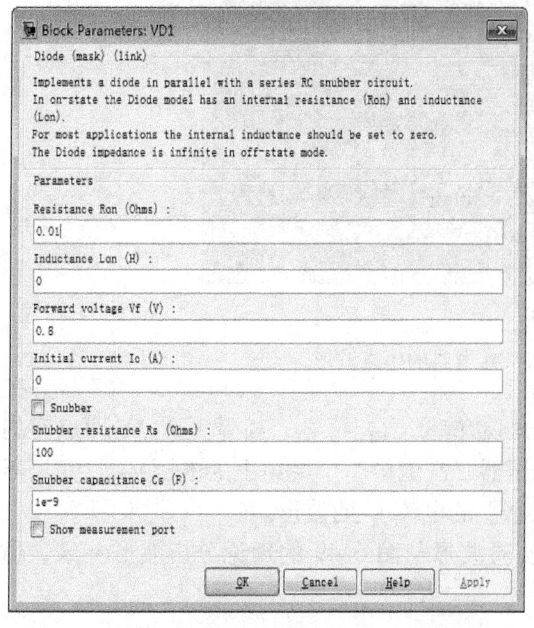

图 6-53　二极管 VD_1 模块的参数设置

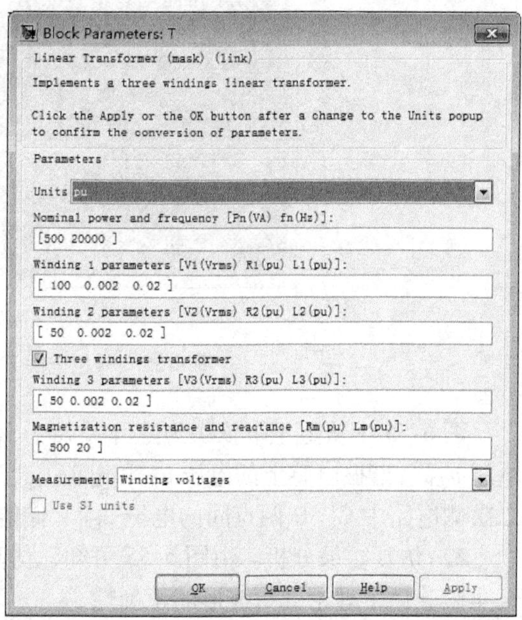

图 6-54　三绕组变压器模块的参数设置

6）谐振电感 $L_r = 2e-6\text{H}$。

7）负载电阻 $R = 0.4\Omega$，电容 $C = 100\mu\text{F}$，电感 $L = 0.05\text{mH}$。

8）其他：开关管并联电容 $C_1 \sim C_4$ 取 0.1μF，与电压源串联的小电阻取 0.01Ω。

（3）系统的仿真参数设置

选择算法 ode23tb。仿真开始时间设为 0，停止时间设为 0.001s，误差为 1e－3。

（4）系统的仿真结果及结果分析

1）仿真结果。采用“示波器”输出，仿真结果如图 6-55 所示。示波器参数 Time range 为 0.0001s，Decimation 1，存储数据点数为 2000。

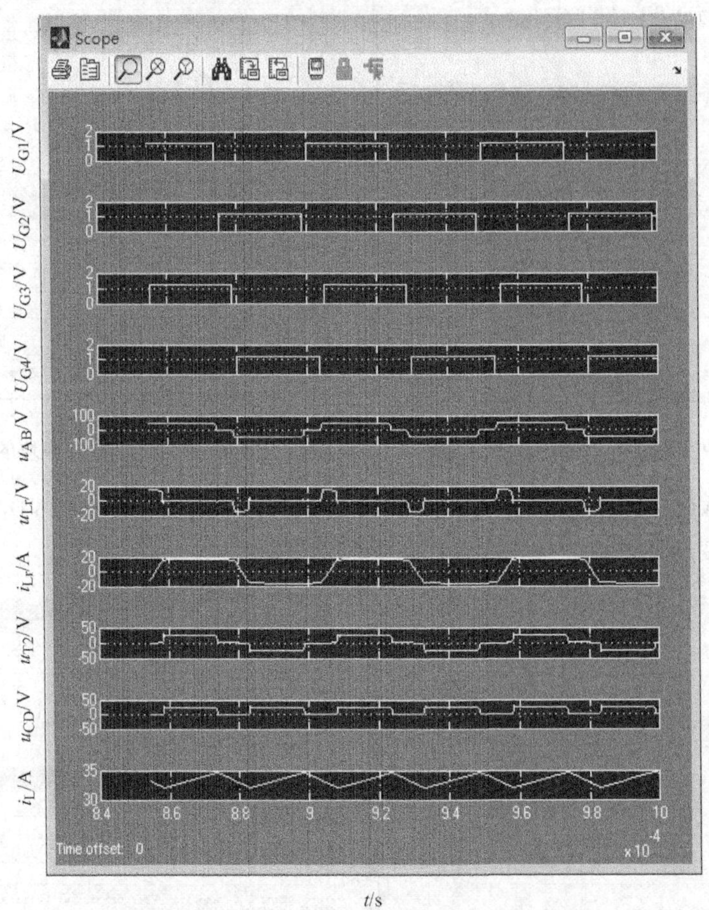

图 6-55　移相全桥 ZVS-PWM 电路的仿真波形

图 6-55 中从上至下依次为主开关 $S_1 \sim S_4$ 的驱动信号 $U_{G1} \sim U_{G4}$，桥臂上 A、B 两点间的电压 u_{AB}、谐振电感上的电压 u_{Lr} 和电流 i_{Lr}、变压器二次侧第一个绕组上的电压 u_{T2}、变压器二次侧电路中 C、D 两点间的电压 u_{CD}、储能电感上的电流 i_L 的波形。

2）仿真结果分析。由图 6-55 可知，仿真实验波形与图 6-49 的理论分析波形一致，仿真实验验证了理论分析波形的正确性。

习　题

1. 软开关电路可以分为哪几类？其典型拓扑分别是什么样子？各有什么特点？

2. 在移相全桥零电压开关 PWM 电路中，如果没有谐振电感 L_r，电路的工作状态将发生哪些变化？哪些开关仍是软开关，哪些开关将成为硬开关？

3. 在零电压转换 PWM 电路中，辅助开关 S_1 和二极管 VD_1 是软开关还是硬开关？为什么？

4. 零开关，即零电压开通和零电流关断的含义是什么？

5. 零电流关断 ZCS-PWM 变换器与零电流关断 ZCS-QRC 准谐振变换器在电路结构上有什么区别？在特性上有什么区别？

6. 零电压开通 ZVS-PWM 变换器与零电压开通 ZVS-QRC 准谐振变换器在电路结构上有什么区别？在特性上有什么区别？

附　录　电力电子技术课程设计

一、课程设计大纲

适用专业：电气类各专业。

总学时：2 周。

1. 课程设计的目的

课程设计是本课程教学中重要的实践性教学环节，起到从理论过渡到实践的桥梁作用。因此，必须认真组织，周密布置，积极实施，以期达到下述教学目的：

1）通过课程设计，使学生进一步巩固、深化电力电子技术及相关课程方面的基本知识、基本理论和基本技能，达到培养学生独立思考、分析和解决实际问题的能力。

2）通过课程设计，让学生独立完成一种变流装置课题的基本设计工作，达到培养学生综合应用所学知识和实际查阅相关设计资料能力的目的。

3）通过课程设计，使学生熟悉设计过程，了解设计步骤，掌握设计内容，达到培养学生工程绘图和编写设计说明书能力的目的，为学生今后从事相关方面的实际工作打下良好基础。

2. 课程设计的要求

1）根据设计课题的技术指标和给定条件，在教师指导下，能够独立而正确地进行方案论证和设计计算，要求概念清楚、方案合理、方法正确、步骤完整。

2）要求掌握电力电子技术的设计内容、方法和步骤。

3）要求学会查阅有关参考资料和手册等。

4）要求学会选择有关元器件和参数。

5）要求学会绘制有关电气系统图和编制元器件明细表。

6）要求学会编写设计说明书。

7）要求对所设计的变流装置进行实验（仿真或实物实验）。

3. 课程设计的程序和内容

1）学生分组、布置题目。

首先将学生按学习成绩、工作能力和平时表现分成若干小组，每小组成员按成绩优、中、差合理搭配，然后下达课程设计任务书，原则上每小组一个题目。

2）熟悉题目、收集资料。

设计开始，每个学生应按教师下达的具体题目，充分了解技术要求，明确设计任务，收集相关资料，包括参考书、手册和图表等，为设计工作做好准备。

3）总体设计。

正确选定变流装置的系统方案，认真画出系统总体结构框图。

4）主电路设计。

按选定的系统方案，确定主电路结构，画出主电路及相关保护、操作电路原理草图，并完成主电路的元器件计算和选择任务。

5）触发电路设计。

根据主电路的形式特点，选择适当的触发电路。

6）进行仿真实验验证。

7）校核整个系统设计，编制元器件明细表。

8）绘制正规系统原理图，整理编写课程设计说明书。

4. 课程设计说明书的内容

1）题目及技术要求。

2）系统方案和总体结构。

3）系统工作原理简介。

4）具体设计说明，包括主电路和触发电路等。

5）设计评述。

6）元器件明细表。

7）变流装置的仿真实验模型和结果分析。

8）变流装置的系统原理图：在A3图纸上绘制或用计算机绘制。

5. 课程设计的成绩考核

教师通过课程设计答辩、审阅课程设计说明书和学生课程设计的平时表现，评定每个学生的课程设计成绩，一般可分为优秀、良好、中等、及格和不及格五等，也可采用百分制相应记分。

二、课程设计任务书

为了便于教师组织课程设计，下面给出一个“电力电子技术”课程设计参考课题。各校可根据实际情况自行选题。

1. 设计题目和设计要求

（1）题目名称：晶闸管整流电路应用设计

晶闸管整流电路给直流电动机供电，根据给定的直流电动机技术数据，设计可控整流电路。

（2）技术数据

电动机的技术数据见表附-1（为了方便分组，可给出不同型号的系列电动机的技术数据，保证各组学生给定的设计数据不一样）。

2. 设计的内容

（1）变流装置主电路的方案论证和选择说明

（2）变流装置的原理说明

（3）主电路的设计、计算

1）整流变压器的计算：

二次电压的计算；一、二次电流的计算；容量的计算。

2）晶闸管器件的选择：

晶闸管的额定电压、电流计算。

3）晶闸管保护环节的计算：

表附-1　Z4 系列直流电动机技术参数

<table>
<tr><th>型　号</th><th>顺　序</th><th>额定功率
/kW</th><th>额定转速
/（r/min）</th><th>电枢电流
/A</th><th>励磁功率
/W</th><th>电枢电阻 R_a
/Ω（20℃）</th><th>电枢电感
/mH</th><th>磁场电感
/H</th></tr>
<tr><td rowspan="8">Z4-100-1</td><td>1</td><td>2.2</td><td>1490</td><td>17.9</td><td rowspan="8">315</td><td>1.19</td><td>11.2</td><td>22</td></tr>
<tr><td>2</td><td>1.5</td><td>955</td><td>13.3</td><td>2.17</td><td>21.4</td><td>13</td></tr>
<tr><td>3</td><td>4</td><td>2630</td><td>12</td><td rowspan="2">2.82</td><td rowspan="2">26</td><td rowspan="2">18</td></tr>
<tr><td>4</td><td>4</td><td>2960</td><td>10.7</td></tr>
<tr><td>5</td><td>2</td><td>1310</td><td>6.6</td><td rowspan="2">9.12</td><td rowspan="2">86</td><td rowspan="2">18</td></tr>
<tr><td>6</td><td>2.2</td><td>1480</td><td>6.5</td></tr>
<tr><td>7</td><td>1.4</td><td>860</td><td>5.1</td><td rowspan="2">16.76</td><td rowspan="2">163</td><td rowspan="2">18</td></tr>
<tr><td>8</td><td>1.5</td><td>990</td><td>4.77</td></tr>
<tr><td rowspan="8">Z4-112/2-1</td><td>9</td><td>3</td><td>1540</td><td>24</td><td rowspan="8">320</td><td>0.785</td><td>7.1</td><td>14</td></tr>
<tr><td>10</td><td>2.2</td><td>975</td><td>19.6</td><td>1.498</td><td>14.1</td><td>13</td></tr>
<tr><td>11</td><td>5.5</td><td>2630</td><td>16.4</td><td rowspan="2">1.933</td><td rowspan="2">17.9</td><td rowspan="2">17</td></tr>
<tr><td>12</td><td>5.5</td><td>2940</td><td>14.7</td></tr>
<tr><td>13</td><td>2.8</td><td>1340</td><td>9.1</td><td rowspan="2">6</td><td rowspan="2">59</td><td rowspan="2">17</td></tr>
<tr><td>14</td><td>3</td><td>1500</td><td>8.6</td></tr>
<tr><td>15</td><td>1.9</td><td>855</td><td>6.9</td><td rowspan="2">11.67</td><td rowspan="2">110</td><td rowspan="2">13</td></tr>
<tr><td>16</td><td>2.2</td><td>965</td><td>7.1</td></tr>
<tr><td rowspan="8">Z4-112/2-2</td><td>17</td><td>4</td><td>1450</td><td>31.3</td><td rowspan="8">350</td><td>0.567</td><td>6.2</td><td>14</td></tr>
<tr><td>18</td><td>3</td><td>1070</td><td>24.8</td><td>0.934</td><td>10.3</td><td>14</td></tr>
<tr><td>19</td><td>7</td><td>2660</td><td>20.4</td><td rowspan="2">1.305</td><td rowspan="2">14</td><td rowspan="2">19</td></tr>
<tr><td>20</td><td>7.5</td><td>2980</td><td>19.7</td></tr>
<tr><td>21</td><td>3.7</td><td>1320</td><td>11.7</td><td rowspan="2">4.24</td><td rowspan="2">48.5</td><td rowspan="2">19</td></tr>
<tr><td>22</td><td>4</td><td>1500</td><td>11.2</td></tr>
<tr><td>23</td><td>2.6</td><td>895</td><td>9</td><td rowspan="2">7.62</td><td rowspan="2">83</td><td rowspan="2">14</td></tr>
<tr><td>24</td><td>3</td><td>1010</td><td>9.1</td></tr>
<tr><td rowspan="8">Z4-112/4-1</td><td>25</td><td>5.5</td><td>1520</td><td>42.5</td><td rowspan="8">500</td><td>0.38</td><td>3.85</td><td>6.8</td></tr>
<tr><td>26</td><td>4</td><td>990</td><td>33.7</td><td>0.741</td><td>7.7</td><td>6.7</td></tr>
<tr><td>27</td><td>10</td><td>2680</td><td>29</td><td rowspan="2">0.89</td><td rowspan="2">9</td><td rowspan="2">6.8</td></tr>
<tr><td>28</td><td>11</td><td>2950</td><td>28.8</td></tr>
<tr><td>29</td><td>5</td><td>1340</td><td>15.7</td><td rowspan="2">3.01</td><td rowspan="2">30.5</td><td rowspan="2">6.8</td></tr>
<tr><td>30</td><td>5.5</td><td>1480</td><td>15.4</td></tr>
<tr><td>31</td><td>3.7</td><td>855</td><td>13</td><td rowspan="2">5.78</td><td rowspan="2">60</td><td rowspan="2">6.7</td></tr>
<tr><td>32</td><td>4</td><td>980</td><td>12.2</td></tr>
</table>

（续）

<table>
<tr><th>型　号</th><th>顺　序</th><th>额定功率
/kW</th><th>额定转速
/（r/min）</th><th>电枢电流
/A</th><th>励磁功率
/W</th><th>电枢电阻 R_a
/Ω（20℃）</th><th>电枢电感
/mH</th><th>磁场电感
/H</th></tr>
<tr><td rowspan="7">Z4-112/4-2</td><td>33</td><td>5.5</td><td>1090</td><td>43.5</td><td rowspan="7">570</td><td>0.441</td><td>5.1</td><td>7.8</td></tr>
<tr><td>34</td><td>13</td><td>2740</td><td>37</td><td rowspan="2">0.574</td><td rowspan="2">6.4</td><td rowspan="2">5.8</td></tr>
<tr><td>35</td><td>15</td><td>3035</td><td>38.6</td></tr>
<tr><td>36</td><td>6.7</td><td>1330</td><td>20.6</td><td rowspan="2">2.12</td><td rowspan="2">24.1</td><td rowspan="2">7.8</td></tr>
<tr><td>37</td><td>7.5</td><td>1480</td><td>20.6</td></tr>
<tr><td>38</td><td>5</td><td>955</td><td>16.1</td><td rowspan="2">3.46</td><td rowspan="2">40.5</td><td rowspan="2">5.8</td></tr>
<tr><td>39</td><td>5.5</td><td>1025</td><td>15.7</td></tr>
<tr><td>Z4-132-1</td><td>40</td><td>18.5</td><td>2610</td><td>52.2</td><td>650</td><td>0.386</td><td>5.3</td><td>6.5</td></tr>
</table>

① 交流侧过电压保护；

② 阻容保护、压敏电阻保护；

③ 直流侧过电压保护；

④ 晶闸管及整流二极管两端的过电压保护；

⑤ 过电流保护；

交流侧快速熔断器的选择；与器件串联的快速熔断器的选择；直流侧快速熔断器的选择。

4）主电路电抗器的计算。

（4）触发电路的选择与校验。

触发电路的种类较多，可直接选用，触发电路中元件参数可参照有关电路进行选用，一般不用重新计算。最后只需要根据主电路选用的晶闸管对脉冲输出级进行校验，只要输出脉冲功率能满足要求即可。

（5）对所设计的变流装置进行综合评价。

（6）MATLAB 仿真实验。

对所设计的系统进行计算机仿真实验，采用面向电气系统原理结构图的仿真方法。建立变流装置的仿真模型，对仿真结果进行分析。

3. 设计提交的成果材料

1）设计说明书一份，与任务书一并装订成册。

2）电力电子变流装置电气原理总图一份（3 号图纸或计算机绘制的图纸）、元器件明细表。

3）仿真模型和仿真结果清单。

4. 课程设计报告要求

课程设计报告书采用计算机打印，应该有统一的格式要求。并配上封面，装订成册。

课程设计报告应包括以下内容：

（1）课题名称

（2）内容摘要

（3）设计内容及要求

（4）系统的方案论证，画出系统框图

（5）单元电路设计、参数选择和元器件选择

（6）画出完整的电路图，并说明电路的工作原理

（7）总结设计的特点和优缺点，指出课题的核心及使用价值，提出改进意见

（8）计算机仿真，并进行仿真结果分析

（9）列出参考文献

三、晶闸管整流器的工程设计参考资料

《晶闸管整流器的工程设计参考资料》参考周渊深主编的《电力电子技术与 MATLAB 仿真》（第 2 版），由中国电力出版社（北京）2014 年 8 月出版。

参 考 文 献

[1] 周渊深．电力电子技术与 MATLAB 仿真［M］．2 版．北京：中国电力出版社，2014.

[2] 周渊深，宋永英．电力电子技术［M］．2 版．北京：机械工业出版社，2010.

[3] 王兆安，黄俊．电力电子技术［M］．4 版．北京：机械工业出版社，2005.

[4] 陈坚．电力电子学——电力电子变换和控制技术［M］．3 版．北京：高等教育出版社，2011.

[5] 潘再平．电力电子技术与电机控制实验教程［M］．杭州：浙江大学出版社，1999.

[6] 李鹏飞．电力电子技术与应用［M］．北京：清华大学出版社，2012.

[7] 张兴．电力电子技术［M］．北京：科学出版社，2010.

[8] 颜世钢，张承慧．电力电子技术问答［M］．北京：机械工业出版社，2007.

[9] 林飞，杜欣．电力电子技术的 MATLAB 仿真［M］．北京．中国电力出版社，2012.

[10] 黄忠霖，黄京．电力电子技术的 MATLAB 实践［M］．北京：国防工业出版社，2009.

[11] 张淼，冯垛生．现代电力电子技术与应用［M］．北京：中国电力出版社，2011.

[12] 裴云庆，卓放，王兆安．电力电子技术学习指导习题集及仿真［M］．北京：机械工业出版社，2013.

[13] 李先允，陈刚．电力电子技术习题集［M］．北京：中国电力出版社，2007.

[14] 刘志刚．电力电子学［M］．北京：清华大学出版社，北京交通大学出版社，2004.

[15] 贺益康，潘再平．电力电子技术［M］．北京：科学出版社，2004.